E-Book inside.

Mit folgendem persönlichen Code können Sie die E-Book-Ausgabe dieses Buches downloaden:

70189-r65p6-yxn00-wfqn2

Registrieren Sie sich unter

www.hanser-fachbuch.de/ebookinside

und nutzen Sie das E-Book auf Ihrem Rechner*, Tablet-PC und E-Book-Reader.

Der Download dieses Buches als E-Book unterliegt gesetzlichen Bestimmungen bzw. steuerrechtlichen Regelungen, die Sie unter **www.hanser-fachbuch.de/ebookinside** nachlesen können.

* Systemvoraussetzungen: Internet-Verbindung und Adobe® Reader®

Beims/Ziegenbein

IT-Service-Management in der Praxis mit ITIL®

Martin Beims
Michael Ziegenbein

IT-Service-Management in der Praxis mit ITIL®

Zusammenarbeit systematisieren und relevante Ergebnisse erzielen

5., überarbeitete Auflage

HANSER

Die Autoren:

Martin Beims, Alzenau
Michael Ziegenbein, Gelnhausen

Bibliografische Information der Deutschen Nationalbibliothek:

Die Deutsche Nationalbibliothek verzeichnet diese Publikation in der Deutschen Nationalbibliografie; detaillierte bibliografische Daten sind im Internet über *http://dnb.d-nb.de* abrufbar.

Lektorat: Brigitte Bauer-Schiewek
Copy editing: Petra Kienle, Fürstenfeldbruck
Layout: Manuela Treindl, Fürth
Umschlagdesign: Marc Müller-Bremer, München, *www.rebranding.de*
Umschlagrealisation: Max Kostopoulos
Druck und Bindung: Kösel, Krugzell
Ausstattung patentrechtlich geschützt. Kösel FD 351, Patent-Nr. 0748702
Printed in Germany

Print-ISBN: 978-3-446-46186-4
E-Book-ISBN: 978-3-446-46491-9
E-Pub-ISBN: 978-3-446-46636-4

Inhalt

Vorwort

Die Herausforderung

IT-Systeme nehmen in modernen Unternehmen eine immer größere Rolle ein. Kaum ein Unternehmensprozess, der noch ohne die Unterstützung durch IT-Services effizient arbeiten kann. Ohne Zweifel tragen diese IT-Services zur optimalen Nutzung der vorhandenen Ressourcen bei und ermöglichen so eine sehr hohe Produktivität. Die zunehmende Abhängigkeit der Geschäftsprozesse von diesen IT-Services bedingt allerdings eine paradoxe Situation: Seit Jahren werden IT-Services immer leistungsfähiger zu immer geringeren Kosten und gleichzeitig steigt der Schaden durch nicht verfügbare Systeme kontinuierlich an. Während die sinkenden Kosten für die Bereitstellung der Services willkommen sind, werden Schäden durch Störungen der IT immer bedrohlicher für die Unternehmen.

Die Herausforderung lautet also, IT-Services in immer höherer Qualität bereitzustellen, ohne dabei die Ausgaben ebenfalls erhöhen zu müssen. Eine Aufgabe, der sich heute immer mehr Unternehmen stellen, indem sie IT-Services innerhalb der gewachsenen Struktur analysieren und Maßnahmen zur Verbesserung dieser Services ergreifen.

Idee des Buches

In diesem Buch werden Wege beschrieben, die dazu beitragen, die IT-Service-Prozesse effektiv und effizient zu gestalten. Anhand eines Praxisbeispiels wird der Weg zu einer anforderungsgerecht betriebenen IT-Service-Organisation beschrieben.

Sie werden sich sicher fragen, was daran neu ist. Ich möchte mich nicht, wie viele andere Publikationen, auf eine bestimmte Methode zur Prozessverbesserung beschränken und die Einführung oder Veränderung von Servicemanagement-Prozessen allein danach ausrichten. Stattdessen werde ich versuchen, die Welt des IT-Service-Managements vom Kopf auf die Füße zu stellen, indem ich zunächst einmal Wege zeige, um zu ermitteln, was für Ihre Organisation wichtig ist und wie Sie die Services in Ihrer individuellen Umgebung optimal gestalten können.

Um das leisten zu können, ist es notwendig, Ziele zu definieren und alles Handeln in den Dienst dieser Ziele zu stellen. Methoden und Prozessmodelle, Best Practices und Managementinstrumente sind unzweifelhaft von hohem Nutzen. Sie sind allerdings allesamt nicht mehr als Werkzeuge, die es Ihnen erleichtern, Ihre Ziele zu erreichen. Um den zielorientierten Einsatz ausgewählter Werkzeuge für den größtmöglichen Nutzen in Ihrem Unternehmen geht es in diesem Buch.

Die Struktur

Zunächst stelle ich Ihnen verschiedene Methoden und Hilfsmittel vor, die Ihnen bei der Gestaltung Ihrer IT-Organisation und der Bereitstellung adäquater Services nützlich sein werden. Ein besonderer Schwerpunkt liegt dabei auf der aktuellen Version der IT Infrastructure Library (ITIL®), da diese richtig verstanden eine schier unerschöpfliche Quelle für Informationen und Anleitungen zur Verbesserung der Effektivität und Effizienz bei der Gestaltung und Bereitstellung von IT-Services liefert. Im letzten Abschnitt werde ich an einem Praxisbeispiel erläutern, wie die vorgestellten Methoden eingesetzt werden können, um definierte Ziele zu erreichen.

Danksagungen

Während der Arbeit an diesem Buch wurde mir sehr schnell klar, dass es trotz langjähriger Erfahrung eine sehr große Herausforderung ist, diese Erfahrung und das resultierende Wissen auch so zu Papier zu bringen, dass es für Sie als Leser einen echten Mehrwert bietet. An dieser Stelle möchte ich mich bei einigen Personen bedanken, die zu diesem Buch entscheidend beigetragen haben. Besonderer Dank gilt Frau Metzger vom Hanser Verlag, die sehr viel Geduld bewies und mir das nötige Vertrauen schenkte. Mein Kollege Dr. Roland Fleischer hat mit seinem Beitrag zum Thema Projektmanagement einen wichtigen Beitrag zu einem wertvollen Kapitel geleistet und stand mir gemeinsam mit Nico Kroker und dem gesamten damaligen Maxpert-Team zudem sehr häufig als kritischer Sparringspartner in Fachdiskussionen zur Verfügung. Nicht zuletzt gilt mein Dank der Person, die mich immer wieder auf ihre typisch „sanfte“ Weise an das Notebook trieb, damit ich das Buch fertigstelle.

Kontakt

Die Welt des IT-Service-Managements ist ständig in Bewegung, und nahezu täglich führen wir Gespräche, die neue Sichtweisen eröffnen und uns dazu veranlassen, unser Vorgehen in Projekten und Vorträgen permanent weiterzuentwickeln. Wir würden uns freuen, wenn Sie uns Ihre Meinung zu diesem Buch oder zum IT-Service-Management im Allgemeinen mitteilen und diese mit uns diskutieren. Sie erreichen uns per Mail unter:

martin.beims@aretas.de

michael@ziegenbein4u.de

Vorwort zur 5. Auflage

Die größte Veränderung in dieser Auflage ist die komplett überarbeitete ITIL®-Literatur. Mit der aktuellen ITIL®-Version verändert sich die Struktur der Literatur grundlegend. Gleichzeitig nutzen viele Unternehmen inzwischen die bisherigen ITIL®-Veröffentlichungen als Grundlage für die betrieblichen Organisation und die Abläufe im Service Management. Solange diese Abläufe funktionieren, besteht für diese Unternehmen kein Grund, etwas an den bestehenden Prozessen zu verändern, nur weil es eine neue ITIL®-Version gibt. Da dieses Buch in vielen Unternehmen auch als Nachschlagewerk für die tägliche Arbeit genutzt wird, habe ich mich entschieden, die beiden vormaligen Kapitel 3 und 4 zur ITIL®-Edition 2011 in überarbeiteter und etwas komprimierter Form als Kapitel 4 im Buch zu belassen. Das neue Kapitel 3 befasst sich mit der neuen ITIL® 4. Es beinhaltet wie bisher auch alle Informationen, die Sie zur Vorbereitung auf die ITIL®-Foundation-Prüfung benötigen.

Die Themen zur ISO 20000 und zu COBIT® in Kapitel 6 wurden ebenfalls grundlegend überarbeitet und auf den seit der letzten Auflage aktualisierten Stand in den Versionen ISO/IEC 20000:2018 und COBIT® 2019 gebracht.

Auch das Praxiskapitel habe ich leicht überarbeitet, sofern die Veränderungen in der ITIL®-Literatur Einfluss auf die Inhalte dieses Kapitels hatten. Zusätzlich habe ich ein Beispiel für einen Value Stream in das Kapitel aufgenommen, da Value Streams in der ITIL® 4 eine zentrale Rolle spielen.

Geleitwort

Der größte Teil meiner CIO-Kollegen hat eine sehr klare Vorstellung von der Positionierung der IT in den Unternehmen. Auch wenn es natürlich vielfältige Ausprägungen gibt, so verfolgt doch eine Vielzahl der IT Executives ein starkes IT Alignment mit dem Geschäft und sieht sich selbst in der Position, Wertschöpfung für das eigene Unternehmen zu erzielen. Wozu braucht die IT dann noch ITIL®, Projektmanagement, Lean 6 Sigma oder andere Methoden? Der Fokus wird doch über die Anforderungen der Geschäftsprozesse definiert, und als echter IT-Verantwortlicher muss man dann doch „nur noch" die Geschäftsprozesse verstehen und begleiten, die IT-Kosten überwachen und die Mittelbereitstellung bei Bedarf anpassen.

Genau diese Doppelrolle aus IT-Kompetenz und Verständnis der Geschäftsprozesse sowie deren Wertschöpfung für das Unternehmen zeigt die besondere Verantwortung und Schwierigkeit dieser Position. Daher ist umso wichtiger, sich in vielen Bereichen der IT auf bewährte Standards und erfolgreiche Methoden zu konzentrieren. Eine erfolgreiche Positionierung der IT ist nur möglich, wenn von der Basis der IT-Leistungserbringung bis hin zur strategischen Positionierung die Verlässlichkeit und Optimierung der IT-Prozesse gelungen ist. ITIL® stellt hier die Basis dar, auf der nahezu alle IT-Dienstleister eine Implementierung oder auch Adaption für die spezifische Einführung gestalten. Es scheint der wirtschaftlich sinnvollste Ansatz zu sein, sich eines Rahmenwerks zu bedienen, das mannigfaltige Erfahrungen und die notwendige Vollständigkeit bietet.

Als offener Standard, umfangreich dokumentiert und mit der Erfahrung einer Vielzahl geschulter Spezialisten kann eine wirtschaftlich sinnvolle Implementierung erfolgen, die die Basis der IT-Dienstleistung sicherstellt und gleichzeitig auch bei der Strategieentwicklung und dem Management der IT unterstützt. Eine strukturierte Methode, wie zum Beispiel ITIL®, kann also ein Fundament für ein Unternehmen, in dem IT eine Rolle spielt, bilden. Ist dieses Fundament nicht flexibel und bedarfsgerecht aufgebaut, braucht sich die IT-Leitung keine Gedanken zur weiteren Wertschöpfung machen. Es ist sozusagen die Pflicht vor der Kür. Selbst wenn Teile der IT-Dienstleistung bei Partnern betrieben werden, zeigt ITIL® eine Basis für IT-Governance und einer gemeinsamen prozessorientierten Arbeitsweise.

In Zeiten, in denen die Geschwindigkeit des Geschäftes wesentlich ist und auch IT einen wettbewerbsdifferenzierenden Faktor darstellt, müssen sich Unternehmensführung und IT-Leitung auf eine effiziente, hochzuverlässige IT verlassen können. Nur das bietet Freiraum für die zukünftige Gestaltung des Unternehmens und der IT. Welches Framework, das auf Erfahrungen einer großen Zahl von IT Fachleuten und Führungskräften basiert, ist zur Unterstützung der Gestaltung effektiver und wirtschaftlicher Prozesse besser geeignet als ITIL®?

Gerald Höhne
CIO der HOMAG Group AG

1 IT-Service-Management

1.1 Die Welt des IT-Service-Managements

In der Welt des IT-Service-Managements (ITSM) gibt es eine große Anzahl verschiedener Methoden und Ansätze, um die Aufgabenstellungen des CIO, des IT-Leiters oder der beteiligten Mitarbeiter zu bewältigen. Die ganze Palette dieser Methoden zu beschreiben, würde den Rahmen jeder Publikation sprengen – vor allem würde ich Sie damit sehr wahrscheinlich zu Tode langweilen und dazu bringen, bereits hier das Buch genervt auf den Stapel der anderen ungelesenen Fachschinken zu legen.

Aus diesem Grund habe ich mich entschieden, Ihnen eine – vielleicht auf den ersten Blick – willkürliche Auswahl an Methoden vorzustellen und diese gemeinsam mit meinem langjährigen Kollegen Michael Ziegenbein aus Sicht unserer Beraterpraxis zu erläutern. Aber selbst diese Auswahl erläutere ich Ihnen mehr oder weniger widerwillig und verbunden mit einer Bitte an Sie, lieber Leser: Methoden und Frameworks können nützlich sein, um Abläufe zu optimieren und Ergebnisse zu verbessern. Sie sind jedoch immer nur Mittel zum Zweck. Diesen Zweck jeder Veränderung bestimmt niemals eine Methode, sondern immer die Menschen, die Verantwortung übernehmen und sich davon einen konkreten Nutzen versprechen.

Ganz willkürlich ist diese Auswahl selbstverständlich nicht. Es sind einige der Praktiken, die sich in verschiedenen Projekten als hilfreich erwiesen haben, um die gesetzten Ziele zu erreichen. Oft höre ich in Gesprächen von Methoden, die „eingeführt" werden sollen. Einführen kann man Software oder neue Vorgehensweisen, Methoden dagegen kann man nutzen, um bestimmte Ziele strukturiert zu erreichen.

Ich werde Ihnen also in diesem Kapitel die Methoden vorstellen, die wir im weiteren Verlauf als Werkzeuge nutzen und die ich in der Fallstudie verwendet habe. Denn diese Fallstudie ist keinesfalls reine Theorie, sie baut auf den Erfahrungen aus verschiedenen Projekten meiner persönlichen Beraterpraxis auf.

IT-Service-Management ist inzwischen ein fester Bestandteil jeder modernen IT-Service-Organisation. Jedes Unternehmen, das etwas auf sich hält, hat in irgendeinem Plan Gedanken über ein optimiertes IT-Service-Management dokumentiert und zu großen Teilen auch mehr oder weniger konsequent umgesetzt. Dabei geht es allerdings auch heute noch in der Regel vor allem darum, Kosten zu minimieren. Aber ist das wirklich gemeint mit IT-Service-Management? Geht es wirklich nur darum, immer kostengünstiger zu arbeiten?

Sicherlich ist die Kostenoptimierung, also Effizienz, einer der zentralen Faktoren für den Erfolg eines Unternehmens und nur wenn die Kosten für die IT in einem überschaubaren Rahmen (also letztlich vor allem innerhalb des vorhandenen Budgets) bleiben, können moderne Unternehmen konkurrenzfähig arbeiten. Aber ist das auch der einzige Faktor, auf den es ankommt?

Bevor wir uns Gedanken über die weiteren wichtigen Faktoren des IT-Service-Managements machen, benötigen wir ein sinnvolles Budget, um überhaupt bewerten zu können, ob die entstehenden Kosten akzeptabel sind oder nicht und ob z. B. Verbesserungen der Servicequalität oder geplante Veränderungen in der Zusammenarbeit im Rahmen der gegebenen Möglichkeiten bleiben.

Wie entsteht dieses Budget? Natürlich kann die Geschäftsleitung schlicht eine Vorgabe machen. Nur, ist dieses Budget realistisch? Wurden hier alle kritischen Faktoren berücksichtigt? Wurde beachtet, was die Anforderungen an die IT-Services sind, und wurde ermittelt, welche Konsequenzen das für die IT-Organisation hat? Wurden Erfahrungen der Anwender betrachtet und ist bekannt, was sie erwarten? Wurde die Bedeutung der IT-Services für die eigentlichen Produkte des Unternehmens und deren Erfolg am Markt bewertet? Es gehört also mehr dazu, als nur eine Zahl nach Kassenlage festzulegen. Auf der anderen Seite müssen zweifellos die finanziellen Rahmenbedingungen des Unternehmens berücksichtigt werden. Weiter unten in diesem Kapitel werde ich näher auf die verschiedenen Faktoren eingehen, die das Budget einer IT-Abteilung oder eines IT-Dienstleisters für die Erbringung vereinbarter Services beeinflussen können.

Neben den finanziellen Aspekten bestimmen weitere essenzielle Faktoren den Rahmen des IT-Service-Managements. Einer dieser Aspekte ist die Orientierung an den Geschäftsprozessen und Anforderungen des Kunden. Nur wenn die IT-Organisation die Geschäftsprozesse und Anforderungen ihrer Kunden kennt, kann sie Services anbieten, die zum Erreichen der Unternehmensziele beitragen. Ohne diese Orientierung an den Geschäftsprozessen und Anforderungen werden die Services auf wenig Akzeptanz treffen.

Wie aber erreicht die IT-Organisation diese Geschäftsprozessorientierung? Grundlage sind konkrete Ziele, die gemeinsam festgelegt werden und an denen sich die Erbringung der IT-Services ausrichtet. Diese Ziele ergeben sich zu einem großen Teil aus Vereinbarungen über die zu erbringenden Services mit den Kunden entsprechend der Anforderungen und den Möglichkeiten der IT-Organisation. Methoden für die Definition und Dokumentation dieser Ziele sowie das Monitoring der Zielerreichung werde ich in Kapitel 5 erläutern. Mit der Identifizierung des Kundenbedarfs und der entsprechenden Gestaltung der Services befasst sich die IT Infrastructure Library (ITIL®), auf die ich in den Kapiteln 3 und 4 ausführlich eingehe.

Neben der Bereitstellung der richtigen Services in der vereinbarten Qualität ist die Orientierung am Bedarf der Benutzer von entscheidender Bedeutung. Services wie z. B. der Anwendersupport durch den Service Desk müssen benutzerorientiert erbracht werden, denn neben der tatsächlichen Servicequalität spielt die individuelle Wahrnehmung eine wichtige Rolle für die Akzeptanz der definierten IT-Services.

IT-Service-Management bedeutet also, die Qualität und Quantität der IT-Services qualitativ und quantitativ so zu planen, zu überwachen und zu steuern, dass die vereinbarten Ergebnisse erzielt werden. Dabei helfen die folgenden Kriterien:

- *Zielgerichtet:* Die Aktivitäten für die Gestaltung und den Betrieb der IT-Services orientieren sich an gemeinsam definierten Zielen und werden an diesen gemessen.
- *Geschäftsprozessorientiert:* Der Zweck von IT-Services ist die bestmögliche Unterstützung der Geschäftsprozesse des Kunden und damit ein konkreter Beitrag zum Erfolg des Unternehmens.

- *Benutzerfreundlich:* Neben der objektiven Qualität der Services gemäß Vereinbarung spielt die Wahrnehmung durch die Anwender eine entscheidende Rolle. Services müssen nicht nur hochwertig sein, sondern auch durch die Benutzer akzeptiert werden.
- *Wirtschaftlich:* Neben der Effektivität (also der Lieferung der vereinbarten Ergebnisse) ist auch die Effizienz (also die Zielerreichung mit angemessenem Aufwand) zu betrachten und permanent zu verbessern.

IT-Service-Management – eine Begriffsdefinition

Der Begriff IT-Service-Management wird heute so selbstverständlich benutzt, dass es oft schwerfällt, die Frage nach der eigentlichen Bedeutung zu beantworten. Aus diesem Grund möchte ich hier eine Definition des Begriffs nennen, wie sie in der ITIL®-Literatur verwendet wird:

> *„Service Management is a set of specialized organizational capabilities for providing value to customers in the form of services." [ITIL® Foundation – ITIL® 4 Edition, 2019].*

Sinngemäß bedeutet das:

> *Service Management ist die Steuerung aller fachlichen Fähigkeiten der Organisation zur Bereitstellung eines Mehrwerts für den Kunden in Form von Services.*

- Die hier genannten Fähigkeiten bestehen aus Funktionen und Prozessen, um Services während des Lifecycles zu managen.
- Der Wandel der vorhandenen Fähigkeiten und Ressourcen in werthaltige Services ist der Kern des Service Management.

Die offizielle Übersetzung in der deutschen Version der oben genannten Publikation ist etwas holpriger geraten, soll aber an dieser Stelle nicht unerwähnt bleiben:

> *„Service Management ist eine Reihe spezialisierter Fähigkeiten der Organisation zur Generierung eines Werts für Kunden in Form von Services" [ITIL® Foundation – ITIL® 4 German Edition, 2019].*

Es geht also vor allem darum, die vorhandenen Fähigkeiten und Ressourcen so zu managen, dass die Gestaltung der Services optimal auf die Anforderungen der Kunden ausgerichtet werden kann. Der Begriff „Service" wurde in ITIL® bisher wie folgt definiert:

> *A service is a means of delivering value to customers by facilitating outcomes customers want to achieve without the ownership of specific costs and risks. [Service Strategy, 2007]*

Das bedeutet übersetzt in etwa:

> *Ein Service liefert dem Kunden einen definierten Nutzen, ohne dass dieser für die spezifischen Risiken und Kosten der Serviceerbringung verantwortlich ist.*

In der aktuellen Literatur zu ITIL® 4 wurde lediglich der Begriff „delivering value" durch „enabling value co-creation" ersetzt. So soll die gemeinsame Verantwortung von Serviceprovider und Kunden für die Services in den Vordergrund gestellt werden. Außerdem wurde der Servicedefinition eine Definition für ein Produkt als Teil der bereitgestellten Services zur Seite gestellt. In Kapitel 3 gehe ich näher auf diese Gedanken ein.

1.2 Service, Prozesse und Menschen

Um IT-Leistungen als Services zu gestalten und zu vereinbaren, bedarf es entsprechender Prozesse. In häufig eher technisch orientierten und in Funktionen denkenden IT-Organisationen bedeutet das eine einschneidende Veränderung, die eine sehr gewissenhafte Vorbereitung und Planung erforderlich macht. Dieser Vorgang wird in Kapitel 7 im Praxisteil detailliert beleuchtet. Bei einer prozessorientierten Vorgehensweise werden Aufgaben nicht mehr allein innerhalb eines Fachbereichs betrachtet. Sie werden stattdessen organisationsübergreifend anhand von in Prozessen beschriebenen Aktivitäten bearbeitet und über Rollendefinitionen den Ressourcen aus den Organisationsbereichen zugeordnet (Bild 1.1).

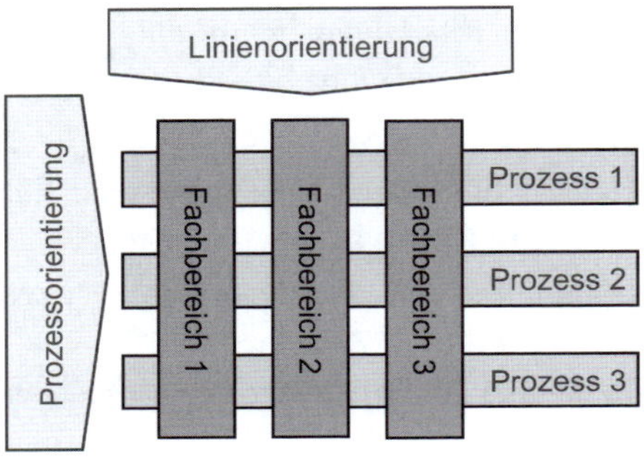

Bild 1.1
Linie versus Prozess

Der Reifegrad einer IT-Organisation ermittelt sich aus der Ausprägung verschiedener Aspekte bei der Planung und Umsetzung der Bereitstellung von IT-Services entsprechend der Anforderungen. Der Reifegrad wird häufig mit Hilfe etablierter Modelle wie zum Beispiel CMMI bestimmt. Die Ergebnisse können ein Ausgangspunkt sein, um die notwendigen Aktivitäten zu bestimmen, mit denen die Ziele der IT-Organisation durch eine prozessorientierte und an den Bedürfnissen der Kunden ausgerichtete Arbeitsweise erreicht werden können. Um den Reifegrad einer IT-Organisation bezüglich einer service- und prozessorientierten Arbeitsweise zu erkennen, empfiehlt es sich, die folgenden fünf Aspekte zu betrachten (Bild 1.2).

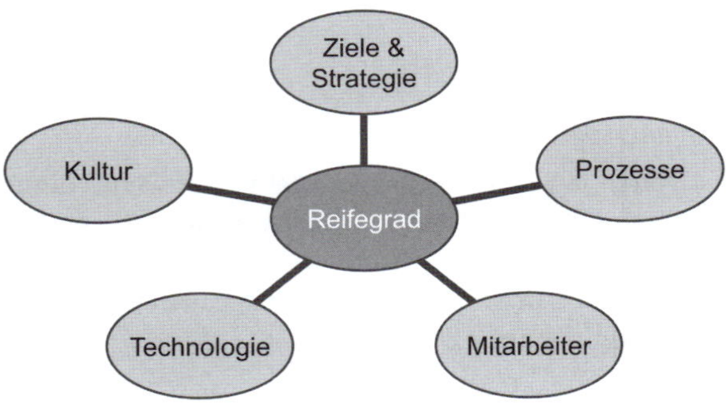

Bild 1.2
Aspekte des Reifegrads

Ziele und Strategie

Um zu wissen, welche Ergebnisse eine IT-Organisation unter welchen Rahmenbedingungen liefern muss, ist es entscheidend, die Ziele des Unternehmens zu kennen und daraus konkrete Ziele für die IT abzuleiten. Ziele müssen sich dabei auf den geschäftlichen Nutzen beziehen. „Wir wollen uns nach ITIL® ausrichten“ ist nicht ausreichend, auch wenn es bis heute von Verantwortlichen als Ziel genannt wird. Klassische Zielkategorien sind:

- Effizienzsteigerung
- Verbesserung der Servicequalität
- Erhöhung der Kundenzufriedenheit

Sinnvolle Ziele abzuleiten, sie konkret zu formulieren, im besten Fall emotional aufzuladen und messbar zu gestalten, ist die Basis erfolgreicher Veränderungen - nicht nur im IT-Service-Management.

Prozesse

Die Aktivitäten für Planung, Vereinbarung, Gestaltung, Betrieb und stetige Verbesserung der IT-Services werden in Prozessen beschrieben. In der einfachsten Form beschreibt ein Prozess die benötigten Inputs, die Aktivitäten zur Verarbeitung des Inputs und den erwarteten Output. Beeinflusst werden die Aktivitäten des Prozesses durch die Nutzung vorhandener Fähigkeiten und Ressourcen (Bild 1.3).

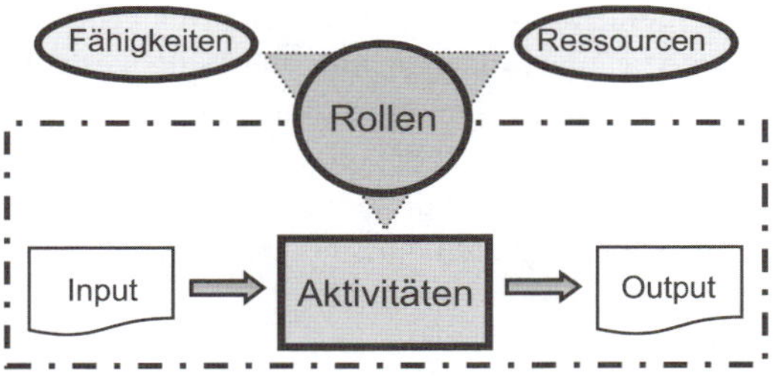

Bild 1.3
Einfacher Prozess

Neben Aktivitäten, Input und Output ist es von entscheidender Bedeutung, auch Rollen zu definieren, mit deren Hilfe die Ressourcen und Fähigkeiten der Fachbereiche den Aktivitäten innerhalb des Prozesses zugeordnet werden. Rollendefinitionen liefern Mitarbeitern klare Informationen darüber, was in der entsprechenden Rolle von ihnen erwartet wird. Definierte, dokumentierte, wiederholbare und gelebte Prozesse sind die Basis einer erfolgreichen Serviceerbringung. Sie orientieren sich an den Zielen der IT-Organisation und den Anforderungen des Unternehmens, welches die IT-Services beauftragt. Prozesse beschreiben Aktivitäten, Abhängigkeiten und Abläufe. Definierte Prozesse haben folgende Eigenschaften:

- Sie sind messbar (z. B. Kosten, Qualität).
- Sie liefern spezifische Resultate (individuell erkennbar, zählbar).
- Sie haben spezifische Abnehmer (intern oder extern, → Stakeholder).
- Sie reagieren auf spezifische Ereignisse (Trigger).

In der ITIL®-Literatur wird ein Prozess wie folgt definiert:

> *A process is a set of coordinated activities combining and implementing resources and capabilities in order to produce an outcome, which, directly or indirectly, creates value for an external customer or stakeholder. [Service Strategy, 2007]*

Das bedeutet sinngemäß übersetzt:

> *Ein Prozess besteht aus koordinierten Aktivitäten, die Ressourcen und Fähigkeiten nutzen, um ein Ergebnis zu erzeugen, das - direkt oder indirekt - einen Nutzen für Kunden oder Stakeholder erzeugt.*

Mitarbeiter

Die Mitarbeiter, also die beteiligten Menschen, sind es, die eine IT-Organisation ausmachen. Von deren Erfahrungen zu profitieren heißt, die Chance auf erfolgreiche Veränderungen zu maximieren. Bei geplanten Veränderungen reicht es also keinesfalls aus, sich mit dem Management in ein stilles Kämmerchen einzuschließen, neue Prozesse zu definieren und diese dann zu verkünden. Die Reaktion der Mitarbeiter darauf wird Ablehnung sein. Zu Recht.

Es heißt also, die Mitarbeiter vom ersten Moment an einzubinden und von deren Erfahrungen zu profitieren. Niemand kennt die Stärken und Schwächen des Unternehmens bzw. der IT-Organisation so gut wie die Mitarbeiter, die oft seit Jahren IT-Services erbringen. Hier gilt es, Ideen aufzunehmen und in die Gestaltung der Prozesse einfließen zu lassen. Darauf zu verzichten ist fahrlässig.

Nicht zuletzt gilt es auch, die Basis für die Akzeptanz der neuen oder veränderten Prozesse zu legen. Entscheiden Sie selbst, wo die Akzeptanz von Veränderungen größer sein wird: Bei gemeinsam erarbeiteten Ergebnissen mit breiter Beteiligung oder bei „Befehlen von oben“. Das bedeutet nicht, dass jeder machen soll, was er will. Es geht um konstruktive Beteiligung an einer zielorientierten Prozessdefinition entsprechend der individuellen Fähigkeiten, Erfahrungen und Interessen. Dieser Prozess lässt sich moderieren und entsprechend der Ziele steuern. Dazu später mehr.

Technologie

Es ist heute keine besonders neue Erkenntnis mehr, dass ein funktionierendes IT-Service-Management nicht mehr ohne die Unterstützung leistungsfähiger Tools auskommt. Es gilt also neben den richtigen Prozessdefinitionen auch die passenden Tools für die Erbringung dieser Services auszuwählen. Klassische Tools für das ITSM sind u. a.:

- Ticket-Tools für Incident-, Change- oder Problem-Management
- Service-Shops zur Auswahl definierter Leistungen (z. B. aus dem Service-Katalog)
- Wissensdatenbanken für Anwender oder Support-Teams
- Tools zur Speicherung von Konfigurationsdaten

Bei der Toolauswahl hat sich eine dreistufige Vorgehensweise als geeignet erwiesen: Zunächst werden die Prozesse auf einer hohen Abstraktionsebene definiert, sodass die gewünschten Ergebnisse erzielt werden können. Anschließend wird aus den definierten Prozessaktivitäten abgeleitet und dokumentiert, was unterstützende Tools leisten müssen, was wünschenswert wäre und welche Funktionalitäten nicht benötigt oder gar nicht gewünscht sind. Mit Hilfe dieser Kriterienliste werden die in Frage kommenden Tools bewertet und entsprechend der

Ergebnisse ausgewählt. Anschließend werden die Prozesse in Kenntnis der ausgewählten Tools weiter ausdifferenziert und im Detail beschrieben. Diese Vorgehensweise vermeidet unnötige Anpassungen an den ausgewählten Tools, da die Spezifikationen bei der Detaildokumentation der Prozesse bereits bekannt sind und berücksichtigt werden können. Letztlich geht es um das Zusammenspiel der Prozesse und der genutzten Werkzeuge und eine gute Balance aus Praktikabilität, Funktion, Sicherheit und Datenschutz. Viele etablierte ITSM-Werkzeuge sind in den vergangenen Jahren so gereift, dass deren Dokumentation der Grundkonfiguration auch als Hilfe bei der Gestaltung eigener Prozesse nützlich sein kann.

Es ist keine neue Erkenntnis mehr, dass Prozesse nicht allein mit einer Toolimplementierung eingeführt oder verändert werden können. Es gilt aber auch, dass Prozesse nur dann funktionieren können, wenn die notwendigen Aktivitäten optimal durch funktionierende Werkzeuge unterstützt werden.

> Die Einhaltung von Prozessen lässt sich nicht durch restriktive Toolkonfiguration allein erzwingen. Zu starre Vorgaben in den Werkzeugen führen im Gegenteil oft zu Behinderungen des Betriebs. Hier gilt es, die Toolkonfiguration, organisatorische Maßnahmen und die Schärfung des Bewusstseins der Mitarbeiter für die Wichtigkeit ihres Anteils am Prozess zu kombinieren. Die beste Quelle für die richtige Balance sind die Erfahrungen der Mitarbeiter. Fragen Sie sie, was sie für ihre tägliche Arbeit wirklich brauchen! ■

Nur wer den beteiligten Mitarbeitern Vertrauen schenkt und ihnen zutraut, ihre Rolle aus eigenem Antrieb so gut es gerade möglich ist zu erfüllen, kann erwarten, dass diese die Verantwortung übernehmen, eigenständig die besten Ergebnisse zu liefern.

Kultur

Eine prozessorientierte Vorgehensweise und horizontale Zusammenarbeit an einem gemeinsamen Ergebnis (Service) bedeuten einen Wandel in der Unternehmenskultur, da Aufgaben nicht mehr wie gewohnt innerhalb der Fachbereiche sondern linienübergreifend betrachtet und bearbeitet werden (Bild 1.1). Dieser Wandel trifft bei den Menschen häufig auf Ablehnung, da sie gewohntes Terrain verlassen müssen, um der neuen Arbeitsweise gerecht zu werden. Mit diesen Widerständen gilt es in Veränderungsprojekten umzugehen. Gelebtes und offen kommuniziertes Vertrauen in die Leistungsfähigkeit der Beteiligten und konsequente Übertragung von Verantwortung für die Ergebnisse dorthin, wo die Ergebnisse erzeugt werden, bilden die Basis. Als Konsequenz sollten beteiligte Mitarbeiter von Beginn an informiert und in Veränderungsprozesse eingebunden sein. Gezielte Weiterbildungsmaßnahmen und regelmäßige Feedbackrunden nehmen Kritik auf und tragen dazu bei, Widerstände abzubauen. Eine positive Fehlerkultur reduziert Ängste und fördert Innovationen und Umsetzungsgeschwindigkeit.

1.2.1 Generische Prozessmodelle

Bei der Gestaltung der Prozesse innerhalb der IT-Organisation können generische Prozessmodelle als Basis für eine konsistente Prozessbeschreibung nützlich sein. Sie werden verwendet, um den Aufbau der zu definierenden Prozesse auf abstrakter Ebene darzustellen. In einem generischen Prozessmodell wird also festgelegt, was in einer Prozessdefinition beschrieben werden muss. In der Regel werden in generischen Prozessmodellen die drei Ebenen *Prozesssteuerung, Prozess* und *Prozess-Enabler* unterschieden. Klassische Bestandteile eines generischen Prozessmodells und damit Aspekte zur Beschreibung von Prozessen sind:

- Prozesssteuerung
  - Prozessziel
  - Wichtige Erfolgsfaktoren und Kennzahlen
- Prozess
  - Input und Trigger
  - Aktivitäten
  - Output
- Prozess-Enabler
  - Fähigkeiten und Ressourcen
  - Rollen

Prozesssteuerung

Die erste Ebene *Prozesssteuerung* beinhaltet das Ziel sowie wichtige Erfolgsfaktoren und Kennzahlen. Das *Prozessziel* beschreibt, was dieser Prozess leisten soll. Warum gibt es diesen Prozess und was kann als Ergebnis erwartet werden? Um den Prozess steuern zu können, werden *wichtige Erfolgsfaktoren (Critical Success Factor, CSF)* definiert, die zur Erreichung des Prozessziels beitragen. Diese CSF werden oft auch als qualitative Ziele bezeichnet und beschreiben Faktoren, die für die Zielerreichung wichtig sind. Soll ein Prozess beispielsweise ein perfektes Menü liefern, so wären wichtige Erfolgsfaktoren der Geschmack der Speisen oder ein perfekter Service beim Servieren. Um zu erkennen, ob diese wichtigen Erfolgsfaktoren den Erwartungen entsprechen, werden messbare Größen, also *Kennzahlen (Key Performance Indicators, KPI)*, definiert. Diese KPI, oft auch als quantitative Ziele bezeichnet, ermöglichen es, konkret zu messen, ob der Prozess in der Lage ist, das Prozessziel zu erreichen. In unserem Beispiel müssten wir also eine Kennzahl für die Messung des Geschmacks finden. Das ist durchaus eine Herausforderung und entspricht den Hürden, die sich auch bei der Definition von Kennzahlen im IT-Service-Management ergeben. Mehr dazu in Kapitel 5.

Prozess

Die zweite Ebene, der eigentliche Prozess, beschreibt *Input und Trigger, Aktivitäten* und *Output* sowie in einigen Prozessmodellen (z. B. ITIL® 3) auch *Rollen* (In ITIL® 2 werden Rollen in der dritten Ebene angesiedelt). Der Prozess lässt sich anhand eines Ausspruchs, der eigentlich aus der Juristerei stammt, sehr plastisch beschreiben. Er wird Ambrose Gwinnet Bierce zugeschrieben und lautet:

> *„Ein Prozess ist eine Maschine, die man als Schwein betritt und als Wurst verlässt."*

„Das Schwein“ steht hier für den Input und verdeutlicht, dass der beste Prozess nichts wert ist, wenn der Input nicht den Anforderungen entspricht. Würde beispielsweise „eine Kuh“ in den Prozess eintreten, dann könnte dieser trotz aller Perfektion daraus keine Schweinewurst produzieren. Zudem werden die Aktivitäten beschrieben, um das „Schwein zu Wurst“ zu verarbeiten und gegebenenfalls wird beschrieben, was die beteiligten Mitarbeiter in jedem Prozessschritt leisten müssen (Rollenbeschreibung). Auch der Output muss spezifisch definiert werden. „Wurst“ ist nicht ausreichend und muss durch sinnvolle Attribute ergänzt werden. Output könnte z. B. sein: 10 kg Fleischwurst, 5 kg Leberwurst usw. Auch die Qualität der Wurstwaren müsste natürlich beschrieben werden.

Rollenbeschreibungen werden häufig mit Stellenbeschreibungen verknüpft, sind allerdings nicht einer spezifischen Person zugeordnet. Um zu beschreiben, welche Rollen an einem Prozess beteiligt sind, findet meist das RACI-Modell Anwendung.

- **R**esponsible: Verantwortlich für die Durchführung
- **A**ccountable: Rechtlich oder kaufmännisch verantwortlich (Genehmiger)
- **C**onsulted: Fachleute, die um Rat gefragt werden oder beteiligt sind
- **I**nformed: Erhält Informationen über den Verlauf bzw. das Ergebnis

Manchmal wird das Modell um zwei weitere Rollen erweitert und als RACI-VS bezeichnet:

- **V***erify: Prüft Ergebnisse gegen vereinbarte Akzeptanzkriterien*
- **S***ign-Off: Bestätigt das Ergebnis der Verifizierung*

Prozess-Enabler

Die dritte Ebene ist die der sogenannten Enabler, also der Faktoren, die einen Prozess tatsächlich zu einem lebendigen Teil der täglichen Arbeit werden lassen. Diese Enabler sind auf der einen Seite Ressourcen, welche zur Durchführung eines Prozesses benötigt werden. Das können sowohl technische Ressourcen als auch am Prozess beteiligte Personen sein. In unserem Beispiel könnten das die Maschinen zur Wurstproduktion und die Mitarbeiter sein, welche diese Maschinen bedienen. Auf der anderen Seite können Enabler auch Fähigkeiten sein, welche zur Prozessdurchführung benötigt werden. In unserem Beispiel könnten das die Fertigkeiten der Mitarbeiter oder das Wissen um die Produktion von Wurst sein.

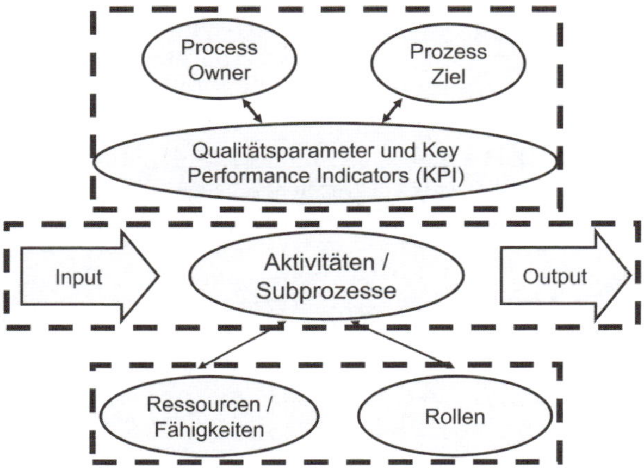

Bild 1.4
Generisches Prozessmodell (nach „The generic process model“); (Service Support, 2000)

1.2.2 Orientierung am geschäftlichen Nutzen

Um die richtigen Services in der erwarteten Qualität liefern zu können, benötigt die IT-Organisation Informationen über die Anforderungen und Erwartungen des Business an die IT-Services. Das gilt sowohl für interne IT-Abteilungen als auch für externe Dienstleister. Um die Kritikalität der Services erkennen zu können, muss die IT die Business-Treiber des Kunden (intern oder extern) kennen. Hierbei handelt es sich um Personen, Informationen und Aktivitäten des Kunden, die dazu beitragen, dass dieser seine Geschäftsziele erreicht.

Die IT-Organisation muss also zwingend eine enge Beziehung zum Business pflegen, um die Anforderungen nicht nur zu kennen, sondern sie auch zu verstehen und umsetzen zu können. Im besten Fall agiert die IT-Organisation hier gar als beratende Instanz bei der Bewertung der Geschäftsprozesse und der Ableitung von Anforderungen an die IT-Services. Eine Herausforderung bei der Ableitung der Anforderungen ist es, die Organisation des Kunden auf verschiedenen Ebenen zu verstehen. Nur so kann der beste Service für den jeweiligen Kunden gestaltet und bereitgestellt werden (Bild 1.5).

- *Strategische Ebene:* Welche Vorgaben gibt es vom Management? Welche Rahmenbedingungen und gesetzlichen Vorgaben gelten? Wie lautet die Unternehmensstrategie und welche Ziele lassen sich daraus für die IT-Organisation ableiten? Welchen Einfluss nehmen die Digitalisierung und andere externe Einflüsse auf die Ausrichtung des Unternehmens? Wie ändern sich dadurch die Anforderungen der Produktion und des Produkt-Designs an die IT?
- *Taktische Ebene:* Wie erlangen wir ein besseres Verständnis der Bedürfnisse verschiedener Benutzergruppen? Welche Aktivitäten müssen wir leisten, um die vereinbarten Ziele zu erreichen? Was bedeutet das für die Gestaltung der IT-Services? Wie verändert sich die Rolle der IT im Unternehmen und was bedeutet das für die Aktivitäten?
- *Operative Ebene:* Welche Anforderungen ergeben sich aus dem operativen Geschäft des Kunden? Was bedeutet das für den Betrieb von IT-Services auf operativer Ebene? Wie wird die anforderungsgerechte und benutzerfreundliche Gestaltung der Services sichergestellt? Wie müssen die Services betrieben werden?

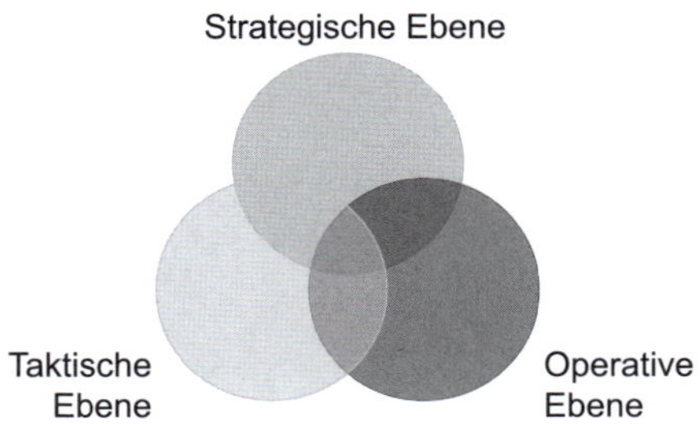

Bild 1.5
Rolle der IT – Betrachtungsebenen

1.3 Die neue Rolle der IT

Einfach bestehende Geschäftsanforderungen zu erkennen sowie sie schnell und zuverlässig zu erfüllen wird zukünftig nicht mehr ausreichen. Die IT hat sich zunehmend zu einem zentralen Erfolgsfaktor für die Geschäftsmodelle der Unternehmen entwickelt. In einer Welt der fortschreitenden Digitalisierung steigt der Druck der Unternehmen, veränderte Geschäftsmodelle zu entwickeln, um wettbewerbsfähig zu bleiben. Darüber hinaus haben Innovationen unabhängig von der Branche heute fast immer einen direkten Bezug zur Informationstechnologie. Selbst konservative Maschinenbauer erkennen zunehmend, dass es nicht mehr ausreicht, Maschinen zu verkaufen, die 30 Jahre halten und zuverlässig sind. Es gilt, der wachsenden Innovationskraft der Schwellenländer oder auch aus neuen Massenmärkten wie China etwas entgegenzusetzen.

Autonom fahrende Autos, die das bisherige Geschäftsmodell - Autos verkaufen - infrage stellen und Geschäftsmodelle wie „Transport von A nach B verkaufen“ ermöglichen, sind nur ein plakatives Beispiel für grundlegende Veränderungen etablierter Geschäftsmodelle. Ein weiteres Beispiel ist das durch Digitalisierung entstandene oder zumindest radikal erneuerte Prinzip der Plattformökonomie. Sie hat die Art wie Musik verkauft wird (iTunes), wie Hotels ihre Betten auslasten (*booking.com*) oder wie Warenhäuser funktionieren (Amazon) völlig auf den Kopf gestellt. Unternehmen, die darauf nicht reagiert haben, sind vom Markt verdrängt worden oder kämpfen mit sinkenden Marktanteilen.

Das stellt nicht nur neue Anforderungen bezüglich Geschwindigkeit und Zuverlässigkeit an die Unternehmens-IT, es verändert die Rolle der IT und die Bedeutung für den Unternehmenserfolg von Grund auf. Bisher war gefragt, die bestehenden Geschäftsprozesse durch Automatisierung zu unterstützen und die Anforderungen der Anwender bestmöglich zu erfüllen. Viele Unternehmen haben hier inzwischen - auch mit Hilfe der klassischen ITSM-Methoden, wie zum Beispiel ITIL® - große Fortschritte gemacht. Den Fokus auf den Service zu legen, also auf den Nutzen für die Anwender und das Unternehmen statt auf technische Komponenten, ist inzwischen zumindest theoretisch zum Allgemeingut geworden. Die Richtung stimmt, auch wenn die meisten Unternehmen noch viel Entwicklungspotenzial haben.

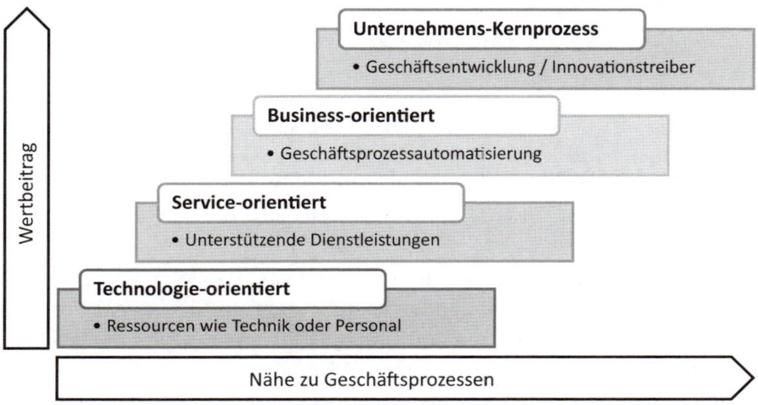

Bild 1.6 Entwicklung der IT

In Zukunft eröffnet sich eine weitere Dimension für die Unternehmens-IT: Sie wird weit über die Erfüllung definierter Anforderungen hinaus als Innovationstreiber im gesamten Unternehmen gefragt sein. Sie wird ein zentraler Bestandteil der Wertschöpfung sein und sich von ihrer unterstützenden Funktion immer weiter in Richtung Kernprozess des Unternehmens entwickeln. Statt bestehende Geschäftsmodelle zu unterstützen, wird sie ein wesentlicher Ideengeber für völlig neue Geschäftsmodelle sein.

Wenn die IT sich zukünftig tatsächlich kreativ mit neuen Ideen für das Geschäft, also Service-Innovation auch über die klassischen IT-Services hinaus befassen will, dann bedeutet das zunächst, die Basics zu beherrschen. Das sind die sichere, zuverlässige und wirtschaftliche Bereitstellung der vereinbarten Services und die anforderungsgerechte Umsetzung neuer und geänderter Anforderungen. Um das zu leisten, muss die IT die aktuellen Prozesse und Aktivitäten des Business detailliert kennen. Und sie muss wissen, welche Services für welchen dieser Geschäftsprozesse benötigt werden.

Konkret bedeutet das an vielen Stellen im IT-Service-Management eine Veränderung der Art zu planen, zu steuern, zu kommunizieren und zu arbeiten. Um den Bezug zu den etablierten IT-Service-Organisationen zu verdeutlichen, habe ich als Ordnungsstruktur für die notwendigen Veränderungen im ITSM die Lifecycle-Phasen aus der heute weitgehend etablierten und geläufigen ITIL®-2011-Edition gewählt.

	ITSM bisher	**ITSM heute & morgen**
Service-Strategie	– Inside out – Investitionszyklen – Unterstützungsfunktion	– Outside in – Innovationszyklen – Businessfunktion
Service-Design	– Technologiefokus – Prozesssicht – vertikale Sicht	– Anwender/Nutzenfokus – Kundensicht (z.B. Design Thinking) – horizontale Netzwerke
Service-Transition	– linear, Sicherheit – Wasserfall – manuell	– agil, Risiko – iterativ, DevOps – automatisiert
Service-Operation	– Verkäufermarkt – Standardisierung, Effizienz – Single/Insourcing	– Käufermarkt – Emotionen an Touchpoints – Multisourcing

Bild 1.7 Die neue Rolle der IT

1.3.1 Service Strategie

Outside in statt inside out

Aus der Sicht der Service-Strategie ändern sich zwei Dinge: Die Perspektive und der zeitliche Horizont. Klassisch wurde bisher mehr oder weniger offen aus Sicht der IT-Verantwortlichen nach Außen geschaut (Inside out). Bei der Strategieentwicklung ging es darum, die Dinge, die von der IT gut beherrscht wurden, zu etablieren. Das Service-Portfolio bestand aus eben diesen Leistungen. Aufgabe der Strategie war es, diese Leistungen den Kunden so darzustellen, dass sie genau diese brauchen und auch nutzen wollen. Inzwischen verändern die

Umwälzungen der Digitalisierung auch die Herausforderungen für die Unternehmen und ihre Produkte. IT spielt auch in bisher Non-IT-Produkten eine rasant wachsende Rolle. Sei es in der grundlegenden Funktionalität des Produkts (wie zum Beispiel in der Fotografie) oder bei den Vertriebswegen und den Formen, wie Produkte konsumiert werden (zum Beispiel in der Musikindustrie).

Orientierung an Investitionszyklen

Die IT ist gefragt, sich strategisch so aufzustellen, dass sie dazu als Innovationstreiber im Unternehmen einen substanziellen Beitrag leisten kann. Andernfalls wird sie austauschbar und früher oder später ihre Rolle einbüßen. Kürzere Innovationszyklen beeinflussen auch den zeitlichen Horizont der Strategieentwicklung. Klassisch richteten sich die Planungen für die Gestaltung der internen IT-Landschaft und die Schaffung neuer Services bisher oft an relativ langen Investitionszyklen aus. Bevor erneut in Veränderungen investiert wurde, mussten teure Investitionen etwa in Rechenzentren und Speichersysteme abgeschrieben werden. In absehbarer Zukunft geben die zwangsläufig kürzeren Innovationszyklen des Markts den Veränderungstakt der Unternehmen und damit auch der IT vor. Das wird allerdings auch deutlich erleichtert, weil der zunehmende Einsatz flexibler Cloud-Angebote teure Investitionen in eigene Infrastruktur ersetzt.

Die IT als Businessfunktion

Die Rolle der IT verändert sich von einer unterstützenden Funktion, die lediglich formulierte Anforderungen zuverlässig erfüllt zu einem Partner auf Augenhöhe mit direktem Einfluss auf die Kernprozesse des Unternehmens und die Produktinnovationen (vgl. Abschnitt 1.3).

1.3.2 Service Design

Fokus auf den Nutzen

Naturgemäß haben Spezialisten in der IT einen engen Bezug zur eingesetzten Technologie. Das führt bei der Gestaltung der IT-Services bis heute oft zu einer starken Technologielastigkeit. Natürlich ist Technologie ein zentraler Bestandteil funktionierender IT-Services, sie sollte jedoch Mittel zum Zweck sein und nicht Inhalt des Servicekatalogs für die Anwender. Nur wenn die Anwender verstehen, welchen Nutzen der angebotene Service ihnen bietet und was konkret im Ergebnis für ihre tägliche Arbeit herauskommt, werden sie die angebotenen Services akzeptieren und nutzen. Diese Anwender akzeptieren immer seltener Einschränkungen des tatsächlichen Nutzens aus technischen Gründen. Sie erwarten, dass die IT macht, was sie benötigen – so, wie sie es von den inzwischen zahllosen Apps für jede Gelegenheit heute gewohnt sind.

Prozesse folgen Servicebedürfnissen

Die IT muss sich darauf einstellen, indem schon beim Design der Services der Fokus deutlich in Richtung User Experience verschoben wird. Das hat auch zur Konsequenz, dass die IT die internen Prozesse künftig flexibler und auf die Anwender zugeschnitten gestalten muss. Service-Design-Thinking als Abwandlung des klassischen Innovationsbaukastens hat sich hier bereits in vielen Projekten bewährt. Bei der Gestaltung des ITSM bedeutet das, die Prozesse konsequent an den Ergebnissen für die Kunden auszurichten. Das mag selbstverständlich klingen, ist allerdings in Unternehmen, die sich an Service Management Frameworks orientieren manchmal etwas in Vergessenheit geraten. Situationen, in denen die definierten Prozesse zu negativen Erlebnissen der Benutzer führen können, sind dort bis heute keine Seltenheit. Diese Situationen sollten systematisch identifiziert und die entsprechenden Prozesse im Sinne der Services und der Benutzer modifiziert werden.

Horizontale Netzwerke

Eine wesentliche Veränderung ist allerdings keine technische, sondern eine kulturelle. Die Art der Zusammenarbeit in der IT und im gesamten Unternehmen wird sich drastisch wandeln. Noch heute dominieren fachliche Silos und klassische Hierarchien in vielen Unternehmensstrukturen. Zukünftig arbeiten fachübergreifende Teams in horizontalen Netzwerken gemeinsam an den Produkten des Unternehmens und am dafür nötigen IT-Service. Nur so lassen sich die Anforderungen an Geschwindigkeit, Innovationskraft und Nutzerorientierung erfüllen.

1.3.3 Service Transition

Iterativ statt linear

Als Konsequenz aus den neuen Anforderungen verändert sich auch die Art, wie Software beziehungsweise Services entwickelt und in den Betrieb überführt werden. Gerade in der Anwendungsentwicklung sind hier viele Unternehmen schon deutlich weiter als die Betriebsorganisation. Dort spielen iterative Herangehensweisen wie Scrum schon seit einiger Zeit eine zunehmende Rolle. Grundsätzlich verändert sich der Fokus bei der Entwicklung und Betriebseinführung von linearem und sicherheitsorientiertem Vorgehen zu einer agilen und risikobereiteren Arbeitsweise. Allerdings wird an dieser Stelle die Silostruktur von Betrieb und Entwicklung besonders deutlich: Trotz der Tendenz zu agiler Entwicklung ist die Verzahnung zum Betrieb oft vernachlässigt bis nicht vorhanden.

Herausforderungen für das Change-Management

Für den Change-Prozess bedeuten diese veränderten Arbeitsweisen eine große Veränderung. In den klassischen ITSM Frameworks steht im Change-Management immer der Schutz der Produktionsumgebung im Vordergrund. Der Grundgedanke ist, möglichst viele Sicherheitsnetze einzubauen, damit Veränderungen der Infrastruktur den Betrieb nicht beeinträchtigen. Das bedeutet mehr bürokratischen Aufwand und damit auch weniger Geschwindigkeit. Iterative Ansätze versuchen das Risiko nicht durch Governance, sondern durch Automatisierung und vor allem durch viele Veränderung in kleinen Schritten statt eines großen Changes zu begegnen. Der Vorteil ist, dass nach jeder Iteration Fehler erkannt, Kunden eingebunden und Erfahrungen gesammelt werden können, die dann bereits in der nächsten Iteration genutzt werden können. Die grundsätzliche Ausrichtung des Change- und Release-Managements wird sich dadurch deutlich verändern.

Nützlich im Umgang mit dieser Herausforderung können horizontale Herangehensweisen wie DevOps im Zusammenspiel mit Frameworks wie ITIL® sein. Sie binden alle Beteiligten von Beginn an in die Entwicklung ein und übertragen gemeinsame Ergebnisverantwortung.

Die technische DevOps-Komponente sorgt zudem durch durchgängige Automatisierung von Tests und Rollout für mehr Geschwindigkeit und bessere Kontrolle.

1.3.4 Service Operation

Die IT wird zum Käufermarkt

Die Marktmacht und die Möglichkeiten der Kunden, Leistungen auch ohne Unternehmens-IT zu beziehen, sind inzwischen deutlich gewachsen. Die IT muss zukünftig viel genauer auf die Wünsche der Nutzer eingehen und diese schnell in Services umsetzen. Seit den ersten Schritten der Unternehmens-IT hat sich der Einfluss der Anwender auf die IT deutlich verändert. Das Umfeld hat sich aus Marketingsicht von einem Verkäufer- zu einem Käufermarkt entwickelt. Zu Mainframe-Zeiten mussten die Anwender nehmen, was der IT-Spezialist ihnen zugestanden hat. Heute wenden sie sich innerhalb kürzester Zeit dem breiten Angebot flexibler, schnell zugänglicher und bezahlbarer Angebote aus der Cloud zu. Das führt nicht nur zu Problemen für die Wahrnehmung der IT im Unternehmen, sondern auch zu neuen Herausforderungen für Sicherheit, Governance und Compliance.

Eine Möglichkeit, dem zu begegnen, ist es, die IT nicht mehr nur als Anbieter eigener Leistungen, sondern als IT-Plattform innerhalb des Unternehmens auftreten zu lassen. Das Portfolio umfasst dann eine an den Bedürfnissen des Unternehmens ausgerichtete Mischung an eigenen und externen Leistungen sowie flexiblen Cloud-Angeboten, die permanent an den Bedarf der User angepasst und in den Unternehmenskontext eingefügt werden.

Emotionen an Touchpoints

Besonders im Support sind die klassischen Prozesse wie Incident-Management oder Request-Fulfillment bisher darauf ausgerichtet, die Anfragen und Störungsmeldungen der Anwender mit möglichst geringem Aufwand abzuarbeiten. Der Fokus lag also vor allem auf Effizienz. Zukünftig lassen sich Standardanfragen, also die große Masse, automatisiert bearbeiten.

Die Entwicklung der KI hat nach langen Jahren der Anlaufzeit heute einen Reifegrad erlangt, der einen weitgehend automatisierten 1st-Level-Support ermöglicht. Zumindest wird das in wenigen Jahren der Fall sein. Das bedeutet für den klassischen Service-Desk eine völlig neue Aufgabenstellung. Statt Masse abzuarbeiten wird es darum gehen, positive Emotionen an den Customer-Touchpoints zu erzeugen und so die Kunden an die IT zu binden.

1.4 ITSM und DevOps

Ein genauerer Blick auf ITIL® in Verbindung mit DevOps lohnt sich in jedem Fall. Etablierte Methoden können dabei helfen, die IT fit für die Digitalisierung im Zeitalter der globalen Vernetzung aller Produktionsfaktoren zu machen. Die Frage, ob man sich für klassische ITIL®-Prozesse oder agile Ansätze entscheiden sollte, stellt sich aus meiner Sicht nicht. Je nach Bedarf lassen sich Elemente aus beiden Ansätzen perfekt kombinieren. Ganz wie die Werkzeuge in einem guten Werkzeugkasten. Wichtiger als jede Methode und jedes Werkzeug ist es, die beteiligten Menschen von Beginn an in bevorstehende Änderungen einzubinden. Nur wenn die Akteure einen echten Nutzen erkennen, werden sie den Weg mitgehen und ihre wertvolle Erfahrung einbringen. IT-Organisationen entwickeln sich weiter und orientieren sich nicht mehr vornehmlich an technischen Faktoren. Stattdessen denken CIOs darüber nach, wie die bestehende IT den neuen Anforderungen gerecht werden kann. Dabei können auch die klassischen ITSM-Methoden wie ITIL® helfen. Dort wird das Zusammenspiel zwischen Betrieb und Entwicklung thematisiert und interessante Lösungsansätze für die Zusammenarbeit beschrieben.

Zum Beispiel werden in ITIL® 2011 Edition im Buch Service Operation die Funktionen des IT-Operation Management und des Application Management beschrieben. In beiden Funktionen ist eine wichtige Aufgabe, den Kontakt zu den Kunden zu halten und neue oder geänderte Anforderungen und Bedürfnisse zu erkennen. Ein wesentliches Ziel des IT-Operation Managements ist es, die bestehenden Services bei gleichbleibender Stabilität durch regelmäßige Überprüfungen und Anpassungen zu verbessern. Betrachtet man die Funktion Application Management, wird deutlich, dass bereits hier die Voraussetzungen für die Zusammenarbeit von Betrieb und Entwicklung (DevOps) geschaffen werden.

Bereits hier wurde eine enge Verzahnung von Entwicklung und Betrieb beschrieben und gefordert. Während des klassischen Application LifeCycle (Requirements - Design - Build&Test - Deploy - Operate - Optimize) sind an allen Aktivitäten beide Funktionen in unterschiedlicher Gewichtung beteiligt.

Zusätzlich ist in der ITIL®-Literatur eine direkte Schnittstelle des Application Management zum Service Design beschrieben, damit die Erfahrungen aus dem Betrieb frühzeitig in die Entwicklung einfließen können. Betrachtet man die wesentlichen Aktivitäten und Ziele dieser Funktion, so wird auch eine enge Verbindung zur Anwendungsentwicklung deutlich:

- Identifikation funktionaler Anforderungen an die Applikationen im Betrieb
- Unterstützung bei Design und Verteilung der Applikationen
- Unterstützung bei der kontinuierlichen Verbesserung durch direktes Feedback
- Identifizieren von Fehlern und deren schnelle Behebung
- Unterstützung bei Make-or-buy-Entscheidungen

Der Unterschied zu den heute diskutierten DevOps-Gedanken, auf die ich weiter unten noch detaillierter eingehe, ist im Wesentlichen der betrachtete Zeithorizont für notwendige Anpassungen. In den klassischen ITSM-Methoden wird der Grundsatz verfolgt, möglichst lange veränderungsfreie Betriebsphasen zu schaffen, um so die Geschäftsprozesse möglichst selten zu beeinträchtigen.

Heute spielen die Geschwindigkeit und Frequenz bei der Umsetzung neuer oder geänderter Anforderungen eine deutlich größere Rolle. Zudem wird der alte Grundsatz „mehr Veränderungen = weniger Stabilität" in den heutigen agilen Umgebungen in Frage gestellt. Grundlage ist die Annahme, dass die Änderungen durch die erhöhte Frequenz auch weniger komplex und damit besser kontrollierbar werden.

Können wir also auf Veränderungen verzichten und einfach mit den bereits etablierten Methoden ohne große Korrekturen weiterarbeiten? Nein, so einfach ist es nicht, aber es lassen sich dort wertvolle Hinweise und Erfahrungen zu diesem Thema finden. Sie vereinfachen die Zusammenarbeit und helfen, Missverständnisse aufzulösen und das Knirschen an der Schnittstelle zwischen Entwicklung und Betrieb zu reduzieren.

Themen, die in jedem Fall geklärt werden müssen, sind: Wer entscheidet eigentlich darüber, was wann in Betrieb geht? Wie ist die Schnittstelle zwischen Change-Management und Entwicklung gestaltet? Wie stellen wir sicher, dass Applikationen, die wir entwickeln, auch mit den vorhandenen Fähigkeiten und Ressourcen betreibbar sind? Wie können wir aus dem laufenden Betrieb Informationen für die Entwicklung identifizieren? Niemand ist näher am täglichen Erleben der Anwender als der Betrieb. Das ermöglicht es, wertvolle Informationen für die Service-Erbringung zu sammeln. Auf diese Weise können Wünsche und Bedürfnisse der Nutzer zu strukturierten Anforderungen aggregiert werden und sie bilden einen wertvollen Input für die Entwicklung neuer und die Verbesserung vorhandener Services.

Mit den steigenden Ansprüchen an dieses Zusammenspiel zwischen Entwicklung und Betrieb rücken Konzepte wie DevOps in den Blickpunkt. Sie sind gut dafür geeignet, vorhandene Schnittstellen zu verbessern. Derartige agile Vorgehensweisen behandeln schon in ihrer grundlegenden Ausrichtung den Umgang mit sehr dynamischen Umgebungen. Statt um starre Strukturen und Abläufe geht es um Tempo und das Management kontinuierlicher Veränderung. Klassische Methoden wie ITIL® bilden dafür einen gut geeigneten Rahmen, sozusagen die Leitplanken, zwischen denen sich Veränderungen abspielen.

Was ist DevOps

Eine Definition dieses Begriffs ist nicht einfach, denn es ist keine in sich geschlossene Methode im eigentlichen Sinne, sondern eine Philosophie für die Zusammenarbeit zwischen Entwicklung und Betrieb. Es geht einerseits um Prozessthemen, wie zum Beispiel den Grundsatz, den Betrieb möglichst früh und konsequent in die Entwicklung einzubinden. Andererseits geht es um technische Aspekte, wie zum Beispiel einen hohen Automatisierungsgrad bei Tests und Deployment. Die IT soll in die Lage versetzt werden, flexibler auf schnell veränderte Anforderungen und Rahmenbedingungen reagieren zu können. DevOps soll dazu beitragen, die Time-to-Market neuer Produkte und Services zu reduzieren, ohne die Servicequalität und die IT-Sicherheit zu beeinträchtigen.

Trotz neuer Herangehensweise müssen Changes weiterhin gewissenhaft geplant, getestet und in die Produktion integriert werden. Dabei helfen die klassischen ITSM-Methoden, die den Betriebsteams aus jahrelanger Erfahrung geläufig sind. Allerdings verschiebt sich eine wesentliche Grundannahme: Statt langfristiger Release-Zyklen von Monaten oder gar Jahren, soll ein kontinuierlicher Fluss kleinerer Veränderungen und Bugfixes geschaffen werden. Die Herausforderung dabei ist die organisatorische Umsetzung, denn die Bereiche Entwicklung und Betrieb sind in den meisten IT-Organisationen weit davon entfernt, eng zusammenzuarbeiten. Eine einfache Idee für den Einstieg sind gemischte Teams, welche die Verantwortung über den kompletten Lebenszyklus eines neuen Service oder einer Applikation von der Idee über Entwicklung, Deployment bis zur kontinuierlichen Verbesserung für die Benutzer erhalten. Bild 1.8 zeigt das Zusammenspiel von Entwicklung und Betrieb.

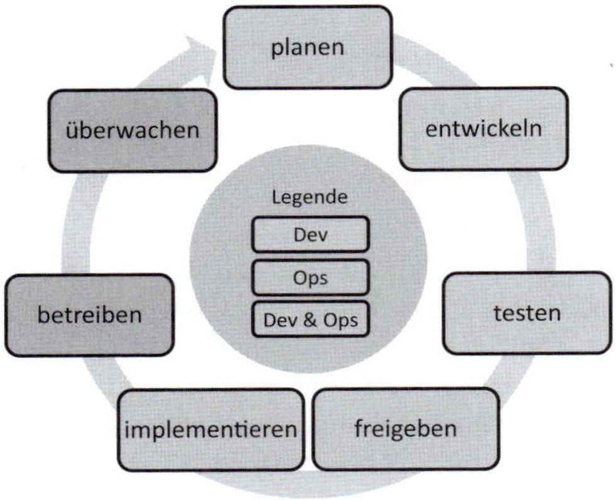

Bild 1.8 DevOps

Durch die engere Zusammenarbeit und die stärkere Fokussierung auf die Anforderungen der Nutzer ändern sich in der Konsequenz auch die Ziele und Kennzahlen für die beteiligten Teams. Anstelle der etablierten, oft technisch orientierten Kennzahlen für Entwicklung und Betrieb gilt es, Ergebniskennzahlen für die gemeinsamen Aktivitäten zu finden. Interessant für die Kunden können beispielsweise Messgrößen sein, die erfassen, wie lange es von einer Idee oder einer konkret formulierten Anforderung bis zum funktionierenden Service dauert. Wichtig bei der Definition gemeinsamer Kennzahlen sind dabei in erster Linie die Kundenorientierung und die teamübergreifende End-to-End-Verantwortung für die Ergebnisse.

Die beschriebenen Veränderungen sind eine Herausforderung sowohl für die Führungskräfte als auch für alle Beteiligten, die bisher nur sehr wenige Berührungspunkte zwischen den verschiedenen Teams hatten. Die Trennung zwischen Entwicklung und Betrieb hat sich inzwischen jahrzehntelang manifestiert. Der Großteil der heutigen IT-Spezialisten in beiden Welten hat das im gesamten Berufsleben nie anders kennengelernt. Es ist also kaum zu erwarten, dass sich diese Denkmuster von heute auf morgen einfach ohne große Anstrengung aufbrechen lassen, indem der Chef fröhlich über den Flur läuft und „DevOps“ oder „Jetzt ist alles agil“ ruft. Hier sind gut geplante Veränderungsprojekte gefragt, innerhalb derer die Menschen kontinuierlich begleitet, befähigt, motiviert und bei den anstehenden Neuerungen nicht allein gelassen werden.

Neben diesen organisatorischen und menschlichen Komponenten kommen hier die Prozesse ins Spiel. Sowohl die agilen Entwicklungsprozesse als auch die klassischen Servicemanagement-Prozesse müssen so gestaltet werden, dass sie teamübergreifend gelebt werden können. Noch wichtiger werden die gemeinsamen Prozesse, wenn der Betrieb nicht von den unternehmenseigenen Ressourcen, sondern von einem externen Dienstleister erbracht wird. Die Zusammenarbeit in den Prozessen ist hier zwar ähnlich (oder sollte es zumindest sein), es spielen jedoch zusätzlich vertragliche Aspekte eine Rolle. Und es werden mit der Überwachung und der Steuerung externer Partner neue Fähigkeiten von der IT verlangt.

1.5 Service als Prinzip

Seit Menschen in Gruppen zusammenleben, unterstützen sie sich in den unterschiedlichsten Ausprägungen. Sie erbringen sich gegenseitig Dienstleistungen – Service. Die ersten Dienstleistungen dienten vor allem dem Zusammenhalt und dem Schutz der Gruppe. Es ging um Nahrung, Verteidigung, Verbesserung der Lebensbedingungen. Im Verlauf der weiteren Zivilisation wurden daraus spezialisierte Berufe und Wirtschaftszweige. Mit dieser Entwicklung gewinnt auch der Begriff des Service weiter an Bedeutung.

Service als heterogener Begriff

In vielen Branchen werden Services als Zusatzleistungen zu Produkten oder anderen Dienstleistungen beschrieben, wie etwa der telefonische Support des Providers bei der Einrichtung eines neuen Mobiltelefons. In anderen Bereichen ist der Service ein fester Bestandteil der Leistung für den Kunden, wie beispielsweise im Restaurant. In wieder anderen Branchen, z. B. im Maschinenbau oder im Automobilhandel, verstehen die Akteure unter Service in der Regel Wartungs- und Reparaturleistungen nach dem Verkauf. In der IT wird häufig die komplette Leistungskette als Service verstanden und in der Medizin ist überhaupt nicht von Service die Rede, obwohl die Leistungen den Supportleistungen der IT enorm ähneln.

In jedem Kopf löst also der Begriff Service ein anderes Bild aus, was naturgemäß in der Zusammenarbeit und im Verständnis zu Missverständnissen führen kann. Diese Erkenntnis hat den einen oder anderen dazu veranlasst, die wahre Definition von Service zu finden. Es gibt zu diesem Thema eine Vielzahl von Arbeiten, z. B. „Service Business Development“ (Bruhn und Hadwich), „After Sales Service. Geschäftsbeziehungen profitabel gestalten“ (Pepels), „Handbook of Service Science“ (Maglio, Kieliszewski und Spohrer), „Industrielles Service Management“ (Casagranda).

Wissenschaft versus Praxiserfahrung

Die wissenschaftliche Auseinandersetzung mit diesem Thema ist sicher spannend und das Studium der Literatur ist sehr empfehlenswert. Gemeinsam sind wir in unserem Team allerdings zu der Erkenntnis gelangt, dass diese Definitionen in der Praxis oft nur begrenzten Nutzen haben. Statt die Gemeinsamkeiten der verschiedenen Definitionen zu betrachten, zu differenzieren oder Kritik an der einen oder anderen Definition zu üben, möchte ich hier einen anderen Weg der Betrachtung wählen.

Nähern wir uns dem Service aus dem Erleben in alltäglichen Situationen. Jeder von uns kennt Beispiele von gutem und schlechtem Service. Ohne dass wir eine klare Definition des Service bräuchten, bewerten wir in diesen Situationen den Service.

Den Friseurbesuch bewerten wir nicht nur nach der Qualität des Haarschnitts, sondern auch nach dem Ambiente, der Freundlichkeit des Personals oder der guten Tasse Kaffee während des Aufenthalts.

Eine Onlinebestellung bewerten wir nicht nur danach, ob die bestellte Ware pünktlich ankommt, sondern auch danach, wie einfach der Bestellvorgang war und ob unsere bevorzugte Bezahlmethode genutzt werden konnte.

In einigen Fällen lassen sich klare Qualitätsanforderungen formulieren z. B. Erreichbarkeiten oder Reaktions- und Lieferzeiten. In anderen Fällen machen wir gut oder schlecht am persönlichen Verhalten des Serviceerbringers fest z. B. wertschätzende Kommunikation, Eingehen auf persönliche Erwartungen, Freundlichkeit, Interesse etc.

So subjektiv diese Bewertung auch sein mag, so real ist die Wirkung. Kunden, die einen Service als schlecht empfinden, werden nach einem anderen, aus ihrer Sicht besseren Service Ausschau halten. Obgleich das im Business-to-Business-Bereich komplizierter ist als im Business-to-Customer-Umfeld, ist das Ergebnis am Ende das gleiche: Der Kunde ist verloren.

1.5.1 Sieben Serviceprinzipien

Wenn wir Service besser machen wollen, und besser heißt immer besser im Ergebnis für den Kunden, dann lohnt es sich, über den Tellerrand etablierter IT Service Management Frameworks hinaus zu blicken. Eine Möglichkeit, mit der ich in einer sich verändernden Welt gerade sehr gute Erfahrungen mache, ist es, die grundlegenden Prinzipien herauszuarbeiten, die einen guten Service ausmachen. Dieser Abschnitt soll einen kurzen Einblick in dieses Thema geben und würde in vollem Umfang den Rahmen dieses Buchs sprengen. Im Detail bespreche ich dieses Thema gemeinsam mit meinen Kollegen Dr. Roland Fleischer und Nico Kroker in dem Buch *„Service als Prinzip“* (Hanser Verlag, 2021).

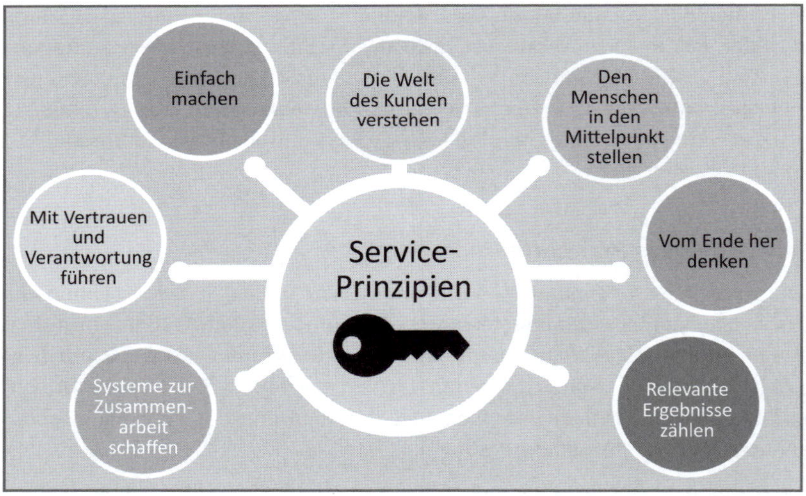

Bild 1.9 Service-Prinzipien

Das erste Prinzip: Die Welt des Kunden verstehen

Wer seinen Kunden wirklich guten Service liefern möchte, muss zuerst die Welt dieser Kunden sehr gut verstehen. Es gilt, Verständnis für die Abläufe und das Geschäft des Kunden zu erlangen, um daraus die konkreten Bedürfnisse und Erwartungen des Kunden an den Service abzuleiten. Mit diesem Verständnis gelingt es, die Wertschöpfung der Kunden durch Service zu verbessern. Grundlage dafür sind echte Erfahrungen und Kenntnis der Probleme und Potenziale des Kunden aus erster Hand. Die Mittel und Methoden dafür sind reichhaltig vorhanden und sollten konsequent genutzt werden. Einige Beispiele sind klassische Kundeninterviews, Praktika beim Kunden, die Entwicklung von Persona, der Value Proposition Canvas oder Service Design Thinking. Voraussetzung ist dabei immer ein möglichst direkter Austausch mit dem Kunden und aktives Zuhören bei allen Kundenkontakten. Der Dienstleister übernimmt so Verantwortung für das Ergebnis beim Kunden.

Das zweite Prinzip: Den Menschen in den Mittelpunkt stellen

Services werden von Menschen für Menschen erbracht. Daher ist der Mensch – vor Prozessen, Frameworks und Systemen – entscheidend für den Erfolg der Leistungserbringung. Untaugliche Mittel und Verfahren sind die Hauptursache für Ineffizienz und Mitarbeiterunzufriedenheit. Auf der anderen Seite sind soziale und emotionale Aspekte wichtig für die Akzeptanz des Service beim Kunden. Dabei geht es nicht um Perfektion, sondern um Tauglichkeit in der Wahrnehmung des Kunden. Konsequente Orientierung an den Bedürfnissen der Menschen erzeugt so eine Win-Win-Situation. Klassische Werkzeuge sind Vertrauen und Verantwortung in der Führung, Touchpoint Management oder Voice of the Customer

Das dritte Prinzip: Vom Ende her denken

Nur wer das Gesamtbild kennt, kann sicher jedes Puzzleteil an seinen Platz legen. Da jedes Service-Ereignis einmalig ist, müssen alle notwendigen Details der Leistungserbringung schon bei der Planung des gesamten Service berücksichtigt werden. Vom Ende her denken heißt sowohl Ziele und Ergebnisse der Serviceerbringung zu kennen als auch eine Vorstellung davon zu entwickeln, wie der Kunde die Leistung erlebt. Dadurch entsteht Klarheit in Bezug auf die Anforderungen an den Service, die Service-Organisation und ihre Prozesse sowie notwendige Maßnahmen. Dabei helfen Werkzeuge wie Enterprise Architecture, Servicearchitektur oder auch klassische Prozessmodelle wie ITIL® oder COBIT®.

Das vierte Prinzip: Relevante Ergebnisse zählen

Die Aufgabe eines Unternehmens ist es, Ergebnisse mit einem konkreten Nutzen für die Kunden zu erzeugen. Es ist dem Kunden gegenüber verpflichtet, diesen Nutzen nachzuweisen. Dazu ist es notwendig, den Nutzen messbar zu machen, um sinnvoll steuern zu können. Messbare Ergebnisse haben einen positiven Effekt auf die Zufriedenheit und Motivation der Servicemitarbeiter, da sie so erkennen, was sie erreicht haben und erreichen können. Das sorgt für bessere Services, weil sichtbar gemacht wird, was noch nicht optimal ist, und Optionen zur Verbesserung identifiziert werden. Die klassischen Werkzeuge zur Operationalisierung sind Kennzahlensysteme und Reporting, Servicecontrolling und Prozess-Management.

Das fünfte Prinzip: Systeme zur Zusammenarbeit schaffen

Systeme und Strukturen ermöglichen es, Aufgaben unabhängig von Einzelnen nachvollziehbar, wiederholbar und steuerbar zu etablieren. Das verbessert die Effizienz und ist darüber hinaus Voraussetzung für sinnvolle Automatisierung. Dazu muss zunächst Zusammenarbeit im Team und über Teamgrenzen hinweg organisiert und anschließend systematisiert werden. Die Kombination verschiedener Fähigkeiten und Erfahrungen über Fachgrenzen hinweg erzeugen bessere Ergebnisse als die isolierte Arbeit, Silos und klassische Hierarchien.

Das sechste Prinzip: Mit Vertrauen und Verantwortung führen

Besonders im Service ist es wichtig, dass Mitarbeiter, die den Service leisten, ihre Aufgaben kennen und Verantwortung übernehmen. Das beinhaltet die Verantwortung für das Ergebnis sowie für das Kundenerlebnis. Gelingen kann das nur durch Klarheit in der Verantwortungsübergabe und durch gelebtes Vertrauen in die Leistungen der Mitarbeiter. Dazu gehört auch eine Kultur der Ergebnis-Checks im Sinne eines zielgerichteten und wertschätzenden Feedbacks, welches der stetigen Verbesserung der Leistungen und des Kundenerlebnisses dient. Vertrauen wächst mit der Verbindlichkeit in der Verantwortungsübergabe und Kunden erleben es als Verbindlichkeit, wenn Mitarbeiter in der Service-Erbringung Verantwortung übernehmen und Entscheidungen treffen. Die Mitarbeiter erleben ihre Verantwortung als Freiheit und Feedback als Wertschätzung. Klassische Werkzeuge sind ergebnisorientierte Aufgabenbeschreibungen oder eine Kultur aus systematischen Ergebnis-Checks und Feedback.

Das siebte Prinzip: Einfach machen

Meist machen wenige Varianten den Großteil der Aufgaben aus. Es ist besser, diese gut zu machen, als alle Varianten abzubilden und dafür die häufig anfallenden Aufgaben unnötig umständlich zu machen. Je einfacher Service gestaltet wird, desto weniger fehleranfällig, leichter zu nutzen, zu steuern und zu automatisieren ist dieser. Einfach machen bedeutet aber auch, mit kleinen Schritten zu starten, die Wirkung zu beobachten und bei Bedarf Korrekturen und Erweiterungen vorzunehmen. Geschwindigkeit geht hier vor Vollständigkeit. So kommt die Organisation schnell ins Handeln und kann aus den Erfahrungen lernen. Klassische Werkzeuge in diesem Umfeld sind Top-Ten-Analysen und die Anwendung des Pareto-Prinzips, aber auch iterative (agile) Vorgehensweisen wie SCRUM oder DEVOPS.

2 IT Infrastructure Library (ITIL®)

2.1 Herausforderungen für ITIL® in der Praxis

In der sekundären Literatur zum Thema ITIL® (IT Infrastructure Library) findet man immer wieder den Satz „ITIL® beschreibt nur WAS, aber nicht WIE". Einmal abgesehen davon, dass die Autoren der ITIL® 4 zumindest versuchen, auf beide Fragen eine Antwort zu liefern: Ich kann es nicht mehr hören. Man hat das Gefühl, dass hier einer vom anderen immer und immer wieder abschreibt.

Es ist richtig: ITIL® beschreibt nicht jeden einzelnen Arbeitsschritt, der nötig ist, um die Serviceprozesse optimal zu gestalten. Und man kann auch nicht die ITIL®-Literatur hernehmen und sie eins zu eins als Prozesshandbuch nutzen. Aber wie denn auch? ITIL® versucht, Erfahrungen und Bewährtes zu beschreiben und so Hinweise zu geben, welche Aspekte bei der Gestaltung der IT-Services wichtig sind. Wie soll es möglich sein, Details zu beschreiben, solange man sich nicht auf eine Branche, ein Unternehmen oder auch nur eine Unternehmensform beschränkt?

In der neuen Struktur der ITIL® 4 versuchen die Autoren ein wenig mehr Details zur Umsetzung zu liefern und unterscheiden zwischen dem Service Value System, mit Hinweisen darauf, was getan werden sollte, und den Practices, in denen beschrieben wird, wie es umzusetzen sein könnte.

Es bleibt auch mit der ITIL® 4 dabei: ITIL® ist kein Allheilmittel und lässt sich auch nicht auf die Schnelle „einführen". ITIL® ist sehr wohl ein nützliches und hervorragendes Werkzeug, das mir schon in vielen Projekten sehr gute Dienste erwiesen hat. Allerdings bleibt es ein Werkzeug – die Detailarbeit der Gestaltung nimmt es niemandem ab.

Ich denke, das ist auch schon das größte Missverständnis um die IT Infrastructure Library. Immer wieder höre ich von Kunden, sie würden gerne „ITIL®-konform" sein. Wenn ich nach den Zielen des anstehenden Projekts frage, dann heißt es: „ITIL® einführen." Solche Projekte sind zum Scheitern verurteilt, denn es kann niemals ein sinnvolles Ziel sein, lediglich ein bestimmtes Werkzeug zu nutzen. Wenn Sie ein Loch bohren wollen, wie messen Sie den Erfolg? Daran, welche Bohrmaschine Sie benutzt haben oder am richtigen Durchmesser und der richtigen Tiefe des Lochs an der richtigen Stelle?

Was also tun? Formulieren Sie klare Ziele. Wie das genau geht, dazu mehr in den Kapiteln 5 und 6. Nur so viel vorab: Überlegen Sie sich genau, was Sie erreichen wollen. Müssen Sie die Kosten senken? Die Transparenz erhöhen? Wollen Sie marktkonform arbeiten?

Die Qualität der Services erhöhen? Oder wollen Sie die Zusammenarbeit in Ihren Teams verbessern und den Akteuren mehr Verantwortung für die Ergebnisse übertragen? Sehr gut! Formulieren Sie Ihre Ziele und machen Sie sie messbar. Denn nur dann können Sie nach der Umsetzung feststellen, ob Sie bei der Realisierung erfolgreich waren oder nicht.

2.2 ITIL® im Überblick

Seit vielen Jahren hat sich ITIL® als ein De-facto-Standard für das IT-Service-Management etabliert. Dabei will ITIL® genau das eigentlich gar nicht sein. Der Best-Practice-Ansatz verfolgt das Ziel, Erfahrungen aus der Welt des IT-Service-Managements aufzuschreiben, sie zu generalisieren und bei Bedarf auch durch Erfahrungen aus anderen Bereichen, wie der Wirtschaft oder der Wissenschaft, zu ergänzen. Verantwortliche sollen die Möglichkeit bekommen, das Rad nicht bei jeder Veränderung in der IT-Organisation neu erfinden zu müssen, aus Fehlern anderer zu lernen und so bei der Gestaltung der Serviceprozesse effizienter vorgehen zu können.

Die Informationstechnologie hat sich in den vergangenen Jahren immer schneller zu einem wesentlichen Erfolgsfaktor für das Geschäft fast aller Unternehmen und zu einem kritischen Faktor für funktionierende Geschäftsprozesse entwickelt. Nicht oder mangelhaft funktionierende IT-Services führen heute in der Regel zu unmittelbaren Produktionseinbußen und somit zu finanziellen Verlusten oder auch zu erheblichen Imageschäden. ITIL® Version 3 trug im Jahr 2007 dieser Entwicklung Rechnung und lieferte besonders im Buch *Service Strategy* Wissen und Methoden für die Ausrichtung der IT-Services an den Zielen des Unternehmens. ITIL® nimmt seitdem unter anderem auch Bezug auf unterschiedliche Providertypen und verbreitete Sourcing-Strategien sowie auf die wettbewerbsfähige Gestaltung der IT-Services.

Eine wichtige Zielsetzung der ITIL® ist es, die Services optimal auf die Anforderung aus dem Business abzustimmen und regelmäßig auf optimale Unterstützung der Geschäftsprozesse zu überprüfen. Ging diese Intention in den früheren ITIL®-Versionen noch häufig unter oder wurde sie aus verschiedenen Gründen nur sehr bedingt beachtet, rückt sie seit der Version 3 deutlich in den Vordergrund.

In dem Buch *Service Strategy* werden fast ausschließlich Themen behandelt, in denen es um die Identifizierung des Markts und der Kundenanforderungen, die Gestaltung der Serviceorganisation und um die Entwicklung einer adäquaten Strategie zur Erfüllung dieser Anforderungen geht. Das Buch *Continual Service Improvement* behandelt die regelmäßige Überprüfung der gelieferten Services auf Anpassungsbedarf in Bezug auf die Kundenanforderungen.

Im Jahr 2011 wurde die ITIL® 3 erneut überarbeitet und trug seitdem den Namen ITIL® Edition 2011. Die grundlegenden Prinzipien und die zentralen Aussagen haben sich auch in der überarbeiteten Version nicht verändert.

In der aktuellen Version ITIL® 4 steht der gemeinsam erzeugte Nutzen der Services für die Kunden noch deutlicher im Vordergrund. Sieben Prinzipien und vier Dimensionen des Service Managements bilden den Rahmen für das Service Value System, mit Hilfe dessen Wertströme für die Befriedigung konkreter Kundenbedürfnisse erzeugt werden und 34 Management Practices die Details zur Umsetzung beschreiben.

Es sei mir gestattet, auch jenes zu beschreiben, was nicht Ziel der ITIL® ist. Immer wieder bekomme ich in der Beraterpraxis zu hören, ITIL® würde ja gar nicht funktionieren und es würden ja noch so viele Fragen offen bleiben. Deshalb sei noch einmal gesagt: ITIL® hat nicht den Anspruch, allumfassend alle Probleme dieser Welt oder auch nur des IT-Service-Managements zu lösen. Der Ansatz „ITIL® implementieren und alles wird gut" hat nie funktioniert und wird sicher auch nie funktionieren. ITIL® wird es beispielsweise niemandem abnehmen können, klare Ziele für die IT-Organisation, orientiert an den Zielen des Business zu definieren. „ITIL®-konform sein" als Ziel kann, wie bereits erwähnt, nicht genügen. Mit ITIL® lassen sich auch Unternehmensziele nicht operationalisieren, Mittel und Möglichkeiten dazu werden später in diesem Buch - insbesondere in den Kapiteln zu Kennzahlen, der Balanced Scorecard und zur praktischen Umsetzung - beschrieben.

2.3 ITIL®-Versionen in diesem Buch

Dieses Buch dient seit der ersten Auflage aus dem Jahr 2008 in vielen Unternehmen als Nachschlagewerk, Ratgeber und Grundlage für die Einarbeitung neuer Mitarbeiter in das Thema Service Management. Deshalb habe ich mich dazu entschlossen, neben der aktuellen ITIL® 4 auch die ITIL® Edition 2011 etwas verkürzt in einem eigenen Kapitel im Buch zu belassen. In diesem Kapitel möchte ich einen kurzen Einblick in beide Versionen geben. Die Details folgen in Kapitel 3 zur aktuellen Version ITIL® 4 sowie in Kapitel 4 zur wohl immer noch in der Praxis der Unternehmen am weitesten verbreiteten ITIL® Edition 2011.

2.3.1 ITIL® Edition 2011

Nach der grundlegenden Überarbeitung der ITIL®-Literatur, die im Jahr 2007 in die ITIL® Version 3 mündete, wurden die Erfahrungen mit dieser Urversion gesammelt, die Bücher einem Review unterzogen und im Jahr 2011 eine überarbeitete Version veröffentlicht, die ITIL® Edition 2011.

Besonders im Kapitel Service Strategy gab es einige Veränderungen, die zu mehr Klarheit und noch besserem Verständnis beitragen sollten. Die wesentlichen Aspekte der Überarbeitung sind auf die Gesamtliteratur bezogen:

- Konsistente Struktur und Terminologie der fünf Bücher.
- Grafiken und Schaubilder wurden überarbeitet.
- Einzelne Prozesse wurden im Detail überarbeitet.
- Die Schnittstellen innerhalb des Lifecycle werden klarer beschrieben.

Mit der Version 3 erhielt die ITIL®-Literatur eine komplett neue Struktur, die auch für die Edition 2011 weitgehend beibehalten wurde. Statt wie in den älteren Versionen thematisch und anhand der beschriebenen Prozesse strukturiert, orientierte sich die Literatur seit der Version 3 an einem IT-Service Lifecycle. Der Service Lifecycle beschreibt den Lebenszyklus des IT-Services von der Erfassung der Anforderung über die Gestaltung, Implementierung und den Betrieb bis hin zur kontinuierlichen Anpassung der Servicequalität und letztlich der Außerbetriebnahme. Im Mittelpunkt stand also nicht mehr der Prozess als solcher, sondern der zu liefernde Service. Das führte dazu, dass sich die Literatur deutlicher am täglichen Betrieb der Serviceerbringung orientierte und Serviceprovider sich so leichter wiederfanden. Diese grundlegende Struktur wurde auch in der Edition 2011 beibehalten.

ITIL® Service Management – „Core Guidance“

Der Kern Literatur besteht aus fünf Büchern:

- Service Strategy
- Service Design
- Service Transition
- Service Operation
- Continual Service Improvement

Ergänzt werden sie durch einen weiteren Band mit dem Titel „Introduction to the ITIL® Lifecycle“. Die Inhalte der fünf Kernbücher werden in Kapitel 4 detailliert beschrieben.

2.3.1.1 Die Prozesse im Überblick

Bild 2.1 liefert einen ersten Überblick darüber, welche Prozesse in der ITIL® Edition 2011 beschrieben werden und wie diese Prozesse den Kernbüchern des Service Lifecycle zugeordnet sind. Alle Prozesse werden in den nachfolgenden Abschnitten detailliert beschrieben.

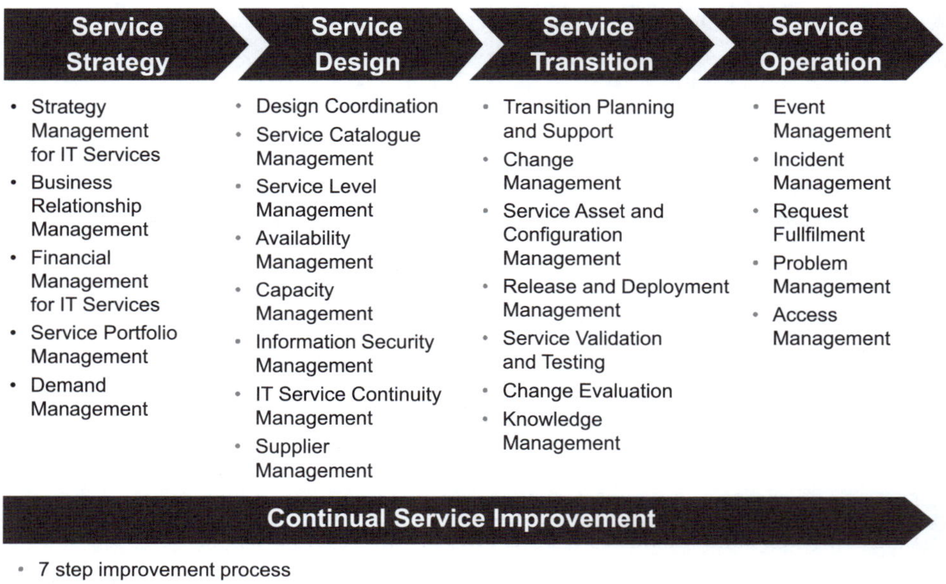

Bild 2.1 Die ITIL®-Prozesse im Überblick

Wichtig für das Verständnis der Struktur ist, dass durch die Orientierung am Lifecycle einige Prozesse in mehreren Büchern eine Rolle spielen. Insbesondere im Buch *Service Operation* werden viele Aktivitäten aus Prozessen anderer Bücher referenziert, um die Services entsprechend konkreter Vorgaben betreiben zu können.

2.3.1.2 Der Service Lifecycle

Ohne eine klare Struktur ist IT-Service-Management kaum mehr als eine Sammlung von Beobachtungen, Verfahren und teils widersprüchlichen Zielsetzungen. Die Struktur des Service Lifecycle bildet einen organisatorischen Rahmen für die Aktivitäten des IT-Service-Managements. Während die Prozesse beschreiben, wie Dinge bearbeitet werden und sich verändern, zeigen Strukturen wie der Service Lifecycle in Bild 2.2 die Zusammenhänge bei der Gestaltung des IT-Service-Managements.

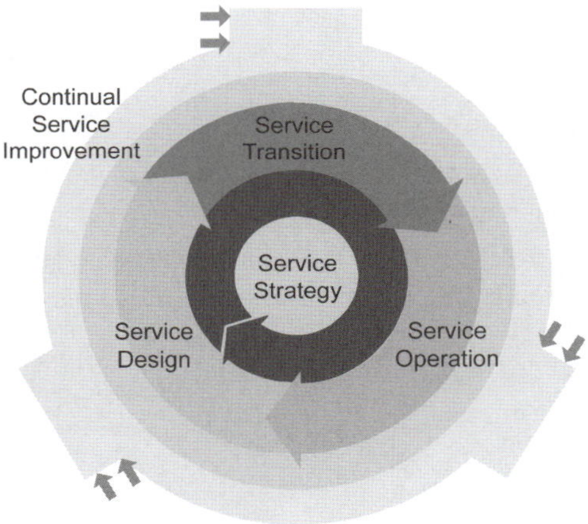

Bild 2.2
Service Lifecycle [Service Design, 2007]

Strukturen wie der Service Lifecycle bilden die Basis für die Verhaltensmuster der Mitarbeiter im Unternehmen bzw. in der IT-Organisation. Diese Verhaltensmuster beeinflussen den Umgang mit Ereignissen in der Serviceerbringung und somit auch die Qualität und vor allem Kontinuität der IT-Services. Strukturen ermöglichen es also, gezielt aus Erfahrungen zu lernen, Verbesserungen zu identifizieren und diese durch konkrete Maßnahmen umzusetzen.

2.3.1.3 Die Kernelemente des Service Lifecycle

Service Strategy

- Bildet den Ausgangspunkt für alle Aktivitäten des Service Lifecycle und bietet Unterstützung und Anleitung für Design, Entwicklung und Implementierung von Service Management als Fähigkeit einer Organisation und als strategisches Asset.
- Behandelt die Ausrichtung von Business und IT und stellt sicher, dass jede Stufe des Service Lifecycle am Business orientiert ist.
- Definiert Ziele und identifiziert Chancen und Möglichkeiten für die Gestaltung neuer IT-Services.
- Betrachtet Kosten und Risiken des Service-Portfolio und dessen Erbringung.

Service Design

- Setzt die Vorgaben aus Service Strategy um und liefert Vorgaben und Vorlagen für die Erstellung adäquater und innovativer IT-Services.
- Betrachtet sowohl die Gestaltung neuer und veränderter Services als auch der Service-Management-Prozesse.
- Kernthemen sind der Service-Katalog, Capacity, Continuity und Service Level Management.

Service Transition

- Stellt eine Anleitung und Prozessaktivitäten für den Übergang der Services in die Business-Umgebung bereit.
- Behandelt auch Themen wie Veränderungen der Unternehmenskultur, Wissens- und Risikomanagement.

Service Operation

- Betrachtet das tägliche Geschäft des Servicebetriebs.
- Behandelt die effektive und effiziente Lieferung bzw. Unterstützung von Services mit dem Ziel, Mehrwert für Kunden und Service Provider zu erzielen.
- Beinhaltet neben den klassischen Prozessen wie Incident oder Problem Management auch Themen wie Application Management und Technical Management sowie die Messung und Steuerung von Prozessen und Funktionen.

Continual Service Improvement (CSI)

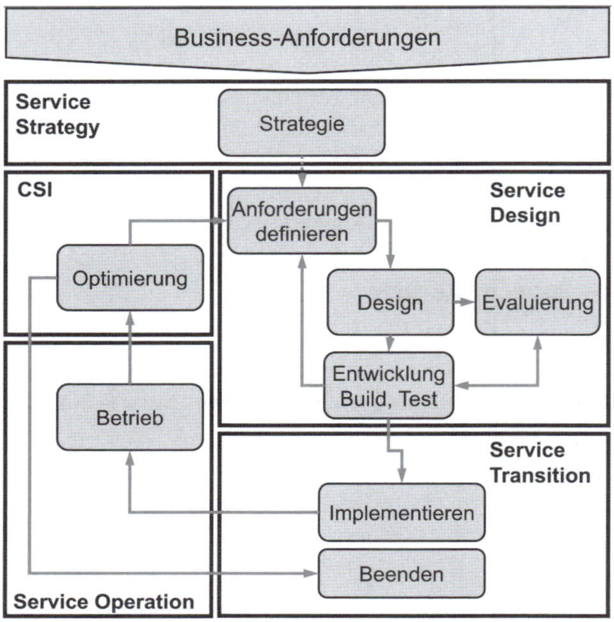

Bild 2.3
Zusammenspiel im Lifecycle

- Grundlegende Unterstützung und Anleitung zur Erzeugung und Erhaltung von Mehrwert für den Kunden durch die kontinuierliche Verbesserung von Service Design, Service Transition und Services Operation.
- Es werden Methoden des Qualitätsmanagements, Change Management und Capability Improvement kombiniert.

Den konkreten Zusammenhang zwischen den Kernelementen des Lifecycle illustriert Bild 2.3.

2.3.1.4 Struktur des Lifecycle und der Prozesse

Um die unterschiedlichen Aufgaben der Elemente des Service Lifecycle besser zu veranschaulichen, können diese in zwei Typen gegliedert werden. Die *Governance Elements* beinhalten die Aktivitäten, um die Services an den Anforderungen des Business und des Markts auszurichten und diese kontinuierlich an neue Herausforderungen und Vorgaben anzupassen. Sie beeinflussen den kompletten Service Lifecycle und nutzen Informationen aus allen Prozessen des Lifecycle:

- Service Lifecycle Governance Elements
  - Service Strategy
  - Continual Service Improvement

Die *Operational Elements* beschreiben alle Aktivitäten zur Gestaltung, Implementierung und zum Betrieb der Services entsprechend der Anforderungen des Kunden:

- Service Lifecycle Operational Elements
  - Service Design
  - Service Transition
  - Service Operation

Die Prozesse des Lifecycle werden zwar einzelnen Büchern zugeordnet, lassen sich jedoch nicht isoliert in der jeweiligen Phase des Lifecycle betrachten. Die Sicht auf den Service, statt auf einzelne Prozesse, bedingt eine Verteilung der Aktivitäten auf mehrere Phasen oder auch über den kompletten Lifecycle (Bild 2.4).

Eine Sonderrolle nehmen die Aktivitäten des Continual Service Improvement ein, die trotz isolierter Darstellung eine zentrale Rolle in allen Phasen des Lifecycle spielen. Jeder Prozessverantwortliche trägt auch Verantwortung für die kontinuierliche Verbesserung des jeweiligen Prozesses und dessen Output. Für die wirkungsvolle Durchführung von Aktivitäten wie Messung, Reporting und Serviceverbesserung wird für die Phase des Continual Service Improvement die aktive Mitarbeit aus allen Phasen des Lifecycle benötigt.

Der Prozess Service Strategy for IT Services liefert Vorgaben, abgeleitet aus der Unternehmensstrategie, und ein definiertes Serviceportfolio, welches den Marktanforderungen sowie den Fähigkeiten der IT-Organisation entspricht. Die Qualität und die Quantität der definierten und vereinbarten Services werden entsprechend des Kundenbedarfs festgelegt und kontinuierlich angepasst (Demand Management). Kostenmodelle für die Verrechnung werden entsprechend des Werts der Services festgelegt und es wird kontinuierlich die Wirtschaftlichkeit der Services überprüft (Financial Management).

Die Prozesse aus der Phase des Service Design definieren im Detail, welche Services in welcher Weise erzeugt werden und wie die einzelnen Prozesse des Service Design sowie auch aus anderen Phasen des Lifecycle zum Service Design beitragen (Design Coordination). Sie nehmen so erheblichen Einfluss auf alle operativen Phasen des Lifecycle. Der Servicekatalog wird entsprechend der Vorgaben aus dem Service-Portfolio Management (SPM) erzeugt, Service Level Agreements werden definiert und vereinbart und die Services werden entsprechend des Bedarfs gestaltet und dimensioniert (Capacity Management, Availability Management, IT-Service Continuity Management, Information Security Management).

In Bild 2.4 wird deutlich, dass einige Prozesse - ausgehend vom Service-Strategy-Prozess - eine Rolle über alle Phasen des Lifecycle spielen. Security Management ist hier ein zentraler Prozess, da die Vorgaben an die IT-Sicherheit während des kompletten Lifecycle umgesetzt und nachgewiesen werden müssen. Denn zur korrekten Erbringung von Services gehören selbstverständlich auch die vereinbarten Aspekte bezüglich der IT-Sicherheit. Die Basis für alle Aktivitäten des Lifecycle bilden die Informationen zur Infrastruktur im Configuration Management System (CMS), welche im Prozess *Service Asset and Configuration Management* erfasst und bereitgestellt werden, während alle Veränderungen über den gesamten Lifecycle im Change-Management-Prozess gesteuert werden.

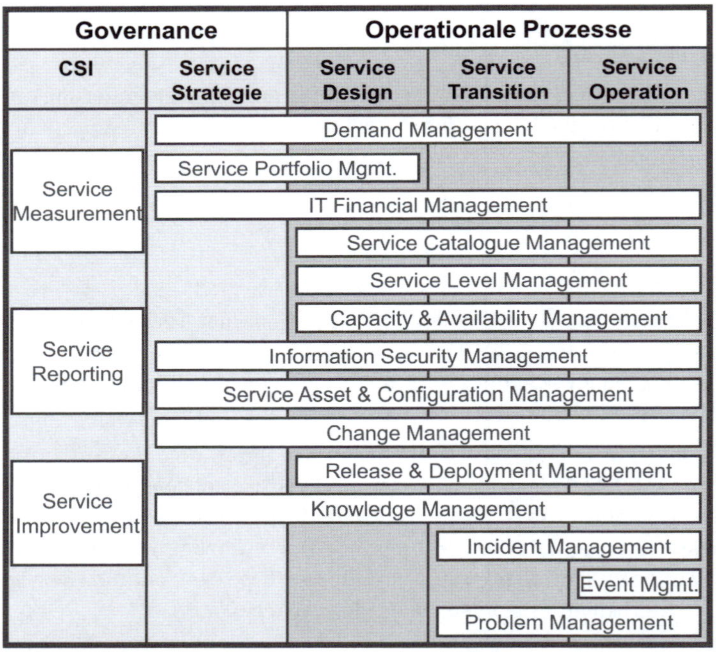

Bild 2.4 Einfluss zentraler Prozesse im Lifecycle

Ein aus meiner Sicht sehr wichtiger Aspekt ist die Einbeziehung von Service Operation bereits in den vorhergehenden Phasen des Lifecycle, mindestens jedoch im Service-Transition-Prozess. So wird vermieden, dass Services ausgerollt werden, die nicht oder nur schwer betrieben werden können. Zudem ist sichergestellt, dass Services nicht ohne Wissen und im besten Fall nicht ohne Zustimmung der Support-Organisation implementiert werden.

Ausgehend vom Release and Deployment Management werden alle Informationen für den Betrieb der vereinbarten Services, wie z. B. Störungen aus der Vergangenheit, Eigenschaften der Services oder technische Informationen in einem zentralen Service Knowledge Management System (SKMS) vorgehalten und allen an der Leistung der Services beteiligten Rollen bereitgestellt. Entscheidungen bezüglich der Services und deren Erbringung können so auf Basis aller vorliegenden und bewerteten Informationen getroffen werden.

2.3.1.5 Generische Rollen im Lifecycle

Service Owner

Der Service Owner ist verantwortlich für definierte Services und dient dem Kunden als Ansprechpartner für alle servicebezogenen Belange. Die Verantwortung des Service Owner erstreckt sich über den gesamten Lifecycle des jeweiligen Services, reicht also von der Initiierung, Planung und Überführung in den Betrieb (Transition) über die Pflege der Serviceinhalte bis zum Support für die Anwender. Weitere wichtige Verantwortlichkeiten und Aktivitäten des Service Owner sind:

- Übereinstimmung des gelieferten Services mit den Kundenanforderungen
- Identifizierung und Realisierung von Maßnahmen zur Serviceverbesserung
- Beschaffung der relevanten Informationen (Daten, Statistiken, Reports) für das Monitoring
- Sicherstellung SLA-konformer Service Performance

Ein Service Owner kann je nach Verfügbarkeit und Komplexität des jeweiligen Services für einen oder mehrere Services verantwortlich sein. Aus dieser Verantwortung ergeben sich direkte Schnittstellen zu den Prozessen des Service Lifecycles, insbesondere zum Service Level Management, die bei der Planung dieser Rolle detailliert betrachtet werden sollten.

Process Owner

Der Process Owner ist verantwortlich für die Steuerung und Überwachung des jeweiligen Prozesses und bildet die Schnittstelle zum Management der Linienorganisation. Er stellt sicher, dass alle definierten Prozessaktivitäten entsprechend der Vorgaben durchgeführt werden und der Prozess die spezifizierten Ergebnisse liefert. Weitere wichtige Verantwortlichkeiten und Aktivitäten des Process Owner sind:

- Dokumentation und Publikation des Prozesses
- Marketing für den Prozess (Beteiligte kennen und akzeptieren ihre Rollen)
- Definition der Key-Performance-Indikatoren (KPI)
- Gestaltung des Prozesses und kontinuierliche Prozessverbesserung sowie regelmäßige Reviews von Prozess, Rollen, Verantwortlichkeiten, Kennzahlen und Dokumentation

Für die Rolle des Process Owner gilt das – wie ich es in Beratungssituationen gerne bildlich nenne – „Highlander"-Prinzip: „Es kann nur einen geben." Mehrere Verantwortliche für einen Prozess führen in der Praxis zu Kompetenzstreitigkeiten und letztlich unklaren Situationen bezüglich der Prozesssteuerung. Daher sollte diese Konstellation durch die klare Zuweisung der Rolle an eine einzelne Person vermieden werden. Umgekehrt ist es natürlich durchaus möglich, dass eine Person als Process Owner für mehrere Prozesse eingesetzt wird, solange es die Auslastungssituation zulässt.

Process Manager

Die Rolle Process Manager ist verantwortlich für die operative Steuerung eines Prozesses. Es gibt Situationen, in denen es sinnvoll sein kann, mehrere Process Manager für einen Prozess festzulegen. Klassische Beispiele sind regionale Change Manager oder IT Service Continuity Manager für jedes vorhandene Rechenzentrum.

Die Process-Manager-Rolle wird in der Praxis häufig von der gleichen Person wahrgenommen wie auch die Process-Owner-Rolle. Das kann besonders in kleinen Organisationen durchaus sinnvoll sein. In größeren Organisationen ist der Process Owner allerdings häufig der Sponsor des Prozesses und dient als Eskalationsinstanz zwischen Process Manager und der Linienorganisation.

Process Practitioner

Process Practitioner sind verantwortlich für die Durchführung einer oder mehrerer spezifischer Prozessaktivitäten. In kleineren Organisationen ist in der Regel der Process Manager auch in der Rolle des Process Practitioner aktiv.

Stakeholder

Stakeholder sind zwar keine Rolle in dem Sinne, dass es eine spezifische Rollenbeschreibung gibt, sie werden jedoch quer durch die ITIL®-Literatur immer wieder verwendet, um die verschiedenen Gruppierungen, die ein Interesse an Prozessen, Ergebnissen und Services haben, zu beschreiben. Stakeholder sind also Personen, die ein bestimmtes Interesse mit einer Organisation, einem Projekt, einem IT-Service etc. verbindet. Stakeholder können an Aktivitäten, Zielen, Ressourcen oder Ergebnissen interessiert sein. Zu den Stakeholdern können Kunden, Partner, Mitarbeiter, Anteilseigner, Inhaber etc. gehören. Die Art der Beteiligung eines Stakeholders an einem Vorgang wird in der Regel mithilfe des RACI-Modells beschrieben, einem Modell, um Rollen und Verantwortlichkeiten zu definieren.

2.3.2 ITIL® 4

Seit der letzten Aktualisierung zur ITIL® Edition 2011 waren acht Jahre vergangen, als der neue Rechteinhaber der ITIL® Ende 2019 die erste Publikation zur neuen ITIL® Version 4 veröffentlichte. In der Zeit seit 2011 haben sich die Rahmenbedingungen für die IT-Organisationen dramatisch geändert. Die Digitalisierung der Unternehmen und deren Produkte stellt neue Anforderungen an Innovationskraft, Flexibilität und Geschwindigkeit in der Bereitstellung hochwertiger IT-Services. Die Erwartungen des Markts haben sich verändert. Die Zeiten, in denen IT eine bloße Unterstützungsfunktion in den Unternehmen war, neigt sich dem Ende entgegen. Die IT rückt näher an die Kernprozesse der Unternehmen oder entwickelt sich selbst zu einem solchen. Eine Überarbeitung der Empfehlungen für gutes Service Management war also dringend nötig, denn viele der grundlegenden Annahmen aus der vorherigen Version treffen heute einfach nicht mehr zu.

Auf der anderen Seite haben sich grundlegende Konzepte an vielen Stellen auch nicht oder nur gering verändert, sodass die neue Version durchaus an vielen Stellen als Iteration des Bewährten zu verstehen ist, dem mit den Service-Prinzipien und dem Service Value System ein neuer Rahmen gegeben wurde.

Im Vergleich zur Edition 2011 fällt auf, dass die Art des Rollouts der Literatur sich verändert hat. Statt eines Big Bang mit allen fünf Lifecycle-Büchern gleichzeitig, setzt man nun auf einen (um in der ITIL®-Begriffswelt zu bleiben) Phased Rollout. Der Start erfolgte mit einem 212-seitigen Buch namens „ITIL® Foundation, ITIL® 4 Edition". Ob das Vorgehen der Einsicht geschuldet ist, dass rein die zu veröffentlichende Menge in den vorherigen Versionen zu Qualitätsproblemen führen musste, oder ob es einfach darum geht, dass die Bücher lediglich so geschnitten werden sollten wie die zu verkaufenden Zertifizierungsprüfungen, bleibt Spekulation.

Dieses erste Buch beschreibt die grundlegenden Konzepte wie das neue Service Value System und daraus abzuleitende Service Value Streams, die vier Dimensionen des Service Management und die neuen Praktiken. Besonders die Praktiken werden nur sehr grundlegend beschrieben. Deren detaillierte Beschreibung ist zukünftig nicht mehr Bestandteil der gedruckten Literatur. Die Practices werden per Online Subscription in der jeweils aktuellen Version bereitgestellt.

Inzwischen sind im Jahr 2020 vier weitere Bücher erschienen.

Sehr positiv fällt ein neues Element auf: Anhand eines fiktiven Unternehmens, dessen Geschichte im Laufe des Buchs beschrieben wird, werden die Gedanken und Ideen in der Anwendung dargestellt. Das wirkt teilweise noch etwas holprig, trägt aber sicher an vielen Stellen zum besseren Verständnis bei.

Was ändert sich inhaltlich? Allgemein wird in der kompletten Struktur mit wiederholten Querverweisen mehr Bezug zu agilen Arbeitsweisen wie DevOps genommen und veränderten Strukturen in den Unternehmen Rechnung getragen. Auch werden aktuelle Schlagworte und Entwicklungen wie „agile ITSM" „Cloud Computing" oder „Lean UX" aufgegriffen und in die Empfehlungen integriert. Ebenso ist an vielen Stellen nun von „Service Management" ohne „IT" die Rede. Inhaltlich geht es jedoch abgesehen vom Großteil der Fallstudie in der Regel um IT-nahe Themen.

Bemerkenswert auch: Im Gegensatz zu den vorherigen Versionen ist weder die deutschsprachige ITSM User Group ITSMF e. V. noch überhaupt ein deutschsprachiger Autor eingebunden. Es spricht vieles dafür, dass ITIL® vor allem eines wird: noch kommerzieller.

2.3.2.1 Der Lifecycle wird zum Service Value System

Die wohl offensichtlichste Änderung in der neuen Version ist der Wegfall des Service Lifecycle in seiner bisherigen Form. An dessen Stelle tritt das Service Value System (SVS) als Rahmen für alle Aktivitäten zur Bereitstellung von Kundennutzen. Auffällig ist, dass der wachsenden Bedeutung der IT als Innovationstreiber Rechnung getragen wird. So ist als Input und Trigger für das SVS neben dem konkret formulierten Kundenbedarf (Demand) auch die Identifikation neuer Chancen für das Unternehmen (Opportunity) genannt. Bild 2.5 zeigt das Service Value System (SVS) im Überblick.

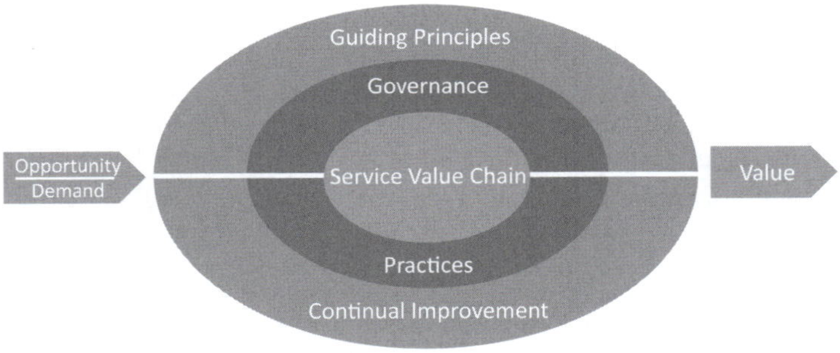

Bild 2.5
Service Value System

2.3.2.2 Value Chains und Service Value Streams

Der Kern des Service Value Systems (SVS) ist die Service Value Chain. Sie liefert ein durchgängiges Modell für Planung, Design, Transition, Umsetzung, Betrieb und kontinuierliche Verbesserung gelieferter Produkte und Services. Der direkte Bezug zu den bisherigen Lifecycle-Phasen (Strategie, Design, Transition, Betrieb, Kontinuierliche Verbesserung) ist hier nicht zu übersehen. Trotzdem ist die Änderung sinnvoll, weil sie auf den ersten Blick klarmacht, dass jede Aktivität einen einzigen finalen Zweck hat: direkten Nutzen für Kunden und Konsumenten.

Vorgesehen ist, dass Service-Organisationen für verschiedene Hauptaufgaben und Services Value Chains als Betriebsmodelle entwickeln, in denen die notwendigen Praktiken, Fähigkeiten und Ressourcen beschrieben werden. Um spezifische Aufgabenstellungen detailliert zu beschreiben, werden einer Value Chain in der Regel mehrere Value Streams zugeordnet. Beispiel: Ein Anwender meldet eine Störung, die beseitigt werden muss. Der zugehörige Value Stream beschreibt alle für diesen konkreten Fall nötigen Aktivitäten, Praktiken und Rollen.

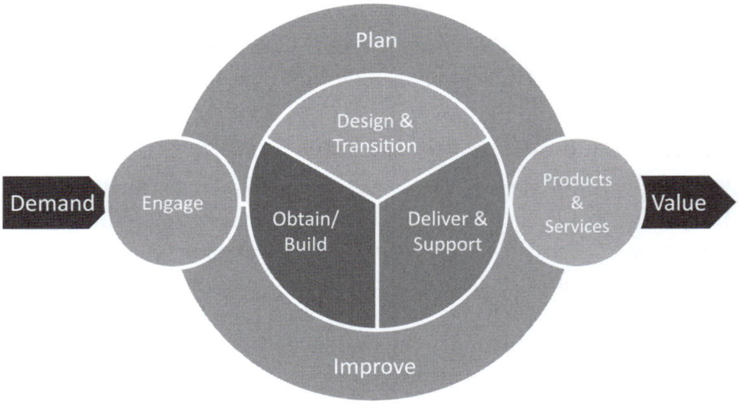

Bild 2.6 Service Value Chain

2.3.2.3 Aktivitäten in der Value Chain

Die Aktivitäten der Value Chain und einzelner Value Streams beschreibe ich in Kapitel 3 ausführlich. Hier zunächst nur eine Kurzbeschreibung der Aktivitäten.

- „Plan“ sorgt für ein gemeinsames Verständnis der Vision, des aktuellen Status und der Entwicklungsrichtung für alle vier Dimensionen und alle Produkte und Services.
- „Improve“ sorgt für die kontinuierliche Verbesserung von Produkten, Services und Praktiken über alle Wertschöpfungsaktivitäten und die vier Dimensionen.
- „Engage“ ist eine Art „single point of contact deluxe“. Alle Interaktionen mit Stakeholdern außerhalb der Value Chain werden hier gebündelt. Ziel sind ein besseres Verständnis der Bedürfnisse, Transparenz und gute Beziehungen zu allen Stakeholdern.
- „Design and Transition“ stellt sicher, dass Produkte und Services den Erwartungen der Stakeholder an Qualität, Kosten und Time-to-Market entsprechen.
- Über „Obtain/Build werden alle benötigten Ressourcen und Servicekomponenten wie vereinbart entwickelt oder beschafft.
- Der Zweck von „Deliver and Support“ ist die vereinbarungsgemäße Erbringung der Services entsprechend der Stakeholder-Erwartungen.

2.3.2.4 Leitprinzipien als Rahmen für die Umsetzung

Mit der ITIL® 4 werden „Guiding Principles“ eingeführt. Sie sollen als übergeordneter Rahmen und Leitplanken für die praktische Umsetzung dienen. Das ist besonders wichtig vor dem Hintergrund neuer Formen der Zusammenarbeit, in denen die Akteure tendenziell mehr Verantwortung übernehmen und Entscheidungen nicht mehr in der Hierarchie, sondern dort getroffen werden, wo Ergebnisse erzeugt werden.

Klare Prinzipien helfen, bei diesen Entscheidungen, eine gemeinsame Richtung beizubehalten. Im Unterschied zu grundlegend prinzipienorientiertem (Service) Management, das in vielen Unternehmen an Bedeutung gewinnt, beziehen sich die ITIL®-Prinzipien oft konkret auf die Umsetzung der ITIL®-Empfehlungen. Tabelle 2.1 zeigt die sieben Leitprinzipien im Überblick mit einer kurzen Erläuterung.

Tabelle 2.1 ITIL®-Leitprinzipien im Überblick

Prinzip	Bedeutung im Deutschen
Focus on Value	Halte den Fokus immer auf den Nutzen für deine Kunden und Service-Konsumenten.
Start where you are	Beginne, wo du heute stehst, und nutze die vorhandenen Erfahrungen und Ergebnisse.
Progress iteratively with feedback	Arbeite in überschaubaren Iterationen und verarbeite Feedback der Teams und Nutzer regelmäßig.
Collaborate and promote visibility	Arbeite über Silos hinweg zusammen und binde die Beteiligten von Beginn an ein. Sprich über Erfolge.
Think and work holistically	Denke und arbeite ganzheitlich. Kein Fachbereich, Service oder Prozess steht für sich allein.
Keep it simple and practical	Gestalte Prozesse und Verfahren so einfach wie sinnvoll möglich. Eliminiere alles ohne nützlichen Output.
Optimize and automate	Optimiere alle Abläufe so gut es geht und automatisiere **danach** wo immer möglich.

2.3.2.5 Praktiken statt nur Prozesse

Die aus ITIL® bekannten Prozesse werden in der Form nicht mehr im Detail beschrieben. An ihre Stelle treten Praktiken, die gegliedert in 14 allgemeine Managementpraktiken, 17 Service-Management-Praktiken und drei technische Management-Praktiken beschreiben, welche Aktivitäten im Rahmen des Service Value System nötig sind, um Nutzen in Form von Services und Produkten zu erzeugen. Prozesse und Funktionen werden nicht mehr wie bisher unterschieden.

„Es gibt keine Prozesse mehr", war eine der ersten Informationen, die zur neuen ITIL®-Version durch die Medien ging. „Die Beschreibung der Prozesse wurde deutlich erweitert und mit einer neuen Überschrift versehen", würde es vermutlich besser beschreiben. Was hat sich geändert? Statt sich nur auf die einzelnen Prozessbeschreibungen zu fokussieren, beschreiben die Practices orientiert an den vier Dimensionen die Aktivitäten, Prozesse, Wertströme, Rollen, Strukturen, Werkzeuge und Ressourcen je Aktivitätenbereich im Service Management. Die Definition der Practices in der Literatur lautet übersetzt:

> *Eine Reihe von Ressourcen, die für die Durchführung einer Arbeit oder das Erreichen eines Ziels bestimmt sind. Diese Ressourcen werden in den vier Dimensionen des Service Managements gruppiert.*

Alle 34 Praktiken sind in einer durchgängigen Struktur beschrieben. Das erste Kapitel beschreibt den Zweck, die Konzepte und Begriffe sowie Erfolgsfaktoren (critical success factors, CSF) und Key-Metriken. Die folgenden vier Kapitel gliedern sich entsprechend der vier Dimensionen:

- Wertströme und Prozesse (value streams and processes)
  - Der Beitrag der Practice zur Service Value Chain (Wertschöpfungskette)
  - Prozesse und Aktivitäten
- Organisationen und Menschen (organizations and people)
  - Rollen, Kompetenzen und Verantwortlichkeiten
  - Organisatorische Strukturen und Teams
- Informationen und Technologie (information and technology)
  - inputs and outputs
  - Automatisierung und Tooleinsatz
- Partner und Lieferanten (partners and suppliers)
  - Beziehungen zu beteiligten Dritten
  - Sourcing

Die Beschreibung der Praktiken ist nicht mehr Teil der Bücher der Kernliteratur. Sie werden online bereitgestellt und können beim Rechteinhaber Axelos abonniert werden. Teilnehmer einer ITIL®-Prüfung erhalten derzeit kostenlosen Zugang für ein Jahr. Die folgende Tabelle zeigt einen Überblick der Praktiken in ITIL® 4.

Tabelle 2.2 Management-Praktiken

Allgemeine Praktiken	Service-Management-Praktiken	Technische Praktiken
Architecture Management	Availability Management	Deployment Management
Continual Improvement	Business Management	Infrastructure and Platform Management
Information Security Management	Capacity and Performance Management	Software Development and Management
Knowledge Management	Change Enablement	
Measurement and Reporting	Incident Management	
Organizational Change Management	IT Asset Management	
Portfolio Management	Monitoring and Event Management	
Project Management	Problem Management	
Relationship Management	Release Management	
Risk Management	Service Catalogue Management	
Service Financial Management	Service Configuration Management	
Strategy Management	Service Continuity Management	
Supplier Management	Service Design	
Workforce and Talent Management	Service Desk	
	Service Level Management	
	Service Request Management	
	Service Validation and Testing	

2.3.2.6 Continual Improvement

Continual Improvement wird in ITIL® 4 sowohl auf strategischer, taktischer als auch operativer Ebene betrachtet und ist ein zentrales Mittel, auch Feedback der Kunden und Anwender konsequent für die Weiterentwicklung zu nutzen. Es wird übergeordnet als Teil des SVS, als Aktivität in der Service Value Chain und als Management-Praktik beschrieben. Für das SVS wird das altbekannte Continual Improvement Model nahezu identisch übernommen. Es wird sinnvollerweise durch die Aktivität „Take action" ergänzt.

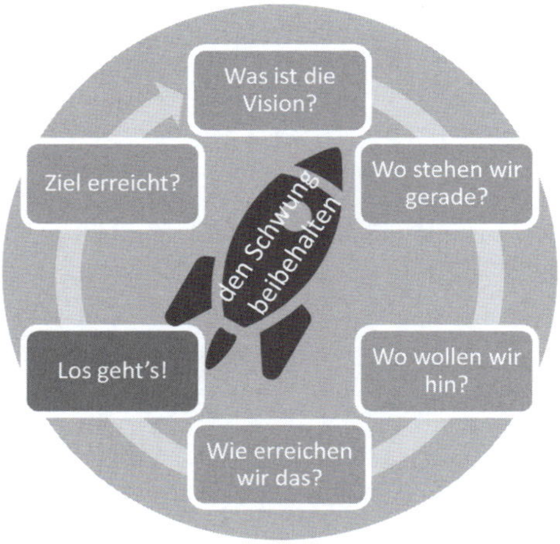

Bild 2.7
Continual Improvement Model

2.3.2.7 Aus „4P" werden vier Dimensionen

Die altbekannten 4P aus den bisherigen ITIL®-Versionen werden in ITIL® 4 neu sortiert, erweitert und als „four dimensions of service management" beschrieben. Sie haben den Zweck, SVS, Value Chains und Practices ausgewogen in allen Perspektiven zu betrachten. Die vier Dimensionen sind:

- Organizations and people
- Information and technology
- Partners and suppliers
- Value Streams and processes

Sie werden ergänzt durch externe Einflussfaktoren, die zwar bedacht, jedoch von Service Organisationen oft nur wenig oder gar nicht beeinflusst werden können. Das sind im Einzelnen politische, wirtschaftliche, technologische und soziale Faktoren, rechtliche Vorgaben und Umwelteinflüsse.

Neben dem Service Value System bilden die vier Dimensionen den Rahmen für alle Aktivitäten im Service Management. Um Services zu liefern, welche die Bedürfnisse aller Stakeholder erfüllen, wird die Beziehung zwischen Serviceprovider und Kunden neu justiert. Statt einen Nutzen durch einen Anbieter zu erzeugen, der dann von den Kunden genutzt wird, sollen alle Beteiligten gemeinsam die bestmöglichen Ergebnisse erzeugen. Das bezieht sich auf alle Stakeholder inklusive der Kunden und Anwender. Um das zu verdeutlichen wird in ITIL® 4 der Begriff „Value-co-creation" eingeführt.

2.3.2.8 Bewertung des praktischen Nutzens

Die gute Nachricht für alle, die sich bereits an bisherigen ITIL®-Versionen orientieren, ist, dass es keinen Grund gibt, etwas zu verändern, was heute funktioniert. Allerdings war das Verantwortlichen aus der Praxis vermutlich ohnehin längst klar, denn ITIL® bleibt auch in der neuesten Version das, was es im Prinzip schon immer war: ein sehr nützliches und breites Angebot, das nach Bedarf eingesetzt werden kann oder eben auch nicht. Schließlich kommt auch niemand auf die Idee, alle Produkte eines Supermarkts in einer Mahlzeit zu verarbeiten, nur weil sie verfügbar sind.

Als nützlich für dieses Verständnis könnte sich erweisen, dass die Praktiken nicht mehr explizit einer konkreten Phase zugeordnet sind, sondern einfach als alphabethisch sortierte Sammlung für alle Aktivitäten der Value Chain, nach Bedarf auch mehrfach, verfügbar sind. Das verhindert Missverständnisse in der Umsetzung und hebt den Charakter einer gut gefüllten Werkzeugkiste hervor, die in einem definierten Umfeld aus Service Value System und vier Dimensionen zum Einsatz kommen.

Eine wichtige Neuerung ist die Aufbereitung der Details für die Umsetzung in den Practices. Bisher wurden im Lifecycle diese Details in den Prozessen beschrieben, was häufig dazu führte, dass wichtige Aspekte bei der Umsetzung verloren gingen. In den Practices werden zwar ebenfalls Prozesse und Wertströme beschrieben, aber zusätzlich auch orientiert an den übrigen Dimensionen:

- Themen zu Menschen und der Organisation
- Informationen und Technologie
- Zusammenarbeit mit Partnern und Lieferanten

Aus meiner Sicht sind viele Änderungen der Struktur und auch in der Denkweise sehr sinnvoll. Das war bei vergangenen Aktualisierungen nicht immer der Fall. Besonders die Orientierung an Prinzipien und einem übergeordneten Service Value System helfen dabei, vor lauter Framework nicht den eigentlichen Fokus aus den Augen zu verlieren: Den konkreten Nutzen für den Kunden durch innovative und gleichzeitig wirtschaftliche Services.

2.3.3 Virtuelle Zuordnung der Praktiken zum Service Lifecycle

Der Service Lifecycle spielt in der bisherigen Form in ITIL® 4 keine Rolle mehr, auch wenn man ihn mit etwas Fantasie im Service Value System durchaus wiederfinden kann. Für Unternehmen, die sich bereits an bisherigen ITIL®-Versionen orientieren, kann es trotzdem hilfreich sein, eine virtuelle Verbindung herzustellen. Sei es, um sich leichter in der neuen Literatur orientieren zu können oder um mögliches Verbesserungspotenzial durch neue Ansätze schneller zu identifizieren. Die folgende Aufstellung ordnet die neuen Practices virtuell in den bisherigen Lifecycle ein und den bisherigen Prozessen zu:

Lifecycle-Phase	ITIL® 4 Practice	ITIL® 3 Prozess
Service Strategy	Strategy management	Strategy management for IT Services
	Portfolio management	Service-Portfolio management
	Service financial management	Financial management for IT services
	Business analysis	
Service Design	Architecture management	
	Relationship management	Business relationship management
	Supplier management	Supplier management
	Information security management	Information security management
		Access management
	Availability management	Availability management
	Service Design	Design coordination
	Service catalogue management	Service catalogue management
	Capacity & performance management	Capacity Management
		Demand management
	Service Level management	Service Level management
	Service Continuity management	IT service continuity management
Service Transition	Organizational change management	
	Knowledge management	Knowledge management
	Release management	Release and deployment management
	Deployment management	
	IT asset management	IT asset & configuration management
	Service configuration management	
	Change enablement	Change management
		Change evaluation
	Service validation and testing	Service validation and testing
	Software development and testing	
Service Operation	Service desk	Service desk (Funktion)
	Incident management	Incident management
	Monitoring & event management	Event management
	Problem management	Problem management
	Service request management	Request fulfillment
	Infrastructure & platform management	
Continual Service Improvement	Continual improvement	7 step improvment process
	Measurement & reporting	
Bisher nicht im Lifecycle	Risk management	
	Project management	
	Workforce & talent management	

3 ITIL® 4

Mit der neuen ITIL®-Version aus dem Jahr 2019 verändert sich neben der grundlegenden inhaltlichen Struktur (Service Value System statt Service Lifecycle) auch die Struktur der veröffentlichten Literatur. Sie ist nun konsequent synchronisiert mit den angebotenen Ausbildungswegen und Prüfungen. Bild 3.1 zeigt die Veröffentlichungen in ITIL® 4, respektive das Qualifizierungsschema im Überblick.

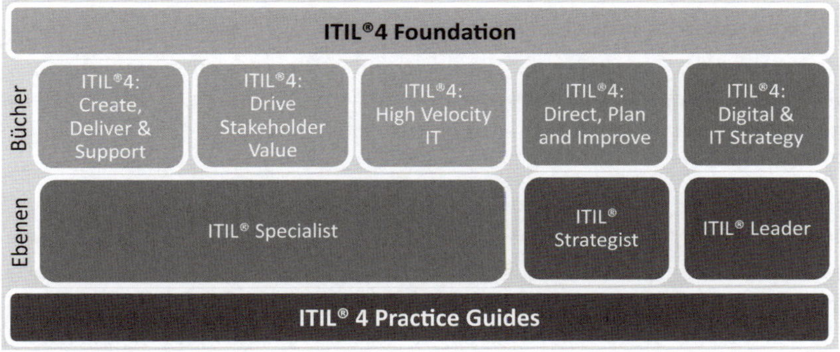

Bild 3.1 ITIL®-Publikationen und Qualifizierung

Grundsätzlich werden drei Ebenen der Qualifizierung den entsprechenden Veröffentlichungen zugeordnet.

- Die Ebene der **Foundation** gibt einen Überblick über die neue Struktur und einen ersten Einblick in die neuen Konzepte, wie die Guiding Principles, das Service Value System, die vier Dimensionen und Continual Improvement. Außerdem werden die 34 Practices auf jeweils ein bis zwei Seiten kurz vorgestellt.
- Die Ebene des **Specialist** und des **Strategist** wird in den vier ebenfalls bereits erschienenen Büchern beschrieben (Bild 3.1). Sie gehen im Detail auf einzelne Bereiche des Service Management ein und helfen, die Konzepte im Unternehmen anzuwenden.
- Die Ebene des **Leaders** befasst sich mit der Führung und Steuerung von Service-Organisationen im Umfeld der Digitalisierung. Das entsprechende Buch Digital & IT Strategy ist zum Zeitpunkt des Erscheinens dieser Auflage noch nicht veröffentlicht.

Die Prüfungen für den Specialist, Strategist und Leader sind Teil der Zertifizierung zum **Managing Professional (MP)** und **Strategic Leader (SL)**. Die übergeordnete Ebene des ITIL® Master ist noch nicht näher beschrieben.

Die Basis der neuen Veröffentlichungen bilden die 34 **Practice Guides**. Sie liefern das Handwerkszeug für die erfolgreiche Gestaltung des Service Managements. In Abschnitt 3.2 beschreibe ich die einzelnen Praktiken und gebe Hinweise zu deren Anwendung im Unternehmen.

3.1 Grundlegende Konzepte und Begriffe

Auch in ITIL® 4 werden grundlegende Konzepte und Begriffe definiert, von denen ich einige wichtige an dieser Stelle kurz beschreiben möchte, da sie an späterer Stelle immer wieder referenziert werden. Einige Definitionen werden Sie an frühere Versionen erinnern, andere sind in dieser Form mit ITIL® 4 neu in die Literatur aufgenommen worden.

Kunden, Anwender und Sponsoren

Kunden sind der Vertragspartner der Serviceorganisation, mit denen eine Leistung gemäß Anforderungen vereinbart wird. *Anwender* sind die Konsumenten der vereinbarten Leistung. *Sponsoren* sind Budgetverantwortliche, die die Mittel für Services und Produkte verantworten und freigeben.

Services, Produkte und Service-Angebote

Services erzeugen Nutzen, indem sie das Erreichen gewünschter Ergebnisse erleichtern oder ermöglichen, ohne dass der Servicekonsument die spezifischen Kosten und Risiken verantworten muss. *Produkte* kombinieren die Ressourcen eines Unternehmens, um einen Nutzen für einen Konsumenten zu bilden. *Produkte* können Bestandteil von *Services* sein.

Ein *Service-Angebot* beschreibt einen oder mehrere *Services*, die auf eine definierte Zielgruppe zugeschnitten sind. Das Angebot kann Waren, den Zugang zu Ressourcen oder bestimmte Service-Aktionen beinhalten.

Value (Nutzen)

Value beschreibt den durch den Konsumenten wahrgenommenen Nutzen, die Vorteile und die Bedeutung eines Services, eines Produkts oder einer anderen Leistung.

Value Co Creation (gemeinsame Wertschöpfung)

Statt ein Service-Angebot zu schaffen und zu hoffen, dass die potenziellen Kunden und Stakeholder dieses auch benötigen, setzt dieses Konzept auf die Beziehungen zwischen Service Provider, Kunden, Partnern und anderen Stakeholdern. Von Beginn an werden dieses Parteien in die Gestaltung des Service-Angebots einbezogen, sodass gemeinsam der erwartete Nutzen erzeugt und die Bedürfnisse befriedigt werden können.

Output und Ergebnis (outcome)

Ein *Output* ist das materielle oder immaterielle Arbeitsergebnis einer Aktivität. Ein *Ergebnis (outcome)* ist das Resultat eines oder mehrerer Outputs in Bezug auf den erzeugten Nutzen für Stakeholder.

Utility und Warranty

Eine Definition dieser Begriffe findet sich in Abschnitt 4.1.1.

3.2 ITIL® Practices (Praktiken)

Im Prinzip sind die 34 neuen ITIL® Practices ein Teil des Service Value Systems in Abschnitt 3.4, denn sie liefern sozusagen das Handwerkszeug zur Durchführung der Aktivitäten in der Wertschöpfungskette für Produkte und Services (Service Value Chain). Dennoch habe ich mich dafür entschieden, sie allen anderen Elementen voranzustellen. Der Grund dafür ist, dass sie eine Art Werkzeugkiste für alle Aufgaben im Service Management darstellen und wie im richtigen Leben auch ist es aus meiner Sicht wichtig, die Werkzeuge zu kennen, bevor man sich an die Arbeit macht.

Die Zuordnung der Prozesse zu einer Phase im Lifecycle führte in der Vergangenheit immer wieder zu Missverständnissen bis hin zu der Annahme, man müsse den kompletten Lifecycle „implementieren", um eine funktionierende Service Organisation zu schaffen. Das Bild, das durch die Service Value Chain erzeugt wird, hilft, solche Missverständnisse zu vermeiden. Es ist von Beginn an klar, dass die Wertschöpfungskette für die Lieferung von Produkten und Services im Vordergrund steht und die lediglich in alphabetischer Reihenfolge sortierten Practices ein frei nutzbares Sortiment an Werkzeugen in beliebigen Situationen sind.

Das entspricht genau dem Bild, das ich seit Jahren meinen Kunden zu vermitteln anstrebe: Frameworks wie ITIL® sind kein Selbstzweck, niemals vollständig und ersetzen nicht die Mühe, sich für das eigene Unternehmen konkret zu überlegen, was denn eigentlich erreicht werden soll, und Ziele zu formulieren. Erst danach geht es darum, das passende Werkzeug auszuwählen. Wenn ich zu Hause ein Bild an die Wand hängen möchte, dann messe ich den Erfolg ja auch nicht daran, welches Werkzeug ich benutzt habe, sondern daran, ob das Bild so hängt, wie meine Frau es haben wollte ...

Auch in den Practices werden die Prozesse beschrieben, wie wir sie zu einem großen Teil bereits aus vorherigen ITIL®-Versionen kennen, aber sie stehen eben nicht mehr isoliert da, sondern werden in den Kontext des SVS und der vier Dimensionen gesetzt. Die Definition für einen Prozess lautet in ITIL® 4:

> *Eine Abfolge zusammenhängender oder interagierender Aktivitäten, die Inputs zu Outputs verarbeiten. Ein Prozess wandelt einen oder mehrere definierte Inputs in definierte Outputs um. Prozesse definieren eine Abfolge von Aktionen und ihren Abhängigkeiten.*

Tabelle 3.1 Management Praktiken

Allgemeine Praktiken	Service-Management-Praktiken	Technische Praktiken
Architecture Management	Availability Management	Deployment Management
Continual Improvement	Business Analysis	Infrastructure and Platform Management
Information Security Management	Capacity and Performance Management	Software Development and Management
Knowledge Management	Change enablement	
Measurement and Reporting	Incident Management	
Organizational Change Management	IT Asset Management	
Portfolio Management	Monitoring and Event Management	
Project Management	Problem Management	
Relationship Management	Release Management	
Risk Management	Service Catalogue Management	
Service Financial Management	Service Configuration Management	
Strategy Management	Service Continuity Management	
Supplier Management	Service Design	
Workforce and Talent Management	Service Desk	
	Service Level Management	
	Service Request Management	
	Service Validation and Testing	

Schauen wir uns die Practices im Detail an. Insgesamt sind derzeit 34 Praktiken, gegliedert in 14 allgemeine Managementpraktiken, 17 Service-Management-Praktiken und drei technische Management-Praktiken beschrieben und online verfügbar. Sie beschreiben neben den Prozessen auch organisatorische Überlegungen, Rollen und Verantwortlichkeiten sowie Gedanken zur Automatisierung und zum Sourcing. Die Struktur der Practices orientiert sich an den vier Dimensionen, die ich in Abschnitt 3.3 im Detail beschreibe. Bevor wir in die einzelnen Practices einsteigen zur Erinnerung die für alle Praktiken durchgängige Struktur und in Tabelle 3.1 alle Praktiken auf einen Blick:

- Einführung
  - Zweck, Scope, Konzepte und Begriffe
  - Erfolgsfaktoren (critical success factors, CSF) und Key-Metriken
- Wertströme und Prozesse (Value Streams and processes)
  - Der Beitrag der Practice zur Service Value Chain (Wertschöpfungskette)
  - Prozesse und Aktivitäten

- Organisationen und Menschen (organizations and people)
  - Rollen, Kompetenzen und Verantwortlichkeiten
  - Organisatorische Strukturen und Teams
- Informationen und Technologie (information and technology)
  - inputs and outputs
  - Automatisierung und Tooleinsatz
- Partner und Lieferanten (partners and suppliers)
  - Beziehungen zu beteiligten Dritten
  - Sourcing

Ich werde bei der Beschreibung der Praktiken eine etwas vereinfachte Struktur nutzen. So können die aus meiner Sicht wesentlichen Informationen zu den Praktiken schneller gefunden werden, sodass Sie sich schnell einen Überblick über die Relevanz für Ihre Praxis verschaffen können. Ein Teil der Beschreibung ist die Rolle der jeweiligen Practice in der Service Value Chain. Mehr Informationen zur Value Chain finden Sie in Abschnitt 3.4.2. Vor dem Hintergrund des Prinzips eines Werkzeugkastens ist es mir wichtig, anzumerken, dass grundsätzlich jede Practice zu jeder Aktivität in der Value Chain beitragen kann. Die Nennung einzelner Aktivitäten in Bezug zur jeweiligen Practice soll lediglich auf einen besonders wichtigen Beitrag hinweisen.

1. Kernbotschaft, Scope, Beitrag zur Value Chain
2. Grundlagen und Begriffe
3. Ziele und Erfolgsfaktoren
4. Aktivitäten und Prozesse
5. Weitere Bezüge zu den vier Dimensionen (bei Bedarf)

In den ITIL® Practices sind auch typische Metriken in Bezug zu den Erfolgsfaktoren genannt. Sie können im Rahmen der Service Value Chain als KPI genutzt werden. Ich werde einige Beipiele nennen, möchte allerdings darauf hinweisen, dass Kennzahlen die Situation in Ihrem Unternehmen wiedergeben sollten. Diese Beispiele können helfen, ein Gefühl zu entwickeln, Sie sollten sich allerdings für eine echte Messbarkeit Ihrer Abläufe Gedanken über Ihr eigenes Kennzahlensystem machen. In Kapitel 5 gehe ich im Detail auf das Thema Leistung und Qualität messen ein.

In jeder Practice werden Themen zu den vier Dimensionen des Service Management beschrieben. In der vereinfachten Struktur beschreibe ich die Dimension der Aktivitäten und Prozesse in einem eigenen Abschnitt. Die relevanten Themen zu den drei anderen Dimensionen fasse ich bei Bedarf in einem Abschnitt *Weitere Bezüge zu den vier Dimensionen* zusammen. Detaillierte Informationen zum Modell der vier Dimensionen des Service Managements finden Sie in Abschnitt 3.3.

Bei der Beschreibung der Practices unterscheide ich zwischen Practices, die nur einen indirekten oder kleinen Bezug zu den vorigen Versionen haben (zum Beispiel Architecture Management), und solchen, in denen sich die Prozesse des Lifecycle wiederfinden (zum Beispiel Incident Management). Erstere werde ich etwas ausführlicher vorstellen, bei Zweiteren besonders auf die Neuerungen fokussieren und für Details auch einmal auf das Kapitel 4 dieses Buchs verweisen.

Hinweis

Viele der neuen Praktiken sind inhaltlich direkt vergleichbar mit den Prozessen aus den vorigen ITIL®-Versionen. Um zu verhindern, dass die Seitenzahl dieses Buchs ins Unermessliche steigt und vor allem um doppelte Inhalte zu vermeiden, werde ich im Fall von Überschneidungen auf den entsprechenden Abschnitt in Kapitel 4 dieses Buchs verweisen. ■

Sollten Sie weitere Details zu einer bestimmten Praktik nachlesen wollen, empfehle ich Ihnen die jeweils aktuelle Version des Dokuments auf der Axelos-Website.

Hinweis

Der Begriff „critical success factor, CSF" ist wohl jeden Leser geläufig als eine Art qualitativer Beitrag, um ein Ziel zu erreichen. In den Practices wird dafür der neue aber inhaltlich gleichbedeutende Begriff „Practice Success Factor, PSF" eingeführt, den ich ebenfalls in den Beschreibungen verwenden werde. ■

3.2.1 Allgemeine Praktiken

3.2.1.1 Architecture Management

3.2.1.1.1 Kernbotschaft, Scope, Beitrag zur Value Chain

Kernbotschaft Diese Praktik beschreibt die Elemente, aus denen eine Organisation besteht und wie diese zusammenwirken, damit die Ziele der Organisation effizient erreicht werden können. Sie stellt Prinzipien, Standards und Werkzeuge bereit, deren Zusammenspiel insbesondere bei größeren Veränderungen strukturiert und gleichzeitig agil zu managen ist.

Scope Der Scope hängt naturgemäß von der Art des Unternehmens ab, für das eine Architektur gestaltet werden soll, sowie von dessen strategischer Ausrichtung. Ein interner IT-Dienstleister wird sich auf die Architektur der Services und der dafür notwendigen Infrastruktur konzentrieren. Im Kundenservice eines Handelskonzerns wird die Architektur von Daten und Informationen deutlich im Vordergrund stehen. Ebenso spielt die Strategie der Leistungserbringung insoweit eine Rolle, dass ein Unternehmen, dessen technische Infrastruktur von externen Partnern bereitgestellt wird, die technischen Details dieser Infrastruktur eher nicht detailliert im Scope des Architecture Management betrachten wird.

Beitrag zur Value Chain Die Architecture Management Practice trägt besonders zu diesen drei Aktivitäten in der Service Value Chain (SVC) bei:

Aktivität in der SVC	Beitrag des Architecture Management
Planung	Bereitstellung der Referenzarchitektur für Business, Informationen, Anwendungen, Technologie und den Umgang mit externen Einflussfaktoren. Diese Architektur bildet den Rahmen für jegliche Planungsaktivität in der Service Value Chain.
Verbesserung	Architecture Management hinterfragt regelmäßig die aktuellen Architekturen (Business, Informationen, Anwendungen, Technologie, Umgebung) und passt diese im Sinne der definierten Zielarchitektur an. Auf diese Weise werden häufig auch Verbesserungsmöglichkeiten für einzelne Services und Produkte identifiziert.
Design & Transition	Architecture Management liefert Vorgaben zur Service Architektur (zum Beispiel Templates für das Service Design) sowie für Aktivitäten, Abläufe und Interaktionen des zu gestaltenden Services. Ebenso wird bewertet, ob das Design neue oder veränderte Services zur Zielarchitektur beiträgt und ob die Fähigkeiten der Organisation den Anforderungen entsprechen.

3.2.1.1.2 Grundlagen und Begriffe

Architekturtypen

- **Business-Architektur:** Betrachtet, wie die Fähigkeiten und Ressourcen im Unternehmen dazu beitragen, im Unternehmen und bei dessen Kunden einen Nutzen (Value) zu erzeugen.
- **Service-Architektur:** Betrachtet die bereitgestellten Services und die Interaktionen zwischen den Services in Bezug auf die Struktur und die für die Erbringung notwendigen Aktivitäten der Services. Ein Service-Modell kann als Vorlage für die Entwicklung neuer Services bereitgestellt werden.
- **Informationsarchitektur:** Beinhaltet auch die Daten- und Applikationsarchitektur und betrachtet den logischen und physischen Datenbestand sowie die Werkzeuge zum Management von Daten.
- **Technologiearchitektur:** Legt die Architektur für im Unternehmen eingesetzte Hardware und Software fest. Ziel ist ein optimaler Beitrag der technischen Ressourcen zu den Produkten und Services.
- **Umgebungsarchitektur:** Betrachtet externe Faktoren, die Einfluss auf das Unternehmen und dessen Produkte und Services haben können. Dazu gehören zum Beispiel technologische Innovationen, Geschäftliche Faktoren, politische Rahmenbedingungen, rechtliche Vorgaben, ökologische und soziale Einflüsse.

3.2.1.1.3 Ziele und Erfolgsfaktoren

Ziele

- Die aktuelle Architektur wird verstanden und unterstützt die Strategie
- Die Zielarchitektur ist festgelegt und vereinbart
- Die Architektur wird regemäßig in Richtung Zielarchitektur optimiert

Erfolgsfaktoren (Practice Success Factors)

Die Strategie der Organisation wird mit einer definierten Zielarchitektur unterstützt Um eine realistische Zielarchitektur zu entwickeln, sollte zunächst die Ausgangssituation bezüglich der Architektur ermittelt werden. Um dies leisten zu können, sollten die folgenden Fragen bei der Planung der Architektur beantwortet werden:

- Wie lautet die Strategie?
- Wie ist die Performance mit der aktuellen Architektur?
- Wo liegen aktuell die Stärken und Schwächen?
- Wie sieht das Leistungsportfolio aus und was wird gerade entwickelt?
- Welche Rahmenbedingungen und Entwicklungen sind relevant?
- Welche Risiken und Chancen sind bekannt?

Anschließend kann darauf und auf der Strategie des Unternehmens basierend die optimale Zielarchitektur abgeleitet werden. Eine wesentliche Herausforderung ist es, dass sowohl die Strategie des Unternehmens als auch die aktuelle Architektur regelmäßig weiterentwickelt werden. Sie beeinflussen sich gegenseitig. Veränderungen in der Strategie wirken ebenso auf die Zielarchitektur wie Veränderungen bei verfügbaren Technologien oder bei den Rahmenbedingungen. Die folgenden Eigenschaften sollte ein Architekturmodell abhängig von der Strategie haben:

Skalierbarkeit	Wirtschaftlichkeit
Kompatibel zu anderen relevanten Unternehmen	Sicherheit und Regelkonformität (Compliance)
Agilität (Beweglichkeit)	Nachhaltigkeit

Beispiel-Metriken für diesen PSF:

- Zahl und Auswirkungen der architekturbedingten Einschränkungen, die die Realisierung der Strategie verhindern oder behindern.
- Häufigkeit und Auswirkungen von Fällen in denen strategische Entscheidungen nicht von der Architektur unterstützt werden.
- Vollständigkeit und Qualität der Zielarchitektur gemessen an internen oder externen Assessments.

Die Architektur der Organisation entwickelt sich kontinuierlich in Richtung Zielarchitektur Die Entwicklung einer Architektur ist ein evolutionärer Prozess, der in der Regel über einen längeren Zeitraum erfolgt. Eine klar definierte Roadmap kann dabei helfen, die Richtung auch über lange Zeiträume beizubehalten. Das erfolgt durch regelmäßige Überprüfungen und Richtungskorrekturen anhand der Roadmap. Auch die Roadmap selbst kann durch veränderte Rahmenbedingungen oder strategische Vorgaben für die Architektur Veränderungen unterliegen und sollte ebenfalls regelmäßig überprüft werden.

Die Entwicklung selbst erfolgt in Bezug auf Architekturen meist nicht ad hoc, sondern durch die Veränderung von Prinzipien, Standards und Vorgaben im Unternehmen. Sie beeinflussen Architekturentscheidungen und damit langfristig auch die Architektur selbst. Diese langfristigen Veränderungen erfolgen meist durch das Zusammenspiel mehrerer unterschiedlicher Initiativen, Projekte und Programme. Auch hier kann eine aktuelle Roadmap dabei helfen, die Richtung im Blick zu behalten.

Beispiel-Metriken für diesen PSF:

- Zahl und Auswirkungen von implementierten Changes, die nicht der Zielarchitektur folgen.
- Prozentualer Fortschritt im Erfüllungsgrad der Road Map.

3.2.1.1.4 Aktivitäten und Prozesse

In der Practice Architecture Management werden drei Prozesse beschrieben.

1. *Architecture Governance*
2. *Development of a target architecture and roadmap* (Entwicklung der Zielarchitektur und einer Roadmap)
3. *Ongoing architectural control* (laufende Überwachung der Architektur)

Architecture Governance

Architectural Governance befasst sich mit Vorgaben und Prinzipien für die Planung und Gestaltung der Architektur. Der Prozess analysiert die Rahmenbedingungen im Unternehmen, bei Kunden und der Umwelt und erzeugt eine Vision für die Architektur im Unternehmen. Trigger des Prozesses sind sowohl Veränderungen in der Strategie oder anderen Einflussfaktoren als auch regelmäßige Reviews der aktuellen Vision sowie der vorgegebenen Prinzipien für die Architektur. Einige wichtige Inputs sind:

- Prinzipien, Policies und Vision des Unternehmens
- Organisationsstruktur im Unternehmen
- Unternehmensstrategie
- Umweltfaktoren
- Service-Portfolio
- Projektportfolio
- Auditergebnisse

Diese Informationen werden in den drei Hauptaktivitäten des Prozesses zu einer konkreten **Vision** als auch zu **Prinzipien für und Anforderungen an die Architektur** verarbeitet.

Tabelle 3.2 Aktivitäten: Architecture Governance

Prozessaktivität	Kurzbeschreibung
Analyse von Organisation und Anforderungen	Alle vorhanden Informationen, architekturrelevanten Informationen werden regelmäßig analysiert. Die Informationen werden gesammelt, aufbereitet und in einem „architecture committee“ bewertet. Für die IT-Architektur sind CIO, IT-Architekten, Produkt-Owner und Business-Analysten beteiligt.
Architektur-Vision entwickeln und vereinbaren	Basierend auf regelmäßigen Reviews wird durch das „Architecture Comittee“ die Vision für die Architektur entwickelt bzw. überarbeitet.
Monitoring der Architektur	Es wird regelmäßig überwacht, wie die Architekturvorgaben in der Praxis umgesetzt werden und wirken. Dazu dienen regelmäßige Reviews und auch Ausnahmeberichte.

Development of a target architecture and roadmap

Der Prozess *development of a target architecture and roadmap* ist dafür verantwortlich, basierend auf der Vision, den Prinzipien und den konkreten Anforderungen der Organisation eine Zielarchitektur und eine Roadmap zu deren Implementierung zu erarbeiten und zu kommunizieren. Wesentliche Inputs für den Prozess sind:

- Architektur-Vision, Prinzipien und Anforderungen
- Aktuelle (Service-)Konfigurationsinformationen
- Verträge mit Partnern
- Produkt und Service-Portfolio
- Informationen zu laufenden Projekten
- Informationen zu Kundensituationen

Diese Informationen werden in den Hauptaktivitäten des Prozesses im Wesentlichen zu den folgenden konkreten Outputs verarbeitet:

- Aktuelles Architekturmodell
- Zielmodell der Architektur
- Frameworks und Richtlinien für die Architektur
- Vereinbarte Architektur-Roadmap

Tabelle 3.3 Aktivitäten: Development of a target architecture and roadmap

Prozessaktivität	Kurzbeschreibung
Anforderungen identifizieren	Analyse der Architektur, der Vision und der Anforderungen aus dem Unternehmen.
Aktuelle Architektur dokumentieren	Untersuchen der aktuellen Architektur im Scope der Vorgaben und Aktualisierung der Dokumentation entsprechend der Architekturtypen.
Ziel-Architektur entwickeln	Review der aktuellen Architektur auf Schwachstellen und fehlende Ausrichtung auf die Strategie des Unternehmens und der vereinbarten Architektur-Vision und Ableiten einer Ziel-Architektur.
Standards, Frameworks und Richtlinien entwickeln	Entwickeln unterstützender Richtlinien, Prozeduren, Templates und Werkzeuge für eine effektive Umsetzung. Abstimmung mit den relevanten Stakeholdern.
Architektur-Roadmap entwickeln, vereinbaren und kommunizieren	Identifizieren und Priorisieren vorhandenen Gaps zwischen Ist- und Zielarchitektur. Erarbeiten eines Ansatzes zur Umsetzung und deren Überwachung und Steuerung. Abstimmung und Vereinbarung mit dem Unternehmens-Management bzw. bei IT-Architekturen mit dem CIO. Kommunikation der freigegebenen Roadmap an relevante Stakeholder.

Ongoing architectural control

Der Prozess *ongoing architectural control* überwacht die Implementierung und Pflege der vereinbarten Architektur gemäß der Architektur-Roadmap. Wesentliche Inputs für den Prozess sind:

- Architektur Roadmap
- Change & Product Backlogs
- Service Configuration Data
- Verträge mit Partnern
- Projektpläne
- CSI-Register

Diese Informationen werden in den Hauptaktivitäten des Prozesses zu *Architecture Review Reports* verarbeitet, in denen die Konformität der aktuellen Architektur zur vereinbarten Ziel-Architektur ermittelt wird.

Tabelle 3.4 Aktivitäten: Ongoing architectural control

Prozessaktivität	Kurzbeschreibung
Identifizieren architekturrelevanter Changes und anderer Ereignisse	Architekturrelevante Changes werden von einem Architekten daraufhin mitbewertet, ob sie den Architekturvorgaben entsprechen. Werden andere Ereignisse identifiziert, die Einfluss auf die Architektur haben, werden sie von einem Architekten untersucht.
Prüfen der Konformität zur Zielarchitektur	Die identifizierten Changes und Ereignisse werden daraufhin überprüft, ob sie den Architekturvorgaben entsprechen. Nach der Freigabe werden sie in dem entsprechenden Value Stream weiterbearbeitet.
Eskalation von Nicht-Konformität	Werden Abweichungen von den Vorgaben identifiziert, so werden diese an die entsprechende Rolle eskaliert (zum Beispiel Product Owner, Projektmanager, Change Authority, CSI-Manager).
Fortschrittsüberwachung in Bezug zur Roadmap	Nach der Bewertung relevanter Changes und Projekte wird ein Fortschrittsreport in Bezug zur Roadmap erstellt und an die relevanten Stakeholder kommuniziert.

3.2.1.1.5 Weitere Bezüge zu den vier Dimensionen

Rollen und Verantwortung: Der Architekt

Eine für diese Praktik spezifische Rollenbeschreibung ist die des Architekten. Sie wird im Allgemeinen in spezialisierter Form gelebt. Typische Ausprägungen sind Business-Architekt oder IT-Architekt. Fast alle Aktivitäten im Architecture Management werden von dieser Rolle verantwortet. Architekten sollten über die folgenden Kompetenzen verfügen:

- Verständnis der Geschäftsstrategie, des Geschäftsmodells und der Betriebsmodelle des Unternehmens und der Kunden
- Verständnis der Umweltfaktoren, unter denen das Unternehmen agiert
- Kenntnis der für das Unternehmen relevanten Technologien
- Kenntnis der Unternehmensressourcen, des Produkt- und Service-Portfolios und der Kunden
- Kenntnis der im Unternehmen relevanten Value Streams und Practices
- Erfahrung mit Architektur-Frameworks wie Zachmann™ oder TOGAF®
- Kenntnis relevanter Lösungsarchitektur-Frameworks

Rollen und Verantwortung: Das Architecture Committee

Bei der Entwicklung des Architektur-Managements setzen viele Unternehmen darauf, spezifische Teams zu etablieren, die als Treiber dieser Themen im Unternehmen agieren. In den Prozessbeschreibungen wird dieses Team als Architecture Committee bezeichnet. Es setzt sich in der Regel aus unterschiedlichen Stakeholdern wie Product Ownern, Service Designer, Portfolio Manager und anderen zusammen. Es berichtet direkt an die Unternehmensführung.

3.2.1.2 Continual Improvement

3.2.1.2.1 Kernbotschaft, Scope, Beitrag zur Value Chain

Continual Improvement wird in der aktuellen ITIL®-Version an zwei Stellen thematisiert. Neben der Bereitstellung des Handwerkszeugs für die tägliche Arbeit in dieser Practice spielt es auch im Service Value System eine wichtige Rolle, indem kontinuierliche Verbesserung direkt in die Wertschöpfungskette integriert wird. Dort steht das Continual Improvement Model im Mittelpunkt. Mehr dazu lesen Sie in Abschnitt 3.4.3.

Kernbotschaft Zweck des Continual Improvement ist die Ausrichtung der Practices und Services an den sich stetig verändernden geschäftlichen Anforderungen. Das erfolgt durch die kontinuierliche Verbesserung aller am Service Management beteiligten Elemente wie Produkte, Services und Practices.

Scope Der Scope des Continual Improvement ist die Entwicklung von Methoden und Techniken zur kontinuierlichen Verbesserung, deren Kommunikation in der gesamten Organisation und die Verbreitung einer Kultur der kontinuierlichen Verbesserung. Wie schon in früheren ITIL®-Versionen wird auch hier besonderer Wert darauf gelegt, dass kontinuierliche Verbesserung in der Verantwortung aller Akteure des Service Managements liegt und jeder Akteur einen aktiven Beitrag leisten muss, um echte Verbesserungen zu erreichen.

Zum Scope zählen außerdem die Überprüfung des Erfolgs von Verbesserungsinitiativen und sowohl das Geben von Feedback zu Verbesserungsmaßnahmen als auch dessen Verarbeitung im Prozess.

Beitrag zur Value Chain Eine Besonderheit der Continual Improvement Practice ist, dass sie zum Nutzen jeder anderen Practice und jeder Aktivität in der Service Value Chain (SVC) beiträgt und ebenso von diesen profitiert.

Aktivität in der SVC	Beitrag des Continual Improvement
Planung	Jede Aktivität, Methode und Technik zur Planung wird durch Anwendung des Continual Improvement kontinuierlich daraufhin überprüft, dass sie zu den aktuellen Zielen beiträgt.
Verbesserung	Diese Practice liefert das Handwerkszeug für die kontinuierliche Verbesserung in allen Value Streams und im übergeordneten Service Value System.
Alle anderen Aktivitäten in der SVC	Alle diese Aktivitäten unterliegen den Mechanismen der kontinuierlichen Verbesserung und tragen gleichzeitig zu dieser als Beobachter, Feedbackgeber und Ideenlieferant bei.

3.2.1.2.2 Grundlagen und Begriffe

Innerhalb der Practice werden einige Begriffe beschrieben und deren Bedeutung anhand kurzer Definitionen dargestellt. In der folgenden Aufzählung habe ich die wichtigsten sinngemäß wiedergegeben.

- **Improvement:** Ein Change, dessen Absicht es ist, den Nutzen für einen oder mehrere Stakeholder zu verbessern.
- **Improvement Register:** Eine strukturierte Aufzeichnung von Ideen und Initiativen zur Verbesserung. Sie dient dazu, die Ideen aus dem gesamten Unternehmen zu sammeln, zu bewerten und die Umsetzung resultierender Verbesserungsinitiativen über deren gesamten Lebenszyklus zu steuern.
- **Feedback Loops:** Orientiert an iterativen (agilen) Arbeitsweisen dienen Feedbackloops dazu, die Ergebnisse eines Prozesses oder einer Aktivität schrittweise in sich wiederholenden Zyklen zu verbessern. Dazu werden die Ergebnisse einer Bewertung unterzogen und diese Bewertungen als neuer Input für die nächste Iterationsschleife verwendet. Das Feedback bezieht sich dabei auf unterschiedliche Aspekte, wie zum Beispiel die Wahrnehmung des Nutzens durch die Anwender, die Effektivität und Effizienz in der Serviceerbringung oder auch auf die Funktionalität der Schnittstellen zu Partnern und Lieferanten.

3.2.1.2.3 Ziele und Erfolgsfaktoren

Ziele

- Jede Aktivität in der Value Chain ist integraler Bestandteil der kontinuierlichen Verbesserung.
- Veränderungen in den Anforderungen oder in Rahmenbedingungen werden erkannt und der gelieferte Nutzen (Value) wird durch Anpassen der Ressourcen und Aktivitäten kontinuierlich verbessert.
- Durch kontinuierliche Verbesserung der Fähigkeiten in der eigenen Organisation wird die Effizienz in der Service-Erbringung stetig verbessert.

Erfolgsfaktoren (Practice Success factors)

Ein wirksames Konzept zur kontinuierlichen Verbesserung ist etabliert und wird gelebt. ITIL® 4 liefert als grundlegendes Konzept das ITIL® continual improvement model. Es beschreibt in sieben Aktivitäten eines wiederkehrenden Zyklus zur iterativen Verbesserung aller Aspekte der Service Organisation. Das Modell ist flexibel anwendbar und die einzelnen Aktivitäten können entsprechend der individuellen Anforderungen angepasst werden. Bild 3.2 zeigt die Aktivitäten im Überblick. Das Modell entspricht zu großen Teilen dem der vorherigen ITIL®-Versionen mit einer Veränderung: Es existiert eine neue Aktivität ***Take Action*** – in der Grafik übersetzt mit ***Los geht's***. Das soll dazu beitragen, dass der Fokus deutlicher auf die tatsächliche Umsetzung der abgeleiteten Maßnahmen gelegt wird. Mehr Details zu dem Modell beschreibe ich in Abschnitt 3.4.3.

Beispiel-Metriken für diesen PSF:

- Grad der Zufriedenheit der Stakeholder mit dem erhaltenen Nutzen durch Improvements
- Bekanntheitsgrad und Grad der Umsetzung des Continual Improvement

Bild 3.2
Continual improvement model

Verbesserungen werden in der gesamten Organisation wirksam und wirtschaftlich umgesetzt. Um die vorhandenen Chancen zur Verbesserung zu identifizieren, soll Continual Improvement als fester Bestandteil in allen anderen Practices etabliert werden. Sind die Chancen identifiziert, soll die Umsetzung möglicher Verbesserungen im nächsten Schritt nach klar definierten Kriterien mit Bezug zum Nutzen für die Kunden priorisiert werden.

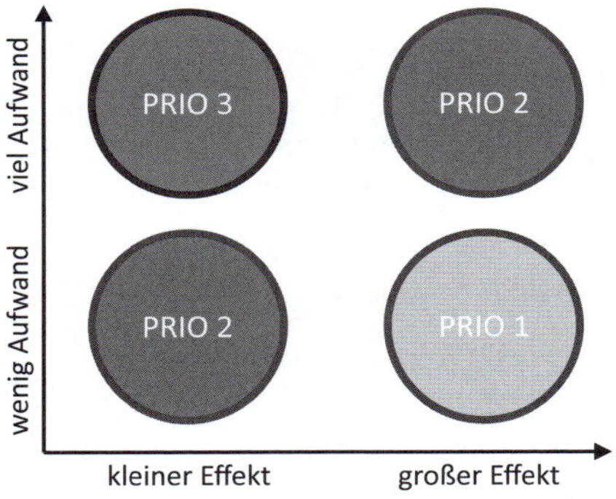

Bild 3.3
Chancen priorisieren

Wichtig für den Erfolg des Continual Improvement ist, dass die jeweiligen Verantwortlichen für Services, Produkte und Prozesse sich ihrer Verantwortung bewusst sind und diese wahrnehmen.

Um die Freigabe der Mittel für Verbesserungsinitiativen zu erleichtern, ist es sinnvoll, einen Business Case mit dem Fokus auf den Grund für die angestrebte Verbesserung und deren Nutzen zu erstellen. Die Ergebnisse erfolgreicher Initiativen sollen für das gesamte Unternehmen sichtbar gemacht werden. Das schafft Vertrauen und Akzeptanz für zukünftige Initiativen.

Beispiel-Metriken für diesen PSF:

- ROI der Verbesserungsinitiativen
- VOI (Value on investment)
- Anteil der erfolgreichen Verbesserungsinitiativen

3.2.1.2.4 Aktivitäten und Prozesse

Neben den Aktivitäten zur Implementierung der Continual Improvement Practice in die jeweilige Organisation ist als einziger Prozess das *Management of continual improvement initiatives* beschrieben.

Management of continual improvement initiatives

Die Aktivitäten des Prozesses beschreiben einfach gesagt die Umsetzung des Continual Improvement Models im Unternehmen oder dem relevanten Unternehmensbereich. Im Einzelnen sind das die folgenden Aktivitäten.

Tabelle 3.5 Management of continual improvement initiatives

Prozessaktivität	Kurzbeschreibung
Chancen für Verbesserungen erkennen und dokumentieren	Identifizieren und erfassen aller Ideen für Verbesserungen im Continual Improvement Register (CIR).
Ideen für Verbesserungen bewerten, priorisieren und Initiativen freigeben	Bewerten der gesammelten Ideen bezüglich des Nutzens für das Unternehmen (zum Beispiel Zeit- oder Kosteneinsparungen, Risikoreduzierung oder verbesserte User Experience). Die Priorisierung berücksichtigt auch den Aufwand und erfolgt nach dem Schema aus Bild 3.3. Die Aktivität ist vergleichbar mit dem Management des Backlogs aus agilen Methoden. Eine Möglichkeit zur Darstellung des Business Nutzens, um eine Freigabe der benötigten Mittel zu erreichen, ist der Lean Canvas. Er beschreibt sozusagen ein Mini-Business-Modell für die Umsetzung der jeweiligen Idee.
Initiativen zur Verbesserung planen	Planen der Umsetzung in Form eines Projekts (größere Vorhaben) oder eines Changes (kleinere Vorhaben). Zeitplanung und Ressourcenplanung entsprechend der freigegebenen Mittel und der Priorisierung.
Umsetzung der Initiativen begleiten	Aufteilen der Initiative in managebare Tasks und Nutzen der Werkzeuge eingesetzter Methoden (Wasserfall, agile Methoden, ...) Einsammeln von Feedback aus der Umsetzung als wichtiger Beitrag zu zukünftigen Initiativen und der Verbesserung der eingesetzten Methodiken.
Erfolg der Initiativen messen und bewerten	Nach dem Prinzip der Value Co-Creation wird gemeinsam mit dem Kunden bzw. den jeweiligen Stakeholdern bewertet, ob die Maßnahmen den erwarteten Nutzen erzeugt haben. Als Grundlagen dienen die in der Planung definierten Ziele und Kennzahlen, aber auch die Wahrnehmung der Ergebnisse durch relevante Stakeholder und Kunden. Sollte die erste Iteration nicht alle geplanten Ergebnisse liefern, so werden hier die Abweichungen festgestellt und für weitere Iterationen dokumentiert.

3.2.1.2.5 Weitere Bezüge zu den vier Dimensionen

Teams, Rollen und Verantwortung

Die Verantwortung für ein funktionierendes Continual Improvement liegt verteilt im gesamten Unternehmen, denn nur wenn alle Akteure aktiv beitragen, indem sie Verbesserungspotenzial identifizieren, kann der CI-Prozess funktionieren. Anders als in klassischen Produktionen (Stichwort betriebliches Vorschlagswesen oder Ähnliches) ist es in der IT eher ungewöhnlich, spezifische Teams für das Continual Improvement zu etablieren. Allerdings sollte die Rolle eines Verantwortlichen für das Continual Improvement etabliert werden, der Beiträge einfordert, das CI-Register pflegt und den Prozess koordiniert. In ITIL® wird diese Rolle ***Continual Improvement coordinator*** genannt.

Informationen und Automatisierung

Die Qualität der Informationen, die im Prozess als Input verarbeitet werden, ist entscheidend für den Beitrag des Prozesses zum Unternehmenserfolg. Besonders bei Verbesserungsvorschlägen sind die mitgelieferten Informationen oft eher vage formuliert. Daher ist es sinnvoll, für Verbesserungsvorschläge eine klare Struktur der benötigten Informationen zu definieren. Hier ist Fingerspitzengefühl nötig, denn zu viel Bürokratie bei der Entgegennahme der Vorschläge wirkt sich deutlich negativ auf die Zahl der überhaupt eingehenden Ideen aus.

Die gelieferten Informationen sollten mindestens ermöglichen, zu verstehen, was verändert werden soll, was der Nutzen wäre, welche Stakeholder einbezogen werden sollten und wie später der Erfolg gemessen werden könnte.

Continual improvement register (CIR)

Das CIR beinhaltet detaillierte Informationen zu Verbesserungsinitiativen über den gesamten Lebenszyklus von der Idee bis zur abgeschlossenen Implementierung. Für jede (potenzielle) Initiative wird ein ***Improvement Record*** angelegt. Jeder Record sollte die folgenden Informationen enthalten

- ID und Name
- Von wem stammt die Idee zur Verbesserung
- Verantwortlicher für die Implementierung
- Status (Idee, in Planung, ...)
- Dringlichkeit, Kosten, potenzieller Nutzen

Das CIR ist technisch entweder ein Teil des vorhandenen Service Management Systems oder eine eigenständige Datenbank.

3.2.1.3 Information Security Management

3.2.1.3.1 Kernbotschaft, Scope, Beitrag zur Value Chain

Kernbotschaft Zweck der Information Security Management (ISM) Practice ist der Schutz der Informationen eines Unternehmens durch das Management von Risiken bezüglich **Vertraulichkeit**, **Integrität** und **Verfügbarkeit** der Informationen sowie diesbezüglicher Maßnahmen, wie zum Beispiel solche zur Authentifizierung oder Nichtabstreitbarkeit (Nonrepudiation).

Scope Der Scope erstreckt sich auf den Schutz aller Informationen, die ein Unternehmen für den Geschäftsbetrieb erfasst und verarbeitet, egal welches Medium dabei zum Einsatz kommt. Es geht also explizit nicht nur um digital verarbeitete Informationen, sondern auch um solche, die zum Beispiel in Papierform erfasst sind oder gesprochen werden. Und es geht um Informationen aus allen vier Dimensionen des Service Managements. Den Scope muss jedes Unternehmen individuell entsprechend der jeweiligen Anforderungen festlegen. Innerhalb des festgelegten Scopes ist ISM verantwortlich für:

- Identifizieren der zu schützenden Assets
- Identifizieren und Analysieren von Risiken, die diese Assets gefährden
- Ableiten geeigneter Maßnahmen zum Management der identifizierten Risiken

Beitag zur Value Chain Ähnlich wie Continual Improvement trägt auch ISM naturgemäß zu allen Aktivitäten der Service Value Chain bei und profitiert gleichermaßen von deren Input.

Aktivität in der SVC	Beitrag des ISM
Planung	Information Security sollte in jeder Phase der Planung eine Rolle spielen, denn es ist einfacher, Security-Aspekte von Beginn an einzuplanen, als sie nachträglich bei der Umsetzung zu integrieren.
Verbesserung	Bei jeder Aktivität der Verbesserung von Services, Produkten oder Prozessen muss betrachtet werden, ob die geplante Veränderung Auswirkungen auf die Informationssicherheit haben könnte.
Engagement	Die Security-Anforderungen an neue oder zu verändernde Services müssen erfasst werden. Stakeholder wie Kunden, Lieferanten und Mitarbeiter bei der Service-Erbringung müssen aktiv zur Informationssicherheit beitragen.
Design & Transition	Bereits beim Design von Produkten und Services müssen Informationssicherheitsaspekte berücksichtigt und wirksame Kontrollen für den Betrieb konzipiert und etabliert werden (der Warranty-Aspekt aus dem Konzept von Utility und Warranty, siehe Abschnitt 3.1).
Erhalten/Erstellen	ISM führt Risikoanalysen durch und liefert Richtlinien, Verfahren und Kontrollmechanismen für alle relevanten Komponenten.
Bereitstellung und Support	Wichtigste Aufgabe im Betrieb ist es, Security Incidents als solche zu erkennen und entsprechend zu handeln. ISM liefert Kriterien zur Erkennung Security-relevanter Incidents.

3.2.1.3.2 Grundlagen und Begriffe

Architekturtypen

- **Confidentiallity – Vertraulichkeit:** Schutz von Daten und Informationen vor Veröffentlichung oder Sichtbarkeit für nicht berechtigte Entitäten (natürliche und juristische Personen, Systeme)
- **Availability of information – Verfügbarkeit der Informationen:** Stellt sicher, dass Informationen für berechtigte Entitäten verfügbar sind, wenn sie benötigt werden.

- **Integrity – Integrität:** Stellt sicher, dass Informationen korrekt und vor unautorisierter Manipulation geschützt sind.
- **Authentication – Authentifizierung:** Verifiziert, ob etwas, das wahr zu sein scheint, tatsächlich wahr ist. Menschen authentifizieren sich oft durch Benutzername und Passwort sowie ggf. ein Token. Maschinen nutzen dafür entsprechende Zertifikate oder andere Verschlüsselungsmerkmale wie Hash-Algorithmen.
- **Non-repudiation – Nichtabstreitbarkeit:** Dient dem Nachweis, dass Ereignisse oder Aktivitäten einer bestimmten Entität eindeutig zuzuordnen sind.
- **Threat – Bedrohung:** Ein potenzielles Ereignis mit negativen Auswirkungen auf ein Asset.
- **Threat actor – Bedrohungsfaktor:** Eine Person oder eine andere Entität, die eine Bedrohung darstellt.
- **Vulnerability – Verwundbarkeit:** Eine Schwachstelle in einem Asset oder einem Kontrollmechanismus, die durch einen Bedrohungsfaktor ausgenutzt werden kann.

3.2.1.3.3 Ziele und Erfolgsfaktoren

Ziele

Ziel des ISM ist der Schutz der Unternehmensinformationen vor unerlaubter Nutzung, Veröffentlichung, Verfälschung, Unbrauchbarmachung oder Missbrauch.

Erfolgsfaktoren (Practice Success factors)

Entwicklung und Pflege von ISM-Richtlinien und -Plänen Die Vorgaben in Richtlinien und Plänen tragen dazu bei, dass das Unternehmen in der Lage ist den notwendigen Grad der Informationssicherheit zu erreichen. Sie gelten sowohl innerhalb der Organisation als auch für Kunden, Lieferanten und Partner. Im Folgenden einige Beispiele für Aspekte, die eine Rolle in den Plänen und Richtlinien spielen sollten:

Ein übergeordneter Rahmen für das ISM	Klassifizierung von Informationen
Zugangs- und Zutrittskontrollen	Passwortrichtlinien
Regeln für Kommunikation und Social Media	Schutz vor Schadsoftware
Regeln für Remote Access	Schutz persönlicher Daten

Als übergeordneter Rahmen kann sich ein formales Information Security Management System (ISMS) eignen, wie es in der Norm ISO/IEC 27001 beschrieben wird.

Beispiel-Metriken für diesen PSF:

- Anteil der Produkte und Services, für die es definierte ISM-Anforderungen gibt.
- Anteil der Produkte und Services, für die es einen ISM-Plan gibt.
- Zeit seit dem letzten Update der ISM-Pläne je Produkt oder Service.

Reduzieren von Risiken für die Informationssicherheit Die Reduzierung von Risiken erfolgt in drei Stufen. Im ersten Schritt werden Risiken für die Informationssicherheit identifiziert. Das erfolgt durch Bedrohungs- beziehungsweise durch Schwachstellenanalysen oder auch durch die Überprüfung der Architektur und des Designs der relevanten Assets.

Im zweiten Schritt werden die identifizierten Risiken analysiert und für jedes Risiko die Eintrittswahrscheinlichkeit und die potenziellen Auswirkungen bewertet. Die gewonnenen Informationen dienen der Planung möglicher Kontrollen innerhalb des regulären Betriebs. Kontrollen sollen dabei immer alle vier Dimensionen des Service Managements adressieren.

Der dritte Schritt befasst sich mit dem Management der Risiken inklusive der Gestaltung und Implementierung der geplanten Kontrollen. Die operative Umsetzung der Kontrollen erfolgt in der der Regel als Teil anderer Practices wie Service Design oder Infrastructure and Plattform Management.

Bei der Gestaltung der Policies wie bei der Umsetzung der Maßnahmen spielt die Balance zwischen drei Perspektiven eine wichtige Rolle:

- *Vorbeugung:* Vermeiden von Security Incidents
- *Erkennung:* Schnelle Erkennung nicht vermeidbarer Security Incidents
- *Korrektur:* Beheben möglicher Folgen von Security incidents

Beispiel-Metriken für diesen PSF:

- Anzahl identifizierter Risiken, die analysiert und für die Maßnahmen evaluiert wurden.
- Anteil der Risiken, deren Eintrittswahrscheinlichkeit und/oder Auswirkungen durch die Implementierung von Kontrollen auf ein akzeptables Maß reduziert werden konnten.

Trainieren und Testen der ISM-Pläne Erfahrungsgemäß funktionieren nicht getestete Pläne im Ernstfall nur unzureichend. Daher sollten Pläne nicht nur bei der Implementierung, sondern auch anschließend in regelmäßigen Abständen und nach größeren Changes getestet werden. So wird sichergestellt, dass auf veränderte Anforderungen und Rahmenbedingungen adäquat reagiert werden kann.

Beispiel-Metriken für diesen PSF:

- Anteil der Pläne, für die in den vergangenen 12 Monaten Tests durchgeführt wurden.
- Zahl der Verbesserungsmaßnahmen für die ISM-Pläne, die durch Tests identifiziert werden konnten.

Integrieren von Informationssicherheit in das komplette Service Value System (SVS) ISM sollte bei der Gestaltung des kompletten SVS eine Rolle spielen. Es sollte sowohl Einfluss auf die Umsetzung der Guiding Principles (Abschnitt 3.4.1) als auch bei der Gestaltung der Governance im Unternehmen haben.

Ebenso sollen die Vorgaben aus ISM bei allen Aktivitäten der Service Value Chain sowie in den anderen Practices Anwendung finden.

Beispiel-Metriken für diesen PSF:

- Anteil der Value Streams, in denen Aktivitäten für Informationssicherheit integriert sind.
- Anteil der angewendeten Practices, in deren Prozessen und Rollen Informationssicherheit adressiert wurde.

3.2.1.3.4 Aktivitäten und Prozesse

In der Practice Information Security Management werden zwei Prozesse beschrieben.

1. *Security Incident Management*
2. *Audit & Review*

Security Incident Management

Um Security Incidents adäquat bearbeiten zu können, werden diese zunächst klassifiziert. Die Kriterien für die Klassifizierung werden im ISM erarbeitet und gelten für die Bearbeitung von Security Incidents.

Minor Security Incidents werden im Rahmen der Incident Management Practice bearbeitet und gegebenenfalls nach den Vorgaben des ISM bearbeitet. Incidents mit größeren Auswirkungen für das Unternehmen und die Kunden müssen im Betrieb sicher erkannt werden, damit sie bei Bedarf im Rahmen des Security-Incident-Management-Prozesses bearbeitet werden können. Auch die Kriterien für die sichere Erkennung werden im ISM definiert. Security Incident Management ist auf Input sowohl aus dem ISM selbst (Security Policy) als auch aus anderen Practices (zum Beispiel Informationen zu Produkten, Services und Assets, Eskalationen aus dem Service Desk) angewiesen.

Tabelle 3.6 Aktivitäten: Security Incident Management

Prozessaktivität	Kurzbeschreibung
Vorbereitung	Diese Aktivität schafft die Voraussetzungen für eine adäquate Behandlung von Security Incidents. Dazu gehören: ▪ Bereitstellung und Kommunikation von Richtlinien und Verfahren ▪ Identifizieren kritischer Services und Assets ▪ Definition der Kommunikation (auch extern mit Öffentlichkeit, Regulatoren, ...), Reporting und Eskalation ▪ Identifizieren von Bedrohungen und Schwachstellen ▪ Erstellen und Testen von Plänen
Erkennen von Security Incidents und Reporting	Erkennen der Security Incidents erfolgt mit verschiedenen Mitteln. Dazu gehören Monitoring Tools, insbesondere SIEM-Tools (Security Information and Event Management) aber auch manuelle Erkennung, zum Beispiel im Service Desk oder durch spezielle Computer Security Response Teams (CSIRT). Anschließend erfolgt die Weiterleitung gemäß der etablierten Pläne und bei Bedarf die Information relevanter Regulierungs- oder Regierungsbehörden.
Sichtung und Analyse	Vor der Analyse werden erfasste Daten und Informationen gesichert, um möglicherweise zu Beweiszwecken nutzbar zu bleiben. Anschließend erfolgt die Analyse der Auswirkungen und erneut bei Bedarf Information der relevanten Stellen.
Eingrenzung und Wiederherstellung	Nach der Erkennung werden betroffene Systeme und Services zunächst isoliert, um eine weitere Verbreitung zu verhindern. Anschließend werden die Maßnahmen zur Wiederherstellung des sicheren Betriebs eingeleitet und umgesetzt.
Nachgelagerte Aktivitäten	Nach der Wiederherstellung wird durch aktives Monitoring überwacht, ob die Bedrohung abgewehrt wurde, es werden Maßnahmen zur Verbesserung abgeleitet und ein Security Incident Report erstellt und verteilt.

Audit & Review

Audits und Reviews erfolgen anhand drei verschiedener Trigger:

- Regelmäßig entsprechend eines festgelegten Zeitplans
- Nach Major Security Incidents
- Aufgrund von Ergebnissen aus Bedrohungs- oder Schwachstellenanalysen

Die Durchführung der Audits und Reviews kann intern erfolgen, zum Beispiel um kontinuierliche Verbesserungen der ISM-Maßnahmen zu erreichen oder externe Audits vorzubereiten. Externe Audits können zum einen die Qualität des ISMS (Information Security Management Systems) verbessern helfen, als auch dem Nachweis der Regelkonformität bezüglich Governance and Compliance dienen.

Tabelle 3.7 Aktivitäten: Audit & Review

Prozessaktivität	Kurzbeschreibung
Veränderungen identifizieren	Erkennen von Veränderungen, die Auswirkungen auf die Informationssicherheit haben könnten. Im Scope sind Veränderungen in den Geschäftsprozessen, der eingesetzten Technologie und Veränderungen der Bedrohungssituation.
Fehlende Kontrollen identifizieren	Die tatsächlich implementierten Controls werden bewertet und mit einer Liste empfohlener Controls verglichen. Quellen für Empfehlungen sind Standards wie die ISO/IEC 27000 oder auch die Ergebnisse durchgeführter Assessments.
Wirksamkeit der Controls prüfen	Die implementierten Controls werden auf ihre Wirksamkeit hin überprüft. Die Überprüfung kann sich sowohl auf den Scope beziehen als auch auf die Art der Implementierung oder das erreichte Schutzniveau. Aus den Ergebnissen dieser Aktivität werden Empfehlungen für neue oder die Anpassung bestehender Controls abgeleitet
Audit Report erstellen	Basierend auf den Feststellungen wird ein Audit Report mit einem für die Unternehmensleitung passenden Abstraktionsgrad erstellt. Zusätzlich werden konkrete Empfehlungen für die zukünftige Gestaltung der Controls abgeleitet

3.2.1.3.5 Weitere Bezüge zu den vier Dimensionen

Rollen und Verantwortung: Chief information security officer (CISO)

Diese Rolle ist verantwortlich für das passende Niveau der Informationssicherheit im Unternehmen und ist in der Regel auf der Ebene der Unternehmensführung angesiedelt. Die Rolle sollte individuell entsprechend der konkreten Bedingungen gestaltet werden. Mögliche Verantwortungsbereiche sind:

- Etablieren der ISM-Strategie und Policies.
- Sicherstellen der Balance zwischen einem hohen Grad an Informationssicherheit und dem Grad der Einschränkungen der Geschäftstätigkeit durch ISM-Maßnahmen.

- Kommunikation mit der Unternehmensführung und anderen Stakeholdern, zum Beispiel Kunden, IT-Mitarbeiter, Presse und Öffentlichkeit, Gesetzgeber.
- Überwachen der operativen Tätigkeiten im ISM-Kontext.

Informationen und Automatisierung

Die Qualität der Informationen, die im Prozess als Input verarbeitet werden, ist entscheidend für den Beitrag des Prozesses zum Unternehmenserfolg. Die folgende Liste zeigt eine Auswahl der wichtigsten Informationen, die im Prozess verarbeitet werden.

- Die Geschäftsprozesse der Kunden
- Informationen zu Services und Service-Design
- Informationen zu Partnern und Lieferanten sowie den gelieferten Services und Produkten
- Regulatorische und gesetzliche Vorgaben für Informationssicherheit
- Informationen zu relevanten Information Security Services und Tools am Markt

Partner und Lieferanten

Besonders bei der Überprüfung der implementierten Maßnahmen spielen externe Partner eine wichtige Rolle im Umfeld des ISM. Sei es bei der Überprüfung der implementierten Policies und Prozesse durch externe Auditoren oder dem Test der technischen Umsetzung durch Schwachstellenanalysen (zum Beispiel Penetration Tests). Alle diese Maßnahmen haben gemeinsam, dass sie nur dann ehrlich wirksam sind, wenn sie durch nicht an der Implementierung der Maßnahmen beteiligte Parteien durchgeführt werden.

Diese Durchführung durch externe Partner birgt jedoch eigene Risiken, die bei der Gestaltung der vertraglichen Vereinbarungen und der Durchführung beachtet werden müssen. So erlangen externe Partner je nach Aufgabe Kenntnis der internen Richtlinien, der technischen Gegebenheiten, der Architektur und der Gestaltung der Kontrollen.

3.2.1.4 Knowledge Management

3.2.1.4.1 Kernbotschaft, Scope, Beitrag zur Value Chain

Kernbotschaft Knowledge Management stellt sicher, dass relevante Informationen und Wissen in der gesamten Organisation effektiv, wirtschaftlich und benutzerfreundlich bereitgestellt sind, wenn sie benötigt werden.

Scope Der Scope bezieht sich auf das komplette Wissen innerhalb der Organisation und dessen Verfügbarkeit für alle Stakeholder. Wissen bezieht sich auf alle Dimensionen des Service Managements und andere Practices im Unternehmen. Knowledge Management trägt zu allen Komponenten des Service Value Streams bei, indem notwendige Daten, Informationen und aufbereitetes Wissen identifiziert und unternehmensweit bereitgestellt und ausgetauscht werden.

Beitrag zur Value Chain Die Knowledge Management Practice trägt naturgemäß insbesondere zu zwei Aktivitäten in der Service Value Chain (SVC) bei:

Aktivität in der SVC	Beitrag des Knowledge Managements
Verbesserung	Knowledge Management liefert notwendige Daten und Informationen, um die kontinuierliche Verbesserung von Prozessen, Produkten und Services zu planen.
Bereitstellung & Support	Die Support Teams profitieren in besonderem Maße von einem funktionierenden Knowledge Management, indem Informationen zu vergangenen Incidents und anderen Ereignissen im Unternehmen zur richtigen Zeit verfügbar sind, um bei der Bearbeitung aktueller Vorkommnisse effizient genutzt werden zu können.

3.2.1.4.2 Grundlagen und Begriffe

Daten- und Wissensmanagement

Im Knowledge Management wird unterschieden zwischen Daten, Informationen und Wissen. Um die Zusammenhänge zu erläutern wird in der Regel das DIKW-Modell (data, information, knowledge, wisdom) genutzt. Darauf werde ich hier nicht weiter eingehen, da ich es im Kapitel zu ITIL® 3 Knowledge Management erläutere.

Das Wissen für die Verarbeitung in diesem Prozess stammt sowohl aus den Abläufen und Erfahrungen innerhalb des Unternehmens als auch von Außerhalb aus Studien, Artikeln oder Büchern. Auch andere Quellen, wie Gesprächsaufzeichnungen oder von IOT-Devices gesammelte Daten, dienen als Input - in der Regel als unstrukturierte Rohdaten. Sie werden im Daten- und Wissensmanagement weiterverarbeitet, aufbereitet und für Stakeholder verfügbar gemacht.

Eine wachsende Rolle im Daten- und Wissensmanagement spielt die Verarbeitung von Big Data. Die Menge der verfügbaren Daten wächst exponentiell, sodass der Umgang mit großen Datenmengen für den Erfolg des Knowledge Managements schnell an Bedeutung gewonnen hat.

Wissens-Asset (knowledge asset)

Die Definition in ITIL® 4 lautet:

> *Eine organisationsspezifische Informationsressource für den Betrieb und die gemeinsame Wertschöpfung (value co-creation) dieser Organisation.*

Der Gedanke dahinter ist, dass verschiedene Informationsquellen für die Verarbeitung innerhalb der Organisation als Wissens-Asset betrachtet werden. Sie werden klassifiziert entsprechend ihrer Wichtigkeit für die Organisation (criticality), der Seltenheit (rarity) und ihrer Übertragbarkeit zwischen Organisationen (appropriability) ohne signifikanten Qualitätsverlust.

SECI-Modell

Um Innovationsfähigkeit und eine aktive Veränderungskultur zu fördern, ist es wichtig, die Fähigkeit der Organisation, Informationen zu verarbeiten und Wissen zu erzeugen kontinuierlich zu entwickeln. Ein Werkzeug dafür kann das SECI-Modell sein. Es wurde in den 90er-Jahren von Ikujiro Nonara und Hirotaka Takeuchi entwickelt und besteht aus vier Phasen:

1. **S**ozialisierung
2. **E**xternalisierung
3. **C**ombination
4. **I**nternalisierung

Es beschreibt, wie implizites Wissen in explizites Wissen umgewandelt werden kann. Implizites Wissen ist nicht vollständig in Wort und Bild beschreibbar und oft an Personen gebunden, weil es schwer an andere übertragbar ist. Explizites Wissen ist qualifizierbar und objektiv und nicht personengebunden. Es lässt sich formalisieren und damit einfach speichern und weitergeben.

In der ersten Phase der Sozialisierung erwirbt ein Mitglied der Organisation implizites Wissen durch Gespräche, Beobachtungen, Erfahrungen. In der zweiten Phase versucht diese Person, das implizite Wissen zu externalisieren, indem sie es Kollegen erklärt, es diskutiert und dokumentiert. In der dritten Phase der Kombination erarbeiten Teams unterschiedlicher Fachrichtungen gemeinsame Lösungen, indem sie Neues mit Bekanntem kombinieren und sich aktiv austauschen. In der vierten Phase der Internalisierung wenden die Mitarbeiter ihr explizites Wissen in der täglichen Arbeit an und gewinnen Routine. So wird neues implizites Wissen erzeugt, das den Kreislauf der vier Phasen erneut durchläuft.

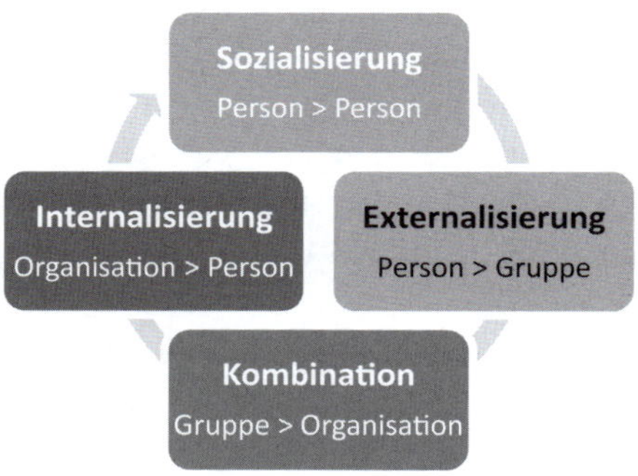

Bild 3.4
SECI-Modell

3.2.1.4.3 Ziele und Erfolgsfaktoren

Ziele

Knowledge Management hat das Ziel, vorhandene Informationen und Wissen oder sogenanntes geistiges Eigentum im Unternehmen anhaltend in Nutzen sowohl für Mitarbeiter als auch für Kunden zu transformieren.

Wie bereits in den vorigen ITIL®-Versionen im Knowledge-Management-Prozess, geht es darum, die richtigen Informationen den richtigen Personen im passenden Format zur richtigen Zeit zur Verfügung zu stellen.

Erfolgsfaktoren (Practice Success factors)

Werthaltiges Wissen wird aufgebaut und erhalten sowie in die gesamte Organisation transferiert und dort angewendet. Die Entwicklung einer Architektur ist ein evolutionärer Prozess, der in der Regel über einen längeren Zeitraum erfolgt. Eine klar definierte Roadmap kann dabei helfen, die Richtung auch über lange Zeiträume beizubehalten. Das erfolgt durch regelmäßige Überprüfungen und Richtungskorrekturen anhand der Roadmap. Auch die Roadmap selbst kann durch veränderte Rahmenbedingungen oder strategische Vorgaben für die Architektur Veränderungen unterliegen und sollte ebenfalls regelmäßig überprüft werden.

Die Entwicklung selbst erfolgt in Bezug auf Architekturen meist nicht ad hoc, sondern durch die Veränderung von Prinzipien, Standards und Vorgaben im Unternehmen. Sie beeinflussen Architekturentscheidungen und damit langfristig auch die Architektur selbst. Diese langfristigen Veränderungen erfolgen meist durch das Zusammenspiel mehrerer unterschiedlicher Initiativen, Projekte und Programme. Auch hier kann eine aktuelle Roadmap dabei helfen, die Richtung im Blick zu behalten.

Beispiel-Metriken für diesen PSF:

- Nutzungsgrad der bereitgestellten Mittel zum Wissensmanagement
- Zufriedenheit der Stakeholder mit den implementierten Werkzeugen des Wissensmanagements

Vorhandene Informationen werden effektiv zur Entscheidungsfindung genutzt. Knowledge Management nutzt verfügbare Methoden und Tools, um ein wirkungsvolles Wissensmanagement zur Unterstützung der Entscheidungsfindung im Unternehmen aufzubauen. Eingesetzte Werkzeuge zur Unterstützung der Entscheidungsfindung sollten auf drei Ebenen unterstützen:

- Rechtzeitige Bereitstellung der entscheidungsrelevanten Informationen
- Zugang zu diesen Informationen, wo er benötigt wird (Ort, Kommunikationsmittel, Zeit)
- Unverzügliche Benachrichtigung bei Fehlern

Entscheidend für erfolgreiches Knowledge Management sind die verarbeiteten Informationen. Deren Qualität hängt von vielen Faktoren ab, die bei der Gestaltung des Wissensmanagement-Systems betrachtet werden sollen. Hier einige Beispiele:

Fehler in den gesammelten Informationen oder den zugrundeliegenden Daten	Unterschiedliche Formate und Schnittstellen bei den verschiedenen Quellen
Möglicherweise nützliche Informationen werden (bewusst) nicht geteilt	Potenziell wertvolle Informationen werden in unstrukturierten Datensammlungen nicht erkannt

Beispiel-Metriken für diesen PSF:

- Zufriedenheit der Stakeholder mit getroffenen Entscheidungen
- Anwenderzufriedenheit mit Wissensmanagement-Werkzeugen

3.2.1.4.4 Aktivitäten und Prozesse

In der Practice Architecture Management werden drei Prozesse beschrieben.

1. *Establishing and maintaining the knowledge management environment* (Aufbau und Pflege der Wissensmanagement-Umgebung)
2. *On demand information discovery* (Informationsbeschaffung auf Anfrage)
3. *Knowledge asset management* (Management der Wissens-Assets)

Hinweis

In der bei der Entstehung dieses Buchs aktuellen Fassung der Practice sind noch einige Inkonsistenzen bezüglich der Benennung von Prozessen und Aktivitäten enthalten. Auch die Begriffe „Knowledge-Asset und „Information-Asset" werden anscheinend beliebig und synonym verwendet, obwohl sie aus meiner Sicht völlig unterschiedliche Inhalte haben sollten. Ich habe diese Ungereimtheiten gemäß meiner Erfahrungen interpretiert und entsprechende Annahmen getroffen.

Establishing and maintaining the knowledge management environment

Dieser Prozess stellt sicher, dass die Wissensmanagement-Umgebung so gestaltet und weiterentwickelt wird, dass alle Beteiligten den Nutzen verstehen und aktiv beitragen. Wissensmanagement hängt neben der einfachen Nutzbarkeit in der täglichen Arbeit auch von den Beiträgen jedes Einzelnen ab.

Bei der Gestaltung der Wissensmanagement-Umgebung sollen alle vier Dimensionen des Service Managements und relevante externe Faktoren berücksichtigt werden.

Tabelle 3.8 Aktivitäten: Establishing and maintaining the knowledge management environment

Prozessaktivität	Kurzbeschreibung
Die vorhandene Kultur der Wissensnutzung und des Wissensaustauschs verstehen	Regelmäßige Analyse des Informations- und Wissensflusses, der Zufriedenheit der Beteiligten mit dem Wissensmanagement und des diesbezüglichen Feedbacks der Teams, Kunden und Partnern.
Interne und externe Anforderungen und Einflussfaktoren bewerten	Neben den formulierten Anforderungen der Beteiligten werden die folgenden Faktoren bewertet: ▪ Aktuelle und entstehende Best Practices für Daten-, Informations- und Wissensmanagement ▪ Richtlinien und Normen, wie zum Beispiel GDPDR oder ISO/IEC 30401
Den gewählten Ansatz optimieren, Verbesserungen identifizieren	Basierend auf dem Output der vorigen Prozessschritte wird bewertet, wie gut das für das Wissensmanagement gewählte Vorgehen zur Strategie und Vision des Unternehmens beiträgt. Bei Bedarf werden Anpassungen abgeleitet und Verbesserungsinitiativen geplant.
Geplante Initiativen prüfen und Umsetzung initiieren	Überprüfen aller geplanten Verbesserungsinitiativen anhand des continual improvement register (CIR) und Umsetzung sinnvoller Initiativen unter Einbeziehung der Continual-Improvement-Praktik.
Fördern der Wissensmanagement-Praktik im gesamten Unternehmen	Erarbeiten von Anleitungen, Trainings und anderen Mitteln zur Verbesserung der Nutzung des Wissensmanagements, sowie die Bereitstellung über relevante Kanäle.

On-demand information discovery

In diesem Prozess geht es um die schnelle Identifizierung und Bereitstellung von Informationen als Antwort auf Ad-hoc-Anfragen außerhalb der üblichen Routine-Abläufe.

Tabelle 3.9 Aktivitäten: On-demand information discovery

Prozessaktivität	Kurzbeschreibung
Erfassen der Informationsanfrage	Erfassen der Anfrage und Bestätigen des Eingangs.
Recherche und Sammeln der Daten	Identifizieren der einzubeziehenden Rollen und Personen. Recherche in relevanten internen und externen Datenquellen.
Informationsverarbeitung und Aufbereitung	Verarbeiten der recherchierten Daten zu Informationen (siehe DIKW-Modell) und Präsentation im vereinbarten Format.
Informationsakzeptanz	Die anfragenden Stakeholder prüfen die Informationen auf Qualität, Format sowie rechtzeitige Bereitstellung und bestätigen die Beantwortung der Anfrage.
Wissensintegration und Review	Akzeptierte Informationen werden daraufhin bewertet, ob sie in das reguläre Wissensmanagement integriert werden sollen.

Knowledge asset management

Dieser Prozess befasst sich mit dem Lebenszyklus der Wissens-Assets (Abschnitt 3.2.1.4.2) und deren Integration in die Wissensmanagement-Umgebung.

Tabelle 3.10 Aktivitäten: Knowledge asset management

Prozessaktivität	Kurzbeschreibung
Identifizieren von Wissens-Assets	Regelmäßige Analyse der vorhandenen Informationen (Informations-Assets) und deren Verarbeitung zu neuen Wissens-Assets oder Anpassung vorhandener Assets. Mögliche Trigger sind das Bekanntwerden neuer Informationen, Anwender-Feedback oder auch Anfragen relevanter Stakeholder.
Analyse und Klassifizierung der Wissens-Assets	Evaluierung der Wissens-Assets auf deren Wichtigkeit und Identifizieren notwendiger Richtlinien zu deren Management. Ebenso werden die passenden Teams und Rollen identifiziert, denen die Verantwortung für das jeweilige Wissens-Asset zugeordnet wird.
Entwickeln von Richtlinien für das Management von Wissens-Assets	Gemeinsam mit fachlichen Spezialisten werden Richtlinien für das Management neuer Wissens-Assets erarbeitet. Wenn möglich, sollen bestehende Richtlinien genutzt und weiterentwickelt werden.
Zuordnung der Richtlinien	Zuordnung der Richtlinien zu Teams, Personen oder Rollen und Kommunikation der Zuordnung.
Akzeptanz der Zuordnung	Die Teams oder Rollen, denen die Verantwortung für eine Wissens-Asset-Richtlinie zugeordnet wurde, akzeptieren diese oder lehnen die Übernahme ab. In diesem Fall erfolgt eine Neubewertung der Zuordnung.
Review der Wissens-Assets und Einleiten von Verbesserungen	Alle Knowledge-Assets werden regelmäßig überprüft und bei Bedarf werden Maßnahmen zur Weiterentwicklung abgeleitet.

3.2.1.4.5 Weitere Bezüge zu den vier Dimensionen

Rollen und Verantwortung: Der Knowledge Manager

Die wichtigste Aufgabe des Knowledge Managers ist es, eine Knowledge-Management-Kultur im gesamten Unternehmen zu schaffen und dafür zu sorgen, dass die notwendigen Fähigkeiten für erfolgreiches Knowledge Management im Unternehmen vorhanden sind und weiterentwickelt werden. Hier einige Beispiele für die Verantwortung des Knowledge Managers:

- Rollen definieren und besetzen
- Gestalten der Prozesse für das Knowledge Management im Unternehmen
- Das Knowledge-Management-Team befähigen, begleiten und führen
- Monitoring und Reviews der Aktivitäten im Knowledge Management
- Kommunikation mit Stakeholdern

Rollen und Verantwortung: Das Knowledge-Management-Team

Das Knowledge-Management-Team setzt sich aus Menschen aus verschiedenen Fachbereichen mit unterschiedlichen Fähigkeiten zusammen. Es trägt in Zusammenarbeit mit dem Knowledge Manager aktiv dazu bei, dass die definierten Aktivitäten gelebt werden und die Prozesse des Knowledge Management die erwarteten Ergebnisse liefern. Dazu gehören die Definition, Kommunikation und Implementierung von Plänen und Richtlinien für Knowledge Management im täglichen Betrieb.

Es handelt sich nicht um ein Team im Sinne eines klassischen Unternehmensorganigramms, sondern um eine Rolle, zu der die Menschen mit den passenden Fähigkeiten ihren Beitrag leisten. Die Zusammensetzung kann also je nach Aufgabenstellung und Rahmenbedingungen variieren.

Informationen und Automatisierung

Die Qualität der Informationen, die im Prozess als Input verarbeitet werden, ist entscheidend für den Beitrag des Prozesses zum Unternehmenserfolg. Die folgende Liste zeigt eine Auswahl der wichtigsten Informationen, die im Prozess verarbeitet werden.

- Verfügbare Methoden und Werkzeuge
- Service und Service-Architekturen
- Informationen zu Partnern und Lieferanten
- Anforderungen und Richtlinien
- Angefragte Informationen beziehungsweise benötigtes Wissen

Die verfügbaren Werkzeuge zur Automatisierung der Datenverarbeitung, Analyse und Aufbereitung erleben seit einigen Jahren einen erheblichen Innovationsschub. Tools und Plattformen zur Virtualisierung rund um die Verarbeitung von großen Datenmengen (Big Data) erleben eine regelrechte Blütezeit. Künstliche Intelligenz und Machine Learning sind endgültig den Kinderschuhen entwachsen und werden zu einem festen Bestandteil des Alltags in der Informationsverarbeitung.

Partner und Lieferanten

Die bei der Serviceerbringung beteiligten Partner und Lieferanten spielen eine wichtige Rolle für das Knowledge Management. Sie sind sowohl Informationsquelle für den internen Wissensaufbau als auch mitverantwortlich für die Bereitstellung von Daten, Informationen und Wissen im Rahmen ihrer täglichen Arbeit.

Je mehr Wissen für den Betrieb bei externen Partnern liegt, desto größer wird das Risiko für den Verlust von Know-how bei der Beendigung der Zusammenarbeit. Bei der Gestaltung von Sourcing-Verträgen sollte dieser Faktor bedacht werden und entsprechende Vorkehrungen getroffen werden. Zum Beispiel sollte ein unbürokratischer und für alle Seiten transparenter regelmäßiger Wissensaustausch Teil der täglichen Arbeit sein.

3.2.1.5 Measurement & reporting

3.2.1.5.1 Kernbotschaft, Scope, Beitrag zur Value Chain

Kernbotschaft Der Zweck dieser Praktik ist es, mit einem klaren Bild des Ist-Zustands die Grundlage für gute Entscheidungen im Unternehmen und einen funktionierenden Continual-Improvement-Prozess zu liefern. Dafür werden relevante Daten und Informationen gesammelt, untersucht, aufbereitet und in aggregierter Form wieder bereitgestellt.

Scope Der Scope des Measurement & reportings bezieht sich mindestens auf Produkte und Services sowie auf Aktivitäten in der Value Chain, durchgeführt von internen Mitarbeitern und Teams wie von externen Partnern. Welche Objekte genau in den Scope einbezogen werden, sollte bei der Gestaltung der Prozesse individuell festgelegt werden. Für die Objekte in Scope werden die folgenden Aktivitäten durchgeführt:

- Methoden für Messungen und Reporting festlegen
- Sicherstellen, dass die definierten Methoden durchgängig genutzt werden
- Integration von Messungen und Reporting in die Value Streams
- Die Qualität des Reporting sicherstellen

Beitrag zur Value Chain Die Measurement & Reporting Practice trägt besonders zu diesen vier Aktivitäten in der Service Value Chain (SVC) bei:

Aktivität in der SVC	Beitrag des Architecture Managements
Planung	Measurement & reporting unterstützt Entscheidungen bezüglich Strategie und Portfolio durch die Lieferung detaillierter Informationen zur aktuellen Performance der Produkte und Services.
Design & Transition	Unterstützung aller Entscheidungen von der Entwicklung bis zum Go-live durch die Bereitstellung aktueller Reports.
Erhalten/Erstellen	Bereitstellen nachvollziehbarer Berichte über alle Aktivitäten in der Beschaffung und der Entwicklung als Basis für die Integration mit anderen Aktivitäten der Value Chain.
Verbesserungen	Aktuelle Informationen zur tatsächlichen Performance der Produkte und Services bilden die Grundlage für die Identifizierung von Verbesserungspotenzial.

3.2.1.5.2 Grundlagen und Begriffe

Messungen (Measurement)

Die Definition dieses Begriffs in ITIL® 4 lautet:

> *Messungen dienen der Reduzierung von Unsicherheiten auf der Grundlage einer oder mehrerer Beobachtungen, die in quantifizierbaren Einheiten ausgedrückt sind.*

Für die Durchführung von Messungen kann es verschiedene Gründe geben, auf die ich hier nur kurz eingehe, da sie auch aus vorherigen Veröffentlichungen bekannt sind:

- Durch Ziele, deren Erreichungsgrad regelmäßig gemessen wird, kann die Richtung der Aktivitäten im Unternehmen, also das Verhalten der Akteure beeinflusst werden.
- Regelmäßige Messungen und abgeleitete Trends können eine Begründung für geplante Veränderungsvorhaben sein und diese rechtfertigen.
- Die Wirkung getroffener Entscheidungen kann durch regelmäßige Messungen transparent gemacht und die Entscheidungen so validiert werden.
- Aktuelle Messergebnisse, insbesondere Frühindikatoren dienen als Trigger für Korrekturmaßnahmen im Regelbetrieb. Mehr Details zu Kennzahlen in Kapitel 5 dieses Buchs.

Metriken (Metrics)

Metriken sind Messgrößen, die entweder direkt erfasst oder mathematisch aus anderen Messgrößen ermittelt werden. Sie beschreiben ein Messobjekt in quantifizierbarer Weise. Ein Messobjekt kann durch mehrere Metriken aus verschiedenen Perspektiven beschrieben werden. Typische Perspektiven sind die Messung von Effektivität, Effizienz, Konformität zu Regeln. Metriken, die die Performance eines Messobjekts in Bezug auf formulierte Ziele und Erfolgsfaktoren messen, werden als Key-Performance-Indikatoren (KPI) bezeichnet. Mehr zu Zielen, CSF und KPI lesen Sie in Kapitel 5 dieses Buchs.

3.2.1.5.3 Ziele und Erfolgsfaktoren

Ziele

- Entscheidungen können auf Basis valider Informationen getroffen werden.
- Der Beitrag aller Komponenten eines Services zum Ergebnis ist bekannt.
- Abweichungen werden erkannt und Korrekturmaßnahmen werden frühzeitig initiiert.
- Management Reports sind korrekt und entsprechen den Anforderungen.

Erfolgsfaktoren (Practice Success factors)

Alle durchgeführten Messungen sind am Beitrag zu definierten Zielen ausgerichtet.
Sinnvolle Kennzahlen helfen bei der Bewertung, ob definierte Ziele erreicht werden oder erreicht werden können. Kennzahlen stehen daher nicht allein, sondern sind immer Teil einer nachvollziehbaren Ursache-Wirkung-Kette aus Zielen, Erfolgsfaktoren und Kennzahlen. Auch dazu lesen Sie mehr in Kapitel 5. ITIL® 4 schlägt in dieser Practice eine schrittweise Vorgehensweise vor.

1. Die Ziele festlegen: Was soll mit dem gemessenen Objekt erreicht werden?
2. Erfolgsfaktoren identifizieren: Was trägt dazu bei, das definierte Ziel zu erreichen?

3. Metriken und Messverfahren festlegen: Messgrößen für die Erfolgsfaktoren finden und deren Messbarkeit sicherstellen.
4. KPI-System erstellen: Welche Metriken werden zu KPI und wie beeinflussen diese sich gegenseitig?
5. Messdaten aggregieren: Kennzahlen gemäß Zielen, Erfolgsfaktoren und Adressaten aufbereiten

Beispiel-Metrik für diesen PSF:

- Anteil der definierten Ziele, deren Erreichungsgrad gemessen wird
- Anteil der Reports, die sich direkt auf definierte Ziele beziehen

Die Qualität und Verfügbarkeit der Messdaten sind sichergestellt. Richtige und vollständige Daten sind Voraussetzung für aussagekräftige und belastbare Reports. Sind die zugrunde liegenden Daten falsch, inkonsistent oder nicht aktuell, können die Ergebnisse nicht den Erwartungen entsprechen. Die Ausgangsdaten sollten den folgenden Kriterien entsprechen:

Hohe Qualität	Genau, objektiv, glaubwürdig
Richtiger Kontext	Nützlich im jeweiligen Kontext
Klarheit	Verständlich, konsistent
Zugänglich	Verfügbar für Kunden und andere Stakeholder, wie vereinbart

Beispiel-Metriken für diesen PSF:

- Anteil fehlerhafter Daten
- Anteil fehlerfreier Reports

Leistungsfähiges Reporting unterstützt die Entscheidungsfindung. Damit Entscheidungen durch das Reporting tatsächlich erleichtert oder sogar erst ermöglicht werden, sollten vor der Erstellung von Reports einige grundlegende Fragen beantwortet sein.

- Wer ist der Adressat des Reports und entspricht der Inhalt dessen Informationsbedarf?
- Welche Entscheidungen sollen unterstützt werden?
- Wer erstellt den Report und wer arbeitet damit?
- Wofür genau wird der Report genutzt?
- Welche Daten sind enthalten?
- Wie wird der Report strukturiert und aufbereitet?

Neben der Qualität spielen die Effizienz und Geschwindigkeit bei der Erstellung von Reports eine wichtige Rolle. Daher sollten Reports möglichst automatisch erzeugt werden. Lieber ein schnell automatisch erzeugter Report, der einen großen Teil des Informationsbedarfs in kurzer Zeit deckt, als ein 100%-Report, der manuell mit viel Aufwand und Zeitverzug erstellt wurde.

Beispiel-Metriken für diesen PSF:

- Anteil automatisch erzeugter Reports
- Zufriedenheit der Adressaten mit den Reports

3.2.1.5.4 Aktivitäten und Prozesse

In der Practice Architecture Management werden drei Prozesse beschrieben.

1. *Designing the measurement and reporting system* (Gestalten des Mess- und Berichtssystems)
2. *Reporting and evaluation* (Reporting und Auswertung)

Designing the measurement and reporting system

Ein standardisiertes und verständliches System für Messungen und Reporterstellung spielen eine wichtige Rolle für ein nachvollziehbares, nützliches und wirtschaftliches Reporting. Es bringt Metriken in einen Zusammenhang mit Zielen und anderen Metriken und stellt so einen Kontext her, der für den Informationsgehalt der Reports von entscheidender Bedeutung ist.

Tabelle 3.11 Aktivitäten: Designing the measurement and reporting system

Prozessaktivität	Kurzbeschreibung
Entwickeln von Metriken und Messmethoden	Erarbeiten von Metriken und Messmethoden, um mit Hilfe der festgelegten Erfolgsfaktoren den Erreichungsgrad der definierten Ziele ermitteln zu können
Scorekarten entwickeln	Aggregation der ermittelten Daten mit Hilfe festgelegter Zielgrößen und Schwellwerte (zum Beispiel Ampelsystem)
Report-Templates und Richtlinien entwickeln	Richtlinien und Templates für die zielgruppengerechte Darstellung der Daten in Reports oder dynamischen Dashboards entwickeln

Reporting and evaluation

Tabelle 3.12 Aktivitäten: Reporting and evaluation

Prozessaktivität	Kurzbeschreibung
Daten sammeln und verarbeiten	Sammeln der Daten aus unterschiedlichen Quellen, zum Beispiel ITSM-Tools, System-Monitoring, Infrastruktur-Scans
Daten analysieren und berichten	Verarbeiten der einzelnen Daten zu Informationen und Wissen hinsichtlich der aktuellen Situation im Unternehmen bezogen auf die vereinbarten Ziele und Erfolgsfaktoren. Aufbereitung der Ergebnisse in einem zielgruppengerechten Format
Berichtsauswertung und Entscheidungsfindung	Die Kombination der Informationen und des Wissens aus den Reports mit bisherigen Erfahrungen. Das ermöglicht nachvollziehbare Entscheidungen bezüglich Optimierungsmaßnahmen beziehungsweise Korrekturen

3.2.1.5.5 Weitere Bezüge zu den vier Dimensionen

Informationen und Automatisierung

Die Qualität der Informationen, die im Prozess verarbeitet werden, ist entscheidend für den Beitrag des Prozesses zum Unternehmenserfolg. Die folgende Liste zeigt eine Auswahl der wichtigsten Informationen, die im Prozess verarbeitet werden.

Anforderungen an Reporting	Erfolgsfaktoren
Informationen zu Messmethoden und Werkzeugen	Informationen zum Service-Portfolio
ITSM Informationen (Incidents, Requests, Changes)	Unternehmensziele und abgeleitete Ziele
Vereinbarungen (SLA, SLR)	Verfügbare Daten (Infrastruktur, Applikationen, Business)

3.2.1.6 Organizational Change Management (OCM)

3.2.1.6.1 Kernbotschaft, Scope, Beitrag zur Value Chain

Kernbotschaft Zweck dieser Practice ist es, Veränderungen reibungslos und erfolgreich in der Organisation umzusetzen und dauerhaft zu verankern. Im Mittelpunkt steht das Management der menschlichen Faktoren der angestrebten Veränderungen.

Damit folgt auch ITIL® 4 der nicht mehr ganz neuen Erkenntnis, dass Veränderungen nicht durch Druck und Regeln durchzusetzen sind, sondern dadurch, dass die beteiligten Menschen diese Veränderungen tatsächlich wünschen und ihr Verhalten entsprechend verändern.

Die detaillierte Betrachtung des OCM in einer eigens dafür geschaffenen Practice als Ergänzung zum klassischen Change Management, welches in der Practice Change Enablement (Abschnitt 3.2.2.3.1) beschrieben wird, wird der Erkenntnis gerecht, dass ITIL® in den bisherigen Versionen allzu technokratisch auf das Thema Veränderungen eingegangen ist.

Scope OCM trägt zu allen Bereichen des Service Value Systems bei. Es beinhaltet die Planung und Optimierung von Methoden für das OCM, die Steuerung von Veränderungsvorhaben von der Idee bis zur abgeschlossenen Umsetzung und die Überprüfung des Erfolgs der durchgeführten Veränderungsvorhaben.

Beitrag zur Value Chain Die Architecture Management Practice trägt besonders zu der Aktivität der Verbesserung bei und hat Auswirkungen auf alle anderen Aktivitäten. Nachhaltige Verbesserungen in der Service Organisation sind ohne OCM nicht nachhaltig möglich, denn Veränderungen sind nur dann von Dauer, wenn die beteiligten Menschen bereit sind, ihr Verhalten entsprechend anzupassen.

3.2.1.6.2 Grundlagen und Begriffe

Arten der Veränderung

- **Change:** Ein Change verändert die Art, in der Dinge erledigt werden, so dass sie entweder effizienter erfolgen oder bessere Ergebnisse erzeugen. Changes sind einzelne Veränderungen, erzeugt durch einen externen Impuls (zum Beispiel durch das Management).
- **Transformation** bedeutet, eine Veränderung durch die Vermittlung neuer Überzeugungen, Werte und Wünsche zu induzieren. Als Resultat verändert sich das Verhalten der beteiligten Personen und die Art der Zusammenarbeit im Sinne der angestrebten Veränderung. Basis dieser Art der Veränderung ist eine positive Fehlerkultur, um iterativ aus Fehlschlägen lernen zu können.
- **Evolution** ist ein anhaltender Zustand der kontinuierlichen Verbesserung durch Transformation und Change und nutzt dafür internes und externes Feedback.

Prinzipien für Organizational Change

Die folgenden Prinzipien sollen helfen, Organisations-Changes erfolgreich zu gestalten. Für die Umsetzung im Unternehmen sollten diese an die individuellen Gegebenheiten im Unternehmen angepasst werden.

- Eindeutige und relevante Ziele
- Klare und engagierte, richtungsweisende Führung
- Überzeugte und engagierte Akteure
- Nachhaltige Verbesserung durch Zusammenarbeit (Co-creation)

3.2.1.6.3 Ziele und Erfolgsfaktoren

Ziele

- Veränderungen werden erfolgreich durch die Betrachtung menschlicher Faktoren.
- Alle Beteiligten werden frühzeitig in Veränderungsprozesse eingebunden.
- Veränderungen erzeugen einen Sog-Effekt auf Beteiligte, statt sie in eine Richtung zu drücken.

Erfolgsfaktoren (Practice Success factors)

Eine allgemeine positive Change-Kultur ermöglicht und fördert den Wandel. Eine positive Change-Kultur besteht aus gemeinsamen Werten, Überzeugungen und Erwartungen der Menschen in der Organisation. Sie schafft den Rahmen für eine Form der gemeinsamen Arbeit, die eine Evolution der Organisation zulässt. Wenn Veränderungen in der Organisation akzeptiert werden sollen, ist die Atmosphäre der Zusammenarbeit von zentraler Bedeutung. Wichtige Faktoren sind eine aktive Diskussionskultur, ein offener Umgang und eine Kommunikationskultur des gegenseitigen Zuhörens, die Fehler zulässt.

Beispiel-Metriken für diesen PSF:

- Zahl

Es existiert ein ganzheitlicher Ansatz für das OCM und dessen kontinuierliche Verbesserung. Der ganzheitliche Ansatz stellt sicher, dass Chancen zur Verbesserung für Organisations-Changes, Prinzipien und entsprechende Methoden erkannt und genutzt werden.

Beispiel-Metriken für diesen PSF:

- Zahl und Auswirkungen von implementierten Changes, die nicht der Zielarchitektur folgen
- Prozentualer Fortschritt im Erfüllungsgrad der Road Map

Organisations-Changes werden effektiv zur Zufriedenheit der Stakeholder umgesetzt und entsprechen den Compliance-Anforderungen. Jede Organisation sollte einen spezifischen Prozess für die Durchführung von Organisations-Changes definieren und etablieren. Es gilt, Stakeholder zu identifizieren, deren Werte und Erwartungen zu erkennen und so gut wie möglich zu treffen. Dabei spielen auch andere Practices wie Relationship Management (Abschnitt 3.2.1.9) oder Business Analysis (Abschnitt 3.2.2.2) eine wichtige Rolle.

Beispiel-Metriken für diesen PSF:

- Zahl und Auswirkungen von implementierten Changes, die nicht der Zielarchitektur folgen
- Prozentualer Fortschritt im Erfüllungsgrad der Road Map

3.2.1.6.4 Aktivitäten und Prozesse

In der Practice Organizational Change Management werden zwei Prozesse beschrieben.

1. *Organizational change lifecycle management* (Management des Lebenszyklus von Organisations-Changes)
2. *Management of change adaptive environment* (Management einer veränderungsfähigen Umgebung)

Organizational change lifecycle management

In diesem Prozess geht es darum, einen auf die Organisation passenden generischen Ablauf eines Organisations-Changes zu schaffen und so die nachhaltige Umsetzung dieser Veränderungen zu unterstützen. Die Aktivitäten sollen so gestaltet werden, dass sie als Grundstruktur für alle Arten organisatorischer Veränderungen, große Strukturänderungen wie kleinere Anpassungen in der Zusammenarbeit und Rollenverteilung nutzbar sind.

Tabelle 3.13 Aktivitäten: Organizational change lifecycle management

Prozessaktivität	Kurzbeschreibung
Notwendigkeit und Scope verstehen	Wer die Notwendigkeit kennt, arbeitet konsequent am Ergebnis. Diese Aktivität beantwortet die Fragen, warum die Veränderung notwendig ist, wie sie die Ziele unterstützt, welche Chancen, aber auch Risiken sich ergeben und welcher konkrete Nutzen erzeugt wird.
Change Team zusammenstellen	Das verantwortliche Team für die Veränderung zusammenstellen, Rollen und Verantwortlichkeiten festlegen, Stakeholder identifizieren und einbeziehen.
Vision, Plan und Quickwins erarbeiten	Festlegen eines übergeordneten Zielbilds (Vision) für die Veränderung, Ableiten und Planen der Aktivitäten und des konkreten Ablaufs der Umsetzung. Identifizieren möglicher schneller Erfolge bei der Umsetzung zur Motivation (Quickwins). Festlegen, wie Erfolg gemessen wird. Einbinden der Beteiligten und Betroffenen.
Umsetzung sicherstellen	Sicherstellen, dass die Veränderung wie geplant umgesetzt wird. Identifizieren möglicher Korrekturen durch iteratives Feedback und Kommunikation auf geeigneten Kanälen.
Neuen Status verankern	Den Zustand nach der Veränderung als neuen Status Quo etablieren und dauerhafte Maßnahmen zur Erfolgsmessung implementieren. Daten analysieren, präsentieren und bewerten. Erfolge mit allen Beteiligten feiern.
System zum Erhalt des Neuen schaffen	Maßnahmen für regelmäßige Checks der Nachhaltigkeit der Change-Umsetzung. Sicherstellen, dass Changes nicht schleichend „rückabgewickelt“ werden und alte Verhaltensmuster nicht wiederaufleben.
Die Veränderung kommunizieren	Kommunizieren des Neuen auf formellen wie informellen Kanälen, weitere Verarbeitung und Beantwortung von Fragen und Feedback.

Management of change adaptive environment

Dieser Prozess schafft eine Change-freundliche Umgebung, in der Veränderungen nicht angeordnet werden, sondern Teil einer positiven Veränderungskultur sind. Im besten Fall wird die Veränderung im Pull-Prinzip von den potenziellen Stakeholdern getrieben, statt vom Management in die Organisation „gedrückt" zu werden. Die Aktivitäten dieses Prozesses verlaufen in einem iterativen Zyklus.

Tabelle 3.14 Aktivitäten: Management of change adaptive environment

Prozessaktivität	Kurzbeschreibung
Internes System der Organisation verstehen	Gemeinsam mit allen Stakeholdern die aktuellen Werte im Unternehmen analysieren, zurückliegende Organisations-Changes analysieren und bewerten
Externe Einflussfaktoren identifizieren	Identifizieren, welche externen Faktoren Einfluss auf die Organisation nehmen (zum Beispiel PESTLE) und welchen Einfluss diese auf die Durchführung von Veränderungen haben
Reaktionen optimieren	Gemeinsam mit dem Management des Unternehmens und den Service Ownern wird ermittelt, wie das Unternehmen im besten Fall auf die Herausforderungen der Schaffung einer Change-freundlichen Umgebung reagiert.
Planen und Implementieren von Verbesserungen der Anpassungsfähigkeit im OCM	Der Change Leader (Abschnitt 3.2.1.6.5.1) führt die Erkenntnisse aus den Aktivitäten zusammen und leitet gemeinsam mit dem Team einen Plan für Verbesserungen ab und stellt dessen Umsetzung sicher.

3.2.1.6.5 Weitere Bezüge zu den vier Dimensionen

Rollen und Verantwortung: Der Change Leader

Der Fokus der Verantwortung dieser Rolle liegt auf der Gestaltung der Umgebung und Kultur für Veränderungen, weniger darauf, die Aktivitäten einer Veränderung im Detail zu verfolgen und deren Umsetzung zu überwachen. Beispiele für typische Aktivitäten sind:

- Die Notwendigkeit und den Nutzen geplanter Veränderungen ermitteln und kommunizieren.
- Geeignete Change Teams zusammenstellen.
- Change Teams befähigen, coachen und bei Bedarf führen.
- Kommunikation mit Stakeholdern.
- Methodenkompetenz im Unternehmen aufbauen.
- Management von Monitoring und Review Aktivitäten.

Informationen und Automatisierung

Die Qualität der Informationen, die im Prozess als Input verarbeitet werden, ist entscheidend für den Beitrag zum Unternehmenserfolg. Die folgende Liste zeigt eine Auswahl der wichtigsten Informationen, die in diesem Prozess verarbeitet werden.

- Unternehmensstrategie, Kultur und Werte
- Unternehmensstruktur und Organisation
- Services, Architektur und Betriebsprozesse
- Informationen zu Partner und Lieferanten
- Richtlinien und Compliance-Vorgaben
- Etablierte Methoden für Organisations-Changes
- Informationen zu aktuellen Veränderungsvorhaben und Erfahrungen aus der Change-Historie

Je höher der Automatisierungsgrad bei der Bearbeitung von Veränderungsvorhaben ist, desto leichter gelingt es, aus Vergangenem zu lernen, Aktuelles zu analysieren und Abläufe zu steuern. Typische Werkzeuge für die Unterstützung der Aktivitäten sind Workflow-Management-Systeme, Colaboration Tools und klassische Projektmanagement-Tools wie Kanban Boards oder Gantt Charts.

3.2.1.7 Portfolio Management

3.2.1.7.1 Kernbotschaft, Scope, Beitrag zur Value Chain

Kernbotschaft Portfolio Management ist verantwortlich für den richtigen Mix aus Programmen, Projekten, Produkten und Services, um die Unternehmensziele wirtschaftlich mit den vorhandenen Ressourcen bestmöglich zu erreichen.

Scope Portfolio Management befasst sich mit verschiedenen Arten von Portfolios. Typische Ausprägungen sind das Produkt- und Service-Portfolio, das Programm- und Projekt-Portfolio, aber auch das Kundenportfolio, also die Kunden und Märkte, die bedient werden sollen, als Informationsquelle für die Verbindung Kunden zu Produkten und Services. Die Verantwortung für die Pflege des Kundenportfolios wird in der Praktik Relationship Management (Abschnitt 3.2.1.9) beschrieben. Ebenfalls in Scope ist das Management von Ressourcen-Portfolios, wie zum Beispiel ein Applikationsportfolio. Dazu gehört es unter anderem, ein übergreifendes Framework für das Management der unterschiedlichen Portfolios zu schaffen und zu pflegen.

Beitrag zur Value Chain Die Portfolio Management Practice trägt besonders zu allen Aktivitäten im Bereich *Plan* in der Service Value Chain (SVC) bei, indem es Statusinformationen zu Projekten, Produkten und Services liefert und sie mit den Zielen im Unternehmen verbindet. Zudem wird das Portfolio regelmäßig hinsichtlich dieses Beitrags überprüft und korrigiert.

3.2.1.7.2 Grundlagen und Begriffe

Portfolio-Priorisierung

Legt die Priorität portfoliobezogener Initiativen fest, um orientiert am Nutzen für das Unternehmen die Reihenfolge der Abarbeitung festzulegen oder auch über deren Durchführung an sich zu entscheiden. Wichtige Faktoren für die Priorisierung sind zum Beispiel die Verfügbarkeit benötigter Ressourcen, der Beitrag zur Unternehmensstrategie, der Aufwand zur Umsetzung, identifizierte Risiken oder die Abhängigkeit des aktuellen Portfolios von der betrachteten Initiative.

A/B testing (Split-Tests)

Split-Tests sind eine schnelle Möglichkeit, die Auswirkung von Entscheidungen auf das Ergebnis zu bewerten. Dazu werden verschiedene Varianten eines Services oder Produkts verschiedenen Kundengruppen bereitgestellt und durch diese getestet und bewertet. Dieses Vorgehen kann auch für die Priorisierung genutzt werden.

Portfolio-Optimierung

Das optimale Portfolio liefert den höchstmöglichen Nutzen bei angemessenem Einsatz der vorhandenen Ressourcen. Zu diesem Zweck werden die Elemente im Portfolio (Produkte, Services, ...) kategorisiert:

- *Beibehalten:* Macht, was es soll, und ist relevant.
- *Fördern:* Mehr Nutzen als erwartet.
- *Außer Betrieb nehmen:* Kein Bedarf mehr vorhanden oder nicht (mehr) relevant.
- *Ersetzen:* Weiter relevant, aber beispielsweise Performance nicht mehr ausreichend.
- *Modernisieren oder Rationalisieren:* Weiter relevant, wenn in Nutzen oder Effizienz investiert wird.

3.2.1.7.3 Ziele und Erfolgsfaktoren

Ziele

- Es existiert ein übergreifendes Framework für Portfolio Management.
- Es besteht die bestmögliche Balance aus Tagesgeschäft und Organisations-Changes.
- Das Portfolio nutzt vorhandene Ressourcen optimal, um die Unternehmensziele zu erreichen.

Erfolgsfaktoren (Practice success factors)

Entscheidungen bezüglich des Portfolios werden innerhalb bestehender Ressourcen-Grenzen sinnvoll getroffen. Um zu identifizieren, welche der aktuellen Initiativen die vorhandenen Ressourcen am besten in echten Mehrwert für das Unternehmen verwandelt, betrachtet das Portfolio Management konkurrierende Initiativen innerhalb des Unternehmens, überprüft deren Priorisierung und bewertet sie aus Sicht aller internen und externen Stakeholder. So ist sichergestellt, dass die erfolgversprechendsten und wichtigsten Initiativen ausreichend Ressourcen zur Verfügung haben. Es geht darum, die strategischen Vorgaben des Unternehmens in nachvollziehbare Bewertungskriterien für Portfolioelemente zu übersetzen.

Um sinnvolle Entscheidungen treffen zu können, sollte das Portfolio Management sowohl das Selbstverständnis und die Eigenwahrnehmung des Unternehmens als auch die wichtigsten vorhandenen Ressourcen und deren Wert für die Stakeholder, insbesondere die Kunden, kennen.

Beispiel-Metriken für diesen PSF:

- Return on Investment einer Initiative geplant versus tatsächlich im Vergleich
- Zufriedenheit der Stakeholder mit den Portfolios

Die kontinuierliche Überwachung und Optimierung des Portfolios sind gewährleistet. Ist die für das Unternehmen nützlichste Initiative gefunden, sollte diese regelmäßig daraufhin untersucht werden, ob sie den erwarteten Nutzen tatsächlich liefert. Regelmäßige Reviews ermitteln, wie sich der Wertbeitrag einzelner Initiativen oder Portfolio-Elemente entwickelt und ob die getätigten und geplanten Investitionen weiterhin gerechtfertigt sind. Als Ergebnis kann anschließend die Verteilung der vorhandenen Ressourcen neu bewertet und bei Bedarf angepasst werden.

Beispiel-Metriken für diesen PSF:

- Anteil der Portfolio-Entscheidungen, die sich als falsch erweisen
- Anteil der Portfolio-Elemente, die nicht oder selten genutzt werden

3.2.1.7.4 Aktivitäten und Prozesse

In der Practice Portfolio Management werden zwei Prozesse beschrieben.

1. *Managing the organization's approach to portfolios* (Steuerung des Ansatzes für die Arbeit mit Portfolios)
2. *Managing the portfolios' lifecycle* (Steuerung des Portfolio-Lebenszyklus)

Managing the organization's approach to portfolios

In diesem Prozess geht es um die Definition und Umsetzung einer unternehmensweiten Vorgehensweise für das Management der vorhandenen Portfolios.

Tabelle 3.15 Aktivitäten: Managing the organization's approach to portfolios

Prozessaktivität	Kurzbeschreibung
Analysieren der Strategie und vorhandener Ressourcen	Ermitteln der aktuellen strategischen Vorgaben, vorhandener Portfolios und des Ansatzes für Portfolio Management und Abstimmen der Ergebnisse mit Stakeholdern
Den Portfolio Management Ansatz entwickeln und vereinbaren	Festlegen von Portfolio-Gruppen entsprechend des Beitrags zur Strategie und Ableiten entsprechender Kategorien für die Portfolio-Elemente
Portfolio-Management-Modelle für Portfolio-Kategorien und -Gruppen entwickeln und vereinbaren	Festlegen und Vereinbaren konkreter Portfolio-Modelle für jede definierte Gruppe und Kategorie. Das Modell beschreibt konkrete Eigenschaften der Portfolio-Elemente einer Gruppe oder Kategorie (zum Beispiel verfügbare Ressourcen, Risikofreudigkeit, Budget, Priorität, ...)
Portfolio-Management-Ansatz und Modelle an Stakeholder kommunizieren	Kommunizieren, Abstimmen und Diskutieren des Ansatzes in der gesamten Organisation in Form von Trainings, Diskussionsrunden, Feedback-Runden, Intranet-Meldungen und Ähnlichem
Portfolio-Management-Ansatz und Modelle überprüfen und anpassen	Überwachen und Bewerten der Anwendung und Effektivität des Portfolio-Management-Ansatzes und der Modelle. Ableiten konkreter Verbesserungsmaßnahmen

Managing the portfolios' lifecycle

Dieser Prozess steuert die einzelnen Portfolios anhand des vereinbarten Ansatzes und der Modelle.

Tabelle 3.16 Aktivitäten: Managing the portfolios' lifecycle

Prozessaktivität	Kurzbeschreibung
Portfolio Initiativen sammeln	Erfassen der Vorschläge für Portfolio-Initiativen und Vorgabe eines strukturierten Ansatzes zur Übermittlung. Prüfen der Vorschläge auf Vollständigkeit gemäß der vereinbarten Modelle.
Portfolio Monitoring	Überwachen der Portfolio-Elemente hinsichtlich des vereinbarten und tatsächlich gelieferten Nutzens.
Regelmäßige Portfolio-Bewertung	Auswerten des Monitorings und Inputs aus dem Event Management. Ableiten von Portfolio Reports und Empfehlungen zur weiteren Betrachtung im Portfolio Review.
Portfolio Review	Auswerten des Monitorings und der Bewertung und Festlegen weiterer Maßnahmen, wie die Freigabe neuer Initiativen, die Neubewertung und Priorisierung vorhandener Initiativen oder einzelner Portfolio-Elemente. Auch die Veränderung des Portfolio-Management-Ansatzes an sich oder der einzelnen Modelle können ein Resultat sein.

3.2.1.7.5 Weitere Bezüge zu den vier Dimensionen

Rollen und Verantwortung: Der Portfolio Owner

Der Portfolio Owner gestaltet die Strategie für eines oder mehrere Portfolios. Darüber hinaus beobachtet und bewertet er die erreichten Ergebnisse. Außerdem verantwortet der Portfolio Owner:

- Einholen erforderlicher Freigaben für die Portfolio-Strategie und Implementierungspläne,
- Sicherstellen der Budgets für das Portfolio.

Rollen und Verantwortung: Der Portfolio Managers

Der Portfolio Manager ist verantwortlich für die Steuerung des Portfolios und für dessen Wahrnehmung im Unternehmen. Er genehmigt neue Initiativen für das verantwortete Portfolio und steuert die Priorisierung der Umsetzung. Er kommuniziert Portfolio-relevante Informationen und sorgt anhand eines Kommunikationsplans dafür, dass allen Stakeholder diese Informationen zur Verfügung stehen, wenn sie diese benötigen.

Informationen und Automatisierung

Die Qualität der Informationen, die im Prozess als Input verarbeitet werden, ist entscheidend für den Beitrag zum Unternehmenserfolg. Die folgende Liste zeigt eine Auswahl der wichtigsten Informationen, die im Prozess verarbeitet werden.

- Unternehmensstrategie, Werte und Struktur
- Informationen zum Umfeld (Markt, Wettbewerb, Kunden)
- Informationen zu Technologie und vorhandenen Fähigkeiten

- Informationen zu Ressourcen, Produkten und Services
- Informationen zu Partnern und Lieferanten

Typische Werkzeuge, die in dieser Praktik zum Einsatz kommen, sind Kreativ-Tools wie Mind Mapping oder Brainstorming, Kollaborationsplattformen, CRM-Tools und klassische Reporting-Werkzeuge.

3.2.1.8 Project Management

3.2.1.8.1 Kernbotschaft, Scope, Beitrag zur Value Chain

Hinweis

Details zu dieser Praktik waren bei Fertigstellung dieses Buchs noch nicht vollständig verfügbar. Aus diesem Grund weicht die Kapitelstruktur leicht von der anderer Praktiken ab.

Kernbotschaft Zweck dieser Praktik ist, dass alle Projekte im Unternehmen erfolgreich umgesetzt werden. Dafür gilt es, Projekte vollständig zu planen, zu überwachen und zu steuern sowie Aktivitäten zu delegieren, Ergebnisse einzufordern und die Motivation aller beteiligten Akteure aufrechtzuerhalten.

Scope Projekte ermöglichen es, temporäre Organisationsstrukturen zu schaffen, mit deren Hilfe größere Veränderungen kontrolliert durchgeführt werden können. Größere Changes werden in der Regel in Form von Projekten durchgeführt.

Beitrag zur Value Chain Die Project Management Practice trägt insbesondere zu diesen zwei Aktivitäten in der Service Value Chain (SVC) bei:

Aktivität in der SVC	Beitrag des Project Management
Erhalten/Erstellen	Werden Produkte oder Services beschafft oder durch eigene Ressourcen selbst entwickelt, so geschieht dies häufig in Form von Projekten. Die Werkzeuge dieser Praktik haben also einen großen Einfluss auf diese Aktivität im SVC.
Design & Transition	Die Gestaltung und die Überführung neuer Produkte und Services in den Regelbetrieb erfolgen in vielen Fällen in Projektform. Project Management sichert den plangemäßen Übergang und stellt sicher, dass die geschäftliche Tätigkeit des Unternehmens nicht unnötig beeinträchtigt wird.

3.2.1.8.2 Grundlagen und Begriffe

Ansätze für Project Management

- *Wasserfall:* Ist immer dann geeignet, wenn die Anforderungen an eine Veränderung früh im Detail bekannt sind und sich voraussichtlich im Verlauf der Implementierung nicht mehr wesentlich ändern. Diese Methode ermöglich ein hohes Maß an Kontrolle und nimmt dafür Einbußen in der Geschwindigkeit in Kauf. Sie ist überall dort von Vorteil, wo vorab definierte Ergebnisse sicher umgesetzt werden sollen und die Einhaltung von Vorgaben und Abläufen wichtiger ist als Geschwindigkeit und Flexibilität.

- *Agile Ansätze:* In beweglichen Umgebungen, in denen sich Ziele und Anforderungen relativ schnell neuen Gegebenheiten anpassen, haben sich agile Ansätze als vorteilhaft erwiesen. Bei dieser Vorgehensweise erfolgt die Umsetzung in kleinen Schritten, die sich in einem regelmäßigen Zyklus von Entwicklung, Implementierung, Review mit den Stakeholdern und Planung der nächsten Iteration wiederholen. Das ermöglicht zum einen eine große Nähe zu den späteren Nutzern und deren Einbeziehung von Beginn an als auch flexible Reaktionen auf sich verändernde Bedingungen. Iteratives Arbeiten liefert zudem in der Regel einen Geschwindigkeitsvorteil bei der Umsetzung. Es bedarf allerdings einer ausgeprägten Disziplin aller Beteiligten bei der Umsetzung der Iterationszyklen.

3.2.1.8.3 Ziele

Ziel ist die zeitgerechte, korrekte und wirtschaftliche Umsetzung größerer Veränderungsvorhaben. Project Management unterstützt zum Beispiel bei der kontinuierlichen Verbesserung von Produkten und Services oder bei der Anpassung des Geschäftsbetriebs an veränderte Rahmenbedingungen und Anforderungen.

3.2.1.8.4 Aktivitäten und Prozesse

Project Management unterstützt das Unternehmen dabei, das Gleichgewicht zwischen dem stabilen Regelbetrieb und Projekten zur Umsetzung von Veränderungen sinnvoll für den Unternehmenserfolg zu gestalten.

Projekte steuern Aktivitäten, die dazu beitragen, ein bestimmtes Ziel oder Ergebnis zu erreichen beziehungsweise zu ermöglichen. Ein wichtiger Aspekt bei der Projektplanung sind daher die vorhandenen Fähigkeiten und Ressourcen im Unternehmen.

Projekte sind temporäre kleine „Organisationen innerhalb der Organisation" und stehen daher bezüglich des Ressourcenbedarfs in direkter Konkurrenz zum Regelbetrieb im Unternehmen. Viele Projekte leiden daran, dass die beteiligten Menschen im Projekt ihre klassischen Linienaufgaben mit deutlich höherer Priorität verfolgen als die Projektaufgaben. Projektplanung muss daher immer die tatsächliche Ressourcenverfügbarkeit im Blick haben.

3.2.1.9 Relationship Management

3.2.1.9.1 Kernbotschaft, Scope, Beitrag zur Value Chain

Kernbotschaft Zweck des Relationship Management ist es, eine stabile Beziehung zwischen der Organisation und allen relevanten Stakeholdern sowohl auf der strategischen als auch auf der taktischen Ebene herzustellen und zu erhalten.

Scope Relationship-Management-Praktik ist relevant für alle anderen Praktiken und alle Value Streams im Unternehmen, indem die Beziehungen zwischen den beteiligten Personen durch einen unternehmensweiten Ansatz gestärkt und auf geschäftlicher Ebene stetig verbessert werden. Ebenfalls im Fokus liegen Konfliktvermeidung und Konfliktlösung und die Früherkennung potenzieller Probleme innerhalb des Unternehmens sowie mit externen Partnern.

Beitrag zur Value Chain Die Relationship-Management-Praktik trägt in großem Maße überall dort zu den Aktivitäten der Service Value Chain (SVC) bei, wo funktionierende Beziehungen eine wichtige Rolle spielen. Besonders ausgeprägt ist dieser Beitrag bei den folgenden Aktivitäten:

Aktivität in der SVC	Beitrag des Architecture Management
Planung	Gute Beziehungen zu Kunden und Stakeholdern vereinfachen die Beschaffung relevanter Informationen bezüglich Anforderungen und Erwartungen. Geplante Aktivitäten lassen sich so zuverlässiger priorisieren.
Verbesserung	Eine enge Beziehung vor allen zu Kunden und Anwendern hilft dabei, aktuelles Feedback zu den Produkten und Services zu erhalten. Das dient als Grundlage für Verbesserungen, die sich an den Erfahrungen der Kunden orientieren.
Engagement	Relationship Management liefert Unterstützung bei der Gestaltung des direkten Dialogs mit Kunden, Anwendern und Beteiligten in der Serviceerbringung.
Design & Transition	Direktes Feedback der Kunden und Anwender ist wichtig für das Design der Services und die Gestaltung der Überführung in den Betrieb. Das gilt besonders bei iterativem Vorgehen. Relationship Management unterstützt bei der Gestaltung der notwendigen Beziehung.

3.2.1.9.2 Grundlagen und Begriffe

Beziehungstypen

Beziehungen zwischen Individuen und Teams: Diese Beziehungen sind stark geprägt von den persönlichen Werten, Prinzipien und Erfahrungen sowie von der Kultur der jeweiligen Teams oder Gruppen. Die Art der jeweiligen Beziehung hat großen Einfluss auf deren Qualität und Belastbarkeit. Grundsätzlich gelten drei Ausprägungen:

- Geschäftspartner (persönlich distanzierte Beziehung, dem Geschäftszweck dienend)
- Geschäftsfreund (engere Beziehung, mehr gegenseitige Hilfe, Kommunikation auch Non-Business)
- Persönlicher Freund (freundschaftliche Beziehung, füreinander da, großes Vertrauen, gemeinsame, auch private Interessen)

Beziehungen zwischen Organisationen: Für die Beziehungen zwischen zwei Unternehmen werden ebenfalls drei Beziehungstypen unterschieden.

- Basisbeziehung (Fokus auf Leistungen und auf Effizienz)
- Kooperative Beziehung (Fokus auf kontinuierliche Verbesserung und Effektivität)
- Partnerschaft (Fokus auf gemeinsame Innovation und Wachstum)

Kommunikation

Kommunikation ist die zentrale Grundlage für jede Art von Beziehung. ITIL® beschreibt einige Prinzipien für effektive Kommunikation und lehnt sich dabei an etablierte Sichtweisen (zum Beispiel Paul Watzlawick).

- Kommunikation ist immer bidirektional.
- Jeder kommuniziert jederzeit.
- Zeit und Frequenz der Kommunikation sind wichtig.
- Es gibt keine Methode der Kommunikation, die für jeden funktioniert.
- Das Medium beeinflusst die Wahrnehmung der Botschaft.

Stakeholder Management

Stakeholder können für das Service Management abhängig von zwei Faktoren eine unterschiedliche Rolle spielen und sollten daher auch unterschiedlich betrachtet werden. Um die Rolle zu ermitteln, sollten zwei Fragen beantwortet werden:

- Wie sehr sind sie in das Thema eingebunden?
- Wie groß ist ihr Einfluss im Unternehmen?

Abhängig von der Antwort sollten die Beziehung und die Kommunikation gestaltet werden. Stakeholder mit einem großen Interesse am Thema und großem Einfluss im Unternehmen sollten eng eingebunden werden, während Stakeholder mit wenig Einfluss und geringem Interesse am Thema lediglich passiv im Blick bleiben sollten. Natürlich sind Abstufungen zwischen diesen Extremen möglich.

Relationship Journey

Gute Kundenbeziehungen lassen sich nicht einfach festlegen. Der Weg zu einer guten Beziehung führt über viele verschiedene Phasen und Aktivitäten. ITIL® benennt für diese Relationship Journey acht Phasen. Details zu diesem Thema finden Sie in [Drive Stakeholder Value, 2020].

1. Untersuchen und Erkunden (explore)
2. Verbinden (connect)
3. Abstimmen, verhandeln (negotiate)
4. Vereinbaren (agree)
5. Onboarding
6. Kooperation/Kollaboration (cooperate/collaborate)*
7. Überprüfen (review)
8. Offboarding (offboarding, disconnection)

> **Hinweis**
> ITIL® unterscheidet zwischen diesen beiden Begriffen. Kooperation: Zusammenarbeit, damit jeder sein Ziel besser erreicht. Kollaboration: Zusammenarbeit an einem gemeinsamen Ziel.

3.2.1.9.3 Ziele und Erfolgsfaktoren

Ziele

- Geschäftliche Beziehungen zwischen den Menschen im Unternehmen stetig verbessern.
- Konflikte werden frühzeitig erkannt und vermieden oder gelöst.
- Die Beziehungen innerhalb des Unternehmens und zu Partnern und Lieferanten sind gesund.
- Belastbare Beziehungen tragen zu gegenseitigem Verständnis der Anforderungen und Erwartungen bei.

Erfolgsfaktoren (Practice Success factors)

Ein effektiver Ansatz für Relationship Management ist etabliert und wird kontinuierlich verbessert. Ein gemeinsamer Ansatz für die Gestaltung der Beziehungen ist ein wesentlicher Bestandteil der Unternehmenskultur. Die Art des Umgangs, Werte und Prinzipien spielen naturgemäß eine wichtige Rolle für alle Formen von Beziehungen. Auch die Organisationsform spielt eine wichtige Rolle für die Gestaltung von Beziehungen. In einer top-down strukturierten Linienorganisation sind andere Arten und Qualitäten von Beziehungen gefragt und sinnvoll als in einem flach strukturierten Unternehmen mit wenig Hierarchien.

Beispiel-Metriken für diesen PSF:

- Grad der Zufriedenheit der relevanten Stakeholder mit den Beziehungen
- Anteil der Beziehungen, die keinen Bestand mehr haben, weil der vereinbarte Ansatz nicht eingehalten wurde

Es ist gewährleistet, dass Beziehungen innerhalb der Organisation effektiv und gesund gestaltet sind. Gute interne Beziehungen sind die Grundlage für eine gute Kundenbeziehung. Je besser es einem Unternehmen gelingt, die internen Beziehungen positiv und zielorientiert zu gestalten, desto leichter wird es jedem einzelnen fallen, die Beziehung zu Kunden auf die gleiche Weise zu gestalten.

Beispiel-Metriken für diesen PSF:

- Wahrgenommenes Arbeitsklima (Umfragen)
- Anteil der Kündigungen aufgrund toxischer Beziehungen

Es ist gewährleistet, dass Beziehungen zwischen der Organisation und externen Stakeholdern effektiv und gesund gestaltet sind. Jede Service-Organisation nimmt je nach Aktivität verschiedene Rollen ein: Mal ist sie Service-Provider und mal auch Service-Konsument eines externen Partners oder Dienstleisters. Auch außerhalb der Service-Beziehung können Beziehungen zu externen wie internen Stakeholdern von Bedeutung sein. Beispiele dafür sind Regierungsbehörden, Investoren oder auch die Medien.

Die Qualität der Beziehung zu externen Partnern spielt für die Qualität der Kundenbeziehung eine ebenso wichtige Rolle wie die interne Beziehungsqualität.

Beispiel-Metriken für diesen PSF:

- Das gemessene Image des Unternehmens in der Öffentlichkeit (Medien, Markt, Branche)
- Anteil zerbrochener Geschäftsbeziehungen aufgrund des implementierten Relationship-Management-Ansatzes

3.2.1.9.4 Aktivitäten und Prozesse

In der Practice Architecture Management werden zwei Prozesse beschrieben:

1. *Managing a common approach to relationship management* (Management eines gemeinsamen Ansatzes für Relationship Management)
2. *Managing service relationship journeys* (Management der Service Relationship Journeys)

Managing a common approach to relationship management

Der Fokus dieses Prozesses liegt darauf, einen unternehmensweiten Ansatz für das Relationship Management zu entwickeln und zu etablieren. Die Ausprägung kann je nach Größe, Organisationsform und Kultur des Unternehmens stark variieren. Die Prozessaktivitäten sind:

Tabelle 3.17 Aktivitäten: Architecture Governance

Prozessaktivität	Kurzbeschreibung
Analyse der Kultur, Strategie und der Stakeholder	Die Kulturen in den verschiedenen Stakeholder-Gruppen werden daraufhin untersucht, wie sie zur Strategie beitragen. Die Ergebnisse werden diskutiert und Awareness für das Thema erzeugt.
Grundprinzipien für Relationship Management entwickeln und vereinbaren	Die Grundprinzipien werden erarbeitet und legen den Charakter der Beziehungen zu und zwischen Stakeholder-Gruppen fest.
Beziehungsmodelle für Stakeholder-Gruppen entwickeln und vereinbaren	Es wird für jede Stakeholder-Gruppe ein individuelles Modell für die Gestaltung der Beziehung als Basis für die spätere Zusammenarbeit gemeinsam entwickelt und mit der jeweiligen Gruppe vereinbart.
Effektive Verhaltensmuster in die tägliche Arbeit einbetten	Hier werden die Modelle in konkrete Verhaltensmuster für die jeweilige Gruppe heruntergebrochen. Diese Verhaltensmuster dienen dem besseren Verständnis und der sicheren Anwendung der Modelle.
Den gemeinsamen Ansatz und die Modelle überprüfen und korrigieren	Die Anwendung der Modelle und Muster wird beobachtet, gemessen und bei Bedarf werden konkrete Korrekturen vorgenommen.

Managing the relationship journeys

In diesem Prozess geht es um die laufende Pflege der Beziehung zu den verschiedenen Stakeholdern anhand der Relationship Journey und der vereinbarten Modelle.

Tabelle 3.18 Aktivitäten: Managing the relationship journeys

Prozessaktivität	Kurzbeschreibung
Stakeholder und das passende Beziehungsmodell identifizieren	Um welche Stakeholder-Gruppe oder einzelne Stakeholder geht es und welche Beziehungsmodelle sind bereits vereinbart?
Überprüfen und Anpassen des Beziehungsmodells	Prüfen, ob das vereinbarte Beziehungsmodell auf die aktuelle Situation passt oder angepasst werden muss. Anpassungen bei Bedarf vornehmen.
Entsprechend des Beziehungsmodells handeln	Beobachten des Verlaufs der Beziehungen und bei Bedarf steuernd eingreifen.
Mit Ausnahmen umgehen	Funktioniert das Modell nicht in der jeweiligen Situation oder treten konkrete Konflikte auf, werden diese sofort adressiert und Korrekturen für die Situation und das Modell abgeleitet.
Die Beziehung überprüfen und bewerten	Entsprechend des Continual-Improvement-Ansatzes werden die Beziehungen regelmäßig bewertet und Verbesserungsmaßnahmen für die Modelle und den gesamten Ansatz abgeleitet.

3.2.1.9.5 Weitere Bezüge zu den vier Dimensionen

Rollen und Verantwortung: Der Relationship Managers

Die Rolle des Relationship Managers wird selten als übergeordnete Rolle für jede Art von Beziehungen gelebt. Die Implementierung dieser Rolle hat sich eher themenspezifisch etabliert. Ein sehr verbreitetes Beispiel ist der Customer Relationship Manager. Die Aufgaben und Verantwortungen variieren und beinhalten vor allem Aktivitäten aus den Prozessen, wie die Verantwortung für die Entwicklung der Beziehungsmodelle, Beobachten und Prüfen der Beziehungen, Gestalten der Relationship Journeys und vor allem das Management von Ausnahmesituationen und Konflikten.

Informationen und Automatisierung

Die Qualität der Informationen, die im Prozess als Input verarbeitet werden, ist entscheidend für den Beitrag des Prozesses zum Unternehmenserfolg. Die folgende Liste zeigt eine Auswahl der wichtigsten Informationen, die verarbeitet werden:

- Unternehmensstrategie, Kultur und Werte
- Informationen zur Unternehmensstruktur
- Informationen zu wichtigen Stakeholdern, zu Kunden und zum Umfeld
- Informationen zum Zufriedenheitsgrad der Stakeholder
- Richtlinien und Anforderungen

3.2.1.10 Risk Management

3.2.1.10.1 Kernbotschaft, Scope, Beitrag zur Value Chain

Kernbotschaft Risk Management stellt sicher, dass die Organisation Risiken erkennt, diese versteht und adäquat darauf reagiert. Als integraler Bestandteil des Service Value Systems ist ein gutes Risiko-Management die Grundlage für den nachhaltigen Unternehmenserfolg und gemeinsam erzeugten Kundennutzen (value-co-creation).

Scope Risiko-Management ist relevant für alle Bereiche des Unternehmens.

- Strategisches Risiko-Management (übergreifende Risiken für die langfristigen Unternehmensziele)
- Programm/Projekt Risiko-Management (mittelfristige Risiken für konkrete Vorhaben)
- Operatives Risiko-Management (Risiken im Betrieb)

Beitrag zur Value Chain Risiko-Management gehört zu den Practices, die grundsätzlich in alle Aktivitäten der Service Value Chain (SVC) gleichermaßen integriert sein sollte:

Aktivität in der SVC	Beitrag des Architecture Management
Planung	Risiko-Management identifiziert Risiken, die die Ergebnisse gefährden könnten (zum Beispiel veränderte Nachfrage, Gesetzesänderungen, technische Bedrohungen, ...). Diese Informationen dienen als Input für die Strategie und alle Planungen.
Verbesserung	Risiko-Management sollte alle Initiativen zur Verbesserung begleiten, um eine zusätzliche Sicht auf die Planung und Priorisierung zu liefern.

Aktivität in der SVC	Beitrag des Architecture Management
Engagement	Identifizieren und Liefern von Risikoprofilen und Informationen zur Risikobereitschaft der einzubindenden Stakeholder.
Design & Transition	Risiko-Management liefert Informationen und Vorgaben für das Design von Produkten und Services sowie deren Überführung in den Regelbetrieb.
Erhalten/Erstellen	Risiko-Management unterstützt bei der Make-or-Buy-Entscheidung und liefert Informationen und Vorgaben.
Bereitstellung & Support	Risiko-Management unterstützt bei der vereinbarungsgemäßen Bereitstellung der Produkte und Services sowie bei der Wiederherstellung gemäß Risikoprofil.

3.2.1.10.2 Grundlagen und Begriffe

Risiko

Die Definition des Begriffs in ITIL® 4 lautet:

> *Ein potenzielles Ereignis, das Schaden oder Verlust verursachen oder die Zielerreichung erschweren könnte. Der Begriff kann auch als Ergebnisunsicherheit definiert werden und kann im Zusammenhang mit der Messung der Wahrscheinlichkeit sowohl positiver als auch negativer Ergebnisse verwendet werden.*

Risikoregister

Eine Sammlung aller bekannten Risiken, deren aktuellen Status und der entsprechenden Historie. Jedes identifizierte Risiko wird einzeln in einem Datensatz erfasst, der eine Risikobeschreibung, Wahrscheinlichkeiten, Auswirkungen, Maßnahmen, Verantwortliche und gegebenenfalls eine Einordnung des Risikos anhand eines Scorings enthält.

Risikobehandlung

Meistens können Risiken nicht vollständig beseitigt werden, sodass festgelegt werden muss, wie mit ihnen umgegangen wird, um die Auswirkungen zu reduzieren. In ITIL® 4 werden vier klassische Möglichkeiten des Umgangs mit Risiken wiedergegeben.

Risikovermeidung	Vermeidet das Risiko, indem die risikobehaftete Aktivität nicht durchgeführt wird.
Risikomodifikation (Risikominderung)	Etablieren von Kontrollen zur Minderung der Eintrittswahrscheinlichkeit oder der Auswirkungen.
Risikoverteilung	Mindern der Auswirkung durch Verlagerung an eine dritte Partei (zum Beispiel Abschluss einer risikobezogenen Versicherung).
Risikoakzeptanz	Bewusste Entscheidung, das Risiko zu tragen, etwa weil die potenziellen Auswirkungen unterhalb einer festgelegten Grenze liegen oder die Eintrittswahrscheinlichkeit sehr gering erscheint.

Kontrolle (Control)

Der Begriff ist in vielen Unternehmen etabliert, weil er in anderen Methoden, wie COBIT® (siehe Abschnitt 6.2) seit vielen Jahren verwendet wird. Er beschreibt einen Kontrollpunkt oder eine Aktivität, an dem beziehungsweise mit der überprüft wird, ob ein Risiko besteht, ein Ziel erreicht oder ein Prozess eingehalten wird. Kontrollen können sich auf alle vier Dimensionen des Service Managements beziehen.

Restrisiko

Risiken werden durch das Risiko-Management in den meisten Fällen nicht vollständig beseitigt. Daher gehört es zum Risiko-Management, auch nach der Implementierung von Kontrollen weiter regelmäßig zu prüfen, wie die Eintrittswahrscheinlichkeit und die Auswirkung unter Berücksichtigung der implementierten Kontrollen zu bewerten sind. Das verbliebene Restrisiko sollte aktiv von den relevanten Stakeholdern akzeptiert werden.

Risikofähigkeit und Risikofreudigkeit

Risikofähigkeit bezeichnet das Vermögen eines Unternehmens, Risiken zu tragen, ohne den Geschäftsbetrieb signifikant zu gefährden. Unter Risikofreudigkeit versteht man die Bereitschaft, Risiken einzugehen, um gesetzte Ziele zu erreichen.

3.2.1.10.3 Erfolgsfaktoren (Practice Success factors)

Es ist eine Lenkungsstruktur für das Risiko-Management etabliert. Wie gut Risiko-Management funktioniert, hängt immer zu einem großen Teil von der Struktur und Umsetzung der Führung und Steuerung im gesamten Unternehmen ab. Wenn die Verbindung zu den übergeordneten Zielen und langfristigen Plänen des Unternehmens nicht vorhanden ist, besteht das Risiko, dass Entscheidungen bezüglich der identifizierten Risiken nicht im Sinne dieser getroffen werden.

Beispiel-Metriken für diesen PSF:

- Anteil der identifizierten Risiken mit direktem Bezug zu einem oder mehreren Unternehmenszielen
- Anteil strategischer Risiken an der Zahl der insgesamt identifizierten Risiken

Es wird eine Kultur zur Identifizierung und zum Management von Risiken gepflegt. Die größte Herausforderung im Risiko-Management besteht darin, Risiken zuverlässig als solche zu identifizieren. Unbekannte Risiken lassen sich nicht durch eine einfache Analyse vorhandener Informationen erkennen, weil sie ja bisher nicht bekannt sind. Es gilt also, die Organisation und das Umfeld zu beobachten und auf Unregelmäßigkeiten sensibel zu reagieren. Eine von allen Mitarbeitern verinnerlichte Kultur der Aufmerksamkeit gegenüber potenziellen Risiken kann ein wichtiger Baustein sein.

Beispiel-Metriken für diesen PSF:

- Zahl der identifizierten Risiken im Vergleich zum Vorquartal
- Entwicklung der Zahl der Hinweise von Mitarbeitern auf potenzielle Risiken

Identifizierte Risiken werden analysiert und bewertet. Identifizierte Risiken müssen sorgfältig bezüglich ihrer Eintrittswahrscheinlichkeit und möglicher Auswirkungen analysiert werden. Dabei werden eine qualitative und eine quantitative Analyse unterschieden.

Bei der qualitativen Analyse werden Auswirkungen und ihre Wahrscheinlichkeit betrachtet und aus deren Kombination die Gefahrenstufe des jeweiligen Risikos abgeleitet. Das Vorgehen entspricht dem einer klassischen Priorisierungsmatrix. Tabelle 3.19 zeigt drei Beispiele der Einordnung. Der Grad der Abstufung der Gefahrenstufen sollte entsprechend den individuellen Anforderungen erfolgen. Weniger Gefahrenstufen sind dabei erfahrungsgemäß aussagekräftiger als sehr viele.

Tabelle 3.19 Gefahrenstufen

Einschätzung	Gefahrenstufe
geringe Auswirkungen - geringe Wahrscheinlichkeit	niedrig
geringe Auswirkungen - hohe Wahrscheinlichkeit	mittel
hohe Auswirkungen - geringe Wahrscheinlichkeit	mittel
hohe Auswirkungen - hohe Wahrscheinlichkeit	hoch

Die qualitative Analyse hat zum Ziel, die Bedeutung von Risiken zu quantifizieren. Dazu dienen Betrachtungen, wie die jährliche Eintrittswahrscheinlichkeit in Prozent oder die Kosten je Fall, in dem das Risiko eintritt. Oft werden beide Sichten kombiniert, um aussagekräftigere Ergebnisse zu erzeugen.

Beispiel-Metriken für diesen PSF:

- Anteil der identifizierten Risiken, für die eine Gefahrenklasse festgelegt ist
- Grad der Vollständigkeit der Risikodokumentation im Risikoregister

Risiken werden kontinuierlich überwacht, bewertet und bearbeitet. Risiken müssen in jedem Fall entsprechend der gewählten Art der Risikobehandlung bearbeitet werden. In jedem Fall werden sie im Risikoregister dokumentiert und an relevante Stakeholder kommuniziert.

Beispiel-Metriken für diesen PSF:

- Anteil der Risiken, für die ein konkreter Plan zu deren Behandlung vorliegt
- Anteil der Kontrollen, deren Wirksamkeit innerhalb der letzten zwölf Monate überprüft wurde

3.2.1.10.4 Aktivitäten und Prozesse

In der Practice Risiko-Management werden drei Prozesse beschrieben.

1. *Governance of risk management* (Steuerung des Risiko-Managements)
2. *Risk identification, analysis, and treatment* (Risikoerkennung, -analyse und -behandlung)
3. *Risk monitoring and review* (Risikoüberwachung und Überprüfung)

Governance of risk management

Viele dieser Aktivitäten sind zwar thematisch Teil des Risiko-Managements, werden aber an verschiedenen Stellen im gesamten Unternehmen durchgeführt.

Tabelle 3.20 Aktivitäten: Governance of risk management

Prozessaktivität	Kurzbeschreibung
Analyse der Umgebung	Die Durchführung der Analyse erfolgt regelmäßig an verschiedenen Stellen im Unternehmen und liefert Informationen für die Risiko-Management-Strategie als Teil der Unternehmensstrategie.
Risikofähigkeit und Risikofreude dokumentieren	Risikofähigkeit und Risikofreudigkeit werden dokumentiert und regelmäßig aktualisiert.
Risiko-Management-Policy erstellen	Die Risiko-Management-Policy legt fest, wie Risiken identifiziert, analysiert und behandelt werden. Standards wie die ISO/IEC 31000 dienen als Informationsquelle.
Dem Management eine Richtung weisen	Hier geht es darum, dem Management im gesamten Unternehmen seine Verantwortung für Risiko-Management bei den Entscheidungen darzulegen.
Überwachen der Organisation	Review von Auditberichten und Überwachen der Organisation auf Einhaltung der Policy und Identifizieren von Optimierungspotenzialen.

Risk identification, analysis, and treatment

Tabelle 3.21 Aktivitäten: Risk identification, analysis, and treatment

Prozessaktivität	Kurzbeschreibung
Risikoidentifizierung	Identifizieren potenzieller Risiken in verschiedenen Unternehmensbereichen (Betrieb, Projekte, ...) anhand unterschiedlicher Methoden, wie zum Beispiel Analyse vorhandener Services, Review des Risiko-Registers oder Gespräche mit Stakeholdern. Die Wahl der Methoden richtet sich nach den jeweiligen Bedürfnissen und Ansprüchen.
Risikoanalyse und Bewertung	Analyse der Auswirkungen und der Eintrittswahrscheinlichkeit identifizierter Risiken und Dokumentation im Risikoregister.
Risikobehandlung	Für jedes Risiko wird festgelegt, wie es behandelt werden soll. Mindestens wird dessen Akzeptanz dokumentiert. In der Regel werden Kontrollen festgelegt und weitere konkrete Maßnahmen zur Risikobehandlung definiert sowie das Risikoregister aktualisiert.

Risk monitoring and review

Tabelle 3.22 Aktivitäten: Risk monitoring and review

Prozessaktivität	Kurzbeschreibung
Überprüfung und Auswertung der Kontrollen	Regelmäßige Prüfung, ob alle Kontrollen korrekt implementiert sind und arbeiten, wie erwartet. Ebenso wird geprüft, ob die jeweilige Kontrolle noch aktuell und relevant ist.
Risiko-Audits und Bewertung	Regelmäßige Überprüfung, ob die Maßnahmen im Risiko-Management noch den aktuellen Anforderungen entsprechen. Sie erfolgen regelmäßig und nach größeren Veränderungen der Betriebsumgebung oder des Umfelds.

3.2.1.11 Service financial management

3.2.1.11.1 Kernbotschaft, Scope, Beitrag zur Value Chain

> **Hinweis**
>
> Details zu dieser Praktik waren bei Fertigstellung des Buchs noch nicht vollständig verfügbar. Aus diesem Grund weicht die Kapitelstruktur leicht von der anderer Praktiken ab.

Kernbotschaft Zweck ist es, die finanziellen Mittel und Investitionen im Unternehmen effektiv für die Umsetzung der Service-Management-Strategie und resultierender Pläne einzusetzen.

Scope Der Scope ist, die nötigen finanziellen Mittel für die Planung, Erstellung, die Transition und den Betrieb der vereinbarten Produkte und Services sicherzustellen

Beitrag zur Value Chain Die Service Financial Practice trägt besonders zur Aktivität der Planung in der Service Value Chain (SVC) bei, aber hat natürlich wie alle anderen Practices auch kleineren Einfluss auf andere Aktivitäten. Grundlage für jede Planung ist die Ausstattung mit den nötigen finanziellen Ressourcen. Service Financial Management liefert Budgets für die Planung, Reports der Ressourcennutzung und Prognosen.

3.2.1.11.2 Aktivitäten und Prozesse

Die Aktivitäten des Service Financial Managements beziehen sich im Wesentlichen auf die drei Bereiche

- Budgeting/costing (Budgetierung/Kostenrechnung),
- Accounting (Buchhaltung),
- Charging (Leistungsverrechnung).

Die Aktivitäten entsprechen im Wesentlichen den Aktivitäten, wie sie bereits in der vorherigen ITIL®-Version beschrieben wurden. Für weitere Informationen verweise ich auf Abschnitt 4.1.4, „Financial Management“.

3.2.1.12 Strategy management

3.2.1.12.1 Kernbotschaft, Scope, Beitrag zur Value Chain

> **Hinweis**
>
> Details zu dieser Praktik waren bei Fertigstellung dieses Buchs noch nicht vollständig verfügbar. Aus diesem Grund weicht die Kapitelstruktur leicht von der anderer Praktiken ab.

Kernbotschaft Strategy Management formuliert die Ziele einer Organisation und legt fest, auf welche Weise und mit welchen Ressourcen diese erreicht werden sollen. Es geht darum, die Ausrichtung der Organisation festzulegen und die Aktivitäten darauf zu fokussieren, indem richtig priorisiert wird und konsistente, verständliche Leitlinien eine eindeutige Richtung für alle Beteiligten vorgeben.

Ziele

- Die Situation des Unternehmens und die gewünschten Ergebnisse sind bekannt.
- Es ist sichergestellt, dass eine adäquate Strategie festgelegt und vereinbart wird.
- Es ist sichergestellt, dass die Strategie regelmäßig neuen oder veränderten Bedingungen und Anforderungen angepasst wird.
- Es ist sichergestellt, dass die Strategie in der Organisation bekannt ist und umgesetzt wird.

Beitrag zur Value Chain Die Strategie Management Practice trägt besonders der Aktivität der Planung in der Service Value Chain (SVC) bei. Grundlage für jede Planung ist eine klare Vorgabe der grundlegenden Richtung, entsprechende Regeln für die Priorisierung und Informationen zur Zuordnung vorhandener Ressourcen.

3.2.1.12.2 Aktivitäten und Prozesse

Strategie-Management unterstützt mit den Prozessaktivitäten die Gestaltung wirtschaftlicher und geschäftsprozessunterstützender Produkte und Services, indem eine adäquate Strategie entwickelt und deren Umsetzung in konkrete Pläne und Aktivitäten unterstützt wird. Zu den Aktivitäten des Strategy Management gehören:

- Analyse des Unternehmens und des Umfelds, um sich bietende Chancen, aber auch Risiken zu erkennen
- Identifizieren von Schwächen oder anderen Einschränkungen in der Organisation und Möglichkeiten für deren Beseitigung
- Gestalten der Vision, Mission, Prinzipien und Vereinbarung mit den relevanten Stakeholdern
- Identifizieren der eigenen Position im Markt in Bezug auf die Kunden und den Wettbewerb und Festlegen der Entwicklungsperspektiven
- Erstellen von Vorgaben für das Service-Portfolio (welche Produkte und Services werden in welchen Marktsegmenten angeboten, wie werden Wettbewerbsvorteile gesichert)

Strategie-Management liefert eine gut durchdachte Leitplanke für die Gestaltung der Services und Produkte sowie der Kundenbeziehung. Das ermöglicht Freiraum für agile Arbeitsweisen, in denen Teams eigenständig Entscheidungen bezüglich ihrer Aufgaben innerhalb der Leitplanken treffen können, ohne die gemeinsame Richtung aus den Augen zu verlieren.

Die Aktivitäten sind in großen Teilen ähnlich denen in der vorherigen ITIL®-Version. Für weitere Informationen verweise ich auf Abschnitt 4.1.2 „Strategy Management for IT Services".

3.2.1.13 Supplier management

3.2.1.13.1 Kernbotschaft, Scope, Beitrag zur Value Chain

Kernbotschaft Zweck ist die nahtlose Einbindung der Beiträge von Dienstleistern in die Lieferung hochwertiger Services und Produkte durch ein zielgerichtetes Management der Dienstleister und deren Performance. Der Fokus liegt auf einer engen, partnerschaftlichen Zusammenarbeit, in der neue Chancen erkannt und Fehler vermieden werden (oder zumindest gemeinsam aus ihnen gelernt wird).

Scope Supplier Management fokussiert auf drei wesentliche Themenbereiche.

- Identifizieren, Auswählen und Onboarding neuer Anbieter
- Verträge gestalten und verhandeln, überwachen der Vertragstreue, Verwalten der Verträge über den Lebenszyklus der Partnerschaft
- Überwachen der Performance durch Messungen und Tracking, Erstellen von Reports und Auslösen von Bonus- und Malus-Regelungen

Um diesen Aufgaben gerecht werden zu können, erfordert es weitere Aktivitäten wie etwa das Erarbeiten einer Supplier Policy, Festlegen von Auswahlkriterien oder die Definition der Sourcing-Strategie.

Beitrag zur Value Chain Die Supplier Management Practice trägt überall dort zu den Aktivitäten der Service Value Chain (SVC) bei, wo externe Dienstleister mindestens einen Teil der Leistungen beitragen. Besonders ausgeprägt ist der Beitrag in diesen fünf Aktivitäten.

Aktivität in der SVC	Beitrag des Architecture Management
Planung	Bereitstellen der Sourcing-Strategie und daraus resultierender Pläne
Engagement	Bewerten, Auswählen und Einbinden der Lieferanten in die internen Abläufe, Vertragsmanagement und Pflege der Beziehung
Design & Transition	Festlegen von Anforderungen an Verträge und Vereinbarungen, damit diese zu den Zielen für Services und Produkte beitragen
Erhalten/erstellen	Steuerung der externen Beschaffung von Produkten und Services
Bereitstellung & Support	Management der Performance der von externen Lieferanten bereitgestellten Beiträge zu Produkten und Services. Sicherstellen der Vertragseinhaltung.

Der grundlegende Zweck und einige Aktivitäten sind ähnlich der im entsprechenden Prozess in der vorherigen ITIL®-Version. Um beide Ausprägungen zu betrachten und für weitere Informationen verweise ich außerdem auf Abschnitt 4.3.10 „Supplier Management".

3.2.1.13.2 Grundlagen und Begriffe

Sourcing-Typen

- **Insourcing:** Service und Produkte werden intern mit eigenen Ressourcen entwickelt und bereitgestellt.
- **Outsourcing:** Beschreibt den Vorgang, bei dem die Erbringung von Produkten und Services, die bisher intern erbracht wurden, ganz oder teilweise an externe Lieferanten vergeben werden.
- **Single Source/Partnerschaft:** Ein oder mehrere Services oder Produkte werden von einem einzelnen Lieferanten oder einem externen Service-Integrator, der Produkte und Services mehrerer Lieferanten bündelt, beschafft.

Sourcing-Strategie

Die Sourcing-Strategie legt fest, wie externe Dienstleister ausgewählt und integriert werden. Sie sollte mindestens die folgenden Aspekte betrachten:

Kriterien für die Bewertung	Kategorisierung der Anbieter	Verfahren zur Auswahl von Anbietern
Gesetze und Richtlinien	Bonus- und Malus-Regelungen	Vertragsgestaltung
Richtlinien der Zusammenarbeit	Vorgaben für Performance-Messung	Reporting und Kommunikation

3.2.1.13.3 Ziele und Erfolgsfaktoren

Ziele

- Die Services externer Lieferanten werden effektiv genutzt.
- Es existieren eine Sourcing-Strategie und definierte Kriterien für die Lieferantenauswahl.
- Lieferanten werden sinnvoll ausgewählt und deren Performance wird sichergestellt.
- Verträge mit Lieferanten sind wirtschaftlich und liefern einen dem Preis entsprechenden Wert.

Erfolgsfaktoren (Practice Success factors)

Die Sourcing-Strategie und -Richtlinien unterstützen wirksam die Strategie der Organisation. Die Sourcing-Strategie dient dazu, die Vorgaben für die Lieferanten so zu gestalten, dass der Beitrag zu den Geschäftsanforderungen sichergestellt ist. Zur Sourcing-Strategie gehört die Kategorisierung (strategischer Partner, operativer Dienstleister, ...) der Supplier, grundlegende Anforderungen für jede Kategorie und Regeln für die Zusammenarbeit.

Die Sourcing-Strategie enthält ebenfalls Richtlinien für das Management der Service-Beziehung, der Verträge und Vereinbarungen, Monitoring und Reporting und der Integration externer Leistungen in die internen Abläufe. Ziel ist es, dass Verträge mit externen Dienstleistern sowohl wirtschaftlich sinnvoll gestaltet sind als auch einen angemessenen Gegenwert für den vereinbarten Preis liefern.

Beispiel-Metriken für diesen PSF:

- Anzahl der Fälle, in denen Unternehmensziele durch die Abhängigkeit von Dritten nicht erreicht werden konnten
- Anteil der Ziele in der Sourcing-Strategie ohne Bezug zur Unternehmensstrategie

Die Beziehungen mit Lieferanten und Partnern werden effektiv gesteuert und entsprechen internen wie externen Vorschriften. In der Beziehung zu externen Lieferanten wechselt der Service Provider in die Rolle des Service-Konsumenten und erlebt die gleiche Service Journey wie die internen Kunden, wenn sie dessen Service nutzen. Diese Service Journey besteht aus den folgenden Komponenten:

Erkunden (explore)	Den Markt erkunden, passende Lieferanten finden, prüfen und auswählen
Beteiligen (engage)	Die Beteiligten einbinden und so Transparenz, dauerhafte Zusammenarbeit und Vertrauen schaffen
Anbieten (offer)	Den identifizierten Bedarf verarbeiten und das Service-Angebot daraus ableiten
Vereinbaren (agree)	Die zu liefernden Services und Produkte vereinbaren, die Qualität und Quantität festlegen, gegebenenfalls Verträge abschließen
Onboard/Offboard	Alle Voraussetzungen schaffen und realisieren, um die Nutzung der vereinbarten Services zu starten oder zu beenden
Mitgestalten (co-create)	Gute Zusammenarbeit aller Beteiligten sicherstellen und so den bestmöglichen Nutzen sicherstellen. Gemeinsam Service und Produkte (weiter-)entwickeln.
Umsetzen (realize)	Den Service betreiben, überwachen, reporten und regelmäßig auf mögliche Verbesserungen prüfen

Beispiel-Metriken für diesen PSF:

- Anzahl und Auswirkungen erkannter Verletzung interner oder externer Regeln
- Zufriedenheit relevanter Stakeholder mit den Dienstleisterbeziehungen

Externe Dienstleistungen werden effizient in die Produkte und Services der Organisation integriert. Die Bedeutung externer Ressourcen für die Gestaltung der Services gewinnt an Bedeutung und spielt inzwischen eine entscheidende Rolle für den Erfolg. Die nahtlose Integration externer Leistungen in die Service Value Chain ist daher ein wesentlicher Erfolgsfaktor für jede moderne Service-Organisation.

Grundlage dieser Integration ist das Verständnis für die Art und Weise, wie externe Lieferanten den Service erbringen, der Abhängigkeiten der Services und Produkte untereinander und möglicher Risiken.

Beispiel-Metriken für diesen PSF:

- Anzahl der Servicebeeinträchtigungen durch schlecht integrierte Drittleistungen

3.2.1.13.4 Aktivitäten und Prozesse

In der Practice Supplier Management werden zwei Prozesse beschrieben.

1. *Managing a common approach to supplier management* (Management eines gemeinsamen Ansatzes für das Supplier Management)
2. *Managing Supplier journeys* (Management der „Supplier Journeys“)

Managing a common approach to supplier management

Tabelle 3.23 Aktivitäten: Managing a common approach to supplier management

Prozessaktivität	Kurzbeschreibung
Die Sourcing Strategie entwickeln und vereinbaren	Entwickeln der Sourcing-Strategie sowie deren Vereinbarung mit den relevanten Stakeholdern
Die Verfahren für Supplier Management definieren und vereinbaren	Definition der konkreten Verfahren für die Identifikation von Lieferanten, die Lieferantenauswahl, Vertragsgestaltung, für das On- und Offboarding und für Monitoring und Reporting
Sourcing-Strategie und -Verfahren kommunizieren und verankern	Kommunikation und Abstimmung mit relevanten Stakeholdern, externe Kommunikation, Integration in den täglichen Betrieb
Sourcing-Strategie und -Verfahren überprüfen und anpassen	Regelmäßige Überprüfung, ob die Strategie noch den Anforderungen und Regularien gerecht wird und Initiieren der notwendigen Anpassungen bei Bedarf

Managing supplier journeys

Der Begriff Supplier Journey ist angelehnt an den inzwischen etablierten Begriff der Customer Journey. Die „Reise“ beschreibt den Weg des Anbieters durch den Lebenszyklus der gemeinsamen Arbeit.

Tabelle 3.24 Aktivitäten: Managing supplier journeys

Prozessaktivität	Kurzbeschreibung
Verfügbare Anbieter finden	Anhand der extern zu vergebenden Leistungen wird der Markt daraufhin untersucht, welche Anbieter für die Adressierung des Bedarfs in Frage kommen könnten.
Anbieter kontaktieren und den Bedarf kommunizieren	Erstellen und Kommunizieren der entsprechenden Anfrage an die in Frage kommenden Anbieter.
Anbieter bewerten und auswählen	Anhand der in der Sourcing-Strategie festgelegten Kriterien werden die Anbieter bewertet und letztlich (oft über ein Shortlist-Verfahren mit weiteren Interaktionen) ausgewählt.
Anbieter beauftragen	Entwickeln, Verhandeln und Abschließen der Verträge mit den ausgewählten Anbietern entsprechend der Vorgaben aus der Sourcing-Strategie.
On-/Offboarding	Setup der Zusammenarbeit, Bereitstellen der Informationen, Schaffen der notwendigen technischen und nicht technischen Schnittstellen und Gremien, Etablieren von Abläufen und Routinen. Respektive Herunterfahren derselben beim Offboarding.
Servicenutzung steuern und Performance überwachen	Sicherstellen, dass die Verfahren für die Servicenutzung aus der Sourcing-Strategie zur Anwendung kommen und die Performance der Anbieter den Vereinbarungen entspricht.
Anbieter-Assessments und Überprüfungen	Basierend auf dem Reporting und der Qualität der Zusammenarbeit werden die Anbieter regelmäßig überprüft und entsprechende Maßnahmen abgeleitet.

3.2.1.13.5 Weitere Bezüge zu den vier Dimensionen

Rollen und Verantwortung: Der Supplier Manager

Der Supplier Management ist verantwortlich für die Umsetzung der Sourcing-Strategie im Unternehmen und die entsprechende Steuerung der Anbieter und Lieferanten. Dazu gehört unter anderem die Verantwortung für die folgenden Themen:

- Anforderungen an das Outsourcing im Unternehmen sammeln
- Freigabe der Vorgaben für die Anbieterauswahl
- Vorgaben für Anfragen und Verträge
- Steuern der Vertragsverhandlungen
- Vorgaben für Onboarding und Offboarding
- Umgang mit Konflikten, Bonus- und Malus-Situationen
- Definition und Vereinbarung von Performance-Kriterien
- Vertragsfreigabe
- ...

Informationen und Automatisierung

Die Qualität der Informationen, die im Prozess als Input verarbeitet werden, ist entscheidend für den Beitrag zum Unternehmenserfolg. Die folgende Liste zeigt eine Auswahl der wichtigsten Informationen, die im Prozess verarbeitet werden:

- Anforderungen der Kunden an Services
- Informationen zu Services und deren Bezug zu externen Lieferanten
- Informationen zu existierenden Partnern und Lieferanten (Status, Services, Verträge, KPI, ...)
- Bestehende Richtlinien und Verfahren zum Umgang mit Anbietern und Lieferanten
- Informationen der Stakeholder zu Erfahrungen mit Lieferanten und deren Zufriedenheit
- Informationen zu Markttrends, neuen Technologien und neu verfügbaren Anbietern

Partner und Lieferanten

Supplier Management ist ein wichtiger Baustein für die Auswahl und Steuerung der externen Anbieter entsprechend der internen Anforderungen und Bedürfnisse. Die Verantwortung sollte daher immer innerhalb der Organisation liegen. Allerdings ist es inzwischen vor allem in größeren Konzernen üblich, einzelne Aktivitäten, wie die Suche und Auswahl externer Ressourcen oder das Management der Abrechnungen, an Partner zu übergeben, um die Menge der Kontaktpunkte zu reduzieren und Effizienz zu erhöhen.

3.2.1.14 Workforce and talent management

3.2.1.14.1 Kernbotschaft, Scope, Beitrag zur Value Chain

> **Hinweis**
> Details zu dieser Praktik waren bei Fertigstellung dieses Buchs noch nicht vollständig verfügbar. Aus diesem Grund weicht die Kapitelstruktur leicht von der anderer Praktiken ab.

Kernbotschaft Der Zweck ist, sicherzustellen, dass die richtigen Personen mit den richtigen Fähigkeiten und Kenntnissen die richtigen Rollen im Unternehmen wahrnehmen. Workforce und Talent Management trägt dazu bei, dass die richtigen Mitarbeiter gefunden und eingestellt werden und diese Mitarbeiter sich entsprechend der Anforderungen und ihrer Talente kontinuierlich weiterentwickeln können.

Scope Der Scope des Workforce & Talent Management umfasst alle Mitarbeiter, die eine Rolle im Service Value System wahrnehmen oder zukünftig wahrnehmen werden. Es umfasst die Gestaltung der Zusammenarbeit innerhalb des Unternehmens, Recruitment, Lernen und Weiterentwicklung, Performance-Checks und Karriereplanung.

Beitrag zur Value Chain Die Workforce and Talent Management Practice trägt besonders zu den Aktivitäten Planung und Verbesserung in der Service Value Chain (SVC) bei:

Aktivität in der SVC	Beitrag des workforce and talent management
Planung	Planung und Umsetzung der Ausstattung mit den passenden Mitarbeitern bezogen auf aktuelle und zukünftige Anforderungen.
Verbesserung	Die Identifizierung und Umsetzung von Verbesserungen basieren auf der Verfügbarkeit und dem Einsatz motivierter Teams und Mitarbeiter.

3.2.1.14.2 Grundlagen und Begriffe

Im Prinzip bedürfen diese Begriffe keiner expliziten Definition, da es allgemeingültige Termini sind. Da es bei Übersetzungen aus dem Englischen immer wieder Missverständnisse gibt, übernehme ich hier einige Definitionen inklusive Übersetzung aus ITIL® 4.

- **Fertigkeiten (skills):** Bezeichnet eine ausgeprägte Fähigkeit oder Geschicklichkeit im Denken, in der Kommunikation oder bestimmter physischer Tätigkeiten.
- **Befähigung (ability):** Die Fähigkeit, körperliche oder geistige Aktivitäten entsprechend eines bestimmten Berufs, einer Tätigkeit oder einer wahrgenommenen Rolle auszuführen.
- **Haltung (attidude):** Die Kombination aus Emotionen, Überzeugungen und Haltungen gegenüber einer Person, einer Sache oder eines Ereignisses.
- **Kompetenzen (competencies):** Die Kombination aus Wissen, Fertigkeiten, Befähigung und Haltung, die es Mitarbeitern ermöglicht, einen wichtigen Beitrag zum Unternehmenserfolg zu leisten.

3.2.1.14.3 Aktivitäten

Die Aktivitäten des Workforce und Talent Management umfassen ein breites Spektrum verschiedener Aktivitäten mit dem übergeordneten Ziel, die richtigen Menschen für eine Organisation zu finden und ihnen zu ermöglichen, sich im Rahmen der Anforderungen und eigenen Möglichkeiten zielorientiert zu entwickeln. ITIL® unterscheidet diese sechs Aktivitätenfelder:

Tabelle 3.25 Aktivitäten: Workforce & Talent Management

Personalplanung	Identifizieren der benötigten Fähigkeiten orientiert an den Zielen des Unternehmens und Ableiten der entsprechenden Kompetenzen und Rollen.
Recruiting	Rekrutieren neuer Mitarbeiter und externer Ressourcen, um verbliebene Lücken zu schließen.
Performance-Messung	Durchführen von Performance Checks und Ableiten von Beurteilungen basierend auf festgelegten Rollenprofilen.
Mitarbeiterentwicklung	Persönliche Weiterentwicklung einzelner Mitarbeiter bezogen auf die vorhandenen Rollen und Kompetenzen.
Aus- und Weiterbildung	Bereitstellen verschiedener Möglichkeiten der fachlichen und persönlichen Entwicklung in Form von Trainings, Coaching oder anderen Formaten.
Mentoring und Nachfolgeplanung	Mentoring als Begleitung der Mitarbeiter in ihrer Rolle und Vorbereitung auf die Übernahme neuer Rollen oder den Wechsel in andere Rollen.

3.2.2 Service-Management-Praktiken

Hinweis

Auch bei ITIL® 4 handelt es sich in vielen Bereichen um eine Weiterentwicklung des Bestehenden. Daher überschneiden sich die Inhalte vieler Service-Management-Praktiken mit den entsprechenden Prozessen in den vorherigen ITIL®-Versionen, die in diesem Buch im Kapitel zur ITIL® 2011 Edition beschrieben werden. In diesen Fällen konzentriere ich mich in diesem Kapitel auf neue Aspekte und verweise zu Beginn jeder Beschreibung einer Praktik auf den entsprechenden Abschnitt dieses Buchs. ■

3.2.2.1 Availability Management

Hinweis

Weitere Informationen zum Thema Availability Management aus der ITIL® 2011 Edition, wie Aktivitäten, Definitionen oder Praxishinweise finden Sie in Abschnitt 4.3.7. ■

3.2.2.1.1 Kernbotschaft, Scope, Beitrag zur Value Chain

Kernbotschaft Der Zweck der Availability Management Practice ist, dass alle Services auf dem vereinbarten Niveau der Verfügbarkeit entsprechend der Anforderungen der Kunden und Anwender bereitgestellt werden.

Scope Die Practice umfasst alle Tätigkeiten, die notwendig sind, das vereinbarte Verfügbarkeits-Niveau der Services für Kunden und Anwender zur Verfügung zu stellen. Dazu gehören eine Definition des Begriffs Verfügbarkeit, Verfügbarkeitsmessungen, Analysen und Einleiten von Verbesserungsmaßnahmen. Availability Management ist Ansprechpartner für die gesamte Organisation zu allen Fragen rund um Verfügbarkeit.

Abgrenzung zum Service Continuity Management Die Aktivitäten und verwendeten Methoden sind in beiden Practices ähnlich. Auch geht es in beiden grundsätzlich um das Thema Verfügbarkeit. Der Unterschied liegt in der Betrachtungsebene. Während sich Availability Management mit der Verfügbarkeit der Services im Regelbetrieb befasst, geht es im Service Continuity Management um die Verfügbarkeit der VBF in Ausnahmesituationen, wie Naturkatastrophen, die einen existenziellen Schaden für das Unternehmen bedeuten.

Beitrag zur Value Chain Die Availability Management Practice trägt wie alle anderen Practices zu allen Aktivitäten der Service Value Chain (SVC) bei. Besonders ausgeprägt ist der Beitrag zur Aktivität der Planung. Availability Management leistet einen wichtigen Beitrag zur Planung aller Produkte und Services, indem wichtige Anforderungen und Vorgaben bezüglich der Verfügbarkeit bereitgestellt werden.

3.2.2.1.2 Grundlagen und Begriffe

Verfügbarkeit (Availability)

Die Definition des Begriffs in ITIL® 4 lautet übersetzt:

> *Die Fähigkeit eines IT-Services oder eines anderen Configuration Items, dessen vereinbarte Funktion bei Bedarf auszuführen.*

Vital business function (VBF) (wichtige Geschäftsfunktion)

VBF sind Funktionen oder Services oder der Teil eines Services, die kritisch für das Geschäft der Kunden und Anwender sind. Für das Availability Management spielen diese VBF eine besondere Rolle, weil sich unter anderem aus Kritikalität für das Geschäft die Anforderungen an die Verfügbarkeit ableiten.

3.2.2.1.3 Erfolgsfaktoren (Practice success factors, PSF)

Die Anforderungen an die Verfügbarkeit von Services sind identifiziert. Die Anforderungen an die Verfügbarkeit hängen davon ab, wie stark Kunden durch Nichtverfügbarkeit eines oder mehrerer Services beeinträchtig werden. Diese Anforderungen werden in der Praxis sehr oft im Service-Level-Management-Prozess identifiziert, wenn neue Services mit den Kunden vereinbart werden.

Neben der Identifikation der Anforderungen ist es wichtig für spätere Vereinbarungen und das gemeinsame Verständnis, dass klare Kriterien definiert werden, wann ein Service als verfügbar und wann als nicht verfügbar gilt. Ebenso ist es wichtig für die spätere Zusammenarbeit, dass allen Beteiligten klar ist, wann was genau an welchen Punkten gemessen wird, um das Niveau der Serviceverfügbarkeit zu bestimmen.

Beispiel-Metrik für diesen PSF:

- Anteil der Services, deren Verfügbarkeitskriterien bekannt sind

Verfügbarkeit wird gemessen, untersucht und in Reports bereitgestellt. Service Provider müssen zu jeder Zeit ein klares Bild des aktuellen Verfügbarkeitsniveaus der bereitgestellten Services haben und in der Lage sein, die Ergebnisse den Kunden und Anwendern verständlich darzustellen. Dazu werden verschiedene Aspekte der Verfügbarkeit regelmäßig an den vereinbarten Punkten in der vereinbarten Frequenz gemessen und in für die Kunden relevanten Reports aufbereitet.

Beispiel-Metriken für diesen PSF:

- Zahl oder Anteil der Services mit festgelegten Verfügbarkeitskennzahlen
- Anteil der Services, über die in Verfügbarkeits-Reports berichtet wird

Risiken für die Service-Verfügbarkeit werden behandelt. Neben der Planung und Überwachung der Verfügbarkeit gilt es, Risiken für die vereinbarte Verfügbarkeit zu identifizieren und zu adressieren. Eine Möglichkeit dafür ist das Setup spezifischer Kontrollen.

Beispiel-Metriken für diesen PSF:

- Mean Time between Failures (MTBF)
- Kumulierte Downtime in einem definierten Zeitraum
- Anzahl der Service Unterbrechungen je Service/je VBF

3.2.2.1.4 Aktivitäten und Prozesse

In der Practice Availability Management werden zwei Prozesse beschrieben.

1. *Establishing service availability control* (Etablieren der Service-Verfügbarkeits-Steuerung)
2. *Analyzing and improving service availability* (Verfügbarkeit analysieren und verbessern)

Establishing service availability control

Tabelle 3.26 Aktivitäten: Establishing service availability control

Prozessaktivität	Kurzbeschreibung
Verfügbarkeits-anforderungen identifizieren	Zusammen mit dem Service Level Management werden die konkreten Anforderungen aus Sicht des Business ermittelt und in konkrete Anforderungen an die Verfügbarkeit von Produkten und Services übersetzt.
Anforderungen an die Verfügbarkeit vereinbaren	Die abgeleiteten Anforderungen werden mit den Kunden, der internen Service Organisation und gegebenenfalls mit externen Dienstleistern abgestimmt und vereinbart.
Anforderungen an die Verfügbarkeits-messung festlegen	Es wird festgelegt, wie Verfügbarkeit als Basis für Reports gemessen wird und wie Service-Unterbrechungen nachvollzogen werden können.
Verfügbarkeitskenn-zahlen und Reports entwerfen	Kennzahlen werden festgelegt und dienen als Basis für Reports, welche so aufbereitet werden, dass die Beteiligten die benötigten Informationen in verständlicher Form erhalten. Beispiele für Metriken sind die prozentuale Verfügbarkeit, MTBF, MTRS oder die Downtime einzelner Services oder Servicegruppen.

Analyzing and improving service availability

Tabelle 3.27 Aktivitäten: Analyzing and improving service availability

Prozessaktivität	Kurzbeschreibung
Analyse der Service-Verfügbarkeit	Untersuchen der Verfügbarkeit und Nachweis der Erfüllung der Verfügbarkeitsanforderungen. Untersuchen jeder Abweichung vom vereinbarten Niveau und ableiten von Korrekturmaßnahmen
Reporting der Service-Verfügbarkeit	Bereitstellen der relevanten Informationen zur Service-Verfügbarkeit in für die Adressaten verständlichen Reports oder Dashboards.
Verfügbarkeit planen und Entwerfen der Service-Verfügbarkeit	Durch die Planung der Verfügbarkeit wir sichergestellt, dass neue oder geänderte Services den Anforderungen der Kunden und den Möglichkeiten des Service Providers entsprechen. Erstellen eines Availability Plans bei Bedarf (Details in Abschnitt 4.3.7.2)

3.2.2.1.5 Weitere Bezüge zu den vier Dimensionen

Informationen und Automatisierung

Die Qualität der Informationen, die als Input verarbeitet werden, ist entscheidend für den Beitrag des Prozesses zum Unternehmenserfolg. Die folgende Liste zeigt eine Auswahl der wichtigsten Informationen, die im Prozess verarbeitet werden.

- Informationen zu den Geschäftsprozessen
- Informationen zum Design von Produkten und Services
- Informationen zu Services von Partnern und Lieferanten
- Informationen zu Gesetzen und anderen Regularien
- Informationen zu verfügbaren Technologien und Services für Monitoring und Reporting

Automatisierung spielt im Availability Management eine entscheidende Rolle. Nur wenn die tatsächliche Verfügbarkeit und der Bezug zu den Anforderungen zweifelsfrei, schnell und verständlich dargestellt werden können, werden Kunden, Anwender und andere Stakeholder die Reports als Nachweis akzeptieren.

3.2.2.2 Business Analysis

3.2.2.2.1 Kernbotschaft, Scope, Beitrag zur Value Chain

Kernbotschaft Zweck ist die teilweise oder vollständige Analyse des Business und daraus abgeleitet die Definition von Anforderungen und Bedürfnissen. Darauf basierend werden Lösungen zur Erfüllung der Bedürfnisse oder konkreten Beseitigung eines geschäftlichen Problems entwickelt und empfohlen. Business Analysis versetzt die Organisation in die Lage, Lösungen zu entwickeln, die Nutzen orientiert an den Zielen des Unternehmens erzeugen.

Scope Der Scope ist die Analyse von Organisationen, Architekturen, Geschäftsprozessen, Produkten und Services mit dem Ziel die Anforderungen und Bedürfnisse der relevanten Stakeholder zu ermitteln und passende Lösungen zur Umsetzung vorzuschlagen.

Beitrag zur Value Chain Business analysis trägt wie alle anderen Practices zu allen Aktivitäten der Service Value Chain (SVC) bei. Besonders ausgeprägt ist der Beitrag zu den Aktivitäten der Planung, Engagement, Erhalten/Erstellen sowie Design & Transition.

Aktivität in der SVC	Beitrag von Business analysis
Planung	Beitrag zu strategischen Entscheidungen, was getan wird und wie es umgesetzt werden soll.
Engagement	Business Analysis leistet einen wichtigen Beitrag zur Identifizierung der Anforderungen und Bedürfnisse der Stakeholder.
Design & Transition	Die systematische Erfassung, Analyse und Priorisierung tragen zum Design hochwertiger Lösungen und deren anforderungsgerechter Überführung in den Betrieb bei.
Erhalten/Erstellen	Die Informationen aus Business analysis werden für die Entwicklung oder Beschaffung geeigneter Komponenten, Produkte oder Services benötigt.

3.2.2.2.2 Grundlagen und Begriffe

SWOT-Analyse

SWOT steht für strength (Stärken), weaknesses (Schwächen), opportunities (Chancen) und threats (Risiken). Es handelt sich um ein etabliertes Analysewerkzeug, um mit dessen Hilfe konkrete Maßnahmen aus der aktuellen Bewertung der Situation abzuleiten. Die SWOT-Analyse findet Anwendung im Praxiskapitel 7 und wird dort erläutert.

User Stories

User Stories sind ein Instrument, um Anforderungen und Bedürfnisse aus Sicht der Anwender zu beschreiben. Es findet häufig Anwendung in agil arbeitenden Teams und ist sehr verbreitet im Umfeld der Softwareentwicklung. User Stories sollen sehr spezifisch auf einen Aspekt bezogen und sehr einfach gestaltet sein. Der klassische Aufbau lautet:

Als User möchte ich [eine Funktionalität], um [Nutzen] zu erreichen. Ich akzeptiere die Lösung, wenn [Akzeptanzkriterien]

Beispiel: Als Gast möchte ich ein frisch zubereitetes Essen und ein gutes Glas Wein serviert bekommen, um einen entspannten Abend mit Freunden verbringen zu können. Das ist für mich dann gegeben, wenn das Essen frisch und ohne Industrieprodukte zubereitet wurde, der Wein von einem regionalen Winzer stammt und meiner Frau das Ambiente gefällt.

3.2.2.2.3 Erfolgsfaktoren (Practice success factors, PSF)

Ein übergreifender Ansatz für die Durchführung konsistenter und effektiver Business-Analysen ist unternehmensweit etabliert und wird kontinuierlich weiterentwickelt.
Ein funktionierender Ansatz für die Analyse der Anforderungen und der Bedürfnisse in Bezug zum etablierten Produkt- und Serviceportfolio ist die Voraussetzung für ein Service-Angebot, das zur Nachfrage der Kunden passt. Ein übergreifender Ansatz stellt sicher, dass relevante Informationen (Ziele, Anforderungen, Einschränkungen) gesammelt und den relevanten Stakeholdern zur Verfügung gestellt werden. Ebenso müssen die identifizierten geschäftlichen Bedürfnisse in konkrete Anforderungen und Lösungsvorschläge transformiert werden.

Beispiel-Metrik für diesen PSF:

- Anteil der Services, die die Kundenbedürfnisse nicht oder nur teilweise erfüllen (Zufriedenheit).
- Anteil der Services oder Produkte, die überarbeitet werden müssen, weil sie nicht von den Kunden akzeptiert wurden.

Aktuelle und künftige Bedürfnisse der Organisation und der Kunden werden verstanden, analysiert und mit zeitgerechten, effizienten und zielgerichteten Lösungsvorschlägen unterstützt. Business Analysis übersetzt Ideen in konkrete Lösungen und ist so verantwortlich für einen der wichtigsten Arbeitsschritte im SVS und den Value Streams. Die Analyse muss also eine konkrete Beschreibung des aktuellen und des Zielzustands liefern und verständlich die notwendigen Schritte zur Umsetzung formulieren. Business Analysis betrachtet dabei immer zwei Perspektiven: die der Kunden, die nach einer Lösung für ein Business-Problem suchen (Kundenbedürfnisse), und die der internen Teams, die Lösungen, Produkte und Services entwickeln und Informationen zur Umsetzung benötigen (konkrete Anforderungen).

Beispiel-Metriken für diesen PSF:

- Akzeptanz der angebotenen Services durch Stakeholder (Nutzungsgrad)
- Dauer von der Analyse bis zum Lösungsvorschlag

3.2.2.2.4 Aktivitäten und Prozesse

In der Practice Business Analysis werden zwei Prozesse beschrieben.

1. *Design and maintenance of a business analysis approach* (Gestalten und Pflegen eines Business-Analyse-Ansatzes)
2. *Business analysis and solution identification* (Business-Analyse und Identifizieren von Lösungen)

Design and maintenance of a business analysis approach

Tabelle 3.28 Aktivitäten: Design and maintenance of a business analysis approach

Prozessaktivität	Kurzbeschreibung
Die Organisation und ihre Anforderungen analysieren	Analyse der relevanten Unternehmensteile und des Unternehmensportfolios bezüglich des Bedarfs und der Ansatzpunkte für einen übergreifenden Analyse-Ansatz und dessen Rolle im Unternehmen
Entwickeln und Vereinbaren des Business-Analyse-Ansatzes	Entwickeln eines organisationsweit gültigen Ansatzes zur Business-, Produkt,- und Service-Analyse. Festlegen des Scopes, Auswahl der Methoden und Werkzeuge, Festlegen der Rollen und Verantwortungen
Review des Business-Analyse-Ansatzes	Regelmäßige Überprüfung des etablierten Ansatzes und der Ergebnisse zusammen mit wichtigen Stakeholdern, Ableiten und Initiieren von Verbesserungsmaßnahmen

Business analysis and solution identification

Tabelle 3.29 Aktivitäten: Business analysis and solution identification

Prozessaktivität	Kurzbeschreibung
Informationen von Stakeholdern erheben und analysieren	Business-Analysten kommunizieren mit Stakeholdern, um deren Bedürfnisse zu verstehen, und dokumentieren einen entsprechenden Business-Analyse-Bericht.
Lösungsansätze entwickeln und die empfohlene Lösung auswählen	Entwickeln eines oder mehrerer optionaler Vorschläge, um die identifizierten Bedürfnisse oder Probleme zu adressieren. Präsentieren der Vorschläge und Auswahl der bevorzugten Variante.
Die Lösungsteams unterstützen	Während der Umsetzung erhalten die Lösungsteams kontinuierliche Rückmeldungen durch den Business-Analysten gemeinsam mit den relevanten Stakeholdern.
Performance und Nutzen der Lösungen beurteilen	Überprüfen und Messen, ob die implementierten Maßnahmen, Produkte und Services die Erwartungen erfüllen und bei Bedarf die Anforderungen anpassen und Veränderungen umsetzen.

3.2.2.2.5 Weitere Bezüge zu den vier Dimensionen

Rollen und Verantwortung: Der Business-Analyst

Der Business-Analyst ist eine Art Ermittler, der Untersuchungen anstellt, um Informationen zu sammeln, Fragen zu beantworten, Beziehungen zu verstehen, und dann gemeinsam mit Spezialisten eine Hypothese ableitet, welche Bedürfnisse bestehen und wie diese adressiert werden könnten.

Er oder sie übernimmt eine Übersetzerrolle zwischen den Bedürfnissen des Business und den technischen Anforderungen und Spezifikationen für die Teams in der Umsetzung und bildet damit einen zentralen Kommunikationspunkt auf dem Weg von der Idee zur Lösung.

Informationen und Automatisierung

Die Qualität der Informationen, die als Input verarbeitet werden, ist entscheidend für den Beitrag des Prozesses zum Unternehmenserfolg. Die folgende Liste zeigt eine Auswahl der wichtigsten Informationen, die im Prozess verarbeitet werden.

- Informationen zur Unternehmensstrategie und zu Zielen
- Informationen zu den Geschäftsprozessen und relevanten Stakeholdern
- Informationen zum Portfolio (Ressourcen, Produkte, Services, Kunden)
- Informationen zu CSI-Register, Konfigurationsdaten und zum Change-Kalender
- Informationen zu verfügbaren Technologien

3.2.2.3 Capacity and performance management

Hinweis

Viele der in dieser Practice beschriebenen Ziele und Aktivitäten orientieren sich am Capacity-Management-Prozess vorheriger Versionen. Weitere Informationen zum Thema Capacity Management aus der ITIL® 2011 Edition, wie Aktivitäten, Definitionen oder Praxishinweise finden Sie in Abschnitt 4.3.6.

3.2.2.3.1 Kernbotschaft, Scope, Beitrag zur Value Chain

Kernbotschaft Der Zweck der Capacity and Performance Management Practice ist, dass alle Services die vereinbarte und erwartete Performance erreichen und so die aktuelle und zukünftig erwartete Nachfrage erfüllen.

Scope Die Practice umfasst alle Tätigkeiten, die notwendig sind, den Kunden und Anwendern die vereinbarte Kapazität und Performance wirtschaftlich zur Verfügung zu stellen. Dazu gehören die Festlegung, Messung und Verbesserung von Kapazität und Performance der Services, Produkte und Komponenten. Capacity and Performance Management ist Ansprechpartner für die gesamte Organisation zu allen Fragen rund um Kapazität und Performance.

Beitrag zur Value Chain Die Capacity and Performance Management Practice trägt wie alle anderen Practices zu allen Aktivitäten der Service Value Chain (SVC) bei. Besonders ausgeprägt ist der Beitrag zu den Aktivitäten der Planung und Verbesserung.

Aktivität in der SVC	Beitrag von Capacity and Performance Management
Planung	Liefert Informationen zur tatsächlichen Nachfrage und der aktuell gelieferten Performance. Liefert Werkzeuge und Methoden für Planung und Forecasts.
Verbesserung	Performance Reports liefern wichtige Hinweise für die kontinuierliche Verbesserung von Service und Produkten.

3.2.2.3.2 Grundlagen und Begriffe

Performance

Die Definition des Begriffs in ITIL® 4 lautet übersetzt:

Ein Maß dafür, was von einem System, einer Person, einem Team, einer Practice oder einem Service erreicht oder bereitgestellt wird.

Performance wird in der Praxis meist gemessen an der Anzahl der Service-Aktionen in einem definierten Zeitraum. Also zum Beispiel wie viele User können gleichzeitig eine Applikation nutzen, ohne dass der Service beeinträchtigt wird. Eine gute Performance setzt ausreichend Kapazität der Produkte und Komponenten voraus, die zu dem Service beitragen.

3.2.2.3.3 Erfolgsfaktoren (Practice success factors, PSF)

Anforderungen an Kapazität und Performance der Services sind identifiziert. Wichtigste Grundlage für die Identifizierung der Anforderungen ist es, die Bedürfnisse der Kunden zu erkennen und zu verstehen. Dabei helfen Informationen aus den Practices Business Analysis und Service Level Management. Um zu verstehen, ob die abgeleitete Performance den Erwartungen entspricht, werden Kriterien für die Bewertung der Performance und der zugrunde liegenden Kapazitäten sowie entsprechende Kennzahlen festgelegt.

Beispiel-Metrik für diesen PSF:

- Anzahl der Anwenderbeschwerden über mangelnde Performance in einer Zeitspanne
- Anteil der Produkte und Services, für die Performance-Anforderungen dokumentiert sind

Die tatsächliche Kapazität und Performance der Services wird gemessen, bewertet und berichtet. Capacity and Performance Management liefert wichtige Informationen über die aktuell gelieferte Performance und verfügbare Kapazitäten. Für die Kunden ist die Performance eines Services einer der wichtigsten Bewertungsmaßstäbe für die Qualität. Denn was nützt ein Service, der zwar inhaltlich das macht, was die Kunden brauchen, aber leider nicht für alle Anwender verfügbar ist, weil die Kapazitäten nicht ausreichen? Um die tatsächliche Performance erfassen zu können, muss die Messbarkeit sichergestellt sein.

Bei der Gestaltung der Messgrößen für das Reporting gilt es, Messgrößen zu finden, die für den Kunden interessant und nützlich sind. Daher sind technische Kennzahlen zwar die Basis, die berichteten Kennzahlen sollten sich jedoch auf die Unterstützung beziehungsweise mögliche Beeinträchtigungen der Geschäftsprozesse beziehen.

Beispiel-Metriken für diesen PSF:

- Anteil der Services, für die Performance-Kennzahlen bzw. Kapazitätskennzahlen definiert sind
- Anzahl der Serviceverbesserungen basierend auf Ergebnissen des Performance-Monitoring

Risiken für die Kapazität und Performance der Services werden behandelt. Neben der Planung und Überwachung der Performance gilt es, Risiken für die vereinbarte Service-Performance zu identifizieren und zu adressieren. Eine Möglichkeit dafür ist das Setup spezifischer Kontrollen, die den Einfluss der Performance und Kapazität von Komponenten und Produkten auf die Services erfassen.

Beispiel-Metriken für diesen PSF:

- Anzahl der ungeplanten Changes aufgrund mangelnder Performance oder zu geringer Kapazität
- Anteil der Incidents, die aufgrund mangelnder Performance/Kapazität auftreten

3.2.2.3.4 Aktivitäten und Prozesse

In der Practice Performance and Capacity Management werden zwei Prozesse beschrieben.

1. *Establishing capacity and performance control* (Etablieren der Performance- und Kapazitätssteuerung)
2. *Analyzing and improving service capacity and performance* (Service-Kapazität und Performance analysieren und verbessern)

Establishing capacity and performance control

Tabelle 3.30 Aktivitäten: Establishing service availability control

Prozessaktivität	Kurzbeschreibung
Kapazitäts- und Performance-Anforderungen identifizieren	Zusammen mit dem Service Level Management werden die konkreten Anforderungen aus Sicht des Business ermittelt und in konkrete Anforderungen an die Kapazität und Performance von Produkten und Services übersetzt. Ebenso werden Empfehlungen für die Umsetzung abgeleitet.
Anforderungen an die Kapazität und Performance vereinbaren	Die abgeleiteten Anforderungen werden mit den Kunden, der internen Service Organisation und gegebenenfalls mit externen Dienstleistern abgestimmt und vereinbart. Ziel ist eine sinnvolle Balance zwischen Performance und Effizienz.
Anforderungen an die Messung von Kapazität und Performance festlegen	Es wird festgelegt, wie Performance und Kapazität als Basis für Reports gemessen werden und wie mögliche Service-Beeinträchtigungen nachvollzogen werden können. Ergebnis ist ein Konzept für Performance-Monitoring.
Kennzahlen und Reports für Performance und Kapazität entwerfen	Kennzahlen werden festgelegt und dienen als Basis für Reports, die so aufbereitet werden, dass die Beteiligten die benötigten Informationen in verständlicher Form erhalten. Oft werden für die Ermittlung der Performance aus Kundenperspektive Simulationen und Lasttests eingesetzt.

Analyzing and improving service capacity and performance

Die Aktivitäten in diesem Prozess hängen sehr stark davon ab, wie Services bereitgestellt werden. In einer klassischen On-Premise-Umgebung für die Komponenten gestalten sich diese Aktivitäten naturgemäß anders als in einer Cloud-basierenden Infrastruktur, in der die Verantwortung in der Regel nicht bei den Komponenten sondern bei eingekauften Produkten und Services liegt.

Tabelle 3.31 Aktivitäten: Analyzing and improving service capacity and performance

Prozessaktivität	Kurzbeschreibung
Analyse der Service-Kapazität und Service-Performance	Untersuchen der Performance und Nachweis der Erfüllung der Anforderungen an Performance und Kapazität. Untersuchen jeder Abweichung vom vereinbarten Niveau und Ableiten von Korrekturmaßnahmen.
Reporting der Service-Kapazität und Service-Performance	Bereitstellen der relevanten Informationen zur Service-Performance in für die Adressaten verständlichen Reports oder Dashboards.
Planen und Entwerfen der Service-Kapazität und Service-Performance	Durch die Planung der Kapazität als Grundlage für Performance wird sichergestellt, dass neue oder geänderte Services den Anforderungen der Kunden und den Möglichkeiten des Service Providers entsprechen. Weitere Informationen zu diesen Aktivitäten finden Sie in Abschnitt 4.3.6.2.

3.2.2.3.5 Weitere Bezüge zu den vier Dimensionen

Informationen und Automatisierung

Die Qualität der Informationen, die als Input verarbeitet werden, ist entscheidend für den Beitrag des Prozesses zum Unternehmenserfolg. Die folgende Liste zeigt eine Auswahl der wichtigsten Informationen, die im Prozess verarbeitet werden.

- Reports bezüglich Komponenten und Services
- Reports zu Performanceproblemen
- Forecasts zu Performance und Auslastung
- Informationen zum Design von Produkten und Services
- Herstellerinformationen zum Einsatz genutzter Produkte
- Informationen zu verfügbaren Technologien und Services für Monitoring und Reporting

Automatisierung spielt auch im Capacity and Performance Management eine zentrale Rolle. Nur wenn die tatsächliche Performance, die Auslastung der vorhandenen Kapazitäten, und der Bezug zu den Anforderungen zweifelsfrei, schnell und verständlich dargestellt werden können, werden Kunden, Anwender und andere Stakeholder die Reports als Nachweis akzeptieren. Auch Planungen und Forecasts werden durch genaue und zeitgerechte Verfügbarkeit von Daten und Informationen aus entsprechenden Überwachungswerkzeugen unterstützt.

Partner und Lieferanten

Wenn Services geplant werden, so wird heute nicht mehr nur mit internen Ressourcen und Komponenten geplant. Services sind das Ergebnis des Zusammenspiels zahlreicher Faktoren, wie Ressourcenverfügbarkeit, Infrastruktur und Bereitstellungsplattformen.

Als Ergebnis hängen moderne Services zumindest teilweise von der Unterstützung externer Partner ab. Die Verantwortung für die Service Performance bleibt jedoch beim Service Provider. Vereinbarungen mit externen Partnern müssen daher gut geplant und gesteuert werden. Supplier Management kann dazu ebenso einen wichtigen Beitrag leisten wie Workforce and Talent Management.

3.2.2.4 Change enablement

Hinweis

Viele der in dieser Practice (in den ersten Auflagen der ITIL®-4-Foundation-Publikation noch „change control“ genannt) beschriebenen Ziele und Aktivitäten orientieren sich am Change-Management-Prozess vorheriger Versionen. Weitere Informationen zum Thema Change-Management aus der ITIL® 2011 Edition, wie Aktivitäten, Definitionen oder Praxishinweise, finden Sie in Abschnitt 4.4.4.

3.2.2.4.1 Kernbotschaft, Scope, Beitrag zur Value Chain

Kernbotschaft Zweck ist der Schutz der Produktivumgebung, indem der Anteil erfolgreicher Changes an Produkten und Services erhöht wird. Das wird erreicht durch konsequente Bewertung der Change-Risiken, sinnvolle Vorgaben zur Genehmigung von Changes und die Veröffentlichung eines Change Kalenders.

Scope Der Scope des Change Enablement umfasst Änderungen an Configuration Items, inklusive Produkte und Services. Wichtige Aktivitäten sind die Planung von Changes, Change Models und Change Workflows sowie die Koordination der Change-Durchführung, die Kommunikation der geplanten Changes und die Bewertung durchgeführter Changes. Dabei gelten drei Grundsätze:

1. Changes werden im Rahmen von Value Streams geplant und durchgeführt, um sicherzustellen, dass sie die Erwartungen der Stakeholder erfüllen.
2. Ziel ist es nicht, dass alle Changes in ein starres Muster gepresst werden, da das in heutigen komplexen Umgebungen weder möglich noch notwendig ist.
3. Ziel ist es, dass Effektivität, Geschwindigkeit, Compliance und Risiko-Management balanciert sind.

Beitrag zur Value Chain Die Change Enablement Practice trägt wie alle anderen Practices zu allen Aktivitäten der Service Value Chain (SVC) bei. Besonders ausgeprägt ist der Beitrag von vier Aktivitäten:

Aktivität in der SVC	Beitrag von Change Enablement
Verbesserung	Jede Verbesserung beding einen Change zur Umsetzung. Change enablement bewertet und autorisiert diese Changes.
Design und Transition	Jeder neue oder veränderte Service bedingt einen oder mehrere Changes. Change Enablement steuert die Transition der Veränderungen in den Betrieb.
Erhalten/Erstellen	Anpassungen an Komponenten und Produkte sind Changes, unabhängig davon, ob sie selbst entwickelt oder extern beschafft werden.
Bereitstellung und Support	Changes haben Auswirkungen auf den Betrieb der Services. Veränderungen müssen an das Betriebspersonal und an den Support kommuniziert werden.

3.2.2.4.2 Grundlagen und Begriffe

Change

Die Definition des Begriffs in ITIL® 4 lautet übersetzt:

> *Hinzufügen, Ändern oder Entfernen von etwas, das einen direkten oder indirekten Einfluss auf Services hat.*

Change Implementierung

Für die Implementierung von Changes kommen je nach Anforderungen verschiedene Konzepte zum Einsatz. Diese Practice schreibt keine von ihnen vor. Der Einsatz richtet sich lediglich nach den Zielen, Anforderungen, Risiken und Erwartungen.

Iterative Methoden aus der agilen Welt, wie zum Beispiel Devops werden oft für kontinuierliche Software-Anpassungen dort genutzt, wo Geschwindigkeit und Innovation eine große Rolle spielen. Der klassische Wasserfall-Ansatz eignet sich zum Beispiel für Veränderungen in einer komplexen Infrastruktur, denn sie sind möglicherweise weniger zeitkritisch oder sollen enger gesteuert werden. In den meisten Unternehmen wird heute eine Mischung aus beiden Welten genutzt.

Ein hoher Grad an Standardisierung und Automatisierung trägt wesentlich zu den Erfolgsaussichten und der Akzeptanz des Change Enablement bei. Je weniger manuelle Aktivitäten für die Bewertung, Freigabe und Bearbeitung eines Changes durchgeführt werden müssen, desto schneller erhalten Stakeholder und Kunden die erwarteten Ergebnisse.

Change-Modelle und Standard Changes

Der Vollständigkeit halber möchte ich hier auf die weiterhin gültigen Definitionen in Abschnitt 4.4.4.2 verweisen.

Change Authority

Die Change Authority beschreibt eine Person oder Gruppe, die für die Freigabe von Changes verantwortlich ist. Die Change Authority kann je nach Change-Typ, Risiko oder betroffenen Services variieren und wird im Prozess festgelegt.

3.2.2.4.3 Erfolgsfaktoren (Practice success factors, PSF)

Changes werden in angemessener Zeit effektiv umgesetzt. Effektiv umgesetzt ist ein Change, wenn er die erwarteten Ergebnisse aus zwei Perspektiven erzeugt. **Output:** Der Change wird aus technischer beziehungsweise operativer Sicht so durchgeführt, dass die geplanten Dinge wie geplant umgesetzt werden. **Ergebnis:** Der Change wird so umgesetzt, dass die Stakeholder den angestrebten Nutzen erhalten, den der Change erzeugen sollte.

Beispiel-Metriken für diesen PSF:

- Durchschnittliche Change-Durchlaufzeit je Kategorie
- Zufriedenheit der Change-Initiatoren mit dem Ergebnis

Die negativen Auswirkungen von Changes sind minimiert. Veränderungen am Bestehenden enthalten immer Risiken. Nicht umsonst heißt der älteste Spruch in der IT „never change a running system". Diese Risiken lassen sich meist nicht völlig eliminieren, sodass Change Enablement die Aufgabe hat, geeignete Maßnahmen bei der Planung und Umsetzung zu treffen, die das Risiko, soweit es wirtschaftlich sinnvoll ist, reduzieren.

Beispiel-Metriken für diesen PSF:

- Anteil der Incidents, deren Ursache ein Change ist
- Anteil der Changes, die aufgrund nicht identifizierter Risiken nicht oder verzögert implementiert wurden

Die Stakeholder sind zufrieden. Für die Akzeptanz des Change Enablement spielt die Zufriedenheit relevanter Stakeholder eine wesentliche Rolle. Change Enablement hat die Aufgabe, diese Stakeholder zu identifizieren, ihre Erwartungen und Anforderungen zu kennen und diese bei der Gestaltung der Abläufe zu berücksichtigen.

Beispiel-Metriken für diesen PSF:

- Zufriedenheit der Stakeholder mit der Change-Implementierung
- Anzahl der entdeckten Changes ohne Nutzung der Change-Prozesse

Change-relevante Governance und Compliance Richtlinien werden eingehalten. Je nach Branche spielen regulatorische oder auch gesetzliche Vorgaben eine existenzielle Rolle für den Erfolg des Unternehmens. Change Enablement hat die Aufgabe, die Anforderungen zu kennen und bei der Planung, Gestaltung und Umsetzung von Changes zu berücksichtigen.

Beispiel-Metriken für diesen PSF:

- Anzahl der Compliance-Verletzungen durch Changes in einem definierten Zeitraum
- Anzahl der in Audits identifizierten negativen Feststellungen in Bezug auf den Change-Prozess

3.2.2.4.4 Aktivitäten und Prozesse

In der Practice Change enablement werden zwei Prozesse beschrieben.

1. *Change lifecycle management* (Management des Change-Lebenszyklus)
2. *Change optimization* (Change-Optimierung)

Change lifecycle management

Change lifecycle management beschreibt die Aktivitäten während des Durchlaufs eines Changes durch den Prozess. Die Aktivitäten sind im Wesentlichen detailliert in Abschnitt 4.4.4.3 beschrieben, weshalb ich an dieser Stelle lediglich kurz die Bezeichnungen der Aktivitäten in ITIL® 4 nenne:

1. Registrierung
2. Bewertung
3. Genehmigung
4. Planung
5. Steuerung der Umsetzung
6. Review und Abschluss

Change optimization

Change Optimization betrachtet die kontinuierliche Verbesserung der Practice, der implementierten Change-Modelle inklusive Standard-Changes und der definierten Abläufe.

Tabelle 3.32 Aktivitäten: Change optimization

Prozessaktivität	Kurzbeschreibung
Analyse der Change Reviews	Reviews ausgewählter Changes gemeinsam mit Service-Verantwortlichen und anderen Stakeholdern. Ziel ist es, Verbesserungsmöglichkeiten im Ablauf zu finden und aus Fehlern zu lernen.
Initiierung der Verbesserung von Change-Modellen	Die abgeleiteten Verbesserungen werden im CSI-Register dokumentiert und als Change in die bestehenden Abläufe integriert.
Kommunikation der Neuerungen an Change-Modellen	Veränderungen an vorhandenen Change-Modellen werden an die relevanten Stakeholder und potenzielle Initiatoren kommuniziert.

3.2.2.4.5 Weitere Bezüge zu den vier Dimensionen

Rollen und Verantwortung: Der Change Manager

Der Change Manager ist ergebnisverantwortlich für den gesamten Change-Prozess. Das bedeutet nicht, dass er oder sie alle Aufgaben im Prozess selbst durchführen sollte, denn das würde ihn oder sie im operativen Betrieb zu sehr binden, um der in der Regel komplexen

Verantwortung für den Prozess gerecht werden zu können. Zur Verantwortung des Change Managers gehören beispielsweise:

- Vorgaben für Change Requests
- Zuordnen von Changes zu Fachteams zur Untersuchung und Genehmigung
- Monitoring und Review der Change-Aktivitäten
- Veröffentlichen des Change-Kalenders
- Weiterentwickeln der Change Enablement Practice und deren Umsetzung im Unternehmen

Weitere Verantwortlichkeiten und Aktivitäten des Change Managers und weiteren Rollen finden Sie in Abschnitt 4.4.4.

Informationen und Automatisierung

Die Qualität der Informationen, die als Input verarbeitet werden, ist entscheidend für den Beitrag des Prozesses zum Unternehmenserfolg. Die folgende Liste zeigt eine Auswahl der wichtigsten Informationen, die im Prozess verarbeitet werden.

- Informationen zu Kunden, Anwendern und anderen Stakeholdern
- Informationen zum Design von Produkten und Services
- Informationen zum erwarteten Nutzen für die Stakeholder
- Informationen zur Change-Durchführung (Zeit, Budget, andere Ressourcen, ...)
- Informationen zu laufenden und geplanten Changes
- Erfahrungen aus vergangenen Changes
- Informationen zu Partnern und Lieferanten
- Informationen zu relevanten Policies, Gesetzen und anderen Regularien

Automatisierung ist insbesondere für die Effizienz im Change Enablement ein wichtiger Faktor. Je mehr Abläufe standardisiert und automatisiert werden, desto besser können Changes kontrolliert werden, ohne die Geschwindigkeit der Change Implementierung zu sehr zu beeinträchtigen. Eines der größten Probleme in der Praxis ist ein durch zu viel Bürokratie und manuelle Interaktionen entstehender Flaschenhals bei der Realisierung benötigter Veränderungen.

Partner und Lieferanten

Sind Dritte an der Planung, Entwicklung und Implementierung von Changes beteiligt, sollten die entsprechenden Change-Modelle so gestaltet werden, dass die Rolle externer Partner und Lieferanten während des kompletten Lebenszyklus der Changes eindeutig definiert und allen Beteiligten bekannt ist. Diese Festlegungen sollten ein Bestandteil der Vereinbarungen mit diesen externen Providern sein.

3.2.2.5 Incident management

Hinweis

Viele der in dieser Practice beschriebenen Ziele und Aktivitäten orientieren sich am Incident-Management-Prozess vorheriger Versionen. Weitere Informationen zum Thema Incident-Management aus der ITIL® 2011 Edition, wie Aktivitäten, Definitionen oder Praxishinweise, finden Sie in Abschnitt 4.5.4.

3.2.2.5.1 Kernbotschaft, Scope, Beitrag zur Value Chain

Kernbotschaft Der Zweck ist die Reduzierung der negativen Auswirkungen von Incidents durch die schnellstmögliche Wiederherstellung des vereinbarten (SLA-konformen) Service-Betriebs nach einer Beeinträchtigung.

Scope Die Practice umfasst alle Tätigkeiten, die der schnellstmöglichen Wiederherstellung der Services nach einer ungeplanten Unterbrechung dienen. Dazu gehören zum Beispiel das Erkennen von Incidents, Diagnose, Störungsbeseitigung und die Dokumentation inklusive der Pflege einer Wissensdatenbank.

Beitrag zur Value Chain Die Incident Management Practice trägt wie alle anderen Practices zu allen Aktivitäten der Service Value Chain (SVC) bei. Besonders ausgeprägt ist der Beitrag zu den Aktivitäten *Engagement* sowie zu *Bereitstellung und Support*. Availability Management leistet einen wichtigen Beitrag zur Planung aller Produkte und Services, indem wichtige Anforderungen und Vorgaben bezüglich der Verfügbarkeit bereitgestellt werden.

Aktivität in der SVC	Beitrag von Incident Management
Engagement	Incidents sind in der Regel für Anwender sichtbar und beeinträchtigen deren Arbeit. Daher sind die Kommunikation zur Störungsbeseitigung und die Bestätigung der Anwender, dass ein Incident-Ticket geschlossen werden kann, ein wichtiger Beitrag.
Bereitstellung und Support	Incident Management beseitigt Störungen der Services und ist somit ein wesentlicher Bestandteil der Service-Lieferung und des Supports.

3.2.2.5.2 Grundlagen und Begriffe

Grundlegende Definitionen dieser Practice sind bereits in Abschnitt 4.5.4.2 dieses Buchs dokumentiert, weshalb ich sie hier nicht wiederholen werde. Dazu gehören **Workarounds**, **Incident-Modelle** und **Major Incidents**.

Incident

Die Definition des Begriffs in ITIL® 4 lautet übersetzt:

Eine ungeplante Unterbrechung oder Minderung der Qualität eines Services.

Priorisierung

Die Definition des Begriffs in ITIL® 4 lautet übersetzt:

Eine Aktivität, um die Tasks auszuwählen, die zuerst bearbeitet werden, wenn die Ressourcen nicht ausreichen, um alle anstehenden Tasks gleichzeitig zu bearbeiten.

3.2.2.5.3 Erfolgsfaktoren (Practice success factors, PSF)

Incidents werden früh erkannt. Je früher Incidents erkannt werden, desto größer ist die Chance zur Behebung, bevor große Auswirkungen für die Anwender auftreten. Im besten Fall können Incidents behoben werden, bevor überhaupt Beeinträchtigungen für die Anwender eintreten. Einen wichtigen Input und Trigger für Incident Management bilden die Practices *Monitoring* und *Event Management*.

Beispiel-Metriken für diesen PSF:

- Durchschnittliche Zeit zwischen Auftreten und Erkennen von Incidents
- Anteil der Incidents, die erkannt wurden, bevor ein Anwender eine Störung gemeldet hat

Incidents werden schnell und effizient behoben. Wurde ein Incident erkannt, ist es die wichtigste Aufgabe, diese schnellstmöglich zu beseitigen oder den betroffenen Anwendern zu ermöglichen, ihren Geschäftsprozess weiterhin zu unterstützen (Workaround). Je nach Komplexität und Priorität der auftretenden Störung, sind unterschiedliche Mittel zu deren Bearbeitung sinnvoll. Einfache und bekannte Incidents können anhand der Erfahrungen schnell mit Hilfe der Wissensdatenbank, vordefinierter Lösungen oder im besten Fall automatisiert behoben werden. Diese Art der Incidents bilden in den meisten Unternehmen den bei weitem überwiegenden Anteil an der Gesamtzahl der Incidents. Kompliziertere oder unbekannte Incidents werden in der Regel durch schnelle Weiterleitung an die richtigen Fachteams bearbeitet und gelöst.

Beispiel-Metriken für diesen PSF:

- Zeit von der Ticket-Eröffnung bis zur Wiederherstellung des Services
- Erstlösungsquote (Anteil der Störungen, die beim ersten Kontakt innerhalb einer definierten Zeit gelöst wurden)
- Anteil automatisch gelöster Incidents

Konzepte für Incident Management werden kontinuierlich verbessert. Es ist wichtig, die Aktivitäten im Incident Management, die Ergebnisse und die Zufriedenheit der Anwender regelmäßig daraufhin zu überprüfen, ob es Potenzial für die Verbesserung in den Abläufen, in der Ausbildung der Mitarbeiter oder in der Kommunikation gibt.

Beispiel-Metriken für diesen PSF:

- Anteil der Incidents, die anhand vordefinierter Modelle gelöst wurden
- Zufriedenheit der Anwender mit dem Support im Fall von Incidents

3.2.2.5.4 Aktivitäten und Prozesse

In der Practice Incident Management werden zwei Prozesse beschrieben.

1. *Incident handling and resolution* (Bearbeiten und Lösen von Incidents)
2. *Periodic incident review* (regelmäßige Incident-Überprüfung)

Incident handling and resolution

Incident handling and resolution beschreibt die Aktivitäten während der Bearbeitung eines Incidents. Die wesentlichen Aktivitäten sind detailliert in Abschnitt 4.5.4.3 beschrieben, weshalb ich an dieser Stelle lediglich kurz die Bezeichnungen der Aktivitäten in ITIL® 4 nenne:

1. Erkennung
2. Registrierung
3. Klassifikation (Kategorie und Priorität)
4. Diagnose
5. Lösung
6. Abschluss

Periodic incident review

Dieser Prozess stellt sicher, dass die Organisation aus der Bearbeitung und Lösung von Incidents lernt und daraus kontinuierlich Verbesserungen für den Prozess beziehungsweise die Practice ableitet.

Tabelle 3.33 Aktivitäten: Periodic incident review

Prozessaktivität	Kurzbeschreibung
Review der Incidents und der Incident-Tickets	Reviews ausgewählter Incidents gemeinsam mit Service-Verantwortlichen und anderen Stakeholdern. Ziel ist es, Verbesserungsmöglichkeiten im Ablauf zu finden und aus Fehlern zu lernen.
Verbesserungen für Incident-Modelle initiieren	Die abgeleiteten Verbesserungen werden im CSI-Register dokumentiert und anhand eines Changes in die bestehenden Abläufe integriert.
Kommunikation der Neuerungen an Incident-Modellen	Veränderungen an vorhandenen Incident-Modellen werden an die relevanten Stakeholder und Anwender kommuniziert.

3.2.2.5.5 Weitere Bezüge zu den vier Dimensionen

Rollen und Verantwortung: Der Incident Manager

Die Rolle des Incident Managers ist in Abschnitt 4.5.4.4 beschrieben und darüber hinaus durch weitere Rollen ergänzt.

Informationen und Automatisierung

Die Qualität der Informationen, die als Input verarbeitet werden, ist entscheidend für den Beitrag des Prozesses zum Unternehmenserfolg. Die folgende Liste zeigt eine Auswahl der wichtigsten Informationen, die im Prozess verarbeitet werden.

- Informationen zu Kunden, Anwendern und Geschäftsprozessen
- Informationen zum Design von Produkten und Services
- Informationen zu Partnern und Lieferanten
- Informationen zu Policies und weiteren Anforderungen
- Informationen zu verfügbaren Technologien und Services für die Behandlung von Incidents

Die Aktivitäten im Incident Management sollten, wenn immer möglich automatisiert werden. Das gilt für die Erkennung, Erfassung und Bearbeitung der Incidents, wie für die Pflege von Wissensdatenbanken und Selbsthilfe-Portalen.

3.2.2.6 IT asset management (ITAM)

Eine wichtige Neuerung in der ITIL® 4 ist die Trennung von Asset Management und Configuration Management, die bisher im Service-Asset-and-Configuration-Management-Prozess gemeinsam betrachtet wurden. Das wird der Tatsache gerecht, dass zwei verschiedene Perspektiven betrachtet werden. IT-Asset Management betrachtet die finanziellen Aspekte, den Lebenszyklus eines Assets in der Organisation und Compliance-Aspekte.

Praxistipp

Der Lebenszyklus der IT-Assets von der Beschaffung bis zur Entsorgung wird häufig als IMAC/D bezeichnet und die Abläufe im Lebenszyklus entsprechend strukturiert. IMAC/D bedeutet install - move - add - change - dispose, also installieren - umziehen - hinzufügen - ändern - entsorgen. IT Asset Management betrachtet über IMAC/D hinaus auch die Planung, Beschaffung und Auslastungsoptimierung. ■

Service Configuration Management (Abschnitt 3.2.2.11) betrachtet die Assets aus einer anderen Perspektive. Hier geht es darum, wie aus einzelnen Assets Produkte und Services aggregiert werden. Es fokussiert also vor allem die Wirkungsweise, Konfigurationsdetails und die Beziehungen zwischen einzelnen Komponenten, Produkten und Services.

3.2.2.6.1 Kernbotschaft, Scope, Beitrag zur Value Chain

Kernbotschaft Der Zweck ist die vollständige Planung und Steuerung des kompletten Lebenszyklus aller IT-Assets. Das ermöglicht der Organisation, den Nutzen der Assets zu maximieren, Kosten zu kontrollieren, Risiken zu managen, fundierte Entscheidungen zu treffen und regulatorische wie vertragliche Anforderungen zu erfüllen.

Scope Der Scope beinhaltet alle Assets, die zu den IT-Services beitragen, wie Software, Hardware, Netzwerke, Cloudservices. IT Asset Management ist ein untergeordneter Teil des Asset Managements im Unternehmen und trägt zu diesem bei.

Beitrag zur Value Chain Die IT Asset Management Practice trägt wie alle anderen Practices zu allen Aktivitäten der Service Value Chain (SVC) bei. Besonders ausgeprägt ist der Beitrag zu den Aktivitäten Design und Transition sowie Erhalten/Erstellen.

Aktivität in der SVC	Beitrag von IT-Asset Management
Design und Transition	Design und Transition verändert den Status der IT-Assets und hat deshalb großen Einfluss auf IT-Asset Management.
Erhalten/Erstellen	IT-Asset Management unterstützt die Beschaffung von IT-Assets und deren Management von Anfang bis Ende des Lifecycles.

3.2.2.6.2 Grundlagen und Begriffe

IT Asset

Die Definition des Begriffs in ITIL® 4 lautet übersetzt:

Jede finanziell relevante Komponente, die zur Lieferung eines IT-Produkts oder eines IT-Services beitragen kann.

IT-Asset Register

Die Definition des Begriffs in ITIL® 4 lautet übersetzt:

Eine Sammlung von Informationen über IT-Assets, die deren Eigentümer, Kosten und andere Schlüsselmerkmale umfasst. Das IT-Assetregister ermöglicht es, den Bestand an IT-Assets zu erfassen.

Formen des Asset Management

- **Asset Management** betrachtet die Beschaffung, den Betrieb und die Entsorgung aller Assets im Unternehmen.
- **IT Asset Management (ITAM)** ist Teil des Asset Managements und fokussiert auf das Management IT-spezifischer Assets, wie technische Systeme und Infrastruktur.
- **Software Asset Management (SAM)** beschreibt alles, was nötig ist, um Software Assets über den gesamten Lebenszyklus zu managen. Dazu gehören auch Schutzmaßnahmen, wie zum Beispiel der Kopierschutz.

IT-Asset Lifecycle

ITIL® 4 beschreibt sechs Phasen im Lebenszyklus eines IT-Assets. Bild 3.5 zeigt diese im Überblick.

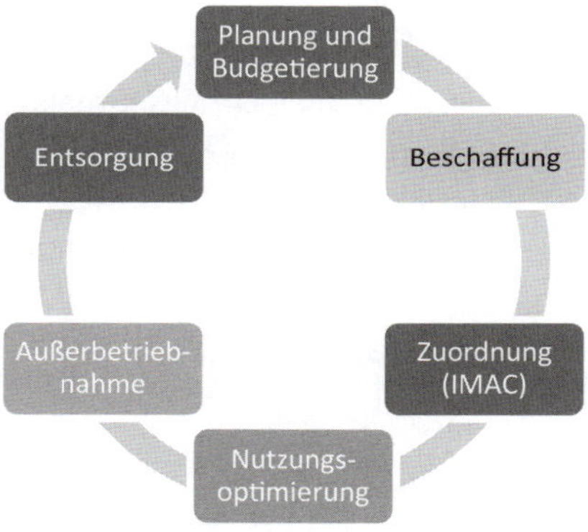

Bild 3.5
IT-Asset-Lebenszyklus

3.2.2.6.3 Erfolgsfaktoren (Practice success factors, PSF)

Die Organisation verfügt über relevante Informationen über IT-Assets während deren Lebenszyklus. ITAM sorgt dafür, dass diese Informationen während des gesamten Lebenszyklus erfasst, aufgezeichnet und den relevanten Stakeholdern zur Verfügung gestellt werden.

Welche Informationen erfasst und gepflegt werden, ist abhängig von den Anforderungen der Stakeholder, diese werden im Rahmen des Lifecycle-Modells definiert. Der Scope der Betrachtung kann ebenfalls je nach Bedarf vergrößert oder verkleinert werden. So können beispielsweise auch die Lagerführung oder der Transport im Lebenszyklus betrachtet werden.

Ein weiterer wichtiger Aspekt neben dem Management des Lebenszyklus sind die Betrachtung von Compliance-Themen und der Schutz der Assets sowie diesbezüglicher Informationen.

Beispiel-Metriken für diesen PSF:

- Anteil der Informationsanfragen bezüglich IT-Assets, die nicht beantwortet werden konnten
- Anteil bei Audits entdeckter falsch oder unvollständig dokumentierter IT-Assets

Die Nutzung der IT-Assets wird kontinuierlich überwacht und optimiert. Neben der Dokumentation der Assets in ihrem aktuellen Status geht es beim ITAM um die kontinuierliche Optimierung der Asset-Nutzung. Voraussetzung dafür sind sowohl die Kenntnis der tatsächlichen aktuellen Asset-Nutzung (Monitoring) als auch der Entwicklungen im Unternehmen und im Umfeld, die auf die zukünftige Nutzung vorhandener und neuer Assets schließen lassen. Ziel ist es, die Nutzung der IT-Assets so zu optimieren, dass aktuelle und künftige Anforderungen des Unternehmens wirtschaftlich erfüllt werden können. Zusätzlich können nicht oder nur wenig genutzte IT-Assets auf Handlungsbedarf bezüglich vertraglicher Vereinbarungen mit Herstellern oder Partnern hindeuten oder sich Hinweise darauf ergeben, die Struktur der vorhandenen IT-Assets zu verändern (zum Beispiel durch Cloud-Sourcing). Auch technische Entwicklungen sollten beobachtet werden, denn sie können ebenfalls Einfluss auf die Infrastruktur der Organisation und damit auf die Struktur der IT-Assets haben.

Beispiel-Metriken für diesen PSF:

- Anzahl der auf Basis von ITAM-Empfehlungen implementierten Verbesserungen
- Anteil der IT-Assets, deren tatsächlicher Nutzungsrad bekannt und dokumentiert ist

3.2.2.6.4 Aktivitäten und Prozesse

In der Practice Availability Management werden drei Prozesse beschrieben.

1. *Managing common approach to ITAM* (Managen eines übergeordneten ITAM-Konzepts)
2. *Managing the IT asset lifecycle and records* (Managen des IT-Asset-Lebenszyklus und der entsprechenden Aufzeichnungen)
3. *Verifying, auditing, and analysing IT assets* (Verifizieren, Prüfen und Analysieren von IT-Assets)

Managing a common approach to ITAM

Tabelle 3.34 Aktivitäten: Managing a common approach to ITAM

Prozessaktivität	Kurzbeschreibung
Anforderungen der Stakeholder und Risiken für IT-Assets analysieren	Analysieren und Einordnen der wichtigsten IT-Assets (HW, SW, Cloud, ...) zusammen mit Stakeholdern und der Verbindungen zu Services. Als Ergebnis werden die größten Risiken und Chancen den IT-Assets zugeordnet.
ITAM-Konzept definieren und vereinbaren	Basierend auf der vorherigen Analyse wird ein passendes ITAM-Konzept entwickelt. Es sollte unter anderem beschreiben, welche Informationen in welchem Detaillierungsgrad dokumentiert werden, welche Richtlinien und Verfahren gelten und wie das Tracking der IT-Assets gestaltet wird. Orientierung gibt die ISO/IEC 19770.
ITAM-Konzept kommunizieren und in die Value Streams integrieren	Das ITAM-Konzept, der Scope und festgelegte Lifecycle-Modelle werden an die Stakeholder kommuniziert und mit diesen abgestimmt. Das Konzept wird in die relevanten Value Streams integriert.
Überprüfen und Anpassen des ITAM-Konzepts	Die Umsetzung des Konzepts wird regelmäßig überprüft und bei Bedarf werden Anpassungen abgeleitet oder Maßnahmen zur besseren Integration veranlasst. Das bezieht sich auf die Einhaltung von Regularien, den Einfluss auf die vier Dimensionen des Service Management und eingesetzte Tools.

Managing the IT asset lifecycle and records

Tabelle 3.35 Aktivitäten: Managing the IT asset lifecycle and records

Prozessaktivität	Kurzbeschreibung
Ressourcen analysieren und IT-Assets identifizieren	Werden neue IT-Assets angefragt, entdeckt oder bestehende verändert, wird analysiert, um welchen Asset-Typ es sich handelt und ob dieser im Scope des ITAM ist. Falls ja, wird ein entsprechendes Lebenszyklus-Modell festgelegt.
IT-Assets und Lebenszyklus-Modelle verifizieren	Der IT-Asset-Manager überprüft den ausgewählten IT-Asset-Typ und das Lebenszyklus-Modell und bestätigt, dass es für das Asset geeignet ist.
Lebenszyklus-Modell umsetzen	Das Esset wird entsprechend des festgelegten Modells verwaltet.
Ausnahmen behandeln	Bei unvorhergesehenen Ereignissen werden Entscheidungen zum Umgang getroffen und umgesetzt. Die Ausnahmen und Maßnahmen werden dokumentiert.
Lebenszyklus überprüfen	Regelmäßig sowie nach signifikanten Ereignissen wird der Lebenszyklus bewertet und bei Bedarf Veränderungen vorgenommen.

Verifying, auditing, and analysing IT assets

Tabelle 3.36 Aktivitäten: verifying, auditing, and analysing IT assets

Prozessaktivität	Kurzbeschreibung
Audit planen	Audits können entweder zyklisch, nach Auftreten von Fehlern oder bei größeren Changes durchgeführt werden. Audits erfolgen meist zunächst intern und geben Hinweise auf möglicherweise notwendige externe Audits.
IT-Asset Daten verifizieren	Für die Planung zukünftiger Audits sollte das Audit-Datum im Asset-Datensatz dokumentiert werden. Unstimmigkeiten (Soll- und Ist-Daten stimmen nicht überein) müssen untersucht und korrigiert werden.
Auditergebnisse überprüfen und analysieren	Analyse der Ergebnisse bezüglich Risiken, Compliance, Kosten, Nutzungsgrad und Umsetzung des ITAM-Konzepts.
Verfassen und Kommunizieren der Auditberichte	Aufbereiten der Ergebnisse in verständlicher Form für die Empfänger und Kommunikation an die relevanten Stakeholder.

3.2.2.6.5 Weitere Bezüge zu den vier Dimensionen

Rollen und Verantwortung: Der IT-Asset Manager

Der IT-Asset-Manager ist für die Überwachung des IT-Asset-Lebenszyklus für alle IT-Assets innerhalb des festgelegten Scopes verantwortlich. Typische Verantwortlichkeiten der Rolle sind:

- Erstellen, Kommunizieren und Managen des ITAM-Konzepts und zugehöriger Verfahren
- Integration des ITAM-Konzepts in die relevanten Value Streams

- Definition des ITAM-Scopes
- Überwachung der Einhaltung der Lebenszyklus-Modelle
- Identifizieren und Behandeln von Risiken und Ausnahmen
- Sicherstellen eines validen Datenbestands und der Compliance zu relevanten Regularien
- Optimieren des Nutzungsgrads der IT-Assets

Informationen und Automatisierung

Die Qualität der Informationen, die als Input verarbeitet werden, ist entscheidend für den Beitrag des Prozesses zum Unternehmenserfolg. Die folgende Liste zeigt eine Auswahl der wichtigsten Informationen, die im Prozess verarbeitet werden.

- Informationen zur Unternehmensstrategie, Architektur und Geschäftsprozessen
- Informationen zu den Anforderungen relevanter Stakeholder
- IT-Asset-Informationen von Partnern und Lieferanten
- Informationen zu Gesetzen und anderen Regularien
- Vorgaben und Informationen aus Service Financial und Service Configuration Management
- Informationen zu Programmen und Projekten, Changekalender

Partner und Lieferanten

Insbesondere wenn IT-Asset Management durch externe Partner durchgeführt wird, ist der Schutz sensibler Asset-Daten von großer Bedeutung. So sollten Geheimhaltungsvereinbarungen unterzeichnet werden und der Datenaustausch sorgfältig geplant und überwacht werden. Neben dem Umgang mit Assets und zugehörigen Daten während des Betriebs ist zu regeln, wie mit den Daten im Fall der Vertragsbeendigung umgegangen wird.

3.2.2.7 Monitoring and event management

> **Hinweis**
> Weitere Informationen zum Thema Event Management aus der ITIL® 2011 Edition, wie Aktivitäten, Definitionen oder Praxishinweise, finden Sie in Abschnitt 4.5.3.

3.2.2.7.1 Kernbotschaft, Scope, Beitrag zur Value Chain

Kernbotschaft Der Zweck sind die systematische Überwachung von Services und Service-Komponenten und als Event definierte Statusänderungen. Es werden Events bezüglich Infrastruktur, Services, Geschäftsprozessen und IT-Sicherheit identifiziert und priorisiert sowie adäquate Maßnahmen initiiert, wenn Hinweise auf potenzielle Fehler oder Incidents vorliegen.

Scope Der Scope erstreckt sich auf alle Komponenten und Aktivitäten im Service Management mit dem Fokus auf Überwachung und Automatisierung. Dazu gehören kontinuierliches Monitoring, Planung und Implementierung von Verfahren und Tools sowie Identifizieren und im besten Fall automatisches Behandeln von Events.

Beitrag zur Value Chain Monitoring und Event Management trägt wie alle anderen Practices zu allen Aktivitäten der Service Value Chain (SVC) bei. Besonders ausgeprägt ist der Beitrag zur Aktivität Bereitstellung und Support. Monitoring und Event Management trägt wesentlich dazu bei, dass Störungen und Risiken für den regulären Service-Betrieb frühzeitig erkannt und behandelt werden oder andere Prozesse wie Incident Management getriggert werden.

3.2.2.7.2 Grundlagen und Begriffe

Event

Die Definition des Begriffs in ITIL® 4 lautet übersetzt:

> *Jede Statusänderung, die relevant für das Management eines Services oder eines anderen Configuration Items ist.*

Aktives und passives Monitoring

Beim Monitoring werden zwei grundlegende Herangehensweisen unterschieden. Aktives Monitoring sammelt regelmäßig Informationen durch einen Request an die zu überwachenden Objekte im Scope. Passives Monitoring reagiert auf Trigger, die von den zu überwachenden Objekten erzeugt werden, ermöglicht also eine sofortige Reaktion nach dem Trigger-Event.

Schwellwert

Damit im Monitoring automatisch Aktionen auf ein definiertes Event erzeugt werden können, muss es einen Indikator geben, wann eine solche Reaktion notwendig ist. Dieser Indikator ist oft ein definierter Schwellwert, der überschritten oder unterschritten wird. Je nach Definition können bei Erreichen unterschiedlicher Schwellwerte unterschiedliche Aktionen, wie zum Beispiel Alarme, automatische Incident-Erstellung, oder eine automatische Aktion am Objekt, wie zum Beispiel Herunterfahren eines Systems bei Security Events abgeleitet werden.

3.2.2.7.3 Erfolgsfaktoren (Practice success factors, PSF)

Es existiert ein Konzept/Modell zur Beschreibung der Event-Typen und der zu deren Entdeckung benötigten Monitoring-Fähigkeiten. Die größte Herausforderung ist der Umgang mit den vorhandenen Datenmengen. Um sinnvolle Informationen mit vertretbarem Aufwand zu erzeugen, gilt es, nur die Daten im Monitoring zu erfassen, die tatsächlich zur Deckung des Informationsbedarfs notwendig sind. Zu überwachende Services und Komponenten müssen aktiv priorisiert werden, die richtige Balance zwischen Informationsgehalt und Detaillierungsgrad gefunden und die Ressourcen für die Erfassung und Verarbeitung der Daten eingeplant werden.

Beispiel-Metrik für diesen PSF:

- Akzeptanzgrad des Konzepts bei den Stakeholdern

Relevante Stakeholder verfügen über zeitgerechte, relevante und hinreichende Überwachungsdaten. Service Provider müssen zu jeder Zeit ein klares Bild des aktuellen Verfügbarkeitsniveaus der bereitgestellten Services haben und in der Lage sein, die Ergebnisse den Kunden und Anwendern verständlich darzustellen. Dazu werden verschiedene Aspekte der Verfügbarkeit regelmäßig an den vereinbarten Punkten in der vereinbarten Frequenz gemessen und in für die Kunden relevanten Reports aufbereitet.

Beispiel-Metriken für diesen PSF:

- Anteil der Fälle, bei denen die erfassten Daten nicht ausreichend waren, richtig zu reagieren
- Zufriedenheit der Stakeholder mit der Qualität der gelieferten Informationen

Events werden erkannt, interpretiert und bei Bedarf schnellstmöglich Aktivitäten abgeleitet. Regeln und Trigger (Schwellwerte) werden letztlich nur aus einem Grund definiert. Sie ermöglichen es, wichtige Events von weniger wichtigen zu unterscheiden und entsprechend der erwarteten Auswirkungen die richtigen Maßnahmen so schnell wie möglich und bestenfalls automatisch abzuleiten. Dafür spielen neben den Definitionen auch die richtig konfigurierten Werkzeuge eine große Rolle.

Beispiel-Metrik für diesen PSF:

- Anteil der relevanten Events, die nicht identifiziert wurden oder bei denen keine adäquate Reaktion erfolgte (oft messbar durch Auswertung von Incident Records)

3.2.2.7.4 Aktivitäten und Prozesse

In der Practice Availability Management werden drei Prozesse beschrieben.

1. *Monitoring planning* (Monitoring planen)
2. *Event handling* (Events behandeln)
3. *Monitoring and event management review* (Monitoring and event management überprüfen)

Monitoring planning

Tabelle 3.37 Aktivitäten: Monitoring planning

Prozessaktivität	Kurzbeschreibung
Ziele für das Monitoring festlegen	Festlegen, was genau mit dem Monitoring erreicht werden soll. Warranty sollte eine höhere Priorität haben als Utility, denn auf die grundlegende Verfügbarkeit baut alles andere auf.
Verfügbare Daten und Kriterien für das Monitoring bewerten	Entsprechend der Prioritäten für das Monitoring wird festgelegt, welche Messdaten erfasst werden und ob es sinnvolle Ergänzungen gibt.
Event-Typen für die Monitoring-Objekte definieren	Auswahl der passenden Event-Typen (Information, Warnung, Aktion, ...) entsprechend der Auswirkungen des jeweiligen Events.
Schwellwerte für die Event-Typen festlegen	Abhängig von dem Einfluss der überwachten Komponenten auf andere Komponenten oder Services werden Schwellwerte für mögliche Aktionen festgelegt.

Event handling

Die Aktivitäten zum Umgang mit auftretenden Events sind in Abschnitt 4.5.3.3 beschrieben, sodass ich hier nicht weiter darauf eingehe. Die Aktivitäten aus der ITIL®-4-Literatur im Überblick:

- Erkennen
- Aufzeichnen
- Filtern und Prüfen auf Wechselbeziehungen
- Klassifizieren
- Definierte Reaktion (Aktionsplan)
- Notifikation

Monitoring and event management review

Tabelle 3.38 Aktivitäten: Event handling

Prozessaktivität	Kurzbeschreibung
Nachuntersuchung von Major Events und Incidents	Alle Aktivitäten des Monitorings, der Bewertung und der Ableitung von Events werden besonders im Fall von Events mit signifikanten Auswirkungen nachträglich untersucht. Es werden die Aktivitäten und deren Wirkung bewertet und die Möglichkeit gesucht, aus Fehlern zu lernen.
Review der Filtermechanismen und entdeckten Korrelationen	
Review der „Gesundheitsmodelle“ für Services	
Review der Verfahren zur Eventbearbeitung und der Automatisierung	
Review der Tools für Datenanalyse und Korrelationsanalyse (auch künstliche Intelligenz und Machine Learning)	
Review von Statistiken	

3.2.2.7.5 Weitere Bezüge zu den vier Dimensionen

Informationen und Automatisierung

Die Qualität der Informationen, die als Input verarbeitet werden, ist entscheidend für den Beitrag des Prozesses zum Unternehmenserfolg. Die folgende Liste zeigt eine Auswahl der wichtigsten Informationen, die im Prozess verarbeitet werden:

- Informationen zu Kunden und Anwendern
- Informationen zum Design von Produkten und Services und zur Architektur
- Richtlinien und Anforderungen für die Service-Bereitstellung
- Informationen zum aktuellen Status der Services und Komponenten
- Anforderungen an Warranty und Utility
- Beziehungen zwischen Services und Configuration Items
- Ziele für Verfügbarkeit und Performance
- Informationen zu Service- und Komponentenverantwortlichen
- Informationen zu verfügbaren Technologien und Services für Monitoring und Bewertung

Im Monitoring spielen entsprechende Tools naturgemäß eine wichtige Rolle. Nur wenn Daten automatisiert und zuverlässig erfasst werden, können sie zu nützlichen Informationen weiterverarbeitet werden. Bei der Auswertung großer Datenmengen und der Ableitung konkreter Aktionen spielen auch Technologien wie künstliche Intelligenz oder Machine Learning eine schnell an Bedeutung gewinnende Rolle.

3.2.2.8 Problem Management

> **Hinweis**
> Weitere Informationen zum Thema Problem Management aus der ITIL® 2011 Edition, wie Aktivitäten, Definitionen oder Praxishinweise, finden Sie in Abschnitt 4.5.6.

3.2.2.8.1 Kernbotschaft, Scope, Beitrag zur Value Chain

Kernbotschaft Problem Management reduziert die Eintrittswahrscheinlichkeit und die Auswirkungen von Incidents, indem tatsächliche und potenzielle Ursachen identifiziert und beseitigt beziehungsweise in Known Errors und Workarounds adressiert werden.

Scope Der Scope liegt auf der Identifizierung und Analyse von Problems (Ursache eines oder mehrerer Incidents), der Beseitigung der Ursachen und der Information über den Umgang mit Ursachen, die nicht oder nicht gleich beseitigt werden können.

Beitrag zur Value Chain Die Problem Management Practice trägt wie alle anderen Practices zu allen Aktivitäten der Service Value Chain (SVC) bei. Besonders ausgeprägt ist der Beitrag zu den Aktivitäten Bereitstellung und Support sowie Verbesserung.

Aktivität in der SVC	Beitrag von Problem Management
Bereitstellung und Support	Problem Management trägt zur Reduzierung der Zahl der Incidents bei, indem Ursachen beseitigt und wiederholte Incidents vermieden werden. Workarounds helfen im Support bei der schnellen Wiederherstellung.
Verbesserung	Problem Management leistet einen wichtigen Beitrag zur kontinuierlichen Verbesserung der Services, indem Störungen vermieden und durch die Beseitigung potenzieller Störungsursachen die Stabilität der Infrastruktur und der Service-Landschaft kontinuierlich erhöht wird.

3.2.2.8.2 Grundlagen und Begriffe

Problem

Die Definition des Begriffs in ITIL® 4 lautet übersetzt:

Die Ursache oder potenzielle Ursache eines oder mehrerer Incidents.

Known Error

Die Definition des Begriffs in ITIL® 4 lautet übersetzt:

Ein Problem, das bereits untersucht, aber noch nicht beseitigt wurde.

Workaround

Die Definition des Begriffs in ITIL® 4 lautet übersetzt:

Eine Lösung, die die Auswirkung eines Incidents oder Problems, für das noch keine vollständige Lösung verfügbar ist, reduziert oder beseitigt. Einige Workarounds reduzieren die Eintrittswahrscheinlichkeit von Incidents.

3.2.2.8.3 Erfolgsfaktoren (Practice success factors, PSF)

Problems und deren Auswirkungen auf Services werden identifiziert und verstanden. Eine gute Servicequalität setzt voraus, die Ursachen für die Beeinträchtigung von Services zu kennen und zu verstehen. Das bezieht sich sowohl auf die Service-Gestaltung als auch auf Fehler in Produkten oder die Anfälligkeit einzelner Komponenten. Problem Management identifiziert die Ursachen und trägt durch deren Beseitigung aktiv zur Verbesserung der Produkte und Services bei. Wenn immer möglich, sollten Ursachen proaktiv durch Analysen und Trendbetrachtungen beseitigt werden, bevor die negativen Auswirkungen eintreten.

Beispiel-Metrik für diesen PSF:

- Anzahl in einem definierten Zeitraum identifizierter Problems und deren Auswirkungen
- Anteil der offenen Problems, für die ein Workaround bereitgestellt wurde
- Anteil der Problems, die nicht im Zusammenhang mit Incidents eröffnet wurden (proaktiv)

Problembeseitigung und Reduzierung der Auswirkungen werden optimiert. Nachdem Problems identifiziert wurden, gilt es, sie schnellstmöglich zu behandeln, um deren Auswirkungen zu minimieren. Im Gegensatz zum Incident Management hat allerdings die gründliche Beseitigung des Problems oder Minderung der Auswirkungen eine höhere Priorität als Geschwindigkeit in der Bearbeitung.

Beispiel-Metriken für diesen PSF:

- Anzahl der Known Errors, für die keine Lösung vorliegt
- Anteil der Incidents, die mit Hilfe des Problem Managements gelöst wurden (zum Beispiel durch bereitgestellte Workarounds)

3.2.2.8.4 Aktivitäten und Prozesse

In der Practice Problem Management werden vier Prozesse beschrieben.

1. *Proactive problem identification* (Proaktive Problemidentifizierung)
2. *Reactive problem identification* (Reaktive Problemidentifizierung)
3. *Problem control* (Problembehandlung)
4. *Error control* (Fehlerbehandlung)

Proactive problem identification

Tabelle 3.39 Aktivitäten: Proactive problem identification

Prozessaktivität	Kurzbeschreibung
Vorhandene Informationen überprüfen	Informationen zu potenziellen Problems, wie zum Beispiel Herstellerinformationen zu Fehlern beziehungsweise Schwachstellen, oder Berichte externer Anwender werden ausgewertet und mögliche Ansatzpunkte identifiziert.
Problem erfassen	Wurde ein Grund zum Start der Problembehandlung identifiziert, wird ein Problem-Ticket zur weiteren Bearbeitung eröffnet.
Initiale Kategorisierung und Zuweisung	Je nach Typ wird das Problem initial kategorisiert (woher stammt es, welche CIs sind betroffen, was könnten die Auswirkungen sein, ...) und wenn möglich den passenden Spezialisten zugewiesen.

Reactive problem identification

Tabelle 3.40 Aktivitäten: Reactive problem identification

Prozessaktivität	Kurzbeschreibung
Problem erfassen	Anhand der Analyse offener und abgeschlossener Incidents werden potenzielle Problems identifiziert. Hinweise geben Häufungen von Incidents zu bestimmten Komponenten oder Services oder wiederholt auftretende Incidents nach deren Beseitigung. Auch Incidents, deren Bearbeitung im Incident Management nicht erfolgreich ist, weil keine Lösung gefunden wird, können ein Trigger für ein Problem sein.
Initiale Kategorisierung und Zuweisung	Je nach Typ wird das Problem initial kategorisiert (Welche Incidents sind verknüpft, welche CIs sind betroffen, was könnten die Auswirkungen sein, ...) und wenn möglich den passenden Spezialisten zugewiesen.

Problem control

Die Trennung zwischen Problembehandlung und Fehlerbehandlung erfährt in ITIL® 4 ein Comeback, nachdem es bereits in ITIL® 2 enthalten und ab der ITIL® 3 wieder abgeschafft wurde.

Problem Control befasst sich mit der Untersuchung des Problems, um die Ursache zu identifizieren. Ist diese gefunden, wird sie als Known Error dokumentiert und an die Fehlerbehandlung (Error control) übergeben.

Tabelle 3.41 Aktivitäten: Problem control

Prozessaktivität	Kurzbeschreibung
Untersuchung des Problems	Anhand verschiedener Methoden wird das Problem untersucht und versucht, die Ursache des Problems zu ermitteln. Einige der Methoden sind in Abschnitt 4.5.6.2 kurz beschrieben.
Kommunikation des Known Errors	Der Known Error wird in der Known-Error-Datenbank dokumentiert und der aktualisierte Status an die relevanten Stakeholder kommuniziert.

Error control

Tabelle 3.42 Aktivitäten: Error control

Prozessaktivität	Kurzbeschreibung
Problemlösung entwickeln	Anhand der Informationen aus problem control wird nach einer Lösung zur Beseitigung der Ursache gesucht. Ist eine Lösung nicht verfügbar, wird ein Weg zur Reduzierung der Auswirkungen gesucht.
Problemlösung initiieren	Die identifizierte Lösung wird in der Regel mit Hilfe eines Changes in den Betrieb integriert.
Known Error überwachen und überprüfen	Wurde eine Lösung gefunden, wird überprüft, ob die Ursache dadurch tatsächlich dauerhaft beseitigt wurde. Wurde keine Lösung gefunden, wird beobachtet, wie die Maßnahmen zur Minimierung der Auswirkungen greifen und ob identifizierte Workarounds funktionieren und genutzt werden.
Problem abschließen	Das Problem wird dokumentiert und formal abgeschlossen.

3.2.2.8.5 Weitere Bezüge zu den vier Dimensionen

Informationen und Automatisierung

Die Qualität der Informationen, die als Input verarbeitet werden, ist entscheidend für den Beitrag des Prozesses zum Unternehmenserfolg. Die folgende Liste zeigt eine Auswahl der wichtigsten Informationen, die im Prozess verarbeitet werden.

- Informationen zum Design von Produkten und Services sowie deren Architektur
- Informationen zu Kunden, Partnern und Lieferanten
- Informationen zu aktuellen Incidents und der Incident-Historie
- Informationen zu aktuellen, geplanten und vergangenen Changes
- Informationen zu den eingesetzten Komponenten und deren Schwachstellen

3.2.2.9 Release management

> **Hinweis**
> Weitere Informationen zum Thema Release & Deployment Management aus der ITIL® 2011 Edition, wie Aktivitäten, Definitionen oder Praxishinweise finden Sie in Abschnitt 4.4.6.

3.2.2.9.1 Kernbotschaft, Scope, Beitrag zur Value Chain

Kernbotschaft Der Zweck des Release Management ist es, neue oder veränderte Services und Features zur Nutzung bereitzustellen.

Scope Der Scope umfasst die Gestaltung der Verfahren für den Rollout neuer und geänderter Services in den Regelbetrieb und die Steuerung der Bereitstellung entsprechend der festgelegten Regeln und Verfahren. In den Scope gehören auch die nötigen Aktivitäten für so wichtige Verfahren wie das Onboarding und Offboarding von Mitarbeitern, sodass es neben dem Service Desk Release Management oft der erste Kontaktpunkt der Anwender mit der Service Organisation ist.

Beitrag zur Value Chain Die Release Management Practice trägt wie alle anderen Practices zu allen Aktivitäten der Service Value Chain (SVC) bei. Besonders ausgeprägt ist der Beitrag zur Aktivität der Design und Transition. Release Management leistet einen wichtigen Beitrag, indem es sicherstellt, dass neue und geänderte Services und Produkte tatsächlich auf eine kontrollierte Weise für die Anwender zur Verfügung gestellt werden.

3.2.2.9.2 Grundlagen und Begriffe

Release

Die Definition des Begriffs in ITIL® 4 lautet übersetzt:

> *Eine Version eines Services, eines sonstigen Configuration Items oder einer Gruppe von Configuration Items, die für die Nutzung bereitgestellt wird.*

Release Management Konzepte

Jede Organisation sollte ein grundsätzliches Konzept für den Release neuer Services und Komponenten etablieren. Für dieses Konzept sind je nach Bedarf und Umgebung zwei grundlegende Ansätze möglich. Gerade in größeren Unternehmen ist eine Mischung je nach Bereich des Unternehmens keine Seltenheit.

Ein Ansatz ist es, Release und Deployment gemeinsam zu betrachten. Sobald eine Komponente in die Betriebsumgebung überführt wurde, ist sie auch verfügbar für die Anwender. Die neue Version ersetzt die alte, sodass selten verschiedene Versionen verfügbar sind.

Ein zweiter Ansatz, der besonders in digitalen, agilen Umgebungen genutzt wird, ist die Trennung von Deployment (Verteilung) und Release (Freigabe). So können neue Services und Komponenten bereits in die Produktivumgebung integriert werden, bevor die Release-Aktivitäten beginnen. Anschließend können diese Komponenten dann ganz oder teilweise für alle oder einige Anwender freigegeben werden.

CI, CD und CDE

Für die Automatisierung der Deployment Pipeline entwickelten sich aus dem ursprünglichen Gedanken der Continuous Integration (CI), wo es im Wesentlichen um automatisiertes Kompilieren und Verteilen ging, Continuous Delivery (CD) und Continuous Deployment (CDE), um den Grad der Automatisierung sukzessive zu erhöhen. Heute kann in vielen Fällen der komplette Deployment-Zyklus (Kompilieren, Funktionstests, Performance-Test, Integrationstests, Acceptance Test, Release) automatisiert abgebildet werden.

3.2.2.9.3 Erfolgsfaktoren (Practice success factors, PSF)

Effektive Konzepte für das Release von Services und Service-Komponenten sind etabliert und werden gepflegt. Release Management erstellt und vereinbart Konzepte und Modelle für die Überführung neuer und geänderter Services oder Komponenten in den Betrieb. Diese Konzepte können beliebig kombiniert werden, solange den Regeln und Vorgaben gefolgt wird.

Damit die bereitgestellten Modelle nützlich in die Abläufe der Value Streams integriert werden können, sollten sie flexibel gestaltet werden, um mit wechselnden Bedingungen umgehen zu können.

Beispiel-Metriken für diesen PSF:

- Grad der Zufriedenheit der Anwender mit der Bereitstellung neuer und geänderter Services
- Anteil der Releases, die nicht entsprechend der festgelegten Modelle erfolgen

Der Release von Services und Service-Komponenten im Rahmen der Value Streams und der existierenden Service-Beziehungen funktioniert effektiv. Bei der Bereitstellung von Releases werden abhängig vom Release-Modell Ressourcen aus allen vier Dimensionen des Service Managements benötigt. Das setzt gute Planung, Kommunikation und Koordination sowie sinnvolle Automatisierung und gut durchdachte Release-Modelle voraus. Es gilt, den Beitrag und die Aktivitäten für alle Beteiligten zu identifizieren und sinnvoll zu koordinieren.

Beispiel-Metriken für diesen PSF:

- Anteil der erfolgreich abgeschlossenen Releases an der Gesamtzahl der Releases
- Zahl der Incidents mit direktem Bezug zu Releases
- Dauer von der Fertigstellung bis zum Abschluss des Rollouts

3.2.2.9.4 Aktivitäten und Prozesse

In der Practice Release Management werden zwei Prozesse beschrieben.

1. *Release planning* (Release-Planung)
2. *Release coordination* (Release-Koordination)

Release planning

Der Prozess fokussiert auf die kontinuierliche Verbesserung der Practice, der Konzepte und Modelle und der Planung komplexer Releases. Er wird in einem regelmäßigen Zyklus und bei Bedarf durch besondere Ereignisse getriggert durchgeführt.

Tabelle 3.43 Aktivitäten: Release planning

Prozessaktivität	Kurzbeschreibung
Analyse der Produkt-Architektur und der Service-Beziehungen	Analyse der Einflussfaktoren auf das Release-Konzept, wie zum Beispiel besondere Stakeholder-Anforderungen, Compliance-Anforderungen, übergeordnete Entscheidungen, Architekturthemen und Ableiten möglicher Veränderungen.
Release-Management-Konzept überprüfen und entwickeln	Abstimmen des neuen Release-Konzepts, Freigabe und Umsetzen der Veränderungen.
Release-Modelle überprüfen und entwickeln	Entsprechend des neuen Release-Management-Konzepts werden die Release-Modelle entwickelt oder verändert.
Release-Instanz planen	Planung der Zielgruppe, der Komponenten für die Release-Instanz, des Ablaufs für den Rollout, der Release Units und der Akzeptanzkriterien.
Release-Plan kommunizieren	Neue oder veränderte Release-Pläne nach der Abstimmung mit den Stakeholdern kommunizieren und den Support Teams zur Verfügung stellen.

Release coordination

Tabelle 3.44 Aktivitäten: Release coordination

Prozessaktivität	Kurzbeschreibung
Identifizieren eines passenden Modells oder Plans	Orientiert an den betroffenen Produkten, Services, der Umgebung für die Implementierung und dem beteiligten Entwicklungsteam werden das passende Modell oder der Plan ausgewählt.
Service-Komponenten verifizieren	Die in der aktuellen Release-Instanz auszurollenden Komponenten werden manuell oder automatisiert getestet.
Release-Verfahren verifizieren	Entsprechend der Eigenschaften der Komponenten werden die passenden Verfahren im besten Fall automatisch ausgewählt.
Release durchführen	Entsprechend des Plans und der vorgesehenen Verfahren wird das Release durchgeführt (automatisch oder manuell, pull oder push, ...).
Release überprüfen	Anhand definierter Kriterien wird automatisch oder manuell der Erfolg des Releases überprüft.
Release Review	Nachbetrachtung der Durchführung, Bewerten von Fehlern und Ausnahmen, Verarbeiten von Feedback, Lessons learned.

3.2.2.9.5 Weitere Bezüge zu den vier Dimensionen

Informationen und Automatisierung

Die Qualität der Informationen, die als Input verarbeitet werden, ist entscheidend für den Beitrag des Prozesses zum Unternehmenserfolg. Die folgende Liste zeigt eine Auswahl der wichtigsten Informationen, die im Prozess verarbeitet werden.

- Informationen zur Architektur von Produkten und Services
- Informationen zur Kundenorganisation und zu Anwendern
- Informationen aus Software Development und Management
- Informationen zu aktuellen und geplanten Rollouts
- Informationen zu aktuellen und neuen Release-Management-Technologien

Besonders in modernen Organisationen, in denen auch Infrastruktur immer mehr als Software gestaltet ist, spielen automatische Rollouts, Tests und Freigaben eine sehr schnell wachsende Rolle. Im Vergleich zum letzten Jahrzehnt erlebt Release Management damit einen erheblichen Wandel weg von manueller Kontrolle hin zu automatisierten Vorgehensweisen wie Continuous Integration oder Continuous delivery.

3.2.2.10 Service catalogue management

> **Hinweis**
> Weitere Informationen zum Thema Service Catalogue Management aus der ITIL® 2011 Edition, wie Aktivitäten, Definitionen oder Praxishinweise finden Sie in Abschnitt 4.3.5.

3.2.2.10.1 Kernbotschaft, Scope, Beitrag zur Value Chain

Kernbotschaft Der Zweck des Service Catalogue Management ist die Bereitstellung und Pflege einer zentral verfügbaren Quelle für konsistente, aktuelle Informationen zu allen Services und Service-Angeboten sowie deren Bereitstellung für die jeweils relevante Zielgruppe.

Scope Die Practice umfasst die Pflege der Struktur des Service-Katalogs und der Servicebeschreibungen entsprechend der Stakeholder-Anforderungen. Die Sammlung und Pflege der benötigten Informationen und die Bereitstellung individualisierter Sichten auf den Service-Katalog entsprechend der jeweiligen Bedürfnisse.

Beitrag zur Value Chain Die Service Catalogue Management Practice trägt wie alle anderen Practices zu allen Aktivitäten der Service Value Chain (SVC) bei. Besonders ausgeprägt ist der Beitrag zur Aktivität Engagement. Der Service-Katalog bildet eine wichtige Schnittstelle zwischen Kunden und Anwendern sowie der Service-Organisation. Er unterstützt das gegenseitige Verständnis und ermöglich stabile Beziehungen auf allen Ebenen, gestützt auf klare Informationen zu Services und Service-Angebot.

3.2.2.10.2 Grundlagen und Begriffe

Service-Katalog

Die Definition des Begriffs in ITIL® 4 lautet übersetzt:

> *Strukturierte Informationen zu allen Services und Service-Angeboten eines Service Providers, die relevant für eine spezifische Zielgruppe sind.*

Request-Katalog

Die Definition des Begriffs in ITIL® 4 lautet übersetzt:

Eine Sicht auf den Service-Katalog mit Einzelheiten zu Service-Anfragen und neuen Services, der dem Benutzer zur Verfügung gestellt wird.

3.2.2.10.3 Erfolgsfaktoren (Practice success factors, PSF)

Die Struktur und der Scope des Service-Katalogs entsprechen den Anforderungen der Organisation. Die Struktur und der Scope des Service-Katalogs sollen sich an den Businessanforderungen, Produkten und Services der Organisation orientieren und dafür auch Informationen aus der Unternehmensstrategie, zur Architektur und zum Portfolio verarbeiten, um die folgenden Fragen beantworten zu können:

- Welche Zielgruppen sind relevant und welche Anforderungen an die Sichten auf den Service-Katalog haben diese?
- Welche Services und Service-Angebote sollten im Katalog in welchem Detaillierungsgrad mit welchen Attributen enthalten sein?
- Welche Service-bezogenen Informationen werden benötigt und wo sind diese zu finden?
- Wie wird der Service-Katalog veröffentlicht, aktualisiert und der Zugriff kontrolliert?

Beispiel-Metriken für diesen PSF:

- Anteil der Anfragen bezüglich Service-Bereitstellung außerhalb des Service-Katalogs
- Anteil der Anfragen, bei denen manuelle Eingriffe nötig waren

Der Inhalt des Service-Katalogs entspricht den aktuellen und vorhergesehenen Bedürfnissen der Stakeholder. Je höher der Automatisierungsgrad bei der Bereitstellung des Service-Katalogs ist, desto größer ist die Wahrscheinlichkeit, dass dieser jederzeit den Bedürfnissen entspricht.

Dabei ist es wichtig, unterschiedliche Stakeholder-Gruppen zu identifizieren und die Sichten auf den Service-Katalog entsprechend anzupassen. Je nach Zielgruppe können die Darstellung und die Inhalte unterschiedlicher Natur sein. Anwender benötigen andere Informationen als Kundenvertreter. Mitarbeiter in der Buchhaltung vielleicht eine andere Darstellung als technisch versiertes Personal aus der IT.

Beispiel-Metriken für diesen PSF:

- Zufriedenheitsgrad der Stakeholder mit dem Inhalt des Service-Katalogs
- Anzahl der Rückmeldungen über fehlende oder falsche Informationen im Service-Katalog

3.2.2.10.4 Aktivitäten und Prozesse

Im Practice Service Catalogue Management werden zwei Prozesse beschrieben.

1. *Defining and maintaining service catalogue data and standard service catalogue views* (Definieren und Pflegen der Service-Katalog-Daten und Standard-Sichten auf den Service-Katalog).
2. *Providing and maintaining up-to-date service catalogue views to the agreed target audience* (Bereitstellen und Pflegen aktueller Service-Katalog-Sichten für die vereinbarten Zielgruppen).

Defining and maintaining service catalogue data and standard service catalogue views

Tabelle 3.45 Aktivitäten: Defining and maintaining service catalogue data and standard service catalogue views

Prozessaktivität	Kurzbeschreibung
Anforderungen der Stakeholder an den Service-Katalog analysieren	Die Anforderungen der verschiedenen Stakeholder aus der IT und beim Kunden werden ermittelt.
Die Datenstruktur des Service-Katalogs definieren	Abgeleitet aus den Stakeholder-Anforderungen wird eine passende Datenstruktur für den Service-Katalog festgelegt. Sie dient unter anderem als Grundlage für Automatisierung.
Standard-Sichten für wichtige Stakeholder-Gruppen definieren und vereinbaren	Entsprechend der Anforderungen, der Datenstruktur und der Organisationsstruktur werden bedarfsgerechte Sichten für verschiedene Gruppierungen definiert und mit diesen abgestimmt.
Sammeln und pflegen der Service-Katalog-Daten	Nach der Implementierung der Service-Katalog-Struktur werden die benötigten Daten gesammelt und integriert. Anschließend werden die Daten kontinuierlich gepflegt.

Providing and maintaining up-to-date service catalogue views to the agreed target audience

Dieser Prozess beschreibt den operativen Betrieb des Service-Katalogs.

Tabelle 3.46 Aktivitäten: Providing and maintaining up-to-date service catalogue views to the agreed target audience

Prozessaktivität	Kurzbeschreibung
Eine Anfrage für eine Sicht auf den Service-Katalog bearbeiten	Die Sicht auf den Service-Katalog wird den Anwendern entweder automatisch oder durch den Service-Katalog-Manager zur Verfügung gestellt.
Validieren eines Service-Katalog-Requests	Es wird überprüft, ob der Anwender die Berechtigung zum Zugriff auf die angefragten Informationen besitzt. Ist diese vorhanden, wird die Anfrage erfüllt, fehlt die Berechtigung, erhält der Anwender eine entsprechende Information.
Die angefragte Sicht erzeugen und präsentieren	Aus den vorhandenen Daten wird die angefragte Sicht erzeugt und dem Anwender in der vereinbarten Form dargestellt.
Anwender-Feedback einholen und verarbeiten	Rückmeldungen der Anwender zur Qualität des Service-Katalogs werden verarbeitet und bei Bedarf werden Maßnahmen zur Anpassung abgeleitet.

3.2.2.10.5 Weitere Bezüge zu den vier Dimensionen

Informationen und Automatisierung

Die Qualität der Informationen, die als Input verarbeitet werden, ist entscheidend für den Beitrag des Prozesses zum Unternehmenserfolg. Die folgende Liste zeigt eine Auswahl der wichtigsten Informationen, die im Prozess verarbeitet werden.

- Informationen zu Strategie, Portfolio, Architektur und Geschäftsprozessen
- Informationen zur Struktur des Unternehmens und den relevanten Stakeholder-Gruppen
- Informationen zu Preisen, Angeboten und Geschäftsbedingungen
- Informationen zu Prozessen und Verfahren der Service-Bereitstellung
- Informationen zu den Service-Konsumenten
- Informationen zu Gesetzen und anderen Regularien
- Informationen zu verfügbaren Technologien

Je höher der Automatisierungsgrad bei der Bereitstellung des Service-Katalogs und der Verarbeitung von Requests, desto höher ist die Wahrscheinlichkeit, dass Stakeholder die benötigten Views in der gewünschten Qualität zeitgerecht erhalten.

3.2.2.11 Service configuration management

Hinweis

Details zu dieser Praktik waren bei Fertigstellung dieses Buchs noch nicht vollständig verfügbar. Aus diesem Grund weicht die Kapitelstruktur leicht von den anderen Praktiken ab. Die wesentlichen Informationen zum Thema Configuration Management aus der ITIL® 2011 Edition, wie Aktivitäten, Definitionen oder Praxishinweise finden Sie in Abschnitt 4.4.5.

3.2.2.11.1 Kernbotschaft, Scope, Beitrag zur Value Chain

Kernbotschaft Service Configuration Management sorgt dafür, dass korrekte und verlässliche Informationen zur Konfiguration von Services und unterstützenden CIs inklusive deren Beziehungen zur richtigen Zeit am richtigen Ort verfügbar sind.

Scope Der Scope umfasst alle Configuration Items inklusive Services, deren Komponenten, Infrastruktur, Verträge, Dokumentationen und deren Beziehungen untereinander.

Beitrag zur Value Chain Die Service Configuration Management Practice trägt wie alle anderen Practices zu allen Aktivitäten der Service Value Chain (SVC) bei. Besonders ausgeprägt ist der Beitrag zu den beiden Aktivitäten Design & Transition und Erhalten/Erstellen.

Aktivität in der SVC	Beitrag von Service Configuration Management
Design und Transition	Dokumentieren wie IT-Assets zusammenarbeiten, um gemeinsam einen Nutzen in Form von Produkten und Services zu erzeugen.
Erhalten/Erstellen	In der Aktivität Erhalten/Erstellen werden neue CIs erstellt oder verändert. Service Configuration Management verwaltet dieses CIs sowie deren veränderte Beziehungen untereinander.

3.2.2.11.2 Grundlagen und Begriffe

Configuration Item (CI)

Die Definition des Begriffs in ITIL® 4 lautet übersetzt:

Jede Komponente, die gemanagt werden muss, um einen IT-Service bereitzustellen.

Configuration Management System (CMS)

Die Definition des Begriffs in ITIL® 4 lautet übersetzt:

Eine Zusammenstellung von Werkzeugen, Daten und Informationen, die zur Unterstützung des Service Configuration Managements eingesetzt werden.

Bild 3.6 zeigt eine schematische Darstellung eines Configuration Management Systems.

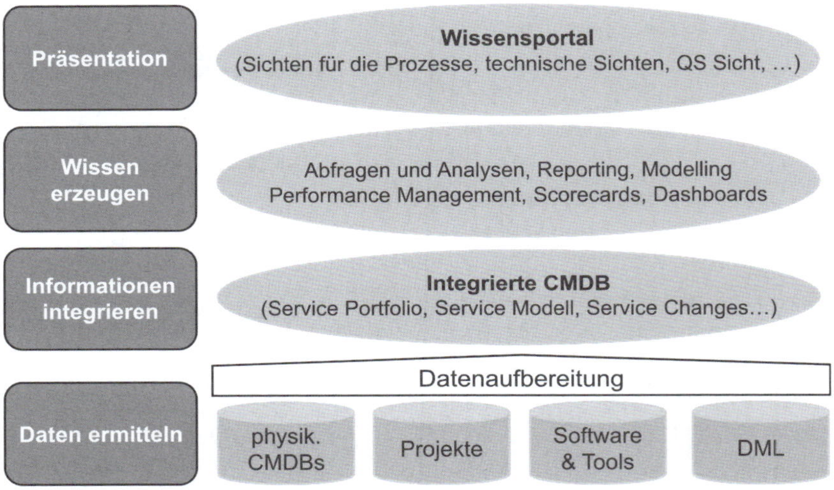

Bild 3.6 Prinzip eines CMS

3.2.2.11.3 Erfolgsfaktoren

Einer der wesentlichen Erfolgsfaktoren für Service Configuration Management ist, dass Informationen zu den Configuration Items und ihrer Beziehungen untereinander sowie zu Produkten und Services aktuell, richtig und zeitgerecht, den Stakeholdern zur Verfügung stehen.

Eine besonders wichtige Rolle für die Aktualität der Daten im CMS spielt eine funktionierende Schnittstelle zum Change Management, denn jede Veränderung an Configuration Items und deren Beziehungen wird dort gesteuert.

In Bild 3.6 ist gut zu erkennen, dass die Daten und Informationen im Service Configuration Management in der Regel über sehr viele Datenquellen verteilt gespeichert sind. Das heißt, die Schnittstellen zwischen den einzelnen Datenquellen sind entscheidend für eine erfolgreiche Darstellung der CIs und ihrer Beziehungen auf der Ebene der Präsentation.

3.2.2.11.4 Aktivitäten und Prozesse

Für das Service Configuration Management sollten Prozesse für die zuverlässige Erfüllung folgender Aufgaben beschrieben werden:

- Neue Configuration Items identifizieren und im CMS dokumentieren
- Aktualisieren der CI-Dokumentation im CMS nach Changes
- Verifizieren, dass die Informationen im CMS mit der Realität übereinstimmen
- Auffinden nicht dokumentierter Komponenten durch entsprechende Audits

In Abschnitt 4.4.5.3 werden einige der Aktivitäten behandelt, die in diesen Prozessen beschrieben und durchgeführt werden sollten

3.2.2.12 Service continuity management

> **Hinweis**
> Weitere Informationen zum Thema Service Continuity Management aus der ITIL® 2011 Edition, wie Aktivitäten, Definitionen oder Praxishinweise finden Sie in Abschnitt 4.3.8.

3.2.2.12.1 Kernbotschaft, Scope, Beitrag zur Value Chain

Kernbotschaft Der Zweck der Service Continuity Management Practice ist, dass im Fall einer Katastrophe alle Services auf dem vereinbarten Niveau der Verfügbarkeit entsprechend der Anforderungen der Kunden und Anwender für festgelegte Ausnahmeszenarien bereitgestellt werden.

Scope Zweck ist die Sicherstellung, dass Verfügbarkeit und Performance der Services im Katastrophenfall auf einem hinreichenden Niveau erhalten bleiben. Das wird erreicht, indem ein Rahmen für den Aufbau organisatorischer Resilienz geschaffen wird. Dieser Rahmen trägt dazu bei, die Interessen und den Ruf relevanter Stakeholder und ihrer Aktivitäten sowie deren Marke zu schützen.

Abgrenzung zum Availability Management Die Aktivitäten und verwendeten Methoden sind in beiden Practices ähnlich. Auch geht es in beiden grundsätzlich um das Thema Verfügbarkeit. Der Unterschied liegt in der Betrachtungsebene. Während sich Availability Management mit der Verfügbarkeit der Services im Regelbetrieb befasst, geht es im Service Continuity Management um die Verfügbarkeit der VBF in Ausnahmesituationen, wie Naturkatastrophen, die einen existenziellen Schaden für das Unternehmen bedeuten.

Beitrag zur Value Chain Die Service Continuity Management Practice trägt zu allen Aktivitäten der Service Value Chain (SVC) in gleichem Maße bei, indem die vitalen Business Funktionen auch nach einem Katastrophenfall aufrechterhalten werden, um wesentliche Geschäftsaktivitäten weiterzuführen. Das gilt auch für alle Aktivitäten der Service Value Chain.

3.2.2.12.2 Grundlagen und Begriffe

Katastrophe (Disaster)

Die Definition des Begriffs in ITIL® 4 gemäß des Business Continuity Institute lautet übersetzt:

Ein plötzliches ungeplantes Ereignis, das einer Organisation großen Schaden oder schweren Verlust zufügt. Sie führt dazu, dass eine Organisation wichtige Geschäftsfunktionen für einen bestimmten Mindestzeitraum nicht zur Verfügung stellen kann.

Vital business function (VBF) (wichtige Geschäftsfunktion)

VBF sind Funktionen oder Services oder der Teil eines Services, der kritisch für das Geschäft der Kunden und Anwender ist. Für das Availability Management spielen diese VBF eine besondere Rolle, weil sich unter anderem aus Kritikalität für das Geschäft die Anforderungen an die Verfügbarkeit ableiten.

Service Continuity

Die Definition des Begriffs in ITIL® 4 lautet übersetzt:

Die Fähigkeit eines Service-Providers nach einer Katastrophe, den Service-Betrieb auf einem akzeptablen, vorab definierten Niveau fortzusetzen.

Business Impact Analyse

Die Business Impact Analyse (BIA) dient dazu, die unternehmenskritischen Geschäftsprozesse und deren Abhängigkeiten von Services zu identifizieren und diese entsprechend ihrer Kritikalität einzuordnen. Laut ISO/IEC 22300 sollte eine BIA folgende Aktivitäten umfassen:

- Für die Lieferung von Produkten und Services direkt relevante Aktivitäten identifizieren
- Die Auswirkungen eines Ausfalls dieser Aktivitäten mit Bezug zur Ausfalldauer ermitteln
- Priorisierte Zeitrahmen zur Wiederherstellung festlegen
- Abhängigkeiten identifizieren und unterstützende Ressourcen bereitstellen

3.2.2.12.3 Erfolgsfaktoren (Practice success factors, PSF)

Service-Continuity-Pläne werden bereitgestellt und gemanagt. In den Service Continuity-Plänen wird die Continuity-Strategie auf die taktische und operative Strategie heruntergebrochen. Pläne stellen sicher, dass jeder Beteiligte und Betroffene weiß, wann etwas zu tun ist und was genau von ihm oder ihr erwartet wird. Neben der Strategie werden in diesen Plänen die Ergebnisse der Business-Impact-Analyse genutzt, um geeignete Maßnahmen zur Risikominderung und zum Betrieb im Katastrophenfall abzuleiten. Wichtig ist, dass diese Pläne regelmäßig überprüft und veränderten Rahmenbedingungen und Anforderungen entsprechend angepasst und kommuniziert werden.

Beispiel-Metrik für diesen PSF:

- Anteil der Produkte und Services, für die ein aktueller Continuity-Plan vorliegt

Risiken für die Service Continuity werden minimiert. Neben der Reaktion auf eingetretene Minderungen der Servicequalität oder Ausfälle ist die Minderung der Risiken für Ausfälle durch einen Katastrophenfall ein zweites wichtiges Betätigungsfeld im Service Continuity

Management. Hier besteht eine enge Schnittstelle zum Risikomanagement, um Risiken zu identifizieren und Mittel zum Umgang mit diesen zu definieren.

Als Grundsatz gilt: Je höher die sofortigen Auswirkungen eines eintretenden Risikos sind, desto mehr Aufwand sollte in vorbeugende Maßnahmen investiert werden. Bei Risiken, bei deren Eintreten der negative Effekt erst mit Verzögerung oder langsam ansteigend eintritt, können reaktive Maßnahmen zur schnellen Wiederherstellung sinnvoller und vor allem wirtschaftlicher sein.

Beispiel-Metrik für diesen PSF:

- Anteil der Services und Produkte, für die risikominimierende Maßnahmen (zum Beispiel Controls) implementiert sind

Bewusstsein und Bereitschaft ist sichergestellt. Damit die Pläne in einem Katastrophenfall von allen sicher ausgeführt werden können und sichergestellt ist, dass die darin definierten Maßnahmen wirksam sind, sollten diese regelmäßig getestet und bei Bedarf angepasst werden. Neben der Überprüfung der Pläne dienen diese Tests auch der praktischen Verinnerlichung der Beiträge jedes Einzelnen zum Erfolg.

Beispiel-Metriken für diesen PSF:

- Dauer seit der letzten Testdurchführung je Service/Produkt/Bereich
- Anteil der planmäßig durchgeführten Test- und Übungsmaßnahmen

3.2.2.12.4 Aktivitäten und Prozesse

In der Practice Continuity Management werden fünf Prozesse beschrieben.

1. *Governance of service continuity management*
2. *Business impact analysis*
3. *Developing and maintaining service continuity plans*
4. *Testing service continuity plans*
5. *Response and recovery*

Governance of service continuity management

Tabelle 3.47 Aktivitäten: Governance of service continuity management

Prozessaktivität	Kurzbeschreibung
Scope definieren	Festlegen des Scopes entsprechend der Vorgaben aus dem BCM, der BIA, bisheriger Erfahrungen, bekannter Risiken und regulatorischer Rahmenbedingungen. Verbreitet sind SWOT- oder PESTLE-Analysen.
Richtlinien festlegen	Inhalte sind der Scope, Rollen und Verantwortlichkeiten, der vorgegebene Ansatz für Service Continuity Management.
Entwickeln von Awareness- und Trainingsprogrammen	Neben den Tests der Funktionalität werden die Beteiligten geschult und auf ihren Beitrag im Katastrophenfall vorbereitet.

Business Impact Analysis

Tabelle 3.48 Aktivitäten: Business impact analysis

Prozessaktivität	Kurzbeschreibung
VBF identifizieren	Identifizieren der unternehmenskritischen Geschäftsprozesse und deren Abhängigkeiten von Services.
Analyse der Konsequenzen bei einer Unterbrechung	Ermitteln, welche Konsequenzen für das Unternehmen folgen, wenn der betrachtete Geschäftsprozess nicht verfügbar ist.
Abhängigkeiten der VBF identifizieren	Ermitteln, welche VBF von welchen Services und Service-Komponenten abhängig sind und bei deren Ausfall beeinträchtigt werden.
Anforderungen an Service Continuity bestimmen	Je Service wird festgelegt, welche Anforderungen der Kontinuität sich aus der BIA je VBF ableiten lassen. Dazu gehören Vorgaben zur Mindestqualität im Katastrophenfall und zur Wiederherstellung.

Developing and maintaining service continuity plans

Tabelle 3.49 Aktivitäten: Developing and maintaining service continuity plans

Prozessaktivität	Kurzbeschreibung
Service-Continuity-Strategie entwickeln	Entsprechend der Erkenntnisse aus den Business Impact Analysen wird eine effiziente und effektive Strategie für Service Continuity Management entwickelt.
Service-Continuity-Pläne ableiten	Aus der Strategie und vorhandenen Richtlinien werden Service-Continuity-Pläne mit konkreten Maßnahmen für den Katastrophenfall erarbeitet.
Pläne initial testen	Nach der Fertigstellung werden die Pläne vor der Veröffentlichung initial getestet.

Testing service continuity plans

Tabelle 3.50 Aktivitäten: Testing service continuity plans

Prozessaktivität	Kurzbeschreibung
Übungen durchführen	Planen und Durchführung regelmäßiger Übungen anhand der veröffentlichten Pläne und Bewertung der Ergebnisse.
Service Continuity Audit	Regelmäßige Audits überprüfen die BIA-Reports, die Continuity-Strategie und die Pläne daraufhin, ob sie den aktuellen Anforderungen und Rahmenbedingungen entsprechen.

Response and recovery

Tabelle 3.51 Aktivitäten: Response and recovery

Prozessaktivität	Kurzbeschreibung
Katastrophenfall feststellen	Trigger für die Maßnahmen aus dem Service Continuity Management ist die Feststellung des Katastrophenfalls. Die Kriterien dafür werden oft im Business Continuity Management festgelegt und dienen als Vorgabe für die Entscheidung.
Service-Continuity-Pläne ausführen	Nach der Feststellung des Katastrophenfalls werden die in den Plänen definierten Aktivitäten durchgeführt. Der grundlegende Ablauf lautet: ▪ Reaktion zur Schadensabwehr ▪ Wiederherstellung gemäß Plan ▪ Rückkehr zum Regelbetrieb

3.2.2.13 Service design

3.2.2.13.1 Kernbotschaft, Scope, Beitrag zur Value Chain

Kernbotschaft Der Zweck ist die Entwicklung von Produkten und Services, die sowohl zweckmäßig als auch einsatzfähig sind und die von der Organisation unter den aktuellen Bedingungen bereitgestellt werden können. Das beinhaltet alle vier Dimensionen des Service Management und die genutzten Practices neue oder geänderte Produkte und Services sowie die Interaktion zwischen Serviceprovider und den Kunden.

Scope Die Practice umfasst alle Tätigkeiten, die notwendig sind, damit neue und veränderte Services den Anforderungen entsprechen und im Unternehmen einsetzbar sind. Dazu gehören die Umsetzung eines generischen Design-Ansatzes und die frühzeitige Integration der richtigen Akteure in den Design-Prozess.

Beitrag zur Value Chain Die Service Design Practice trägt wie alle anderen Practices zu allen Aktivitäten der Service Value Chain (SVC) bei. Besonders ausgeprägt ist der Beitrag zweier Aktivitäten:

Aktivität in der SVC	Beitrag von Service Configuration Management
Design und Transition	Der Zweck des Service Designs ist, die Gestaltung einfach zu nutzender Produkte und Services sicherzustellen, die in der Organisation einsetzbar und gefragt sind.
Erhalten/Erstellen	Service Design identifiziert Produkte, Services und Komponenten, die entwickelt oder beschafft werden müssen.

3.2.2.13.2 Grundlagen und Begriffe

Design Thinking

Design Thinking ist ein inzwischen weit verbreiteter Ansatz, um Innovationen zu erzeugen. Das Vorgehen konzentriert sich auf die Erfahrungen der Beteiligten und auf iteratives Vorgehen bei der Ideenfindung und Umsetzung. Es existieren einige Varianten des Ansatzes, die sich auf spezifische Themen fokussieren. So wird auch immer häufiger der Begriff des Service Design Thinking genutzt, um einen Weg für Service-Innovationen zu beschreiben. Es handelt sich um keine starre Methodik, sondern um eine Sammlung und Orchestrierung von Werkzeugen und Hilfsmitteln. Die wesentlichen Phasen der Variante Service Design Thinking sind:

- Das Problem verstehen
- Zielgruppe analysieren und beobachten
- Gemeinsame Sicht erzeugen
- Ideen finden
- Prototyp entwickeln
- Implementieren/Bereitstellen
- Evaluieren und Testen

Mindestens genauso spannend wie der Prozess sind die Regeln und Prinzipien, die diesem Ansatz zugrunde liegen und das kreative Mindset der Design-Thinking-Teams fördern sollen. Grundsätzlich gelten drei wesentliche Maßstäbe, an denen sich Innovationen messen lassen müssen und die während des kompletten Prozesses im Mittelpunkt stehen.

- Der Mensch: Die Innovation muss von den potenziellen Nutzern erwünscht sein.
- Die Technologie: Die Innovation muss realisierbar sein.
- Die wirtschaftliche Tragfähigkeit der Innovation oder des zugehörigen Geschäftsmodells.

Customer und User Experience

Die Definition der Begriffe in ITIL® 4 lautet übersetzt:

> ***Customer Experience (CX):*** *die Summe der funktionalen und emotionalen Interaktionen mit einem Service und Service-Anbieter, wie sie von einem Kunden wahrgenommen werden*
>
> ***User Experience (UX):*** *die Summe der funktionalen und emotionalen Interaktionen mit einem Service und Service-Anbieter, wie sie von einem Anwender wahrgenommen werden*

3.2.2.13.3 Erfolgsfaktoren (Practice success factors, PSF)

Ein wirksames unternehmensweites Konzept für Service Design ist etabliert und wird gepflegt. Das übergeordnete Konzept sollte aus den Zielen, der Strategie, dem Portfolio an Services, Technologien und Kunden abgeleitet und für das gesamte Unternehmen anwendbar sein. Je nach Bedarf sollte es ermöglichen, verschiedene Modelle entsprechend des Einsatzbereichs abzuleiten. Das Konzept, die Modelle und die Practice selbst sollten kontinuierlich überprüft und bei Bedarf verbessert werden.

Beispiel-Metrik für diesen PSF:

- Zufriedenheitsgrad der Stakeholder mit der Innovationsfähigkeit im Design

Es ist sichergestellt, dass Services über ihren Lebenszyklus ihren Zweck erfüllen und einsatzfähig sind. Da die Aktivitäten für das Design sich je nach zu gestaltendem Objekt stark unterscheiden können, werden spezifische Modelle entwickelt, die den jeweiligen Anforderungen gerecht werden. Wichtig ist, dass die Aktivitäten zielgerichtet und orientiert am übergeordneten Konzept geplant und koordiniert werden sowie relevante Stakeholder informiert und eingebunden werden.

Beispiel-Metrik für diesen PSF:

- Anteil der Services und Produkte, die den Anforderungen an Utility und Warranty entsprechen

3.2.2.13.4 Aktivitäten und Prozesse

In der Practice Availability Management werden zwei Prozesse beschrieben.

1. *Service design planning* (Service Design planen)
2. *Service design coordination* (Service Design koordinieren)

Service design planning

Tabelle 3.52 Aktivitäten: Service design planning

Prozessaktivität	Kurzbeschreibung
Verfügbarkeitsanforderungen identifizieren	Zusammen mit dem Service Level Management werden die konkreten Anforderungen aus Sicht des Business ermittelt und in konkrete Anforderungen an die Verfügbarkeit von Produkten und Services übersetzt.
Anforderungen an die Verfügbarkeit vereinbaren	Die abgeleiteten Anforderungen werden mit den Kunden, der internen Service Organisation und gegebenenfalls mit externen Dienstleistern abgestimmt und vereinbart.
Analysieren der Service/Produktlandschaft und der Anforderungen	Die vorhandene Landschaft wird bewertet und die Rückmeldungen aller relevanten Beteiligten eingeholt. Es wird bewertet, wie sich veränderte Bedingungen oder Anforderungen auf das Service-Design-Konzept auswirken, und entsprechende Anpassungen vorgeschlagen.
Review und Entwicklung des Service Design-Konzepts	Die vorliegenden Bewertungen und Ideen werden bewertet und es wird entschieden, ob der bestehende Ansatz angepasst oder ein neues Konzept entwickelt wird.
Review und Entwicklung der Service-Design-Modelle	Orientiert am neuen oder angepassten Konzept werden die vorhandenen Service Design Modelle ebenfalls angepasst oder neu entwickelt. Das betrifft zum Beispiel Verfahren zum Design, Kontrollen oder Templates für Design Packages oder Kommunikationspläne.
Planen einer Service-Design-Instanz	Festlegen der Methode zur Überwachung des Matchings auf Anforderungen, Zielgruppen und Verarbeiten von Feedback, Planung der Interaktionen, Budgetplanung und -überwachung.
Service-Design-Plan kommunizieren	Neue oder veränderte Service-Design-Pläne, Design Packages, Methoden und Verfahren werden an die relevanten Stakeholder kommuniziert.

Service design coordination

Tabelle 3.53 Aktivitäten: Service design coordination

Prozessaktivität	Kurzbeschreibung
Identifizieren eines passenden Konzepts oder Plans	Je nach Anforderungen, Komplexität, vorhandener Abhängigkeiten zu bestehenden Services und identifizierter Risiken wird ein passendes Modell ausgewählt.
Aktivitäten, Ressourcen und Fähigkeiten planen	Entsprechend des gewählten Modells und der Inhalte des Designs werden die Aktivitäten und Ressourcen im Detail geplant. Die Verantwortung für das Service Design Package und das Management von Risiken wird festgelegt.
Service Design durchführen	Steuern und überwachen der am Design-Prozess beteiligten Teams und Personen sowie das Tracking der Erfüllung von Anforderungen und Sammeln von Feedback.
Service Design Review	Überprüfen, ob alle Anforderungen aus dem Service Design Package erfüllt sind und Dokumentation der Ergebnisse. Lessons learned und bei Bedarf Anstoßen des Service-Design-Planungsprozesses.

3.2.2.13.5 Weitere Bezüge zu den vier Dimensionen

Informationen und Automatisierung

Die Qualität der Informationen, die als Input verarbeitet werden, ist entscheidend für den Beitrag des Prozesses zum Unternehmenserfolg. Die folgende Liste zeigt eine Auswahl der wichtigsten Informationen, die im Prozess verarbeitet werden.

- Informationen zu den Geschäftsprozessen
- Informationen zum Design und zur Architektur von Produkten und Services
- Informationen zu Anwendern und Kunden
- Informationen zu Partnern und Lieferanten
- Informationen zu Gesetzen und anderen Regularien

3.2.2.14 Service desk

Hinweis

Weitere Informationen zum Thema Service Desk aus der ITIL® 2011 Edition, wie Aktivitäten, Definitionen oder Praxishinweise, finden Sie in Abschnitt 4.5.8.1.

3.2.2.14.1 Kernbotschaft, Scope, Beitrag zur Value Chain

Kernbotschaft Der Service Desk ist Single Point of Contact zwischen Anwendern und Service Provider und erfasst Anfragen zur Beseitigung von Incidents oder Bearbeitung von Service Requests.

Scope Die Practice umfasst alle Tätigkeiten, die notwendig sind, geeignete Kommunikationskanäle zwischen Anwendern und Service-Provider zu schaffen und zu betreiben.

Dazu gehören auch die Aufzeichnung und Nachverfolgung der Kommunikation, Kategorisierung und Priorisierung entsprechend der Vorgaben der Incident Management und Request Fulfillment Practices.

Beitrag zur Value Chain Die Service Desk Practice trägt wie alle anderen Practices zu allen Aktivitäten der Service Value Chain (SVC) bei. Besonders ausgeprägt ist der Beitrag zu diesen zwei Aktivitäten

Aktivität in der SVC	Beitrag des Service Desk
Engagement	Der Service Desk ist die wichtigste Verbindung zwischen Anwendern und Service-Organisation.
Bereitstellung und Support	Service Desk koordiniert die Bearbeitung von Incidents und Service Requests.

3.2.2.14.2 Grundlagen und Begriffe

Kommunikationskanäle

Service Desk schafft und pflegt die Kommunikationskanäle zwischen Anwendern und Service Provider. In der Regel werden mehrere verschiedene Kanäle mit dem Ziel angeboten, die Kommunikation gleichzeitig effektiv, effizient und komfortabel zu gestalten. ITIL® beschreibt neben einer guten Integration verschiedene Merkmale, die einen komfortablen Kommunikationskanal ausmachen.

zugänglich (Format, Sprache, ...)	kontextbezogen	verfügbar (Zeit, Ort, Devices)
emphatisch	vertraute Form	benutzerfreundlich

Service-Empathie

Die Definition des Begriffs in ITIL® 4 lautet übersetzt:

> *Die Fähigkeit, Interessen, Bedürfnisse, Absichten und Erfahrungen einer anderen Partei zu erkennen, zu verstehen, vorherzusagen und zu projizieren, um die Servicebeziehung aufzubauen, aufrechtzuerhalten und zu verbessern.*

3.2.2.14.3 Erfolgsfaktoren

Effektive, effiziente und komfortable Kommunikationskanäle sind etabliert und werden kontinuierlich verbessert. Um das sicherzustellen, sollten die angebotenen Support-Kanäle direkt auf die Anforderungen und Bedürfnisse der Anwender ausgerichtet werden. Die können je nach Unternehmensbereich, Region, Sprache und Kultur sehr unterschiedlich sein und sich im Lauf der Zeit wandeln. Je besser die Kommunikation sich kontinuierlich darauf einstellt, desto besser wird die Benutzererfahrung (user experience, UX) sein.

Kommunikation besteht immer aus mehreren Phasen: senden, empfangen, bestätigen, verstehen. Wer kommuniziert, sollte sicherstellen, alle Phasen zu betrachten.

Beispiel-Metrik für diesen PSF:

- Zufriedenheit der Anwender mit der Erreichbarkeit/Freundlichkeit/Kompetenz

Die Kommunikation mit Anwendern ist effektiv in die Value Streams integriert. Egal an welcher Stelle Kommunikation zwischen Service-Provider stattfindet, spielt die Service Desk Practice eine wichtige Rolle. Wenn Kommunikation vom Service Provider ausgeht, dann wird das aus einem Value Stream heraus initiiert, der diese Practice für die Kommunikation einbezieht. Geht die Kommunikation vom Anwender aus, ist es die Aufgabe des Service Desk, festzustellen, welche Value Streams getriggert werden sollten, um das Anliegen des Anwenders effektiv, effizient und komfortabel zu bedienen.

Beispiel-Metriken für diesen PSF:

- Anteil falsch zugeordneter/kategorisierter Anwenderanfragen an den Service Desk
- Qualität der Informationen für die Value Streams in Bezug auf deren Anforderungen

3.2.2.14.4 Aktivitäten und Prozesse

In der Practice Service Desk werden drei Prozesse beschrieben.

1. *User query handling* (Anwenderanfragen bearbeiten)
2. *Communication to users* (mit Anwendern kommunizieren)
3. *Service desk optimization* (Service Desk optimieren)

User query handling

Tabelle 3.54 Aktivitäten: User query handling

Prozessaktivität	Kurzbeschreibung
Anfrage bestätigen und dokumentieren	Der Eingang der Anfrage wird dem Anwender je nach Kanal entweder durch den Service Desk oder automatisch bestätigt und aufgezeichnet.
Anfrage validieren	Prüfen, ob anfragende Anwender berechtigt zur Anfrage sind (zum Beispiel Bestellungen) und ob die Anfrage in sich valide ist (manuell oder automatisch).
Anfrage einordnen und entsprechende Aktivitäten triggern	Die Einordnung erfolgt je nach Dringlichkeit, Inhalt und dem zu erwartenden Nutzen aus der Bearbeitung.

Communicating to users

Tabelle 3.55 Aktivitäten: Communicating to users

Prozessaktivität	Kurzbeschreibung
Zielgruppe identifizieren und bestätigen	Je nach Art der Kommunikation (eingehend oder ausgehend) wird die richtige Zielgruppe ausgewählt.
Kommunikationskanal identifizieren und bestätigen	Für eingehende Kommunikation wählen die Anwender den für sie komfortabelsten Kanal, für ausgehende Kommunikation wird der passendste Kanal ausgewählt.
Informationen aufbereiten	Die Information wird so aufbereitet, dass die Zielgruppe sie verstehen und verarbeiten kann. Regeln und Templates können dabei helfen.
Informationen senden	Die Information wird nach den Kommunikationsregeln an die Zielgruppe gesendet und bestätigt.
Bestätigungen und Feedback sammeln und verarbeiten	Die Bestätigungen der Kommunikation werden dokumentiert und eingegangenes Feedback zur weiteren Verarbeitung weitergeleitet oder zur kontinuierlichen Verbesserung der Kommunikation genutzt.

Service desk optimization

Tabelle 3.56 Aktivitäten: Service desk optimization

Prozessaktivität	Kurzbeschreibung
Service Desk Review	Regelmäßige Reviews der Aktivitäten im Service Desk helfen, Verbesserungspotenzial zu identifizieren.
Verbesserungen initiieren	Ideen zur Verbesserung werden bewertet und die resultierenden Initiativen dokumentiert und mit Bezug zur Continual Improvement Practice initiiert.
Verbesserungen kommunizieren	Nach der Umsetzung der Verbesserungen, werden die Veränderungen an die relevanten Stakeholder kommuniziert.

3.2.2.14.5 Weitere Bezüge zu den vier Dimensionen

Informationen und Automatisierung

Die Qualität der Informationen, die als Input verarbeitet werden, ist entscheidend für den Beitrag des Prozesses zum Unternehmenserfolg. Die folgende Liste zeigt eine Auswahl der wichtigsten Informationen, die im Prozess verarbeitet werden.

- Informationen zu Produkten und Services
- Information zum Service-Katalog und zur Wissensdatenbank
- Informationen zu Partnern und Lieferanten sowie deren Services
- Informationen zu Stakeholdern und deren Zufriedenheitsgrad mit dem Service Desk
- Informationen zu geplanten Changes
- Informationen zu Gesetzen und anderen Regularien für die Servicebereitstellung
- Informationen zu verfügbaren Technologien und Services für Monitoring und Reporting

Automatisierung spielt im Service Desk Management eine zentrale Rolle. Tools unterstützen bei der Kommunikation, im Workflow der Bearbeitung, bei der (automatischen) Beantwortung von Anfragen. Dabei kommt eine breite Palette an Werkzeugen zum Einsatz: Ticket Tools, Selfservice Portale, Chat Bots und intelligente Knowledge-Management-Systeme sind nur einige Beispiele dafür.

3.2.2.15 Service level management

Hinweis
Weitere Informationen zum Thema Service Level Management aus der ITIL® 2011 Edition, wie Aktivitäten, Definitionen oder Praxishinweise, finden Sie in Abschnitt 4.3.4.

3.2.2.15.1 Kernbotschaft, Scope, Beitrag zur Value Chain

Kernbotschaft Service Level Management setzt eindeutige, geschäftsbezogene Ziele für Service Levels und stellt sicher, dass Services entsprechend dieser Ziele bewertet, überwacht und gesteuert werden.

Scope Die Practice umfasst alle Tätigkeiten zur Kommunikation bezüglich erwarteter, vereinbarter und tatsächlicher Service-Qualität, die Vereinbarung und Pflege von Service Level Agreements und die Überwachung von deren Einhaltung bei der Service-Erbringung und entsprechendes Reporting.

Beitrag zur Value Chain Die Availability Management Practice trägt wie alle anderen Practices zu allen Aktivitäten der Service Value Chain (SVC) bei. Besonders ausgeprägt ist der Beitrag zur Aktivität der Planung. Availability Management leistet einen wichtigen Beitrag zur Planung aller Produkte und Services, indem wichtige Anforderungen und Vorgaben bezüglich der Verfügbarkeit bereitgestellt werden.

3.2.2.15.2 Grundlagen und Begriffe

Service Level

Die Definition des Begriffs in ITIL® 4 lautet übersetzt:

Eine oder mehrere Metriken, die die erwartete und erreichte Service-Qualität festlegen.

Service-Qualität

Die Definition des Begriffs in ITIL® 4 lautet übersetzt:

Die Summe der Merkmale eines Service, die für seine Fähigkeit, genannte und implizierte Bedürfnisse zu befriedigen, relevant sind.

Service Level Agreement

Die Definition des Begriffs in ITIL® 4 lautet übersetzt:

Eine dokumentierte Vereinbarung zwischen einem Service-Anbieter und einem Kunden, die sowohl die benötigten Services als auch das erwartete Service-Niveau festlegt.

3.2.2.15.3 Erfolgsfaktoren (Practice success factors, PSF)

Es existiert eine gemeinsame Sicht mit dem Kunden auf die angestrebten Service Level. Eine gemeinsame Sicht aller Beteiligten hilft dabei, die Anforderungen und Erwartungen der Kunden besser zu verstehen und Servicevereinbarungen zu treffen, die zur Zufriedenheit der relevanten Stakeholder beitragen. Stakeholder sind dabei sowohl Kunden, Anwender und Sponsoren auf der Konsumentenseite als auch die Teams zur Servicebereitstellung auf der Erbringungsseite.

Beispiel-Metrik für diesen PSF:

- Anteil der SLA, bei denen die Wahrnehmung der Anwender und Kunden vom faktischen Erfüllungsgrad abweicht

Es wird überwacht, wie die Einhaltung der festgelegten Service Level mithilfe von Messung, Analyse und Reporting unterstützt wird. Die gelieferten Services sollten aus drei verschiedenen Perspektiven betrachtet und überwacht werden. Die erste Perspektive ist die Sachperspektive, in der betrachtet wird, wie der tatsächlich erreichte Service Level im Vergleich zu den vereinbarten SLA ist. Die zweite Perspektive ist die Kundenperspektive und misst dessen Zufriedenheit mit dem Service (*Achtung: Service Level erfüllt, heißt nicht automatisch, dass der Kunde zufrieden ist!*). Die dritte Perspektive ist aus meiner Sicht die wichtigste und misst die Zufriedenheit der Anwender mit dem Service und dem Erlebnis der Service-Inanspruchnahme.

Beispiel-Metriken für diesen PSF:

- Anteil der SLA, deren Erreichungsgrad nicht regelmäßig gemessen wird
- Anteil der SLA, für die automatische Reports oder Dashboards erzeugt werden

Es erfolgen regelmäßige Service Reviews, um sicherzustellen, dass die aktuellen Services anhaltend die Anforderungen der Kunden erfüllen. Für eine gleichbleibende Servicequalität müssen die getroffenen Vereinbarungen kontinuierlich überprüft und bei Bedarf angepasst werden. In Service Reviews wird überprüft, ob die aktuell vereinbarten Services noch den Anforderungen entsprechen und ob sie vereinbarungsgemäß geliefert werden. Identifizierte Mängel oder Handlungsbedarf werden dokumentiert und bei Bedarf werden Maßnahmen initiiert. Services Reviews betrachten neben der Sachebene auch die Wahrnehmung durch Kunden und Anwender.

Beispiel-Metrik für diesen PSF:

- Anteil der Services, bei denen im letzten Quartal ein Review Meeting stattgefunden hat

Verbesserungsmöglichkeiten und der Erfüllungsgrad der Service Levels, sowie die Zufriedenheit relevanter Stakeholder werden gemessen und berichtet. Die Ergebnisse aus regelmäßigen Messungen der Servicequalität, Service Reviews und täglicher Kommunikation werden konsequent genutzt, den Prozess und die Vereinbarungen an sich kontinuierlich zu verbessern, um so die Anforderungen und Bedürfnisse der Stakeholder immer besser zu erfüllen.

Beispiel-Metriken für diesen PSF:

- Anteil der Services, für die im letzten Jahr Verbesserungspotenzial identifiziert wurde

3.2.2.15.4 Aktivitäten und Prozesse

In der Practice Service Level Management werden zwei Prozesse beschrieben.

1. *Management of SLAs* (Steuerung der Service-Verfügbarkeit)
2. *Oversight of service levels and service quality* (Verfügbarkeit analysieren und verbessern)

Management of SLAs

Tabelle 3.57 Aktivitäten: Management of SLAs

Prozessaktivität	Kurzbeschreibung
Kundenanforderungen definieren	Erfassen der Anforderungen basierend auf den Geschäftsanforderungen der Kunden.
Umsetzbarkeit analysieren	Ermitteln, ob die benötigten Fähigkeiten und Ressourcen vorhanden sind oder beschafft werden können.
SLA entwerfen	Ein Draft des SLA wird als Grundlage für die Vertragsverhandlungen mit dem Kunden erstellt.
SLA verhandeln	Kunde und Service Provider diskutieren die Inhalte und Konditionen, schaffen eine gemeinsame Sicht und verständigen sich bei Bedarf auf nötige Anpassungen.
SLA kommunizieren und aktivieren	Nach der Einigung auf einen SLA werden beim Service Provider die notwendigen Changes initiiert und der neue oder veränderte Service nach der Bereitstellung an die Kunden und Anwender kommuniziert.
SLA Review	Regelmäßige Reviews stellen sicher, dass der vereinbarte Service dauerhaft die Erwartungen der Kunden erfüllt.
SLA verlängern	Nach Beendigung der vereinbarten Laufzeit wird der SLA bei Bedarf verlängert. Das erfolgt manuell oder automatisch und kann Anpassungen des SLA beinhalten, wenn dies so vereinbart wurde.
SLA beenden	Wird die Beendigung vereinbart, führt der Service-Provider die notwendigen Changes durch und beendet die Servicebereitstellung und Überwachung.

Oversight of service levels and service quality

In diesem Prozess geht es um Monitoring und Review der Service Levels und der Service-Qualität.

Tabelle 3.58 Aktivitäten: Oversight of service levels and service quality

Prozessaktivität	Kurzbeschreibung
Kunden- und Anwenderzufriedenheitsumfrage	Anhand von Umfragen, Interviews, Diskussionen wird regelmäßig ermittelt, wie zufrieden Kunden und Anwender mit der Service-Qualität sind und wie diese sich entwickelt.
Monitoring der Service-Qualität	Die tatsächliche Service-Qualität wird laufend gemessen und in Bezug zu den vereinbarten Service Levels aus den SLA gestellt.
Service Review	Service Reviews betrachten die Service-Qualität auf allen Ebenen und liefern wichtige Hinweise zur Verbesserung.
Service-Qualität berichten	Die Ergebnisse aus den vorherigen Aktivitäten werden für die Stakeholder verständlich aufbereitet und in Reports oder Dashboards bereitgestellt.

3.2.2.15.5 Weitere Bezüge zu den vier Dimensionen

Rollen und Verantwortung: Der Service Owner

Diese Rolle spielt in serviceorientiert arbeitenden Unternehmen eine immer größere Rolle. Er ist ergebnisverantwortlich für einen spezifischen Service und trifft in Abstimmung mit anderen Verantwortlichen in den relevanten Value Streams alle Entscheidungen bezüglich Entwicklung, Bereitstellung und Support.

Informationen und Automatisierung

Die Qualität der Informationen, die als Input verarbeitet werden, ist entscheidend für den Beitrag des Prozesses zum Unternehmenserfolg. Die folgende Liste zeigt eine Auswahl der wichtigsten Informationen, die im Prozess verarbeitet werden.

- Informationen zu Kunden und Anwendern
- Informationen zu Architektur und Design von Produkten und Services
- Informationen zu Services von Partnern und Lieferanten und deren SLAs
- Informationen zu Gesetzen und anderen relevanten Regularien und Vorgaben
- Aktuelle Informationen zum laufenden Service-Betrieb
- Informationen zum Status laufender Verbesserungsinitiativen

3.2.2.16 Service request management

> **Hinweis**
>
> Der Prozess Request Fulfillment aus den vorherigen ITIL®-Versionen entspricht im Wesentlichen dieser Practice. Weitere Informationen zum Thema Request Fulfillment aus der ITIL® 2011 Edition, wie Aktivitäten, Definitionen oder Praxishinweise finden Sie in Abschnitt 4.5.5.

3.2.2.16.1 Kernbotschaft, Scope, Beitrag zur Value Chain

Kernbotschaft Der Zweck der Service Request Management Practice besteht darin, die vereinbarte Qualität eines Service zu gewährleisten, indem alle vordefinierten, nutzerinitiierten Service-Anfragen effektiv und anwenderfreundlich bearbeitet werden.

Scope Die Practice umfasst alle Tätigkeiten, die notwendig sind, um Service Requests der Anwender zu verarbeiten. Dazu gehören neben der Bearbeitung der Requests das Management von Request Models, das Monitoring der Lieferung und regelmäßige Reviews der Abläufe.

Beitrag zur Value Chain Die Service Request Management Practice trägt wie alle anderen Practices zu allen Aktivitäten der Service Value Chain (SVC) bei. Besonders ausgeprägt ist der Beitrag bei diesen beiden Aktivitäten.

Aktivität in der SVC	Beitrag des Service Request Management
Engagement	Service Request Management kommuniziert mit Anwendern bezüglich Anforderungen, Anfragen und Status-Updates.
Bereitstellung und Support	Operative Bereitstellung von vereinbarten Service-Leistungen und Erfüllen weiterer Anfragen wie Fragen oder Beschwerden.

3.2.2.16.2 Grundlagen und Begriffe

Service Request

Die Definition des Begriffs in ITIL® 4 lautet übersetzt:

> *Eine Anfrage eines Benutzers oder eines bevollmächtigten Vertreters nach einer Service-Aktion, die als normaler Teil der Service-Bereitstellung vereinbart wurde.*

Service Request Model

Die Definition des Begriffs in ITIL® 4 lautet übersetzt:

> *Ein wiederholbarer, vordefinierter Ablauf für die Erfüllung eines bestimmten Typs von Service-Anfragen.*

3.2.2.16.3 Erfolgsfaktoren

Die Verfahren für die Erfüllung von Service Requests sind für alle Services optimiert. Die Request-Modelle und Verfahren müssen kontinuierlich überprüft und aktuellen Anforderungen und Rahmenbedingungen angepasst werden, damit jederzeit ein effektiver und effizienter Ablauf der Bearbeitung gewährleistet ist. Dafür müssen diese durch zugeordnete Verantwortliche zuverlässig identifiziert, dokumentiert und getestet werden. Ein wichtiger Teil ist die Gestaltung der Darstellung für die Anwender und der einfachen, aber sicheren Abrufbarkeit.

Beispiel-Metriken für diesen PSF:

- Anteil der Service Requests, für die kein passendes Request Model vorhanden war
- Durchschnittliche Zeit für die Erfüllung eines Request je Request Model

Alle Service Requests werden entsprechend der vereinbarten Verfahren und zur Zufriedenheit der Anwender bearbeitet. Während der Durchführung sollen Requests auf die planmäßige Durchführung hin beobachtet werden und bei Bedarf konkrete Veränderungen in der Durchführung oder den Verfahren vorgenommen werden. Nach der Durchführung kann ein Review dabei helfen, Schwachstellen und Abweichungen von den vereinbarten Request-Modellen zu identifizieren.

Beispiel-Metriken für diesen PSF:

- Zufriedenheitsgrad der Anwender mit der Erfüllung ihrer Requests
- Anteil der Requests, die nicht nach den vorhandenen Verfahren erfüllt werden konnten.

3.2.2.16.4 Aktivitäten und Prozesse

In der Practice Service Request Management werden zwei Prozesse beschrieben.

1. *Service request fulfilment control* (die Bearbeitung von Service Requests überwachen)
2. *Service request review and optimization* (Service Requests überprüfen und optimieren)

Service request fulfilment control

Tabelle 3.59 Aktivitäten: Service request fulfilment control

Prozessaktivität	Kurzbeschreibung
Kategorisierung der Requests	Der Request wird kategorisiert und das passende Request-Modell zur Erfüllung der Anfrage ausgewählt.
Request-Modell initiieren und überwachen	Das gewählte Modell wird initiiert und der entsprechende Workflow mit den definierten Arbeitsschritten und Freigaben gestartet.
Ad-hoc-Bearbeitung überwachen	Es kann Situationen geben, in denen geänderte Bedingungen dafür sorgen, dass die definierten Modelle nicht zum Erfolg führen. In diesem Fall sind Ad-hoc-Aktivitäten außerhalb des definierten Modells nötig, um das Ziel zu erreichen. Diese Aktivität sollte eine Ausnahme sein und so behandelt werden.
Überprüfen der Durchführung	Es wird überprüft, ob der Request erfolgreich gemäß Modell durchgeführt wurde und ob der Anwender zufrieden mit dem Ergebnis ist.

Service request review and optimization

Tabelle 3.60 Aktivitäten: Service request review and optimization

Prozessaktivität	Kurzbeschreibung
Service Request Aufzeichnungen und Reports analysieren	Die durchgeführten Requests und definierten Kennzahlen werden bewertet und daraus Ideen für die Gestaltung neuer Modelle oder die Optimierung der Abläufe abgeleitet.
Verbesserung der Service-Request-Modelle initiieren	Unter Einbeziehung der Continual Improvement Practice werden identifizierte Verbesserungen für die Modelle initiiert.
Aktualisierung der Service-Request-Modelle kommunizieren	Veränderte Modelle werden an die relevanten Stakeholder kommuniziert.

3.2.2.16.5 Weitere Bezüge zu den vier Dimensionen

Informationen und Automatisierung

Die Qualität der Informationen, die als Input verarbeitet werden, ist entscheidend für den Beitrag des Prozesses zum Unternehmenserfolg. Die folgende Liste zeigt eine Auswahl der wichtigsten Informationen, die im Prozess verarbeitet werden.

- Informationen zu Kunden und Anwendern
- Informationen zu Services, Service-Katalog und Request-Modellen
- Informationen zu Services von Partnern und Lieferanten
- Informationen zu Gesetzen und anderen relevanten Regularien

Die Erfüllung der Service Requests sollte, wann immer möglich automatisiert werden. Zu den relevanten Werkzeugen gehören neben Shopsystemen zum Zugriff auf den Service-Katalog auch automatische Softwareverteilung oder Tools für die automatisierte Konfiguration der Infrastruktur.

3.2.2.17 Service validation and testing

> **Hinweis**
> Weitere Informationen zum Thema Service Validation und Testing Management aus der ITIL® 2011 Edition, wie Aktivitäten, Definitionen oder Praxishinweise finden Sie in Abschnitt 4.4.7.

3.2.2.17.1 Kernbotschaft, Scope, Beitrag zur Value Chain

Kernbotschaft Der Zweck der Practice ist, dass neue oder geänderte Produkte und Services vorab definierten Anforderungen entsprechen.

Scope Der Scope ist die Definition sinnvoller Akzeptanzkriterien für neue oder veränderte Produkte und Services, sowie die Planung und planmäßige Durchführung der entsprechenden Textmaßnahmen.

Beitrag zur Value Chain Die Service validation and testing Practice trägt wie alle anderen Practices zu allen Aktivitäten der Service Value Chain (SVC) bei. Besonders ausgeprägt ist der Beitrag zu diesen zwei Aktivitäten:

Aktivität in der SVC	Beitrag von Service Validation and Testing
Design und Transition	Alle Aktivitäten des Service Designs nutzen die Aktivitäten des Service validation and testing, um Produkte und Services entsprechend der Anforderungen zu liefern.
Erhalten/Erstellen	Bei der Beschaffung von Produkten und Services stellen die Aktivitäten des Service validation and testing sicher, dass die relevanten Anforderungen erfüllt werden.

3.2.2.17.2 Grundlagen und Begriffe

Service-Validierung

Festlegen von Abnahmekriterien für neue Produkte und Services, die erfüllt werden müssen, bevor die Produktivstellung oder ein anderer Phasenwechsel (Entwicklungsumgebung > Testumgebung > Integrationsumgebung > Produktivumgebung) erfolgen kann. Kriterien werden in der Regel aus zwei verschiedenen Perspektiven definiert:

- Lieferung des erwarteten Nutzens (Utility)
- Zuverlässige Lieferung gemäß Spezifikationen (Warranty)

Testing

Dieser Teil der Practice beinhaltet die Definition und Umsetzung einer übergeordneten Teststrategie. Daraus abgeleitet werden explizite Teststrategien für einzelne Produkte und Services zur Planung der Testaktivitäten gemäß der Anforderungen (Abnahmekriterien). Die Testdurchführung erfolgt ebenfalls in den genannten zwei Perspektiven. Zum Testen der Utility dienen zum Beispiel Komponententests, Systemtests oder Integrationstests bezogen auf die Funktionalität. Zum Testen der Warranty dienen zum Beispiel Performance-Tests oder Security-Tests.

3.2.2.17.3 Erfolgsfaktoren

Ein übergeordnetes Konzept regelt Tests von Services, Produkten und Komponenten entsprechend der Anforderungen der Organisation an Geschwindigkeit und Qualität von Service-Changes. Das übergeordnete Konzept legt im Rahmen der Teststrategie fest, wie Tests in der Organisation durchgeführt werden, wie Anforderungen in Abnahmekriterien übersetzt werden und in welchen Perspektiven Tests durchgeführt werden (System, Integration, Akzeptanz, ...)

Beispiel-Metrik für diesen PSF:

- Anteil der Veränderungen im Unternehmen, die entsprechend des Konzepts implementiert werden

Neue oder geänderte Komponenten, Produkte und Services entsprechen vereinbarten Kriterien. Um sicherzustellen, dass Veränderungen in unterschiedlichen Projekten und Konstellationen erfolgreich sind, müssen die Teststrategien an die jeweiligen Gegebenheiten angepasst werden. Kriterien sind die Abdeckung durch Tests, Erfüllung der Anforderungen, Alignment zu anderen Verfahren, erwartete Qualität und Risikominimierung. Eine typische Teststrategie beinhaltet unter anderem die folgenden Themen:

- Organisation des Testablaufs
- Planung und Überwachung der Testdurchführung
- Welche Testphasen und -zyklen werden festgelegt
- Vorbereitung und Durchführung der Tests
- Ergebnisse evaluieren und Reporting

Beispiel-Metrik für diesen PSF:

- Anteil der Produkte/Services/Komponenten, die den definierten Anforderungen entsprechen

3.2.2.17.4 Aktivitäten und Prozesse

In der Practice Service Validation and Testing werden drei Prozesse beschrieben.

1. *Testing approach and models management* (Testkonzept und Management der Modelle)
2. *Service validation* (Service-Validierung)
3. *Performing a test* (Testdurchführung)

Testing approach and models management

Tabelle 3.61 Aktivitäten: Testing approach and models management

Prozessaktivität	Kurzbeschreibung
Teststrategie entwickeln und überprüfen	Die Strategie legt fest, wie Tests umgesetzt und Services, Produkte und Komponenten validiert werden. Sie wird regelmäßig überprüft.
Teststandards entwickeln und überprüfen	Festlegen der Standards für die Durchführung der verschiedenen Testtypen unter verschiedenen Bedingungen.
Testmodelle festlegen und überprüfen	Festlegen konkreter, wiederholbarer Testmodelle als Template für die Durchführung der vereinbarten Tests.

Service validation

Tabelle 3.62 Aktivitäten: Service validation

Prozessaktivität	Kurzbeschreibung
Akzeptanzkriterien dokumentieren	Abgeleitet aus den Vorgaben der Service Design Practice werden die Anforderungen in konkrete Akzeptanzkriterien für die Überführung in die Produktion festgelegt.
Akzeptanzkriterien verifizieren	Die festgelegten Kriterien werden mit den relevanten Stakeholdern abgestimmt, bei Bedarf korrigiert und bestätigt.

Performing a test

Tabelle 3.63 Aktivitäten: Performing a test

Prozessaktivität	Kurzbeschreibung
Test planen und vorbereiten	Planen des Testaufbaus und der Testdurchführung entsprechend der festgelegten Akzeptanzkriterien.
Test durchführen	Testen gemäß der festgelegten Modelle.
Erfüllung der Kriterien prüfen und berichten	Die Erfüllung der definierten Kriterien wird dokumentiert und in Test-Reports aufbereitet.
Test abschließen	Review der Ergebnisse und formale Freigabe des Testabschlusses.

3.2.2.17.5 Weitere Bezüge zu den vier Dimensionen

Informationen und Automatisierung

Die Qualität der Informationen, die als Input verarbeitet werden, ist entscheidend für den Beitrag des Prozesses zum Unternehmenserfolg. Die folgende Liste zeigt eine Auswahl der wichtigsten Informationen, die im Prozess verarbeitet werden.

- Informationen zum übergeordneten Testkonzept und zu Teststrategien
- Informationen zu Testmodellen, Plänen und Standards
- Informationen zu Services von Partnern und Lieferanten
- Informationen zu vergangenen Tests, Ergebnissen und Reports

3.2.3 Technische Praktiken im Kurzüberblick

3.2.3.1 Deployment Management

3.2.3.1.1 Kernbotschaft, Beitrag zur Value Chain

Kernbotschaft Der Zweck der Deployment Management Practice ist, neue oder geänderte physikalische IT-Komponenten wie Hardware, Software, Dokumentationen, Prozesse und andere Komponenten in die Betriebsumgebung zu überführen oder daraus zu entfernen.

Beitrag zur Value Chain Die Deployment Management Practice trägt wie alle anderen Practices zu allen Aktivitäten der Service Value Chain (SVC) bei. Besonders ausgeprägt ist der Beitrag zu den Aktivitäten *Design und Transition* sowie *Erhalten/Erstellen*. Für *Design und Transition* werden Komponenten in die Life-Umgebung überführt und für *Erhalten/Erstellen* werden besonders iterative Vorgehensweisen unterstützt, indem eine automatische kontinuierliche Verteilung und Integration (CD/CI) unterstützt wird.

3.2.3.1.2 Aktivitäten und Prozesse

In der Practice Deployment Management werden zwei Prozesse beschrieben.

Deployment (Bereitstellung)

Dieser Prozess steuert die Bereitstellung der Komponenten und umfasst die folgenden Aktivitäten:

- Deployment planen
- Service-Komponenten verifizieren
- Zielumgebungen verifizieren
- Deployment durchführen
- Deployment verifizieren

Deployment models development and review (Deployment-Modelle entwickeln und überprüfen)

Dieser Prozess regelt die Entwicklung und kontinuierliche Verbesserung der Deployment-Modelle und -Verfahren sowie der Practice selbst. Er umfasst diese Aktivitäten:

- Deployment-Modelle planen
- Deployment-Modelle implementieren
- Deployment-Modelle testen
- Deployments überprüfen und analysieren
- Verbesserung der Deployment-Modelle initiieren
- Deployment-Modelle aktualisieren und kommunizieren

3.2.3.2 Infrastructure and platform management

3.2.3.2.1 Kernbotschaft, Beitrag zur Value Chain

Kernbotschaft Der Zweck der Infrastructure and Platform Management Practice ist es, die im Unternehmen genutzte Infrastruktur und Plattformen zu überblicken und zu überwachen. Dazu werden intern betriebene wie extern beschaffte Technologielösungen durch aktives Monitoring überwacht und gesteuert.

Beitrag zur Value Chain Die Deployment Management Practice trägt wie alle anderen Practices zu allen Aktivitäten der Service Value Chain (SVC) bei. Besonders ausgeprägt ist der Beitrag zu den Aktivitäten *Design und Transition* sowie *Erhalten/Erstellen*. Für *Design und Transition* werden Informationen zu den Möglichkeiten und Einschränkungen der Infrastruktur und der eingesetzten Technologien bereitgestellt. Für *Erhalten/Erstellen* werden die benötigten Informationen zum Betrieb der eingesetzten Technologiekomponenten geliefert.

3.2.3.2.2 Grundlagen und Begriffe

Zuverlässigkeit (Reliability)

Die Definition des Begriffs in ITIL® 4 lautet übersetzt:

> *Die Fähigkeit eines Produkts, Services oder sonstigen Configuration Items, die vorgesehene Funktion für eine festgelegte Zeit oder eine Anzahl von Durchläufen auszuführen.*

Wartbarkeit (Maintainability)

Die Definition des Begriffs in ITIL® 4 lautet übersetzt:

> *Die Einfachheit, mit der ein Service oder eine andere Entität repariert oder verändert werden kann.*

3.2.3.2.3 Aktivitäten und Prozesse

In der Practice Infrastructure and Platform Management werden drei Prozesse beschrieben.

Technology planning (Technologieplanung)

Dieser Prozess stellt sicher, dass es ein übergreifendes Konzept für das Management von Technologie und eine Roadmap für die Entwicklung der Infrastruktur gibt. Er umfasst die folgenden Aktivitäten:

- Unternehmensstrategie und Architektur analysieren
- Konzept für Infrastruktur- und Plattform-Management entwickeln und vereinbaren
- Konzept für Infrastruktur- und Plattform-Management überprüfen

Product development (Produktentwicklung)

Dieser Prozess trägt dazu bei, dass entwickelte Lösungen den Anforderungen der Organisation entsprechen. Es werden direkt die Aktivitäten in den entsprechenden Value Streams unterstützt. Der Prozess beschreibt die folgenden Aktivitäten:

- Grundlegendes Lösungsdesign entwickeln
- Detailliertes Lösungsdesign entwickeln
- Komponenten beschaffen/entwickeln/konfigurieren
- Lösung beschaffen/erstellen/konfigurieren
- Validierung und Testing unterstützen
- Bereitstellung und Freigabe unterstützen
- Lösungsentwicklung und Implementierung überprüfen

Technology operations (Technologiebetrieb)

Dieser Prozess beschreibt Aktivitäten für Wartung (Regelbetrieb) und Support (Ausnahmebehandlung) nach der Implementierung in die Betriebsumgebung. Er umfasst diese Aktivitäten:

- Warteschlangen von Anfragen und Ereignissen handhaben
- Geplante Aufgaben durchführen
- Systeme patchen und aktualisieren

3.2.3.3 Software development and management

3.2.3.3.1 Kernbotschaft, Beitrag zur Value Chain

Kernbotschaft Der Zweck der Software Development and Management Practice ist es, sicherzustellen, dass Applikationen den Anforderungen der internen und externen Stakeholder bezüglich Funktion, Zuverlässigkeit, Wartbarkeit, Compliance und Revisionsfähigkeit entsprechen.

Beitrag zur Value Chain Die Deployment Management Practice trägt wie alle anderen Practices zu allen Aktivitäten der Service Value Chain (SVC) bei. Besonders ausgeprägt ist der Beitrag zur Aktivität *Erhalten/Erstellen*, indem sie Unterstützung für die Entwicklung interner Produkte und bei der Konfiguration extern beschaffter Produkte liefert.

3.2.3.3.2 Aktivitäten

Die eingesetzten Methoden und Modelle für die Entwicklung von Software unterscheiden sich je nach Unternehmenstyp, Größe und Kultur im Unternehmen. Sie haben sich über viele Jahre entwickelt und reichen vom klassischen Wasserfallmodell über das V-Modell (Abschnitt 4.4.7) bis hin zu iterativen und inkrementellen Modellen aus der agilen Welt. In dieser Practice werden keine einzelnen Prozesse entsprechend dieser Modelle beschrieben, denn das passiert in ausreichendem Maß innerhalb dieser Modelle. Stattdessen werden einfach eine Reihe von Aktivitäten in dieser Practice beschrieben.

- Produktplanung und Priorisierung
- Software Design
- Neuen Code produzieren
- Code Review
- Umgang mit Fehlern
- Umgang mit dem Überarbeitungs-Backlog (technical debt)
- Code überarbeiten
- Forschung (Recherche) und Entwicklung
- Regelmeetings und Verbesserungsaktivitäten
- Automatisierung des Software-Betriebs und der Wartung
- Entwicklungsumgebungen managen
- Versionskontrolle

3.3 Vier Dimensionen des Service Managements

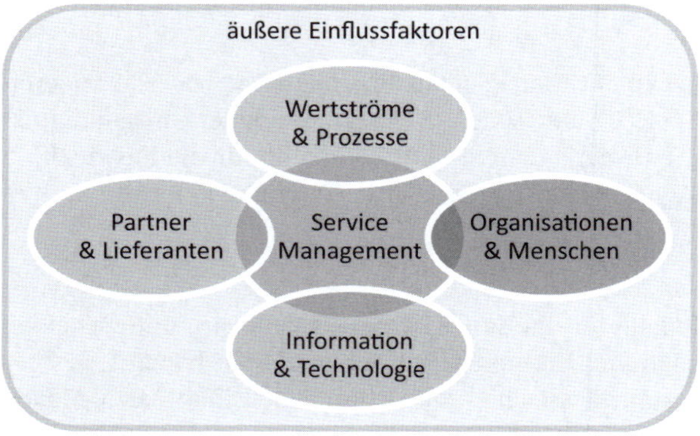

Bild 3.7
Vier Dimensionen des Service Managements

3.3.1 Organisationen und Menschen (organizations and people)

Die Menschen in einer Organisation und die Art und Weise, auf die sie gemeinsam Ergebnisse erzielen, sind die unverzichtbare Grundlage für jedes erfolgreiche Service Management. Der Umgang mit Menschen und Organisationsformen gewinnt nicht zuletzt durch die digitale Transformation und die Veränderungen in der Gestaltung der Zusammenarbeit immer mehr an Bedeutung für jedes Unternehmen.

Besonders agile, iterative Arbeitsweisen stellen seit vielen Jahrzehnten gewachsene Strukturen und Hierarchien in Frage. Statt Vorgaben von „oben“ und Gehorsam der Menschen als „zusätzliche Hände“ der Chefs, die alles vordenken, werden Menschen in agilen Strukturen zu „zusätzlichen Köpfen“. Sie übernehmen Verantwortung für Ergebnisse, treffen für das Unternehmen wichtige Entscheidungen und organisieren ihre Arbeit selbst, so wie es für die zu erreichenden Ergebnisse am besten erscheint.

Was die Menschen betrifft, werden in dieser Dimension alle beteiligten und betroffenen Akteure betrachtet. Der Fokus liegt neben internen und externen Mitarbeitern auch und vor allem auf den Kunden (Value co-creation) sowie auf Partnern und Lieferanten.

In dieser Dimension geht es neben Wissen und Fähigkeiten vor allem um weiche Faktoren, wie persönliches Verhalten, Werte, Kultur der Zusammenarbeit und gegenseitige Wertschätzung. Für die Führungskräfte bedeutet das alles eine neue Herausforderung. Sie werden sich von Managern zu Leadern entwickeln müssen, wenn sie zukünftig im Unternehmen und in den Teams noch einen wertvollen Beitrag leisten wollen.

In der Organisation bedeutet das, starre Muster und Strukturen aufzubrechen und sich vor allen Dingen von jahrelang geprägten Abteilungsstrukturen (Silos) zu einer service- und ergebnisorientierten Zusammenarbeit zu entwickeln, die sich von Fall zu Fall durchaus verändern darf. Horizontale Netzwerke zwischen den Mitarbeitern im Unternehmen und über das Unternehmen hinaus werden erfolgreiche Unternehmen in Zukunft prägen.

Diese Dimension betrachtet Rollen und Verantwortlichkeiten, Organisation und Struktur, Werte und Kultur und Führung sowie die Mitarbeiter und ihre Kompetenzen auf allen Ebenen.

3.3.2 Informationen und Technologie (information and technology)

Daten und Informationen haben für den Erfolg jedes Unternehmens eine entscheidende Bedeutung erlangt. Das liegt nicht zuletzt daran, dass die technologischen Fähigkeiten, große Datenmengen zu erfassen, zu bewerten und Schlüsse daraus zu ziehen, seit einigen Jahren riesige Entwicklungen erleben. Es ist kein Zufall, dass immer wieder auch vom „Gold des 21. Jahrhunderts" die Rede ist.

Bei dem Betrieb der Services geht es in der Betrachtung der Informationsperspektive vor allem um die Beantwortung von drei Fragen:

- Welche Informationen werden in den Services verarbeitet?
- Welche weiteren Informationen und welches Wissen werden benötigt, um Services zu betreiben?
- Wie können Informationen vor unberechtigtem Zugriff, Verlust oder Manipulation geschützt werden?

Neben den Informationen an sich spielt auch die Art des Informationsaustausches zwischen Menschen, Services und Komponenten eine wichtige Rolle. Wie kann die Informationsarchitektur gestaltet werde, sodass relevante Informationen zuverlässig, exakt und zeitgerecht übertragen werden.

Bei der Betrachtung dieser Dimension spielen in ITIL® 4 besonders neue Technologien und deren Management sowie die Art ihrer Bereitstellung (zum Beispiel Cloud-Services) und deren Einfluss auf das Service Management eine wichtige Rolle. Grundsätzlich werden zwei Kategorien von Technologien unterschieden. Die erste Kategorie sind Technologien zur Unterstützung des Service Managements, wie zum Beispiel:

- Service-Management-Systeme
- Workflow Management
- Monitoring-Tools
- Wissensmanagement

Die zweite Kategorie sind Technologien, die Teil der erbrachten Services sind oder diese direkt unterstützen, wie zum Beispiel

- Applikationen
- Physikalische und virtuelle Infrastruktur und Netzwerke
- Neue Technologien wie Cloud Services, Block Chain usw.

3.3.3 Partner und Lieferanten (partners and suppliers)

Diese Perspektive betrachtet die Beziehungen zu externen Partnern und Lieferanten, die einen direkten oder indirekten Beitrag zu den Produkten und Services leisten. Es geht darum,

Risiken zu kennen und zu adressieren, gemeinsame Ziele für die Service-Erbringung und den Beitrag es jeweiligen Partners oder Lieferanten zu definieren und die Zusammenarbeit zu organisieren. Auch kulturelle Aspekte der Zusammenarbeit sind hier von Bedeutung, weil große kulturelle Unterschiede die Qualität der Zusammenarbeit beeinträchtigen, wenn nicht geklärt ist, wie mit diesen Unterschieden umgegangen wird.

Die Betrachtung der Zusammenarbeit sollte in allen Phasen der Service Value Chain betrachtet werden, je nach der Rolle, die ein Partner oder Lieferant im Design, der Entwicklung, der Transition oder dem Betrieb spielt. Vor allem ist zu klären, wer für welche Aktivitäten und Ergebnisse verantwortlich ist.

Unternehmen sollten sich bewusst Gedanken über eine Sourcing-Strategie machen, die von den strategischen Zielen der Organisation und vom Umfeld, in dem man sich bewegt, abhängt. Das Spektrum reicht vom weitgehenden Verzicht auf externe Partner, um die vorhandenen eigenen Ressourcen optimal zu nutzen oder um Compliance-Vorgaben zu erfüllen, bis zum gezielten Einsatz externer Ressourcen überall dort, wo nicht der Kernfokus des eigenen Unternehmens liegt. Diese Richtungsentscheidung kann von vielen relevanten Faktoren abhängen. Zu diesen Faktoren gehören:

- Vorgaben aus der Unternehmensstrategie und kulturelle Aspekte
- Ressourcenverfügbarkeit und Betrachtung der Kosten
- Verfügbarkeit des notwendigen Wissens und der Fähigkeiten
- Vorgaben durch Gesetze oder andere Regularien

3.3.4 Wertströme und Prozesse (value streams and processes)

Value Streams oder Wertströme sind eine Neuerung in der Betrachtung seit ITIL® 4. Wertströme beschreiben eine Reihe von Aktivitäten, die zu der Erzeugung und Bereitstellung von Services und Produkten beitragen. Wertströme kombinieren die Aktivitäten der Wertschöpfungskette (Service Value Chain), um ein spezifisches Ergebnis für einen Service-Konsumenten zu erreichen. Wertströme werden grundsätzlich für jedes Produkt und für jeden Service definiert. Bild 3.8 zeigt die Zusammenhänge zwischen Value Chain, Praktiken, Menschen und Value Streams.

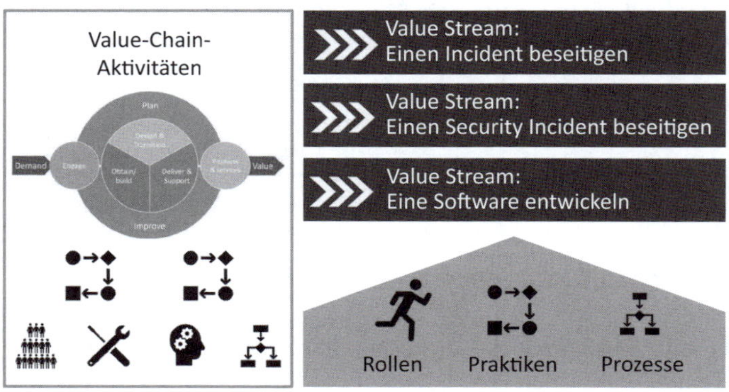

Bild 3.8 Value Streams

Prozesse

Die Bedeutung von Prozessen beschreibe ich in Abschnitt 1.2. Sie sind Bestandteile der Value Streams und organisieren die Aktivitäten der Organisation. Die Definition eines Prozesses in ITIL® 4 lautet übersetzt

Ein Set von zusammenhängenden oder interagierenden Aktivitäten, die Inputs in Outputs verwandeln. Ein Prozess nimmt einen oder mehrere definierte Inputs und wandelt sie in definierte Outputs um. Prozesse definieren die Abfolge von Aktionen und deren Abhängigkeiten.

3.3.5 Äußere Einflussfaktoren

Die Erbringung von Services passiert nicht in einem isolierten System, sondern ist permanent verschiedenen Einflüssen von außen ausgesetzt. Service-Organisationen müssen darauf reagieren können, um erfolgreich die Bedürfnisse ihrer Kunden zu erfüllen. In einer sich immer schneller wandelnden Welt verändern sich diese externen Einflüsse mit zunehmender Geschwindigkeit, sodass Service-Organisationen sich in einem sehr beweglichen Umfeld bewegen. Dieses Umfeld wird auch als VUCA-Welt bezeichnet. Der Begriff steht für *Volatilität* (V-Volatility), die *Ungewissheit* (U-Uncertainity), die *Komplexität* (C-Complexity) und die *Mehrdeutigkeit* (A-Ambiguity).

3.4 Service Value System

Das Service Value System bildet zusammen mit den vier Dimensionen des Service Management den neuen Ordnungsrahmen der Literatur und ersetzt damit den Service Lifecycle, der mit der ITIL®-Version 3 eingeführt wurde. Bild 3.9 zeigt das Service Value System (SVS) im Überblick.

Das Service Value System beschreibt, wie alle Komponenten und Aktivitäten des Service Management als System zusammenarbeiten, um den Kunden Service und Produkte zu liefern, deren Nutzen ihren Erwartungen entspricht und sie dabei unterstützt, sich bietende Chancen zu nutzen.

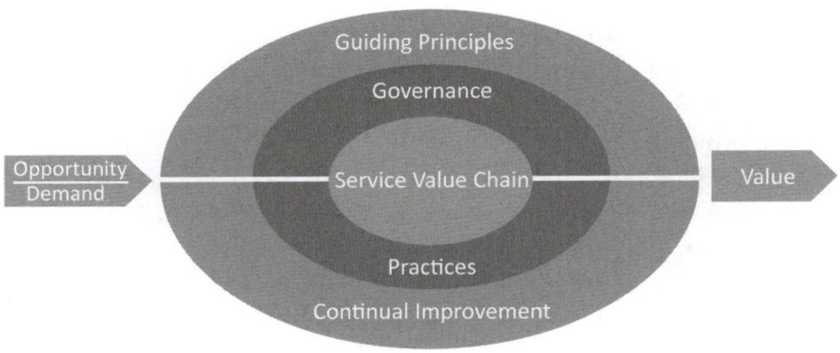

Bild 3.9 Service Value System

3.4.1 Sieben ITIL®-Grundprinzipien (guiding principles)

Wie in vielen anderen Frameworks und Methoden, wie zum Beispiel DevOps und COBIT®, werden auch in ITIL® 4 Prinzipien definiert, die eine grundlegende Richtung der Planung und Zusammenarbeit liefern sollen. Sie bilden Leitplanken für Entscheidungen und helfen dabei, im Detail nicht die gemeinsame Richtung aus den Augen zu verlieren. Sie dienen ebenfalls der effektiven Zusammenarbeit aller Beteiligten und sorgen bei konsequenter Beachtung für mehr Effizienz in der Wertschöpfung.

3.4.1.1 Focus on Value

Halten Sie den Fokus immer auf dem Nutzen für die Service-Konsumenten. Jede Aktivität sollte direkt oder indirekt dazu beitragen, Nutzen für die Kunden und Anwender zu erzeugen. Nutzen Sie dieses Prinzip im Zweifel zur Priorisierung. Trägt die aktuelle Aktivität zum Nutzen für den Kunden bei? Tut sie es nicht, sollte sie in Frage gestellt werden. Zum Nutzen für den Kunden gehören übrigens nicht nur harte Faktoren wie die Erfüllung von Vereinbarungen, sondern ebenso die sogenannten weichen Faktoren, wie die Wahrnehmung des Kunden oder die Nutzererfahrungen (UX/CX).

3.4.1.2 Start where you are

Beginnen Sie, wo Sie heute stehen, und nutzen Sie alle vorhandenen Ressourcen, Erfahrungen und bisherigen Ergebnisse bei der Gestaltung von Veränderungen. Es gibt selten grüne Wiesen und Vorhandenes ist oft sehr nützlich. Wenn Sie Ihre Arbeitsweise verändern und neue Prinzipien und Methoden zum Einsatz kommen sollen, betrachten Sie zunächst möglichst objektiv alles Vorhandene. Was funktioniert heute schon richtig gut? Was ist noch brauchbar und was muss tatsächlich erneuert werden? Gestalten Sie Ihr Veränderungsprojekt entsprechend der Antworten auf diese Fragen.

3.4.1.3 Progress iteratively with feedback

Arbeiten Sie in überschaubaren Iterationen und verarbeiten Sie Feedback der Teams und Nutzer regelmäßig, um daraus die nächste Iteration abzuleiten. So erhalten Kunden schnell ein nützliches Ergebnis und werden von Beginn an in die Entwicklung und Verbesserung der Produkte und Services einbezogen (Value Co-creation).

3.4.1.4 Collaborate and promote visibility

Arbeiten Sie über möglicherweise bestehende Silogrenzen hinweg zusammen und binden Sie die Beteiligten von Beginn an ein. Versuchen Sie auch, Betroffene zu Beteiligten zu machen. Das erhöht die Erfolgschancen für jedes Vorhaben drastisch. Nutzen Sie Ihr Netzwerk innerhalb und außerhalb Ihres Unternehmens und finden Sie heraus, mit wem eine Zusammenarbeit nützlich sein könnte. Sorgen Sie für bessere Beziehungen durch Transparenz in allen Entscheidungen und Planungen. Sprechen Sie über Erfolge und nutzen Sie diese als Antrieb für die weiteren Aktivitäten.

3.4.1.5 Think and work holistically

Denken und arbeiten Sie ganzheitlich. Kein Fachbereich, Service oder Prozess steht für sich allein. Betrachten Sie alle Aktivitäten im Service Management als Ganzes und nutzen Sie die Verbindungen, um bessere Ergebnisse für Ihre Kunden zu erzeugen. Suchen Sie nach Mustern in den Anforderungen und Interaktionen und nutzen Sie diese Muster, um Ihre Aktivitäten und Prozesse gezielt zu verbessern.

3.4.1.6 Keep it simple and practical

Gestalten Sie Aktivitäten, Prozesse und Value Streams so einfach wie sinnvoll möglich. Eliminieren Sie alles ohne nützlichen Output. Versuchen Sie immer, den kürzesten und einfachsten Weg zum Ziel zu finden und zu nutzen, es sei denn, es sprechen wirklich wichtige Gründe dagegen (zum Beispiel Compliance). Aber hinterfragen Sie auch diese Faktoren. Oft ändern sich unbemerkt die Rahmenbedingungen.

3.4.1.7 Optimize and automate

Optimieren Sie alle Abläufe so gut es geht und automatisieren Sie **danach**, wo immer es sinnvoll möglich ist. Nutzen Sie bei der Optimierung und Automatisierung vorhandene Ressourcen, aber haben Sie auch Innovationen im Blick, die Ihnen in Ihren Abläufen nutzen könnten. Ein einfaches Beispiel sind Chatbots im Support, die heute dank KI so gut funktionieren, dass sie echten Nutzen erzeugen können.

3.4.2 Service Value Chain

Die Service Value Chain ist das Grundmodell für die Definition der einzelnen Value Streams, die den Nutzen bei den Kunden und Anwendern erzeugen

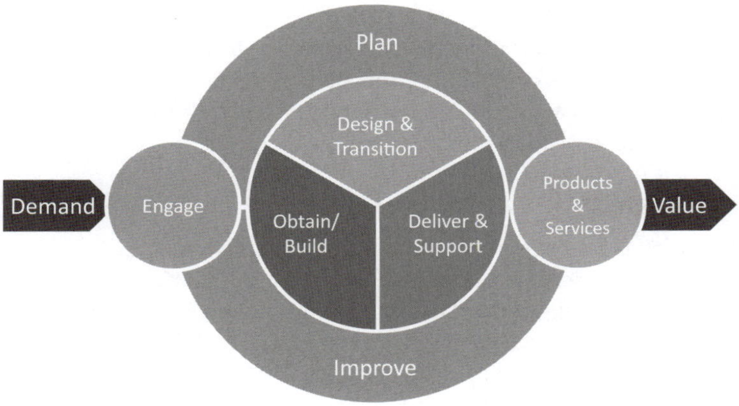

Bild 3.10 Service Value Chain

3.4.2.1 Aktivitäten in der Value Chain

Planung (Plan)

Bei dieser Aktivität geht es darum, ein gemeinsames Verständnis aller Beteiligten für die Vision, den aktuellen Status der Organisation und die grundlegende Richtung für die weitere Entwicklung zu schaffen. Im Rahmen dieser Aktivität werden Pläne für die Organisation auf allen Ebenen (strategisch, taktisch, operativ) entwickelt und deren Umsetzung initiiert. Weitere wichtige Faktoren sind Entscheidungen bezüglich der Portfoliogestaltung, Architekturen und der Zusammenarbeit mit externen Partnern.

Verbesserung (Improve)

Kontinuierliche Verbesserung ist gleich an drei Stellen thematisiert, um der herausragenden Rolle gerecht zu werden. Continual Improvement ist übergeordnet als Komponente des SVS beschrieben, zusätzlich ist es eine Aktivität in Value Chain und damit in den einzelnen Value Streams und im Baukasten der Practices ist es ebenfalls als eigenständige Practice beschrieben. Thema ist an allen drei Stellen die kontinuierliche Verbesserung von Produkten, Services und Praktiken.

Die Aktivität in der Value Chain sorgt dafür, dass alle Aktivitäten in derselben mit passenden Initiativen zur Verbesserung optimiert werden. Dazu gehören die Betrachtung der Performance, Potenzial abzuleiten, Statustracking für alle Aktivitäten zur Verbesserung und die Gestaltung relevanter Verträge.

Engagement (Engage)

Wie schon in Kapitel 2 angesprochen, nenne ich diese Aktivität gerne etwas salopp „single point of contact deluxe“. Denn wie die klassische Sicht auf den Single Point of Contact geht es um Interaktionen. Während es bisher meist um Interaktionen zwischen Service-Organisation und Anwendern ging, geht es hier um Interaktionen mit allen Stakeholdern außerhalb der Value Chain. Ziel sind ein besseres Verständnis der Bedürfnisse, Transparenz, kontinuierliches gemeinsames Handeln und gute Beziehungen zu allen Stakeholdern.

Inhaltlich geht es darum, Bedürfnisse der Anwender und Chancen zu erkennen, Anforderungen für das Produkt- und Service Design abzuleiten, konkrete Projekte und Changes für die Entwicklung und Beschaffung zu initiieren, operativen Support zu leisten und kontinuierlich Feedback zu verarbeiten.

Design und Transition

Design und Transition verarbeitet die Bedürfnisse und Anforderungen der Kunden und anderer Stakeholder und transferiert sie in konkrete Vorgaben für die Aktivität *Erhalten/Erstellen*. Ziel ist, dass alle Produkte und Services, die in die Betriebsumgebung überführt werden, den Erwartungen und Anforderungen der Stakeholder an Qualität, Kosten und Time-to-Market entsprechen. Das gilt sowohl für die Produkte an sich als auch für die Projekte und Verfahren zu deren Transition in den Betrieb und die Übergabe an die Aktivität *Bereitstellung & Support*.

Design und Transition verarbeitet also Anforderungen und Bedürfnisse, die von Engage erfasst werden, entwickelt Spezifikationen für Produkte und Services, die diesen Anforderungen entsprechen, anforderungsgerecht in den Betrieb überführt und dort effizient und effektiv betrieben werden können.

Erhalten/Erstellen (Obtain/Build)

Erhalten/Erstellen stellt sicher, dass alle Service-Komponenten in der benötigten Qualität und Quantität verfügbar sind, wenn sie benötigt werden. Dabei spielt es keine Rolle, ob diese Komponenten intern entwickelt oder extern beschafft werden oder eine Mischung aus beidem sind.

Als Ergebnis liefert *Erhalten/Erstellen* den vereinbarten Spezifikationen entsprechende Service-Komponenten für *Design und Transition* sowie *Erhalten/Erstellen*. Gleichermaßen werden aktuelle Informationen für alle Aktivitäten der Value Chain und Anforderungen an Verträge und Vereinbarungen bereitgestellt.

Bereitstellung und Support (Deliver and Support)

In der Aktivität *Bereitstellung und Support* geht es um den operativen Betrieb der Services. Es geht also darum, dass alle Produkte und Services, die in den anderen Aktivitäten der Value Chain identifiziert, entwickelt, ausgerollt und verbessert wurden, für die Anwender bereitstehen und auch in der Praxis den Bedürfnissen und Anforderungen aller Stakeholder entsprechen.

Bild 3.11 zeigt eine Skizze des Durchlaufs einer Anforderung durch die Service Value Chain. Zur Vereinfachung der Darstellung ohne die Aktivitäten *Planung* und *Verbesserung*.

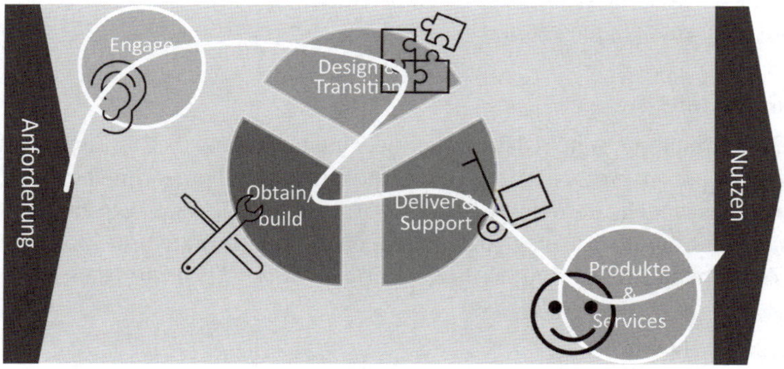

Bild 3.11 Vereinfachter SVC-Durchlauf

3.4.3 Continual Improvement

Im Bereich *Kontinuierliche Verbesserung des Service Value Systems* wird im Wesentlichen das Continual Improvement Model beschrieben, wie es bereits aus den vorherigen ITIL®-Versionen bekannt ist. Als kleine, aber aus meiner Sicht wichtige Änderung wurde es um einen Schritt erweitert, in dem es darum geht, Aktivitäten aus den Erkenntnissen abzuleiten. Nur so können Veränderungen tatsächlich Wirkung erzielen. Das Continual Improvement Model werde ich hier in Kurzform noch einmal vorstellen (eine schematische Darstellung zeigt Bild 3.2 in Abschnitt 3.2.1.2.3). Weitere Informationen rund um das Continual Improvement finden Sie in Abschnitt 4.2.

Was ist die Vision?

Wenn man etwas kontinuierlich verbessern möchte, dann ist eine Grundvoraussetzung dafür, dass man sich im Klaren darüber ist, was eigentlich eine Verbesserung wäre. Dazu ist es notwendig, die übergeordnete Richtung zu kennen. Im Unternehmenskontext bedeutet das, sich mit der Vision auseinanderzusetzen, die Ziele zu kennen und die Strategie, mit der die Vision Realität werden soll, zu verstehen.

Wenn auf diese Weise der Kontext für geplante Verbesserungen gesetzt wurde, werden eine Vision und Ziele für das konkrete Verbesserungsvorhaben festgelegt und Metriken definiert, mit denen später der Erfolg der Maßnahme gemessen werden kann.

Wo stehen wir gerade?

Um später einen konkreten Weg zu einem Ziel beschreiben zu können, also Maßnahmen abzuleiten, ist es zunächst wichtig zu wissen, wo die eigene Organisation zum jetzigen Zeitpunkt steht. Denn wenn ich meinen Standpunkt nicht kenne, dann kenne ich auch nicht die Richtung meines Wegs, selbst wenn ich den Standort des Ziels kenne. (Ich weiß genau, wo Frankfurt liegt, aber wenn ich im Spessart im Wald stehe und nicht weiß, wo ich bin, dann weiß ich auch nicht, wohin ich laufen muss, um nach Frankfurt zu kommen.)

Im Wald erfolgen solche Standortbestimmungen mit Kompass, Karte und Sonne oder sie werden mit dem GPS durchgeführt. Im Business werden dafür Assessments in mehr oder weniger formeller Art von extern durchgeführten Reifegrad-Assessments bis hin zu informellen Selbsteinschätzungen genutzt.

Wo wollen wir hin?

Ist der Standort bestimmt, geht es darum, das Ziel für den nächsten Schritt der bevorstehenden Iteration zur Verbesserung zu bestimmen. Orientiert an den übergeordneten Zielen aus dem ersten Schritt des Modells werden spezifischere Teilziele abgeleitet, Erfolgsfaktoren definiert und vor allen Kennzahlen festgelegt, um erkennen zu können, wann diese Ziele erreicht sind. Mehr zur Zielformulierung und zur Kette *Ziel > Erfolgsfaktor > Kennzahl* lesen Sie in Kapitel 5.

Wie erreichen wir das?

Dieser Schritt befasst sich mit der konkreten Planung der Aktivitäten, um schnell, sicher und wirtschaftlich vom aktuellen Status in einen neuen, angestrebten Status zu gelangen. Das kann eine einfache Checkliste sein, aber auch eine vollständige Projektplanung, je nach Komplexität der bevorstehenden Aufgabe.

Los geht's! (Maßnahmen ergreifen)

Wie der Name schon sagt, wird der Plan nun in die Tat umgesetzt. Ob klassische Methoden Anwendung finden oder ein iteratives Vorgehen den Vorzug erhält, hängt von der Planung und der Art des Vorhabens sowie den Rahmenbedingungen ab.

Ziel erreicht?

Abschließend geht es darum, festzustellen, ob das gesetzte Ziel erreicht wurde und ob sich die Initiative noch auf dem richtigen Weg befindet, zur eingangs festgelegten Vision beizutragen.

Die Daten zu den definierten Kennzahlen werden erfasst, aggregiert und aufbereitet sowie mit den vorab festgelegten Zielwerten verglichen. Über die Kette *Ziel>Erfolgsfaktor>Kennzahl* können im besten Fall konkrete Maßnahmen zur weiteren Verbesserung abgeleitet werden, sollte das gesteckte Ziel noch nicht erreicht sein.

3.4.4 Die Komponenten des SVS im Zusammenspiel

Zum Abschluss dieses Kapitels habe ich die einzelnen Komponenten des Service Value Systems und die vier Dimensionen in einer schematischen Darstellung zusammengeführt, um die Zusammenhänge zu verdeutlichen. Nutzen Sie diesen Überblick, wenn Sie in den einzelnen Abschnitten lesen, um jederzeit den Blick auf den Kontext des Service Value Systems herzustellen.

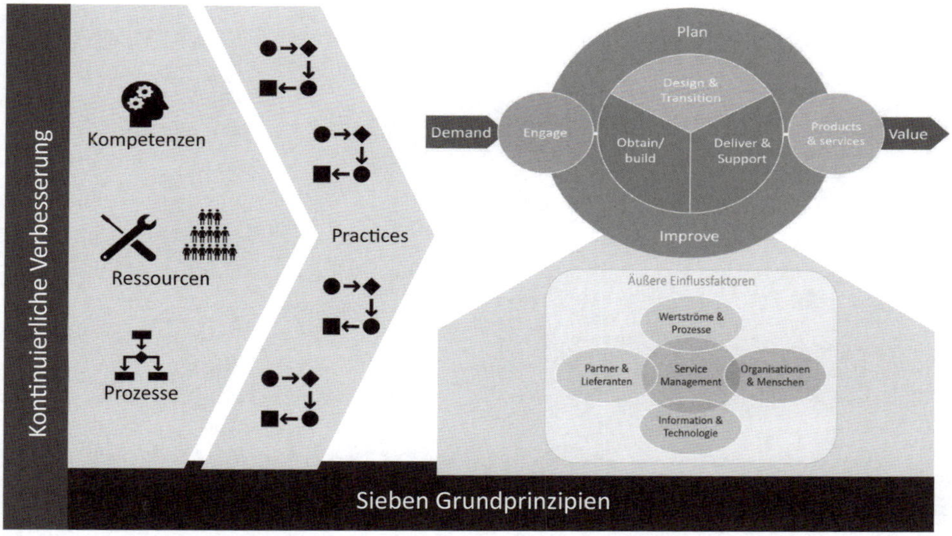

Bild 3.12 SVS-Zusammenhänge

4 ITIL® Edition 2011

4.1 Service Strategy

Das Buch *Service Strategy* [Service Strategy, 2011] richtet sich vor allem an die Geschäftsführung und das Management. Bevor die eigentliche Gestaltung der IT-Services beginnt, muss sich die Geschäftsführung fragen, warum die Services auf eine bestimmte Weise gestaltet werden sollen. IT-Service-Management wird hier als strategisches Werkzeug betrachtet und soll eine Anleitung für die Gestaltung und die Implementierung der Services und der ITSM-Prozesse bieten. Strategische Risiken sollen erkannt und bei der Gestaltung berücksichtigt werden. Zu diesem Zweck beschreibt dieses Buch die Beziehungen zwischen Services, Systemen und Prozessen sowie den angestrebten Geschäftsmodellen, Strategien und Zielen.

Ein wichtiger Aspekt ist die Betrachtung von Organisationsstrukturen und die Berücksichtigung der Frage, wer die Services liefert. In den Ur-Versionen der ITIL®-Literatur (vor der Version drei) wurde nicht zwischen verschiedenen Providertypen unterschieden, weil man davon ausging, dass diese Differenzierung für die Gestaltung der Services eine untergeordnete Rolle spielt. Es zeigte sich jedoch, dass diese Verallgemeinerung immer wieder Fragen offen ließ und die Umsetzung erschwerte. Die ITIL® Edition 2011 unterscheidet drei grundlegende Providertypen:

- Internal Service Provider (Type 1)
  - Fokus auf das eigene Unternehmen
  - Direkter Einfluss auf das Hauptgeschäft des Unternehmens, daher unter direkter Kontrolle der Geschäftsleitung
  - Liefert die kompletten IT-Services (bei Bedarf mit Hilfe eines Partnernetzwerks)
- Shared Services Unit (Type 2)
  - Liefert Services an unterschiedliche Geschäftsbereiche und arbeitet als eigenständige Funktion
  - Vergleichbar mit Funktionen wie z. B. Finanzen, HR, Logistik, die nicht das Hauptgeschäft des Unternehmens wahrnehmen, daher oftmals eigenständig als Organisationseinheit operierend
- External Service Provider (Type 3)
  - Externe Dienstleister liefern die IT-Services gemäß den getroffenen Servicevereinbarungen

Aufgaben und Zielsetzung

Um strategische Ziele zu erreichen, ist ein entsprechendes strategisches Handeln notwendig. Das Buch *Service Strategy* soll die folgenden Fragen beantworten und so zur Ausrichtung und Aufstellung der IT-Organisation beitragen:

- Welche Services sollen wem angeboten werden?
- Wie unterscheiden wir uns vom Wettbewerb?
- Wie erzeugen wir echten Nutzen für unsere Kunden?
- Wie definieren wir Servicequalität?
- Wie finden wir den richtigen Weg zur Serviceoptimierung?
- Wie gestalten wir die Services wirtschaftlich?

Ziel der Beantwortung dieser Fragen ist, das IT-Service-Management zu einem strategischen Asset zu entwickeln und so das langfristige Bestehen und Wachstum durch die Fähigkeit des strategischen Denkens und Handelns zu sichern. Unter einem strategischen Asset versteht man in diesem Kontext die Fähigkeit des IT-Service-Managements, die strategischen Ziele des Unternehmens bei der Gestaltung der IT-Services und der Managementprozesse zu berücksichtigen und somit direkt zur Erreichung der Unternehmensziele beizutragen.

4.1.1 Begriffe und Grundlagen

Bevor ich Ihnen die Aktivitäten und Prozesse erläutere, gehe ich in diesem Abschnitt auf für das Verständnis wichtige Begriffe und grundlegende Konzepte ein, die in den späteren Ausführungen Verwendung finden. Sollten Ihnen die grundlegenden Begriffe bereits geläufig sein, spricht nichts dagegen, diesen Abschnitt zu überspringen.

Nutzen und Gewähr (Utility & Warranty)

Der Wert eines Services setzt sich immer aus zwei Komponenten zusammen:

- *Utility* (Nutzen) beschreibt den vom Kunden wahrgenommenen positiven Effekt der Services auf die Geschäftsprozesse. Hierbei gelten auch beseitigte Hindernisse und Grenzen wie z. B. die eingeschränkte Funktionalität eines Geschäftsprozesses aufgrund fehlender IT-Unterstützung als Nutzen. Kurz gesagt: Utility (Nutzen) ist das, was der Kunde durch diesen Service bekommt.
- *Warranty* (Gewähr) stellt sicher, dass die positiven Effekte des Services genau dann verfügbar und ausreichend bemessen sind, wenn sie benötigt werden. Auch Aspekte der IT-Sicherheit und der IT-Service Continuity spielen hier eine Rolle. Einfacher ausgedrückt: Warranty (Gewähr) beschreibt, wie der Kunde den Nutzen des Services geliefert bekommt (Bild 4.1).

Das Zusammenspiel und die Balance zwischen Utility und Warranty sind entscheidend für die Lieferung adäquater Services, denn wenn der Nutzen eines Services nicht durch eine ausreichende Gewähr gesichert ist, wird der Kunde dem Service skeptisch gegenüberstehen. Vor allem wird der positive Effekt (Nutzen) des Services durch fehlende Gewähr (also z. B. stark schwankende Service Performance) negativ beeinflusst. Dass ein Service ohne messbaren Nutzen für die Geschäftsprozesse sinnlos ist, egal wie zuverlässig er gestaltet sein mag, brauche ich wohl nicht weiter auszuführen.

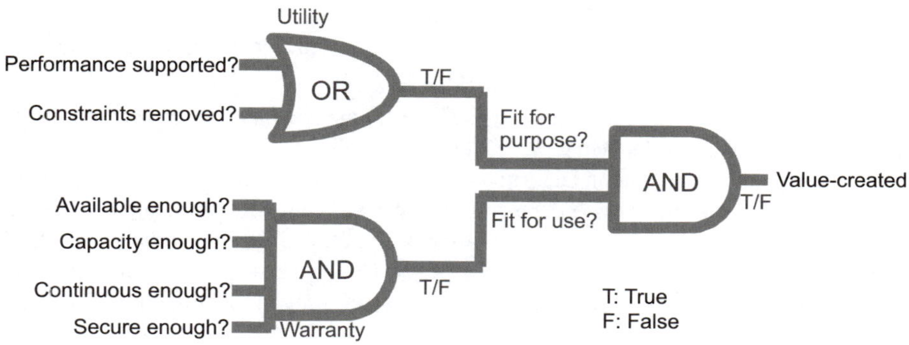

Bild 4.1 Nutzen und Gewähr durch Services (Quelle: Service Strategy, 2011, Fig. 2.2)

Service Assets

Service Assets spielen bei der Gestaltung des Service-Managements eine zentrale Rolle. In der ITIL® 4 beschreiben die Management Practices wichtige Service Assets. Jede Fähigkeit und Ressource eines Service Providers zur Lieferung eines Services ist ein Service Asset.

Die Fähigkeiten einer Organisation sind abhängig von Personen, aber auch von Prozessen und Technologien. Während Personen das Wissen und die Erfahrung bereitstellen, um bestimmte Aufgaben bewältigen zu können, geben die anderen Faktoren den Rahmen vor, in dem sich die Fähigkeiten der Personen entfalten können. Funktionierende Prozesse stellen sicher, dass Aktivitäten durch Personen zielgerichtet, wiederholbar und effizient durchgeführt werden können. Die verfügbare Technologie gibt die Grenzen für Handlungsoptionen vor, begrenzt also aus technischer Sicht den Handlungsspielraum. Kurz: Die Fähigkeiten einer Organisation verkörpern das Vermögen, vorhandene Ressourcen so zu steuern und zu betreiben, dass der geforderte Nutzen erzeugt wird. Tabelle 4.1 zeigt die beiden in der ITIL®-Literatur beschriebenen Typen von Service Assets. Personen können dabei sowohl Fähigkeiten eines Unternehmens (durch das individuelle Know-how, welches dem Unternehmen nutzt) als auch Ressourcen (die richtige Anzahl an Mitarbeitern, um einen Service wie vereinbart liefern zu können) darstellen.

Tabelle 4.1 Fähigkeiten und Ressourcen

Fähigkeiten	Ressourcen
Unternehmensmanagement	Kapital (Finanzen)
Unternehmensorganisation	Infrastruktur
Unternehmensprozesse	Anwendungen
Wissen der Mitarbeiter (Know-how)	Informationen
Personen/Mitarbeiter	

Fähigkeiten und Ressourcen (Capabilities & Resources)

Im vorhergehenden Absatz werden Service Assets als Fähigkeiten bzw. Ressourcen beschrieben. Auch auf diese beiden Begriffe möchte ich hier kurz eingehen. *Ressourcen* sind Assets, derer ein Unternehmen sich bedient, um Services zu strukturieren und zu betreiben.

Ressourcen können gekauft bzw. im Fall von Mitarbeitern eingestellt werden. Ressourcen sind direkte Inputs für die Produktion, wie etwa Geld, Infrastrukturkomponenten, Anwendungen oder auch ausreichend Personal für den Betrieb.

Fähigkeiten spiegeln die Möglichkeiten eines Unternehmens wider, Mehrwert zu erzeugen. Fähigkeiten kann man in der Regel nicht kaufen, sie müssen entwickelt werden. Beispiele für Fähigkeiten sind vorhandene Unternehmensprozesse oder das Wissen der Mitarbeiter. Wichtig für die Erzeugung eines Nutzens durch Services ist eine Kombination der richtigen Fähigkeiten mit den passenden Ressourcen. Bild 4.2 zeigt, wie aus den vorhandenen Fähigkeiten und Ressourcen eines Service Providers Services entsprechend der Anforderungen und des Bedarfs des Kunden und entsprechend externer Rahmenbedingungen (gesetzlich, regulatorisch) erzeugt werden.

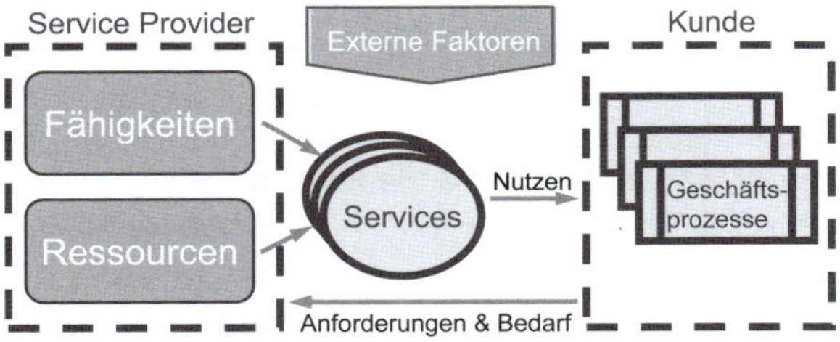

Bild 4.2
Service Assets und Services

Business Service Management

Neben der Gestaltung der Services entsprechend der Anforderungen des Markts gilt es, die Leistungen des Service Providers in Bezug auf die Business-Services kontinuierlich zu überwachen und die Ergebnisse in Reports zu dokumentieren. Durch einen aktiven Dialog und korrigierende Maßnahmen trägt das BSM dazu bei, die Orientierung an den Business-Zielen sicherzustellen. Basis für die Identifizierung der korrigierenden Maßnahmen sind, neben der Erfassung der aktuellen Leistung, klar formulierte Ziele für die IT.

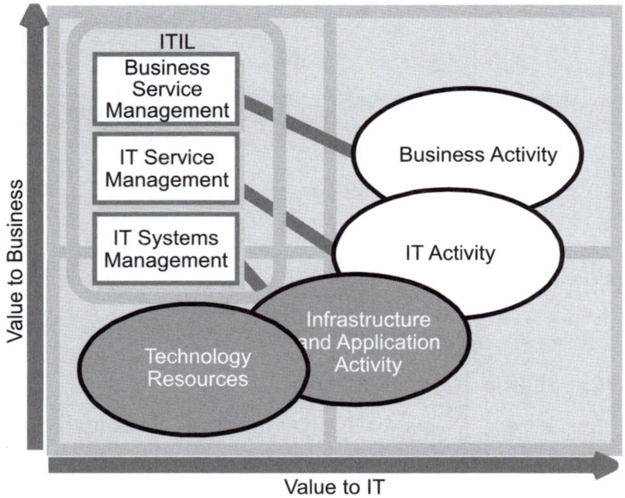

Bild 4.3
Ebenen des IT-Managements (Quelle: Service Strategy, 2007, Fig. 5.15)

Bild 4.3 zeigt den Zusammenhang zwischen IT-Systems Management, IT-Service Management und Business Service Management. Während beim Management von IT-Systemen der Fokus auf den einzelnen Komponenten und deren Betrieb liegt, fokussiert das IT-Service Management auf die Anforderungen und den Bedarf des Business. Die Informationen über eine funktionierende technische Infrastruktur sind hierbei die Basis, aber nicht ausreichend. Um die vorhandenen technischen Komponenten zur Gestaltung akzeptierter Services zu verwenden, bedarf es darüber hinaus der Kenntnis der Business-Services und der resultierenden Anforderungen und Erwartungen.

Business-Strategie

Die Business-Strategie legt den Fokus auf die übergeordneten Themen eines Unternehmens. Sie befasst sich mit der Gestaltung von Vision und Mission sowie der übergeordneten Ziele, aus denen sich alle weiteren Teilstrategien (auch die IT-Strategie) ableiten. Wird die Business-Strategie auf die taktische Ebene heruntergebrochen, werden unter anderem folgende Fragen beantwortet:

- Was müssen wir tun, um die gesteckten Ziele zu erreichen?
- Welche Prioritäten müssen wir setzen?
- Wie definieren wir unseren Markt?
- Wer sind unsere Kunden?
- Welche Services und Produkte wollen wir anbieten?
- Welche Investitionen leiten sich daraus ab?

Darüber hinaus befasst sich die Business-Strategie mit der Gestaltung und Steuerung der Organisation, um optimal für die Strategievorgaben aufgestellt zu sein. Als Grundlage für jeden langfristigen Erfolg wird außerdem der Rahmen für die kontinuierliche Verbesserung festgelegt.

Business Case

Ein Business Case dient dazu, Investitionen oder Betriebsausgaben zu rechtfertigen. Er stellt eine konkrete Verbindung zwischen Aufwand und Nutzen auf qualitativer und quantitativer Ebene her. Er enthält in der Regel Informationen zu Kosten, Nutzen, Handlungsoptionen, Risiken und möglichen Problemen. Oft werden Aufwand und Nutzen mehrerer alternativer Möglichkeiten verglichen und bewertet (Kosten-Nutzen-Analyse).

Ein Business Case beinhaltet die folgenden Informationen:

- Beschreibung der relevanten Business-Ziele, die mit dem Vorhaben adressiert werden
- Verwendete Methoden und zugrundeliegende Annahmen und Abgrenzungen
- Auswirkungen auf quantitativer Ebene (z. B. Kosten, Ressourcen) und qualitativer (z. B. verbesserte Marktposition, erweitertes Portfolio)
- Risiken während und nach der Umsetzung sowie bei Nicht-Umsetzung
- Notwendige Aktivitäten

IT-Strategie

Die IT-Strategie beantwortet die übergeordnete Frage, welche Geschäftsprozesse mit welchen IT-Services unterstützt werden müssen und wie diese Geschäftsprozesse jetzt und zukünftig optimal mit Hilfe der IT automatisiert werden sollen. Sie beantwortet die Frage, wie die IT-Organisation strukturiert werden soll und wie Prozesse gestaltet werden, um die Business-Strategie optimal zu unterstützen. Weitere Fragen, die mit Hilfe der IT-Strategie beantwortet werden sollten, sind:

- Wer sind die internen und externen Kunden der IT, und welche Marktsegmente adressieren wir (abgeleitet aus den Vorgaben der Business-Strategie)?
- Welche aktuellen IT-Standards sind für unsere Services relevant und wie gestalten wir unsere IT-Architektur?

Darüber hinaus sollte festgelegt werden, auf welchen Grundlagen die Aktivitäten in der IT-Organisation priorisiert und auf Basis welcher Fakten Investitionsentscheidungen getroffen und bewertet werden.

Service-Strategie & Service-Management-Strategie

Die Service-Strategie ist ein Teil der Unternehmensstrategie und in IT-Organisationen ein Teil der IT-Strategie. Sie befasst sich mit allen Aspekten einer wirtschaftlichen und an den Kundenanforderungen orientierten Gestaltung der Services.

Die Planung für die Gestaltung, die Implementierung und den Betrieb der für das Management der bereitgestellten Services benötigten Prozesse (IT-Service-Management-Prozesse) erfolgt in der Service-Management-Strategie. Sie ist Teil der Service-Strategie.

4.1.2 Strategy Management for IT Services

Dieser Prozess beschreibt, wie die Business-Strategie und die IT-Strategie gestaltet, etabliert und durchgesetzt werden können. In diesen Strategien wird festgelegt, wie ein Service Provider wirtschaftlich und wirkungsvoll die Geschäftsprozesse eines Unternehmens unterstützen und so die die Ergebnisse des Business positiv beeinflussen kann.

4.1.2.1 Ziele

Der Prozess stellt sicher, dass sowohl eine Business-Strategie als auch eine IT-Strategie vorhanden sind und diese Strategien genutzt werden, um die festgelegten Ziele zu erreichen. Die wichtigsten Ziele des Prozesses sind:

- Die Vision und Mission des Service Providers sind eindeutig definiert und kommuniziert.
- Der Service Provider ist im Markt (gegenüber Kunden und Wettbewerb) klar positioniert.
- Das Umfeld des Service Providers ist analysiert, und sich bietende Chancen werden genutzt.
- Hindernisse, welche die Ergebnisse des Business oder die effiziente Gestaltung der IT-Services beeinträchtigen könnten, werden erkannt und entsprechende Maßnahmen abgeleitet und umgesetzt.
- Strategische Vorgaben werden in taktische und operative Pläne umgesetzt und deren Einhaltung sichergestellt.

4.1.2.2 Aktivitäten

Der Prozess Strategy Management for IT Services stellt ein grundlegendes Modell für die Definition, Umsetzung und Erfolgsmessung der Service-Strategie dar. Im Folgenden ein Überblick über die wesentlichen Prozessaktivitäten.

4.1.2.2.1 Strategisches Assessment

Grundlage für jede Service-Strategie ist die Kenntnis der eigenen Leistungsfähigkeit. Denn wer ein Ziel (hier die Umsetzung einer Servicestrategie) erreichen will, sollte nicht nur dieses Ziel, sondern auch die Ist-Situation kennen. Ansonsten ist der Weg trotz möglicherweise klarer Ziele unklar.

Um am Markt bestehen zu können, ist es wichtig zu erkennen, welche Fähigkeiten des Service Providers zum Erfolg beitragen können (zum Beispiel ein Alleinstellungsmerkmal bilden). Zu den Fragen, die beim strategischen Assessment in Bezug auf die eigenen Services beantwortet werden, gehören beispielsweise:

- Welche Services differenzieren von anderen Anbietern?
- Welche sind die profitabelsten?
- Welche Kunden bzw. Stakeholder sind am zufriedensten?

Innerhalb des strategischen Assessments werden die aktuelle Situation des Service Providers und das Umfeld, in dem dieser sich bewegt, analysiert. Mit Hilfe eines Soll-Ist-Abgleichs kann man identifizieren, wo der Service Provider gut aufgestellt ist und wo möglicherweise Bedarf für Veränderungen besteht. Die Aktivitäten des strategischen Assessments gliedern sich in die folgenden Aktivitäten:

Interne Analyse

Wie oben beschrieben, ist die Kenntnis der aktuellen Situation die Basis für alle späteren Veränderungen. Denn wenn der Startpunkt nicht bekannt ist, können nur schwer konkrete Maßnahmen abgeleitet werden, um definierte Ziele zu erreichen. Als Instrument für diese Analyse bietet sich eine klassische SWOT-Analyse an. Die SWOT-Analyse (**S**trengths, **W**eaknesses, **O**pportunities, **T**hreats) befasst sich mit den Stärken und Schwächen (interne Sicht) sowie mit den Chancen und Risiken (externe Sicht). Naturgemäß wird bei der internen Analyse nur die interne Sicht, also die Stärken und Schwächen betrachtet. Die externe Sicht findet im nächsten Prozessschritt Anwendung. Mit diesem Vorgehen entsteht nach Abschluss dieses und des nächsten Prozessschritts eine vollständige SWOT-Analyse, die für die spätere Ableitung konkreter Maßnahmen herangezogen werden kann.

Die Analyse der Stärken und Schwächen sollte in vorab festgelegten Kategorien erfolgen. Dies dient einer nachvollziehbaren Struktur der Analyse und trägt zu einer möglichst vollständigen Betrachtung bei. Klassische Kategorien für die Betrachtung sind:

- **Existierende Services:** Welche Services werden heute angeboten, was funktioniert gut und wo treten immer wieder Probleme auf?
- **Wirtschaftlichkeit:** Sind die Servicekosten bekannt? Wie werden die aktuellen Servicekosten aus interner und externer Sicht bewertet? Wo gibt es offensichtlich Potenzial für Verbesserungen und welche Investitionen sind bereits geplant?

- **Menschen:** Einer der wichtigsten Faktoren für exzellente Services sind die beteiligten Menschen. Kennen die Mitarbeiter die Ziele und sind sie motiviert, diese zu erreichen? Stimmen die Skills der Menschen mit den Anforderungen der Serviceerbringung überein? Kennen alle Mitarbeiter ihre Aufgaben und verfügen sie über die Fähigkeiten, diese zu erledigen? Werden klare Entscheidungen getroffen und kommuniziert? Gibt es eine akzeptierte und gelebte Kultur?
- **Tagesgeschäft:** Wie effektiv und effizient funktionieren Support und Betrieb? Gibt es klare Strukturen für das Management der den Services zugrundeliegenden Technologien? Werden die Aktivitäten ausreichend überwacht und gesteuert? Wie gut werden die Auswirkungen von Incidents auf das Business begrenzt? Konkurrieren Betrieb und Projekte unverhältnismäßig um Ressourcen und gibt es Steuermechanismen?
- **Beziehung zum Kunden:** Kennen und verstehen alle Akteure die Strategie des Kunden und die resultierenden Anforderungen für das Business? Haben die Akteure regelmäßigen Kontakt zu den Kunden und kennen sie dessen Wahrnehmung der Servicequalität? Wissen die Akteure, wie gut die aktuellen Services tatsächlich den Anforderungen entsprechen?
- **Ressourcen und Fähigkeiten:** Entsprechen die aktuell vorhandenen Fähigkeiten und Ressourcen der IT-Organisation dem Bedarf? Sind bevorstehende Veränderungen geplant und bei Bedarf entsprechende Maßnahmen vorgesehen?
- **Veränderungsvorhaben:** Gibt es aktuell Projekte mit dem Ziel, den ermittelten Status zu verändern? Müssen diese Veränderungen bei der Erstellung der IT-Strategie berücksichtigt werden?

Analyse der externen Umgebung

Neben den internen Faktoren spielen auch externe Einflüsse eine wichtige Rolle für die Gestaltung der Strategie. Woher weiß eigentlich ein Service Provider, ob er die richtigen Services für den Markt (also seine Kunden und potenziellen Kunden) anbietet? Auch in diesem Prozessschritt kommt wie oben die SWOT-Analyse zum Einsatz. Dieses Mal mit dem Fokus auf die externen Faktoren, also die Chancen und Risiken. Auch hier ist es sinnvoll, die externen Faktoren in Gruppen zu gliedern, um Struktur und Vollständigkeit sicherzustellen.

- **Markt:** Welche Trends und typischen Vorgehensweisen gibt es in den zu adressierenden Marktsegmenten? Sind die potenziellen Kunden eher progressiv oder konservativ? Welche Rolle spielen IT-Services für das Business? Welche Sourcing-Strategien sind üblich? Gibt es typische und verbreitete Management-Methoden?
- **Kunden:** Wer sind die potenziellen Kunden? Mit welchen Problemen und Herausforderungen beschäftigen sich die Kunden? Welche Beziehungen zu Kunden dieses Segments sind bereits vorhanden, und wie werden sie bewertet? Welche Services werden typischerweise genutzt? Stehen größere Veränderungen bevor?
- **Lieferanten und Partner:** Wer sind die typischen Lieferanten und Dienstleister im Segment? Wie verändern sie ihre Produkte und Leistungen für die Zukunft? Welche Trends sehen sie öffentlich voraus? Welche Partnerschaften existieren und welchen Nutzen erzeugen diese?
- **Wettbewerb:** Wie stellt sich der Wettbewerb auf? Wie wirtschaftlich arbeiten die Wettbewerber? Welche Strategie verfolgt der Wettbewerb? Liegt der Fokus auf der Qualität oder auf dem Preis?

- **Gesetze, Regularien und politisches Umfeld:** Existiert ein besonderes gesetzliches Umfeld (z. B. Banken)? Gibt es vorgegebene Regularien (z. B. SOX)? Können wir diese Anforderungen nutzen, um uns zu differenzieren?
- **Politik und Sozialwirtschaft:** Wie sind die politischen Rahmenbedingungen? Sind politische Veränderungen zu erwarten? Welchen Einfluss hätten diese auf den Markt? Welche Wirtschaftsdaten und Ausblicke könnten Einfluss nehmen?
- **Technologie:** Welche technologischen Herausforderungen gibt es? Wie könnte in Zukunft Technologie die Art der Services und die Art der Serviceerbringung verändern?

Markt und Marktsegmente definieren

Diese Aktivität befasst sich mit der Definition des Marktsegments, in dem sich der Service Provider bei der Leistung der Services bewegt. Je nach Art des Service Providers kann dieser Markt lediglich das eigene Unternehmen sein (interne Service Provider) oder ein ganzes Marktsegment, das von einem externen Service Provider adressiert wird. Grundvoraussetzung für diese Definition ist, neben der Kenntnis der eigenen Fähigkeiten, die Kenntnis der Kunden. Ein Service Provider, der seine Kunden nicht versteht, wird langfristig keinen Erfolg haben, da sein Service-Portfolio die Anforderungen der Kunden bestenfalls zufällig trifft. Es ist also ohne genaue Kenntnis des jeweiligen Kunden und seines konkreten Bedarfs nicht möglich, langfristig werthaltige Services zu bieten. Für jedes Marktsegment sollten die folgenden Fragen beantwortet werden:

- Welche Services sollen angeboten werden?
- Welche Kunden sollen bedient werden?
- Welche Erfolgsfaktoren sind für das Segment relevant?
- Welche Service-Modelle werden verwendet und welche Service-Assets genutzt?
- Was bedeutet das Segment für das Service-Portfolio (Service-Katalog, Service-Pipeline)

Oft stellt man als Service Provider im Rahmen einer Kundenbeziehung fest, dass bestimmte Aktivitäten bzw. Geschäftsprozesse des Kunden nicht optimal unterstützt werden. Die Kenntnis dieser Schwachstellen stellt eine Chance dar, den Service kontinuierlich zu verbessern und an die Anforderungen des Kunden anzupassen. Diese Chancen zu identifizieren, sollte nicht dem Zufall überlassen werden.

Die Service-Strategie für ein Marktsegment wird durch Service-Modelle definiert. Sie beschreiben den Zusammenhang zwischen Service-Assets und Kunden-Assets und definieren so die Struktur der Services und notwendige Aktivitäten und Interaktionen für den Betrieb der Services. Service-Modelle unterstützen also die Kommunikation und die Zusammenarbeit zur Wertschöpfung (Bild 4.4).

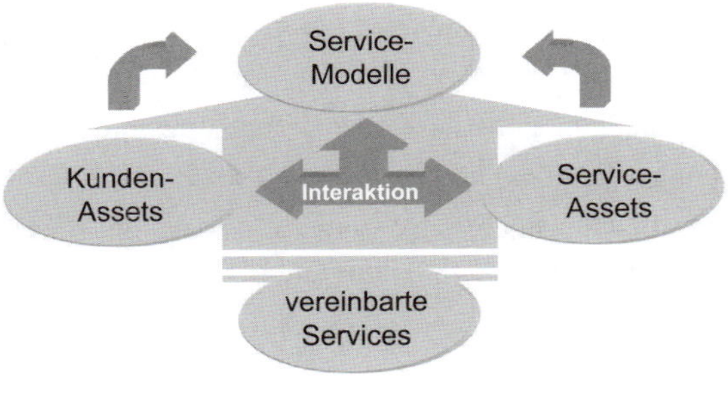

Bild 4.4
Service-Modelle

Strategische Branchenfaktoren identifizieren

Für jedes adressierte Marktsegment existieren spezifische Erfolgsfaktoren, die über Erfolg und Misserfolg entscheiden können. Diese Erfolgsfaktoren werden identifiziert und dokumentiert, um festzulegen, welche Faktoren für die Zielerreichung gegeben sein müssen. Die Grundlagen der sogenannten Critical Success Factors (CSF) werden in Kapitel 5 detailliert beschrieben. Sie werden von verschiedenen Faktoren wie z. B. Kundenanforderungen, Standards und Technologie, Wettbewerb oder regulatorische Vorgaben beeinflusst. Für jeden Markt gibt es CSF, die den Erfolg oder Misserfolg einer Service-Strategie bestimmen. Sie werden im Kontext der Wettbewerbsanalyse häufig auch als Strategic Industry Factors (SIF) bezeichnet und unter anderem durch die folgenden Eigenschaften charakterisiert:

- Definiert in Bezug auf Fähigkeiten und Ressourcen.
- Sie werden durch die erfolgreichen Unternehmen im Marktsegment vorgegeben.
- Sie beziehen sich auf das Marktsegment, nicht auf einzelne Unternehmen.
- Sie sind die Grundlage des Wettbewerbs im Segment.
- Sie verändern sich, sind also dynamisch.

Kunden, Wettbewerber, Partner, Lieferanten und Dienstleister sowie regulatorische Vorgaben beeinflussen die strategischen Branchenfaktoren (SIF). Sie werden für jedes identifizierte und adressierte Marktsegment in operativ umsetzbare CSF übersetzt.

Beispiele für CSF sind Faktoren, die zur Wirtschaftlichkeit und Verlässlichkeit der Services beitragen oder auch der Umfang des Angebots bezogen auf den Markt. Da Erfolgsfaktoren in der Regel am Markt etabliert sind, lassen sich Vergleiche mit Wettbewerbern aus der Ausrichtung auf diese Faktoren ableiten. Analysiert werden potenzielle Märkte, die eigenen und potenzielle Kunden sowie das eigene Service-Portfolio im Vergleich zu Wettbewerbern.

Ein wichtiger Aspekt ist auch die kontinuierliche Analyse der eigenen Präsenz in verschiedenen Marktsegmenten. Nur wenn bekannt ist, welche Märkte bereits besetzt werden und wo sich noch Chancen bieten, kann das Geschäft des Service Providers durch entsprechende Strategieanpassungen entwickelt werden. Neben den mit den aktuellen Service Assets bedienten Marktsegmenten ist es ebenso von Bedeutung, zu erkennen, welche Marktsegmente gemieden werden sollten. Warum müssen diese gemieden werden und besteht Handlungsbedarf? Dieser Handlungsbedarf ist durchaus nicht zwingend, denn auch die bewusste Entscheidung, bestimmte Marktsegmente nicht zu bedienen, ist möglich und auch nötig, um einen klaren Fokus der Entwicklung beizubehalten.

Um diese Entscheidungen treffen zu können, ist es allerdings unerlässlich zu wissen, welche Marktsegmente aktuell nicht oder nur schlecht adressiert werden. Letztlich wird die Entscheidung für oder gegen ein bestimmtes Marktsegment von verschiedenen Faktoren abhängen:

- Welchen strategischen Nutzen bietet ein Service heute und zukünftig?
- Welche Investitionen sind notwendig, um die Services so zu gestalten, dass sie im neuen Marktsegment akzeptiert werden?
- Welche finanziellen Vorgaben und Zielsetzungen stehen den Investitionen gegenüber?
- Welche Risiken birgt die Entwicklung neuer Services für den Service Provider?
- Welche aktuellen Hindernisse sprachen bisher gegen die Besetzung des neuen Marktsegments, und welche Grenzen ergeben sich aus den vorhandenen Fähigkeiten und Ressourcen?

Zielvorgaben definieren

In Zielen werden die erwarteten Ergebnisse der Strategieumsetzung definiert. Sie dienen als Orientierung für die Organisation des Service Providers und geben den Aktivitäten eine Richtung. Sie bilden die Basis für fundierte Entscheidungen und tragen zur Reduzierung späterer Konflikte aufgrund unklarer Zielsetzungen und somit unscharfer Entscheidungsgrundlagen bei. Zielsetzungen für einen Service Provider leiten sich oft aus den folgenden Faktoren ab:

- Erwartete Lösungen
- Vorgegebene Spezifikationen
- Anforderungen des Kunden
- Nutzen für den Kunden

Die praktische Erfahrung zeigt, dass bei der Formulierung der Ziele einige grundlegende Überlegungen und Hinweise eine Rolle spielen sollten:

- Definieren Sie nicht zu viele Ziele – das führt oft dazu, dass Unternehmen sich verzetteln und keines der Ziele wirklich konsequent verfolgen können.
- Definieren Sie Haupt- und Nebenziele! Ziele sind oft voneinander abhängig und unterschiedlich relevant für den Unternehmenserfolg. Die Gliederung in Haupt- und Nebenziele ermöglicht eine einfachere Struktur und die Bildung von Ursache-Wirkungs-Beziehungen.
- Definieren Sie die Ziele so einfach wie möglich. Komplexe Formulierungen führen zu Verwirrung und unterschiedlichen Auslegungen.
- Formulieren Sie die Ziele eindeutig und positiv (beschreiben Sie, was erreicht werden soll). Vermeiden Sie Doppeldeutigkeiten.
- Formulieren Sie Nicht-Ziele nur bei Bedarf, das erleichtert die Abgrenzung und hilft, Missverständnisse zu vermeiden.

4.1.2.2.2 Strategieerstellung und Evaluierung

Mit den Informationen aus dem strategischen Assessment und den formulierten Zielen kann die eigentliche Strategie abgeleitet werden. Die Strategieerstellung erfolgt in vier Teilschritten.

Perspektive (Ausblick) festlegen

Im Rahmen dieser Aktivität wird die Richtung, in die sich ein Unternehmen entwickeln soll, festgelegt. In der Regel legt man hier fest:

- den Zweck des Unternehmens,
- die allgemeine Ausrichtung des Unternehmens,
- den Weg, wie das Unternehmen dem definierten Zweck dienen soll,
- Werte und Überzeugungen.

Diese Festlegungen erfolgen im Rahmen einer Vision und entsprechender Mission Statements. Die Vision beschreibt einen definierten Zustand, den das Unternehmen künftig annehmen wird. Ein Mission Statement beschreibt, was das Unternehmen tun will, um die Vision Realität werden zu lassen. Detaillierte Informationen zur Vision und der Wirkung auf das Unternehmen finden Sie in Kapitel 5.

Positionierung im Markt

Die eigene Positionierung beschreibt, wie ein Service Provider sich von seinen Wettbewerbern differenziert und wie er von seinen Kunden wahrgenommen wird. Die Positionierung kann nach sehr unterschiedlichen Kriterien erfolgen, wie zum Beispiel die Art der angebotenen Services, oder auch über den Service-Preis (bei uns bezahlen Sie den niedrigsten Preis). Welche Positionierung sinnvoll ist, leitet sich zu einem wesentlichen Teil aus dem strategischen Assessment ab. Neben der Qualität und dem Preis der Services werden vier grundlegende Typen der Positionierung unterschieden:

- **Auswahlbasierend:** Unternehmen mit dieser Ausprägung bieten ein sehr schmales Band an Services (oft in einer Nische) für unterschiedliche, definierte Kundensegmente an. Sie sind stark spezialisiert und bieten die wenigen Services in einem hohen Detaillierungsgrad und stark auf spezielle Anforderungen zugeschnitten an. Sie verzichten bewusst darauf, alle Anforderungen der Kunden zu treffen, sondern konzentrieren sich auf ihr Spezialgebiet.
- **Anforderungsbasierend:** In dieser Ausprägung liegt der Fokus auf spezifischen Kunden oder Kundentypen. Service Provider dieser Ausprägung bieten ein breites Portfolio an Services, um die Anforderungen des ausgewählten Kundentyps möglichst vollständig zu befriedigen.
- **Zugangsbasierend:** Service Provider dieser Ausprägung konzentrieren sich darauf, einen oder mehrere Services so zu optimieren, dass sie von unterschiedlichen Kunden mit bestimmten Gemeinsamkeiten (wie zum Beispiel Standort, Größe, Unternehmensstruktur) optimal genutzt werden können.
- **Bedarfsbasierend:** Diese Ausprägung beinhaltet Aspekte aus der anforderungsbasierenden und der auswahlbasierenden Variante. Service Provider dieser Ausprägung adressieren möglichst viele Kunden mit einem breit angelegten Service-Portfolio. Diese Herangehensweise ist durch die Entwicklung der Art der Serviceerbringung möglich geworden. Ein Beispiel für diese Variante sind Cloud-Services, die inzwischen immens an Bedeutung gewonnen haben.

Die Entscheidung zur Positionierung hat große Auswirkungen auf die weitere Entwicklung des Unternehmens. Sie kann mit den folgenden Fragen überprüft und gegebenenfalls korrigiert werden:

- Unterstützt die Positionierung bei künftigen Entscheidungen zum Ressourceneinsatz und bei Investitionen?
- Unterstützt die Positionierung das Management bei der Überprüfung der zu treffenden Entscheidungen bezogen auf die Richtung?
- Werden klare Leitplanken gesetzt, innerhalb derer die Akteure sich bewegen können? Und Grenzen, außerhalb derer sie sich nicht bewegen sollten?
- Gibt es noch ausreichend Freiheiten, um mögliche Veränderungen zu evaluieren?

Strategischen Plan erstellen

Der strategische Plan befasst sich mit der Umsetzung der Vision und beschreibt, wie Ziele erreicht werden sollen und wie die Positionierung auf die Aktivitäten im Unternehmen wirkt. Er beschreibt außerdem notwendige Veränderungen und den Weg, wie diese umgesetzt werden können und sollen.

Der Planungshorizont ist mittel- bis langfristig und fokussiert auf die Budgets und Investitionen, das Service-Portfolio, die Entwicklung neuer Services und die kontinuierliche Weiterentwicklung. Typische Inhalte eines strategischen Plans sind:

- **Management Summary:** Beschreibt in übersichtlicher Form die wesentlichen Inhalte in zusammengefasster Form und dient dem Verständnis der Intention des Plans auf einen Blick.
- **Autorisierung:** Beschreibt, wer den Plan erstellt hat, wer ihn freigegeben hat, wer der Owner ist und wer Änderungen genehmigt.
- **Hintergrund:** Eine kurze Beschreibung der Faktoren und Ereignisse, die zur Formulierung des Plans in der aktuellen Version beigetragen haben.
- **Situationsanalyse:** Steht in Beziehung zum Hintergrund, enthält jedoch die Details zur konkreten Situation, die zum Plan geführt hat, und verweist auf gegebenenfalls verwendete Methoden bei der Analyse und Bewertung.
- **Vision, Mission und Werte:** Dokumentation der Ergebnisse aus den vorangegangenen Phasen.
- **Ziele**
- **Strategie:** Beschreibt die Positionierung und wichtige Meilensteine.
- **Ressourcen- und Budgetplanung**
- **Verantwortlichkeiten:** Beschreibt, wer Entscheidungen bezüglich der Strategie trifft und wer welche Freigaben erteilt.
- **Kommunikationsplan:** Wie bei allen Plänen ist eine adäquate Kommunikation an die Akteure die Grundlage für eine erfolgreiche Realisierung.

Verfahren anwenden

Verfahren beschreiben, wie eine Organisation arbeitet. Neben den formellen Organigrammen und hierarchischen Strukturen werden hier die Arten der Zusammenarbeit beschrieben. Das beinhaltet die Art der Interaktion zwischen Akteuren, die Art, wie Informationen ausgetauscht werden, die Übergabe und Bearbeitung von Arbeitspaketen zwischen Personen und Abteilungen und auch Dinge wie die interne Verrechnung von Leistungen.

Die Verfahren beschreiben, wie die Dinge im Unternehmen getan werden und welche Vorgaben dabei zu beachten sind. Zu diesem Zweck können unterschiedliche Verfahren nach unterschiedlichen Mustern definiert werden, wie zum Beispiel:

- **How To:** Beschreibt, wie der Betrieb gestaltet wird. Ein Beispiel für einen How To Pattern ist: „Alle Anfragen des Kunden müssen innerhalb von 30 Minuten beantwortet werden."
- **Boundary:** Beschreibt Grenzen und Vorgaben wie zum Beispiel „Die Beschaffung erfolgt über definierte Lieferanten und ausschließlich durch den Einkauf" oder „Alle Projekte werden nach der Methode XYZ durchgeführt".
- **Priorisierung:** Legt die Gewichtung beim Einsatz der Fähigkeiten und Ressourcen fest. Beispiel: „Stabilität geht vor Entwicklungsgeschwindigkeit" oder „Qualität ist wichtiger als Kostensenkung".
- **Timing Muster:** Legt den Rhythmus des Unternehmens fest. Zum Beispiel: „Keine Changes während des Quartalsabschlusses" oder „Große Veränderungen ausschließlich am Ende eines Quartals".

4.1.2.2.3 Die Strategie anwenden

Eine Strategie ist nur dann nützlich, wenn sie maßgeblich für die tägliche Arbeit ist und bei Bedarf den sich verändernden internen und externen Einflussfaktoren angepasst wird. Es gilt also in dieser Prozessaktivität dafür zu sorgen, dass die Strategie (Was muss getan werden?) auf die taktische Ebene heruntergebrochen wird (Wie setzen wir die Vorgaben aus der Strategie um?).

Alle Service-Management-Prozesse spielen als eines von vielen Zahnrädern eine wichtige Rolle bei der Umsetzung der Strategie und für das Erreichen der definierten Unternehmensziele. Die Ziele der einzelnen Prozesse müssen deshalb so gestaltet werden, dass sie im jeweiligen Kontext dazu beitragen, dass die Ziele der Strategie erreicht werden. Die Gestaltung der Service-Management-Prozesse orientiert sich also direkt an der Strategie, der Positionierung und an den definierten Zielen.

Wie bereits weiter oben erwähnt, ist die zuverlässige Kommunikation des strategischen Plans an alle für die Umsetzung relevanten Akteure eine unerlässliche Voraussetzung für die erfolgreiche Operationalisierung der festgelegten Strategie. Die Akteure sollen den Plan allerdings nicht nur kennen, sondern ihn auch verstehen können und über die nötigen Mittel verfügen, um ihren Beitrag zur Umsetzung zu leisten.

Verbindung zu anderen Service-Management-Prozessen

Die Service-Management-Prozesse im Unternehmen stellen das Alignment der Services mit der Unternehmensstrategie sicher. Ohne diese Verbindung kann keine Strategie wirken, und gleichzeitig wird die Ausrichtung der Services auf die Strategie im besten Falle zufällig stattfinden, aber niemals zuverlässig gesteuert werden können.

Service Assets am Kunden ausrichten

Jeder Service Provider muss sicherstellen, dass die Service-Assets so koordiniert, gesteuert und verteilt werden, dass sich die bereitgestellten Services in der angemessenen Ausprägung und Qualität gestalten lassen. Voraussetzung für die Fähigkeit zur Gestaltung dieser Services ist, dass der Service Provider weiß, welche Service-Assets vorhanden sind, wo sich diese befinden und wie sie verteilt worden sind.

Darüber hinaus muss der Service Provider in der Lage sein, die angebotenen Services für den Kunden verständlich darzustellen. Die entsprechenden Informationen dafür werden im Service-Portfolio dokumentiert.

Erfolgsfaktoren optimieren

Die wichtigen Erfolgsfaktoren (critical success factors, CSF) werden im Rahmen der ITIL®-Literatur für jeden Prozess beschrieben. Im Rahmen des Service-Strategy-Prozesses wird der Begriff CSF auch in einem anderen Kontext verwendet: Er beschreibt hier alle Faktoren, die vorhanden sein müssen, um in einer bestimmten Branche oder einem festgelegten Marktsegment konkurrenzfähig zu sein.

In diesem Prozessschritt werden alle vorhandenen Faktoren, wie die Art der Aufbauorganisation, die Services, Prozesse, Skills, Tools usw. verglichen mit den Anforderungen, die sich aus den strategischen Branchenfaktoren (SIF) ergeben. Wird als Ergebnis festgestellt, dass Anforderungen nicht erfüllt werden, dann wird ein entsprechendes Projekt initiiert, um die Schwachstellen zu beseitigen.

Investitionen priorisieren

Um die nötigen finanziellen Mittel für die Umsetzung der Strategie zur Verfügung stellen zu können, gilt es, die vorhandenen Budgets und Ausgaben so zu planen und zu priorisieren, dass keine relevanten Maßnahmen ohne die benötigten Mittel in Gefahr geraten. Service-Portfolio Management stellt sicher, dass man für jeden neuen oder zu verändernden Service und jeden strategischen Change analysiert, welche Mittel benötigt werden und welcher ROI (Return on Invest) sich erzielen lässt. Ebenso wird analysiert, welche Services von welchen geplanten Projekten abhängig sind, sodass Entscheidungen zu den Projekten in dem Wissen aller möglichen Auswirkungen getroffen werden können.

4.1.2.2.4 Messen und auswertenn

Nur wenn die Leistungen der IT-Organisation regelmäßig gemessen und mit den erwarteten und in den Zielen formulierten Ergebnissen verglichen werden, kann ein Service Provider Stärken und Schwächen erkennen und bei Bedarf korrigierende Maßnahmen ableiten. Viele Informationen, Tipps und Hinweise zum Thema Leistungs- und Qualitätsmessung, auch über ITIL® hinaus, finden Sie in Kapitel 5 dieses Buchs.

4.1.2.3 Erfolgsfaktoren und Kennzahlen

In der Literatur werden verschiedene Beispiele für typische CSF und KPI genannt, von denen ich Ihnen hier einige vorstelle. Allerdings sind Kennzahlen und Erfolgsfaktoren immer auch von den Zielen des Prozesses und von der Strategie abhängig. Darüber hinaus sind insbesondere die in der Literatur genannten KPI teilweise eher fragwürdig formuliert, da sie oft keine Kennzahlen, sondern eigentlich weitere CSF sind.

Sie sollten sich also sehr genau überlegen, welche Erfolgsfaktoren und Kennzahlen Sie für die Messung Ihrer Prozesse verwenden. In Kapitel 5 finden Sie viele praxisbezogene Hinweise für die zielorientierte Gestaltung von CSF und KPI.

Tabelle 4.2 Erfolgsfaktoren und Kennzahlen für Service-Strategy-Prozesse

CSF	Zugehörige KPI
Die Akteure haben Zugang zu Informationen über das interne und externe Umfeld der Serviceerbringung.	▪ Aussagen über jedes adressierte Marktsegment liegen vor und sind kommuniziert. ▪ Die Fehlerquote in den vorliegenden Informationen beträgt maximal 5 %.
Alle Akteure haben ein klares Verständnis für die strategischen Perspektiven.	▪ Die Vision und Mission liegen vor und alle Mitarbeiter sind ausgebildet, diese zu verstehen und zu nutzen. ▪ Jede Abteilung verfügt über einen strategischen Plan, der auf die Unternehmensziele, Vision und Mission referenziert.
Die eigene Positionierung ist bekannt und die Akteure verstehen die Bedeutung.	▪ Jeder strategische und taktische Plan beinhaltet einen Hinweis auf den Beitrag zu Positionierung und Wettbewerbsvorteilen. ▪ Jede Servicebeschreibung beinhaltet die Information, welche Geschäftsergebnisse durch ihn unterstützt werden.

4.1.2.4 Herausforderungen

Eine große Gefahr für den Prozess Strategy Management for IT Services ist dessen Ansiedlung auf der falschen Ebene. Naturgemäß werden Service-Management-Prozesse oft aus der IT-Organisation initiiert und auch dort gestaltet. Weil die Ergebnisse des Prozesses breite Auswirkungen auf das gesamte Unternehmen haben und daher eine breite Akzeptanz eine wichtige Rolle für den Erfolg spielt, ist die Unterstützung des Managements zwingend notwendig.

4.1.3 Service-Portfolio Management

Die Betrachtung des Service-Portfolios bereits auf strategischer Ebene stellt sicher, dass die angebotenen Services sowohl dem Markt als auch der eigenen Leistungsfähigkeit angemessen sind.

Das Service-Portfolio beschreibt die Services im Business-Kontext, also bezogen auf den Nutzen für die Kunden, und liefert die Basis für den Service-Katalog. Allerdings sollen neben dem Nutzen für den Kunden auch die eigenen Fähigkeiten und Ressourcen betrachtet und entwickelt werden, sodass die Services bei maximalem Ertrag mit einem akzeptablen Risiko gestaltet werden können. Das Service-Portfolio Management liefert Entscheidungsgrundlagen und beantwortet u. a. die folgenden Fragen:

- Warum sollten unsere Kunden die von uns angebotenen Services kaufen?
- Warum ausgerechnet von uns?
- Wie werden die Services verrechnet?
- Wie stellen wir die benötigten Fähigkeiten und Ressourcen bereit?

4.1.3.1 Ziele

Ziel des Service-Portfolio Managements (SPM) ist es, die Investitionen in das Service Management und letztlich die Serviceerbringung dynamisch und bezogen auf den Nutzen für den Kunden zu managen, indem die richtigen Services zur richtigen Zeit angeboten bzw. entwickelt werden. Wichtige Ziele des Prozesses:

- Es existiert ein Prozess und Verfahren für die Entscheidung darüber, welche Services angeboten werden sollen und welche nicht.
- Es existiert ein aktuelles Service-Portfolio und der Beitrag zum Business ist für jeden Service beschrieben.
- Es wird gesteuert, welche Services zu welchen Konditionen und mit welchen Investitionen angeboten werden.
- Es wird erkannt, wann Services nicht mehr sinnvoll sind und wann sie nicht mehr angeboten werden sollten.

4.1.3.2 Aktivitäten

Service-Portfolio Management ist in vier Phasen beschrieben. Diese Phasen werden in einem beständigen Zyklus wiederholt und gewährleisten so eine permanente Anpassung des Service-Portfolios an aktuelle und neue Anforderungen (Bild 4.5):

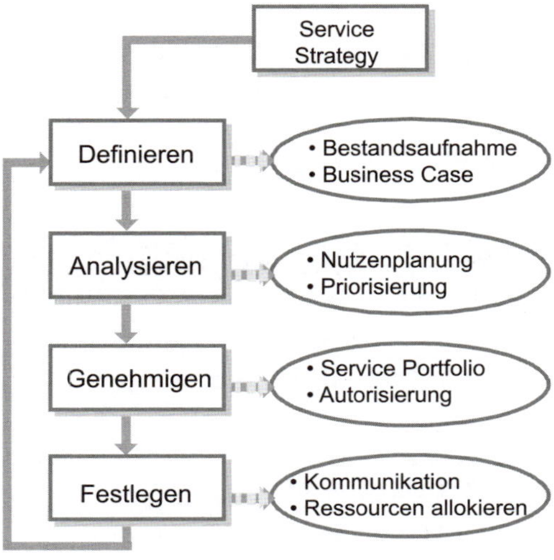

Bild 4.5
Service-Portfolio-Prozess
(Quelle: Service Strategy, 2007, Fig. 5.17)

- *Definieren:* Sammeln von Informationen über alle vorhandenen, geplanten und vorgeschlagenen Services und ableiten, welche Fähigkeiten und Ressourcen dafür benötigt werden und welche davon bereits vorhanden sind. In einem Business-Case je Service werden Aufwand und Nutzen dokumentiert, um anschließend den Wert der Services bestimmen zu können.
- *Analysieren:* In dieser Phase werden die identifizierten Services in Bezug zu den strategischen Zielen des Service Providers (die sich natürlich auch aus den Zielen der Kunden ableiten) bewertet. Welche Services tragen zur Erreichung dieser Ziele bei und werden daher tatsächlich benötigt?
- *Genehmigen:* In dieser Phase werden die Services für das Service-Portfolio festgelegt und freigegeben. Für vorhandene Services sind unterschiedliche Vorgaben möglich (beibehalten, ersetzen, rationalisieren, umgestalten, erneuern, zurückziehen).
- *Festlegen:* Die Entscheidungen werden kommuniziert und die daraus folgenden Aktivitäten initiiert. Die notwendigen Ressourcen werden allokiert und bei Bedarf nachfolgende Prozesse aus Service Design und Service Transition angestoßen. Anschließend startet der Zyklus bei der erneuten Informationssammlung zur Identifikation möglicher Veränderungen.

Informationsmanagement

Während des Prozesses werden eine Reihe von für alle Beteiligten relevanten Informationen und Dokumente erzeugt. Für ein funktionierendes Service Management müssen diese Informationen zuverlässig und vollständig bereitgestellt werden. Folgende Informationen sollten zur Verfügung gestellt werden:

- das Service-Portfolio, bestehend aus Service Pipeline, Service-Katalog und Retired Services
- das Projektportfolio und das Applikationsportfolio
- das Kundenportfolio
- die Service-Modelle
- die dokumentierte Service-Strategie
- das Configuration Management System (CMS)

4.1.3.3 Erfolgsfaktoren und Kennzahlen

Sie sollten sich sehr genau überlegen, welche Erfolgsfaktoren und Kennzahlen Sie für die Messung Ihrer Prozesse verwenden. In Kapitel 5 finden Sie viele praxisbezogene Hinweise für die zielorientierte Gestaltung von CSF und KPI.

Tabelle 4.3 Erfolgsfaktoren und Kennzahlen für das Service-Portfolio Management

CSF	Zugehörige KPI
Es existiert ein formaler Prozess für die Entscheidung über angebotene Services.	▪ Der Service-Portfolio-Management-Prozess ist etabliert und ein Service Owner verantwortlich. ▪ Der Prozess wird jährlich auditiert und erreicht die definierten Ziele.
Es existiert ein Modell für die Bewertung des Service-Nutzens und des Return on Invest der Services.	▪ Die initialen Investitionen und die laufenden Kosten für jeden Service sind dokumentiert. ▪ In Kundenzufriedenheitsanalysen wird der Wert für den Business-Nutzen wie erwartet bewertet.
Die Fähigkeit zur vollständigen Dokumentation der Services ist vorhanden.	▪ Es existiert ein Service-Portfolio als Basis für Entscheidungen für das Service-Angebot. ▪ Die Businessanforderungen werden in einem formalen Prozess ermittelt. ▪ Jeder Service im Portfolio leistet einen direkten Beitrag zu mindestens einem Geschäftsprozess.

4.1.3.4 Herausforderungen

Um das Service-Portfolio an den Anforderungen des Business orientieren zu können, ist eine enge Kundenbindung Voraussetzung. Ohne diese Bindung werden in der Regel wesentliche Informationen fehlen, und die Ausrichtung des Portfolios am Business wird lückenhaft und im schlimmsten Fall nur auf dem Papier existent sein.

4.1.3.5 Service-Portfolio

Bei der Beschreibung der Services wird, um der internen und externen Sichtweise gerecht zu werden, zwischen Business-Services und IT-Services unterschieden. Business-Services werden in Bezug auf Aktivitäten im Geschäftsprozess des Kunden definiert und durch das Business definiert (z. B. Mitarbeiterverwaltung). IT-Services sind technische Services, die keinen direkten Bezug zu den Geschäftsprozessen haben und vom Kunden nicht im Kontext des Business wahrgenommen werden. Sie sind in der Regel Bestandteil der vereinbarten Business-Services (z. B. Backup-Service).

Neben dem Service-Portfolio wurde in der Edition 2011 auch ein Application Portfolio eingeführt, in dem analog zu den Services die eingesetzten Applikationen über ihren Lifecycle gesteuert werden.

Die Komponenten des Service-Portfolios

Das Service-Portfolio besteht aus drei Komponenten: dem Service-Katalog, der Service-Pipeline und zurückgezogenen Services (siehe Bild 4.6):

- Die Service-Pipeline beinhaltet Services, die geplant sind und künftig in den Service-Katalog übernommen werden sollen. Das können auch Services sein, die sich aktuell in der Transition-Phase, also in der Überführung von der Erstellung in den Betrieb, befinden.
- Der Service-Katalog beinhaltet alle aktuell vereinbarten bzw. alle aktuell lieferbaren Services. Der Service-Katalog ist der nach außen hin sichtbare Teil des Service-Portfolios und kann sowohl je Kunde als auch als Gesamtkatalog für alle Kunden definiert sein.
- Die auslaufenden Services (retired services) werden in Zukunft nicht mehr angeboten und nur so lange weiter betrieben, wie es die aktuellen Vereinbarungen mit den Kunden erfordern. Sie können also in einem kundenbezogenen Service-Katalog noch enthalten sein, in einem allgemeinen Service-Katalog werden sie jedoch nicht mehr geführt.

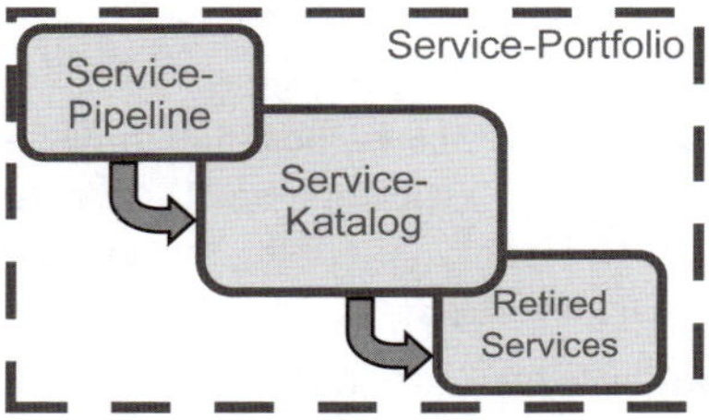

Bild 4.6
Komponenten des Service-Portfolios

Entwicklung des Service-Portfolios

Eine wichtige Voraussetzung für ein marktgerechtes Serviceangebot ist es, diese Services so zu beschreiben, dass der Kunde den Nutzen für seine Geschäftsprozesse unmittelbar erkennen kann. Immer wieder werden große Anstrengungen für die Spezifizierung der zu vereinbarenden Services unternommen, um dann festzustellen, dass die Spezifikation zwar vollständig ist, der Kunde aber nicht verstehen kann, was er eigentlich geliefert bekommen soll. Es gilt also, bei der Beschreibung der Services im ersten Schritt die Perspektive des Kunden einzunehmen und die Services nicht von Komponentenbeschreibungen ausgehend, sondern ergebnisorientiert und auf die Geschäftsprozesse bezogen zu beschreiben. Die Beschreibung lautet also beispielsweise:

> *Die Anwender können in der Geschäftszeit zwischen 6:00 und 18:00 Uhr E-Mails versenden und empfangen. Der Service fällt maximal x Stunden pro Monat aus. Wenn er ausfällt, wird er innerhalb von y Stunden wiederhergestellt. Allen Anwendern steht während der Geschäftszeit unter der Telefonnummer xyz ein Support mit den Eigenschaften a, b und c zur Verfügung.*

Erst im nächsten Schritt gilt es dann, auf Basis dieser Anforderungen zu betrachten, was der Service Provider im Einzelnen leisten muss, damit der vereinbarte Service auch in dieser Weise erbracht werden kann. Bild 4.7 zeigt beispielhaft die Komponenten einer Servicedefinition bezogen auf den Nutzen des Service.

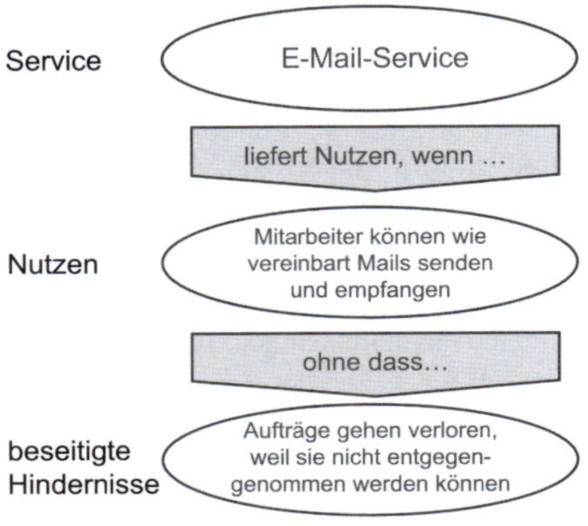

Bild 4.7
Beispiel einer Servicedefinition

4.1.4 Financial Management for IT Services

Financial Management ist für jedes Unternehmen ein zentraler Prozess für eine sinnvolle Unternehmenssteuerung, aber auch ein sehr komplexer Prozess. Er unterstützt Unternehmen dabei, den Ressourceneinsatz für die Erreichung der Unternehmensziele sinnvoll und entsprechend den vorhandenen Mitteln und Möglichkeiten zu steuern.

Für die IT-Organisation bedeutet das eine enge Integration aller Aktivitäten im Financial Management für IT Services mit dem Financial Management des Unternehmens (Enterprise Financial Management).

4.1.4.1 Ziele

Ziel dieses Prozesses ist es, Business und IT in die Lage zu versetzen, den tatsächlichen Wert der IT-Services und der Service Assets finanziell zu quantifizieren. Diese Quantifizierung spielt in zweierlei Hinsicht eine Rolle. Zunächst ist es wichtig, dem Kunden den Nutzen der Services darzustellen, um ihm so eine Bewertung des Services bezüglich Kosten und Nutzen zu ermöglichen.

Weiterhin spielt die exakte Ermittlung der Kosten für die Serviceerbringung eine für den Service Provider entscheidende Rolle. Denn nur wenn die vollständigen Kosten für die Serviceerbringung bekannt sind, kann der Provider einen wirtschaftlich sinnvollen Preis ermitteln. In der Praxis tritt nicht selten der Fall ein, dass Geschäftsbeziehungen zwischen Kunden und Service Provider scheitern, weil der Service Provider bei der Preisverhandlung nicht alle Kosten für die Serviceerbringung kannte oder berücksichtigt hat und schließlich wirtschaftlich nicht in der Lage ist, den vereinbarten Service zu den festgelegten Konditionen über die gesamte Vertragslaufzeit zu erbringen.

Einige wichtige Ziele aus der ITIL®-Literatur:

- Es existiert ein formelles Rahmenwerk, um die Servicekosten zu ermitteln, zu beeinflussen und zu kommunizieren.
- Die finanziellen Auswirkungen von Strategieveränderungen auf den Serviceprovider sind bekannt.

- Das Verhältnis zwischen Einnahmen und Ausgaben ist bekannt und die Balance entsprechend den Vorgaben aus dem Financial Management des Unternehmens ist gegeben.
- Es existieren Forecasts über den zukünftigen Finanzbedarf für den Betrieb der IT-Service-Organisation.

4.1.4.2 Aktivitäten

Das Financial Management for IT Services unterstützt durch finanzielle Vorgaben und Quantifizierung des Aufwands zur Serviceerbringung bei unternehmenskritischen Entscheidungen bezüglich der Serviceerbringung.

Natürlich hat das Financial Management einen Einfluss auf die Entwicklung der Strategie und somit auch auf das Design neuer oder die Verbesserung der vorhandenen Services. Die durch den Financial-Management-Prozess ermittelten Informationen tragen u. a. zur Beantwortung der folgenden Fragen bei:

- Welche Services erzeugen die höchsten Kosten, und warum?
- Entspricht das Budget dem Aufwand, der zur Serviceerbringung notwendig ist?
- Wo liegen unsere größten Ineffizienzen?

Ziel ist es, den Wert eines Services, letztlich also den Servicepreis so zu gestalten, dass er vom Kunden als fair akzeptiert wird und dem Service Provider den Betrieb des Services ermöglicht. Die Basis für die Bewertung der Services ist die Kenntnis des tatsächlichen Werts dieser Services über den kompletten Lifecycle. Der minimale Wert eines Service (also die reinen Kosten für die Erbringung) ergibt sich aus den folgenden Komponenten:

- Hardware und Software sowie deren Wartung
- Personelle Ressourcen
- Betriebsmittel (Rechenzentren, Gebäude, ...)
- Steuern, Zinsen
- Kosten für Compliance

Financial Management für IT Services besteht aus den drei Hauptprozessen Budgeting, Accounting und Charging. Alle Aktivitäten in diesen Hauptprozessen unterliegen einem Planungszyklus (z. B. Budgetplanung, jährlich) und einem operativen Zyklus (z. B. Überwachen der Budgeteinhaltung, monatlich).

Budgeting

Wie der Name schon sagt, geht es hier um die Planung, welche Einnahmen und Ausgaben für eine definierte Periode erwartet werden und wie die vorhandenen Mittel eingesetzt werden sollen. Die vereinbarten Budgets werden anschließend regelmäßig überwacht und deren Einhaltung sichergestellt. Auf diese Weise sorgt man dafür, dass die vorhandenen Mittel entsprechend den festgelegten Zielen eingesetzt und Abweichungen frühzeitig erkannt werden. Budgeting beantwortet unter anderem die folgenden Fragen:

- Haben wir ausreichend finanzielle Ressourcen, um unsere Ziele zu erreichen?
- Woher stammen die benötigten Finanzmittel?

- Wo werden unnötig zusätzliche Mittel eingesetzt, obwohl die Services den Anforderungen entsprechen?
- Wo werden nicht alle verfügbaren Mittel eingesetzt, obwohl die Services nicht den Anforderungen entsprechen?

Accounting

Das Accounting stellt sicher, dass die Kosten für die Serviceerbringung vollständig ermittelt werden, und überwacht die tatsächliche Entwicklung der Kosten während des Betriebs. Darüber hinaus werden Kostenmodelle als Basis für das Charging erarbeitet. Für eine vollständige Betrachtung ist es hilfreich, die Struktur der Service Assets zu nutzen, um alle Aspekte der Services, für die Kosten entstehen könnten, zu betrachten. Accounting ermöglicht es,

- die tatsächlichen Kosten im Vergleich mit dem Budget zu überwachen,
- Kostenziele für die Gestaltung der Services bereitzustellen,
- eine sinnvolle Priorisierung der Ressourcen sicherzustellen,
- alle notwendigen Entscheidungen mit den bestmöglichen Informationen zu den Kosten zu treffen,
- bei Bedarf die im Charging ermittelten Preise fundiert zu erläutern.

Charging

Im Charging werden die Methoden zur Verrechnung der Leistungen festgelegt. Die Art der Verrechnung steht in einem engen Zusammenhang mit der Strategie und den Zielen. Im Rahmen des Chargings wird auch festgelegt, welche Chargeable Items – definierte Objekte, für die man einen Preis festlegen kann und die seitens des Kunden für die Abrechnung schlüssig sind – genutzt werden. Das Charging – also die Verrechnung von Services – bietet eine Reihe von Vorteilen. Einige Beispiele:

- Die Kunden erkennen eine direkte Verbindung zwischen in Anspruch genommener Leistung und Kosten. Die Art der Nutzung verändert sich dadurch in der Regel.
- Die IT wird transparenter für das gesamte Unternehmen.
- Die Wertschätzung der Kunden für die Services kann positiv beeinflusst werden. Frei nach dem Motto: „Was nichts kostet, ist auch nichts wert."

4.1.4.3 Erfolgsfaktoren und Kennzahlen

Sie sollten sich sehr genau überlegen, welche Erfolgsfaktoren und Kennzahlen Sie für die Messung Ihrer Prozesse verwenden. In Kapitel 5 finden Sie viele praxisbezogene Hinweise für die zielorientierte Gestaltung von CSF und KPI.

Tabelle 4.4 Erfolgsfaktoren und Kennzahlen für das Financial Management for IT Services

CSF	Zugehörige KPI
Es existiert ein unternehmensweit etabliertes Rahmenwerk, um Finanzinformationen zu ermitteln, zu steuern und zu kommunizieren.	▪ Definierte Standards, Policies und Kontenpläne sind etabliert und es erfolgen jährliche Audits. ▪ Alle vereinbarten Finanzreports werden monatlich durch jeden Bereich zur Verfügung gestellt.
Die Finanzmittel für die Erstellung und den Betrieb der Services sind verfügbar.	▪ Dem Service Provider stehen die vereinbarten Mittel für die Bereitstellung der vereinbarten Services zur Verfügung. ▪ Es steht das vereinbarte Budget für Forschung und Entwicklung neuer Services bereit.
Service Asset and Configuration Management arbeitet eng mit dem Financial Management for IT Services zusammen.	▪ Die Kunden und Service Assets sind vollständig im CMS dokumentiert und enthalten notwendige Finanzinformationen. ▪ Das Reporting über Kosten und Nutzung der Service Assets erfolgt in der vereinbarten Frequenz.

4.1.4.4 Herausforderungen

Klassische Finanzreports und vor allem Kostenmodelle sind häufig auf die Infrastruktur und die Applikationen beschränkt. Diese Informationen reichen jedoch nicht aus, um die tatsächlichen Kosten für Services zu ermitteln, da wesentliche Informationen (z. B. Supportkosten, Personal usw.) nicht vorliegen. Diese Situation erschwert es, den Wert eines Services nachvollziehbar darzustellen. Um dies zu verhindern gilt es, im Accounting, die verschiedenen Kostenarten für Services gewissenhaft und vollständig zu erfassen und zu dokumentieren.

4.1.5 Demand Management

4.1.5.1 Ziele

Zweck des Demand-Management-Prozesses ist es, den Bedarf der Kunden im Detail zu verstehen (also z. B. auch, welche Services an welchen Tagen zu welchen Zeiten wie intensiv genutzt werden), Voraussagen zu treffen und, wenn es für die Serviceerbringung von Vorteil ist, diesen Bedarf auch zu beeinflussen. Wichtige Ziele des Prozesses:

- Die Art des Bedarfs der Kunden für die Nutzung der Services ist im Detail bekannt.
- Die Services sind so gestaltet, dass sie den Bedarf der Kunden zuverlässig und wirtschaftlich erfüllen.
- Der Capacity-Management-Prozess verfügt über valide Daten für die Planung der Fähigkeiten und Ressourcen.
- Die Service-Organisation ist in der Lage, Situationen, in denen der Bedarf höher ist als die Kapazitäten, vorauszusehen und zu vermeiden oder mit ihnen umzugehen.

4.1.5.2 Aktivitäten

Das Demand Management befasst sich damit, den aktuellen Bedarf (also die tatsächliche Inanspruchnahme der vereinbarten Services) der Kunden zu erkennen und die Kapazität zur Leistung der angefragten Services entsprechend anzupassen. Ziel ist es, die vorhandenen Ressourcen optimal zu nutzen. Neben einer bedarfsgerechten Planung kann auch die Beeinflussung des Bedarfs (z. B. über Preisstrukturen) ein adäquates Mittel sein.

Die Aktivitäten der Kunden beeinflussen die Bedarfsmuster für die zu liefernden Services und somit die benötigten Ressourcen. Es gilt also für Service Provider, die Muster der Geschäftsaktivitäten der Kunden (Pattern of Business Activity, PBA) zu erkennen. Als Ergebnis kann das Design der Services entsprechend angepasst werden. Auch Service Operation kann durch Informationen über das Nutzungsverhalten bei der Planung der Aktivitäten und Ressourcen unterstützt werden. Bild 4.8 zeigt den Zusammenhang zwischen aktuellem Bedarf und der Servicebereitstellung entsprechend den ermittelten Informationen:

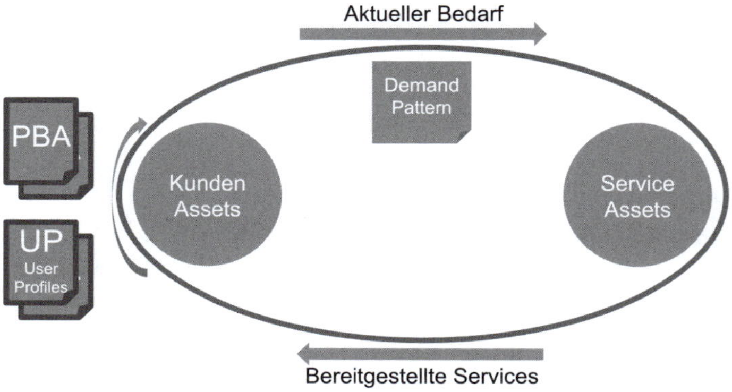

Bild 4.8 Zusammenhang zwischen aktuellem Bedarf und der Servicebereitstellung (basierend auf Service [Strategy 2011] Figure 4.39)

Die Informationen zum Nutzungsverhalten der Kunden dienen als direkter Input für das Capacity Management, wo die Bereitstellung der Ressourcen den Bedarfsmustern angepasst wird.

User Profiles

User Profiles dienen der Darstellung der konkreten Beziehungen zwischen identifizierten Patterns of Business Activities (PBA). User Profiles (UP) entstehen durch die Zuordnung eines oder mehrerer PBA zu einer Rolle oder einem System. Sie tragen zu einem besseren Verständnis der Businessanforderungen aus Sicht verschiedener Rolleninhaber oder aus Systemsicht bei. Tabelle 4.5 zeigt eine beispielhafte Zuordnung.

Tabelle 4.5 User Profiles und PBA

User Profile	Zutreffende Patterns of Business Activity
Vorstand	Reisetätigkeit, hochsensible Informationen, keine Verzögerung in Service Requests, ...
Außendienst	Reisetätigkeit, sensible Informationen, intensiver Kundenkontakt, geringe Verzögerung, ...
ERP-System	Business-System, hoher Durchsatz, transaktionsbezogen, geringe Saisonalität, ...

Benötigte Informationen

Um Demand Management sinnvoll betreiben zu können, werden eine Reihe von Informationen aus den verschiedenen Phasen des Lifecycle benötigt. Die folgende Liste gibt einen kurzen Überblick:

- Das Service-Portfolio
- Das Kunden-Portfolio
- Das Projekt-Portfolio
- Protokolle der Gespräche zwischen IT und Business
- Service Level Agreements

4.1.5.3 Erfolgsfaktoren und Kennzahlen

Tabelle 4.6 Erfolgsfaktoren und Kennzahlen für das Demand Management

CSF	Zugehörige KPI
Die Patterns of Business Activity (PBA) sind analysiert und dokumentiert.	▪ Es sind PBAs für jeden vorhandenen und neuen Service definiert. ▪ Die PBA werden in Informationen zur Auslastung übersetzt.
User Profile sind definiert und werden genutzt, um den Bedarf verschiedener Anwendertypen zu verstehen.	▪ Die dokumentierten User Profiles beinhalten ein Bedarfsprofil für den jeweiligen User-Typen.

Sie sollten sich sehr genau überlegen, welche Erfolgsfaktoren und Kennzahlen Sie für die Messung Ihrer Prozesse verwenden. In Kapitel 5 finden Sie viele praxisbezogene Hinweise für die zielorientierte Gestaltung von CSF und KPI.

4.1.5.4 Herausforderungen

Es ist oft sehr mühsam, verlässliche Informationen für das Demand Management zusammenzutragen. Kunden müssen die IT an den internen Verhaltensweisen und den Planungen für die nähere Zukunft teilhaben lassen und sich ein Stück weit öffnen. Besonders bei externen Service Providern führt das häufig zu Widerständen. Hier gilt es, gemeinsam mit den Kunden über die Vorteile eines fundierten Demand Management zu diskutieren und so die Akzeptanz dieses Vorgehens zu fördern.

4.1.6 Business Relationship Management

Die Rolle eines Business Relationship Managers ist in vielen Unternehmen bereits seit längerem etabliert (und auch in der ITIL®-Literatur beschrieben), allerdings gab und gibt es oft keinen Prozess, der die Ziele, Aktivitäten und Ergebnisse strukturiert beschreibt. Der in der Edition 2011 beschriebene Business Relationship Management Prozess orientiert sich an der ISO/IEC 20000 und ist in vielen Punkten aus dieser abgeleitet.

4.1.6.1 Ziele

Der Zweck des Prozesses ist es, eine gute Beziehung zwischen Service Provider und Kunden zu etablieren und zu pflegen. Ein wichtiger Aspekt dabei ist es, die Bedürfnisse der Kunden sowie deren Geschäftsprozesse zu verstehen. Einige wichtige Ziele aus der Prozessdefinition in der Edition 2011:

- Der Service Provider versteht die Sicht der Kunden auf die Services.
- Die Services erfüllen die Anforderungen der Kunden und die Kunden sind zufrieden.
- Veränderungen in der Kundenumgebung werden erkannt und bei Bedarf die Services entsprechend angepasst.
- Gemeinsam mit dem Kunden werden dessen geschäftliche Anforderungen identifiziert und formuliert.
- Konflikte werden erkannt und bei Bedarf korrigierende Maßnahmen eingeleitet.
- Beschwerden und Eskalationen erfolgen innerhalb eines definierten Prozesses.

4.1.6.2 Aktivitäten

Die Aktivitäten der Business-Relationship-Management-Prozesse erstrecken sich über alle Phasen des Service Lifecycle. Die folgende Aufzählung zeigt wichtige Aktivitäten dieses Prozesses mit dem Bezug zur jeweiligen Phase des Lifecycles.

Service Strategy

- Stakeholder identifizieren und einbinden
- Gemeinsam mit den Kunden die für die Serviceerbringung relevanten Geschäftsprozesse festlegen
- Erarbeiten strategischer Vorgaben und Planen der Bereitstellung finanzieller Mittel
- Gemeinsame Business Cases erarbeiten
- Überprüfen und bei Bedarf Korrigieren der PBA

Service Design

- Regelmäßige Prüfung und bei Bedarf Anpassung der formulierten Kundenanforderungen
- Pflege der PBA
- Überprüfen und Betätigen der geplanten Kosten und entsprechenden Budgets
- Einbinden des Kunden in das Design der Services

Service Transition

- Einbinden des Kunden in die Service-Transition-Prozesse (z. B. Freigaben beim Rollout)
- Einbinden der Kunden bzw. Anwender in geplante Trainingsmaßnahmen
- Abstimmen der geplanten Release-Termine
- Bekannte Fehler (Known Errors) und deren Auswirkungen kommunizieren

Service Operation

- Kommunikation geplanter Serviceunterbrechungen (z. B. Wartungsfenster)
- Information der Kunden zu Major Incidents, deren Auswirkungen und des geplanten Umgangs mit ihnen
- Teil der Eskalationskette

Continual Service Improvement

- Reporting der Servicequalität (z. B. Performance, Verfügbarkeit)
- Planung und Durchführung von Kundenzufriedenheitsanalysen
- Verbessern der Fähigkeiten zur Unterstützung der strategischen Ziele
- Initiieren konkreter Pläne zur Serviceverbesserung

4.1.6.3 Erfolgsfaktoren und Kennzahlen

Sie sollten sich sehr genau überlegen, welche Erfolgsfaktoren und Kennzahlen Sie für die Messung Ihrer Prozesse verwenden. In Kapitel 5 finden Sie viele praxisbezogene Hinweise für die zielorientierte Gestaltung von CSF und KPI.

Tabelle 4.7 Erfolgsfaktoren und Kennzahlen für das Business Relationship Management

CSF	Zugehörige KPI
Die Fähigkeit, die Anforderungen der Kunden und deren Wirkung auf das Geschäft zu verstehen, ist vorhanden.	▪ Die Kundenanforderungen werden in festgelegten Zyklen abgestimmt und aktualisiert.
Die Fähigkeit, Veränderungen beim Kunden und deren Auswirkungen auf die Services zu erkennen, ist vorhanden.	▪ Die Zufriedenheit der Kunden ist konstant hoch. ▪ Die Quote der vom Kunden selbst erbrachten Services ist konstant gering.
Der Service Provider ist in der Lage zu erkennen, ob die Services den Geschäftsanforderungen der Kunden entsprechen.	▪ Konstante Bewertungen oberhalb des definierten Minimums im Kundenzufriedenheitsindex.

4.2 Continual Service Improvement

4.2.1 Überblick

Um langfristig erfolgreich sein zu können, müssen Service Provider ihre Services beständig neuen Anforderungen anpassen, um die Geschäftsprozesse der Kunden aktuell und zukünftig erfüllen zu können. Alle diese Aktivitäten werden in der ITIL® Edition 2011 in der Lifecycle-Phase „Continual Service Improvement (CSI)" gebündelt [CSI, 2011]. CSI deckt Möglichkeiten auf, wie sich Effektivität und Effizienz der für die Serviceerbringung definierten Prozesse und Aktivitäten steigern lassen. Ein besonderer Fokus liegt hierbei auf der Messung und der auf den Messergebnissen basierenden Definition gezielter Maßnahmen. Grundsätzlich gilt:

- Man kann nicht steuern, was man nicht kontrolliert.
- Man kann nicht kontrollieren, was man nicht misst.
- Man kann nicht messen, was man nicht definiert.

Jeder Mitarbeiter des Service Providers trägt Verantwortung für den kontinuierlichen Verbesserungsprozess und leistet einen wichtigen Beitrag, indem er aktiv die benötigten Informationen liefert. Ohne die Informationen und Rückmeldungen aus allen Prozessen des Lifecycles kann die kontinuierliche Verbesserung nicht funktionieren, da nur valide und vollständige Daten zu den richtigen Entscheidungen und Maßnahmen führen.

4.2.2 Ziele, Aufgaben und Nutzen

Continual Service Improvement hat zum Ziel, die Effektivität und Effizienz der IT-Services hinsichtlich der Geschäftsanforderungen kontinuierlich zu verbessern. Um dieses Ziel zu erreichen, müssen verschiedene Voraussetzungen - wie z. B. die nachfolgend beschriebenen - erfüllt sein:

- Die Ergebnisse des Service Level Achievement sind betrachtet und analysiert.
- Benötigte Anpassungen zur Verbesserung der IT-Servicequalität sowie der Prozesseffizienz und -effektivität sind identifiziert und implementiert.
- Die Balance zwischen wirtschaftlicher Erbringung der IT-Services und Kundenzufriedenheit ist gewährleistet und wird ständig verbessert.

4.2.3 Begriffe und Grundlagen

ROI (Return on investment)

ROI beschreibt das Verhältnis zwischen dem erreichten Nutzen und den dazu aufgewendeten Mitteln. Im Prinzip geht es darum, einen möglichst großen (finanziellen) Nutzen mit möglichst geringem (finanziellem) Aufwand zu erzielen (z. B.: € 200.000 zur Verbesserung des Change-Prozesses, Einsparungen € 395.000, ergibt einen ROI von € 195.000 nach einem Jahr, also 97,5 %).

VOI (Value on investment)

VOI beschreibt den Wert einer Verbesserung im nicht monetären Bereich und in der Langzeitbetrachtung (z. B. ein Imagegewinn oder ein erzielter Wettbewerbsvorteil).

Baselines

Baselines dokumentieren einen definierten Zustand der IT-Infrastruktur oder von Teilen der Infrastruktur. Sie definieren den Ausgangspunkt für Verbesserungen und bilden eine Vergleichsbasis für spätere Messungen. Baselines sollten auf unterschiedlichen Ebenen festgelegt werden (z. B. strategische Ziele, Prozessreife, operative Messwerte).

Governance

Governance spielt im IT-Service-Management eine zunehmend wichtige Rolle, da immer häufiger gesetzliche und andere externe Regularien bei der Gestaltung der Services beachtet werden müssen. Für viele Unternehmen ist die Einhaltung solcher Regularien heute von existenzieller Bedeutung. In der ITIL®-Literatur werden ebenso wie in den meisten anderen Quellen drei Arten von Governance unterschieden:

- *Enterprise Governance:* Dient der Fokussierung auf die Erreichung der definierten und messbaren Business-Ziele. Sie stellt sicher, dass die Organisation auf diese Ziele ausgerichtet ist und deren Erreichung überwacht und gesteuert wird. Dabei werden sowohl Aspekte der Corporate Governance als auch der Unternehmensführung betrachtet.
- *Corporate Governance:* Betrachtet Fairness, Transparenz und Verantwortlichkeiten im Unternehmen. Ein sehr bekanntes Beispiel sind die Anforderungen aus dem Sarbanes-Oxley Act (SOX) für Unternehmen, die an den US-Börsen notiert sind.
- *IT-Governance:* Stellt sicher, dass die IT-Organisation die Erreichung der Unternehmensziele unterstützt und deren Erweiterung ermöglicht. IT-Governance ist ein Bestandteil der Enterprise Governance und liegt in der Verantwortung des Managements. Es werden Mitarbeiterführung, organisatorische Strukturen und Prozesse betrachtet und so durch das permanente Bestreben nach verbessertem Nutzen für das Business eine Basis für das Continual Service Improvement geschaffen.

Risk Management

Risikomanagement (Risk Management) ist eine eigenständige Disziplin und wird durchgeführt, um die Wahrscheinlichkeit der Zielerreichung zu erhöhen. Das gilt auf allen Ebenen des unternehmerischen Handelns, also auf strategischer, taktischer und operativer Ebene.

Auch die Prozesse des IT-Service-Managements finden auf diesen drei Ebenen statt. Auf der taktischen Ebene kommt Risikomanagement üblicherweise im Rahmen der Prozesse Availability Management, ITSCM und Information Security Management zum Einsatz. Auf den Ebenen der Strategie und des Betriebs muss Risikomanagement durchgeführt werden, um beispielsweise die Auswirkungen geänderter Nachfragemuster, Währungsschwankungen, neuer Konkurrenz, technischer Changes und Ausfällen auf eine wirtschaftliche Art und Weise zu reduzieren. Idealerweise gibt es im Unternehmen ein eigenständiges Risikomanagementsystem, welches auch für die Prozesse des IT-Service-Managements Anwendung findet.

Deming Cycle (PDCA-Zyklus)

Der Deming Cycle (nach W. Edward Deming), auch PDCA-Zyklus (Plan - Do - Check - Act) genannt, bildet die Grundlage für alle Aktivitäten im kontinuierlichen Verbesserungsprozess. In vier Stufen wird ein Kreislauf beschrieben, an dem die Aktivitäten zur Verbesserung strukturiert werden können (Bild 4.9).

- *Plan:* In dieser Phase werden Ziele definiert, Maßnahmenpläne erstellt und Rollen und Verantwortlichkeiten definiert.
- *Do:* Hier werden die geplanten Maßnahmen umgesetzt und dokumentiert.
- *Check:* In dieser Phase werden Messdaten erhoben und in Reports zusammengefasst.
- *Act:* Identifizierte Abweichungen von der Planung werden bewertet und Korrekturmaßnahmen als Input für eine erneute Planungsphase werden abgeleitet.
- *Control:* Diese Aktivität erstreckt sich über alle Phasen und stellt sicher, dass die definierten Aufgaben durchgeführt und Aktivitäten sowie Ergebnisse dokumentiert werden.

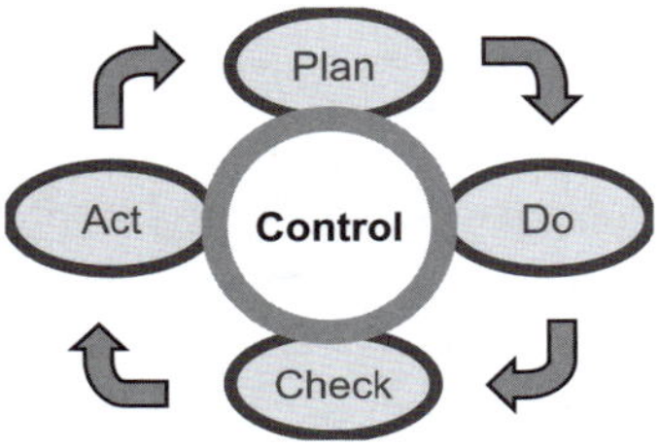

Bild 4.9
Deming Cycle

4.2.4 7-Step-Improvement-Prozess

Die kontinuierliche Verbesserung der Prozesse und Services steht im Zentrum dieses Prozesses und trägt dazu bei, dass die Leistungsfähigkeit des Service Providers langfristig den Anforderungen der Kunden entspricht.

4.2.4.1 Ziele

Die Ziele des 7-Step-Improvement-Prozesses sind:

- Die benötigten Messdaten sind definiert und aus den strategischen, taktischen und operationellen Zielen des Unternehmens abgeleitet.
- Messkriterien und Methoden sind definiert und implementiert.
- Entscheidungen können aufgrund der Messergebnisse getroffen werden.

4.2.4.2 Aktivitäten

Bild 4.10 zeigt die Prozessaktivitäten des 7-Step-Improvement-Prozesses (7-stufiger Verbesserungsprozess) und die Berührungspunkte zum PDCA-Zyklus.

Schritt 1: Strategie zur Verbesserung

In diesem ersten Schritt wird die Beziehung zur Strategie des Unternehmens und zu entsprechenden taktischen Überlegungen hergestellt, denn die Art, wie mit Verbesserungspotenzial umgegangen wird, hängt natürlich von diesen übergeordneten Vorgaben ab. Einige dieser einflussnehmenden Faktoren sind:

- Die Vision und das Mission Statement
- Die Anforderungen und Vorgaben des Business
- Die Unternehmensstrategie
- Strategische und taktische Ziele
- Operative Zielsetzungen und Verfahren

Schritt 2: Definieren, was gemessen wird

Basierend auf den Unternehmenszielen, wird in dieser Stufe festgelegt, was gemessen werden muss, um die Erreichung der Ziele überprüfen zu können. Ergebnis dieser Aktivitäten ist eine Liste der benötigten Metriken. Um die Anforderungen an die auszuwählenden Kennzahlen zu definieren, können die folgenden Informationen nützlich sein:

- Vision des Unternehmens und Mission Statements
- Service Level Requirements und Ziele
- Ziele des Unternehmens und der Unternehmensbereiche, IT-Ziele
- Gesetzliche und regulatorische Anforderungen
- Perspektiven der Balanced Scorecard (Kapitel 5)

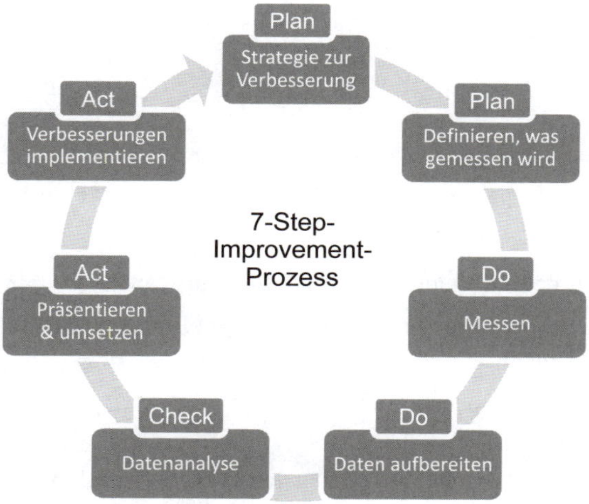

Bild 4.10
7-Step-Improvement-Prozess (angelehnt an [CSI 2011], Figure 3.4)

Praxistipp

Wenn Unternehmen über die Auswahl möglicher Kennzahlen nachdenken, dann machen sie häufig den Fehler, zu viele Kennzahlen zu definieren. Sie verlieren dabei den Blick auf das Wesentliche. Unterscheiden Sie zwischen Daten und Informationen (DIKW-Modell).

Es ist nicht sinnvoll, alles Messbare tatsächlich zu messen. Überlegen Sie zunächst auf der Basis der oben genannten Kriterien, welche Informationen Sie benötigen, und erst danach, welche Daten Sie dafür erfassen müssen. ■

Basierend auf diesen Überlegungen entsteht eine Liste von Kennzahlen, die erfasst werden sollten, um die Erreichung der definierten Ziele zu überwachen. Häufig können jedoch nicht alle dieser „Wunschkennzahlen" erfasst werden oder der Aufwand für die Erfassung wäre in der aktuellen Situation nicht vertretbar (z. B. regelmäßige manuelle Datenerfassung). Als weiterer Schritt werden die Kennzahlen identifiziert, die nicht oder nur mit Abstrichen erfasst werden können. Anschließend wird diese Liste mit der „Wunschliste" verglichen und eine Gap-Analyse erstellt.

Schritt 3: Messen

In diesem Schritt findet der eigentliche Vorgang des Messens, also der Erfassung der erforderlichen Daten statt. Das Monitoring erfasst die Effektivität und Effizienz von Services, Prozessen, Tools oder einzelner Configuration Items.

Der Fokus des Monitorings kann sich aus Sicht des CSI im zeitlichen Verlauf ändern. Welche Daten erfasst werden und welche Informationen geliefert werden müssen, hängt von den aktuellen Anforderungen und Verbesserungsaktivitäten ab. Um die Verfügbarkeit der jeweils notwendigen Informationen sicherzustellen, ist eine definierte Schnittstelle zwischen Service Operation und CSI notwendig.

Bei der Erfassung der Daten und der Lieferung von Informationen werden grundsätzlich drei Arten von Metriken unterschieden:

- Technologie-Kennzahlen
  - komponenten- oder anwendungsbasiert
  - Performance, Verfügbarkeit etc.
- Prozess-Kennzahlen
  - Critical Success Factors (CSF), Key Performance Indicator (KPI)
  - Effektivität, Effizienz, Compliance eines Prozesses
- Service-Kennzahlen
  - End-to-End-Messungen (was kommt beim Kunden an, was geht bei uns raus)

Mehr Details zu den Kennzahlentypen sowie deren Gestaltung, Nutzung und Auswertung werden in Kapitel 5 dieses Buchs beschrieben.

Schritt 4: Daten aufbereiten

Nachdem die benötigten Daten erfasst wurden, dient dieser Schritt der Transformation der Daten in Informationen. Dazu werden die vorhandenen Daten in einen definierten Kontext gesetzt (z. B. logisch gruppiert), um so die benötigten Informationen ableiten zu können. Es werden z. B. die Monitoring-Daten verschiedener einzelner Komponenten wie Server, Anwendungen und Netzwerk analysiert und daraus die Informationen für die Bewertung der End-to-End-Verfügbarkeit aus Kundensicht abgeleitet.

Schritt 5: Daten/Informationsanalyse

Im Rahmen dieser Aktivität werden die während der Aufbereitung gewonnenen Daten und Informationen ausgewertet. Durch den Vergleich der vorhandenen Informationen mit den definierten Zielen und Vorgaben, wird aus Informationen Wissen bezüglich der Ereignisse, die Einfluss auf die IT-Services nehmen (DIKW-Modell). Während der Analyse sollten Sie die folgenden Fragen beantworten:

- Können Trends abgeleitet werden (positiv oder negativ)?
- Entsprechen die Ergebnisse der Planung und werden die Ziele erreicht?
- Sind Korrekturmaßnahmen notwendig?
- Welche Kosten werden durch Abweichungen erzeugt?
- Die gewissenhafte Auswertung der gesammelten Informationen nimmt Zeit in Anspruch und erfordert von den beteiligten Mitarbeitern Konzentration, Wissen und Erfahrung. Die Analyse der Informationen kann in der Regel nicht automatisiert durch Tools erfolgen (im Gegensatz zur Aufbereitung).
- Wird nach diesem Schritt festgestellt, dass entweder alle Ziele erreicht oder die für die erforderlichen Gaps nötigen Korrekturmaßnahmen bereits eingeleitet wurden, startet der 7-Step-Improvement-Prozess von Neuem mit dem Schritt des Monitorings.

Schritt 6: Präsentieren und umsetzen

In diesem Schritt werden die Stakeholder über die Ergebnisse informiert und konkrete Maßnahmen vorgeschlagen, um mögliche Abweichungen zu korrigieren. An dieser Stelle wird im Rahmen des DIKW-Modells das vorhandene Wissen zu „Weisheit" oder „Erkenntnis" (Wisdom), d. h., die Organisation ist nun in der Lage, konkrete Handlungsweisen oder Veränderungen aus den Erkenntnissen abzuleiten.

Schritt 7: Verbesserungen implementieren

Nachdem mögliche Maßnahmen identifiziert und genehmigt wurden, werden diese Korrekturen implementiert bzw. deren Implementierung initiiert. Auf Basis der bisherigen Baseline und der implementierten Veränderungen wird eine neue Baseline als Ausgangspunkt gesetzt und der Prozess startet von Neuem.

4.2.4.3 CSI Manager

Der CSI Manager ist verantwortlich für alle Aktivitäten der kontinuierlichen Verbesserung. Einige der wichtigsten Verantwortungen sind:

- Kommunikation des Nutzens und der Vision des CSI
- Rollendefinition und Zuweisung
- Austausch mit dem jeweiligen Service- und Process Owner bezüglich CSI
- Management der Struktur der Monitoring-Tools
- Erstellung und Pflege des Service Improvement Plans (SIP) zusammen mit dem Service Level Management (SLM)
- Sicherstellen der CSI-Aktivitäten über den gesamten Lifecycle
- Review der Analyseergebnisse
- Präsentationen und Reports an das Management
- Priorisierung der Maßnahmen zur Verbesserung

4.2.4.4 Key-Performance-Indikatoren (KPI)

Im Folgenden finden Sie einige Beispiele für mögliche Kennzahlen aus der ITIL®-Literatur, mit deren Hilfe sich die Prozessqualität und der Beitrag zu den IT-Zielen messen lassen:

- Anteil RFC (Request for Change) aufgrund Feedback aus bestehenden Services
- Prozentuale Verbesserung der Kundenzufriedenheit pro Zeiteinheit
- Prozentuale Reduzierung der Kosten pro vereinbartem Service
- Anzahl der Prozessverbesserungen aufgrund von Service Reviews

Es ist jedoch nicht ausreichend, einfach definierte Kennzahlen zu übernehmen. Details zur richtigen Gestaltung von Zielen und Kennzahlen werden in Kapitel 5 beschrieben.

4.2.4.5 Herausforderungen

Entscheidend für einen funktionierenden 7-Step-Improvement-Prozess ist die Verfügbarkeit aktueller, valider und vollständiger Daten und Informationen aus allen Phasen des Lifecycle. Daher müssen funktionierende Schnittstellen zu allen anderen Prozessen geschaffen und gepflegt und die jeweiligen Process und Service Owner mit in die Verantwortung für CSI genommen werden. Für sie sollten konkrete Ziele bezüglich der kontinuierlichen Verbesserung des von ihnen verantworteten Services oder Prozesses definiert werden.

4.3 Service Design

Das Buch *Service Design* liefert Anleitungen für das Design und die Erstellung von Services und Service-Management-Prozessen. Neben den neuen Services werden auch größere Veränderungen an bestehenden Services betrachtet. *Service Design* liefert die Methoden für die Umsetzung strategischer Ziele in ein Portfolio aus Services und Service Assets. Das Unternehmen wird bei der Entwicklung der notwendigen Fähigkeiten für das Service Management unterstützt, indem Aufgaben und Ziele klar beschrieben werden.

Der Scope des Service Design erstreckt sich über alle für die Gestaltung der Services und Prozesse notwendigen Methoden und Aktivitäten. Im Einzelnen sind dies:

- Planung und Gestaltung neuer und veränderter Services
- Service-Management-Systeme und Tools, wie Service-Portfolio und Service-Katalog
- Planung und Gestaltung von Technologie und Architektur
- Planung und Gestaltung der benötigten Prozesse
- Planung und Gestaltung von Messmethoden und Metriken

Die Service-Design-Prozesse im Überblick

- Design Coordination
- Service Level Management
- Service Catalogue Management

- Capacity Management
- Availability Management
- IT-Service Continuity Management
- Information Security Management
- Supplier Management

4.3.1 Ziele, Aufgaben und Nutzen

Ziel des Service Design ist eine effiziente und effektive IT, deren Lösungen an den Zielen und Anforderungen der Kunden ausgerichtet sind. Um dieses Ziel zu erreichen, gilt es einerseits, die Anforderungen überhaupt zu erkennen. Hierzu leisten die Aktivitäten in Service Strategy einen großen Beitrag. Andererseits müssen die Services entsprechend dieser Anforderungen in angemessener Zeit und zu angemessenen Kosten entwickelt werden. Neben den anforderungsgerecht bereitgestellten Service Assets (Fähigkeiten und Ressourcen) spielt also die Weiterentwicklung der Bereitstellung von IT-Services eine große Rolle. Um diesen Effizienzanforderungen und gleichzeitig den qualitativen Anforderungen der Kunden gerecht zu werden, sind effiziente und effektive Prozesse für die Entwicklung, die Implementierung, den Betrieb und die kontinuierliche Verbesserung hochwertiger Services notwendig. Den Rahmen für diese Prozesse und die Gestaltung der zu liefernden Services sowie für die Identifizierung und das Management auftretender Risiken bietet das Buch *Service Design*.

Ein direkter Nutzen für das Business ist die durch klar beschriebene und wiederholbare Prozesse sichergestellte, einfachere Integration neuer oder veränderter Services. Neue oder veränderte Business-Anforderungen können so schnell und mit überschaubarem Risiko umgesetzt werden. Das Business erhält zudem zu jeder Zeit aktuelle Informationen über den Beitrag der IT-Services im Unternehmen und somit fundierte Entscheidungsgrundlagen für die Planung der zukünftigen Servicegestaltung.

4.3.2 Begriffe und Grundlagen

4.3.2.1 Sourcing-Optionen

Wie schon weiter oben erwähnt, gibt es in der Regel nur noch sehr selten Eins-zu-eins-Beziehungen zwischen Service Provider und Kunden. Die folgenden Optionen für die Zusammenarbeit werden immer wieder genannt und sollen in diesem Überblick kurz erläutert werden:

- *Insourcing:* In allen Bereichen des Service Lifecycle werden interne Ressourcen genutzt. Externe Provider spielen in der Regel keine Rolle.
- *Outsourcing:* Es werden klare Vereinbarungen und Verträge mit externen Providern geschlossen, um externe Ressourcen für die Serviceerbringung zu nutzen.
- *Co-Sourcing:* Insourcing und Outsourcing oder mehrere externe Service Provider werden kombiniert, um die Services zu erbringen. Diese Variante trifft man heute sehr häufig an.
- *Multisourcing:* Es werden formale Vereinbarungen zwischen zwei oder mehreren Unternehmen über die Zusammenarbeit im gesamten Service Lifecycle getroffen.

- *Business Process Outsourcing (BPO):* Es werden komplette Business-Funktionen (Call-Center, Gehaltsabrechnung, ...) an externe Partner oft in Regionen mit niedrigeren Kosten vergeben.
- *Application Service Provision:* Bestimmte benötigte Applikationen werden von Application Service Providern (ASP) bezogen. Auch Software as a Service (SaaS) gehört zu dieser Kategorie.
- *Knowledge Process Outsourcing (KPO):* Hierbei handelt es sich um eine weitergehende Form des BPO. Der externe Provider übernimmt komplette Unternehmensbereiche inklusive des Business-Know-hows und beschränkt sich nicht auf die reine Prozesssicht.
- *Multi Vendor Sourcing:* Eine Vorgehensweise, in der verschiedene Services von verschiedenen Service Provider bezogen und genutzt werden.
- *Cloud:* Cloud Service Provider liefern definierte Services on demand. Dabei handelt es sich in der Regel um standardisierte Services, die sich je nach Vereinbarung allerdings auch individuellen Anforderungen anpassen lassen.

4.3.2.2 Anforderungsgerechte Services

Für die Gestaltung anforderungsgerechter Services ist es von entscheidender Bedeutung, dass die Vorgaben und Ziele des Business bekannt sind. Die Schnittstelle zwischen Service Design und Service Strategy spielt eine zentrale Rolle, indem die benötigten Informationen als Input zur Verfügung gestellt werden. Neben den Vorgaben für Inhalt und Umfang des Service-Portfolios müssen detaillierte Informationen zu den konkreten Anforderungen der Kunden an die Services dokumentiert werden. Diese Anforderungen sind in der Regel kein einmaliger Input, sondern werden während der Designphase iterativ immer wieder überprüft und ggf. entsprechend der Kundenvorgaben angepasst. Gemeinsam mit dem Kunden werden Akzeptanzkriterien (Service Acceptance Criteria, SAC) für den neuen Service definiert, um so die Erfüllung der Kundenanforderungen und deren Bestätigung nach der Transition-Phase sicherzustellen. Die zweite Perspektive für die Gestaltung neuer oder veränderter Services ist die der vorhandenen Infrastruktur und vorhandener Services. Wann immer möglich, sollte man bei der Gestaltung neuer Services die Möglichkeiten der Infrastruktur optimal nutzen und vorhandene Services weiterentwickeln, bevor man ein komplett neues Design anstrebt.

Unter Berücksichtigung dieser Vorgaben werden die Services entsprechend den Anforderungen gestaltet. Diese Gestaltung beinhaltet die für den Service benötigten Komponenten und die Dokumentation der Serviceanforderungen (Service Level Requirements, SLR) als Basis für die Gestaltung der späteren Servicevereinbarung (Service Level Agreement, SLA). In den nun folgenden Schritten der Entwicklung, der Realisierung und des Testens der neuen Services werden alle Phasen des Service Lifecycles, insbesondere Service Transition und Service Operation, bereits einbezogen, bevor der neue Service in die Produktion überführt wird. So können Schwachstellen und Anpassungsbedarf bereits identifiziert und verarbeitet werden, bevor ein neuer Service produktiv ist. Details zur Überführung von Services in die Produktivumgebung werden in Abschnitt 4.2, Service Transition beschrieben. Ein definierter Anlaufsupport stellt sicher, dass anfängliche Fehler und Schwachstellen erkannt und adressiert werden. Die hier gesammelten Informationen und Erfahrungen fließen bereits in den kontinuierlichen Verbesserungsprozess (KVP) ein und stellen so die Verbindung zum Continual Service Improvement her.

Die folgenden wichtigen Faktoren sind für die Gestaltung anforderungsgerechter Services wichtig:

- *Geschäftsprozesse:* Bedürfnisse, Anforderungen und Ziele des Kunden
- *Menschen:* Aktivitäten der in die Serviceerbringung eingebundenen Mitarbeiter
- *Prozesse:* Bereits definierte Prozesse für das Management der IT-Services
- *Tools:* Management- und Support-Tools für den Betrieb der Service-Infrastruktur
- *Technologie:* Bereitstellung von Produkten und Technologie

4.3.2.3 Service-Portfolio

Das Design des Service-Portfolios bezieht sich direkt auf die Vorgaben des in Service Strategy beschriebenen Service-Portfolio Managements. Ausgehend von der Entscheidung, welche Märke mit welchen Services adressiert werden sollen, wird das Portfolio so gestaltet, dass sowohl die Anforderungen der Business-Prozesse erfüllt als auch die Möglichkeiten des Service Providers berücksichtigt werden. Das Service-Portfolio enthält Informationen darüber, welche Business-Prozesse von welchen Services unterstützt werden. In der Edition 2011 werden die auf den Kunden ausgerichteten Services auch *Customer Faced Services* genannt, um die Abgrenzung zu den unterstützenden Services zu verdeutlichen. Außerdem wird beschrieben, welche Infrastrukturkomponenten den Services zugrunde liegen und welchen Beitrag die Ressourcen des Service Providers und externe Lieferanten leisten müssen (Supporting Services). Diese unterstützenden Services werden in internen Vereinbarungen, also Operational Level Agreements (OLA), und externen Verträgen (Contracts) festgelegt (Bild 4.11).

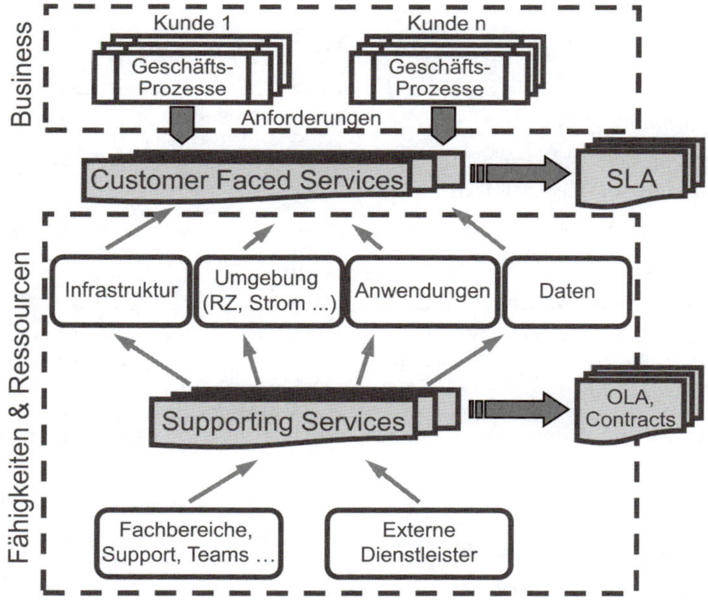

Bild 4.11 Service-Portfolio

Das Service-Portfolio bildet den gesamten Lifecycle der Services von der Entstehung (Service Pipeline) über den Betrieb (Service-Katalog) bis zur Außerbetriebnahme (Retired Services) ab. Es ist das zentrale Management-System im Service Design und sollte bei der Beantwortung der folgenden Fragen unterstützen:

- Warum kaufen Kunden einen Service?
- Warum gerade bei uns?
- Welche Preismodelle werden angeboten?
- Welche Ressourcen und Fähigkeiten (Service Assets) werden zur Serviceerbringung benötigt?

Um diese Fragen zu beantworten, ist es wichtig, Services nicht nur aus technischer Sicht, sondern auch aus Kundensicht zu beschreiben. Es kommt also darauf an, dem Kunden den Nutzen der Services für seine Geschäftsprozesse so darzustellen, dass dieser die Möglichkeit hat, den Service zu bewerten. Einer der häufigsten Fehler in der Praxis sind Servicebeschreibungen, die der Kunde nicht versteht. Im Service-Portfolio werden die Services mit ihren Attributen detailliert beschrieben:

- *Servicename und -beschreibung:* Stellen die eindeutige Identifizierung des Services sicher und beschreiben, was dieser Service leistet.
- *Status:* Beschreibt, in welchem Status sich der Service in der Organisation befindet. Mögliche Status sind „definiert", „genehmigt", „entwickelt", „in Betrieb".
- *Klassifizierung:* Welche Bedeutung hat dieser Service für das Business?
- *Genutzte Applikationen und Daten:* Welche Anwendungen, Systeme und Daten werden für den Service benötigt?
- *Unterstützter Geschäftsprozess:* Zu welchem Geschäftsprozess leistet dieser Service welchen Beitrag?
- *Business Owner, Business User, IT-Owner:* Wer ist für den Service verantwortlich?
- *Zugesicherte Eigenschaften (SLA):* Welche Eigenschaften wie z. B. Verfügbarkeit oder Performance werden dem Kunden zugesichert?
- *Unterstützende Services und Ressourcen:* Welche Ressourcen und welche anderen Services werden benötigt, um diesen Service zu liefern?
- *OLA, Contracts:* Welche Vereinbarungen wurden intern und extern für die Serviceerbringung getroffen?
- *Servicekosten und Servicepreis:* Zu welchem Preis wird der Service erbracht und welche Kosten entstehen dadurch? (Die Kosten werden bei einem externen Provider in der Regel nicht transparent für den Kunden, es besteht allerdings die Möglichkeit einer Open-Book-Kalkulation.)
- *Metriken:* Welche Messgrößen werden erfasst, wie werden sie erfasst, und wie sieht der Report aus?

4.3.2.4 Die fünf Aspekte des Service Designs

Gestaltung neuer und veränderter Services

Grundsätzlich werden die Anforderungen für neue oder zu verändernde Services aus dem Service-Portfolio abgeleitet. Jede Anforderung an den Service wird analysiert und dokumentiert, um anschließend ein entsprechendes Design zu entwickeln. Wichtig ist dabei, dass jedes Design mit den Vorgaben aus Service Strategy abgeglichen und bei Bedarf angepasst wird.

Auch die Integration in die bestehende Service-Landschaft spielt eine wichtige Rolle. Andere Services sollen durch die neuen Services nicht beeinträchtigt werden. Ebenso soll die Interaktion zwischen vorhandenen und neuen Services ermöglicht werden. Kurz gesagt sollen sich neue oder veränderte Services harmonisch in das bestehende Umfeld einfügen.

Management-Informationssysteme und -Werkzeuge

Bei jeder Einführung neuer oder veränderter Services können sich auch die Anforderungen an die unterstützenden Management-Tools verändern. Insbesondere das Service-Portfolio muss entsprechend angepasst werden. Aber auch an anderen Stellen sind möglicherweise Anpassungen notwendig (zum Beispiel CMDBs, Wissensdatenbank, Ticketdokumentation).

Architektur von Technologie und Management

Neue und veränderte Services bedeuten in der Regel auch neue Anforderungen an die zugrundeliegende Technologie und Architektur. Gib es neue technische Anforderungen? Reichen die Kapazität und Performance der vorhandenen Komponenten aus? Gegebenenfalls müssen hier entsprechende Anpassungen der Infrastruktur initiiert werden.

Benötigte Prozesse

Ein Review der vorhandenen Prozesse stellt sicher, dass die definierten Prozessaktivitäten geeignet sind, auch die neuen oder veränderten Services optimal zu unterstützen. Stimmen die Rollenbeschreibungen für die Prozessakteure noch? Werden neue oder veränderte Skills benötigt und ist der Durchsatz der Prozesse den neuen Anforderungen angemessen?

Messsysteme und Metriken

Zuletzt gilt es sicherzustellen, dass die definierten Messmethoden und Metriken geeignet sind, auch die neuen oder veränderten Services zu erfassen. Auch die möglicherweise in den Schritten zuvor angepassten Management-Tools, technischen Komponenten und Prozesse können Veränderungen in der Art der Messung oder der Gestaltung der Metriken bedingen.

4.3.2.5 Prozessdesign

Gelebte Prozesse bilden die Grundlage für ein funktionierendes IT-Service-Management. Service Design befasst sich neben der Gestaltung der Services auch mit dem Design dieser Prozesse. Ein Prozess beschreibt eine Reihe von Aktivitäten, um ein definiertes Ziel zu erreichen. Dabei werden ein oder mehrere Inputs zu einem definierten Output verarbeitet. Neben Input, Aktivitäten und Output werden auch Rollen, Verantwortungen und benötigte Tools sowie Fähigkeiten und Ressourcen beschrieben. Die Definition eines Prozesses in ITIL® 2011 Edition lautet:

> *A process is a set of coordinated activities combining and implementing resources and capabilities in order to produce an outcome, which, directly or indirectly, creates value for an external customer or stakeholder [Service Strategy, 2007].*

Sinngemäß übersetzt bedeutet das:

> *Ein Prozess besteht aus koordinierten Aktivitäten, die Ressourcen und Fähigkeiten nutzen, um ein Ergebnis zu erzeugen, das - direkt oder indirekt - einen Nutzen für Kunden oder Stakeholder erzeugt.*

Das generische Prozessmodell in ITIL® beschreibt die Elemente eines Prozesses wie in Bild 4.12 dargestellt.

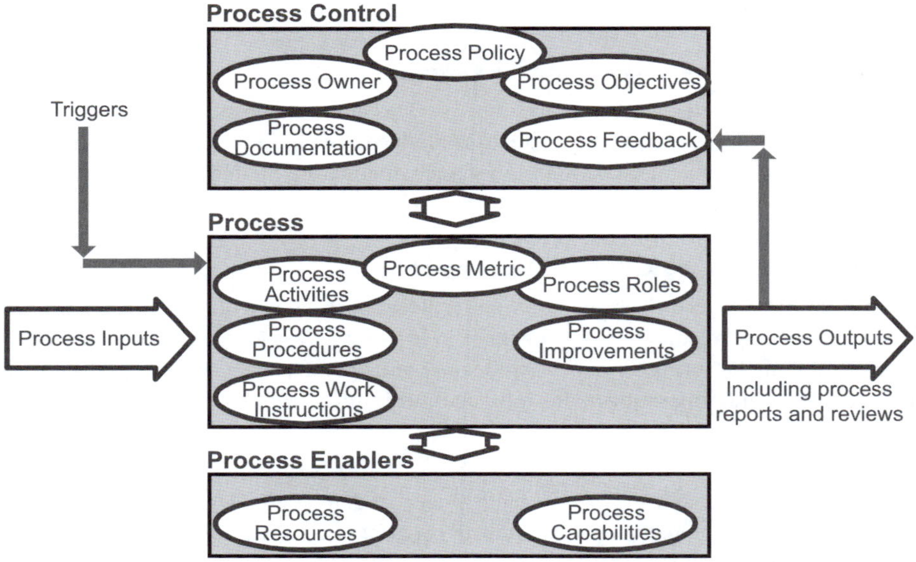

Bild 4.12 Generisches Prozessmodell in ITIL® (Quelle: Service Design 2007)

4.3.3 Design Coordination

Dieser Prozess soll dazu beitragen, die Aktivitäten während der gesamten Phase des Service Design, unabhängig davon, in welchem Prozess sie durchgeführt werden, besser zu koordinieren und so einen strukturierten Ablauf sicherzustellen.

4.3.3.1 Ziele

- Services, Service Management Systeme, die Architektur, die technischen Assets sowie die Prozesse und Metriken entsprechen den Business-Anforderungen.
- Die Ressourcen und Pläne im Service Design (in Projekten, bei Service Providern und in den Support-Teams) werden zentral koordiniert.
- Service Design Packages werden gemäß den Serviceanforderungen und entsprechenden Change Requests erstellt, gepflegt und an Service Transition kommuniziert.
- Qualitätskriterien, Anforderungen und Schnittstellen zu anderen Phasen (Service Strategy und Service Transition) werden koordiniert und gesteuert.
- Service-Modelle und -Designs entsprechen den Vorgaben aus Service Strategy.

4.3.3.2 Aktivitäten

Design Coordination ist hier lediglich für Koordination und Steuerung verantwortlich. Die Umsetzung erfolgt in den einzelnen Prozessen. Die Prozessaktivitäten werden zu diesem Zweck in zwei Kategorien gegliedert:

- Übergreifende Aktivitäten für die Service-Design-Phase
- Aktivitäten für jedes einzelne Design eines Services

Übergreifende Aktivitäten

- **Methoden und Regeln entwerfen und pflegen:** Festlegen eines übergreifenden und umfassenden Ansatzes für das Service Design und Ableiten entsprechender Regeln und Vorgaben. Stellt ein konsistentes Design der Services sicher.
- **Ressourcen und Fähigkeiten für das Design planen:** Stellt sicher, dass die benötigten Fähigkeiten und Ressourcen zur richtigen Zeit am richtigen Ort verfügbar sind. Dazu gehören unter anderem:
  - Notwendige Technologie beschaffen und implementieren
  - Trainingsmaßnahmen initiieren
  - Personal einstellen
  - Vorhandene Prozesse verändern oder neue Prozesse initiieren
- **Design-Aktivitäten koordinieren:** Koordination der Design-Aktivitäten unabhängig davon, ob in Projekten oder durch den Change-Management-Prozess koordiniert. Management von Konflikten und Synchronisation von Plänen, Ressourcen sowie internen und externen Beteiligten.
- **Risiken und offene Punkte managen:** Durchführen formaler Risiko-Assessments, um Schwächen in den Designs zu vermeiden. Durchsetzen notwendiger Veränderungen zur Risikominimierung.
- **Service Design verbessern:** Sicherstellen, dass die Ziele der Design-Phase erreicht werden, Korrekturmaßnahmen ableiten und Synchronisation mit CSI. Ableiten konkreter Service Improvement Plans (SIP).

Aktivitäten für einzelne Designs

- **Individuelles Design für Services entwickeln:** Planung der Design-Aktivitäten für jedes Projekt oder jeden Change zur Einführung oder Veränderung von Services. Bereitstellen gemeinsamer Regeln und Templates.
- **Individuelle Designs koordinieren:** Steuerung der Designs für einzelne Services, Synchronisation der Ressourcen auf Seiten des Service Providers und des Kunden. Sicherstellen, dass die richtigen Personen zur richtigen Zeit am richtigen Ort sind und das Richtige tun.
- **Individuelles Design überwachen:** Überwachung aller Design-Aktivitäten, um sicherzustellen, dass vereinbarte Methoden und Regeln beachtet werden. Managen von Konflikten mit anderen Designvorhaben und Überwachen der Einhaltung von Milestones.
- **Review der Designs und Übergabe des Service Design Packages:** Finale Reviews der fertigen Designs und Sicherstellen der Compliance mit Standards, Konventionen und Vorgaben. Sicherstellen korrekter Service Design Packages und deren Übergabe in die Transition-Phase

4.3.4 Service Level Management

Der Prozess *Service Level Management* fokussiert auf die Kernaktivitäten rund um die Vereinbarung der Services zwischen Kunde und Service Provider. Service Level Management (SLM) bildet die Schnittstelle zwischen Service Provider und Kunde und trägt so dazu bei, dass die Anforderungen des Kunden erfasst, dokumentiert und schließlich bei der Gestaltung der Services umgesetzt sowie die SLA-konforme Erbringung der Services dem Kunden nachgewiesen wird.

Der Fokus liegt sowohl auf der Betrachtung und Verbesserung der bestehenden Services als auch auf der Umsetzung neuer oder veränderter Kundenanforderungen in neue Services. Oft spielen bei dieser Aufgabe, neben den dokumentierten, klaren Anforderungen, auch die Wahrnehmung der Services durch den Kunden und daraus resultierende Erwartungen eine große Rolle. Daher ist es wichtig, diese Erwartungen zu erkennen und bei der Gestaltung der Services zu berücksichtigen. SLM leistet so einen wichtigen Beitrag zur Entwicklung der Beziehung zwischen Kunde und Service Provider.

4.3.4.1 Ziele

Ziel des Service Level Management ist die Definition, Dokumentation und Vereinbarung adäquater Service Level Agreements (SLA). Adäquat sind die SLA dann, wenn sowohl die Erwartungen des Kunden als auch die Fähigkeiten des Service Providers bezüglich der gelieferten Services erkannt, gesteuert und berücksichtigt werden. Weitere Ziele:

- Services werden regelmäßig überprüft (Service Review) und Maßnahmen zur Serviceverbesserung abgeleitet (Beitrag zum Continual Service Improvement).
- Die Beziehungen zum Kunden und die Kundenzufriedenheit werden verbessert.

4.3.4.2 Begriffe

Service Packages und Service Level Packages

Um Services entsprechend der Kundenanforderungen und des Bedarfs flexibel aus dem vorhandenen Portfolio zusammenstellen und abbilden zu können, werden Service Packages definiert. Sie enthalten eine Beschreibung der dem Kunden angebotenen Leistungen. Inhalt eines Service Packages sind:

- **Core Service Package:** Beschreibt die grundlegenden Bestandteile des angebotenen Services (bei einem Internetprovider also z. B. die grundsätzliche Anbindung an das Internet).
- **Supporting Services Package:** Enthält weitere Komponenten des Services, die für den Kunden interessant sein könnten (im Beispiel Internet Provider etwa zugestandener Speicherplatz, eine statische IP-Adresse oder ein SPAM-Filter).
- **Service Level Package:** Beschreibt die messbaren Eigenschaften des angebotenen Services (z. B. den Datendurchsatz, Verfügbarkeit oder Supportzeiten).

Service Level Requirement (SLR)

In den SLR werden die Anforderungen des Kunden dokumentiert. Sie bilden die Basis für die Definition der SLA und müssen daher sehr gewissenhaft erarbeitet werden. Oft ist der Service Level Manager bei der Erfassung der Anforderungen auch als Berater gefragt, der den Kunden bei der Formulierung seiner konkreten Anforderungen unterstützt.

Service Level Agreement (SLA)

SLA sind eine Vereinbarung zwischen Service Provider und Kunden bezüglich der Servicequalität und -quantität sowie der Ziele für die Service-Erbringung. Anhand dieser verbindlichen Vereinbarung können Kunden und deren Mitarbeiter erkennen, welche Services zu erwarten sind, und der Service Provider hat eine eindeutige Grundlage für die Gestaltung und Lieferung der Services. Welche Bestandteile tatsächlich in ein SLA aufgenommen werden, ist abhängig von den Rahmenbedingungen im jeweiligen Unternehmen sowie von den Anforderungen der Vertragspartner. Hier einige Beispiele:

- *Vertragspartner und Unterschriften*
- *Beschreibung des Service*
- *Servicezeiten*
- *Serviceverfügbarkeit:* End-to-End-Verfügbarkeit innerhalb der Servicezeiten. Die Angabe erfolgt oft in Prozentsätzen (z. B. 98 %).
- *Zuverlässigkeit:* Die maximal zulässige Anzahl von Ausfällen in einer definierten Zeit.
- *Support:* Wie werden die Anwender bei der Nutzung der Services unterstützt? (Kontaktmöglichkeiten für den Service Desk, Wiederherstellungszeiten usw.)
- *Performance:* z. B. Antwortzeiten
- *Service Continuity:* Bereitstellung des Service im Katastrophenfall.
- *Security:* Maßnahmen im Kontext der IT-Sicherheit.
- *Rollen und Verantwortlichkeiten*
- *Preise und Verrechnungsmethoden*
- *Reporting*

Um den Anforderungen in verschiedenen Organisationsstrukturen gerecht zu werden, wird zwischen drei grundlegenden Service-Level-Strukturen unterschieden:

- *Servicebasierende SLA* beschreiben einen Service für alle Kunden oder Kundengruppen, die diesen Service nutzen. Die Vereinbarungen sind für alle Kunden dieses Services gleich. Ein Beispiel ist der unternehmensweite E-Mail-Service, der in allen Unternehmensbereichen auf gleiche Weise zur Verfügung steht.
- *Kundenbasierende SLA* beschreiben die individuell durch einen Kunden oder eine Kundengruppe genutzten Services. Es existiert also eine Vereinbarung je Kunde, in der alle relevanten Services beschrieben werden.
- *Multilevel SLA* beschreiben eine Kombination aus Vereinbarungen auf unterschiedlichen Ebenen. In der Regel werden drei Ebenen unterschieden: Die Unternehmensebene beschreibt alle Vereinbarungen, die auf Unternehmensebene (Konzernebene) gelten und den Rahmen der Servicevereinbarung bilden. Sie werden seltener verändert als einzelne Servicevereinbarungen. Auf der Kundenebene werden alle Vereinbarungen für einen Kunden oder Unternehmensbereich definiert, ohne sich auf einen einzelnen Service zu beziehen. Die Serviceebene beschreibt die spezifischen Parameter für jeden im SLA vereinbarten Service in Bezug zum jeweiligen Kunden bzw. zur Kundengruppe (Unternehmensbereich).

Operational Level Agreement (OLA)

OLA sind interne Vereinbarungen beim Service Provider über die Lieferung von (Teil-)Services als Beitrag zu den mit den Kunden vereinbarten Services. OLA enthalten in der Regel Ziele für die zum Service beitragenden Unternehmensteile des Service Providers und ermöglichen die Messung der Zielerreichung durch konkrete Metriken.

Praxistipp

In vielen Organisationen werden die Dokumente als unnötig angesehen und nicht ernst genommen. OLA haben allerdings einen echten Nutzen, denn sie helfen der Organisation, sich der eigenen Leistungsfähigkeit bewusst zu werden und das Serviceversprechen aus dem SLA angemessen und zuverlässig zu unterstützen.

Darüber hinaus können OLA als betriebsinterne Ressourcenvereinbarungen dienen. Sie erlauben Linienvorgesetzten, Ressourcen zu planen, zu entwickeln und gezielt einzusetzen.

Halten Sie die OLA einfach, manchmal reicht eine Seite mit den wichtigsten Informationen - sie sollen vom Team verstanden und vor allem akzeptiert werden. ■

(Underpinning) Contracts

Alle Leistungen zur Lieferung eines Services, die nicht vom Service Provider erbracht werden können oder sollen, werden mit externen Anbietern vertraglich vereinbart und in Verträgen (Contracts) dokumentiert. Sie sind die formale Variante der internen OLA für Vereinbarungen mit externen Partnern.

4.3.4.3 Aktivitäten

Vereinbarungen zur Serviceerbringung

Die erste Aufgabe besteht darin, das Geschäft und die Anforderungen des Kunden zu verstehen und in konkret definierten Service Level Requirements (SLR) zu dokumentieren. Service Level Agreements, die den tatsächlichen Kundenanforderungen entsprechen, sind die Basis für eine erfolgreiche Kundenbeziehung. Je größer die Abweichung zwischen tatsächlichen Kundenanforderungen und vertraglicher Vereinbarung ist, desto größer ist die Wahrscheinlichkeit unzufriedener Kunden trotz vertragskonformer Leistungen des Service Providers.

Sind die korrekten Anforderungen in den SLR dokumentiert, erfolgt die Umsetzung in konkrete Spezifikationen für die Erbringung der Services durch den Service Provider. Der Service Level Manager hat hier die schwierige Aufgabe eines Dolmetschers zwischen Kunden- und IT-Sprache. Anhand dieser konkreten Spezifikationen gilt es nun, die Fachbereiche des Service Providers einzubeziehen, indem interne Vereinbarungen bezüglich des jeweiligen Beitrags zur Service-Erbringung getroffen werden. Diese Vereinbarungen enthalten Beschreibungen von Zielen und Aktivitäten für den jeweiligen Fachbereich und werden als Operational Level Agreement (OLA) bezeichnet.

Moderne Service Provider leisten in der Regel nicht den kompletten Service mit eigenen Ressourcen, sondern ziehen für bestimmte Leistungen externe Provider hinzu. Allerdings ist der Service Provider dem Kunden gegenüber für die korrekte Serviceerbringung vollständig verantwortlich, sodass der Beitrag des externen Providers durch entsprechende Servicevereinbarungen (Contracts) abgesichert werden muss.

Sowohl Contracts als auch OLA tragen direkt zu einer effektiven und effizienten Serviceerbringung bei und bilden die Basis für die Vereinbarung realistischer und leistbarer Service Level Agreements, um die Geschäftsprozesse der Kunden optimal zu unterstützen (Bild 4.13).

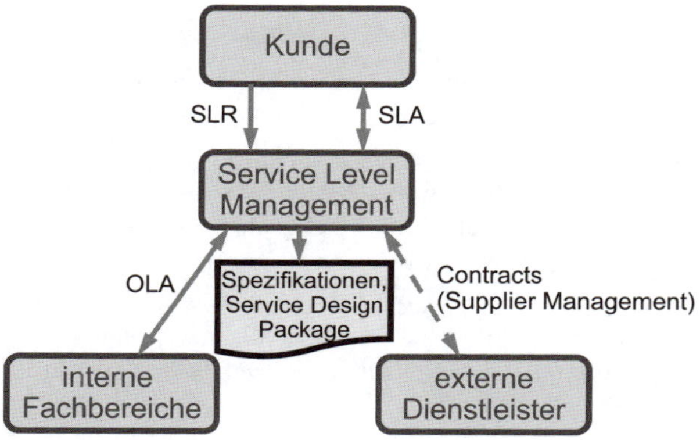

Bild 4.13
Vereinbarungen im Service Level Management

Service Review

Für eine gleichbleibende Servicequalität müssen die getroffenen Vereinbarungen kontinuierlich überprüft und bei Bedarf angepasst werden. Der Service Level Manager ist dafür verantwortlich, regelmäßige Service Reviews durchzuführen und zu überprüfen, ob die aktuell vereinbarten Services noch den aktuellen Anforderungen entsprechen und ob sie entsprechend der Vereinbarungen geliefert werden. Stellt er dabei Mängel oder Handlungsbedarf fest, so initiiert er gezielte Maßnahmen zur Korrektur. Die identifizierten Maßnahmen und daraus resultierenden Projekte werden in einem umfassenden Maßnahmenplan dokumentiert und mit konkreten Zielen versehen. Diese übergreifende Planung der Verbesserungsprojekte bezeichnet man als Service-Improvement-Plan (SIP).

Messen und berichten

Damit die Kunden den Nutzen der Services erkennen und überprüfen können, ob der Service Provider die Services wie vereinbart liefert, ist ein regelmäßiges Reporting unverzichtbar. Basis dieses Reportings sind die Messdaten bezüglich der aktuellen Service-Erbringung. In der Regel beinhalten diese Reportings mindestens Informationen zu Performance (z. B. Antwortzeiten) und Verfügbarkeit (z. B. Häufigkeit und Dauer von Serviceausfällen). Die tatsächliche Qualität der Service-Erbringung im Vergleich zu den vereinbarten SLA wird als Service Achievement bezeichnet. Die Inhalte des Service-Reports sind die Basis für ein intaktes Vertrauensverhältnis zwischen Service Provider und Kunden. Der Service Provider kann nachweisen, in welcher Qualität und Quantität die Services erbracht wurden, und Trends für die Zukunft ableiten. Die Kunden bekommen die Informationen darüber, ob die Services vertragsgemäß erbracht wurden.

Kundenzufriedenheit sicherstellen und erhöhen

Die Zufriedenheit der Anwender auf Kundenseite wirkt sich sehr stark darauf aus, wie der Kunde den Service Provider wahrnimmt. Häufig beeinflussen Erwartungen und Erfahrungen aus der Vergangenheit diese Wahrnehmung, sodass die Gleichung *SLA-konforme Services = zufriedene Kunden* in vielen Fällen leider nicht automatisch aufgeht. Aus diesem Grund wird neben der konkreten Service-Performance auch die Zufriedenheit der Anwender mit den gelieferten Services gemessen. Diese Messungen sind in der Praxis nur über die Auswertung direkter Befragungen des Kunden möglich.

Praxistipp

Das Mittel der direkten Befragung sollten Sie nur mit viel Fingerspitzengefühl einsetzen. Wenn Sie die Anwender nach jeder Inanspruchnahme eines bestimmten Services mit der Frage nach ihrer Zufriedenheit „belästigen", führt das leicht zu verfälschten Ergebnissen, weil die Anwender schlicht genervt sind. Auch freiwillige Befragungen sind nicht unproblematisch. Häufig führen sie zu eher schlechten Ergebnissen, da Sie vor allem von denjenigen Anwendern ein Feedback erhalten werden, die akut unzufrieden sind. Das Resultat einer Kundenbefragung (z. B. als Schulnote) können Sie also nicht ohne Weiteres als Grundlage für Maßnahmen heranziehen. Am besten, Sie bewerten die Rückmeldungen individuell in einem direkten Dialog.

4.3.4.4 Service Level Manager

Der Service Level Manager muss als Prozessmanager für die Erreichung der definierten Ziele im Service-Level-Management-Prozess sorgen. Um dies zu erreichen, ist er verantwortlich für die Umsetzung der definierten Prozessaktivitäten durch die Prozessbeteiligten. Eine zentrale Verantwortung des Service Level Managers in Bezug auf die Kundenbeziehung ist die Identifizierung der aktuellen und zukünftigen Serviceanforderungen (SLR) der Kunden sowie deren Umsetzung bei der Gestaltung der Servicevereinbarungen (SLA). Der Fokus liegt also auf der Erkennung von Veränderungen im Business und der adäquaten Reaktion des Service Providers auf diese Veränderungen. Der Service Level Manager ist u. a. verantwortlich für die folgenden Aktivitäten:

- Vereinbarung und Überarbeitung der Service Level Agreements
- Vereinbarung und ggf. Anpassung von OLA und Contracts
- Unterstützung bei der Pflege eines adäquaten Portfolios und des Service-Katalogs sowie bei der Gestaltung von Verfahren zu deren Pflege
- Durchführung regelmäßiger Service Reviews und Bereitstellen eines adäquaten Kundenreportings
- Sicherstellen der adäquaten Reaktion auf SLA-Verletzungen (z. B. Anpassen der OLA, Anpassen der Fähigkeiten und Ressourcen, Konkretisierung der SLA)
- Kommunikation und Beziehungspflege mit Kunden und Stakeholdern
- Management von Beschwerden und Lob (Dokumentation, Kommunikation, Maßnahmen)

4.3.4.5 Herausforderungen

Häufig führen fehlende Erfahrungswerte bei der Vereinbarung von SLA zu Unsicherheit bei der Gestaltung der Services. Nicht selten passiert es, dass aus Angst vor Fehlern keine klaren Vereinbarungen getroffen werden. Auf Kundenseite bestehen die Vorbehalte oft in der Befürchtung, dass Services nicht vollständig beschrieben und unternehmenskritische Anforderungen im Zweifel nicht mehr erfüllt werden. Auch der Verlust von Flexibilität und Kundenorientierung gilt oft als Risiko. Auf Seiten des Service Providers bestehen die Bedenken in der Regel darin, dass nicht klar ist, ob die Services in der vereinbarten Qualität dauerhaft geliefert werden können und was die Konsequenzen aus SLA-Verletzungen sind.

Um diesen Ängsten und Bedenken zu begegnen, kann es sinnvoll sein, eine Übergangs- oder Startphase zu vereinbaren, nach deren Ablauf die Services von beiden Vertragspartnern neu bewertet und je nach Bedarf angepasst werden. Typischerweise sind Vereinbarungen über mögliche Bonus-/Malus-Regelungen in dieser Phase noch nicht wirksam.

4.3.5 Service Catalogue Management

4.3.5.1 Ziele

Ziel des Service Catalogue Management ist die Bereitstellung eines aktuellen Service-Katalogs als definierte Quelle für konsistente Informationen bezüglich aller vereinbarten Services. Das Service Catalogue Management ist verantwortlich für die Bereitstellung, Pflege und Vollständigkeit des Service-Katalogs sowie für die Kommunikation der Inhalte sowohl an den Kunden als auch an alle Beteiligten beim Service Provider selbst.

4.3.5.2 Begriffe

Service-Katalog

Der Service-Katalog ist ein Ausschnitt aus dem Service-Portfolio und beinhaltet die aktuell den Kunden angebotenen bzw. vereinbarten Services. Der Service-Katalog liefert eine klare Struktur der gelieferten Services und trägt so zu mehr Transparenz der Services bei. Für eine strukturierte Darstellung der Services werden zwei unterschiedliche Perspektiven gewählt.

- Die Business-Perspektive beschreibt die Services aus Sicht des Kunden und in direktem Bezug zu den entsprechenden Geschäftsprozessen (die Services A bis E stellen in dieser Darstellung die Customer Faced Services dar).
- Die technische Perspektive zeigt, aus welchen Komponenten und unterstützenden Services sich ein definierter Business Service zusammensetzt.

Der Service-Katalog wird daher häufig strukturiert in *Business-Service-Katalog* und *Technical Service-Katalog*. Bild 4.14 zeigt den entsprechenden Aufbau eines Service-Katalogs.

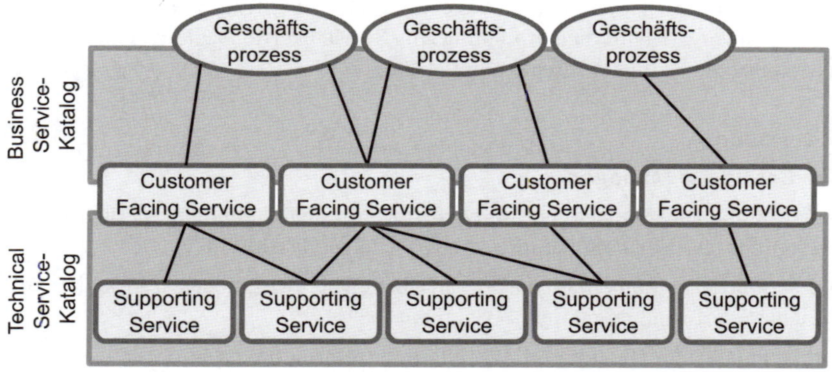

Bild 4.14 Servicevereinbarungen und Service-Katalog

Neben der klaren Strukturierung der Services unterstützt ein aktueller und detaillierter Service-Katalog bei der Vereinbarung neuer Services und der dafür notwendigen Identifizierung der Anforderungen. Die im Service-Katalog beschriebenen Business Services dienen hier als Vorlage, die den Kunden bei der Formulierung seiner Anforderungen unterstützt. Werden neue Service Level Agreements direkt aus dem Service-Katalog abgeleitet, wird auch die Gestaltung der Services von technischer Seite (Spezifikation) durch die im Technical Service-Katalog dokumentierten Informationen deutlich vereinfacht und kann so das Service Level Management konkret unterstützen. Bild 4.15 zeigt die möglichen Vereinfachungen bei der Vereinbarung neuer Services.

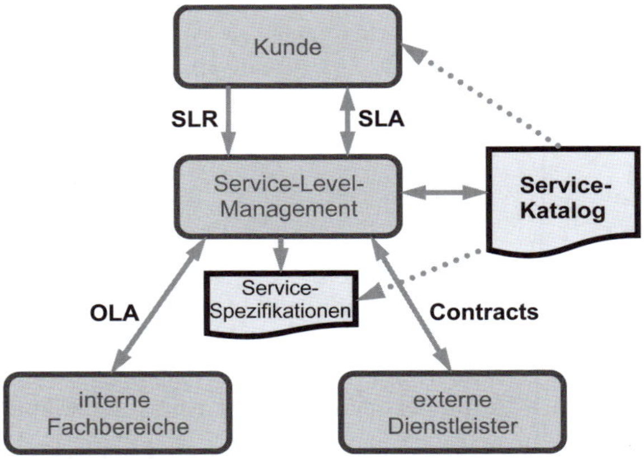

Bild 4.15
Struktur des Service-Katalogs (angelehnt an [Service Design 2011] Figure 4.3)

4.3.5.3 Aktivitäten

Das Service Catalogue Management beschreibt alle notwendigen Aktivitäten zur Gestaltung und Pflege des Service-Katalogs. Die Basis des Service-Katalogs bilden die Definitionen der einzelnen Services. Diese Servicedefinitionen müssen durch das Service Catalogue Management mit allen Beteiligten abgestimmt werden. Für die Abstimmung mit dem Service-Portfolio-Management und mit den für die Erbringung der Services verantwortlichen Fachbereichen des Service Providers werden Policies definiert. Diese Policies beinhalten beispielsweise Vorgaben für die Verbindung zum Service-Portfolio, die zu dokumentierenden Servicedetails oder Verantwortlichkeiten für die Services.

4.3.5.4 Rollen

Service Catalogue Manager

Der Service Catalogue Manager ist verantwortlich für die Erstellung und Pflege des Service-Katalogs und trägt hierzu die Verantwortung für folgende Aktivitäten:

- Sicherstellen der Dokumentation aller betriebenen Services im Service-Katalog (inklusive adäquater Schutzmaßnahmen und Backups)
- Sicherstellen der Richtigkeit und Aktualität der Informationen im Service-Katalog
- Sicherstellen, dass die dokumentierten Services den Vorgaben aus dem Service-Portfolio entsprechen

4.3.5.5 Key-Performance-Indikatoren (KPI)

Im Folgenden finden Sie einige Beispiele für mögliche Kennzahlen aus der ITIL®-Literatur, mit deren Hilfe sich die Prozessqualität und der Beitrag zu den IT-Zielen messen lassen:

- Anteil der im Service-Katalog dokumentierten Services an den insgesamt vereinbarten Services
- Anzahl der Abweichungen in den Servicedefinitionen im Service-Katalog bezogen auf die tatsächlich gelieferten Services
- Bekanntheitsgrad des Service-Katalogs (Bekanntheitsgrad des Technical Service-Katalogs beim IT-Personal, Bekanntheitsgrad des Business-Service-Katalogs auf Kundenseite)

Es genügt jedoch nicht, definierte Kennzahlen einfach zu übernehmen. Details zur richtigen Gestaltung von Zielen und Kennzahlen beschreibt Kapitel 5.

4.3.5.6 Herausforderungen

Oft wird der Nutzen des Service-Katalogs in den operativen Bereichen des Service Providers nicht erkannt und folglich der Service-Katalog als Basis für die Servicegestaltung nicht oder nur bedingt akzeptiert. Der Service Catalogue Manager ist hier gefragt, den Bekanntheitsgrad des Service-Katalogs in der IT-Organisation zu erhöhen und den Nutzen klar zu kommunizieren. Nur wenn alle Beteiligten einen Beitrag zur Pflege und Aktualisierung des Service-Katalogs leisten, kann dieser den Anforderungen gerecht werden.

4.3.6 Capacity Management

4.3.6.1 Ziele

Ziel des Capacity Management ist es, die richtige Kapazität entsprechend aktuellen und zukünftigen Anforderungen zur richtigen Zeit bereitzustellen. Ein besonderer Fokus bei der Bereitstellung der Ressourcen liegt dabei auf der Wirtschaftlichkeit. Es gilt also nicht nur ausreichend Kapazität bereitzustellen, sondern auch unnötige Überkapazitäten zu vermeiden bei optimaler Nutzung vorhandener Fähigkeiten und Ressourcen. Capacity Management dient als zentraler Kontakt für alle Belange der Kapazität und Performance von Services und der benötigten Fähigkeiten und Ressourcen.

4.3.6.2 Aktivitäten

Capacity Management nimmt Einfluss auf alle Phasen des Lifecycle. Eine Kernaufgabe ist die Herstellung der Balance zwischen Kosten und Ressourcen sowie zwischen Angebot und Bedarf. Vorhandene Ressourcen sollen effizient genutzt und neue Ressourcen nur dann beschafft werden, wenn dies wirtschaftlich sinnvoll ist. Andererseits ist es von großer Bedeutung, dass mit Hilfe der bereitgestellten Ressourcen die Anforderungen des Business aktuell und zukünftig erfüllt werden können. Der Fokus liegt also nicht nur auf der Reaktion auf aktuellen Bedarf, sondern auch auf der Planung der Ressourcen bezüglich neuer oder veränderter künftiger Anforderungen. Konkrete Aufgaben im Capacity Management sind:

- Bereitstellung und Pflege des Capacity-Plans
- Unterstützung der Serviceorganisation bezüglich Kapazität und Performance

- Management der Kapazität und Performance entsprechend den Geschäftsanforderungen
- Unterstützung der Diagnose und Beseitigung kapazitätsbedingter Incidents
- Bewertung der Auswirkung von Changes auf den Capacity-Plan
- Identifizierung proaktiver Maßnahmen zur Performance-Verbesserung

Die Aktivitäten des Capacity Management gliedern sich in die drei Subprozesse Business Capacity Management, Service Capacity Management und Component Capacity Management.

- *Business Capacity Management* befasst sich mit der Identifikation der Geschäftsanforderungen und deren Übersetzung in konkrete Anforderungen an die IT-Services und die Infrastruktur.
- *Service Capacity Management* betrachtet die End-to-End-Service-Performance und ist verantwortlich für das Management und die Steuerung der Service-Performance sowie für Prognosen bezüglich künftiger Veränderungen.
- *Component Capacity Management* ist verantwortlich für Monitoring und Messung der Auslastung und Kapazität von IT-Komponenten sowie deren Management.

4.3.6.3 Herausforderungen

Während interne Service Provider in der Regel frühzeitig Kenntnis über mögliche Veränderungen erhalten, ist die Situation bei externen Providern oft weniger komfortabel. Nur die wenigsten Unternehmen werden einen Service Provider frühzeitig über geplante Veränderungen wie z. B. die Übernahme eines Konkurrenten oder die Reduzierung des Personals unterrichten. Das bedingt eine grundsätzliche Unschärfe in den Kapazitätsplanungen, die bei der Gestaltung der Service Assets berücksichtigt werden muss.

Eine weitere Herausforderung im Capacity Management ist es, die vorhandenen Informationen bezüglich Services und Ressourcen so zu erfassen und aufzubereiten, dass sie als Basis für Entscheidungen herangezogen werden können. Oft stellt die Konsolidierung der Daten aus einer Vielzahl von Monitoring-Tools eine hohe Hürde dar, die für ein funktionierendes Capacity Management überwunden werden muss. Neben dem Prozess spielt hier also die Auswahl der passenden Tools, insbesondere für die Erfassung und Konsolidierung der Mess- und Monitoringdaten, eine wichtige Rolle.

4.3.7 Availability Management

4.3.7.1 Ziele

Ziel des Availability Management ist ein den aktuellen Geschäftsanforderungen entsprechendes Verfügbarkeitsniveau aller vereinbarten Services. Der Fokus liegt dabei sowohl auf den aktuellen Services als auch auf der Planung der Realisierung künftiger Anforderungen. Wie auch im Capacity Management ist hier ein weiteres Ziel, das vereinbarte Verfügbarkeitsniveau effizient, also wirtschaftlich und unter optimalem Einsatz vorhandener Infrastruktur bereitzustellen. Availability Management dient als zentraler Kontakt für alle Belange der Verfügbarkeit und unterstützt die mit der Service-Erbringung befassten Fachbereiche bei entsprechender Gestaltung der Services.

4.3.7.2 Begriffe

Availability Plan

Im Availability Plan werden ausgehend von der aktuellen Situation Ziele für die Gestaltung der Verfügbarkeit in Bezug zu den Geschäftsanforderungen sowie konkrete Maßnahmen definiert. Der Availability-Plan sollte sowohl technische Aspekte als auch beteiligte Personen und Prozesse im Fokus haben. Mögliche Inhalte sind:

- Vereinbarte Verfügbarkeit im Vergleich zur tatsächlichen aktuellen Verfügbarkeit
- Vorgeschlagene und geplante Maßnahmen zur Verbesserung der Verfügbarkeit inklusive Entscheidungsvorlagen bezüglich Kosten und Nutzen
- Bewertung erwarteter Änderungen der Anforderungen und resultierende Maßnahmen
- Auswirkungen geplanter neuer Services auf Verfügbarkeit und resultierende Maßnahmen
- Hinweise auf neue Technologien und deren Kosten und Nutzen für die zukünftige Servicegestaltung

Der Zeithorizont des Plans sollte je nach Komplexität ein bis zwei Jahre betragen, wobei man die jeweils nächsten drei bis sechs Monate detailliert gestalten und die folgenden Monate als Grobplanung konzipieren sollte.

Erweiterter Incident Lifecycle

Eine wichtige Aufgabe des Availability Management ist es, die Auswirkungen von Incidents auf die Services gemeinsam mit dem Incident Management zu minimieren. Der erweiterte Incident Lifecycle stellt die Zusammenhänge zwischen Incidents und der Serviceverfügbarkeit dar (Bild 4.16).

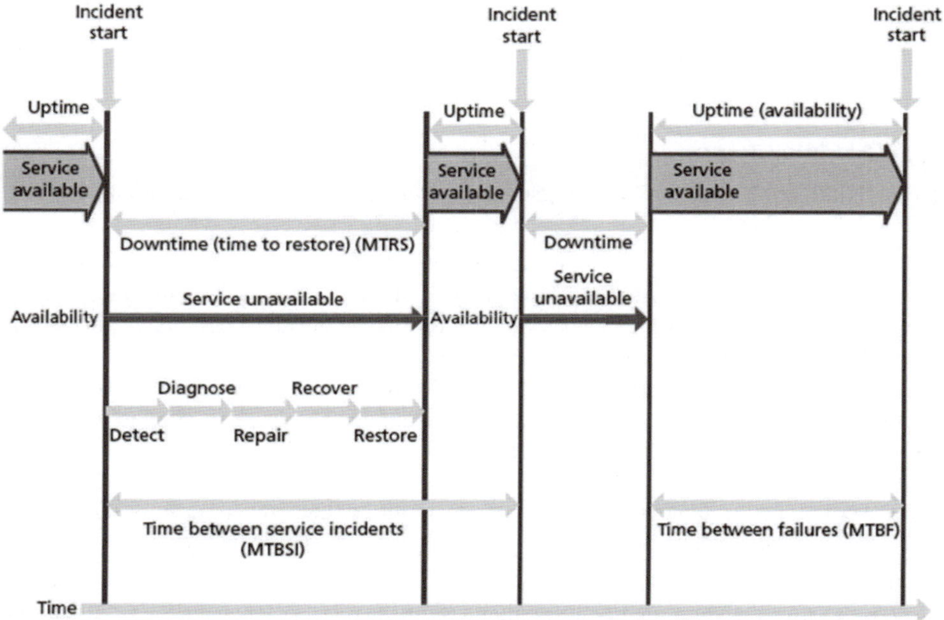

Bild 4.16 Erweiterter Incident Lifecycle (Quelle: Service Design 2011)

- *MTBF:* Mean Time Between Failures, oft auch „Uptime“ genannt, beschreibt die durchschnittliche Zeit, in der ein Configuration Item oder ein IT-Service mit den vereinbarten Eigenschaften verfügbar ist.
- *MTRS:* Meantime To Restore Service („Downtime“), beschreibt die durchschnittliche Zeit, in der ein Configuration Item oder ein IT-Service nach einem Ausfall nicht zur Verfügung steht.
- *MTBSI:* Mean Time Between Service Incidents, beschreibt die durchschnittliche Zeit zwischen dem Auftreten zweier Incidents, ohne Betrachtung der Reparatur und Wiederherstellungszeiten. Sie betrachtet die Ausfallhäufigkeit, also die Zuverlässigkeit.
- *MTTR:* Mean Time To Repair beschreibt die Zeit, die zur Reparatur eines Configuration Item benötigt wird.

Wartbarkeit (Maintainability)

Wartbarkeit beschreibt, wie groß der Aufwand ist, eine Komponente oder einen Service zu betreiben. Das beinhaltet sowohl den Aufwand für Wartung als auch die Effektivität und Effizienz der Wiederherstellung nach einer Störung.

Zuverlässigkeit (Reliability)

Beschreibt die Fähigkeit eines Services oder einer Komponente, eine vereinbarte Funktion ohne Unterbrechung zu liefern. Diesen Wert für jede Komponente zu kennen ist wichtig, um die Verfügbarkeit eines daraus bestehenden Service berechnen zu können.

Servicefähigkeit (Serviceability)

Beschreibung der Fähigkeit eines externen Providers, die vertraglich vereinbarten Leistungen für die bereitgestellten Services oder Komponenten zu erbringen. Diese Fähigkeit zu prüfen, ist von großer Bedeutung für den Service Provider, da er letztlich gegenüber dem Kunden für Ausfälle selbst verantwortlich ist.

4.3.7.3 Aktivitäten

Die Aktivitäten des Availability Management gliedern sich in reaktive und proaktive Tätigkeiten (Bild 4.17).

Zu den proaktiven Tätigkeiten gehören alle planerischen und Risiko-Management-Aktivitäten sowie regelmäßige Reviews. Ausgangspunkt für die Aktivitäten des Availability Managements sind die Geschäftsanforderungen der Kunden. Nicht in jedem Fall ist es einfach, die tatsächlichen Anforderungen an die Serviceverfügbarkeit zu ermitteln, da auch auf Kundenseite oft nicht ausreichend Klarheit über das notwendige Verfügbarkeitsniveau besteht. Aus diesem Grunde gilt es, zunächst die Basis für die Bewertung der Services zu schaffen, indem gemeinsam mit den Kunden die vitalen Business-Funktionen (VBF), also die unternehmenskritischen Geschäftsprozesse bestimmt werden. Je kritischer ein Geschäftsprozess ist, desto höher werden die Verfügbarkeitsanforderungen an unterstützende IT-Services sein.

Wichtig für die Planung der Verfügbarkeit ist an dieser Stelle die Unterscheidung zwischen Komponentenverfügbarkeit und Serviceverfügbarkeit. Die Serviceverfügbarkeit wird in der Regel vom Kunden wahrgenommen, vor allem, wenn sie nicht gegeben ist. Sie ist also direkt relevant für die Einhaltung der Service Level Agreements.

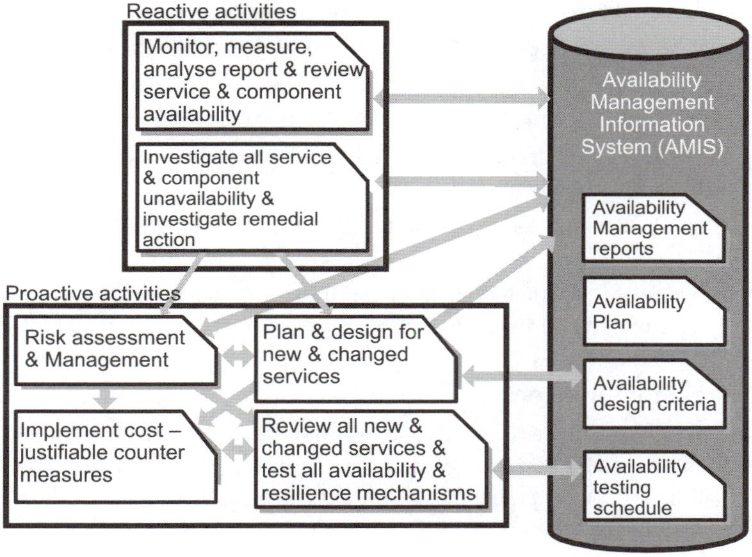

Bild 4.17 Availability-Management-Prozess (Quelle: Service Design 2007)

Einzelne Komponenten können dagegen auch einmal nicht verfügbar sein, ohne dass der Kunde dies bemerkt. Beispiele hierfür sind ausgefallene Festplatten in einem gespiegelten System oder andere Komponentenausfälle in Systemen mit redundanten Komponenten. Sie können in der Regel im Rahmen des Event Managements erkannt und als Incidents behandelt werden, ohne die Geschäftsprozesse des Kunden zu beeinträchtigen.

Schließlich werden aus diesen Anforderungen Kriterien für das Design der Services und konkrete Ziele für die Verfügbarkeit, Zuverlässigkeit und Wartbarkeit abgeleitet. Unterschiedliche mögliche Auswirkungen des Ausfalls verschiedener VBF (vitale Business Funktionen) bedingen eine differenzierte Planung der Verfügbarkeit. Hierbei werden die folgenden vier Abstufungen unterschieden:

- *High Availability:* Die Auswirkungen von Komponentenfehler auf den Service werden durch Redundanzen reduziert.
- *Fault Tolerance:* Die Fähigkeit eines Services zur korrekten Funktion trotz eines Komponentenausfalls.
- *Continuous Operations:* Gezielte Maßnahmen, um die geplante Downtime eines Services trotz notwendiger Wartung zu reduzieren.
- *Continuous Availability:* Ansatz zur Annäherung an eine 100 %-Verfügbarkeit durch die Kombination unterschiedlicher Maßnahmen und Technologien.

Zu den *reaktiven Tätigkeiten* gehört das Monitoring der aktuellen Verfügbarkeit von Services und Komponenten sowie die Analyse der Messdaten und die Durchführung entsprechender Reviews. Erkannte Serviceunterbrechungen werden untersucht und bewertet sowie entsprechende Maßnahmen initiiert. Alle Ergebnisse des Monitorings, der Analyse und die initiierten Maßnahmen werden dokumentiert und dienen als Basis für die zukünftige Gestaltung von Services und als Informationsquelle für den Availability-Plan.

Wichtige Aktivitäten des Availability Management im Überblick:

- Planung und Management der Verfügbarkeit, um die geschäftlichen Anforderungen zu erfüllen.
- Monitoring und Analyse der aktuellen Verfügbarkeit
- Unterstützung bei der Diagnose von Incidents und Problemen, die sich aufgrund mangelnder Verfügbarkeit ergeben
- Bereitstellung eines adäquaten Availability-Plans mit aktuellen und zukünftigen Anforderungen
- Durchführung proaktiver Maßnahmen zur Verbesserung der Service-Verfügbarkeit entsprechend den Kundenanforderungen

4.3.7.4 Herausforderungen

Unklare Definitionen des Begriffs „Verfügbarkeit" führen häufig zu Missverständnissen bezüglich der Einhaltung oder Verletzung von Service Level Agreements. Für ein gemeinsames Verständnis sollte im SLA auch immer eine Definition des Begriffs „Verfügbarkeit" enthalten sein. Diese Definition sollte mindestens die folgenden Fragen beantworten:

- Welche Funktion muss ein Service erfüllen, um als verfügbar zu gelten?
- Welche Antwortzeiten eines Services sind nötig, um als verfügbar zu gelten?
- Wo und wie werden Verfügbarkeit und Performance gemessen?
- Gibt es eine partielle Nichtverfügbarkeit, und wenn ja, wie ist diese definiert (z. B. wenn nur ein Standort betroffen ist)?

4.3.8 IT-Service Continuity Management

4.3.8.1 Ziele

Die konkreten Ziele des IT-Service Continuity Management (ITSCM) leiten sich direkt aus dem Business Continuity Management des Kunden ab und orientieren sich an den geschäftlichen Zielvorgaben. ITSCM stellt sicher, dass der Kunde im Katastrophenfall mit einem definierten Minimum an Services arbeiten kann. Zudem gilt es, die Fähigkeiten und Ressourcen so zu gestalten, dass die Services zur Unterstützung der Geschäftsprozesse nach einer Katastrophe in der vorgegebenen Zeit wiederhergestellt werden können.

4.3.8.2 IT-Service Continuity Plan

Der ITSCM-Plan soll immer ein Bestandteil des Business Continuity Plan des Unternehmens sein, da Ziele und Vorgaben für das ITSCM stets von dort abgeleitet werden. Inhalte des ITSCM-Plans sind vor allem Schritte zur Wiederherstellung der Services. Zusätzlich wird definiert, wann der Plan zur Anwendung kommt und welche Personen, Ressourcen und Prozesse von den Maßnahmen betroffen sind oder einen Beitrag leisten und wie die Inhalte des Plans kommuniziert werden.

4.3.8.3 Aktivitäten

Phase 1: Initiierung

Zu Beginn dieser Phase werden Policies für das ITSCM definiert. Diese Policies sollten die Ziele für den Prozess enthalten und definieren, wer im Unternehmen auf welche Weise am ITSCM beteiligt oder durch Aktivitäten aus dem ITSCM beeinflusst wird. Wichtiger Bestandteil ist die Definition von Kriterien für die Bewertung einer Katastrophe, denn nur im Katastrophenfall sind die Maßnahmen im ITSCM relevant. Normale Betriebsunterbrechungen werden im Rahmen des Availability Management behandelt. Der Scope des ITSCM ergibt sich aus den Vorgaben des Business Continuity Management bezüglich der vitalen Business-Funktionen (VBF). Aus diesen Vorgaben werden Schwerpunkte für die zu definierenden Maßnahmen und entsprechende Schwerpunkte bei deren Gestaltung abgeleitet. Die Einführung und Gestaltung des ITSCM ist in der Regel ein komplexes Projekt und bedarf einer klar strukturierten Projektorganisation.

Phase 2: Anforderungen und Strategie

Diese Phase gliedert sich in drei Hauptaktivitäten, um die Anforderungen zu erkennen und die Strategie zu gestalten:

- Business-Impact-Analysis
- Risk Assessment
- IT-Service Continuity Strategy

Anhand der Business-Impact-Analyse werden in dieser Phase die Abhängigkeiten der Geschäftsprozesse von den einzelnen IT-Services und die potenziellen Auswirkungen eines Serviceausfalls betrachtet. Auswirkungen können sowohl klar messbare Faktoren wie finanzielle Einbußen oder Verlust von Kunden als auch weiche Faktoren wie Imageverlust sein. Ergebnis dieser Auswertung ist eine Gewichtung der gelieferten Services entsprechend ihrer Wichtigkeit für das Unternehmen. Diese Einordnung der Services bildet die Grundlage für die spätere Gestaltung der IT-Service Continuity Strategy. Unterschiedliche Arten von Schäden bedürfen unterschiedlicher Maßnahmen. Tritt der Schaden für den Kunden sofort

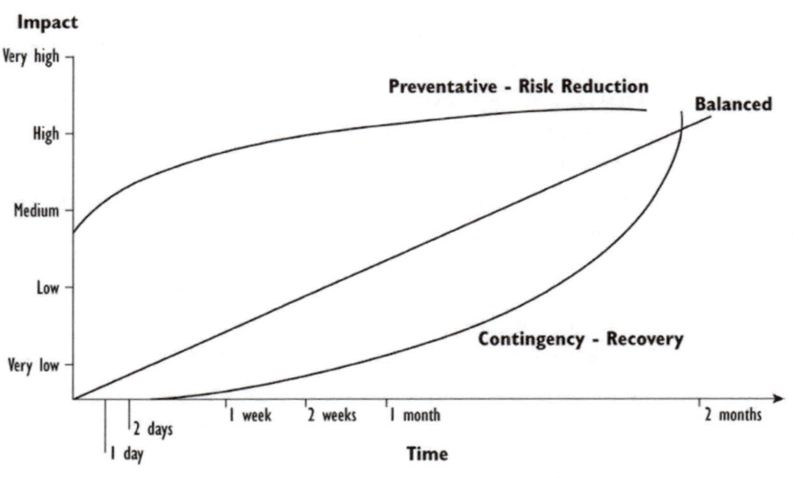

Bild 4.18 Business-Impact-Analysis (Quelle: Service Delivery, 2007)

nach Eintreten der Katastrophe ein, sind präventive Maßnahmen notwendig, um Schaden vom Kunden abzuwenden (risk reduction). Tritt der Schaden erst mit zunehmender Dauer ein, sind auch reaktive Maßnahmen (recovery) denkbar (Bild 4.18).

Im Rahmen eines Risk Assessment wird das konkrete Risiko für die einzelnen Geschäftsprozesse bewertet und in Risikostufen eingeordnet. Je größer das Risiko, dass ein definiertes Katastrophenszenario tatsächlich eintritt, desto wichtiger ist die Definition adäquater Maßnahmen für das Geschäft des Kunden. Für die Bewertung der Risiken sollten Standardmethoden wie M_o_R eingesetzt werden.

- *M_o_R (Management of Risk):* Beschreibt vier grundlegende Schritte zur Risikokontrolle. Zunächst werden Risiken identifiziert, anschließend die Effekte bei Eintreten bewertet. Der nächste Schritt ist die Festlegung von Maßnahmen, um den Bedrohungen zu begegnen. Im vierten Schritt werden die abgeleiteten Maßnahmen implementiert und deren Wirkung beobachtet, um ggf. korrigierend zu reagieren. Im Rahmen dieser Methode werden die folgenden Dokumente regelmäßig gepflegt, kommuniziert und gelebt:
  - Risikomanagement-Policy
  - Risikomanagement-Prozesshandbuch
  - Risikomanagement-Strategien
  - Risikoregister
  - Issue Logs

Entsprechend den identifizierten Risiken und deren Auswirkungen wird eine IT-Service Continuity Strategy entwickelt und dokumentiert. Ziel dieser Strategie ist es, die optimale Balance zwischen vorbeugenden Maßnahmen und solchen zur Wiederherstellung der Services zu finden und entsprechende Aktivitäten zu definieren. Um den identifizierten Bedrohungen zu begegnen, nutzt man verschiedene Recovery-Optionen:

- *Manuelle Workarounds:* Die einfachste Methode, um einer Bedrohung durch den Ausfall eines IT-Services zu begegnen, ist eine manuelle Ausweichlösung. Statt eine Reiseroute mit Hilfe eines elektronischen Routenplaners festzulegen, greift man auf die gute alte Landkarte zurück.
- *Allmähliche Wiederherstellung (Gradual recovery oder cold standby):* Diese Option eignet sich für Services, die eine Verzögerung der Wiederherstellung von mehreren Tagen oder gar Wochen verkraften. In der Regel handelt es sich um vollständig mit Infrastruktur wie Gebäude, Strom, LAN, WAN, Telefonanschlüssen usw. ausgestattete Ausweichlokationen, die bei Bedarf mit eigenem bzw. neu beschafftem IT-Equipment ausgestattet werden. Oft werden diese Lokationen von externen Providern angeboten und bereitgestellt.
- *Zügige Wiederherstellung (Intermediate recovery oder warm standby):* Die Wiederherstellung des Service erfolgt in einer in der Regel während der Business-Impact-Analyse definierten Zeit. Auch diese Option greift häufig auf externe Provider zurück, die Lokationen sind mit dem notwendigen IT-Equipment bereits ausgestattet, sodass der Service nach Rücksicherung der Daten zügig wiederhergestellt werden kann. Wie in anderen Varianten haben hier neben physikalischen Szenarien inzwischen Cloud-Varianten eine wachsende Bedeutung.
- *Schnelle Wiederherstellung (Fast recovery):* Eine erweiterte Variante der zügigen Wiederherstellung, bei der in der alternativen Lokation Systeme installiert werden, die durch einen regelmäßigen Datenabgleich mit den Produktivsystemen eine schnellere Wiederherstellung des Service ermöglichen. In dieser Variante sind die jeweiligen Services in der Regel in weniger als 24 Stunden wieder verfügbar.

- *Sofortige Wiederherstellung (Immediate recovery oder hot standby):* Bei dieser Option wird der Service ohne Unterbrechung sofort wiederhergestellt. Es steht eine vollständige Ausweichlokation mit einer komplett gespiegelten Produktivumgebung innerhalb des Unternehmens zur Verfügung und übernimmt im Katastrophenfall direkt alle für den Betrieb der jeweiligen Services benötigten Funktionen.

Phase 3: Implementierung

In dieser Phase werden die geplanten Maßnahmen in der Produktivumgebung implementiert und etabliert und der ITSCM-Plan mit Informationen zu den kritischen Systemen, Services und Assets erstellt und kommuniziert. Je nach Bedarf werden weitere Pläne erstellt und etabliert. Häufig genutzte Pläne sind:

- Notfall-Kommunikationsplan
- Schadensermittlungs- und -bewertungsplan
- Beschaffungsplan für die wichtigsten Daten
- Krisenmanagement- und Public-Relations-Plan

Auch die organisatorische Verankerung der Aktivitäten des ITSCM wird in dieser Phase etabliert, und es werden verschiedene Rollen definiert, denen man im Katastrophenfall Aktivitäten zuordnet:

- Executive Board (inklusive Senior Management)
- Koordinationsstelle (verantwortlich, unterhalb der Executive-Gruppe)
- Wiederherstellungsteam (Business Recovery und Service Recovery)

Den Abschluss dieser Phase bilden initiale Tests zur Überprüfung der Wirksamkeit der implementierten Maßnahmen.

Phase 4: Operativer Betrieb

Nachdem alle Maßnahmen implementiert und initial getestet sind, gilt es, den Prozess im Unternehmen zu etablieren, Änderungen in die Planungen zu integrieren und das Bewusstsein der Beteiligten für die Belange des ITSCM zu schärfen. Dazu dienen folgende Aktivitäten:

- *Ausbildung und Training:* Sicherstellen, dass alle beteiligten Mitarbeiter die Maßnahmen im Katastrophenfall kennen und diese als Teil ihrer normalen Arbeit verstehen. Wiederherstellungsteams sollten regelmäßig ihre Aufgaben trainieren, um im Katastrophenfall einen reibungslosen Ablauf sicherzustellen.
- *Regelmäßige Reviews:* Bewerten, ob die aktuellen implementierten Maßnahmen noch den aktuellen Anforderungen entsprechen, und bei Bedarf korrigierende Maßnahmen ableiten.
- *Tests:* Nur wenn die implementierten Maßnahmen regelmäßigen Tests unterzogen werden, können Schwachstellen ermittelt und Verhaltensweisen unter realen Bedingungen trainiert und verbessert werden. Diese Tests sollten mindestens jährlich stattfinden.
- *Change Management:* Sowohl die Infrastruktur als auch die Notfallaktivitäten unterliegen ständigen Veränderungen. Um das Funktionieren der Maßnahmen im Katastrophenfall zu gewährleisten, müssen diese Veränderungen in den zukünftigen Planungen berücksichtigt werden.

4.3.8.4 IT-Service Continuity Manager

Der IT-Service Continuity Manager ist verantwortlich für die Zielerreichung im ITSCM und für die Gestaltung und Überwachung des Prozesses. Er trägt weiterhin die folgende Verantwortung:

- Implementieren des ITSCM-Prozesses entsprechend den Vorgaben aus dem Business Continuity Management (BCM)
- Risikomanagement, um den Auswirkungen von Katastrophen vorzubeugen
- Business-Impact-Analyse für jeden neuen oder veränderten Service
- Entwicklung einer Continuity Strategy für das Unternehmen
- Management des IT-Service Continuity Plans
- Assessment und Anpassung der Continuity-Planung nach größeren Changes

4.3.8.5 Herausforderungen

Oft sind die Anforderungen aus dem Business Continuity Management nicht ausreichend konkret formuliert oder es existiert keine solche Planung. In diesem Fall ist es für den Service Provider sehr schwer, die richtigen Maßnahmen zu treffen, da er über die Vorgaben nur Vermutungen anstellen kann. Hier empfiehlt es sich, gemeinsam mit dem Business die konkreten Vorgaben für das ITSCM zu definieren.

4.3.9 Information Security Management

4.3.9.1 Ziele

Ziel des Information Security Management (ISM) ist die Ausrichtung des Niveaus der IT-Sicherheit an den Anforderungen des Business. Risiken bezüglich der Informationssicherheit sollen identifiziert und adäquate Maßnahmen zum Management dieser Risiken etabliert werden. Die zentralen Ziele des ISM lassen sich unter drei Schlagworten zusammenfassen:

- *Verfügbarkeit (Availability):* Informationen sind verfügbar und nutzbar, wenn sie benötigt werden.
- *Vertraulichkeit (Confidentiality):* Informationen sind vor unautorisiertem Zugriff geschützt.
- *Integrität (Integrity):* Informationen sind vor Manipulationen geschützt.

4.3.9.2 Begriffe

Information Security Policy

Die Grundlage für alle Aktivitäten des Information Security Managements bildet eine übergreifende Information Security Policy. Sie enthält die aus den Geschäftsanforderungen abgeleiteten Zielvorgaben für das ISM und bedarf einer ausdrücklichen Unterstützung durch das Management. Für die Regelung spezifischer Themen wird die allgemeine Policy ergänzt durch eine Reihe spezifischer Policies. Beispiele für spezifische Policies sind:

- Policy für Zugriffsrechte und Umgang mit Passwörtern
- E-Mail Policy

- Internet und Remote Access Policy
- Antivirus Policy
- Policy zur Klassifizierung von Informationen
- Policy für Lieferanten und Provider

Neben der Unterstützung durch das Management ist die Kommunikation dieser Policy die Basis für ein funktionierendes Security Management. Um die Aktualität der Informationen in den Policies zu gewährleisten, sollten diese regelmäßig (mindestens jährlich) einem Review unterzogen und bei Bedarf angepasst werden.

Information Security Management System (ISMS)

Das Information Security Management System (ISMS) beinhaltet neben den genutzten Standards die Beschreibung von Prozessen und Prozeduren sowie Hinweise zur Kommunikation und Nutzung der Security Policy. Das ISMS liefert den Rahmen für die Gestaltung des Information Security Management und strukturiert die Aktivitäten zur Erfüllung der Kundenanforderungen bezüglich IT-Sicherheit in fünf Elemente als Basis eines kontinuierlichen Zyklus (Bild 4.12).

4.3.9.3 Aktivitäten

Die Aktivitäten im ISM orientieren sich an etablierten Standards wie der ISO 27001 und beziehen sich auf die fünf Elemente des im ISMS beschriebenen Security Management Frameworks: Steuerung, Planung, Implementierung, Evaluierung und Pflege (Bild 4.19).

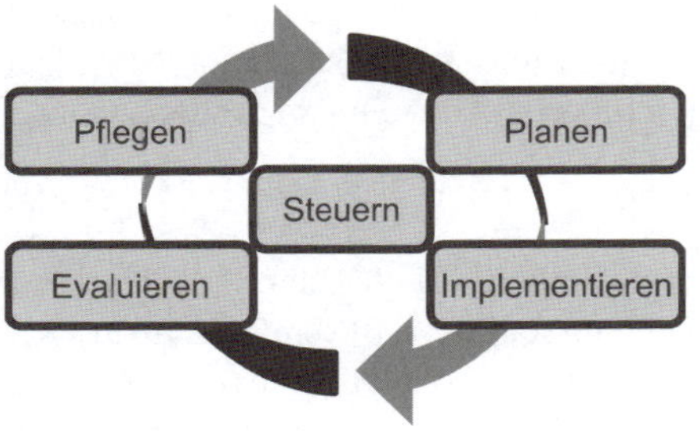

Bild 4.19
Security Management Framework
(Quelle: Service Design 2007)

Steuern

Im Rahmen der Steuerung werden zunächst die organisatorischen Strukturen für das ISM etabliert und die Rollen und Verantwortlichkeiten im Rahmen des Prozesses zugeordnet, anschließend das hier beschriebene Security Management Framework etabliert und die beschriebenen Aktivitäten zur Sicherstellung einer anforderungsgerechten Information Security kontinuierlich überwacht und gesteuert. Ebenfalls werden die Prozesse, Vorgaben und Aktivitäten im ISM sowie die Ergebnisse aus Planung, Implementierung, Evaluierung und Pflege hier dokumentiert.

Planen

In der Planungsphase geht es zunächst darum, die Anforderungen der Kunden an die IT-Sicherheit zu ermitteln. Eine wichtige Quelle kann hier die Security Section der Service Level Agreements sein, in der alle für die vereinbarten Services betreffenden Aspekte bezüglich der IT-Sicherheit beschrieben sind. Ebenso dienen etablierte Standards wie die ISO/IEC 27001 oder auch das BSI-Grundschutzhandbuch als nützliche Quellen für die Gestaltung der IT-Sicherheit.

Aus diesen Anforderungen werden unter Berücksichtigung eventueller gesetzlicher Vorgaben Empfehlungen für adäquate Maßnahmen erarbeitet und entwickelt. Die vereinbarten Maßnahmen werden in der Information Security Policy dokumentiert bzw. aktualisiert und beschreiben den Umgang des Unternehmens mit dem Thema IT-Sicherheit.

Implementieren

Voraussetzung für eine erfolgreiche Implementierung sind eine aktuelle und den Anforderungen entsprechende Information Security Policy sowie die deutliche und verlässliche Unterstützung durch das Management.

Die zuvor definierten Maßnahmen werden in dieser Phase implementiert und die Mitarbeiter mit ihnen vertraut gemacht sowie bei Bedarf ausgebildet. Ein funktionierendes Marketing ist für Maßnahmen innerhalb der IT-Sicherheit besonders wichtig, da mehr Sicherheit häufig auch eine Einbuße von Komfort bedeutet. Mitarbeiter sind also vom Nutzen der Maßnahmen zu überzeugen, damit diese akzeptiert und verlässlich umgesetzt werden.

Im Rahmen der Implementierung muss sichergestellt sein, dass die geplanten Maßnahmen, Prozesse und Tools funktionieren und entsprechend den Anforderungen aus der Information Security Policy arbeiten. Für die Wirksamkeit der definierten Maßnahmen ist es zwingend erforderlich, Security Incidents zuverlässig zu erkennen und zu klassifizieren. Nur dann können die im Information Security Management definierten Maßnahmen greifen.

Evaluieren

Diese Phase befasst sich mit der Überwachung der Maßnahmen bezüglich der Compliance zur Information Security Policy sowie den Anforderungen in SLA/OLA. Die einfachste Variante ist ein Self Assessment zur Identifizierung von Schwachstellen in den definierten Maßnahmen. Im nächsten Schritt können interne Audits, z. B. durch die Revision, oder auch externe Audits die Konformität zu Anforderungen, Normen und gesetzlichen Vorgaben sicherstellen.

Eine weitere, sehr effektive Möglichkeit der Evaluierung von Maßnahmen zur IT-Sicherheit ist die Analyse auftretender Security Incidents. Anhand der Häufigkeit und der Art der Security Incidents lassen sich oft schnell und gezielt Hinweise auf Schwachstellen ableiten. Um Security Incidents zuverlässig erkennen zu können, gehört zu den Aufgaben des ISM die Definition klarer Kriterien und deren Bereitstellung an die Support-Organisation (z. B. den Service Desk).

Pflegen

Im Rahmen eines kontinuierlichen Verbesserungszyklus werden in dieser Phase die Maßnahmen entsprechend den Anforderungen überprüft, weiterentwickelt und ggf. neuen Anforderungen angepasst. Ein Ergebnis der kontinuierlichen Verbesserung kann neben der

Anpassung der Maßnahmen auch die Weiterentwicklung der Vereinbarungen bezüglich der IT-Sicherheit in den SLA und OLA sein.

Als Rahmen für den kontinuierlichen Verbesserungsprozess lässt sich der Deming Cycle nutzen (siehe Bild 4.9 in Abschnitt 4.2.3). In einem kontinuierlichen Kreislauf werden Ziele überprüft und Maßnahmen geplant (Plan), neue Maßnahmen implementiert bzw. bestehende überarbeitet (Do), die Wirksamkeit überprüft (Check) und anschließend Optimierungsmaßnahmen entwickelt (Act). Anschließend startet der nächste Durchlauf mit einer neuen Planungsphase.

4.3.9.4 Information Security Manager

Der Information Security Manager ist verantwortlich für die Zielerreichung im Information Security Management. Er trägt weiterhin folgende Verantwortung:

- Entwicklung, Pflege, Kommunikation und Durchsetzung der Policies
- Security-Risiko-Analysen und Risikomanagement
- Monitoring und Management sicherheitsrelevanter Vorfälle
- Verantwortlich für die Durchführung von Security-Tests
- Verantwortlich für Vertraulichkeit, Integrität und Verfügbarkeit der Services
- Zentraler Ansprechpartner für alle Fragen der Information Security

4.3.9.5 Herausforderungen

Ein bekannter Ausspruch zum Thema IT-Sicherheit lautet „Security hurts“, in etwa: „Sicherheit schmerzt“. Maßnahmen zur Verbesserung der IT-Sicherheit werden von den Mitarbeitern häufig als lästige und unnötige Erschwerung der Arbeit wahrgenommen. Daher ist eine klare Stellungnahme des Managements ebenso wichtig wie ein funktionierendes Marketing. Das Bewusstsein für die Notwendigkeit und die klare Aussage des Managements, dass es keine Alternative gibt, werden zur weitgehenden Einhaltung der Maßnahmen beitragen.

Funktionierendes Information Security Management berücksichtigt immer verschiedene Perspektiven:

- Technologische Sicherheit (Firewall, Antivirus-Software, IDS, Verschlüsselung usw.)
- Organisatorische Sicherheit (Policies, Verhaltensweisen, Regeln, Berechtigungen usw.)
- Physische Sicherheit (Zugangsschutz, Kontrollen usw.)

4.3.10 Supplier Management

4.3.10.1 Ziele

Ziel des Supplier Managements ist, externe Lieferanten und die durch sie gelieferten Komponenten und Services entsprechend den Anforderungen zu steuern. Die gelieferten Services sollen sich nahtlos in die Services einfügen und so einen optimalen Beitrag zur Erfüllung der Service Level Agreements leisten. Für diese Zielsetzung ist oft eine enge Abstimmung mit dem Service Level Management notwendig, um die Anforderungen mit den Leistungen der externen Provider in Einklang zu bringen. Ebenso soll sichergestellt werden, dass die gelieferten Leistungen tatsächlich dem Gegenwert der Bezahlung entsprechen, dass Leistungen also zu einem angemessenen Preis eingekauft werden.

Der Supplier-Management-Prozess stellt sicher, dass externe Provider die Bedingungen, Konditionen und Ziele der vereinbarten Verträge erfüllen.

4.3.10.2 Lieferanten und Vertragsdatenbank

Alle Beziehungen und Verträge mit externen Providern werden in der Lieferanten- und Vertragsdatenbank (englisch Supplier & Contracts DB, SCD) gepflegt. Die SCD enthält die wichtigsten Inhalte aller Verträge und ist Bestandteil des Service Knowledge Management System (SKMS). Im Folgenden einige Beispiele für in der SCD gespeicherte Informationen:

- Kategorisierung der Lieferanten (nach Leistungsfähigkeit, Portfolio, ...)
- Informationen zur Pflege der Vereinbarungen (neue Anforderungen, neue Services, ...)
- Evaluierungsdaten (Ergebnisse der Bewertung externer Provider)
- Laufzeiten und Veränderungen in Verträgen

4.3.10.3 Aktivitäten

Neben der Beziehungspflege bezüglich externer Lieferanten und der Erstellung und Pflege einer Strategie zum Umgang mit externen Providern lassen sich die regelmäßigen Aktivitäten des Supplier Management in fünf Schritte gliedern.

Evaluierung neuer externer Provider und Verträge

Nachdem die Anforderungen an den externen Provider und die zu vereinbarenden Verträge definiert und durch Business und IT freigegeben sind, gilt es, mögliche Provider und angebotene Verträge zu evaluieren. In die Bewertung der Provider fließen sehr unterschiedliche Faktoren wie Erfahrungen mit dem Provider, Fähigkeiten, Referenzen oder der finanzielle Status mit ein. Darüber hinaus werden Entscheidungen bezüglich der Sourcing-Strategie getroffen. Sollen alle Leistungen von einem Provider bezogen werden? Will man die Verträge bewusst auf mehrere Provider verteilen?

Werden vertragliche Vereinbarungen und partnerschaftliche Beziehungen mit einem externen Provider eingegangen, sollten die folgenden Faktoren Grundlage für die Zusammenarbeit sein:

- Strategisches Alignment (Abgleich von Kultur, Werten, Zielen und Strategie)
- Prozessintegration (Schnittstellen der Prozesse für die Zusammenarbeit definieren)
- Informationsfluss (gute Kommunikation auf allen Ebenen sichert Verständnis)
- Gegenseitiges Vertrauen
- Offenheit (besonders bei Reports, Performance, Kosten und Risikoeinschätzungen)
- Gemeinsame Verantwortung (Teams beider Partner tragen gemeinsam Verantwortung)
- Verteilung von Risiko und Erlösen (z. B. veränderliche Hardwarekosten innerhalb der Vertragslaufzeit)

Einführen neuer externer Provider und Erstellen neuer Verträge

Werden neue externe Provider oder neue Verträge in die SCD aufgenommen, so werden die Auswirkungen dieser Veränderung mit Hilfe des Change Management bewertet. Dabei werden Kriterien wie das Marktimage des Providers, Marktposition, mögliche Auswirkungen einer Zusammenarbeit auf das Geschäft und die Kundenzufriedenheit sowie wirtschaftliche Rahmenbedingungen betrachtet.

Unerlässlich für jede neue Vertragssituation oder Partnerschaft ist eine substanzielle Risikobewertung der möglichen Zusammenarbeit. Ausgehend von dieser Erstbewertung sollte die Zusammenarbeit bei bestehenden Partnerschaften regelmäßig einer Neubewertung unterzogen werden, insbesondere bei Veränderungen der Anforderungen, des Markts oder der operativen Rahmenbedingungen.

Nach Beendigung dieser Aktivitäten werden die Informationen zum neuen Provider und zum Vertrag in der SCD gespeichert. Wichtig sind klare Ansprechpartner und Kommunikationsschnittstellen auf beiden Seiten. Regelmäßig vereinbarte Review Meetings dienen der Bewertung und ggf. Anpassung der Servicequalität und bei Bedarf der Überarbeitung der Verträge.

Management der vorhandenen externen Provider und Verträge

Handelt es sich bei den vereinbarten Services um operative, sind gemeinsame Prozesse für den Betrieb und das Management der gelieferten Leistungen die Basis für eine erfolgreiche Zusammenarbeit. Insbesondere die operativen Prozesse wie z. B. Incident Management, Problem Management oder Change Management müssen gemeinsam gestaltet oder zumindest mit klaren Schnittstellen und Regeln versehen werden (wer nutzt welche Tools? wie werden Informationen gespeichert und übermittelt?). Beide Vertragspartner müssen sich jederzeit ihrer jeweiligen Rolle und Verantwortung bewusst sein und Eskalationswege kommuniziert sein. Alle Vertragssituationen werden regelmäßig aus zwei Perspektiven überprüft:

Performance-Reviews vergleichen die Leistung des Providers mit den vereinbarten Verträgen, während **Vertrags-Reviews** überprüfen, ob die vereinbarten Leistungen weiterhin den Anforderungen und Rahmenbedingungen entsprechen.

Erneuern und Beenden bestehender Verträge

Auf Basis der regelmäßigen Vertrags-Reviews wird bewertet, ob bestehende Verträge weiterhin die Anforderungen des Geschäfts erfüllen und ob sie beibehalten, verändert oder beendet werden sollten. Die folgenden Fragen spielen bei der Bewertung eine Rolle:

- Funktioniert die Zusammenarbeit?
- Welche Bedeutung haben der Vertrag und die Partnerschaft in Zukunft?
- Welche Veränderungen sind notwendig?
- Wie wirtschaftlich sinnvoll ist der Vertrag?

Kategorisierung der externen Provider und Pflege der SCD

Um die Effektivität des Supplier Management zu optimieren, sollte mehr Zeit auf das Management wichtiger als auf jenes weniger wichtiger Vertragspartner gelegt werden. Um dies zu ermöglichen, ist eine Kategorisierung der externen Provider notwendig. Mögliche Kategorien für externe Provider:

- *Strategisch:* Langfristige und partnerschaftliche Zusammenarbeit auf der Ebene des oberen Managements, Entwicklung einer gemeinsamen Strategie und daraus resultierender Ziele.
- *Taktisch:* Intensive Zusammenarbeit auf der Ebene des mittleren Managements, regelmäßige Aktivitäten zur weiteren Verbesserung der Zusammenarbeit.
- *Operativ:* Regelmäßige Lieferung von Produkten oder Services, Management auf der Ebene der operativen Steuerung.
- *Commodity:* Lieferung austauschbarer Standardprodukte, jederzeit durch andere Lieferanten ersetzbar.

4.3.10.4 Herausforderungen

Werden Benchmarks zur Bewertung bestehender Verträge herangezogen, besteht das Risiko verfälschter Ergebnisse aufgrund falscher oder unklar definierter Vergleichsgruppen oder -kriterien. Für ein sinnvolles Benchmarking sollten sowohl die Kriterien der Bewertung und deren Berechnungsgrundlage als auch die gewählten Vergleichsgruppen einer sehr kritischen Prüfung unterzogen werden. Bei der Beauftragung externer Partner für ein Benchmark sollte man darauf bestehen, alle Berechnungsgrundlagen offenzulegen.

4.4 Service Transition

4.4.1 Überblick

Veränderungen, egal ob technischer oder organisatorischer Art, gehören zu den häufigsten Fehlerquellen bei der Lieferung hochwertiger Services. Jeder „IT-ler" kennt den Spruch „Never change a running system". Diese Aussage ist nicht nur einer der ältesten Aussprüche in der IT, er hat durchaus auch heute noch seine Berechtigung, denn verschiedene Untersuchungen gehen davon aus, dass mehr als 60 % aller Störungen im IT-Betrieb durch Veränderungen hervorgerufen werden. Service Transition unterstützt bei der Entwicklung und der kontinuierlichen Verbesserung der Fähigkeiten zur Übernahme neuer und veränderter Services in den operativen Betrieb.

Jede Bearbeitung einer Serviceveränderung bedeutet zunächst eine Erhöhung der Komplexität im Betrieb. Die gelieferten Services langfristig auf einem den Kundenanforderungen entsprechenden Niveau zu halten, ist ein Balanceakt. Auf der einen Seite sollen unerwünschte Auswirkungen von Veränderungen vermieden werden, um stabile Services zu gewährleisten. Auf der anderen Seite gilt es, notwendige Innovationen - also Veränderungen - zu ermöglichen und zu unterstützen. Service Transition trägt zu diesem Balanceakt bei, indem Anleitungen, Methoden und Tools für den Übergang der Services von der Planungs- und Entwicklungsphase in die Betriebsphase sowie für die Kontrolle möglicher Fehler- und Ausfallrisiken geliefert werden.

Die Service-Transition-Prozesse im Überblick

- Transition Planning and Support
- Change Management
- Service Asset and Configuration Management
- Release and Deployment Management
- Service Validation and Testing
- Change Evaluation
- Knowledge Management

Die Prozesse und Aktivitäten in Service Transition stellen die Ausrichtung neuer oder geänderter Services an den Geschäftsanforderungen des Kunden sicher. Aus Sicht der Kunden bedeutet dies, dass die gelieferten Services so verwendet werden können, dass der optimale Nutzen für die Geschäftsprozesse erzielt, also ein echter Beitrag zur Wertschöpfung geliefert wird. Auch das Management von Serviceübergängen - die notwendigen Aktivitäten bei Betriebsübernahmen - wird im Buch *Service Transition* erörtert.

4.4.2 Interne und externe Sicht

Beim Betrieb von Services führen unterschiedliche Sichtweisen bei Kunde und Service Provider häufig zu Missverständnissen und Problemen bei der Definition der Services und der Bewertung der Serviceleistung. Aus diesem Grund ist es für Service Provider wichtig, die verschiedenen Sichtweisen zu kennen und bei der Servicegestaltung zu berücksichtigen.

In der oft von Seiten des Service Providers bzw. der mit der Serviceerbringung befassten, eher technisch orientierten Mitarbeiter eingenommenen internen Sichtweise werden vornehmlich Details zu einzelnen Komponenten oder Systemen betrachtet.

Bei der häufig kundenseitig eingenommenen externen Sicht stehen die Performance der Services hinsichtlich der Geschäftsprozesse im Vordergrund. Bei einer ausschließlich externen Betrachtung besteht also das Risiko, dass die nötigen Grundlagen aus technischer Sicht nicht realisiert werden. Für einen funktionierenden Service muss man also beide Seiten betrachten: die externe Sicht, um die Anforderungen und die Wahrnehmung des Services zu kennen, und die interne, um die für den Service notwendigen Service Assets zu gestalten.

4.4.3 Transition Planning and Support

4.4.3.1 Ziele

Der Prozess *Transition Planning and Support* hat das Ziel, die Transition-Teams und die beteiligten Personen bei der Überführung von Services in den Betrieb optimal zu unterstützen. In jeder Transition-Phase wird die Integrität der Service Assets und Customer Assets sichergestellt, indem alle Aktivitäten im Rahmen des Transition-Projekts koordiniert werden.

Risiken sollen identifiziert und bei der Implementierung betrachtet werden, um Fehler und Serviceunterbrechungen zu minimieren. Für eine strukturierte Vorgehensweise wird sichergestellt, dass alle Beteiligten definierte und wiederholbare Prozesse bei der Implementierung neuer oder veränderter Services nutzen.

4.4.3.2 Begriffe

Service Design Package (SDP)

Service Design Packages werden für jeden neuen Service erstellt bzw. aktualisiert. Die Inhalte des SDP werden in Abstimmung mit den Kunden, internen und externen Providern sowie den relevanten Stakeholdern erarbeitet und bereits im Service Design initial erstellt.

Das Service Design Package beinhaltet alle für die Realisierung eines Service benötigten Informationen. Außerdem werden die Anforderungen an den Service für jede Phase des Service Lifecycles definiert. Typische Inhalte eines Service Design Package:

- Service-Spezifikationen
- Benötigte Architektur zur Lieferung des neuen oder veränderten Service
- Definition der einzelnen Release-Pakete
- Release- und Deployment-Pläne
- Akzeptanz-Kriterien für die Abnahme des Services bei Inbetriebnahme

Release-Typen

Release-Typen helfen bei der Steuerung der Erwartungshaltung auf der Kundenseite und bei der Wahrnehmung der Veränderungen bei den Stakeholdern. Klassische Release-Typen:

- *Major Releases:* beschreiben weitreichende Veränderungen bzw. neue Funktionalitäten und beinhalten in der Regel alle vorherigen Minor Releases, Upgrades und Fixes.
- *Minor Releases:* beschreiben kleinere bis mittlere Verbesserungen und Fixes; beinhalten in der Regel bisherige Emergency Fixes.
- *Emergency Releases:* beschreiben kleine Korrekturen für bestimmte Fehler und zum Teil auch besondere Anpassungen aufgrund spezieller Geschäftsanforderungen.

Release Policy

Die Release Policy bildet den Rahmen für alle durchzuführenden Rollouts und beinhaltet Vorgaben und Rahmenbedingungen für die Überführung der Services in den Betrieb. Eine Release Policy wird für mehrere oder alle Services definiert, je nach Bedarf können aber auch Policies für Service-Gruppen oder einzelne Services erstellt werden. Typische Inhalte einer Release Policy:

- Namens- und Nummerierungskonventionen für die definierten Release-Typen
- Rollen und Verantwortlichkeiten während des Release-Prozesses
- vorgesehene Häufigkeit für einzelne Release-Typen (z. B. quartalsweise, halbjährlich, ...)
- Übergabekriterien für alle Phasen der Service Transition
- Kriterien für die Beendigung des Early Life Supports

4.4.3.3 Aktivitäten

Bereitstellung einer Transition-Strategie

Die Service-Transition-Strategie legt fest, welche grundlegenden Richtlinien für die Service Transition gelten. Die Festlegung ist abhängig von Komplexität und Anzahl der zu erbringenden Services, der benötigten Anzahl und Häufigkeit der Releases und der Anforderungen der Kunden. Die Inhalte einer Service-Transition-Strategie können je nach Rahmenbedingungen vielfältig sein und müssen individuell gestaltet werden. Mögliche Inhalte einer Transition-Strategie:

- Ziele und Zweck von Service Transition
- Scope
- Relevante Standards, Vereinbarungen, gesetzliche oder regulatorische Vorgaben
- Involvierte Parteien
  - Externe Provider, strategische Partner, Lieferanten
  - Kunden und Anwender
  - Transition-Organisation (Rollen, Verantwortungen, Struktur, Projekte)
- Kriterien für Phasenübergänge während der Service Transition
- Vorgehensmodell für die Service Transition
  - Definition der Transition-Phasen
  - Vorgaben für die Bewertung von Veränderungen, Kosten- und Ressourcenplanung
  - Maßnahmen zur Vorbereitung der Service Transition
  - Maßnahmen zur Evaluierung neuer Services
  - Vorgaben für Zusammenstellung, Verteilung und Early Life Support
  - Vorgaben zum Umgang mit Fehlern
  - Vorgaben für Monitoring und Prozessmanagement
- Liste der Ergebnisse aus Service Transition
  - Transition-Pläne, Change- und Configuration-Management-Pläne
  - Release Policy
  - Pläne und Reports für Tests, Evaluierung und Verteilung

Vorbereitung der Service Transition

Zur Vorbereitung werden zunächst die notwendigen Inputs wie z. B. Service Design Packages (SDP), Service Acceptance Criteria (SAC) oder Evaluation Reports (mit Risikoprofilen und Empfehlungen) überprüft. Um einen klaren Ausgangspunkt für die anstehenden Veränderungen sicherzustellen, werden die in der CMDB definierten Configuration Baselines überprüft, bevor mit der Transition begonnen wird. Dieser definierte Ausgangspunkt wird benötigt, wenn nach einem Change das Delta dargestellt werden soll oder eine vorherige Konfiguration wiederhergestellt werden muss.

Planung und Koordinierung

Zur Planung der Aktivitäten für Release und Deployment eines Services wird ein Service-Transition-Plan erstellt. Dieser Plan enthält alle Aktivitäten für die Überführung des Services über die Testumgebung in die Produktivumgebung. Im Einzelnen enthält der Transition-Plan Informationen zum Umfeld der geplanten Änderung, Zeitplanungen und Meilensteine, Aktivitätenlisten, Informationen zu benötigten Service Assets und zu betrachtende Risiken.

Die für die Umsetzung der Veränderungen benötigte Projektstruktur wird in dieser Phase etabliert. Gerade in komplexen Umgebungen mit einer großen Anzahl von Veränderungen ist über das Management der einzelnen Projekte hinaus auch ein Programm-Management, also die Steuerung mehrerer paralleler Projekte, insbesondere bezüglich der benötigten Ressourcen, notwendig.

Abschließend werden die erstellten Pläne und definierten Aktivitäten vor dem Start der Transition einem Review bezüglich Aktualität, Akzeptanz, Termine, Kosten und Risiken unterzogen und bei Bedarf erneut angepasst.

4.4.3.4 Service Transition Manager

Der Service Transition Manager ist verantwortlich für die Zielerreichung über die gesamte Service-Transition-Phase. Er überwacht kontinuierlich die Service-Transition-Teams und deren Aktivitäten und trägt weiterhin folgende Verantwortung:

- Übergreifende Planung und Steuerung der Service Transition und Identifizierung von Verbesserungspotenzial
- Finanzplanung für die Aktivitäten und Ressourcen während der Transition-Phase
- Eskalationsinstanz und Schnittstelle zum Management
- Einhaltung von Vorgaben und Prozessen des Unternehmens während der Transition-Phase
- Sicherstellen eines den Kundenanforderungen und den Spezifikationen aus Service Design entsprechenden Ergebnisses

4.4.4 Change Management

4.4.4.1 Ziele

Change Management kontrolliert alle Veränderungen an vorhandenen Services, das Hinzufügen neuer Services und die Außerbetriebnahme von Services. Ziel des Change Management ist die effiziente und effektive Durchführung von Changes und die Minimierung der negativen Auswirkungen von Veränderungen auf die Geschäftsprozesse der Kunden. Störungen und Service-Unterbrechungen aufgrund von Changes sollen also reduziert und unnötige Nacharbeiten minimiert werden.

Gleichzeitig muss sichergestellt sein, dass sich die Anforderungen aus Business und IT zur Ausrichtung der Services auf die Geschäftsanforderungen erfüllen lassen. Changes müssen in angemessener, also für das Geschäft akzeptabler Zeit durchführbar sein. Weitere wichtige Ziele des Prozesses:

- Es ist sichergestellt, dass alle Changes dokumentiert und evaluiert, sowie genehmigte Changes priorisiert, geplant, getestet, implementiert und überprüft werden.
- Es ist sichergestellt, dass alle Änderungen an Configuration Items im Configuration Management System dokumentiert sind.
- Risiken für das Business werden reduziert.

4.4.4.2 Begriffe

Service Change

Die Definition des Begriffs „Service Change“ lautet:

> *Hinzufügen, Verändern oder Entfernen eines Elements, das Auswirkungen auf IT Services haben könnte. Der Geltungsbereich sollte Changes an IT Services und anderen Configuration Items, auch Architekturen, Prozesse, Tools, Messgrößen und Dokumentationen umfassen. [Service Transition, 2011]*

Im Scope des Change Management sind alle Änderungen an Service Assets und Configuration Items über den gesamten Lifecycle eines Service. Nicht im Scope sind dagegen Änderungen mit erheblichen übergreifenden Auswirkungen, wie zum Beispiel strategische Business-Entscheidungen oder Änderungen der Organisationsstruktur. Diese Maßnahmen und Entscheidungen bedingen bei der Umsetzung allerdings konkreten Veränderungsbedarf, der letztlich als Service Change implementiert wird.

Request for Change (RFC)

Ein RFC ist ein Antrag zur Durchführung eines Service Change. Welche Informationen im RFC enthalten sein müssen, definiert der Change Manager. Der RFC bildet die Basis für die Bewertung, Planung und Genehmigung des Changes. RFC-Formulare werden in der Regel in elektronischer Form bereitgestellt. Sie können u. a. die folgenden Informationen enthalten:

- Eindeutige RFC-ID und Datum
- Grund für den Change
- Beschreibung der Änderung
- Betroffene Configuration Items
- Zieltermin
- Priorität
- Mögliche Auswirkungen (bei Durchführung und Nicht-Durchführung)
- Benötigte Ressourcen
- Risiken und Kosten

Change Model

Change Models sind vordefinierte und dokumentierte Abläufe für die Durchführung bestimmter Arten von Changes. Es werden also feste Arbeitsschritte und eine vereinbarte Vorgehensweise für ähnliche Changes beschrieben. Die Vorgehensweise stellt sicher, dass diese Changes in der gleichen grundlegenden Weise bearbeitet werden. Die Bestandteile eines Change Models können frei definiert werden. Die folgenden Komponenten sollten enthalten sein:

- einzelne Arbeitsschritte und Umgang mit unvorhergesehenen Ereignissen
- zeitliche Reihenfolge der Arbeitsschritte
- Verantwortlichkeiten während der Durchführung
- Zeitvorgaben und Schwellwerte, die zu einer Eskalation führen können
- Vorgehensweisen bei der Eskalation

Die wohl am weitesten verbreitete Anwendung eines solchen Change Model ist der Standard Change.

Standard Change

Für einen funktionierenden Change-Prozess ist es wichtig, dass die Ressourcen nicht durch unnötige Bürokratie bei der Bearbeitung von Changes gebunden werden. Für einfache, häufig wiederkehrende Changes mit überschaubarem Risiko (z. B. Umzug eines Systems) werden daher Standard Changes definiert und dokumentiert. Der Standard Change beinhaltet eine detaillierte Beschreibung der für die Durchführung erforderlichen Aktivitäten sowie der Bedingungen für die Auslösung. Er wird vom Change Management bewertet und einmalig vorab genehmigt, um dann ohne erneute Genehmigung von definierten Personen oder Gruppen (z. B. Service Desk) durchgeführt zu werden. Die Kriterien für einen Standard Change im Überblick:

- definiertes Startereignis (Trigger)
- Aufgaben sind bekannt und bewährt
- Änderung ist vorab genehmigt
- finanzielle Freigabe ist im Voraus erteilt oder liegt im Verantwortungsbereich des Antragstellers
- Risiko ist normalerweise niedrig und immer bekannt

Change Schedule (CS)

Im Change Schedule werden alle genehmigten Changes inklusive des geplanten Datums der Implementierung dokumentiert. Er dient insbesondere der Planung weiterer Changes und bewertet die Auswirkungen der Change-Durchführung auf bestehende Services.

Post Implementation Review (PIR)

PIR bezeichnet einen Review, der nach der Implementierung von Changes oder dem Abschluss von Projekten durchgeführt wird. Es wird bewertet, ob die Change-Implementierung oder die Projektrealisierung erfolgreich war und welches Verbesserungspotenzial sich ableiten lässt.

4.4.4.3 Aktivitäten

Die Aktivitäten des Change Management beziehen sich auf die Steuerung der durchzuführenden Changes:

- Planung und Steuerung der Changes
- Zeitplanung für die Change-Durchführung
- Kommunikation mit den Beteiligten
- Bewertung der Changes bezüglich Risiken und Auswirkungen
- Autorisierung der Changes
- Erstellen von Management Reports

Bild 4.20 zeigt beispielhaft den schematischen Ablauf bei der Bearbeitung eines Changes. Je nach Art und Umfang des jeweiligen Changes ist es durchaus möglich, unterschiedliche Modelle für die Bearbeitung zu definieren.

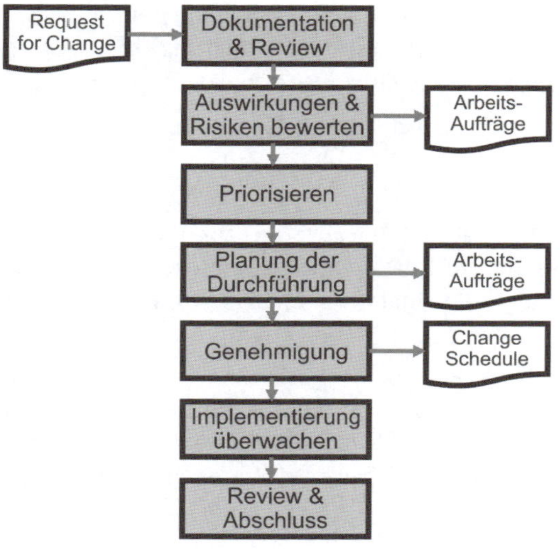

Bild 4.20
Change-Prozess

Change dokumentieren und RFC prüfen

Wenn Changes beantragt werden, so wird zunächst ein Change Record in einem definierten Change-Management-Tool angelegt. Die Inhalte des Change Records orientieren sich an denen des RFC, können aber um weitere Felder, wie z. B. Vermerke zur Bewertung oder Freigabe, ergänzt werden. Der Change Record dient der Verfolgung des Fortschritts bei der Change-Durchführung durch alle Phasen des Change-Management-Prozesses. Er muss eindeutig identifizierbar sein (RFC-ID). Anhand der Dokumentation sollen jederzeit der Status (z. B. eingegangen, akzeptiert, genehmigt, ...) und erfolgte Maßnahmen nachvollzogen werden können.

Im zweiten Schritt werden die RFC einem Review unterzogen. Es wird geprüft, ob die Durchführung möglich ist, ob evtl. gleichartige Changes bereits durchgeführt werden oder schon abgelehnt wurden oder ob die Angaben im RFC ausreichend sind. Wird ein RFC nach dieser Prüfung abgelehnt, so wird der Antragsteller darüber informiert und ggf. Hinweise gegeben, welche Änderungen notwendig sind. Die Literatur schlägt hier folgenden Bewertungen vor:

- Nicht umsetzbar
- Wurde bereits in früheren Changes abgelehnt oder ist bereits in Arbeit
- Unvollständiger RFC (es fehlen wichtige Informationen oder zum Beispiel eine Budgetfreigabe)

Auswirkungen und Risiken bewerten

Im nächsten Schritt werden die Auswirkungen und Risiken des Change bewertet. Dabei helfen die folgenden Fragen:

- Wer hat den Change beantragt?
- Warum soll der Change durchgeführt werden, und worin besteht der Nutzen?
- Welche Risiken und Auswirkungen auf das Geschäft sind vorhanden?
- Welche Ressourcen werden benötigt und welche sind vorhanden?
- Wer ist verantwortlich für das Erstellen, Testen und Implementieren des Changes?
- Werden andere Changes beeinflusst?

Die Bewertung der Changes erfolgt durch den Prozess Change Evaluation, der bei Bedarf vom Change Management getriggert wird und die Ergebnisse der Evaluierung zurückliefert. Häufig werden die Auswirkungen von Changes anhand einer direkt in das Change-Management-Tool integrierten Matrix bewertet.

Priorisieren

Priorisieren bestimmt die Reihenfolge der Change-Durchführung. Die Priorität leitet sich aus der Auswirkung und der Dringlichkeit eines Change ab. Der Antragsteller wird diesbezüglich seine Vorstellungen und Wünsche äußern, die im Rahmen des Change-Prozesses bewertet und bei Bedarf angepasst werden.

Die Auswirkung beschreibt den Grad der Beeinflussung des Business, also z. B. den möglichen Schaden, die Kosten oder die Anzahl der betroffenen Mitarbeiter. Die Dringlichkeit beschreibt die zeitliche Komponente, wie lange also eine Verzögerung ohne weitere Auswirkungen möglich ist. Oft sind zeitliche Vorgaben in den Service Level Agreements definiert.

Durchführung planen

Zunächst ist es wichtig, dass Changes entsprechend den Anforderungen und Zwängen des Business geplant werden. Weiterhin gilt es, die Schnittstellen zwischen dem Change-Management-Prozess und anderen Prozessen und Projekten sowie die Verteilung der Aktivitäten klar zu definieren, sodass alle Beteiligten ihre Aufgaben kennen.

Um die negativen Auswirkungen auf Kunden und Anwender so gering wie möglich zu gestalten, werden ähnliche Changes oder Changes innerhalb eines gemeinsamen Umfelds oft gebündelt und gemeinsam implementiert. In diesem Fall müssen Abhängigkeiten und eventuelle gegenseitige Beeinträchtigungen bereits in der Testphase berücksichtigt werden. Ein wichtiger Aspekt für die Planung der Changes ist die Nutzung vereinbarter Wartungsfenster, in denen eine mögliche Service-Unterbrechung mit dem Kunden vereinbart ist und die Changes mit kleinstmöglichen Auswirkungen durchführbar sind.

Alle genehmigten und zur Implementierung geplanten Changes werden im Change Schedule (CS), die resultierenden Auswirkungen auf Performance und Verfügbarkeit in der Projected Service Outage (PSO) dokumentiert und veröffentlicht. Der Change Schedule ermöglicht es, bei der Planung neuer Changes die bereits vorgesehenen Veränderungen zu berücksichtigen. Aber auch andere Prozesse und Funktionen können vom CS und PSO profitieren, indem z. B. die Anwender via Service Desk über bevorstehende Veränderungen informiert werden, um am Tag des Change Nachfragen bezüglich Beeinträchtigungen zu reduzieren.

Genehmigen, Realisieren, Testen

Eine zentrale Aufgabe des Change Management ist die Freigabe der Changes zur Implementierung. Als Grundsatz gilt, dass kein Change ohne Genehmigung implementiert werden darf. Wer einen Change genehmigen darf, hängt von der Größe und den identifizierten Auswirkungen der geplanten Änderung ab. Die Hierarchie für die Berechtigung zur Genehmigung ist die Basis für einen funktionierenden Genehmigungsprozess und muss daher für jedes Unternehmen individuell und exakt definiert werden. Kleinere Changes mit geringen, lokalen Auswirkungen können beispielsweise vom Change Manager genehmigt werden, während mittlere Changes mit regional begrenzten Auswirkungen durch das CAB und Changes mit großen Auswirkungen auf mehrere Standorte oder das gesamte Unternehmen durch das IT-Management Board bzw. durch das Management genehmigt werden müssen. Die folgenden Parameter sollten bei der Zuordnung der Entscheidungsverantwortung berücksichtigt werden:

- Das identifizierte und erwartete geschäftliche Risiko
- Finanzielle Einflüsse und Auswirkungen
- Der Scope des Change (Wer ist betroffen? Wie groß sind die Auswirkungen?)

Koordinieren von Erstellung und Tests

Ist der Change Teil eines Releases, so erfolgt die Zusammenfassung in das Release und die Überwachung der Erstellung und der Tests im Release and Deployment Management. Handelt es sich um einfache Changes, die zu keinem größeren Release gehören, erfolgt die Koordination durch den Change-Prozess.

Freigegebene Changes werden mit Hilfe klar formulierter und dokumentierter Arbeitsanweisungen (Work Orders) an die für die Realisierung verantwortlichen Bereiche weitergeleitet und überwacht.

Freigabe der Implementierung

Nach der Fertigstellung aller Komponenten des Changes und nach erfolgreichen Tests erfolgt eine erneute Freigabe durch das Change Management für die Implementierung in der Produktivumgebung.

Erfolgt an dieser Stelle keine Genehmigung, kann der Change für entsprechende Überarbeitungen wieder an die verantwortlichen Bereiche zurückgegeben werden. Oft entsteht hieraus ein iterativer Ansatz, in dem der Change verändert wird, bis die Freigabe zur Implementierung erteilt werden kann.

> **Hinweis**
>
> Iterative Arbeitsweisen spielen in modernen, von agilen Methoden geprägten IT-Organisationen eine immer größere Rolle. Das bedeutet auch eine veränderte Balance zwischen Sicherheit und Risiko im Change-Management-Prozess. Statt bürokratischer Change-Prozesse setzen sich flexible Prozessumsetzungen mehr und mehr durch. Das sollte bei der Gestaltung des Change-Prozesses berücksichtigt werden.

Koordinieren der Umsetzung

Nachdem die Genehmigung für die Implementierung erteilt wurde, wird der RFC zur Bearbeitung weitergeleitet, um die Implementierung vorzubereiten. Die Vorbereitung der Implementierung erfolgt detailliert im Rahmen des Prozesses *Release and Deployment Management*. Die Implementierung unterliegt jedoch der Überwachung des Change Management, das die zeitgerechte Implementierung entsprechend der Change-Planung sicherstellt.

Die Implementierung einfacher Changes, die zu keinem Release gehören, erfolgt direkt über den Change-Management-Prozess.

Review und Abschluss

Nach Abschluss der Implementierung werden die Ergebnisse dokumentiert und auftretende Fehler analysiert (z. B. im Rahmen des Post Implementation Review). Rückmeldungen der Stakeholder und der Kunden werden eingeholt und dienen der Überprüfung der Zielerreichung bezüglich Qualität, Zeit, Kosten und Ressourcennutzung. Aus den Ergebnissen der Überprüfung können Schlüsse auf die Zufriedenheit der Kunden, unerwartete Nebeneffekte und letztlich auch Rückschlüsse für die Verbesserung künftiger Changes (Lessons learned) abgeleitet werden. Nach Abschluss dieses Reviews und der Feststellung, dass die Ziele erreicht wurden, wird der Change Record formal abgeschlossen. Dieser Review kann im Rahmen eines Post Implementation Review (PIR) erfolgen.

Die Review-Aktivitäten können bei Bedarf aus einem Review direkt nach der Implementierung und einem weiteren Review nach einer definierten Zeit bestehen. Die langfristigen Reviews sind oft übergreifender Natur und werden in der Regel vom CAB verantwortet.

4.4.4.4 Rollen

Change Manager

Der Change Manager ist verantwortlich für die Zielerreichung des Change-Management-Prozesses. Er trägt weiterhin die folgende Verantwortung:

- Annahme, Filtern, Dokumentation und Priorisierung der RFC
- Einberufen des CAB/ECAB und Vorlage der relevanten Changes
- Autorisieren der Changes, ggf. nach Abstimmung mit dem CAB
- Bereitstellen der Change-Planung
- Koordinieren der Change-Erstellung, der Tests und der Implementierung
- Review aller implementierten Changes
- Schließen der RFC nach Abschluss der Implementierung und des Reviews
- Bereitstellen des Management Reportings

Change Advisory Board (CAB) und Emergency CAB (ECAB)

Das Change Advisory Board unterstützt das Change Management bei der Bewertung, Planung und Genehmigung von Changes. Das CAB sollte sowohl die technische als auch die Business-Sicht vertreten und in der Lage sein, die Changes zu bewerten. Die Verantwortung für die Zusammenstellung obliegt dem Change-Manager. Mitglieder des CAB können z. B. Kundenvertreter, Spezialisten (Entwickler, Techniker), Lieferanten oder Anwendervertreter sein. Der Change Manager und der jeweilige Service Owner sind in jedem Fall Mitglied des CAB.

Im Fall von Emergency Changes, also bei besonders zeitkritischen Changes mit in der Regel hohen Auswirkungen, ist es nicht immer möglich, das CAB einzuberufen. In diesem Fall sollte ein Emergency CAB (ECAB) definiert sein, das kurzfristig erreichbar ist und die Autorität für notwendige Entscheidungen besitzt. Emergency Changes sollten allerdings die Ausnahme sein und nicht zur Beschleunigung einfacher Changes missbraucht werden.

4.4.4.5 Key-Performance-Indikatoren (KPI)

Im Folgenden finden Sie einige Beispiele für mögliche Kennzahlen aus der ITIL®-Literatur, mit deren Hilfe sich die Prozessqualität und der Beitrag zu den IT-Zielen messen lassen:

- Wert einer Verbesserung für das Business, verglichen mit den Change-Kosten
- Anzahl der Incidents aufgrund von Changes
- Anteil fehlgeschlagener Changes
- Anteil der Changes in Budget
- Anteil der Changes in Time

Es ist jedoch nicht ausreichend, einfach definierte Kennzahlen zu übernehmen. Details zur richtigen Gestaltung von Zielen und Kennzahlen werden in Kapitel 5 beschrieben.

4.4.4.6 Herausforderungen

Der Change-Management-Prozess hat einerseits das Ziel, die Auswirkungen von Changes zu minimieren, andererseits soll die Innovationsfähigkeit erhalten bleiben. Es gilt also, den Prozess so zu gestalten, dass die Balance zwischen Stabilität und Flexibilität sichergestellt ist. Eine sehr pragmatische Vorgehensweise ermöglicht zwar eine sehr schnelle Change-Umsetzung und somit eine hohe Flexibilität, erhöht aber auch das Risiko fehlgeschlagener Changes oder unerwünschter Nebeneffekte. Eine sehr bürokratische Vorgehensweise dagegen stellt eine hohe Zuverlässigkeit sicher, kostet allerdings viel Zeit und Ressourcen, sodass das Change Management gerade kurz nach einer Neueinführung oft zu einem Flaschenhals wird.

4.4.5 Service Asset and Configuration Management

4.4.5.1 Ziele

Service Asset and Configuration Management (SACM) hat das Ziel, aktuelle und konsistente Informationen zur Konfiguration der IT-Infrastruktur und allen zur Service-Erbringung benötigten Komponenten bereitzustellen. Entscheidungen können so in allen ITSM-Prozessen auf Basis konkreter und verlässlicher Informationen getroffen werden. Zu diesem Zweck werden sowohl aktuelle und historische Konfigurationsdaten als auch Planungsdaten im Configuration Management System (CMS) gepflegt.

SACM stellt sicher, dass alle Service Assets und Configuration Items identifiziert, überwacht und dokumentiert werden und die aktuelle Datenbasis regelmäßig konkreten Überprüfungen zur Sicherstellung der Übereinstimmung mit der tatsächlichen Konfiguration unterzogen wird.

Ebenfalls wird sichergestellt, dass Vorfälle, in denen falsche Informationen zu Mängeln in der Qualität oder bei der Einhaltung gesetzlicher oder anderer Bestimmungen führen, vermieden werden.

4.4.5.2 Begriffe

Configuration Item (CI)

Configuration Items sind Elemente der IT-Infrastruktur, bei denen es sich um IT-Services, Hardware, Software, Gebäude oder auch Prozessdokumentationen und Verträge wie SLA handeln kann. CI unterliegen der Kontrolle des Change Management, dürfen also nur anhand eines formalen Change verändert werden. Immer wieder wird diskutiert, ob auch Personen als CI erfasst werden sollten. Abgesehen vom Thema Datenschutz ist das meines Erachtens nicht notwendig und kann die verschiedensten Merkwürdigkeiten bewirken. Muss die Heirat eines Mitarbeiters – also möglicherweise seine oder ihre Namensänderung – nun vom CAB genehmigt werden? Will man Personen einem CI zuordnen, ist es völlig ausreichend, dies als entsprechendes Attribut des CI zu realisieren. Mögliche Attribute eines Configuration Item:

- Eindeutige Bezeichnung
- CI-Typ
- Name
- Beschreibung
- Version
- Hersteller
- Status (in Betrieb, defekt, ...)
- Beziehungen zu anderen CI
- Owner

Configuration Model

Die Beziehungen zwischen den CI, also z. B. die Darstellung, welche Software auf welchem System läuft oder aus welchen Einzelkomponenten ein vereinbarter Service besteht, werden in einem logischen Modell (Configuration Model) abgebildet. Die Kenntnis dieser Beziehungen zwischen CI ist wichtig für viele verschiedene Aktivitäten des Service Management. Change Management kann erkennen, wie eine zur Änderung vorgesehene Komponente andere Komponenten oder Services beeinflusst, Availability Management kann die Abhängigkeiten der Services von verschiedenen Komponenten und deren Redundanzen ablesen, und auch die anderen Prozesse profitieren von diesem Modell (Bild 4.21 zeigt ein Beispiel).

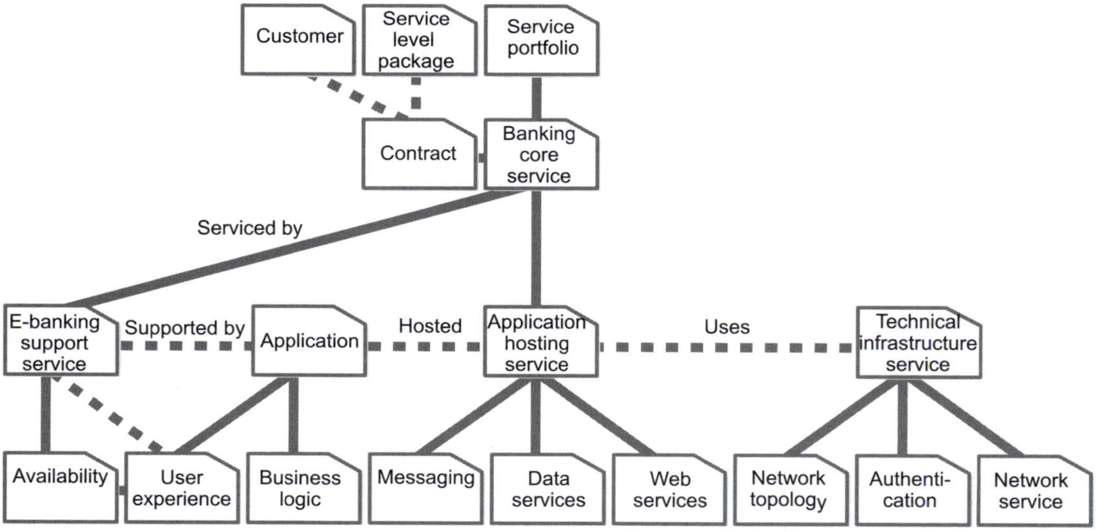

Bild 4.21 Configuration Model (Quelle: Service Transition 2007)

Definitive Media Library (DML)

In der DML werden alle geprüften und freigegebenen Medien-CI als Masterkopien sicher aufbewahrt und geschützt. Die DML besteht in der Praxis aus verschiedenen Medien, wie geschütztem Speicherplatz (getrennt von der Entwicklungs-, Test- und Produktivumgebung) oder auch Aufbewahrungsorten für physikalische Medien (z. B. ein feuerfester Safe).

In die DML werden ausschließlich durch das SACM autorisierte Medien aufgenommen. Sie bilden die Basis für die Arbeit des Release and Deployment Management.

Die Steuerung und Überwachung von Veränderungen (Hinzufügen, Ändern oder Entfernen von Objekten) in der DML erfolgt - wie alle Änderungen an der Infrastruktur - durch das Process Change Management.

Configuration Management System (CMS)

Das CMS enthält alle Informationen zu den identifizierten CI und bildet deren gegenseitige Beziehungen auf Basis des Configuration Models ab. Es enthält sowohl Informationen zu den Services, deren Standorten und Komponenten als auch zu in Beziehung stehenden Incidents, Problems, Known Errors oder Informationen zu Skills, Lieferanten, Kunden und Anwendern.

Die Inhalte des CMS werden entsprechend dem DIKW-Modell aggregiert und setzen sich aus Daten verschiedener Quellen zusammen. Eine wichtige Quelle sind eine oder mehrere physikalische CMDB (Configuration Management Databases), die Informationen zu CI und deren Beziehungen über deren gesamten Lifecycle enthalten. Die Daten in den CMDBs sollten weitgehend automatisiert erfasst werden. Weitere Datenquellen sind Projektdokumentationen, die Definitive Media Library, Scan- und Überwachungstools oder Schnittstellen zu Unternehmensapplikationen (SAP und Ähnliche). Bild 4.22 zeigt die prinzipielle Struktur des CMS.

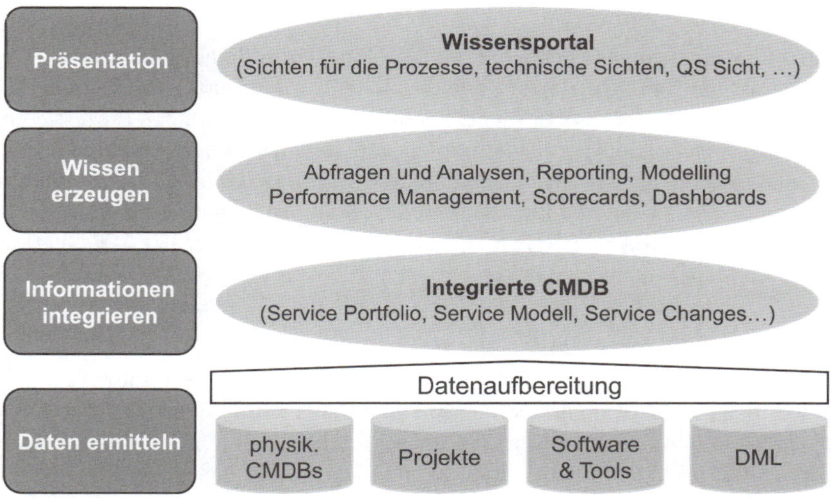

Bild 4.22 Prinzip eines CMS

Configuration Baseline

Die Configuration Baseline oder Ausgangskonfiguration ist eine Aufzeichnung über die Konfiguration eines Produkts oder Service, wie es zu einem definierten Zeitpunkt erstellt wurde. Sie erfasst sowohl die Struktur als auch die Einzelheiten der Konfiguration. Baselines werden als Ausgangspunkt für zukünftige Arbeiten (z. B. ein Desktop bei Eingang ins Warenlager), als Fixpunkte zum Nachvollziehen erfolgter Changes oder als Rückfallpunkte bei misslungenen Veränderungen definiert.

Asset Management

Das Anlagevermögen eines Unternehmens setzt sich aus Assets zusammen, die einen finanziellen Wert haben und genutzt werden können, um Produkte oder Services zu erstellen. Für die Verwaltung dieser Assets sind in den meisten Unternehmen bereits Prozesse etabliert (zum Beispiel Asset Management oder - ganz auf Deutsch - die Anlagenbuchhaltung). Diese Prozesse tragen zum SACM mit wichtigen Aktivitäten bei:

- Identifizieren, eindeutig Benennen und Labeln der Assets
- Pflege einer Asset-Datenbank für alle Anlagegüter
- Dokumentation der Anschaffungskosten, der Abschreibungen und des Nettobuchwerts
- Schutz der Assets vor Beschädigung und Diebstahl
- Regelmäßige Audits

Die Anlagegüter hängen eng mit den Service Assets zusammen, da sie oft ein Teil von ihnen sind oder auch vollständig als Service Assets erfasst werden.

4.4.5.3 Aktivitäten

Management und Planung

Die Rahmenbedingungen und der Scope des SACM werden definiert, und es wird festgelegt, wie ausgeprägt das SACM betrieben werden soll. Als Basis für das SACM werden in dieser Phase die Rollen und Verantwortlichkeiten definiert, die grundlegenden Prozesse definiert und festgelegt, welche Tools für die definierten Aktivitäten zu benutzen sind. Das SACM ist geprägt vom Umgang mit zahlreichen Schnittstellen zur Datenerfassung und Verarbeitung. Diese Schnittstellen zu anderen Prozessen, zu Projekten, Entwicklungsabteilung und internen Support-Teams sowie zu externen Lieferanten müssen in dieser Phase etabliert und im Configuration-Management-Plan dokumentiert werden.

Konfigurationsidentifizierung

Zunächst werden in dieser Phase Kriterien definiert, nach denen Assets und Configuration Items identifiziert und gruppiert werden sollen. Anhand der definierten Kriterien werden die einzelnen CI identifiziert, eingeordnet und eindeutig benannt. Anschließend werden alle spezifischen Eigenschaften der CI identifiziert und es wird festgelegt, welche Attribute für jeden Typ CI benötigt werden (ein Software-CI wird andere Attribute haben als ein CI für eine Dokumentation).

Für einen sinnvollen Betrieb ist in der Praxis die richtige Erfassungstiefe äußerst wichtig. Werden zu viele Details erfasst, führt dies rasch zu einer nur noch schwer zu pflegenden Datenmenge. Werden andererseits zu wenige Detailinformationen erfasst, können wichtige

Informationen während des Service Lifecycle fehlen. Als Faustformel gilt hier als akzeptable Erfassungstiefe die Ebene des kleinsten unabhängig durchführbaren Changes. Hat ein Unternehmen beispielsweise den kompletten Client-Betrieb ausgelagert und werden defekte PCs einfach von einem Lieferanten komplett ausgetauscht, ist der komplette PC als unterer CI-Level ausreichend. Werden die PCs dagegen selber betreut und auch einmal eine Festplatte oder eine CPU einzeln getauscht, so gelten diese Komponenten als notwendiger unterer CI-Level. Die definierten CI-Level sollten regelmäßigen Überprüfungen unterzogen und bei Bedarf angepasst werden.

Neben den einzelnen CI werden in dieser Phase ihre Beziehungen untereinander betrachtet und ihre Dokumentation festgelegt. Beziehungen beschreiben beispielsweise, aus welchen Komponenten ein Service besteht oder wie sich CI gegenseitig beeinflussen können.

- „ist Bestandteil von“ (eine Festplatte in einem Computer)
- „ist verbunden mit“ (ein System mit einem Netzwerk)
- „setzt sich zusammen aus“ (ein Service besteht aus einzelnen Komponenten)

Konfigurationssteuerung

Kein CI sollte ohne angemessenes Verfahren zur Überwachung und Dokumentation hinzugefügt, entfernt oder verändert werden. Dieses Verfahren sollte für die folgenden Aspekte etabliert werden:

- Lizenzmanagement
- Change Management
- Versionskontrolle
- Zugangskontrolle (zum Beispiel zu Gebäuden, Daten oder dem CMS)
- Veränderung und Migration von Daten und Informationen
- Erstellen der Configuration Baseline
- Überwachung der Verteilung und Installation von Assets
- Pflege der DML

Statusnachweis und Reporting

Configuration Items können verschiedene Status annehmen. Abhängig von den Auswirkungen auf die Serviceerbringung müssen diese Status auch in der Dokumentation des CI erfasst werden, damit deutlich wird, welche Services oder Komponenten zum aktuellen Zeitpunkt ggf. beeinträchtigt werden. Beispiele für den Status:

- In Planung
- In Entwicklung
- Freigegeben
- Auf Lager
- In Betrieb
- In Reparatur
- Zurückgezogen

Neben den Status wird in dieser Phase definiert, wie der Wechsel zwischen den Phasen erfolgt und wer die Verantwortung für die Freigabe des Wechsels trägt.

Das Reporting beinhaltet die Erfassung und Bereitstellung von Informationen bezüglich der Configuration Items im Verlauf des kompletten Lifecycles. Reports können sich sowohl auf einzelne CI als auch auf einen kompletten Service oder das gesamte Service-Portfolio beziehen.

Verifizieren und auditieren

Regelmäßige Überprüfungen der dokumentierten Informationen zu den CI und deren Konfiguration stellen sicher, dass die erfassten Daten der Realität entsprechen. Für die Durchführung dieser Audits bieten sich verschiedene Vorgehensweisen, wie Stichproben oder Inventuren, an. Alle Maßnahmen sollten nach Möglichkeit automatisiert erfolgen.

Die Durchführung der Audits sollte sowohl in regelmäßigen Intervallen als auch unregelmäßig erfolgen, besonders bei bestehendem „Anfangsverdacht" einer Abweichung. Beispiele für so einen Anfangsverdacht sind häufige Support-Anfragen am Service Desk zu nicht genehmigter Software oder ein Ressourcenbedarf weit jenseits der Erwartungen des Capacity Managements.

4.4.5.4 Configuration Manager

Der Configuration Manager ist verantwortlich für die Vereinbarung von Scope und Zielen mit dem IT-Management und für die Definition sowie die Einhaltung der Aktivitäten im Configuration-Management-Prozess. Zu den Verantwortlichkeiten zählen:

- Planung und Überwachung der Aktivitäten im Configuration Management und Pflege des Asset- and Configuration-Management-Plans
- Definition eindeutiger Konventionen für Configuration Items (z. B. Namenskonventionen, CI-Typen, Versionen, Templates)
- Definition und Pflege von Schnittstellen zu anderen Prozessen (insbesondere Change Management)
- Tool-Evaluierung und Auswahl für das CMS
- Pflege und Aktualisierung des CMS
- Reporting an andere Prozesse und an das Management

Praxistipp

Basis für eine erfolgreiche Einführung des SACM ist die klare Unterstützung des Managements und die ausreichende Bereitstellung der benötigten Ressourcen und finanziellen Mittel. Hier hat das SACM häufig ein Imageproblem, da es zwar ohne Zweifel einen großen Nutzen für alle Service-Management-Prozesse liefert, dieser Nutzen aber indirekter Natur und nicht so leicht zu greifen ist wie z. B. beim Service Level Management oder beim Incident Management. Dazu kommt, dass die geplanten Mittel oft nicht ausreichen, da bei der Implementierung des komplexen SACM-Prozesses die Fehlerwahrscheinlichkeit sehr hoch ist.

Ein weit verbreiteter Fehler bei der Implementierung des SACM ist wohl die falsche oder fehlende Festlegung des Detaillierungsgrads. Statt sich Gedanken über den tatsächlich im Service Management benötigten Informationsbedarf zu machen und daraus abzuleiten, welche Daten für diese Informationen erfasst und aufbereitet werden müssen, werden alle vorhandenen Datenquellen durchforstet und die gefundenen Daten vollständig verarbeitet. Diese Vorgehensweise führt gerade bei der Neueinführung in der Regel zu nicht kontrollierbaren Datenmengen, die schnell zu Fehlern und schließlich zur Demotivierung der Mitarbeiter und Beteiligten führen können.

4.4.6 Release and Deployment Management

4.4.6.1 Ziele

Ziel des Release and Deployment Management ist die erfolgreiche Integration von Releases in die geplante Zielumgebung unter Einhaltung der vorgegebenen Zeitplanung. Neue und geänderte Services werden unter diesen Bedingungen entsprechend den Service-Anforderungen in die Produktivumgebung implementiert. Man vermeidet unvorhergesehene Auswirkungen auf bestehende Services, auf den Betrieb und auf die Support-Organisation.

Ziel ist auch die Bereitstellung adäquater Verfahren und Ergebnistypen wie Benutzerhandbücher, Schulungen und Kommunikationspläne, die den Anforderungen von Kunden, Anwendern und des Service Management entsprechen. Zur Abstimmung und Zusammenarbeit mit dem Change Management und Veränderungsprojekten werden verständliche Release- und Deployment-Pläne erstellt und verfügbar gemacht.

4.4.6.2 Begriffe

Release Unit

Die Release Unit ist der Teil eines Services bzw. der IT-Infrastruktur, der in der Regel während eines Releases gemeinsam getestet und ausgerollt wird. Ziel ist es, den geeigneten Release Unit Level für die vorhandenen Service Assets je nach deren Einfluss auf die Geschäftsprozesse zu definieren. Beispielsweise kann bei geschäftskritischen Applikationen definiert werden, dass die Release Unit grundsätzlich die gesamte Applikation umfasst, um in Tests alle möglichen Auswirkungen zu identifizieren.

Release Package

Ein Release Package beinhaltet die notwendigen Veränderungen, um Services von einer vorhandenen Baseline auf eine neue, geplante Baseline zu verändern. Geplante Changes bedingen oft weitere Veränderungen (wie z. B. ein Hardware-Upgrade aufgrund einer Softwareaktualisierung), die im Rahmen des Release Package gemeinsam betrachtet werden. Auch neue Handbücher, Systemdokumentationen oder Vorgehensweisen können Inhalt eines Release Packages sein. Release Packages können aus einer oder mehreren Release Units bestehen.

Release- und Deployment-Modelle

Release- und Deployment-Modelle sind vordefinierte Modelle, die bei der Verteilung von Releases unterstützen und einen Rahmen für Rollouts schaffen. Diese Modelle enthalten Informationen zur Release-Struktur (Gestaltung des Release Packages und Informationen zur Zielumgebung), Kriterien für Start und Ende eines Releases. Für die Durchführung werden die Entwicklungs- und Testumgebungen, Rollen, Zeitpläne, Templates und Vorgaben für die Dokumentation sowie Übergabe- und Abnahmekriterien beschrieben. Die bereits genannten Release-Optionen sind:

- *Big Bang:* Alle Komponenten eines Releases werden gleichzeitig in die Betriebsumgebung eingeführt. Dieser Ansatz verkürzt die Dauer und fasst die Einschränkungen des Betriebs durch den Rollout zusammen, birgt jedoch ein höheres Risiko für den Betrieb.
- *Phased:* In dieser Variante findet der Rollout phasenweise, z. B. nach Standort oder Funktionalität, statt. Hier besteht ein vermindertes Risiko für weitreichende Beeinträchtigungen.
- *Push:* Der Service Provider verteilt das Release aktiv und implementiert es entweder manuell oder automatisiert (z. B. Softwareverteilung).
- *Pull:* Der Service Provider stellt das Release bereit, und der Kunde bzw. die Anwender rufen dieses Release ab, wenn sie die Implementierung vornehmen wollen.

4.4.6.3 Aktivitäten

Release-Planung

In dieser Phase wird in Bezug zum Service-Transition-Plan ein Release-and-Deployment-Plan erstellt, in dem Richtlinien für die Verteilung des jeweiligen Releases in die Produktivumgebung definiert werden. Die folgenden Aspekte sollten in dem Release-and-Deployment-Plan betrachtet werden:

- Scope und Inhalt des Release
- Risikobetrachtung und -management
- Betroffene Unternehmensbereiche/Stakeholder
- Verantwortlichkeiten während des Release
- Benötigte Ressourcen
- Verteilungsstrategie
- Abnahmekriterien

Zu den Aktivitäten dieser Phase gehören auch die Vorbereitung der Umgebung für die Erstellung, der Tests und die Verteilung des geplanten Release. Dazu zählen u. a. Planungen auf Basis der vorliegenden SDP, Planung der notwendigen Aktivitäten, Zuweisung der benötigten Ressourcen, Rollen und Verantwortlichkeiten.

Erstellung und Verteilung planen

Vor der Release-Erstellung werden die Inhalte des Release auf ihren Beitrag zu den Anforderungen überprüft. Die Überprüfung erfolgt mit direktem Feedback zwischen Service Transition und Service Design und fokussiert auf alle für die Veränderung relevanten Aktivitäten, Ressourcen und Fähigkeiten. Zusätzlich wird in dieser Phase bewertet, ob die notwendigen Aktivitäten in der vorgesehenen Zeit durchgeführt werden können. Aktivitäten dieser Phase:

- Ableiten detaillierter Pläne für die Entwicklung aus den vorliegenden Anforderungen (SDP)
- Definition der Anlaufzeiten für die Vorbereitung der Infrastruktur
- Erstellen einer Configuration Baseline
- Überwachung der Entwicklungs- und Testprozesse
- Zeitplanung für Entwicklung und Tests
- Zuordnen der Ressourcen

Neben technischen und servicebezogenen Planungen erfordert die Durchführung von Veränderungen spezifische Fähigkeiten der beteiligten Mitarbeiter. Betroffen sind in der Regel die Teams für Release-Erstellung, Test und Verteilung sowie das Support-Personal. Als Ergebnis werden dann notwendige, allgemeine oder individuelle Trainingsmaßnahmen dokumentiert und geplant.

Release-Erstellung und Test

Zunächst wird sichergestellt, dass alle benötigten Komponenten vorhanden sind und den Anforderungen aus der geplanten Veränderung entsprechen. Zu diesem Zweck wird die Qualität aller Configuration Items und benötigten Services überprüft, während der Realisierung überwacht und dokumentiert. Die Überprüfung bezieht sich auf alle Eigenschaften der benötigten Komponenten, wie z. B.:

- Klare Namens- und Bezeichnungskonventionen
- Dokumentation in der Definite Media Library (DML)
- Erfüllung definierter Qualitätskriterien
- Risikobewertung bezüglich bedrohlicher Komponenten (Viren, Trojaner, ...)

Anschließend erfolgt die Zusammenstellung des Releases entsprechend der Vorgaben aus dem Service Design Package (SDP) als Release Package. Wichtig für die spätere Nachvollziehbarkeit ist die Definition klarer Prozesse für eine standardisierte, kontrollierte und wiederholbare Release-Erstellung. Ergebnis dieser strukturierten Aktivitäten ist die Erstellung des jeweiligen Release Packages. Die Aktivitäten für die Erstellung des Release Package sind:

- Zusammenstellung der benötigten Komponenten
- Erstellen der Release-Dokumentation (Realisierungspläne, Arbeitsanweisungen, Maßnahmen zur Qualitätssicherung, Verteilungsmechanismen)
- Installieren und Verifizieren der Funktionalität
- Information der Stakeholder
- Release-Package-Test

Test und Pilotierung

Die Aktivitäten zum Testen der geplanten Service-Änderungen werden detailliert im Prozess *Service Validation and Testing* beschrieben. Man unterscheidet grundsätzlich drei Test-Ausprägungen:

Der Service-Release-Test stellt sicher, dass die Komponenten funktionieren und in der Zielumgebung korrekt installierbar sind.

Der Service-Operation-Readiness-Test (SORT) überprüft, ob die zugrundeliegenden Technologien (Applikationen, Infrastruktur) strukturiert transferiert werden können und den Service Level Requirements (SLR) entsprechen. Er besteht aus:

- *Deployment-Readiness-Test:* stellt sicher, dass alle Deployment-Prozesse und Systeme die Fähigkeit besitzen, die Release Packages in die Produktivumgebung zu übertragen.
- *Service Management Test:* stellt sicher, dass die Service Performance erfasst, überwacht und berichtet werden kann.
- *Service Operations Test:* stellt sicher, dass die Service-Organisation in der Lage ist, die neuen oder veränderten Services zu betreiben.
- *Service Level Test:* stellt sicher, dass die neuen oder veränderten Services den Anforderungen aus den Service Level Requirements entsprechen.
- *User Test:* stellt sicher, dass die Anwender die neuen und veränderten Services wie vereinbart nutzen können.
- *Service Provider Interface (SPI) Test:* stellt sicher, dass die Schnittstellen des Services (zwischen Service Provider und Kunden) funktionieren.
- *Deployment Verification Test:* stellt sicher, dass die neuen oder veränderten Services für alle geplanten Zielgruppen und Umgebungen bereitgestellt wurden.

Die dritte Ausprägung ist die Durchführung von Piloten in einem begrenzten Umfeld. Piloten dienen als eine Art Generalprobe vor der Implementierung und sollen in den Tests möglicherweise übersehene Schwachstellen aufzeigen helfen. Ein direktes Feedback der am Pilot beteiligten Anwender kann zudem zu einem weiteren Feintuning vor der Implementierung beitragen. Bild 4.23 zeigt den Zusammenhang der verschiedenen Testausprägungen im Überblick.

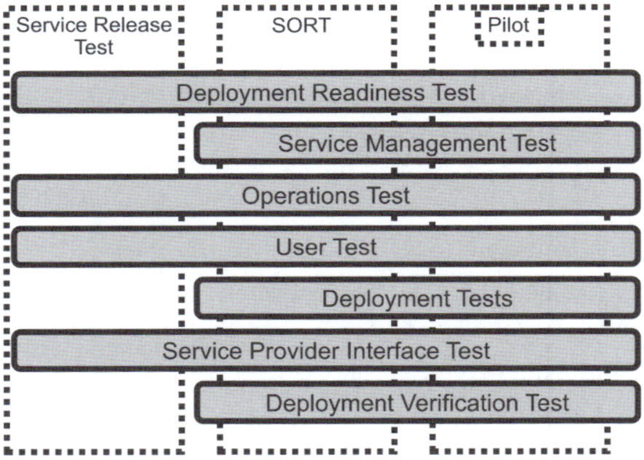

Bild 4.23
Testausprägungen im Zusammenhang

Planung und Vorbereitung der Einführung

Diese Phase dient der Vorbereitung der am Rollout beteiligten Mitarbeiter der Serviceorganisation und der von den Veränderungen betroffenen Anwender. Auch ggf. notwendige organisatorische Veränderungen werden in dieser Phase betrachtet und die Organisation entsprechend vorbereitet. Auf Seiten des Serviceproviders sollten neben der Planung der Rollout-Aktivitäten auch die Vorbereitungen für einen Early Life Support während einer definierten Übergangsphase vorbereitet werden.

In einem detaillierten Rollout-Plan werden die konkreten Maßnahmen zur Durchführung des Rollouts geplant. Diese Maßnahmen beinhalten die genaue Zeitplanung, die Vorbereitung der Umgebung (Räume, Lieferungen, Peripherie) und die Zuordnung der Aufgaben zu den entsprechenden Mitarbeitern und Gruppen. Zu den in dieser Phase geplanten Aktivitäten gehören:

- Maßnahmen zur Risikoreduzierung
- Entwicklung von Betriebsplänen (Rollout, Upgrade, Außerbetriebnahme)
- Logistische Planung für den Rollout
- Anpassung von Prozessen und Know-how sowie Planung der Kommunikation
- Notwendige Anpassungen in Notfallplänen
- Vorbereitung und Einführung des Personals für den Servicebetrieb
- Vorbereitung der Anwender auf die Nutzung der neuen Services

Einführung und Außerbetriebnahme

In dieser Phase werden die geplanten Aktivitäten durchgeführt und der neue oder veränderte Service in den Betrieb überführt. Zu den Änderungen in einem Service kann auch seine Außerbetriebnahme gehören.

- Anpassungen in der Budgetplanung
- Mögliche Veränderungen für Geschäftsprozesse und Organisation
- Veränderungen in Prozessen, Vorgehensweisen und Arbeitsanweisungen
- Verteilung von Know-how
- Anpassung der IT-Service-Management-Fähigkeiten
- Verteilung neuer und veränderter Services (bzw. Außerbetriebnahme)

Bestätigen des korrekten Rollout

Nach Abschluss des Rollouts muss überprüft werden, ob alle Aktivitäten korrekt durchgeführt wurden und die Services dem Kunden entsprechend den Anforderungen zur Verfügung stehen und genutzt werden können. Wichtige Kriterien für diesen Test:

- Services sind gemäß Planung nutzbar
- In Bezug stehende Dokumentationen sind aktualisiert
- Zuordnung von Rollen und Verantwortungen ist erfolgt bzw. aktualisiert
- Anwender sind in der Lage, die Services zu nutzen
- Methoden und Tools für die Messung der Service-Performance und das Reporting sind etabliert

Nach Abschluss dieser Phase ist es nützlich, ein entsprechendes Feedback der betroffenen Anwender und der am Rollout beteiligten Mitarbeiter einzufordern. Die so erlangten Informationen sind eine nützliche Hilfe bei der Gestaltung künftiger Rollouts.

Early Life Support (ELS)

Für jeden neuen oder veränderten Service sollte während einer definierten Einführungsphase die Unterstützung des Support-Personals durch die jeweiligen Servicemitarbeiter erfolgen. So lassen sich Erfahrungswerte übertragen und das Support-Personal kann diese Zeit nutzen, um neue oder geänderte Services kennenzulernen und neue Verfahrensweisen zu vertiefen. Auf diese Weise wird auch während der Startphase eines neuen Services eine optimale Unterstützung der Geschäftsprozesse des Kunden gewährleistet.

Review und Abschluss

Sind die neuen oder veränderten Services in Betrieb, werden abschließend die erfolgten Maßnahmen und Ergebnisse bewertet. Diese Bewertung erfolgt in der Regel im Rahmen eines Post Implementation Review (PIR), ausgehend vom Change Management. Neben der Sammlung von Erfahrungen und Eindrücken aller beteiligten Parteien werden insbesondere eventuell nicht erfüllte Qualitätskriterien betrachtet und dokumentiert sowie entsprechende Korrekturmaßnahmen abgeleitet. Abschließend wird überprüft, welche Informationen relevant für den kontinuierlichen Verbesserungsprozess sind und an die Prozesse des Continual Service Improvements weitergeleitet.

Das Deployment eines Services endet mit der Übergabe der Support-Aktivitäten an Service Operations und der Erstellung eines Transition Reports, der alle Ergebnisse zusammenfasst. In abschließenden Workshops können auf Basis dieser Ergebnisse Erkenntnisse für künftige Verhaltens- und Vorgehensweisen gewonnen werden (Lessons learned).

4.4.6.4 Release and Deployment Manager

Der Release and Deployment Manager ist für die Steuerung aller Aspekte des kompletten Release-Prozesses sowie für die folgenden spezifischen Aspekte verantwortlich:

- Aktualisierung von SKMS und CMS bei der Implementierung
- Gestaltung und Betrieb der Testumgebung
- Rollout-Planung
- Einhaltung von Richtlinien und Release-Prozessen
- Design, Erstellung und Konfiguration der Releases
- Testdurchführung und Erfüllung der Akzeptanzkriterien
- Freigabe für die Implementierung
- Kommunikation während des Rollouts

4.4.6.5 Key-Performance-Indikatoren (KPI)

Im Folgenden finden Sie einige Beispiele für mögliche Kennzahlen aus der ITIL®-Literatur, mit deren Hilfe sich die Prozessqualität und der Beitrag zu den IT-Zielen messen lassen:

- Verbesserung der Kundenzufriedenheit bezüglich der gelieferten Services
- Verbesserte Termintreue bei der Implementierung neuer Services
- Reduzierung von Serviceunterbrechungen aufgrund von Releases
- Reduzierung der Fehler bei der Release-Planung

Es genügt jedoch nicht, definierte Kennzahlen einfach zu übernehmen. Details zur richtigen Gestaltung von Zielen und Kennzahlen finden Sie in Kapitel 5.

Praxistipp

Bevor Sie mit den Aktivitäten des Release Management beginnen, stellen Sie sicher, dass der oder die umzusetzenden Changes tatsächlich das Ergebnis liefern, das der Kunde erwartet (bzw. das vereinbart ist). Der während des Release Management und in den nachfolgend beschriebenen unterstützenden Prozessen immer wieder durchgeführte Abgleich mit Erwartungen und Akzeptanzkriterien bezieht sich auf diese klare Definition der Erwartungen und Zielsetzungen bereits im Change Management. ■

4.4.7 Service Validation and Testing

4.4.7.1 Ziele

Service Validation and Testing befasst sich im Wesentlichen mit der Sicherstellung der vereinbarten Qualität neuer oder veränderter Services. Die Servicequalität leitet sich aus dem definierten Nutzen für den Kunden ab und wird von zwei Komponenten definiert:

- *Utility (Service ist „fit for purpose“):* Der Service liefert den erwarteten Nutzen.
- *Warranty (Service ist „fit for use“):* Der Service wird zuverlässig geliefert (z. B. Verfügbarkeit).

Service Validation and Testing trägt dazu bei, dass den Kunden der erwartete Nutzen der Services tatsächlich zur Verfügung gestellt wird. Dieses Ziel erreicht man durch die nachfolgenden Aktivitäten:

- Identifizieren, Untersuchen und Behandeln der während der Service Transition auftretenden Fehler und Risiken
- Sicherstellen, dass Releases die erwarteten Ergebnisse liefern und diese den Anforderungen entsprechen (fit for purpose, fit for use)
- Frühzeitige Identifikation von Fehlern und Abweichungen bei den Anforderungen der Kunden und Stakeholder sowie ggf. Initiieren der Korrektur

4.4.7.2 Begriffe

Service Quality Policy

Der Begriff „Service Quality“ muss vom Management definiert werden. Diese Definition erfolgt in der Service Quality Policy. Über die Erfüllung der Service-Level-Anforderungen und die Gestaltung der Services hinaus werden folgende Aspekte betrachtet:

- *Level of Excellence:* Wo sind unsere Leistungen hervorragend, wo gibt es Verbesserungspotenzial und worin besteht unser Ziel? Wie erreichen wir es?
- *Value for Money:* Wie ist das Verhältnis zwischen Kosten und Nutzen? Welche Qualität kann und soll mit den verfügbaren Mitteln erreicht werden?

- *Konformität zu Spezifikationen:* Wie genau treffen unsere Services die Spezifikationen und wo besteht Verbesserungspotenzial? Welcher Grad an Genauigkeit ist wirtschaftlich sinnvoll?
- *Umgang mit Erwartungen:* Wo erfüllen wir die Erwartungen und wo nicht? Wo übertreffen wir sie? Was ist unser Ziel, und wie erreichen wir es?

Risiko-Policy

In der Risiko-Policy wird definiert, welche Risiken für den Service Provider und für die Kunden akzeptabel sind. Die Anforderungen können hier sehr unterschiedlich sein, und das akzeptierte Risiko hat ebenso wie die Qualitätsanforderungen eine direkte Auswirkung auf die Services sowie insbesondere auf den Umgang mit Veränderungen (Service Transition). Je niedriger das akzeptierte Risikoniveau, desto ausgeprägter müssen die Kontrollmechanismen bei der Bewertung der Veränderungen und beim Release sein.

Teststrategie

Die Teststrategie legt fest, wie die durchzuführenden Tests organisiert und wie die benötigten Ressourcen zugeordnet werden. Eine Teststrategie lässt sich sowohl als allgemeiner Rahmen für das gesamte Unternehmen als auch für einzelne Services oder Servicegruppen definieren. Im Rahmen einer Teststrategie sollen die folgenden Aspekte betrachtet werden:

- Ziele der Testdurchführung
- Zu beachtende Standards, gesetzliche und regulatorische Vorgaben
- In Beziehung stehende Verträge und Vereinbarungen
- Gestaltung des Testprozesses
- Messgrößen und Maßnahmen bezüglich des KVP
- Identifizierung der Testobjekte
- Betrachtung der Schnittstellen
- Vorgaben für Kriterien (pass/fail)
- Anforderungen an Mitarbeiter und Skills
- Gestaltung der Testumgebung
- Inhalt, Dokumentation und Bereitstellung der Testergebnisse

Testmodelle und das Service-V-Modell

Die Anforderungen für die Durchführung von Tests, insbesondere die Testkriterien, leiten sich direkt von den Kriterien des Service Design ab. Einfacher ausgedrückt: Für jede Funktionalität eines neuen Releases muss ein Testkriterium definiert werden.

Ein trotz des Vormarsches agiler Methoden geeignetes und verbreitetes Testmodell ist das Service-V-Modell. Es beschreibt fünf Stufen der Definition und Entwicklung eines neuen Services und setzt diese Stufen in einen direkten Bezug zu verschiedenen Stufen im Testprozess. Die Kriterien und Vorgaben für die einzelnen Testtypen leiten sich insofern direkt aus den Designkriterien ab. Bild 4.24 zeigt das Prinzip des Service-V-Modells.

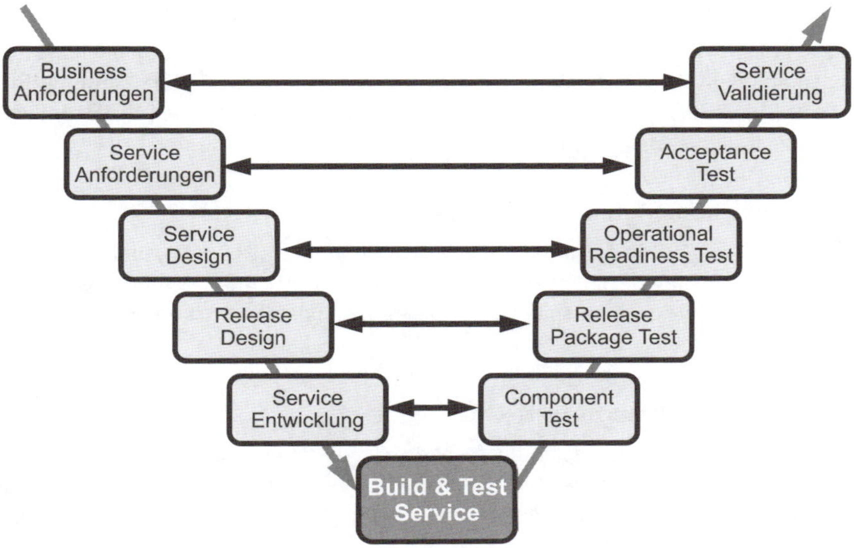

Bild 4.24 Service-V-Modell

4.4.7.3 Aktivitäten

Testmanagement

Das Testmanagement befasst sich mit der Planung und Steuerung der Aktivitäten im Testprozess während der gesamten Transition-Phase. Ergebnisse werden dokumentiert und die vereinbarten Reports abgeleitet. Die durchzuführenden Aktivitäten beinhalten beispielsweise:

- Planung der benötigten Ressourcen
- Priorisierung und Zeitplanung für die Testdurchführung
- Umgang mit Incidents, Problemen und Fehlern während des Testprozesses
- Überwachung des Testfortschritts und Reporting
- Einbeziehen von Configuration Baselines
- Sammeln, Analysieren und Bewerten der Testergebnisse und Ableiten von Aktivitäten

Testplanung und -gestaltung (Plan and Design Test)

In dieser Phase werden die Tests auf Basis der vorhandenen Vorgaben im Detail geplant. Diese Planung bezieht sich sowohl auf die notwendigen Ressourcen wie Hardware, Software oder Mitarbeiter und deren Skills als auch auf einen möglichen Beitrag des Kunden.

Weitere Aktivitäten in dieser Phase sind:

- Planung unterstützender Services wie z. B. Kommunikationsmittel oder Sicherheitsmaßnahmen
- Planung von Meilensteinen und Lieferterminen
- Planung von Übergabepunkten und Abnahmen
- Budgetierung für den Testprozess

Testplanung und -gestaltung prüfen (Verify Test Plan and Test Design)

In dieser Phase wird überprüft, ob die definierten Testaktivitäten tatsächlich alle Anforderungen aus dem Service Design entsprechend unterstützen und die erkannten Risiken vollständig abgedeckt werden. Ebenso wird geprüft, ob die Schnittstellen für die Integration der Services in den Tests berücksichtigt wurden.

Testumgebung vorbereiten (Prepare Test Environment)

Die Testumgebung wird in dieser Phase gemäß der Planung vorbereitet, und alle benötigten Ressourcen werden allokiert. Es wird eine Configuration Baseline der Ausgangssituation in der Testumgebung erfasst, um spätere Veränderungen oder Auswirkungen der Tests nachvollziehen zu können.

Testdurchführung (Perform Test)

In dieser Phase werden die geplanten Tests durchgeführt und die Ergebnisse erfasst und dokumentiert. Werden Fehler bei der Testdurchführung identifiziert, müssen diese vollständig dokumentiert werden. Bild 4.25 zeigt ein schematisiertes Beispiel für einen Testablauf.

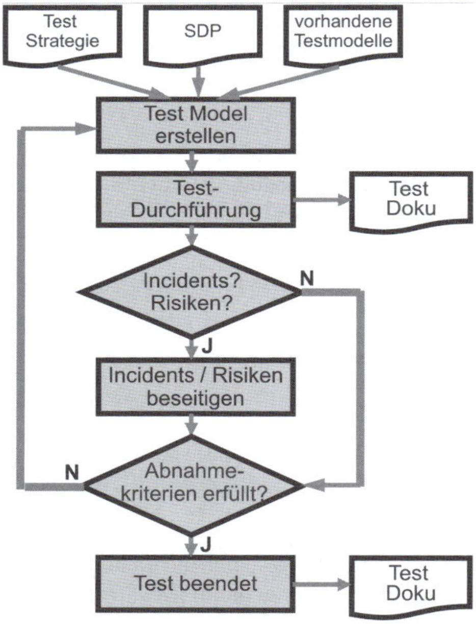

Bild 4.25
Schematisierter Testablauf

Abnahmekriterien prüfen und Reporting (Evaluate Exit Criteria and Report)

Nach der Durchführung und Dokumentation der geplanten Tests werden in dieser Phase die Ergebnisse betrachtet. Die tatsächlichen Ergebnisse werden mit den definierten Erwartungen verglichen. Es folgt die Entscheidung, ob ein Test erfolgreich war oder nicht, und eine Bewertung der verbleibenden Risiken für Service Provider und Kunden. Die Ergebnisse werden dokumentiert und dienen als Basis für die Entscheidung über mögliche Korrekturmaßnahmen.

Testabschluss (Test Clean Up und Closure)

Abschließend werden die Testumgebungen in den Ursprungszustand oder einen anderen definierten Zustand zurückversetzt und es erfolgt eine Bewertung des Testverlaufs. Die Erkenntnisse werden dokumentiert und für die kontinuierliche Verbesserung des Prozesses und der vorhandenen Policies genutzt.

Praxistipp

Je näher sich eine Testumgebung der Produktionsumgebung annähert und je mehr Vorgaben aus den Release- und Testprozessen umgesetzt werden müssen, desto höher die Kosten. Oft werden in Testumgebungen Kompromisse zum Zweck der Kostenminimierung eingegangen, die allerdings die Risiken für falsche oder unklare Testergebnisse erhöhen. Überlegen Sie sich vor der Gestaltung der Testumgebung genau, welches Risiko Sie bereit sind einzugehen und welche Mittel Sie für die Gestaltung investieren wollen oder können. ■

4.4.8 Change Evaluation

4.4.8.1 Ziele

Der Change-Evaluation-Prozess dient dazu, festzustellen, ob ein neuer oder veränderter Service die erwartete Performance liefert und ob die Kosten diesen Nutzen rechtfertigen. Der Prozess liefert ein konsistentes und standardisiertes Vorgehen für die Bewertung von Service Changes und vergleicht die aktuelle mit der nach einem Service Change erwarteten Performance.

Ziel ist es, einerseits die Erwartungen des Kunden zu steuern, und andererseits dem Change Management zuverlässige Informationen für die Bewertung der Service Changes zu liefern. Dies bedeutet im Einzelnen:

- Bewertung der beabsichtigten Auswirkungen eines Service Changes
- Bewertung möglichst vieler unbeabsichtigter und erkannter Auswirkungen
- Lieferung einer zuverlässigen Entscheidungsbasis für das Change Management

4.4.8.2 Grundsätze

Die folgenden Grundsätze gelten für den Evaluation-Prozess:

- Service Changes werden grundsätzlich vor der Transition evaluiert.
- Abweichungen vom erwarteten Ergebnis werden gemeinsam mit den Kunden bewertet. Sie werden entweder akzeptiert oder es werden entsprechende Maßnahmen eingeleitet.

  Mögliche Entscheidungen:
  - Der Change wird abgelehnt.
  - Es wird ein neuer Change mit veränderter Zielperformance initiiert.
- Kunden werden bei der Evaluation einbezogen.

4.4.8.3 Aktivitäten

Evaluierungsplanung

Die benötigten Informationen werden erfasst und notwendige Maßnahmen für die Bewertung geplant. Quellen für die Informationen sind u. a. der RFC, das Service Design Package oder Testpläne inklusive vorhandener Ergebnisse.

Verstehen der geplanten Change-Effekte

Die vorliegenden Informationen werden genau analysiert, um zu verstehen, worin die Intention eines Changes besteht und welcher Nutzen von der Implementierung erwartet wird (zum Beispiel Kostensenkung, Qualitätsverbesserung). Ohne diese Informationen kann eine Evaluierung nicht sinnvoll sein und sollte an dieser Stelle gestoppt werden.

Verstehen möglicher ungewollter Change-Effekte

Besonders in größeren Unternehmen mit komplexen Umgebungen werden neben den gewollten Effekten eines Changes oft auch ungewollte Effekte, wie zum Beispiel die negative Beeinflussung anderer Services, auftreten. Diese zu erkennen, ist allerdings nicht immer ganz einfach. Sie sollten in Zusammenarbeit mit allen Stakeholdern des geplanten Changes ermittelt werden.

Faktoren für die Bewertung der Change-Effekte

- Die Fähigkeiten eines Service Providers, die notwendigen Aufgaben zu erfüllen
- Toleranzen: die Fähigkeit und Kapazität eines Services, die Veränderungen aufzufangen
- Organisationsstruktur: die Akzeptanz von Veränderungen in einer Organisation
- Die Verfügbarkeit der für die Durchführung des Changes nötigen Ressourcen
- Modellierung und Messung: Wie genau treffen die Voraussagen anhand eines Modells die tatsächlich gemessenen Auswirkungen?
- Welchen Effekt hat der Change auf die beteiligten Menschen?
- Einsatzfähigkeit: Wird der Service einsatzfähig sein? (Performance, Verfügbarkeit, Kapazität, Sicherheit)
- Wird der veränderte Service die vereinbarten Eigenschaften aufweisen?

Bewertung der erwarteten Performance

Entspricht die durch die Veränderung erwartete Steigerung der Performance tatsächlich den Anforderungen aus den Vorgaben des Kunden (Service Acceptance Criteria)? Ist das nicht der Fall, so wird lediglich ein vorläufiger Report erstellt und weitere Schritte mit dem Change Management abgestimmt.

Bewertung der tatsächlichen Performance

Entspricht die erwartete Performance den Vorgaben, erfolgt in diesem Schritt die Bewertung der tatsächlich durch den Service Change erzielten Performance. Stimmen die erwartete und tatsächliche Performance nicht miteinander überein, werden ein vorläufiger Report erstellt und mögliche Maßnahmen abgestimmt. Bei Übereinstimmung erfolgt die Erstellung des Evaluation Reports für das Change Management.

Risikomanagement (Risk Management)

Das Risiko der Changes sollte anhand einer im Unternehmen definierten Risiko-Managementmethode bewertet werden. ITIL® schlägt hier einige Methoden wie zum Beispiel Management of Risk (M_o_R), die ISO 31000 oder die ISO/IEC 27000 vor, auf die hier nicht näher eingegangen werden soll.

4.4.9 Knowledge Management

4.4.9.1 Ziele

Ziel des Knowledge Management ist die Bereitstellung der richtigen Informationen am richtigen Ort für die richtigen Personen zur richtigen Zeit, um Entscheidungen basierend auf verlässlichem Wissen zu ermöglichen. Das bedeutet im Einzelnen:

- Zuverlässige Informationen geben dem Service Provider Aufschluss, in welchem Maß Effizienz und Servicequalität erhöht sowie Servicekosten gesenkt werden können.
- Mitarbeiter kennen und verstehen den Zusammenhang zwischen dem Nutzen der Services für den Kunden und ihrem Beitrag
- Mitarbeiter wissen,
  - wer die angebotenen Services derzeit nutzt,
  - das Ausmaß der derzeitigen Servicenutzungs-Last,
  - welche Hindernisse bei der Lieferung der Services bestehen.

4.4.9.2 Begriffe

Service Knowledge Management System (SKMS)

Das Service Knowledge Management System ist die Basis für das Wissen des Unternehmens bezüglich der Servicegestaltung und -erbringung. Die Informationen aus verschiedenen Datenquellen wie dem Configuration Management System (CMS) oder einzelnen Configuration Management Databases (CMDB) werden im SKMS zu nutzbarem Wissen zusammengeführt und dienen als Basis für Entscheidungen. In die Aufbereitung der Informationen werden auch nicht direkt messbare Informationen, wie Erfahrungswerte, Anwenderverhalten oder die vorhandenen bzw. erwarteten Skills der Anwender, einbezogen. Bild 4.26 zeigt den Zusammenhang zwischen CMDB, CMS und SKMS.

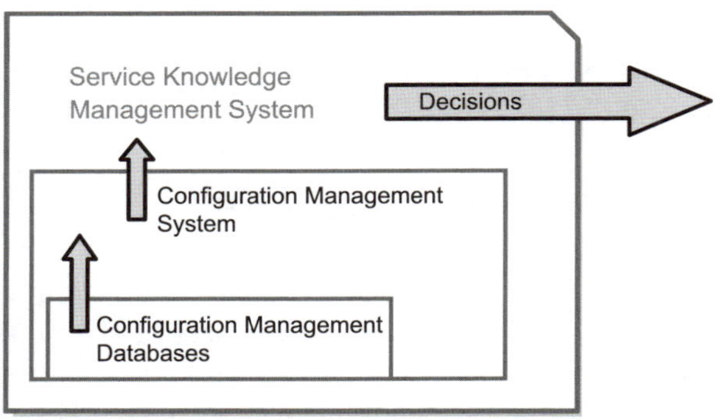

Bild 4.26
SKMS
(Quelle: Service Transition 2007)

DIKW-Modell

Für die Aufbereitung von Wissen – als Basis für Entscheidungen im Rahmen der Serviceerbringung – müssen erfasste Daten aggregiert werden. Die verschiedenen Stufen der Aggregation stellt das DIKW-Modell (Data-Information-Knowledge-Wisdom) dar; es liefert die Basis und Struktur für das Configuration Management System (CMS):

- *Daten (Data):* Die erste Stufe der Aggregation sind die Daten, also einfache Fakten über den Zustand der Infrastruktur, der Services oder erkannter Ereignisse (Incidents). Basis für korrekte und vollständige Daten sind entsprechende Methoden zur Messung und Erfassung und zur Erkennung (z. B. Ereignisse, Alarme, ...).
- *Informationen (Information):* Informationen entstehen, wenn Daten analysiert bzw. kombiniert und so in einen konkreten Kontext gesetzt werden. Informationen werden in Dokumenten wie z. B. Reports oder E-Mails gespeichert und zur Verfügung gestellt.
- *Wissen (Knowledge):* Werden die vorhandenen Daten verarbeitet, entsteht Wissen. Die Verarbeitung der Daten erfolgt mit Hilfe von Erfahrungen, Ideen und individuellen Entscheidungen. Ergebnisse sind dynamisch und vom Kontext und den persönlichen Fähigkeiten der Verarbeiter abhängig.
- *Weisheit, Erkenntnis (Wisdom):* „Weisheit" oder auch „Erkenntnis" beschreibt die höchste Aggregationsstufe im Rahmen des DIKW-Modells und bewirkt insofern Einsicht und ermöglicht eine Verbesserung des Urteilsvermögens. Sie ist die Basis für die Fähigkeit, vernünftige Entscheidungen zu treffen.

4.4.9.3 Aktivitäten

Wissensmanagement-Strategie

Eine Strategie für den Umgang mit dem Wissen im Unternehmen ist für strukturiertes und zielorientiertes Knowledge-Management unverzichtbar. Oft sind in einzelnen Bereichen des Unternehmens bereits Mittel für das Wissensmanagement etabliert, die in die Strategie integriert werden sollten. Nur so ist ein klares und ganzheitliches Bild des Wissensstands und Wissensbedarfs im Unternehmen abzubilden. Eine solche Strategie befasst sich mit Themen wie Rollen und Verantwortlichkeiten, Budgets, der Planung von Prozessen und Ressourcen für das Knowledge-Management sowie notwendigen Systemen und Tools.

Die Strategie ermöglicht es, zu erkennen, welches Wissen benötigt wird, und daraus die für die Abstraktion dieses Wissens notwendigen Daten und Informationen abzuleiten entsprechend dem DIKW-Modell. Wichtige Aktivitäten bei der Wissensidentifizierung und -pflege sind:

- Gestaltung von Prozessen zur Gewinnung, Speicherung und Präsentation der Informationen
- Identifizierung und Ableitung neuen Wissens mit Hilfe verfügbarer Daten und Informationen
- Anpassung und Übernahme vorhandenen Wissens aus externen Quellen

Wissenstransfer

Kaum etwas ist weniger nützlich als vorhandenes Wissen, über das niemand oder nur wenige verfügen. Der Wissenstransfer an definierten Stellen des Lifecycles stellt sicher, dass alle Rolleninhaber über die für ihre jeweilige Aufgabe notwendigen Informationen verfügen.

Die Art der Übermittlung muss hierbei so gewählt werden, dass die Empfänger die übermittelten Informationen auf einfache Weise verarbeiten und nutzen können.

Der klassische Weg für den Wissenstransfer sind Trainings oder die Übermittlung von Informationen an ausgewählte Mitarbeiter zur weiteren Verbreitung innerhalb ihrer Teams. Folgende Aspekte können beim Wissenstransfer eine Rolle spielen:

- *Lerntypen:* Verschiedene Menschen bevorzugen verschiedene Lernmethoden, abhängig u. a. von Erfahrungen, Alter oder der persönlichen Einstellung. Viele Menschen bevorzugen die Vermittlung mit einem hohen Praxisanteil, wie sie in Workshops stattfindet.
- *Wissensvisualisierung:* Oft können visuelle Mittel beim Wissenstransfer unterstützen. Häufig werden dafür Diagramme, Fotos oder Bilder eingesetzt. Auch die Verwendung kleiner Wissenssammlungen in Form von Pocket Guides findet oft guten Anklang.
- *Unterstützung bei Rollenaktivitäten:* Ein sehr effizienter Weg der Wissensvermittlung ist die Übermittlung der benötigten Informationen während der täglichen Arbeit. Mitarbeiter werden in die Lage versetzt, ihre Aufgaben sicher zu bewältigen, und eignen sich automatisch weiteres Wissen an.
- *Seminare und Webinare:* Bei jeder Art von Veränderungsprojekten können Veranstaltungen oder Seminare zur Wissensvermittlung eine Art „Kick-off-Charakter" bekommen und so nicht nur zum Wissenstransfer, sondern auch zum Projekterfolg beitragen. Neben den klassischen Seminaren gewinnen insbesondere bei der Vermittlung wenig komplexer Informationen Formen wie Webinare oder Videos an Bedeutung.
- *Flyer und Newsletter:* Bereits etablierte Kommunikationskanäle wie regelmäßige Newsletter sind ein effizienter und effektiver Weg für die Verbreitung einfacher Informationen.

Daten- und Informationsmanagement

Wissen ist abhängig von den zugrunde liegenden Daten und Informationen. Um diese notwendigen Daten und Informationen erkennen zu können, sollten die folgenden Fragen beantwortet werden:

- Welches Wissen (und somit auch Informationen) benötigt die Organisation für welche Art von Entscheidungen?
- Welche Daten stehen zur Verfügung? Welche werden benötigt und ist es wirtschaftlich, diese Daten zu ermitteln?
- Welche internen Richtlinien, gesetzlicher oder regulatorischer Vorgaben müssen berücksichtigt werden (Datenschutz, Sicherheit, ...)?

Oft werden Daten erfasst und gepflegt, ohne genau zu wissen, ob und wofür diese verwendet werden sollen. Dies führt zu einem unüberschaubaren Aufwand bei der Datenpflege.

Praxistipp

Bevor Sie sich Gedanken darüber machen, welche Daten Sie erfassen wollen, überlegen Sie genau, welche Informationen Sie tatsächlich benötigen. Leiten Sie konkrete Auswahlkriterien für Informationen ab. Je weniger Daten erfasst und gepflegt werden müssen, desto größer ist die Chance einer langfristig hohen Daten- und Informationsqualität in Ihrem SKMS. ■

Ein wichtiger Bestandteil des Knowledge Management ist die Definition klarer Prozesse und Prozeduren für die Erfassung und Pflege von Daten und Informationen. Sie erfolgt in folgenden Schritten:

- Identifizieren der benötigten Daten und Informationen
- Pflege der erfassten Daten und Informationen
- Bereitstellung entsprechend der jeweiligen Zielgruppe
- Vergabe von Berechtigungen und Zugriffsregeln
- Sicherstellen der zuverlässigen Datensicherung und Wiederherstellung

4.4.9.4 Service Knowledge Manager

Der Service Knowledge Manager übernimmt die definierten Aufgaben und Verantwortlichkeiten eines Process Owner. Weitere Verantwortung:

- Sicherstellen der Compliance des Prozesses bezüglich der Prozesse und Richtlinien des Unternehmens
- Identifikation, Erfassung und Pflege des Wissens
- Bereitstellung des Wissens für berechtigte Personen am richtigen Ort zur richtigen Zeit
- Sicherstellen der Integrität des Wissens im SKMS
- Unterstützen der Mitarbeiter und Kunden in Fragen des Wissensmanagements

4.4.9.5 Key-Performance-Indikatoren (KPI)

Im Folgenden finden Sie einige Beispiele für mögliche Kennzahlen aus der ITIL®-Literatur, mit deren Hilfe sich die Prozessqualität und der Beitrag zu den IT-Zielen messen lassen:

- Reduzierung der Incidents aufgrund fehlenden Wissens oder Informationen
- Erhöhung der Erfolgsquote bei der Beantwortung von Anfragen an das SKMS
- Reduzierung des Aufwands für Support aufgrund verbesserten Wissens
- Reduzierung des Aufwands bei der Suche nach Informationen für die Bearbeitung von Incidents oder Problems

Es genügt jedoch nicht, definierte Kennzahlen einfach zu übernehmen. Details zur richtigen Gestaltung von Zielen und Kennzahlen finden Sie in Kapitel 5.

4.5 Service Operation

Service Operation befasst sich mit dem Management der vereinbarten Services und stellt sicher, dass der erwartete Nutzen der Services tatsächlich realisiert wird. Dazu gehören:

- Monitoring und Reporting zur optimierten Entscheidungsfindung beim Steuern von Verfügbarkeit, Nachfrage, Kapazität und aller weiteren Belange des Betriebs
- Sammeln und Bereitstellen von Informationen, Rückmeldungen und Ideen als Basis für den kontinuierlichen Verbesserungsprozess
- Sicherstellen der Verfügbarkeit und Stabilität der Services
- Bearbeiten und Beseitigen von Incidents und Problems
- Management und Weiterentwicklung des Know-hows der Mitarbeiter und deren optimaler Einsatz
- Management und Weiterentwicklung der eingesetzten Technologie

4.5.1 Ziele, Aufgaben und Nutzen

Service Operation beinhaltet die Planung und Ausführung aller Aktivitäten zur Erbringung und Unterstützung der IT-Services gemäß den getroffenen Vereinbarungen und betrachtet dabei folgende Aspekte:

- Services
- Service-Management-Prozesse
- Technologie
- Mitarbeiter

4.5.2 Begriffe und Grundlagen

4.5.2.1 Sichten auf den Service

Die Funktionen, Prozesse und Aktivitäten in Service Operation zielen auf die wiederholte und permanente Lieferung vereinbarter Services ab. Allerdings ändern sich Umwelt und Rahmenbedingungen für die Serviceerbringung während der Betriebsphase fortlaufend. Aufgrund dieser kontinuierlichen Veränderungen ergeben sich während des Betriebes verschiedene Spannungsfelder:

- Interne Technologiesicht versus externe Business-Sicht
- Stabilität versus Reaktionsfreudigkeit (Flexibilität)
- Servicequalität versus Servicekosten
- Reaktives versus proaktives Verhalten

Interne Technologiesicht versus externe Business-Sicht

Die interne Technologiesicht beschreibt die Eigensicht der IT-Organisation. Diese definiert sich oft über technologische Kompetenz und strebt die optimierte Bereitstellung technologischer Komponenten an, die diverse Spezialisten-Teams steuern und verantworten.

Der Kunde sieht die IT vornehmlich als Gruppierung von IT-Services, die zum Unternehmenserfolg beitragen. Der Fokus liegt hier auf der zuverlässigen Lieferung der Services. Wie die Technik hinter den Services zu betreiben ist, interessiert in den meisten Fällen nicht.

> **Praxistipp**
>
> Gerade in gewachsenen Umgebungen mit integrierten internen Service Providern neigen Kunden dazu, viele Details der Serviceerbringung, wie z. B. Hersteller von Komponenten, vorzugeben. Natürlich steht es dem Kunden frei, Vorgaben zu machen. Er beraubt sich so jedoch der Chance, das Potenzial des Service Providers wirklich zu nutzen. Sie sollten in Gesprächen zwischen Kunde und Service Provider klären, welche Aufgabe welcher Vertragspartner übernimmt. Trifft der Kunde alle technischen Detailentscheidungen selber, kann der Service Provider nur schwer die Verantwortung für die Services übernehmen. Grundsätzlich gilt: Wer verantwortlich ist, trifft auch die Entscheidungen. Ziele, Vorgaben und Anforderungen müssen die Businessziele unterstützen und werden daher vom Business definiert. Der Service Provider ist verantwortlich für effektive und effiziente Services und sollte daher auch über deren Gestaltung (entsprechend der funktionellen Vorgaben) entscheiden. ■

Für die Bereitstellung sowohl effizienter als auch effektiver Services ist die richtige Balance zwischen diesen beiden Sichten notwendig. IT-Organisationen, die sich ausschließlich auf die Business-Anforderungen konzentrieren, dabei jedoch die IT-Komponenten und das notwendige technische Know-how vernachlässigen, gehen unter Umständen Verpflichtungen zur Serviceerbringung ein, die zwar den Anforderungen des Kunden genau entsprechen, zu deren Erbringung aber nicht in der Lage sind. IT-Organisationen, deren Fokus ausschließlich auf den IT-Komponenten und technischen Fähigkeiten liegt, werden unter Umständen den tatsächlichen Bedarf der Kunden nicht erkennen und liefern dann teure Services mit wenig Wert für das Business.

Stabilität versus Reaktionsfreudigkeit (Flexibilität)

Die IT muss sicherstellen, dass Anforderungen an Verfügbarkeit und Stabilität der IT-Services erfüllt werden und gleichzeitig den Änderungsbedarf seitens des Business und auch innerhalb der IT wahrnehmen und gegebenenfalls umsetzen. Dieser Änderungsbedarf kann sich sowohl evolutionär als auch ad hoc und unter hohem Druck ergeben. Je flexibler die Services gestaltet und je schneller Änderungen umgesetzt werden, desto größer ist das Risiko für Serviceausfälle oder zumindest für eine Qualitätsminderung.

Um das Verhältnis zwischen Flexibilität und Stabilität angemessen gestalten zu können, bedarf es verschiedener Maßnahmen, wie z. B.:

- Gestaltung zielorientierter, aber flexibler Prozesse, wie zum Beispiel bedarfsgerechte Change-Modelle oder ein Capacity Management mit direktem Bezug zum Business.
- Gestaltung eines umfassenden Service Level Management.
  - Einfluss auf die Gestaltung der Vereinbarungen über den gesamten Lifecycle.
  - Vermeidung informeller Vereinbarungen.
  - Sicherstellung der frühestmöglichen Einbindung der IT in Business Changes.
- Investition in adaptive und skalierbare Technologie, wie z. B. virtuelle Serversysteme im Rechenzentrum

Servicequalität versus Servicekosten

Die Qualität der IT-Services steht in direktem Zusammenhang mit den Servicekosten. Eine Steigerung der Qualität geht oft mit einer proportionalen Steigerung der Kosten einher. Ist die aktuelle Servicequalität noch gering oder schon sehr hoch, verursachen Qualitätssteigerungen oft über- oder unterproportionale Kostensteigerungen.

Kunden erwarten ein ausgewogenes Verhältnis zwischen Kosten und Servicequalität. Dieses Verhältnis entsprechend den Kundenerwartungen zu gestalten, ist eine der wichtigen Aufgaben des ITSM. Welche Balance hier angemessen ist, wird bereits während der Phasen Service Strategy und Service Design festgelegt und in Service Operation realisiert. Ein wichtiger Beitrag von Service Operation zur Balance kann die Identifizierung und Umsetzung von Optimierungspotenzial sein. Werden Prozesse und Abläufe oder die Nutzung technischer Mittel optimiert, können die Kosten bei gleichbleibender oder steigender Qualität oft gesenkt werden.

Reaktives Verhalten versus proaktives Verhalten

Auf die Auseinandersetzung über proaktives versus reaktives Verhalten treffe ich in jeder Beratungssituation. Eine typische Aussage von IT-Service Providern ist folgende: „Wir haben so viel im Tagesgeschäft zu tun und keine Zeit, etwas zu verändern.“ Vielleicht kommt Ihnen diese Aussage bekannt vor. Mich erinnert sie an eine Karikatur, die ich Ihnen nicht vorenthalten möchte (Bild 4.27).

Bild 4.27 Wir ändern nichts!

Reaktiv ausgerichtete Service Provider handeln erst, wenn ein externer Anstoß sie zum Handeln zwingt. Proaktive Organisationen suchen ständig Wege zur Verbesserung der momentanen Situation. Beide Sichtweisen beinhalten Gefahren, wenn die Ausprägung zu stark in die eine oder andere Richtung erfolgt. Ist ein Service Provider zu proaktiv eingestellt, wird unter Umständen mehr getan als notwendig, wodurch unnötig hohe Kosten entstehen können. Ist ein Service Provider dagegen zu reaktiv eingestellt und unterdrückt sogar proaktives Handeln der Mitarbeiter, erhöhen sich Kosten für die reaktiven Maßnahmen, während gleichzeitig die Stabilität und Konsistenz der IT-Services gefährdet sind. Bei der Gestaltung einer proaktiven IT-Organisation sind folgende Variablen von Bedeutung:

- *Reifegrad:* Je länger die Organisation schon Services anbietet, desto höher ist die Wahrscheinlichkeit, dass sie die Beziehung zwischen IT und Business versteht und daraus Hinweise für proaktives Handeln ableiten kann.
- *Kultur:* Je deutlicher ein Service Provider auf Innovation statt auf Beibehaltung des Status quo ausgerichtet ist, desto größer sind seine Fähigkeiten für proaktives Handeln.
- *Bisherige Rolle der IT:* Gestaltet die IT mit und ist der IT-Leiter Mitglied der Geschäftsleitung oder wird die IT als administrativer Overhead wahrgenommen?
- *Knowledge Management:* Der Reifegrad und Umfang des Knowledge Management im Unternehmen spielt eine wichtige Rolle als Entscheidungsgrundlage für proaktives Handeln.

Grundsätzlich ist proaktives Handeln für Service Provider erstrebenswert. Allerdings müssen ausreichend Ressourcen für das reaktive Handeln reserviert werden. Die Rolle von Service Operation besteht darin, die richtige Balance zu finden. Bei der anforderungsgerechten Gestaltung dieser Balance spielen u. a. folgende Faktoren eine Rolle:

- Standardisierte und etablierte Prozesse für Incident Management und Problem Management
- Zusammenspiel von Service Operation und Continual Service Improvement
- Eine sinnvolle Priorisierung unter Berücksichtigung der betroffenen Geschäftsprozesse
- Verfügbarkeit valider Informationen aus dem Service Asset and Configuration Management
- Das Service Level Management ist fortlaufend in die Aufgaben von Service Operation eingebunden, um Erfahrungen, Rückmeldungen und Ideen erfassen und verarbeiten zu können.

4.5.3 Event Management

4.5.3.1 Ziele

Event Management hat zum Ziel, auftretende Ereignisse in der IT-Infrastruktur festzustellen sowie angemessene und koordinierte Maßnahmen nach Möglichkeit automatisiert einzuleiten und Events über deren gesamten Lifecycle zu managen. Bei einem Event handelt es sich um ein für die Services relevantes Ereignis. Die folgenden Ziele lassen sich daraus ableiten:

- Die Fähigkeit, Events zu entdecken, zu verstehen und angemessen (also entsprechend bestehender SLA) zu handeln, ist vorhanden.
- Es existieren die Mittel, um die tatsächliche Performance der in Betrieb befindlichen Services mit den Vereinbarungen in den SLA zu vergleichen.

- Routineaufgaben des Operations Management sind wenn möglich automatisiert.
- Eine verlässliche Basis für das Reporting und das Continual Service Improvement ist vorhanden.

4.5.3.2 Begriffe

Event

Ein Event ist ein Ereignis, das Bedeutung für das Management der Infrastruktur oder für die Serviceerbringung hat, also eine Statusänderung eines CI mit Auswirkungen auf dessen Steuerung oder auf die IT-Services.

Typischerweise handelt es sich bei Events um Benachrichtigungen, die ein Service, ein Configuration Item oder ein Monitoring-Tool generieren und zur Verfügung stellten. Events können verschiedene Aktivitäten, wie z. B. die Eröffnung eines Incident Tickets, auslösen. Im Rahmen des Event-Management-Prozesses muss sichergestellt werden, dass die Benachrichtigungen zu Events nicht nur gesendet, sondern auch zuverlässig empfangen werden.

Event-Typen

Je nach Typ eines Events und dessen Auswirkung auf die Services gilt es verschiedene Maßnahmen zu ergreifen. Zur Differenzierung bei der Entscheidung über diese Maßnahmen können die folgenden drei Event-Typen definiert werden:

- *Information (Information):* Events, die einen gewünschten Ablauf bestätigen und in der Regel keine weiteren Aktivitäten erfordern (z. B. Ende eines Druckjobs, E-Mail-Empfangsbestätigung etc.)
- *Warnung (Warning):* Events, die ein ungewöhnliches Verhalten anzeigen, das ein Eingreifen noch nicht zwingend notwendig macht, aber oft ein genaueres Monitoring oder definierte Aktivitäten in der Zukunft erfordert (z. B. ein Anstieg der Antwortzeiten einer Anwendung oder Annäherung an definierte Schwellwerte etc.)
- *Ausnahme (Exception):* Events, die auf eine nicht akzeptable Situation hinweisen und normalerweise konkrete Maßnahmen bedingen (z. B. wiederholte Falscheingabe von Kennwörtern, Schwellwertverletzungen etc.)

Alarm

Alarme werden in der Regel durch System-Management-Tools erzeugt und verwaltet. Es handelt sich um eine Benachrichtigung, dass ein Schwellenwert erreicht wurde, sich etwas geändert hat oder ein Fehler aufgetreten ist. Je nach Art des Alarms können unterschiedliche Event-Typen abgeleitet werden.

4.5.3.3 Aktivitäten

Das Event Management befasst sich mit der automatisierten Verarbeitung von Ereignissen und der Erzeugung entsprechender Reaktionen. Bild 4.28 zeigt einen schematischen Event-Management-Prozess im Überblick.

Bild 4.28
Event-Management-Prozess

4.5.3.3.1 Event-Notifikation

Nachdem ein Event stattgefunden hat, muss es zunächst einmal als solches identifiziert und erfasst werden. Event Management nutzt die Fähigkeit vieler Configuration Items (CI), Informationen über den eigenen Status oder bestimmte Ereignisse zu kommunizieren. Grundsätzlich unterscheidet man zwei Arten von Informationssammlung:

- Überwachung der CI durch ein Management, welches definierte Informationen sammelt.
- Ein CI erzeugt eigenständig einen Report, wenn bestimmte Ereignisse auftreten.

4.5.3.3.2 Event erkennen

Nachdem im vorherigen Schritt die relevanten Events erfasst und dokumentiert wurden, muss definiert werden, wie neue oder veränderte Events und deren Bedeutung erkannt und verarbeitet werden. Die Erfassung der Informationen und deren Einordnung erfolgt durch entsprechend definierte Management-Tools oder Agenten, die bestimmte Configuration Items untersuchen.

4.5.3.3.3 Aufzeichnung des Events

Für jedes erkannte Event sollte ein entsprechender Datensatz angelegt und die nachfolgenden Aktivitäten dokumentiert werden. Die Art der Aufzeichnung hängt von den vorhandenen Werkzeugen und der Art des Events ab. Es kann ein Ticket in einem entsprechenden Tool, aber auch ein automatisch erzeugter Eintrag in einer Log-Datei sein.

4.5.3.3.4 Zuordnen und Signifikanz festlegen

Erste Zuordnung und Filtern

Zunächst wird entschieden, ob ein Event überhaupt von Bedeutung ist und an die entsprechenden Management-Tools kommuniziert wird oder ob es ignoriert werden kann. Der Grund, warum diese Entscheidung hier erneut getroffen wird, ist die Möglichkeit, Events trotz der Erkennung durch eine automatisierte „event notification“ zu ignorieren, wenn es sinnvoll erscheint. In einigen Situationen kann es sinnvoll sein, nur das erste einer Reihe identischer Events weiter zu verarbeiten. In diesem Fall erfolgt hier auch die entsprechende Filterung der nachfolgenden Events.

Signifikanz der Events

In diesem Schritt werden die als relevant erkannten Events entsprechend ihrer Signifikanz klassifiziert, um die geeigneten Reaktionen ableiten zu können. Welche Kategorien definiert werden, hängt von der Art der Services und den Anforderungen an deren Betrieb ab. Jedes Unternehmen sollte sich hier genau überlegen, welche Abstufungen sinnvoll sind. Als Anhaltspunkt können die in Abschnitt 4.5.3.2 beschriebenen Event-Typen dienen:

- Information (Information)
- Warnung (Warning)
- Ausnahme (Exception)

Zweite Zuordnung

Insbesondere wenn es sich um Warnungen handelt, muss festgelegt werden, was das entsprechende Event für die Infrastruktur und für die Services bedeutet. Entsprechend dieser Bedeutung werden Entscheidungen über die Art und den Umfang der weiteren Maßnahmen getroffen. Die Einordnung von Events erfolgt nach Möglichkeit automatisiert. Entsprechende Werkzeuge leiten aus definierten Kriterien eine Entscheidung über die Signifikanz der relevanten Events ab. Mögliche Aspekte für die Gestaltung und Konfiguration sind:

- Anzahl identischer Events
- Anzahl unterschiedlicher CI, die identische oder ähnliche Events erzeugen
- Art und Zuordnung definierter Schwellwerte
- Eventkategorien
- Priorisierung der Events

4.5.3.3.5 Maßnahmenauswahl

In diesem Schritt werden die geeigneten Maßnahmen ausgewählt und durchgeführt. Auch hier gilt, dass unterschiedliche Unternehmen auch unterschiedliche Maßnahmen definieren werden. Typische Maßnahmen sind:

- *Event Logging:* Grundsätzlich sollten alle Events erfasst werden, egal ob weitere Maßnahmen erfolgen oder nicht. Bei Events vom Typ „Information“ ist das Logging oft die einzige Maßnahme.
- *Auto Reponse:* Wenn möglich, sollte eine Maßnahme automatisiert sein, um den Aufwand zu minimieren und gleichzeitig die Geschwindigkeit zu erhöhen. Beispiele für Auto Responses:
  - Restart eines Systems oder einer Komponente
  - Automatische Konfigurationsanpassung
- *Alarm und manueller Eingriff:* Wenn keine automatische Reaktion möglich ist, müssen manuelle Aktivitäten durchgeführt werden. Der Alarm muss an eine Person oder das Team mit der notwendigen Kompetenz gerichtet sein und alle zur Bearbeitung notwendigen Informationen enthalten.

- *RfC auslösen:* Ist für die adäquate Reaktion auf ein Event ein Change notwendig, wird ein RfC an das Change Management vorgeschlagen.
- *Incident erstellen:* Stellt ein Event eine tatsächliche oder potenzielle Serviceunterbrechung dar, wird ein Incident Ticket eröffnet.
- *Verlinken eines Problems:* Kann ein Event oder ein resultierender Incident einem bereits bestehenden Problem-Ticket zugeordnet werden, lassen sich entsprechende Incident Tickets mit dem Problem verlinken.

Trigger

Die Auslöser für die vorgesehenen Maßnahmen nennt man Trigger. Trigger können sehr unterschiedlich gestaltet sein. Nachfolgend einige Möglichkeiten:

- *Incident Trigger:* Erzeugen ein Incident-Ticket, wenn ein Event entsprechende Kriterien erfüllt, und stoßen so den Incident-Management-Prozess an.
- *Change Trigger:* Erzeugen bei Bedarf einen Request for Change (RfC) und initiieren so den Change-Management-Prozess.
- *Pager oder SMS-Dienste:* Informieren verantwortliche Personen oder Teams, um manuelle Maßnahmen zu ergreifen.

4.5.3.3.6 Maßnahmen überprüfen

Nach Abschluss der Maßnahmen werden alle wichtigen Events darauf überprüft, ob adäquat reagiert wurde. Wie alle Reviews wird auch dieser als Informationsquelle für den Continual-Service-Improvement-Prozess genutzt.

4.5.3.3.7 Event schließen

Events lassen sich nicht so exakt einem Status „open“ oder „closed“ zuordnen wie beispielsweise Incidents. Events des Typs „Information“ werden oft einfach erfasst und es folgen keinerlei Aktivitäten. Einen Status „open“ kann es in diesem Fall schwerlich geben. Erzeugt ein Event ein Incident oder einen Change, sollte der Abschluss des Events mit dem Link zum entsprechenden Ticket im jeweiligen Prozess erfolgen.

4.5.3.4 Herausforderungen

Zunächst besteht bei der Gestaltung des Event-Management-Prozesses die Hürde der Mittelbeschaffung für die benötigten Überwachungs- und Bewertungstools. Wie in vielen anderen Fällen gilt es hier, einen Business Case zu schaffen und die Vorteile des automatisierten Event Management darzustellen. Vorteile, die sich direkt als Nutzen präsentieren lassen, können sein:

- Erhöhung der Servicequalität durch Entlastung des Service Desk und des Incident Management
- Verbesserung der Kundenzufriedenheit durch schnelle Reaktionen auf Ereignisse, ohne dass ein Anwender eine Störungsmeldung liefern muss
- Entlastung von Routineaufgaben durch Automatisierung einfacher Events und Konzentration auf Aufgaben, für die tatsächlich ein manuelles Eingreifen nötig ist

Eine weitere Herausforderung ist die Definition der richtigen Filter für die Verarbeitung von Events. Fehler können entweder zu einer nicht mehr überschaubaren Flut einfacher Events oder zum Übersehen signifikanter Events führen. Um den richtigen Level zu finden, sind verschiedene Faktoren von Bedeutung, wie z. B. klar definierte Servicespezifikationen oder die Kenntnis der Auswirkungen von Events auf diese Services.

Praxistipp

Integrieren Sie das Event Management innerhalb der ITSM-Prozesse wo immer möglich, um relevante Events bezüglich dieser Prozesse zu erkennen. Denken Sie bei der Definition neuer Services von Beginn an über mögliche Funktionen für das Event Management nach. Dadurch lassen sich die Aktivitäten „notification" und „detection" später deutlich einfacher gestalten. Nachdem Sie die Filterregeln definiert haben, prüfen Sie im Rahmen einer Einführungsphase, wie diese Filter funktionieren, und greifen Sie bei Bedarf korrigierend ein.

4.5.4 Incident Management

4.5.4.1 Ziele

Wichtigstes Ziel des Incident Management ist die schnellstmögliche Wiederherstellung des SLA-konformen Servicebetriebs und die Minimierung negativer Auswirkungen auf die Geschäftsprozesse. Dadurch werden die folgenden Ziele unterstützt:

- Steigerung der Produktivität der Anwender
- Verringerung der Auswirkungen von Störungen auf die Geschäftsprozesse
- Einhaltung bestmöglicher Servicequalität und Verfügbarkeit

Die Minimierung der Auswirkungen auf die Geschäftsprozesse lässt sich auf unterschiedliche Weise erreichen. Neben der schnellen Wiederherstellung der Services spielt die Auswahl der richtigen Reihenfolge der Wiederherstellung bei begrenzten Ressourcen eine entscheidende Rolle. Wichtig dafür ist eine Priorisierung der Incidents unter Berücksichtigung der Auswirkungen auf die betroffenen Geschäftsprozesse.

4.5.4.2 Begriffe

Incident

Ein Incident ist eine ungeplante Unterbrechung oder Reduktion der Qualität eines IT-Services. Auch Ausfälle von Configuration Items, die noch keine Auswirkung auf einen Service haben, sind Incidents, wie z. B. der Ausfall einer Festplatte in einem RAID5-System (potenzielle Auswirkungen). Eine aus meiner Sicht noch griffigere Definition eines Incidents ist die folgende, die sich an ITIL® 2 anlehnt:

> *Jedes Ereignis, das den SLA-konformen Betrieb eines Service beeinflusst und eine Unterbrechung oder Beeinträchtigung der Qualität dieses Service verursacht oder verursachen könnte.*

Incidents können in verschiedenen Situationen entstehen und auf unterschiedlichen Wegen zum Service Provider gelangen. Nachfolgend einige Möglichkeiten:

- Fehler/Störungen
- Fragen seitens der Anwender
- Meldungen seitens der IT-Mitarbeiter
- Events, welche von Monitoring-Tools entdeckt und gemeldet werden

Workaround

Ein Workaround ist eine Maßnahme zur Reduzierung der Auswirkungen eines Incidents, solange keine endgültige Lösung zur Beseitigung des Incidents verfügbar ist. Ein Beispiel für einen Workaround ist die Umleitung einer Druckerwarteschlange auf einen anderen Drucker, während das ursprüngliche Gerät untersucht und repariert wird. Viele Workarounds werden dem Incident-Management-Prozess über die Known Error Database als Teil dokumentierter Known Errors durch den Problem-Management-Prozess bereitgestellt. Die Begriffe „Known Error Database" und „Known Error" werden in Abschnitt 4.5.6.2 beschrieben.

Incident Models

Incident Models sind vordefinierte Verfahrensweisen, die es erlauben, bei ähnlichen oder gleichen Incidents auf definierte Art und Weise zu reagieren. Incident Models enthalten Aktivitäten, zeitliche Abläufe und Eskalationsprozeduren bezogen auf den jeweiligen Incident-Typ und werden, wenn möglich, als vordefinierte Abläufe in den verwendeten Tools abgebildet.

Major Incidents

Major Incidents haben besonders große Auswirkungen auf die Geschäftsprozesse und bedingen dadurch besondere Maßnahmen bei der Service-Wiederherstellung. Die Kriterien für die Identifizierung eines Major Incidents müssen in der Definition des Incident-Management-Prozesses bzw. der vereinbarten Services festgelegt werden. Für sie gelten in der Regel kürzere Zeiten und andere Prozeduren (diese können zum Beispiel in einem entsprechenden Incident Model definiert werden).

Praxistipp

Beachten Sie, dass ein Incident immer ein Incident bleibt. Kein Incident, also auch kein Major Incident, wird jemals zu einem Problem. Während Incidents sich auf die Symptome und die Auswirkungen fokussieren, werden im Rahmen eines Problems die zugrundeliegenden Ursachen betrachtet. Eine Verbindung besteht lediglich durch die Verlinkung von Incidents zu Problems, um bei Bedarf die zugrundeliegende Ursache zuzuordnen. ■

4.5.4.3 Aktivitäten

Bild 4.29 zeigt ein schematisches Beispiel für die Definition eines einfachen Incident-Management-Prozesses.

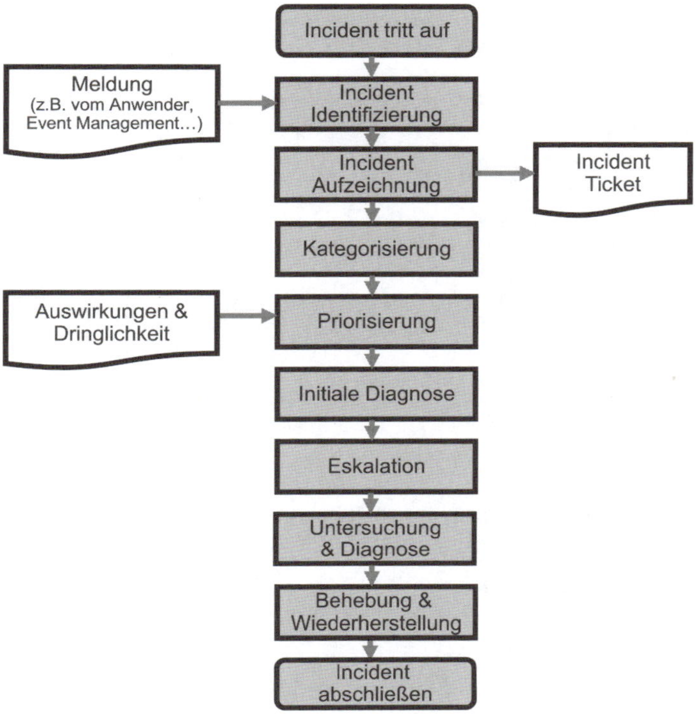

Bild 4.29 Incident-Management-Prozess

Praxistipp

Der Prozess zur Bearbeitung von Incidents kann in verschiedenen Unternehmen sehr unterschiedlich sein. Er hängt sehr von den jeweiligen Rahmenbedingungen und Anforderungen ab. Nutzen Sie die hier beschriebenen Aktivitäten als Inspiration und Rahmen für die Gestaltung Ihres individuellen Prozesses. Ein Beispiel für einen in der Praxis ausgestalteten Incident-Management-Prozess finden Sie in Kapitel 7. ■

Incident-Identifizierung

Im Rahmen dieser Aktivität werden Incidents als solche identifiziert. Der einfachste Weg ist die Meldung durch einen Anwender an den Service Desk. Es wird jedoch angestrebt, Incidents bereits zu erkennen, bevor sie eine Auswirkung auf den Anwender haben. Bei dieser Aufgabe kann z. B. die Verarbeitung von Ereignissen im Event Management nützlich sein.

Incident-Aufzeichnung (Incident Logging)

Eine wichtige Aufgabe des Incident-Management-Prozesses ist die vollständige Erfassung aller Incidents. Im Incident-Ticket werden alle relevanten Informationen für die Bearbeitung des jeweiligen Incidents erfasst. Das Ticket wird anschließend während des gesamten Incident-Lifecycles mit entstehenden Informationen und dokumentierten Maßnahmen aktualisiert.

Incident-Tickets sollten die folgenden Informationen enthalten:

- Eindeutige Incident-ID
- Kategorie
- Dringlichkeit und Auswirkung
- Priorität
- Erfassungsdatum
- Name/Abteilung des Erfassers
- Art der Incident-Meldung (Telefon, E-Mail, ...)
- Anwender (Name und Kontaktdaten)
- Mögliche/gewünschte Art der Rückmeldung
- Incident-Beschreibung (Symptome)
- Status (aktiv, wartet, abgeschlossen, ...)
- Betroffene Configuration Items
- Support-Team/-Rolle, welcher das Incident zur Bearbeitung zugeordnet wurde
- Verlinkte Problems oder Known Errors
- Durchgeführte Maßnahmen zur Behebung
- Zeit und Datum der Behebung
- Kategorie bei Abschluss
- Zeit und Datum des Abschlusses

Statusverfolgung

Der Status der erfassten Incidents sollte über den gesamten Incident Lifecycle gepflegt und aktualisiert werden. Ein aktueller Status vereinfacht das Handling der vorhandenen Incidents und ermöglicht ein differenziertes Reporting. Die Status werden entsprechend den Prozessen und Verfahren festgelegt. Mögliche Status sind:

- *Offen:* Das Incident-Ticket ist bereits vorhanden, aber noch nicht zugeordnet.
- *In Arbeit:* Das Ticket wird gerade bearbeitet.
- *Gelöst:* Der Service ist wiederhergestellt, die Lösung vom Anwender noch nicht bestätigt worden.
- *Closed:* Das Ticket ist abgeschlossen, der Anwender hat die Lösung bestätigt.

Incident-Kategorisierung

Die Kategorie beinhaltet die fachliche Einordnung eines Incidents. Sie ist die Basis für die korrekte Zuordnung der Incidents zu den vorhandenen Support-Gruppen. Wird ein Incident falsch oder nicht kategorisiert, kann dies zu erheblichem Mehraufwand bei der späteren Bearbeitung z. B. durch unnötige Weiterleitungen führen. Eine typische Struktur ist eine fachbezogene Hierarchie innerhalb des Kategorienbaums, also etwa „Hardware → Server → Komponente“. Auch der Aufbau des Kategorienbaums entsprechend den angebotenen Services ist eine mögliche Variante. Sie gewinnt in serviceorientierten Organisationen immer mehr an Bedeutung.

Die Kategorien müssen in jedem Unternehmen individuell entsprechend den vorhandenen Komponenten und Services erarbeitet werden. Die folgenden Stichpunkte beschreiben eine einfache Vorgehensweise zur Identifikation der benötigten Kategorien:

- Gemeinsam mit Vertretern aus den Support-Teams und dem Service Desk sowie dem Problem-Manager und dem Incident-Manager wird ein erster Entwurf der Kategorien abgestimmt.
- Auf Basis des Entwurfs werden in einer Pilotphase die jeweiligen Kategorien im Betrieb erfasst und genutzt.
- Die Kategorien werden ausgewertet und je nach Zuordnung wird über die Beibehaltung oder Abschaffung oder über die Schaffung möglicher Unterkategorien entschieden.
- Nach einer möglichen weiteren Testphase werden die Incidents in den einzelnen Kategorien betrachtet und weitere Unterkategorien abgeleitet.
- Nach einer längeren Testphase über mehrere Monate werden diese Maßnahmen wiederholt und bei Bedarf weitere Anpassungen vorgenommen.
- Der Prozessschritt der Kategorisierung wird auch dazu genutzt, zwischen Incidents und Service Requests zu unterscheiden. Wird ein Incident als Service Request (also z. B. Informationsanfragen, Passwort zurücksetzen etc.) identifiziert, erfolgt die weitere Bearbeitung im Request Fulfilment.

Incident-Priorisierung

Die Priorisierung dient der Bearbeitung der auftretenden Incidents in der richtigen zeitlichen Abfolge. Die Priorität basiert auf den Auswirkungen (Impact) und der Dringlichkeit (Urgency) der Störungsbeseitigung.

- *Auswirkung (Impact):* beschreibt die Auswirkungen eines Incidents auf das Business des Kunden (z. B. Anzahl der betroffenen Anwender oder Höhe des entstehenden finanziellen Schadens).
- *Dringlichkeit (Urgency):* beschreibt, wie schnell ein Service wiederhergestellt werden muss, um die Anforderungen des Business zu erfüllen (z. B. Wiederherstellungszeit). In der Regel lässt sich die Dringlichkeit direkt aus den Service Level Agreements ablesen.

Die Beurteilung der Auswirkungen und der Dringlichkeit sind für die Auswahl der richtigen Priorität entscheidend. Daher sollten den beteiligten Mitarbeitern klare Richtlinien und Praxisbeispiele für die Ermittlung insbesondere bzgl. der Auswirkungen zur Verfügung gestellt werden. Bild 4.30 zeigt eine einfache Matrix zur Ableitung der Kategorie aus Auswirkungen und Dringlichkeit.

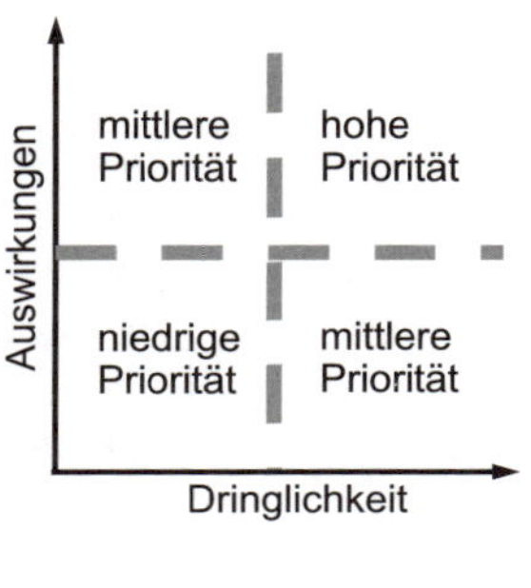

Bild 4.30
Priorisierungsmatrix

Praxistipp

Die Priorisierung legt lediglich die Reihenfolge der Abarbeitung fest. Auch Tickets der Priorität drei müssen innerhalb definierter Zeiten bearbeitet werden. Wenn Sie feststellen, dass nur noch Tickets der Priorität 1 bearbeitet werden können, überprüfen Sie die Verteilung der Prioritäten auf die Tickets. Oft ist eine Priorität überproportional vertreten und führt dazu, dass Tickets niedrigerer Prioritäten nicht mehr oder nur noch unzureichend bearbeitet werden. Bei der Gestaltung der Prioritäten sollten Sie auch den Fall eines Major Incidents mit höchster Priorität berücksichtigen. ■

Initiale Diagnose

Nachdem die Symptome erfasst wurden, wird zunächst versucht, eine schnelle Lösung – bestenfalls noch während der Anwender am Telefon ist – zu identifizieren. In dieser Phase werden typischerweise Tools wie Fragenbäume, Wissensdatenbanken oder Informationen zu Workarounds aus der Known Error Database genutzt.

Ist die Lösungssuche erfolgreich und wird vom Anwender akzeptiert, so kann das Incident bereits hier gelöst und vom Bearbeiter (z. B. dem Service-Desk-Mitarbeiter) abgeschlossen werden.

Eskalation

Der Begriff „Eskalation" ist besonders im deutschsprachigen Raum häufig negativ besetzt. Er steht bei vielen sogar für „anschwärzen" oder Ähnliches. Bei der Eskalation handelt es sich eigentlich um die einfache Weiterleitung eines Vorgangs an eine andere Instanz, um dort weitere Aktivitäten durchführen zu können. Grundsätzlich unterscheidet man zwischen zwei Arten der Eskalation: Funktionale Eskalation und hierarchische Eskalation.

- *Funktionale Eskalation:* Funktional wird dann eskaliert, wenn aufgrund mangelnden Wissens oder Fähigkeiten weitere Wissensträger hinzugezogen werden müssen. Im Incident-Management-Prozess handelt es sich hier um die Weiterleitung eines Tickets an die nachgelagerten internen oder auch externen Support-Teams mit den Rollen des 2nd-, 3rd- oder n-Line-Support. Sobald der Mitarbeiter im 1st Line Support feststellt, dass er keine Lösung zur Verfügung stellen kann, wird er umgehend funktional eskalieren und das Ticket entsprechend der Kategorie an die zugeordneten Support-Teams weiterleiten.
- *Hierarchische Eskalation:* Sachverhalte werden entweder zur Information (z. B. Major Incidents) oder zur Einleitung weiterer Maßnahmen (z. B. Überschreitung der vorgesehenen Lösungszeit) an übergeordnete Manager weitergeleitet. Die hierarchische Eskalation innerhalb eines Prozesses erfolgt in der Regel zunächst über den Prozessmanager und den Process Owner.

In seiner Verantwortung als Incident Owner sollte der Service Desk die betroffenen Anwender über erfolgte Eskalationsmaßnahmen und über mögliche Konsequenzen für die Bearbeitung informieren. Die Regeln für die Eskalation werden in entsprechenden OLA mit den internen Support-Teams oder in Contracts mit externen Partnern (Dienstleister oder Hersteller) vereinbart. Bild 4.31 zeigt schematisch die funktionale Eskalation im Rahmen der Incident-Bearbeitung.

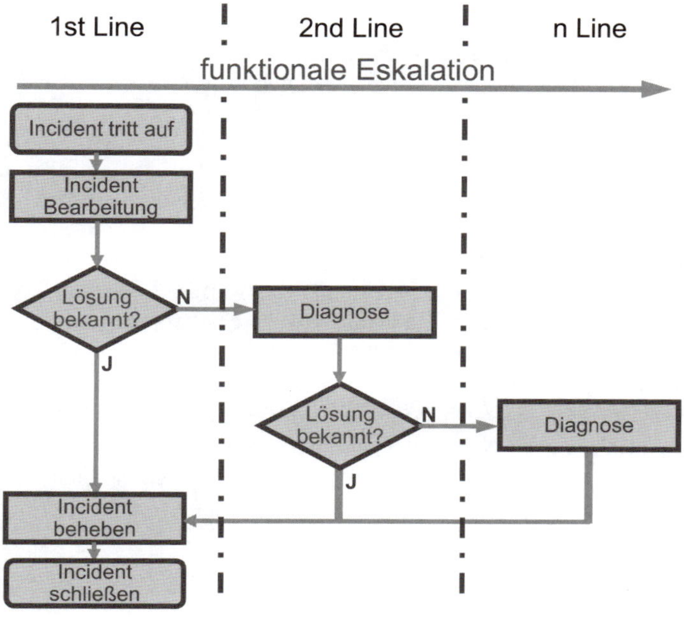

Bild 4.31
Funktionale Eskalation (Quelle: Service Support 2000)

Untersuchung und Diagnose

In dieser Phase werden alle vorhandenen Informationen und Anwenderangaben zur Störung bewertet und mögliche Ereignisse identifiziert, die das Incident ausgelöst haben könnten. Weiterhin werden die tatsächlichen Auswirkungen des Incidents erneut bewertet und korrigiert. Dies kann auch Auswirkungen auf die Priorität haben. Alle Maßnahmen und Erkenntnisse werden vollständig im Incident-Ticket dokumentiert.

Je nach Art des Incidents werden diese Aktivitäten an verschiedenen Stellen durchgeführt. Einfache Incidents können in der Regel bereits die Service-Desk-Mitarbeiter im 1st Line Support diagnostizieren. Werden Incidents funktional eskaliert, erfolgt ein Teil dieser Untersuchung natürlich in den entsprechenden Support-Teams.

Reparatur und Wiederherstellung

Diese Aktivität befasst sich mit der Durchführung konkreter Maßnahmen zur Wiederherstellung des Services. Nachdem eine potenzielle Lösung identifiziert wurde, wird diese implementiert und getestet. Die Realisierung der Lösung kann auf verschiedene Weise erfolgen. Mögliche Wege der Implementierung sind:

- Der Anwender implementiert eine bereitgestellte Lösung selbst.
- Der Service Desk implementiert die Lösung.
- Interne Support-Teams werden mit der Implementierung beauftragt.
- Externe Lieferanten werden beauftragt.

Nach der Durchführung ist das entsprechende Incident-Ticket zu aktualisieren und abzuschließen.

Incident abschließen

Bevor ein Incident abgeschlossen werden kann, überprüft der Bearbeiter, ob wirklich alle gemeldeten Fehler behoben wurden, und stellt sicher, dass der Anwender diese Lösung akzeptiert.

Praxistipp

Die notwendige Zustimmung durch den Anwender führt in der Praxis immer wieder zu Unstimmigkeiten. Was tun, wenn der Anwender sich nicht mehr meldet? Wie in diesem Fall die Bearbeitungszeiten messen und nachweisen? Etablieren Sie bei der Prozessdefinition entsprechende Maßnahmen. Mögliche Varianten sind ein Zwischenstatus wie „technisch abgeschlossen", der später für die Messung herangezogen werden kann. Eine verbreitete Variante besteht auch darin, dass der Anwender eine Mail erhält, die er nur wenn sie Unzufriedenheit zum Ausdruck bringt, beantworten muss. Keine Antwort wird in diesem Fall als Zustimmung gewertet. Bitte beachten Sie, dass diese und andere Praxislösungen gemeinsam mit dem Kunden vereinbart und nicht einseitig von der IT festgelegt werden. ■

4.5.4.4 Rollen

Incident Manager

Der Incident Manager ist verantwortlich für einen funktionierenden Prozess und stellt sicher, dass die Aktivitäten innerhalb dieses Prozesses effektiv und effizient erfolgen. Weitere Aufgaben des Incident Managers:

- Erstellung und Weiterentwicklung des Incident-Management-Prozesses
- Verantwortung für Auswahl und Integration benötigter Werkzeuge
- Management Reporting
- Steuerung des Beitrags der am Incident-Management-Prozess beteiligten Support-Teams (1st Line, 2nd Line, ...)
- Überwachung der Effektivität des Prozesses und Ableiten von Vorschlägen zur kontinuierlichen Verbesserung
- Steuerung der Durchführung von Major Incidents
- Eskalationsinstanz für die beteiligten Mitarbeiter

1st Line Support/Service-Desk-Mitarbeiter

Diese Rolle ist verantwortlich für die Bereitstellung des 1st Line Support durch die Annahme und Bearbeitung von Anrufen und Meldungen entsprechend den in den Prozessen *Incident Management* und *Request Fulfilment* definierten Aktivitäten.

2nd Line Support

Die Spezialisten und Teams der Fachgruppen, die über ausgeprägte Fachkenntnisse zu einem bestimmten Thema verfügen, übernehmen die Rolle des 2nd Line Support und sind die Adressaten der ersten Stufe einer funktionalen Eskalation. Sie bearbeiten die weitergeleiteten Tickets gemäß entsprechenden Vereinbarungen in Operational Level Agreements.

Praxistipp

Sie brauchen in der Regel (trotz des entsprechenden Hinweises in der ITIL®-Literatur) keine Abteilung oder Gruppe namens 2nd Line oder Ähnliches zu gestalten. Der Begriff „2nd Line Support" beschreibt lediglich eine Rolle, die die für Support-Aktivitäten in Frage kommenden Spezialisten wahrnehmen. Dies sind klassischerweise die Serveradministratoren, Netzwerker, Operatoren oder Ähnliches. Tickets können also nicht einfach an den 2nd Line Support weitergeleitet werden, sondern es bedarf einer korrekten Kategorisierung, um das entsprechende Support-Team auswählen zu können, oder einer koordinierenden Rolle. ■

3rd Line Support

Auf der Ebene des 3rd Line Support werden weiter spezialisierte Teams zur Bearbeitung der Tickets hinzugezogen. Je nach Aufbau der Organisation und Gestaltung des 2nd Line Support kann es sich hierbei um Fachteams aus den Funktionen Technical und Application Management handeln. In den meisten Unternehmen wird der 3rd Line Support jedoch bereits vom externen Dienstleister oder vom jeweiligen Hersteller durchgeführt.

4.5.4.5 Key-Performance-Indikatoren (KPI)

Im Folgenden finden Sie einige Beispiele für mögliche Kennzahlen aus der ITIL®-Literatur, mit deren Hilfe sich die Prozessqualität und der Beitrag zu den IT-Zielen messen lassen:

- Incidents je Arbeitsschritt (erfasst, in Arbeit, geschlossen)
- Größe des aktuellen Backlogs (absolut oder prozentual)
- Anzahl Major Incidents/Anzahl Incidents
- Anteil der innerhalb der SLAs behobenen Störungen
- Durchschnittliche Kosten pro Incident
- Anteil der Incidents, die erneut geöffnet wurden
- Anteil falsch kategorisierter oder falsch zugewiesener Incidents
- Erstlösungsrate
- Anteil der Incidents, die remote behoben werden konnten
- Aufschlüsselung der Incidents nach Arbeitszeiten

Es genügt jedoch nicht, definierte Kennzahlen einfach zu übernehmen. Details zur richtigen Gestaltung von Zielen und Kennzahlen finden Sie in Kapitel 5.

4.5.4.6 Herausforderungen

Die Fähigkeit, Incidents so früh wie möglich zu entdecken, ist ein wichtiger Faktor für ein erfolgreiches Incident Management. Je früher Incidents entdeckt werden können, desto schneller können Störungen beseitigt werden. Oft sogar, bevor Anwender die Störung wahrnehmen. Dann reicht der Service Desk als Eingang für Incidents natürlich nicht aus. Ein funktionierender Event-Management-Prozess, der Ereignisse filtert und mögliche Incidents identifiziert, und eine gut funktionierende Schnittstelle zwischen Event Management und Incident Management sind hier Erfolgsfaktoren.

Für die Effektivität und die Effizienz des Incident-Management-Prozesses ist es wichtig, dass Informationen aus dem Problem Management, insbesondere zu Known Errors und Workarounds, zur Verfügung stehen. Diese Informationen ermöglichen es den Support-Mitarbeitern, aus vergangenen Incidents zu lernen und vorhandene Workarounds sinnvoll einzusetzen.

4.5.5 Request Fulfilment

4.5.5.1 Ziele

Request Fulfilment befasst sich mit dem Management von Anwenderanfragen. Diese Anfragen können unterschiedlicher Natur sein. Einige Beispiele:

- Umzüge von Anwendersystemen oder Anfragen bezüglich zusätzlicher Funktionen („kleine" Changes mit geringem Risiko, häufigem Vorkommen, geringen Kosten etc.)
- Fragen nach Informationen
- Passwort zurücksetzen
- Unterstützung bei der Nutzung von Services (z. B. „Wie kann ich in meiner Tabellenkalkulation eine Formel einfügen?")

Die Ziele des Request Fulfillment:

- Ein Kanal für die Bestellung und den Bezug von „Standardleistungen" ist bereitgestellt.
- Informationen über beziehbare Leistungen und über den Bezugsweg sind bereitgestellt.
- Der Bezug und die Auslieferung von Komponenten, die zu den Standard-Services gehören (z. B. Lizenzen und Software), werden gewährleistet.
- Beschwerden werden entgegengenommen und generelle Informationen bereitgestellt und verarbeitet.
- Für die bereitgestellten Standardleistungen existieren definierte Genehmigungswege und Prozesse.
- Andere Prozesse wie Incident Management oder Change Management werden entlastet.

4.5.5.2 Begriffe

Service Request

Ein Service Request ist eine Anfrage eines Anwenders nach Informationen, Beratung, Support, einem Standard Change oder nach Zugriff auf einen IT-Service. Service Requests werden häufig direkt im Service Desk bearbeitet. Oft handelt es sich hier um sehr einfache, risikoarme und schnell zu bearbeitende Anfragen, wie zum Beispiel eine Bitte nach einer bestimmten Information oder die Bestellung aus einem Warenkorb.

Request Model

Wie auch im Incident-Management-Prozess sollten im Request Fulfillment Abläufe definiert werden, die dann für verschiedene Arten von Requests genutzt werden. So wird vor allem für häufig wiederkehrende Service Requests eine effiziente und konsistente Bearbeitung sichergestellt.

Statusüberwachung

Genau wie alle anderen Aktivitäten im Betrieb sollten auch Requests zuverlässig erfasst, dokumentiert und deren Status während des gesamten Lifecycle überwacht werden. Beispiele für mögliche Status Codes für Service Requests:

- Draft
- In Review
- Zurückgezogen
- Warten auf Genehmigung
- Abgelehnt
- Storniert
- Fertiggestellt
- Geschlossen

Freigabe

Weil in der Regel bei Service Requests keine weitere Freigabe (z. B. durch das Change Management) erfolgt, muss sichergestellt sein, dass die Leistungsanforderung berechtigt ist. Die finanzielle Freigabe (z. B. durch den Linienvorgesetzten im Rahmen eines Workflows) stellt sicher, dass die Kosten für den Request übernommen werden.

Bei einigen Service Requests können weitere Freigaben erforderlich sein. Für neue Applikationen könnte z. B. die Freigabe der nötigen Lizenzen separat durch einen Lizenzmanager erfolgen oder es müssen bestimmte Compliance-Bedingungen erfüllt sein. Diese Freigaben erfolgen wie auch die finanzielle Freigabe im Rahmen eines entsprechenden Workflows.

Koordination der Ausführung

Die tatsächliche Durchführung der Requests ist abhängig von der Art der Anfrage. Häufig erfolgt die Durchführung einfacher Service Requests direkt durch einen Service-Desk-Mitarbeiter, es können aber je nach Art des Requests auch weitere Personen und Rollen einbezogen werden (z. B. das Facility Management für Umzüge). Einige Unternehmen nutzen spezielle Ressourcen nur für Anfragen aus dem Request Fulfilment (z. B. für Auslieferungen). Oft vergibt man diese Aufgaben auch an externe Service Provider. Das Monitoring der Request-Fulfillment-Aktivitäten sollte unabhängig von der Art der Durchführung immer über den Service Desk erfolgen.

4.5.5.3 Aktivitäten

Request annehmen

Oft werden Requests über den Service Desk an den Service Provider gerichtet, aber auch andere Wege genutzt, insbesondere eingehende RFCs oder automatisierte Bestellungen aus einem Warenkorbsystem. Für die Erfassung sollte man nach Möglichkeit vordefinierte Templates nutzen, um den zusätzlichen Aufwand gering zu halten.

Bei der Erfassung sollte auch die Frage beantwortet werden, ob es sich tatsächlich um einen Request oder möglicherweise um ein Incident handelt. Sollte dies der Fall sein, wird die Anfrage im Rahmen des Incident-Management-Prozesses weiterbearbeitet.

Logging und Validierung

Alle Requests müssen vollständig erfasst und mit einem Zeitstempel versehen werden. Das ist zum Beispiel wichtig, wenn feste Auslieferungs- respektive Bearbeitungszeiten ab Eingang mit einem Kunden vereinbart sind. Ein Service Request sollte die folgenden (während der Bearbeitung zu aktualisierenden) Informationen enthalten:

- Art der Erfassung (Telefon, Mail, ...)
- Kategorie, Zeitstempel, Anwender
- Auswirkungen, Dringlichkeit, Priorität
- Budgetverantwortliche Stelle
- Request-Beschreibung
- Status
- Zugehörige CI
- Zugeordnete Supportgruppe
- Zeit der Fertigstellung und des Abschlusses

Kategorisierung

Die Kategorisierung ist inhaltlicher Natur und beschreibt, um welche Art von Request es sich handelt. Diese Informationen sind wichtig für spätere Reports über die Nutzung der Services und die Planung der Ressourcen. Beispiele für die Kategorisierung:

- *Nach Service:* Auf welchen Service bezieht sich der Request?
- *Nach Aktivität:* Welche Aktivitäten werden durchgeführt (zum Beispiel Software-Installation)?
- *Nach CI-Typ:* Welche CI-Typen sind vom Request betroffen?

Priorisierung

Die Priorisierung legt die Reihenfolge der Abarbeitung für den Fall fest, dass es nicht möglich ist, alle vorliegenden Requests zeitgleich mit den vorhandenen Ressourcen zu bearbeiten. Die Priorität setzt sich zusammen aus den Auswirkungen (der Durchführung bzw. Nicht-Durchführung) auf das Business sowie der Dringlichkeit, also der zeitlichen Kritikalität des Requests.

Autorisierung

Jeder Request bedarf vor der Durchführung einer Autorisierung. Die Art dieser Autorisierung kann je nach Fall unterschiedlich sein. Sie kann direkt im Service Desk nach definierten Kriterien erfolgen, es können aber auch vorab autorisierte Requests (zum Beispiel aus einem Workflow Tool) eingehen.

Sollte der Service Request nicht autorisiert werden können, erfolgt eine Information und eine Begründung an den auslösenden Anwender.

Review

An dieser Stelle wird der Request darauf überprüft, welche Funktion (Abteilung, Gruppe) für die Durchführung verantwortlich ist. Alle Service Requests, die nicht direkt im Service Desk bearbeitet werden können, werden entsprechend weitergeleitet und deren Durchführung überwacht.

Durchführung

Die Durchführung der Requests erfolgt durch die zugewiesenen Funktionen in der Regel anhand der vorgegebenen Request Models. Auf diese Weise stellt man sicher, dass die verschiedenen Request-Typen wiederholbar und konsistent bearbeitet werden. Changes an CIs bedürfen auch hier der Genehmigung durch das Change Management. Das wird in den meisten Fällen jedoch durch vordefinierte und vorab autorisierte Standard Changes sichergestellt.

Abschluss

Nach Beendigung der Aktivitäten zur Bearbeitung des Requests wird dieser über den Service Desk abgeschlossen. Für den Abschluss sollten die gleichen Aspekte wie beim Abschluss eines Incident Tickets beachtet werden (Abschnitt 4.3.5.2).

4.5.5.4 Key-Performance-Indikatoren (KPI)

Im Folgenden finden Sie einige Beispiele für mögliche Kennzahlen aus der ITIL®-Literatur, mit deren Hilfe sich die Prozessqualität und der Beitrag zu den IT-Zielen messen lassen:

- Gesamtzahl der Service Requests
- Anteil offener Service Requests, die auf Bearbeitung warten
- Durchschnittliche Zeit für die Bearbeitung je Request Model
- Anteil der in der vorgesehenen Zeit abgeschlossenen Service Requests
- Durchschnittliche Kosten für die Durchführung je Request Model

Es genügt nicht, definierte Kennzahlen einfach zu übernehmen. Details zur richtigen Gestaltung von Zielen und Kennzahlen werden in Kapitel 5 beschrieben.

4.5.6 Problem Management

4.5.6.1 Ziele

Ziel des Problem-Management-Prozesses ist die Vermeidung von Incidents und die Minimierung der Auswirkungen von Incidents, denen nicht vorgebeugt werden kann.

Diese Ziele werden erreicht, indem die zugrundeliegenden Ursachen von Incidents sowie Schwachstellen in der Servicelandschaft identifiziert und deren Beseitigung initiiert wird.

4.5.6.2 Begriffe

Problem

Ein Problem ist die unbekannte Ursache eines oder mehrerer Incidents.

Known Error

Ein Known Error beschreibt ein Problem, dessen Ursache identifiziert und für das ein Workaround definiert wurde. Known Error Records werden in der Known-Error-Datenbank gespeichert, um den Support Teams zur Verfügung zu stehen und eine schnelle Diagnose und Behebung von Störungen zu unterstützen.

Die Known Error Database beinhaltet alle dokumentierten Known Errors sowie die zugehörigen Workarounds. Diese Informationen stehen nun den anderen Prozessen (z. B. dem Incident Management) zur Verfügung. Die Known Error Database ist Bestandteil des SKMS.

Workaround

Ein Workaround ist eine Maßnahme zur Reduzierung der Auswirkungen eines Incidents, solange keine endgültige Lösung zur Behebung verfügbar ist. Ein einfaches Beispiel für einen Workaround ist die Umleitung einer Druckerwarteschlange auf einen anderen Drucker, während das ursprüngliche Gerät untersucht und repariert wird. Workarounds werden dem Incident-Management-Prozess über die Known Error Database (als Teil dokumentierter Known Errors) zur Verfügung gestellt, um dort eine schnellstmögliche Wiederherstellung zu erreichen.

Methoden im Problem Management

Insbesondere für die Untersuchung und Diagnose von Problems können im Problem Management verschiedene etablierte Methoden verwendet werden. Die folgende Aufzählung nennt einige Beispiele:

- *Chronologische Analyse:* Eine einfache Methode, um den chronologischen Verlauf eines Problems zu dokumentieren und daraus konkrete Schlüsse zu ziehen. Es wird festgestellt, was wann passiert ist, und abgeleitet, welche Ereignisse ursächlich waren und welche „nur" ausgelöst wurden.
- *Pain Value Analysis („Schmerz-Wert"-Analyse zur Priorisierung):* Es wird neben der Anzahl der ausgelösten Incidents betrachtet, welcher „Schmerz" tatsächlich verursacht wird (Anzahl der betroffenen Anwender, Dauer der Downtime, Kosten für das Business), und daraus abgeleitet, was mit welcher Priorität bearbeitet werden soll.
- *Kepner and Tregoe (www.kepner-tregoe.com):* Diese Methode bietet einen definierten Weg zur strukturierten Problemanalyse und umfasst diverse Einzelschritte wie etwa:
  - Problemdefinition
  - Problembeschreibung
  - Mögliche Ursachen erkennen
  - Testen der wahrscheinlichsten Ursache
  - Ursache verifizieren
- *Pareto-Analyse:* Eine Methode, um wichtige von weniger wichtigen Problemaspekten zu unterscheiden. Die Methode basiert auf der Annahme, dass die meisten Probleme (80 %) auf nur wenige Ursachen zurückzuführen sind (20 %), und der Folgerung, dass die Beseitigung lediglich der wichtigsten Ursachen einen überproportionalen Teil der Probleme beseitigt.

Weitere mögliche Methoden sind z. B. ein einfaches Brainstorming mit Beteiligung der entsprechenden Spezialisten oder die Nutzung eines Ishikava-Diagramms, in dem alle Einflussfaktoren auf eine bestimmte Auswirkung betrachtet werden.

4.5.6.3 Aktivitäten

Das Problem Management besteht grundsätzlich aus zwei wesentlichen Prozessbereichen:

- *Proaktives Problem Management:* Befasst sich mit der Identifikation von Schwachstellen und der Vermeidung möglicher zukünftiger Probleme und Störungen. Das proaktive Problem Management wird zwar in Service Operation initiiert, die Maßnahmen sind allerdings oft Teil des Continual Service Improvement.
- *Reaktives Problem Management:* Befasst sich mit der Identifikation, Analyse und Beseitigung von Problemen. Diese Aktivitäten erfolgen in Service Operation und sind daher Bestandteil der folgenden Prozessaktivitäten.

Bild 4.32 zeigt beispielhaft die wesentlichen Aktivitäten im reaktiven Problem Management.

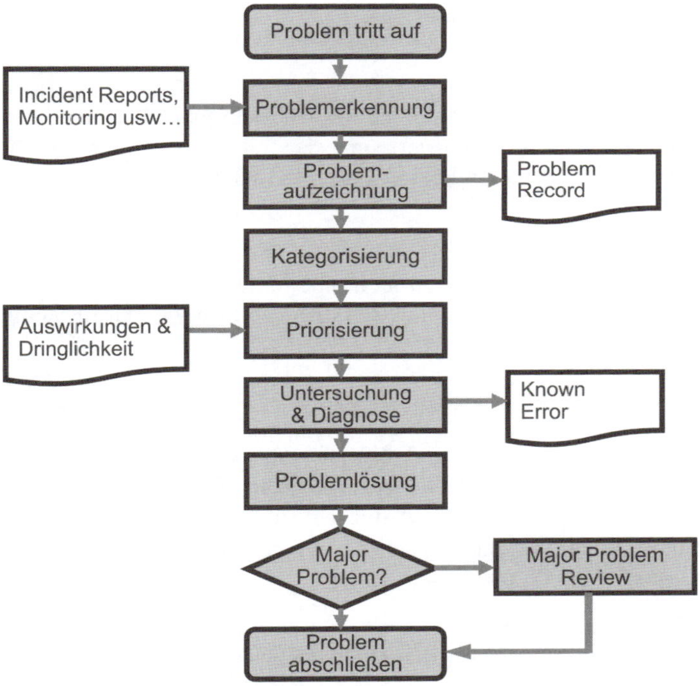

Bild 4.32 Problem-Management-Prozess

Problemerkennung

Probleme können auf verschiedene Wege identifiziert werden. Hier einige Beispiele:

- Nutzung des Service Desk und seiner Erfahrungen bei der Bearbeitung von Incidents. Er kann z. B. Rückmeldungen bezüglich sich wiederholender Incidents oder über Häufungen liefern.
- Nachgelagerte Analysen von Incidents durch spezialisierte Support-Teams und Nutzung entsprechender Hinweise auf mögliche unbekannte Ursachen (Problems).
- Überwachung des automatisierten Monitorings der Infrastruktur und Betrachten ausgelöster Incidents (z. B. aus dem Event Management) bezüglich möglicher Ursachen.
- Hinweise von externen Dienstleistern oder Herstellern (Known Errors, Patches!).

- Nutzung von Informationen aus Anwendergruppen im Internet oder sonstiger Quellen.
- Die regelmäßige Analyse der Informationen aus dem Incident Management (z. B. Incident Reports) ist fester Bestandteil des reaktiven Problem-Management-Prozesses.

Praxistipp

In vielen Unternehmen wird dieser Aufgabe zu wenig Bedeutung beigemessen. Ich habe in meiner Beraterpraxis schon Unternehmen erlebt, die bei einem ihrer Meinung nach etablierten Problem-Management-Prozess drei Probleme innerhalb eines Jahres identifizierten. Schenken Sie also der Problem-Erkennung schon bei der Prozessdefinition ausreichend Aufmerksamkeit und nutzen Sie verschiedene Wege der Erkennung (z. B. die in diesem Abschnitt genannten). ■

Problem-Aufzeichnung

Alle für die Bearbeitung des Problems relevanten Daten werden im Problem Record erfasst und während der Bearbeitung regelmäßig aktualisiert. Im Ticketsystem wird ein Bezug zwischen dem Problem-Record und den Incidents, dessen Ursache es ist, erstellt.

Kategorisierung

Um die Problems adäquat zu bearbeiten und Mitarbeiter mit dem entsprechenden Knowhow für die Bearbeitung auswählen zu können, müssen diese ähnlich wie die Incidents kategorisiert werden.

Priorisierung

Ähnlich dem Incident-Management-Prozess werden Problems priorisiert, um die Reihenfolge und Geschwindigkeit der Bearbeitung entsprechend den erwarteten Auswirkungen und der Dringlichkeit zu steuern. Insbesondere für die Bewertung der Auswirkungen von Problems spielen die Häufigkeit und die Auswirkungen der betroffenen Incidents eine wichtige Rolle.

Untersuchung und Diagnose

In diesem Prozessschritt werden die entsprechend der Kategorie und der Priorität benötigten Fähigkeiten und Ressourcen zusammengestellt und die Ursache für das jeweilige Problem (oft auch „root cause" genannt) diagnostiziert. Ein nützliches Hilfsmittel für die Diagnose ist das CMS, aus dem sich die Zusammenhänge zwischen Services und Configuration Items sowie die Abhängigkeiten der Services untereinander ablesen lassen.

Oft finden sich während der Diagnose von Problems Hinweise auf Möglichkeiten zur Vermeidung von Auswirkungen der auf dem behandelten Problem basierenden Incidents. Diese Workarounds werden erfasst, definiert und im Problem Record sowie in der Known Error Database dokumentiert.

Known Error dokumentieren

Wird während der Diagnose ein Workaround identifiziert, so wird dieser in der Known Error Database dokumentiert und steht anderen Prozessen wie dem Incident Management zur

Verfügung. Der Workaround kann als vorübergehende Lösung genutzt werden, solange noch keine Lösung zur Behebung des Problems gefunden ist.

Praxistipp

In vielen Fällen ist die Known Error Database keine eigenständige Datenbank, sondern wird über das vorhandene Ticketsystem mit Hilfe eines Status „Known Error" für den jeweiligen Problem Record realisiert. Moderne Ticket-Tools arbeiten wie Datenbanken und erlauben es, Known Errors über den Status der Problem Records zu identifizieren und anderen Prozessen (insbesondere dem Incident Management) zur Verfügung zu stellen. ■

Problemlösung

Die identifizierten Ursachen werden in dieser Phase bewertet und es wird nach passenden Lösungen zur Beseitigung des Problems gesucht. Nachdem eine adäquate Lösung festgelegt wurde, kann diese implementiert werden. Es ist allerdings wichtig zu betrachten, ob die gefundene Lösung gegebenenfalls andere Services beeinträchtigt und ob beispielsweise ausreichend Ressourcen zur Verfügung stehen. Aus diesem Grund gilt auch hier, dass die angestrebte Lösung in einem Request for Change (RfC) formuliert und vom Change-Management-Prozess genehmigt wird.

Problem abschließen

Nachdem alle Aktivitäten abgeschlossen sind und die Lösung (bei Bedarf über das Change Management) implementiert wurde, wird der Problem Record aktualisiert und formal abgeschlossen. Verlinkte Incident -Tickets können zu diesem Zeitpunkt ebenso geschlossen werden, und der Known Error Record wird aktualisiert.

Major Problem Review

Für Major Problems (also Problems mit hoher Priorität) wird nach Abschluss der Aktivitäten ein Review durchgeführt. Welche Problems diesem Review unterzogen werden, gilt es im Rahmen der Prozessdefinition festzulegen. Der Review sollte die folgenden Fragen beantworten:

- Was hat wie geplant funktioniert?
- Was hat nicht oder nur teilweise funktioniert?
- Was lässt sich für die Zukunft verbessern?
- Wie kann ein Wiederauftreten der Fehler vermieden werden?
- Wo wurde externe Unterstützung in Anspruch genommen?
- Welche nachfolgenden Aktivitäten sind noch offen?

4.5.6.4 Rollen

Problem Manager

Der Problem Manager ist verantwortlich für einen funktionierenden Prozess und stellt sicher, dass die Aktivitäten innerhalb dieses Prozesses effektiv und effizient erfolgen. Weitere Aufgaben des Problem Managers:

- Management Reporting
- Pflege der Known Error Database
- Formaler Abschluss der Problem Records
- Verbindung zu externen Partnern in Bezug auf die Lösung von Problemen
- Zusammenstellung der Problem Solving Groups

Problem Solving Groups

Problem Solving Groups werden in Bezug zum jeweiligen Problem vom Problem Manager zusammengestellt. Sie bestehen aus Spezialisten, welche die Diagnose und die Lösungssuche durchführen. Die Gruppe kann je nach behandeltem Problem unterschiedlich zusammengesetzt sein und aus internen sowie externen Spezialisten bestehen.

4.5.6.5 Key-Performance-Indikatoren (KPI)

Im Folgenden finden Sie einige Beispiele für mögliche Kennzahlen aus der ITIL®-Literatur, mit deren Hilfe sich die Prozessqualität und der Beitrag zu den IT-Zielen messen lassen:

- Anzahl der identifizierten Problems
- Anteil der in der vorgesehenen Zeit gelösten Problems
- Anteil offener Problem Records, die auf Bearbeitung warten
- Durchschnittliche Kosten je Problem (ggf. auch je Kategorie)
- Anteil erfolgreicher Major Problem Reviews
- Anteil der Problems, für die ein Known Error dokumentiert wurde
- Reduzierung der Anzahl der Incidents

Es genügt jedoch nicht, definierte Kennzahlen einfach zu übernehmen. Details zur richtigen Gestaltung von Zielen und Kennzahlen finden Sie in Kapitel 5.

4.5.6.6 Herausforderungen

Insbesondere für die Identifizierung von Problems, aber auch für die Bereitstellung von Workarounds ist es unerlässlich, dass die Schnittstellen zwischen Incident Management und Problem Management definiert sind und funktionieren. Nach Möglichkeit sollten die Tools so ausgewählt und konfiguriert werden, dass sie gemeinsam genutzt werden können. Außerdem sollten die verwendeten Kategorien zwischen beiden Prozessen abgestimmt werden und die gleichen Vorgaben und Mittel zur Priorisierung verwendet werden.

> **Praxistipp**
>
> Wenn Sie in Ihrem Unternehmen eigene Software entwickeln oder diese pflegen, beziehen Sie bei der Identifizierung von Problems und vor allem bei der Dokumentation von Known Errors und der Pflege der Known Error Database die Entwicklungsabteilung mit ein. Häufig werden beim Release neuer Applikationsversionen Fehler akzeptiert und in späteren Patches behoben. Wenn diese Fehler nicht in die Known Error Database aufgenommen werden, kommt es vor, dass sich das Problem Management mit der Suche nach einer Ursache beschäftigt, die der Entwicklungsabteilung längst bekannt ist. ■

4.5.7 Access Management

4.5.7.1 Ziele

Das Access Management ist verantwortlich für die Verwaltung der Zugriffsrechte. Das setzt die Fähigkeit voraus, autorisierte Anwender korrekt zu identifizieren und den Zugriff während der Betriebszugehörigkeit zu regeln. In vielen Organisationen heißt dieser Prozess auch Identity oder Rights Management. Ziele des Access Managements sind:

- Anwender können Services oder Servicegruppen nutzen, wenn sie dazu berechtigt sind.
- Die in Information Security und Availability Management definierten Policies und Handlungsanweisungen werden umgesetzt bzw. berücksichtigt.

4.5.7.2 Begriffe

Zugriff (Access)

Der Begriff beschreibt das Niveau und Ausmaß der Befugnis eines Anwenders zur Nutzung eines Service und den Zugriff auf Daten.

Identität

Die Identität eines Anwenders bezieht sich auf die Informationen und Eigenschaften, die ihn als Individuum ausweisen und seinen Status innerhalb der Organisation verifizieren.

Die Identität eines Anwenders kann die folgenden Informationen beinhalten:

- Name
- Adresse
- Kontaktdaten
- Personalnummer
- Biometrische Informationen (Fingerabdrücke, Face ID, ...)
- Ablaufdatum (z. B. bei befristeten Arbeitsverhältnissen)

Rechte

Rechte beschreiben den tatsächlichen Grad, zu dem ein Anwender oder eine Gruppe auf bestimmte Services und Daten im Detail zugreifen (lesen, schreiben, löschen, ändern, ausführen etc.) dürfen.

4.5.7.3 Aktivitäten

Zugriff anfordern

Die Anforderung kann auf verschiedenen Wegen erfolgen, wie z. B. durch einen RfC aus dem Request Fulfillment oder direkt durch den Anwender über ein Tool im Intranet.

Verifizierung

Bevor die angeforderten Rechte vergeben werden können, wird zunächst die Identität des Anwenders verifiziert. Grundsätzlich müssen zwei Fragen beantwortet werden:

- Ist der Anwender tatsächlich derjenige, der er vorgibt zu sein?
- Hat er tatsächlich einen Anspruch, die angeforderten Berechtigungen zu erhalten?

Die erste Frage wird in der Regel durch entsprechende Zugangsmechanismen wie Benutzername/Passwort oder je nach Security Policy durch weitergehende Maßnahmen wie z. B. Smart Cards beantwortet.

Für die Beantwortung der zweiten Frage müssen die Rolle des Anwenders im Unternehmen und die daraus resultierenden Berechtigungen betrachtet werden. Mögliche Indikatoren:

- Information der Personalabteilung bezüglich neuer Mitarbeiter oder veränderter Rollen bestehender Mitarbeiter
- Freigabe durch einen Prozessmanager
- Freigaben im Rahmen der Unternehmensrichtlinien

Rechte vergeben

In diesem Schritt wird autorisierten Benutzern der Zugriff auf entsprechende Services oder Daten gewährt. Access-Management entscheidet nicht über die Berechtigungen, sondern setzt Vorgaben aus Service Strategy und Service Design basierend auf den Anforderungen des Unternehmens um.

Überwachen des Identitätsstatus

Eine wichtige Aufgabe in Bezug auf die Richtigkeit und Konsistenz der vergebenen Berechtigungen ist die Überwachung des jeweils aktuellen Status eines Anwenders. Diese Aktivität dient der Überwachung möglicher Veränderungen in den Aufgaben und Rollen des Anwenders und daraus resultierender Auswirkungen auf die Vergabe von Berechtigungen. Die Gründe für diese Veränderungen können unterschiedlicher Natur sein, wie z. B.:

- Veränderte Aufgaben im Unternehmen
- Beförderungen
- Ausscheiden des Mitarbeiters
- Disziplinarische Maßnahmen

Protokollieren und Überwachen

Access Management reagiert nicht nur auf Anfragen, sondern überwacht aktiv die vergebenen Rechte und deren Nutzung. Bei Missbrauch oder identifizierten Veränderungen im Status oder in den Policies können Berechtigungen entzogen oder angepasst werden.

Rechte entfernen oder einschränken

Neben der Vergabe von Berechtigungen ist das Access Management auch für deren Entfernung oder Einschränkung verantwortlich. Gründe können Anfragen von Anwendern oder die schon im Abschnitt „Überwachen des Identitätsstatus“ beschriebenen Veränderungen sein.

4.5.8 Funktionen

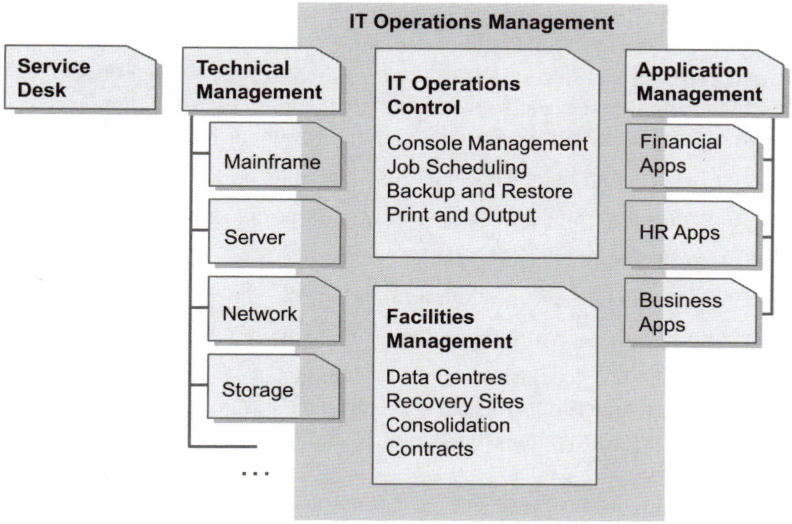

Bild 4.33 Funktionen im Überblick (Quelle: Service Operation 2007)

4.5.8.1 Service Desk

Ziele, Aufgaben und Nutzen

Primäres Ziel des Service Desk ist die schnellstmögliche Wiederherstellung der Services. Der Begriff „schnellstmögliche Wiederherstellung" umfasst in diesem Fall sowohl den Teilbereich aus dem Incident-Management-Prozess, als auch die Abhandlung von Requests, das Beantworten von Nachfragen etc.

Der Service Desk dient als Single Point of Contact (SPOC), also als singulärer Kontaktpunkt (siehe Bild 4.34). Er ist die erste Anlaufstelle für alle Anwender und stellt eine Art Schaufenster der IT dar, indem er deren Leistungsfähigkeit nach außen darstellt.

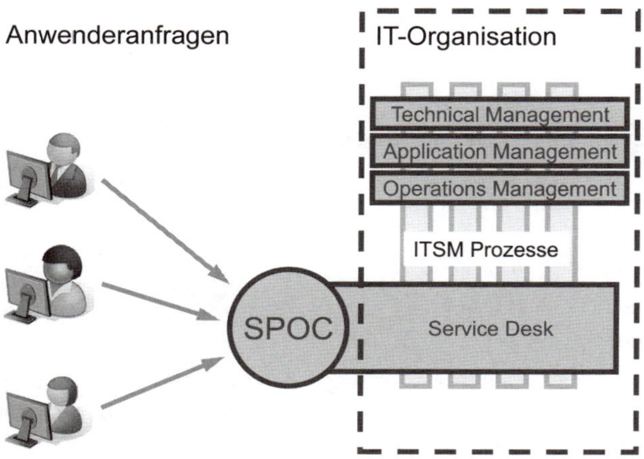

Bild 4.34
SPOC

Der Service Desk spielt sicherlich seine wichtigste Rolle bei der Erfüllung der 1st-Line-Support-Aufgaben des Incident-Management-Prozesses. Er trägt die Verantwortung für die Bearbeitung und den Abschluss aller Incidents und Service Requests, für die sein Know-how ausreicht. Auch die aktive Bereitstellung relevanter Informationen und die Reaktionen auf Anfragen gehören zum klassischen Verantwortungsbereich des Service Desk (z. B. Bearbeitungsfortschritt mitteilen, Fragen beantworten). Folgenden Nutzen kann der Service Desk für die IT-Organisation und für die Kunden und die Anwender liefern:

- Verbesserter Service und hohe Anwenderzufriedenheit
- Verbesserte Wahrnehmung der IT bei den Anwendern und Kunden
- Verbesserte Erreichbarkeit der IT-Organisation
- Verbesserte Zusammenarbeit und Kommunikation
- Verbesserte Einbeziehung der Support-Teams und Nutzung der Ressourcen

Seine Funktion hat der Service Desk vor allem im Rahmen des Incident-Management-Prozesses, aber auch in allen anderen Prozessen des Service Lifecycle. Die Aufgaben sind vielfältig und abhängig von den Aktivitäten, die in den zu unterstützenden Prozessen beschrieben sind. Einige Beispiele:

- Incident Management
  - Annahme und Dokumentation der Incident und Service Requests
  - Zuordnen der Priorität und Kategorie
  - 1st-Line-Untersuchung und Diagnose
  - Kommunikation mit den Anwendern (SPOC)
  - Schließen der Tickets und vereinbarte Rückfragen
  - Update des Configuration Management Systems (CMS)
- Change Management
  - Kommunikation des Change Schedule (Forward Schedule of Changes)
  - Information der Anwender bezüglich möglicher Serviceeinschränkungen
- Service Level Management/Service Catalogue Management
  - Durchführung von Zufriedenheitsbefragungen
  - Kommunikation des Service-Katalogs
- Access Management
  - Bearbeiten von Requests zur Vergabe von Zugriffsrechten
- Request Fulfillment
  - Requests entgegennehmen
  - Requests bearbeiten und überwachen

Organisation des Service Desk

Für die Organisation des Service Desk bieten sich je nach Anforderungen verschiedene Varianten an. Je nach Bedarf lassen sich diese Varianten miteinander kombinieren, indem z. B. regionale Service Desks eingerichtet werden.

- *Lokaler Service Desk:* Der Service Desk wird lokal an den einzelnen Standorten des Kunden eingerichtet. Er befindet sich am gleichen Standort wie die Anwender und kennt daher in der Regel sehr gut die regionalen Gegebenheiten. Nachteile ergeben sich jedoch beim Informationsaustausch zwischen den Standorten. Zudem ist diese Variante sehr ressourcenintensiv, weil das Personal an jedem Standort benötigt wird.
- *Zentraler Service Desk:* Es existiert ein zentraler Service Desk, den alle Anwender der verschiedenen Standorte nutzen. Von Vorteil ist die zentrale Datenhaltung und die Optimierung der Ressourcennutzung durch die Konzentration auf einen Standort, nachteilig die fehlende Nähe zu den Anwendern in anderen Standorten und evtl. auch unterschiedliche Arbeitszeiten in den Standorten, die zu Schichtdiensten führen können. In internationalen Unternehmen können auch sprachliche oder kulturelle Probleme eine Rolle spielen.
- *Virtueller Service Desk:* Es gibt mehrere Service-Desk-Standorte und die Anwender werden je nach Verfügbarkeit und Auslastung mit einem verbunden. Mit dieser Variante lässt sich in international agierenden Unternehmen ein Follow-the-Sun-Prinzip realisieren, bei dem der Anwender je nach Zeit der Anfrage an den jeweils verfügbaren Service Desk weitergeleitet wird, während die jeweiligen Service Desks (z. B. in New York, Singapur und Berlin) jeweils nur zu den Regelarbeitszeiten besetzt sind.

Unabhängig von der gewählten Organisationsform ist für einen funktionierenden Service Desk die richtige Ausstattung mit anforderungsgerecht ausgebildetem Personal von essenzieller Bedeutung. Aufgrund des häufig volatilen Incident-Aufkommens ist dieser Bedarf oft schwer zu planen und hängt erheblich davon ab, wie genau die Kenntnis bezüglich des Business ist. Um den Bedarf richtig einzuschätzen und Spitzenzeiten zu erkennen, ist daher eine detaillierte Planung und Abstimmung erforderlich.

Training

Service-Desk-Personal muss adäquat ausgebildet werden, um die erforderlichen Aktivitäten zu kennen und zu beherrschen. Neben den fachlichen Skills gehören auch Soft Skills wie richtiges Verhalten am Telefon, Schulungen im Umgang mit Menschen und die persönliche Entwicklung zu den zentralen Themen der Ausbildung. Eine einmalige Ausbildung zu Beginn der Tätigkeit ist nicht ausreichend. Weil sich sowohl die Aufgaben als auch die Rahmenbedingungen in der Regel kontinuierlich verändern, muss das Know-how durch regelmäßiges Training aktuell gehalten werden (neue Entwicklungen, neue Services usw.).

Neuen Mitarbeitern sollte zu Beginn ihrer Tätigkeit über einen definierten Zeitraum ein „Mentor“ zugeordnet werden, der sie bei Bedarf unterstützt und aufkommende Fragen beantwortet.

Key-Performance-Indikatoren (KPI)

Im Folgenden finden Sie einige Beispiele für mögliche Kennzahlen aus der ITIL®-Literatur, mit deren Hilfe sich die Prozessqualität und der Beitrag zu den IT-Zielen messen lassen:

- Erstlösungsquote
- Durchschnittliche Zeit zur Incident-Bearbeitung
- Durchschnittliche Kosten im SD je Incident
- Durchschnittliche Zeit für das Überprüfen und Schließen gelöster Tickets
- Anwenderzufriedenheit (Customer-Satisfaction-Index)

Es genügt jedoch nicht, definierte Kennzahlen einfach zu übernehmen. Details zur richtigen Gestaltung von Zielen und Kennzahlen finden Sie in Kapitel 5.

4.5.8.2 Technical Management

Das Technical Management stellt das technische Fachwissen für die Unterstützung der IT-Services und den Betrieb der IT-Infrastruktur bereit. Es ist so etwas wie der „Hüter" des technischen Wissens und der Erfahrungen bezüglich der IT-Infrastruktur. Das Technical Management stellt sicher, dass erkannt wird, welches Wissen erforderlich ist, und dass dieses Wissen weiterentwickelt und verfeinert wird. Die Funktion „Technical Management"

- stellt Ressourcen zur Unterstützung des ITSM-Lifecycle bereit,
- berät in technischen Fragen, insbesondere während des Service Design,
- stellt sicher, dass Ressourcen effektiv ausgebildet sind und sinnvoll im Service Lifecycle einsetzt werden,
- stellt sicher, dass der Zugriff auf die Ressourcen im Bereich der Technologie sinnvoll gesteuert wird.

Ziele

Ziel ist, eine stabile technische Infrastruktur zur Unterstützung der Unternehmensprozesse sicherzustellen. Dieses Ziel wird erreicht durch:

- Unterstützung bei Planung und Betrieb der Infrastruktur
- Anforderungsgerechte, wirtschaftliche und belastbar gestaltete technische Topologie
- Nutzung adäquater technischer Fähigkeiten, zur Erhaltung der technischen Infrastruktur auf hohem Niveau
- Geschickter Einsatz der technischen Fähigkeiten, um technische Fehler schnell zu diagnostizieren und zu beheben

4.5.8.3 IT-Operations Management

- Das IT-Operations Management ist verantwortlich für den regulären Betrieb der technischen Infrastruktur, das laufende Management und die Wartung. Es trägt so zur vereinbarungsgemäßen Lieferung der Services bei.
- *Operations Control:* Befasst sich mit der Durchführung und dem Monitoring der operativen Aktivitäten und Ereignisse. Die Aktivitäten werden oft in einer Operations Bridge (Steuerung der Überwachung an einer zentralen Stelle) oder einem Network Operation Center zusammengefasst.
- *Facilities Management:* verantwortlich für die physische IT-Umgebung (z. B. Rechenzentren und Serverräume) und für die Verträge bezüglich extern bereitgestellter Facilities (z. B. Rechenzentrums Outsourcing).
- Die Rolle des IT Operations Management ist zweigeteilt. Es ist verantwortlich für die Stabilität der technischen Infrastruktur durch Ausführen der in Service Design und Service Transition definierten Aktivitäten. Gleichzeitig ist es Teil des „Value Network" (Service Strategy) und leistet einen Beitrag zur Anpassung der Service-Erbringung an die Business-Anforderungen und den aktuellen Bedarf. IT-Operations Management ist verantwortlich für einen großen Teil der in Abschnitt 4.3.10 beschriebenen Aktivitäten.

Ziele

- Sicherung des Status quo und der Stabilität der laufenden Prozesse und Aktivitäten der IT-Organisation.
- Verbesserte Services zu reduzierten Kosten bei gleichbleibender Stabilität durch regelmäßige Überprüfungen und Verbesserungen.
- Schneller und zielgerichteter Einsatz der technischen Skills an der richtigen Stelle für die Diagnose und Beseitigung technischer Fehler.

Organisation

Die Aktivitäten des IT-Operations Management werden in vielen Fällen von Mitarbeitern aus dem Technical Management und dem Application Management durchgeführt (vgl. Bild 4.28). Das IT-Operations Management kann unterschiedlich strukturiert werden. Möglichkeiten sind:

- Organisation entsprechend technischer Qualifikation
- Organisation entsprechend Aktivitäten
- Organisation entsprechend geografischer Einordnung

4.5.8.4 Application Management

Analog zum Technical Management ist das Application Management der „Hüter" des technischen Wissens und der Erfahrungen bezüglich der Applikationen. Es stellt sicher, dass dieses Wissen kontinuierlich identifiziert, entwickelt und verfeinert wird, und stellt die nötigen Ressourcen zur Unterstützung des Service Lifecycle.

Das Application Management unterstützt insbesondere in der Phase des Service Design, es nimmt dort beispielsweise Einfluss auf die Frage, ob gekauft oder selbst entwickelt wird (make or buy).

Ziele

- Unterstützung der Unternehmensprozesse durch Hilfe bei der Identifikation funktionaler und anderer Anforderungen an Applikationen
- Unterstützung bei Design und Verteilung der Applikation und beim nachfolgenden Support sowie der kontinuierlichen Verbesserung

Organisation

- Die Verantwortlichkeiten von Application Management und Application Development vermischen sich zunehmend. Während die Entwicklungsabteilungen immer mehr Verantwortung für den Betrieb übernehmen, liefert das Application Management immer mehr Informationen und Beiträge für die Entwicklung. Folgende Änderungen im Vergleich zu klassischen Organisationen werden also u. a. nötig:
  - Schaffung einer gemeinsamen Schnittstelle zum Business
  - Anpassung der Ziele und Metriken für beide Funktionen
  - Mapping der Management- und Development-Aktivitäten im Application Management Lifecycle (siehe Bild 4.35)

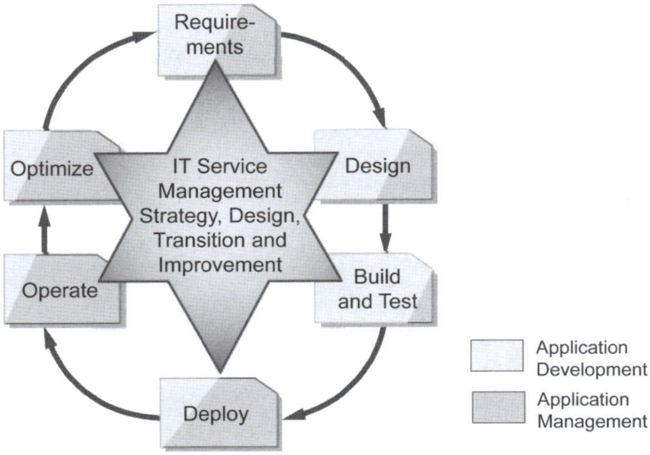

Bild 4.35
Application Management Lifecycle (Quelle: Service Operation 2007)

4.5.9 Standardaktivitäten in Service Operation

4.5.9.1 Monitoring und Steuerung

Diese Aktivität umfasst die regelmäßige Überwachung, das Reportings sowie die Identifikation möglicher Maßnahmen zur Steuerung:

- *Monitoring:* Überwachung eines Zustands und Erkennung von Veränderungen
- *Reporting:* Analyse der Monitoringdaten sowie der Ableitung und Verteilung konkreter Berichte bezüglich überwachter Aktivitäten
- *Steuerung (Control):* Einflussnahme auf ein Gerät, System oder Service, basierend auf den Erkenntnissen aus dem Monitoring

Ein weitverbreitetes Modell für diesen Überwachungs- und Steuerungszyklus sind Monitoring Control Loops (Bild 4.36 zeigt ein Beispiel für einen solchen Regelkreis), auf deren Basis die Aktivitäten in einem definierten Rahmen durchgeführt werden können.

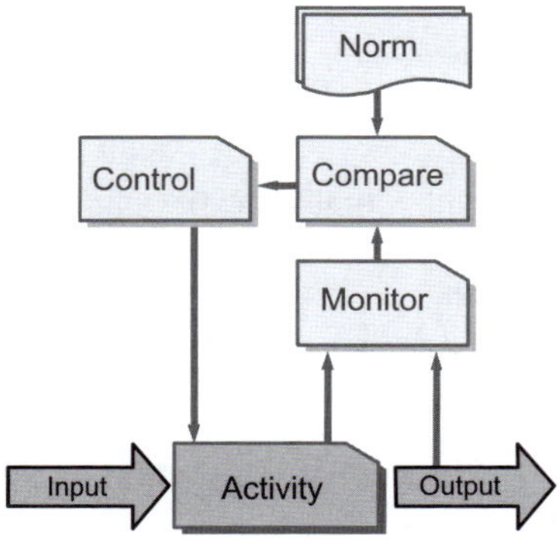

Bild 4.36
Monitoring Control Loop (Quelle: Service Operation 2007)

4.5.9.2 IT-Betrieb

Diese Aktivität befasst sich mit dem täglichen Management der technischen Infrastruktur. Im Einzelnen gehören zu dieser Aktivität die – normalerweise vom IT-Operations-Management durchgeführten – folgenden Aufgaben:

- *Job scheduling:* befasst sich mit dem Management von Batch Jobs oder Scripts
- *Backup and restore:* Datensicherung und Wiederherstellung
- *Print and output management:* Steuerung von Druckjobs oder der Lieferung anderer Outputs wie Reports oder Transaktionen

4.5.9.3 Servermanagement und Support

Der Support und die Wartung der Serversysteme ist eine klassische Betriebsaufgabe in jeder IT-Organisation. Die Teams für diese Aktivitäten sind oft entsprechend den betreuten Systemen aufgestellt (Unix, Windows, ...). Typische Aktivitäten:

- Betriebssystemsupport und Wartung
- Bereitstellung von Ressourcen für den 2nd bzw. 3rd Line Support
- Technische Beratung
- Systemsicherheit
- Steuerung der Kapazität und Performance (Schnittstelle zu Capacity Management)

4.5.9.4 Netzwerkmanagement

Das Netzwerkmanagement verantwortet den Betrieb und die Wartung der Netzwerkinfrastruktur. Der Fokus liegt dabei auf lokalen Netzwerken (LAN), Weitverkehrsnetzen (WAN) und der Steuerung externer Netzwerkprovider. Typische Aktivitäten sind:

- Netzwerkplanung und Wartung
- Bereitstellung von Ressourcen für den 2nd bzw. 3rd Line Support
- Technische Beratung
- Netzwerkmonitoring
- Netzwerksicherheit (Kommunikationssicherheit)

4.5.9.5 Speicherung und Archivierung

Diese Aktivität befasst sich mit dem Management und der Wartung aller im Unternehmen eingesetzten Speichertechnologien und -systeme. Je nach Komplexität kann hier der Einsatz separater Storage Teams (strukturiert im Technical Management) sinnvoll sein.

4.5.9.6 Datenbankadministration

Das Management der Datenbanksysteme befasst sich mit der Administration aller im Unternehmen verwendeten Datenbanksysteme. Aufgrund häufig komplexer Anforderungen bezüglich Funktionalität und Schnittstellen ist eine enge Bindung zum Application Management wichtig.

4.5.9.7 Directory Services Management

Setzen die Unternehmen Directory-Services (wie z. B. Microsoft Active Directory) ein, so werden diese im Rahmen dieser Aktivität gepflegt und weiterentwickelt. Directory Services nutzen Standards wie LDAP und verfügen oft über komplexe Schnittstellen zu Systemen und Services. Typische Aktivitäten:

- Unterstützung von Service Design und Service Transition
- Ressourcen identifizieren, zuordnen und deren Status überwachen
- Management von Berechtigungen (Access Management)
- Wartung und Pflege der für die Directory Services genutzten Systeme

4.5.9.8 Desktop Support

Liefert den Support für alle Client-Systeme und trägt die Verantwortung für Desktops, Notebooks, Client-Software und Peripherie. Desktop-Support stellt Standardprozeduren und Mittel für den Betrieb bereit (z. B. Images) und Ressourcen für den 2nd bzw. 3rd Line Support zur Verfügung.

4.5.9.9 Internet/Web Management

Das Internet gewinnt immer mehr Bedeutung für die täglichen Aktivitäten der Anwender und für die Geschäftsprozesse. Internet/Web Management stellt sowohl den Betrieb der Unternehmenswebsite als auch den zuverlässigen Zugriff auf Funktionalitäten im Internet sicher. Typische Aktivitäten:

- Bereitstellung von Ressourcen für den 2nd bzw. 3rd Line Support
- Design der Internet/Web-Architektur im Unternehmen
- Etablieren von Standards
- Design, Test, Implementierung und Pflege von Websites
- Schnittstelle zu externen Providern

4.5.9.10 Management von Anlagen und Rechenzentren

Hinter diesem Begriff (engl. „facilities and data centre management“) verbirgt sich die Verwaltung der kompletten physikalischen IT-Operations-Umgebung. Das Facilities-Management ist Teil der Funktion „IT-Operations“. Typische Aufgaben sind:

- Gebäudemanagement
- Hosting des Equipments
- Management der Energieversorgung und Klimasteuerung
- Arbeitssicherheit
- Physikalischer Zugangsschutz

4.5.9.11 Verbesserung der Betriebsaktivitäten

Alle Mitarbeiter im Betrieb leisten einen wichtigen Beitrag zum Continual Service Improvement, indem sie aktiv Verbesserungspotenzial identifizieren, dokumentieren und kommunizieren.

5 Leistung und Qualität messen

5.1 IT-Kennzahlen

In den vorhergehenden Kapiteln habe ich Ihnen nahegelegt, Ihre Ziele messbar zu gestalten. Aber wie genau kann die Leistung einer IT-Organisation konkret gemessen werden? Da letztlich die Zielerreichung gemessen werden soll, müssen diese Ziele durch klar messbare Kennzahlen quantifizierbar gemacht werden. „Das ist leicht“, werden Sie jetzt vielleicht denken. Nur rate ich zur Vorsicht, denn kaum eine Aufgabe in der IT wird derart häufig unterschätzt wie die Auswahl, die Beschreibung und die Nutzung der richtigen Kennzahlen.

Wie in vielen anderen Bereichen der Industrie spielt auch in der IT die Standardisierung der Serviceerbringung eine immer größere Rolle. Je standardisierter die Erstellung der IT-Services gestaltet ist, desto wichtiger ist die Messung des Erfolgs, denn nur was gemessen werden kann, kann auch gesteuert werden. Der amerikanische Ökonom Peter Drucker sagte dazu:

„If you can't measure it, you can't manage it“ [Peter Drucker Website]

Übersetzt: Was du nicht messen kannst, kannst du nicht lenken. Neben der Definition der richtigen Kennzahlen spielen auch die Anzahl der Kennzahlen und die Definition adäquater Maßnahmen zur Einflussnahme eine wichtige Rolle. Wenn ich mich in den Unternehmen umschaue, so schwankte in der Vergangenheit der Grad von Steuerung mit Hilfe von Kennzahlen in der Regel zwischen zwei Extremen: Entweder die Unternehmen erfassten quasi keine Kennzahlen und hofften, im „Blindflug“ trotzdem die richtigen Entscheidungen zu treffen, oder aber es wurde jede nur denkbare Kennzahl erfasst, gespeichert und ... nie wieder angeschaut, also auch nicht konsequent genutzt. Um aber Kennzahlen konsequent zu nutzen und konkrete Maßnahmen ableiten zu können, muss die Richtung festgelegt sein, in die sich die IT-Organisation bewegen soll. Die Ziele der IT-Organisation müssen also bekannt sein.

Praxistipp

Wenn Sie Ihre IT-Ziele definieren, beschränken Sie sich nicht auf das direkte Umfeld der IT-Organisation, sondern ermitteln Sie gemeinsam mit dem Business die Ziele des Unternehmens und leiten dann die Ziele der IT-Organisation daraus ab. So verhindern Sie, dass die IT zum Selbstzweck wird und die Verbindung zum Kunden verloren geht.

Ziele SMART formulieren

Kennzahlen müssen in der Regel aus definierten Zielen abgeleitet werden. Zu diesem Zweck sollten die Ziele von Beginn an messbar gestaltet werden. Es gilt allerdings bei der Gestaltung noch weitere Faktoren zu berücksichtigen. Eine nützliche Vorgehensweise ist die Formulierung der Ziele nach dem SMART-Prinzip. Dieses Prinzip beschreibt Eigenschaften mit einem definierten Ziel, um einen bestmöglichen Beitrag zur Steuerung der Aktivitäten zu leisten. In der Literatur zum Thema und auch im Internet finden sich sehr unterschiedliche Auslegungen der Abkürzung SMART. Ich möchte Ihnen gerne eine Variante vorstellen, die sich in vielen Projekten bewährt hat und die wichtigsten Kriterien bei der Zieldefinition vereint. SMART steht hier für **s**pezifisch, **m**essbar, **a**kzeptiert, **r**ealistisch und **t**erminiert.

- *Spezifisch:* Ziele spezifisch zu formulieren bedeutet, einen direkten Bezug zu dem Objekt, für das ein Ziel definiert wird, herzustellen. Soll zum Beispiel ein Ziel für den Prozess *Incident Management* definiert werden, so ist zwar „Erhöhung der Kundenzufriedenheit“ nicht falsch, aber nicht sehr spezifisch. Wie trägt denn das Incident Management dazu bei? Und welche anderen Faktoren haben darauf Einfluss? Spezifischer wäre: „Erhöhung der Kundenzufriedenheit durch schnellstmögliche Wiederherstellung der Services.“ Entscheidend ist, dass klar ist, wie die Zielerreichung beeinflusst werden kann, denn wenn niemand weiß, was zu tun ist, um ein Ziel zu erreichen, dann wird das Ziel in der Regel auch nicht erreicht.
- *Messbar:* Ziele müssen messbar sein (z. B. mit Hilfe von Kennzahlen), denn wenn nicht feststellbar ist, wann ein Ziel erreicht wird, dann ist auch nicht klar, ob und wenn ja, welche Maßnahmen notwendig sind, um die Zielerreichung zu steuern. Hier kommt wieder der Ausspruch von Peter Drucker zum Tragen: *„Was du nicht messen kannst, kannst du nicht lenken.“*
- *Akzeptiert:* Die definierten Ziele müssen von den beteiligten Parteien (IT-Organisation, Kunde, beteiligte Mitarbeiter) als lohnende Ziele akzeptiert werden. Ein Ziel kann noch so spezifisch und messbar sein, wenn alle Beteiligten sagen: „Tolles Ziel, das brauchen wir aber nicht“, werden die Aktivitäten zur Zielerreichung entsprechend ausfallen. Es gilt also, alle Stakeholder von der Nützlichkeit der definierten Ziele zu überzeugen.
- *Realistisch:* Ziele dürfen bzw. sollen durchaus eine Herausforderung sein, denn schließlich soll ja ein neuer, den Anforderungen besser entsprechender Zustand erreicht werden. Allerdings sollte die Zielerreichung realistisch bleiben, da sonst ebenfalls die Motivation der Beteiligten zur Zielerreichung gefährdet ist. Wer möchte schon große Anstrengungen für ein Ziel unternehmen, das ohnehin nicht zu erreichen ist. Insbesondere wenn an die Zielerreichung variable Gehaltsanteile geknüpft sind, können unrealistische Ziele schnell zu einer Bedrohung werden.
- *Terminiert:* Ziele müssen terminiert sein, es muss also klar definiert werden, wann ein Ziel erreicht werden soll. Die Zeitspanne zur Zielerreichung sollte dabei überschaubar sein, um den klassischen „Ach, das ist ja noch lange hin“-Effekt zu vermeiden. Sollen langfristige Zielvorgaben gemacht werden, so empfiehlt sich die Definition überschaubarer Meilensteine.

Praxistipp

Einerseits führen nicht akzeptierte Ziele immer wieder zu mangelnder Motivation bei den Beteiligten, andererseits müssen Vorgaben des Unternehmens bei den IT-Zielen natürlich umgesetzt werden. Es hat sich als sehr nützlich erwiesen, diese Ziele nicht im kleinen Kreis zu „diktieren", sondern sie in Zielworkshops gemeinsam mit den beteiligten Mitarbeitern zu erarbeiten. Die gemeinsam erarbeiteten Ziele steigern die Akzeptanz, und eine zielführende Moderation dieser Workshops stellt zugleich sicher, dass die Unternehmensvorgaben umgesetzt werden. Die konkrete Gestaltung eines solchen Zielworkshops wird beispielhaft im Praxisteil in Kapitel 7 beschrieben.

5.1.1 Grundlegendes zu Kennzahlen

Bevor ich auf den konkreten Nutzen von Kennzahlen eingehe, möchte ich eine Begriffsklärung vornehmen. Besonders in meinen Seminaren wird mir häufig die Frage gestellt, was denn der Unterschied zwischen Kennzahlen und Key Performance Indikatoren (KPI) sei. Obwohl KPI im eigentlichen Sinne eine eingegrenzte Form von Kennzahlen sind (sie sollen den Fortschritt bei der Erreichung wichtiger Zielsetzungen und resultierende Handlungsoptionen zeigen → to indicate), werden sie zumindest im deutschsprachigen Raum in der Regel synonym verwendet. Eine sehr verständliche Definition des Begriffes „Kennzahl" findet sich unter *de.wikipedia.org*:

> *„Eine Kennzahl ist eine Maßzahl, die zur Quantifizierung dient und der eine Vorschrift zur quantitativen reproduzierbaren Messung einer Größe oder eines Zustands oder Vorgangs zugrunde liegt. Kennzahlen werden u. a. eingesetzt, um Geschäftsprozesse messbar (und damit verbesserungsfähig) zu machen (...)."*

Kennzahlen dienen also der Quantifizierung und müssen, um tatsächlich für die Gestaltung der IT-Organisation genutzt werden zu können, in einen entsprechenden Kontext gesetzt werden. Da es häufig schwierig ist, Kennzahlen direkt den definierten Zielen zuzuordnen, wird hier eine dreistufige Einordnung genutzt. Neben den Zielen und den Kennzahlen werden wichtige Erfolgsfaktoren (Critical Success Factors, CSF) definiert. CSF beschreiben Faktoren, die dazu beitragen, definierte Ziele zu erreichen. Je mehr kritische Erfolgsfaktoren erfüllt sind, desto größer wird die Wahrscheinlichkeit der Zielerreichung. Häufig ist es einfacher, Kennzahlen zur Quantifizierung von CSF zu finden als für die abstrakter formulierten Ziele. Für die Erreichung eines Ziels spielen also grundsätzlich mehrere CSF eine Rolle, deren Erreichung wiederum anhand von Kennzahlen (KPI) quantifizierbar gemacht wird (siehe Bild 5.1).

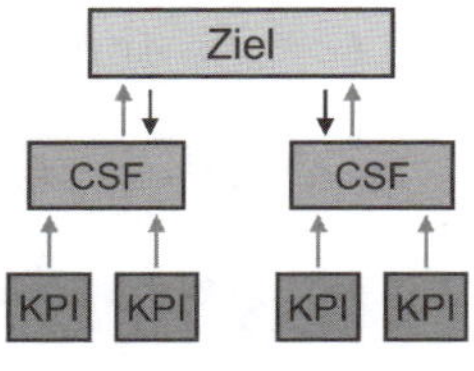

Bild 5.1
Zusammenhang zwischen Zielen, CSF und KPI

Oft werden darüber hinaus auch die Ziele weiter ausdifferenziert, indem zwischen strategischen und taktischen Zielen unterschieden wird. In der englischsprachigen Literatur findet diese Unterscheidung ihren Ausdruck in den Begriffen „Goal“ und „Objective“.

- Strategische Ziele (Goals)
  - Direkt aus der Vision/Mission des Unternehmens ableitbar
  - Langfristige und allgemeine Gültigkeit
- Taktische Ziele (Objectives)
  - Konkrete Ziele, die sich aus den strategischen Zielen ableiten lassen
  - Der Gültigkeitsbereich bezieht sich auf einen spezifischen Verantwortungsbereich.

Nutzen und Einsatzgebiete von Kennzahlen

Grundsätzlich kann jede Kennzahl für sich naturgemäß nur einen kleinen Teil der Realität erfassen. Um einen komplexen Sachverhalt abbilden zu können, bedarf es also mehrerer Kennzahlen, die sich gegenseitig ergänzen oder auch gegensätzliche Entwicklungen aufzeigen. Wie bereits weiter oben beschrieben, dienen Kennzahlen der quantifizierten Darstellung eines Sachverhalts, sie können daher auch nur ein grobes Abbild der Realität liefern, sollen aber deren Charakteristik wiedergeben.

Praxistipp

Wenn Sie Kennzahlen definieren, konzentrieren Sie sich auf wenige, wirklich gute KPI, die den tatsächlichen Informationsbedarf decken. Akzeptieren Sie die für KPI charakteristische Unschärfe, sie liefern trotzdem realistische und wertvolle Informationen (Sie werden kaum eine praxistaugliche Kennzahl finden, die exakt die Realität abbildet). Wählen Sie KPI, die leicht und bestenfalls automatisiert zu messen sind, und setzen Sie im Zweifel auf Schnelligkeit vor Genauigkeit. Wenn Sie diese Grundsätze beherzigen, werden Sie schnell ein brauchbares System von Kennzahlen gestaltet haben, das Sie dann kontinuierlich weiter verbessern können. ■

Grundsätzlich gilt, dass nur gesteuert werden kann, was auch gemessen wird. Denn ansonsten ist nicht erkennbar, ob der aktuelle Ist-Zustand von einem definierten Soll-Zustand abweicht und ob entsprechende Korrekturmaßnahmen erforderlich sind. Vier grundlegende Ziele werden mit der Erfassung von Kennzahlen in der Regel angestrebt (siehe Bild 5.2):

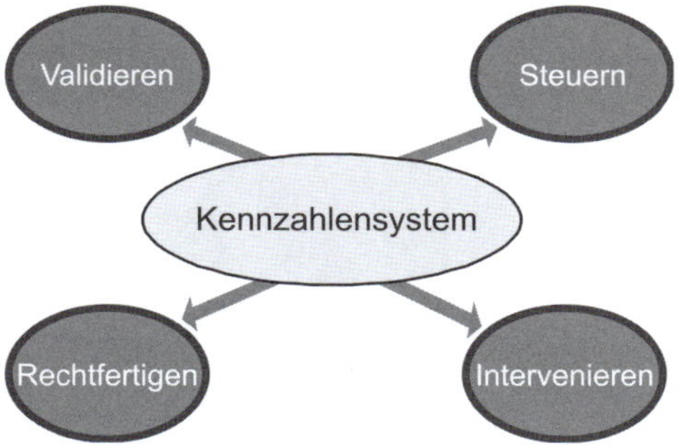

Bild 5.2
Nutzen von Kennzahlen

- *Validieren (Validate):* Vorangegangene Entscheidungen können überprüft werden.
- *Steuern (Direct):* Zielführung von Aktivitäten kann sichergestellt werden.
- *Rechtfertigen (Justify):* Maßnahmen können auf der Basis von Fakten gerechtfertigt werden.
- *Intervenieren (Intervene):* Korrigierende Maßnahmen können rechtzeitig eingeleitet werden.

Um diesen Nutzen zu erreichen, müssen Kennzahlen in einen konkreten Kontext gesetzt werden. Wenn nicht klar ist, was erreicht werden soll und kein klarer Rahmen für den Einsatz von Kennzahlen definiert ist, dann haben die Kennzahlen nur eine geringe Aussagekraft. Ist einem Manager der Wert einer Kennzahl bekannt, so kann er daraus nur dann eine sinnvolle Entscheidung ableiten, wenn er über weitere Informationen verfügt. Um z. B. einzuordnen, ob Handlungsbedarf besteht, muss der aktuelle Wert einer Kennzahl in Bezug zu einem definierten Zielwert gesetzt werden, um einen Vergleich zu ermöglichen. Ist der Handlungsbedarf erkannt, sollte abgeleitet werden können, welche Maßnahmen konkret eingeleitet werden müssen und ob diese tatsächlich den gewünschten Effekt erzielen. Den Rahmen für diese Ableitungen bietet der KPI-Regelkreis in Bild 5.3.

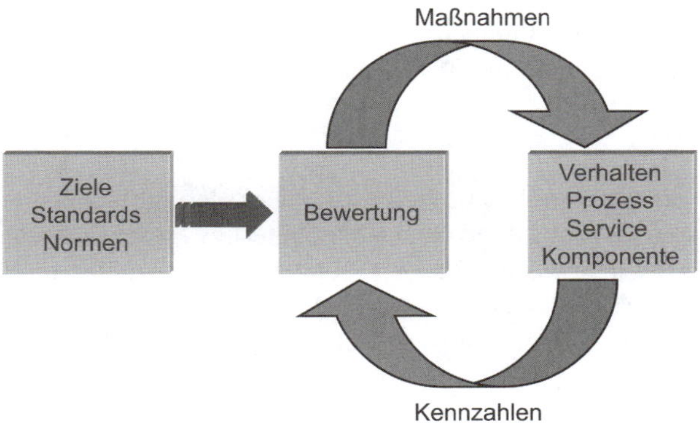

Bild 5.3
KPI-Regelkreis

Definierte Ziele (Unternehmensziele, IT-Ziele), Standards (können als Basis für Benchmarks dienen) oder Normen (die Einhaltung von Normen kann im Rahmen der Compliance eine unausweichliche Anforderung sein) bilden die Basis für die Definition der Sollwerte für Kennzahlen. Um festzustellen, ob diese Sollwerte erreicht sind, werden im Rahmen der Bewertung die erhobenen Kennzahlen mit diesen verglichen. Dieser Vergleich konkreter Messwerte mit definierten Zielen bzw. Sollwerten stellt sicher, dass Entscheidungen auf Basis valider Informationen getroffen werden.

Anschließend werden konkrete Maßnahmen zur Beeinflussung des Messobjekts (z. B. des Prozesses) definiert, um sich den Sollwerten weiter anzunähern. Diese Maßnahmen können je nach Bedarf unterschiedlicher Natur sein. Sie können sich auf das Verhalten der Mitarbeiter, auf die Prozessdefinitionen, auf die Servicegestaltung bzw. deren Erbringung oder auch auf die Veränderung einzelner Komponenten (wie z. B. Computer oder Switches) beziehen.

5.1.2 Anwendungsgebiete von IT-Kennzahlen

IT-Kennzahlen können im Rahmen des IT-Service-Managements an verschiedenen Stellen eingesetzt werden. Denken Unternehmen über die Einführung eines Kennzahlensystems nach, so werden als erste Idee in der Regel ausschließlich Servicekennzahlen (z. B. Verfügbarkeiten) genannt. Das könnte daran liegen, dass Servicekennzahlen oft ohnehin bereits in Vereinbarungen mit den Kunden definiert sind und als Leistungsnachweis für den Service Provider dienen. Spricht man allerdings direkt mit der Betriebsorganisation, so werden häufig technische Kennzahlen (z. B. Auslastung einer Komponente) genannt. Service Provider müssen sich allerdings ebenso Gedanken darüber machen, wie die Leistungsfähigkeit der zur Serviceerbringung benötigten Prozesse geprüft werden kann. Das geschieht mithilfe von Prozesskennzahlen. Es gibt insgesamt drei Anwendungsgebiete für IT-Kennzahlen:

- Technische Kennzahlen
- Prozesskennzahlen
- IT-Servicekennzahlen

Technische Kennzahlen

Technische Kennzahlen beziehen sich direkt auf die zur Serviceerbringung benötigten Komponenten. Sie sind oft die Basis für die höher abstrahierten Servicekennzahlen, denn sie liefern die benötigten Informationen zu den einzelnen Komponenten, wie z. B. deren Verfügbarkeit oder aktuelle Informationen zu Auslastungsgrad und Performance.

Prozesskennzahlen

Um die Services gemäß der Vereinbarungen mit dem Kunden zu liefern, definieren Service Provider entsprechende Prozesse. Prozesskennzahlen dienen der Steuerung dieser Prozesse und tragen so ebenfalls zur korrekten Lieferung der Services bei. Prozesskennzahlen messen die Effektivität und Effizienz der Prozesse, sowie bei Bedarf deren Übereinstimmung mit regulatorischen Anforderungen. Bild 5.4 zeigt, was an welcher Stelle eines Prozesses gemessen werden kann.

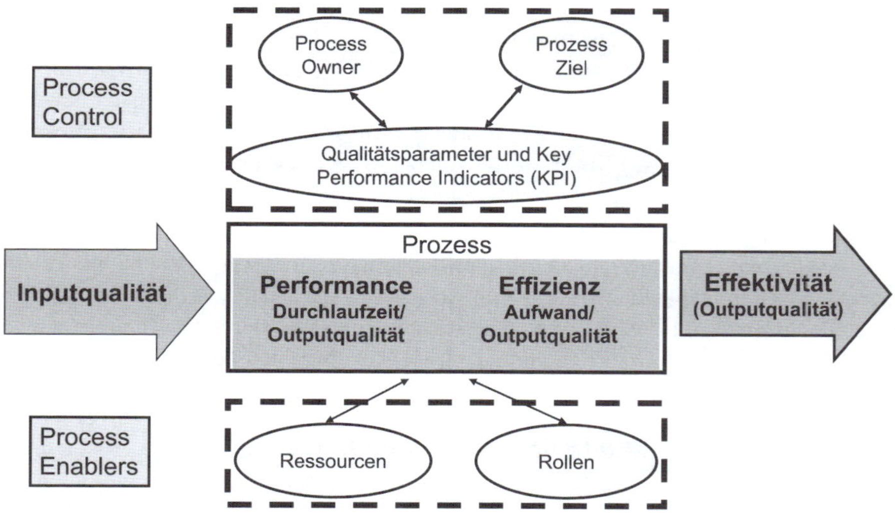

Bild 5.4 Messpunkte im Prozess (nach „generic process model [Service Support, 2000])

- Die Inputqualität beeinflusst direkt die mögliche Qualität des Outputs, also auch die Effektivität des Prozesses. Sind die Inputs fehlerhaft, so liefert der Prozess trotz korrekter Aktivitäten nicht das erwartete Ergebnis.
- Die Performance des Prozesses beschreibt die Durchlaufzeit in Bezug zur erzeugten Qualität (z. B. Fehlerquote in Bezug zur Durchlaufzeit).
- Die Effizienz beschreibt den benötigten Aufwand (z. B. Personentage, Geld) in Bezug zur erzeugten Qualität.
- Die Effektivität beschreibt die Qualität der erzeugten Prozessergebnisse (Output).

IT-Servicekennzahlen

IT-Servicekennzahlen messen die Services dort, wo sie in Anspruch genommen werden. Es findet also eine End-to-End-Betrachtung statt. Schließlich interessiert den Kunden vor allem, ob seine Mitarbeiter einen vereinbarten Service in der definierten Qualität nutzen können, und nicht, ob im Rechenzentrum alles in Ordnung ist. Servicekennzahlen liefern Informationen über die Eigenschaften eines bestimmten Services, über die Performance oder auch über abstrakte Qualitäten, wie z. B. die Kompetenz des Service Providers. Diese IT-Servicekennzahlen sind Gegenstand des Service Reportings an den Kunden und weisen die Leistungen des Service Providers anhand von Fakten nach. IT-Servicekennzahlen sind abhängig von den verschiedenen Faktoren der Serviceerbringung, wie z. B. den technischen Komponenten oder den Prozessen zur Bereitstellung der Services.

Kunde und Service Provider haben naturgemäß nicht die gleiche Sicht auf einen Service. Während den Kunden das Ergebnis – also die zuverlässige Lieferung der Services in der vereinbarten Qualität – interessiert (Service), fokussiert der Service Provider auch, wie die Lieferung der vereinbarten Services sichergestellt werden kann (Prozess).

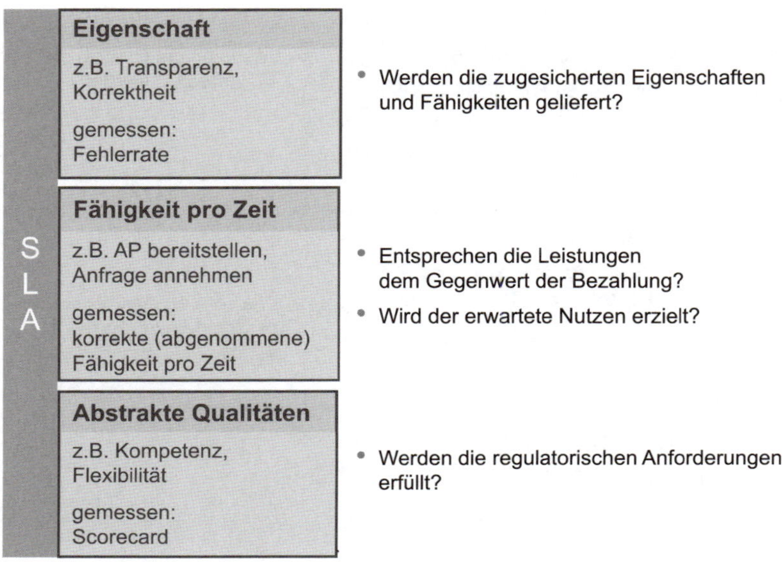

Bild 5.5 Servicesicht des Kunden

Für den Kunden, den Servicekonsumenten, stehen in der Regel die in Bild 5.5 genannten Faktoren im Zentrum der Betrachtung. Für ihn ist es wichtig, dass der Service wie vereinbart geliefert wird und seine Geschäftsprozesse somit durch diesen Service optimal unterstützt werden. Gemessen und nachgewiesen wird dieser Faktor anhand der Servicekennzahlen im Service Level Agreement. Natürlich spielt neben der vereinbarungsgemäßen Qualität und Quantität der Services auch der Preis eine wichtige Rolle. Service Provider müssen darstellen können, dass die gelieferten Leistungen dem Gegenwert der Bezahlung entsprechen. Dieser Nachweis erfolgt in der Praxis durch Preisvergleiche und Benchmarks. Mehr und mehr rückt auch ein dritter Faktor in den Fokus: Die Erfüllung regulatorischer Anforderungen, wie z. B. der Sarbanes-Oxley Act (SOX) oder auch die 8. EU-Richtlinie (auch Euro-SOX genannt). Der Nachweis dieser Konformität wird durch regelmäßige interne und externe Audits erbracht (siehe Bild 5.5).

Auf Seiten des Service Providers stehen alle zur Erbringung der vereinbarten Services notwendigen Fähigkeiten und Ressourcen im Fokus. Es wird also betrachtet, wie der vereinbarte Service erbracht werden kann. Eine wichtige Basis dafür ist die Verfügbarkeit und ausreichende Kapazität aller Servicekomponenten. Allerdings ist die Betrachtung der Komponenten natürlich bei weitem nicht ausreichend. Es muss zudem durch funktionierende und kontrollierte Serviceprozesse sichergestellt werden, dass aus den vorhandenen Fähigkeiten und Ressourcen die Services wie vereinbart gestaltet und bereitgestellt werden. Die beteiligten Mitarbeiter spielen hier eine zentrale Rolle, sie müssen ihren Beitrag kennen und motiviert werden, diesen Beitrag zuverlässig zu leisten. Zu diesem Zweck hat sich die Führung der Mitarbeiter mit Hilfe klarer Zielvereinbarungen bewährt: Je mehr der Mitarbeiter zur vertragskonformen Serviceerbringung beiträgt, desto mehr Vorteile (z. B. Bonuszahlungen) entstehen für ihn (Bild 5.6).

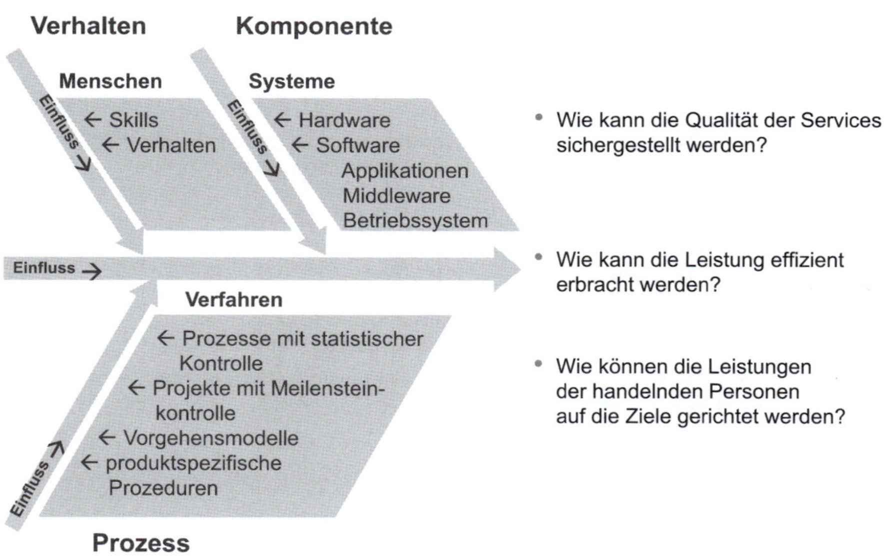

Bild 5.6 Servicesicht des Service Providers

Praxistipp

Achten Sie bei persönlichen Zielvereinbarungen darauf, dass die vereinbarten Ziele sich aus den IT-Zielen ableiten, nur so wird ein echter Beitrag gemessen. Achten Sie zudem auf die interpretationsfreie Messbarkeit dieser Ziele, um Differenzen bei der Errechnung des Zielerreichungsgrads zu vermeiden. Solche Diskrepanzen können schnell demotivierend wirken und so den Nutzen der Zielvereinbarungen ins Gegenteil verkehren. Persönliche Ziele sollten zudem einfach, transparent und nachvollziehbar gestaltet werden und sie sollten durchaus ambitioniert, aber realistisch sein. Ziele, die nie erreicht werden können, haben langfristig keinerlei positive Auswirkungen. ■

5.1.3 IT-Kennzahlen gestalten

Kennzahlen entwickeln

Die Gestaltung adäquater Kennzahlen für das IT-Service-Management ist eine große Herausforderung für den IT-Service Provider und gehört zu den wohl am häufigsten unterschätzten Aktivitäten in diesem Umfeld. Der Grund dafür liegt auf der Hand: Kennzahlen müssen sich auf ein Ziel bzw. einen CSF (vgl. Bild 5.1) beziehen, der durch sie gemessen werden soll. Sie lassen sich allerdings nicht einfach mathematisch ableiten, was u. a. darin begründet liegt, dass Ziele bzw. CSF qualitativ, nicht quantitativ formuliert sind. Es gilt also, messbare Faktoren zu identifizieren, mit denen die Erreichung eines CSF nachgewiesen werden kann, und daraus die jeweilige Kennzahl zu konstruieren. Je nach Art des zu messenden Objekts kann diese Konstruktion unterschiedlich komplex sein. Kennzahlen für das Service Reporting werden entsprechend der in den SLA vereinbarten Messgrößen, wie z. B. Verfügbarkeit oder Antwortzeiten, ermittelt. Soll die Qualität eines Prozesses gemessen werden, so muss zunächst exakt formuliert werden, was durch diesen Prozess erreicht werden soll. Die Kennzahlen müssen dann so gewählt werden, dass sie tatsächlich durch den gemessenen Prozess beeinflusst werden. Auch der mögliche Einfluss anderer Prozesse spielt hier eine Rolle.

Soll zum Beispiel die Qualität des Problem-Management-Prozesses gemessen werden, so ist eine beliebte Kennzahl dafür die Dauer bis zur Problemlösung. Aber wird hier wirklich nur der Problem-Management-Prozess gemessen? Was ist mit dem Change Management, das die Lösung bewerten und freigeben muss? Was ist mit dem Release und Deployment Management, das die Implementierung vornimmt? Es kommt also darauf an, wo die Messpunkte für eine Kennzahl gesetzt werden. Im genannten Beispiel wäre es sinnvoller, die Zeit zwischen Problemidentifizierung und RFC zu messen, statt der Zeit bis zur Schließung des Problemtickets (nach der Implementierung). Zumindest dann, wenn ausschließlich die Qualität des Problem Management gemessen werden soll. Natürlich hat die andere Variante auch einen Nutzen: Sie misst die Zeit, bis ein Problem wirklich beseitigt ist, kann also auch sehr nützlich sein, wenn man sich bewusst ist, dass mehrere Prozesse gemessen werden. Die Gestaltung von Prozesskennzahlen hängt also stark von der jeweiligen Zielsetzung ab.

Die nachfolgenden Fragestellungen können bei der Gestaltung der richtigen Kennzahlen unterstützen:

- Was soll mit den Kennzahlen gesteuert werden?
- Messen die Kennzahlen den gewählten Prozess?
- Sind die Messgrößen durch den Prozess beeinflussbar?
- Ist der Bezug zu den relevanten CSF nachvollziehbar?
- Welchen Einfluss haben andere Prozesse auf die Messdaten?
- Können die erforderlichen Daten beschafft werden?
- Entspricht der Aufwand dem Nutzen?
- Sind die gewählten KPI für den Adressaten verständlich und von Nutzen?

Prozesskennzahlen ableiten

Insbesondere für die Gestaltung von Prozesskennzahlen hat sich eine Vorgehensweise in mehreren Schritten bewährt (Bild 5.7: Kennzahlenentwicklung).

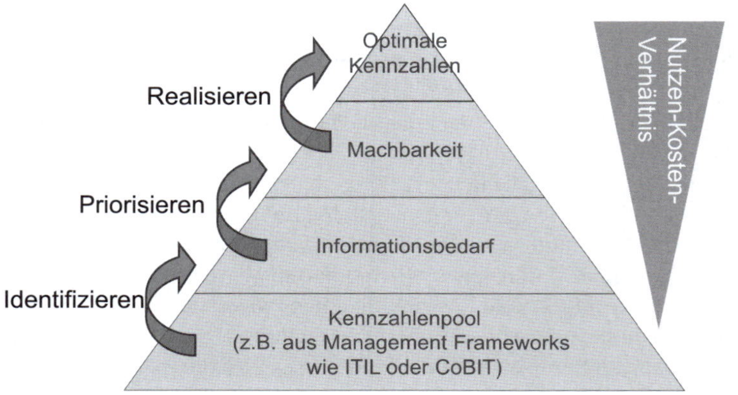

Bild 5.7 Kennzahlenentwicklung

- Im ersten Schritt wird ein Pool aus allen in Frage kommenden Kennzahlen zusammengestellt. Dieser Pool kann sich aus den verschiedensten Quellen, wie öffentliche Frameworks wie ITIL® oder COBIT®, oder eigenen Erfahrungen bzw. bereits vorhandenen Kennzahlen zusammensetzen.

Praxistipp

Nach diesem Schritt haben Sie lediglich die Basis für die Ermittlung Ihrer Kennzahlen gelegt. Viele Unternehmen haben in der Vergangenheit hier aufgehört und alle gefundenen Kennzahlen erhoben. Abgesehen davon, dass die Qualität der so gefundenen Kennzahlen fragwürdig ist, führen allein die Vielzahl an Kennzahlen und der resultierende Pflegeaufwand schnell zu „Kennzahlengräbern", die niemand nutzt bzw. nutzen kann.

- Der zweite Schritt beinhaltet viele der im vorigen Abschnitt beschriebenen Aktivitäten. Um aus dem ermittelten Pool die richtigen Kennzahlen auszuwählen, muss zunächst der Informationsbedarf ermittelt werden. Was müssen Sie wirklich wissen, um Ihr Ziel zu erreichen? Nicht alles, was gemessen werden kann, ist auch von Nutzen! Ist der Informationsbedarf ermittelt, folgt im nächsten Schritt die Auswahl der Kennzahlen, die diesen Informationsbedarf decken können.
- Schritt drei befasst sich mit der Priorisierung der gefundenen Kennzahlen. Die Priorität bestimmt die Reihenfolge, in der die Kennzahlen realisiert werden. Neben dem Informationsgehalt der Kennzahl hat auch die Frage, wie leicht sich die Kennzahlen umsetzen lassen, Einfluss auf die Priorisierung.

Praxistipp

Oft stellt sich heraus, dass eine identifizierte Kennzahl zwar einen Nutzen liefert, dass ihre Erfassung jedoch einen sehr hohen Aufwand bis hin zur komplett manuellen Erfassung und Pflege bedeutet. Prüfen Sie genau, ob der Aufwand den zu erwartenden Nutzen rechtfertigt und ob es eventuell alternative Kennzahlen mit ähnlichem Nutzen und weniger Aufwand gibt. Haben Sie den Mut, auf Kennzahlen mit zu hohem Aufwand zu verzichten und nach Alternativen zu suchen. ■

- Im vierten Schritt erfolgt die Implementierung der ausgewählten Kennzahlen entsprechend ihrer Priorität. Ein so entstandenes Kennzahlensystem ist in der Regel nicht statisch, sondern verändert sich kontinuierlich. Die implementierten Kennzahlen sollten regelmäßig bezüglich Nutzen und Aufwand bewertet und im Kontext eventueller neuer Anforderungen überprüft werden.
- Nach der Konstruktion und im Rahmen der regelmäßigen Bewertung der Kennzahlen sollten diese einer kritischen Prüfung unterzogen werden. Für diese Überprüfung eignen sich eine Reihe von Kriterien, die jede Kennzahl erfüllen sollte (vgl. [Kütz 2003, S. 42]).
- Kennzahlen müssen darauf überprüft werden, ob sie tatsächlich den erwarteten Informationsbedarf decken, ob sie also das erfassen, was gemessen werden soll. Das hört sich zunächst logisch an, dennoch werden hier besonders im Kontext der Prozesskennzahlen häufig Fehler gemacht. Ein Beispiel ist die Messgröße „Anzahl der auftretenden Incidents". Sie wird sehr oft als Kennzahl zur Messung des Prozesses *Incident Management* definiert, da sie dort erfasst und auch für die operative Planung genutzt wird. Setzt man sie jedoch in Beziehung zu den Prozesszielen, dann wird schnell klar, dass sie nicht die Qualität des Incident Managements, sondern die des Problem Managements misst. Incident Management befasst sich lediglich mit der Bearbeitung auftretender Incidents. Die Beseitigung der Ursachen und damit die Reduzierung der Zahl der Incidents ist ein Ziel des Problem Managements.
- Um zuverlässige Informationen zu erhalten und die richtigen Maßnahmen ableiten zu können, müssen Kennzahlen auf die Validität und Genauigkeit der zugrundeliegenden Daten überprüft werden. Je genauer die Datenbasis, desto zuverlässiger die Aussage der Kennzahl. Hier ist allerdings Vorsicht geboten: Kennzahlen werden die Realität niemals zu einhundert Prozent wiedergeben können, sondern sollen ein vereinfachtes Abbild dieser Realität liefern. Die Akzeptanz eines geringen Maßes an Unschärfe erhöht die Wahrscheinlichkeit, ein verwertbares Bild des Messobjekts bei akzeptablem Aufwand zu erhalten.

- Insbesondere Qualitätskennzahlen für Prozesse dienen oft der operativen Steuerung der Prozesse, also der Identifizierung von Handlungsbedarf. Je mehr Zeit zwischen der Erfassung der Daten und deren Auswertung liegt, desto weniger wirkungsvoll werden die abgeleiteten Maßnahmen sein, weil sie in vielen Fällen zu spät eingeleitet werden. Im Zweifel gilt: Schnelligkeit vor Genauigkeit!

Praxistipp

Gestalten Sie Ihre Kennzahlen so, dass Sie tatsächlich sinnvolle und wirksame Maßnahmen aus der Auswertung der Kennzahlen ableiten zu können. Dazu ist es zwingende Voraussetzung, dass die Kennzahlen in Ursache-Wirkungs-Beziehungen eingebettet werden. Überlegen Sie sich genau, wann sich der Wert der Kennzahl verändert und wie Sie ihn beeinflussen können. Stellen Sie diese Überlegungen für jede einzelne Kennzahl an – es lohnt sich! ■

- Die Kosten für die Erbringung der Services spielen eine entscheidende Rolle für den Erfolg eines Service Providers. Das Verhältnis zwischen Aussagekraft einer Kennzahl und dem Aufwand für die Erfassung sollte daher in einem angemessenen Verhältnis stehen.
- Kennzahlen sollten bei aller Komplexität letztlich einfach und nachvollziehbar aufgebaut sein. Der Adressat muss die Bedeutung der Kennzahl verstehen und das Messergebnis interpretieren können. Die Aggregation mehrerer Werte zu einer Kennzahl sollte jederzeit nachvollziehbar sein. Anhand einer Menge von Messergebnissen sollte der Adressat in der Lage sein, bei Bedarf entsprechende Maßnahmen einzuleiten, um das Messobjekt zu beeinflussen.
- Kennzahlen sollten intern wie extern vergleichbar sein. Interne Vergleichbarkeit ist wichtig für Erkenntnisse über die Entwicklung der Serviceprozesse innerhalb eines Zeitraums oder im Vergleich zu anderen Unternehmensbereichen (insbesondere bei Service Providern des Typs 1, vgl. Kapitel 2). Externe Vergleichbarkeit ermöglicht den Vergleich mit anderen Unternehmen der gleichen Größe oder Branchenzugehörigkeit (Benchmarking).

Bild 5.8 zeigt die genannten Kriterien zur Überprüfung der definierten Kennzahlen im Überblick.

Bild 5.8
Kennzahlenkriterien

Kennzahlendarstellung

Ist der Informationsbedarf bestimmt und sind die sinnvollen Kennzahlen ausgewählt, folgt im nächsten Schritt die richtige Darstellung der Kennzahlen. Welche Attribute muss eine Kennzahl haben? Wer ist verantwortlich, wer der Adressat? In sehr vielen Projekten hat sich dafür eine Darstellung bewährt, die auch als Kennzahlensteckbrief bekannt geworden ist (vgl. [Kütz 2003]). Dieser Steckbrief bietet einen sehr nützlichen Rahmen für die Kennzahlenformulierung und lässt sich beliebig an den jeweiligen Informationsbedarf anpassen.

- *Nr./Bezeichnung:* Jede Kennzahl muss eindeutig bezeichnet werden, um sie dem jeweiligen Ziel bzw. CSF zuordnen zu können. Die Bezeichnung kann numerisch sein, es hat sich jedoch bewährt, eine sprechende Bezeichnung zu wählen. Zum Beispiel „IM 1.1" für die Bezeichnung des ersten KPI, der zur Quantifizierung des ersten CSF des Prozesses *Incident Management* beiträgt.
- *Beschreibung:* In der Beschreibung wird in verständlicher Form festgehalten, was diese Kennzahl genau erfasst und welches Ziel erreicht werden soll.
- *Adressat:* Hier wird definiert, an wen die Informationen aus dieser Kennzahl berichtet werden. Das kann z. B. der Prozessmanager sein.
- *Zielwert:* Welchen Wert soll die Kennzahl erreichen? Um im Beispiel Incident Management zu bleiben, könnte das eine Erstlösungsquote von 80 % sein.
- *Sollwerte:* Sollwerte beschreiben Zwischenziele (Milestones), die an definierten Zeitpunkten gemessen werden. Nach der Einführung eines Incident Managements könnten die Sollwerte für die Erstlösungsquote nach 6/12/18/24 Monaten 40/50 %/60 %/70 % sein.

Beschreibung	Nr. / Bezeichnung	Numerisch oder sprechend > Eindeutig
	Beschreibung	Was wird in diesem KPI erfasst?
	Adressat	An wen wird das Ergebnis geliefert?
	Zielwert	Welcher Zielwert soll erreicht werden?
	Sollwerte	Welche Zwischenziele (Meilensteine) gibt es?
	Toleranzwert	Welche Abweichung vom Ziel akzeptiert?
	Eskalationsregeln	Maßnahmen zur Beeinflussung der Zielerreichung
	Gültigkeit	Wie lange ist dieser KPI gültig?
	Verantwortlicher	Wer ist für diesen KPI verantwortlich?
Daten-ermittlung	Datenquellen	Woher werden die Daten bezogen?
	Messverfahren	Wie wird gemessen?
	Messpunkte	In welcher Frequenz wird gemessen?
	Verantwortlicher	Wer ist für die Datenermittlung verantwortlich?
Aufbereitung und Präsentation	Berechnungsweg	Formel zur Errechnung der Kennzahl
	Darstellung	Wie werden die Ergebnisse dargestellt?
	Aggregation	Stufe entsprechend der Zielgruppe
	Archivierung	Wie wird die Nachvollziehbarkeit sichergestellt?
	Verantwortlicher	Wer ist für Aufbereitung und Präsentation verantwortlich?

Bild 5.9 Rahmen zur Kennzahlendarstellung

- *Toleranzwert:* Es ist unwahrscheinlich, dass Zielwerte oder Sollwerte exakt getroffen werden. Um unnötige Aktivitäten zu vermeiden, wird ein Toleranzwert definiert, der beschreibt, welche Abweichung vom Ziel- bzw. Sollwert akzeptiert wird, bevor Eskalationsmaßnahmen eingeleitet werden.
- *Eskalationsregeln:* Die Eskalationsregeln beschreiben, welche Maßnahmen bei Über- bzw. Unterschreiten der Toleranzwerte eingeleitet werden, wer verantwortlich ist und wer informiert werden muss. Im Beispiel der Erstlösungsquote könnten entsprechende Maßnahmen die Weiterbildung der Service-Desk-Mitarbeiter oder Anpassungen im Schichtplan sein.
- *Gültigkeit:* Kennzahlen sind in der Regel nicht unbegrenzt gültig, da sich die Rahmenbedingungen ständig verändern. Daher sollten definierte Kennzahlen regelmäßig einer Prüfung unterzogen und bei Bedarf angepasst werden oder sie können entfallen bzw. ersetzt werden.
- *Verantwortlicher:* Für jede Kennzahl wird ein Verantwortlicher definiert. Aufgaben können die Pflege, Kommunikation und die Überwachung der Zielerreichung sein. Auch für Aktivitäten wie Datenermittlung oder -aufbereitung werden entsprechende Verantwortliche definiert.
- *Datenquellen:* Wie weiter oben beschrieben, sind verlässliche Daten für jede Kennzahl von entscheidender Bedeutung. Die Datenquellen beschreiben, woher die benötigten Daten bezogen werden. Im Beispiel der Erstlösungsquote wären die Datenquellen die Telefonanlage und das Ticketsystem.
- *Messverfahren:* Um die Daten zu erfassen, sind bestimmte Aktivitäten nötig. Diese Aktivitäten zur Datenerfassung werden hier beschrieben (z. B.: Wie bekomme ich die Informationen aus der Telefonanlage und dem Ticketsystem?)
- *Messpunkte:* Die Messpunkte beschreiben, wie häufig gemessen wird (täglich, wöchentlich, monatlich, ...)
- *Berechnungsweg:* Kennzahlen bestehen häufig aus mehreren Messwerten und errechnen sich anhand einer Formel. Die Erstlösungsquote wird beispielsweise errechnet, indem die beim ersten Kontakt gelösten Tickets ins Verhältnis zu den vorhandenen Tickets gesetzt werden.
- *Darstellung:* Hier wird beschrieben, wie die Kennzahl dargestellt wird (z. B. als numerischer Zielwert oder als Grafik).
- *Aggregation:* Oft sind verschiedene Aggregationsstufen entsprechend der jeweiligen Zielgruppe notwendig. Das Unternehmensmanagement benötigt andere Informationen als ein lokaler operativ Verantwortlicher.
- *Archivierung:* Beschreibt, wie die erfassten Informationen langfristig gespeichert werden. Das ist insbesondere dann interessant, wenn die historischen Messdaten beispielsweise für rückwärts gerichtete Auswertungen oder Trendberechnungen benötigt werden (z. B.: Wie hat sich die Erstlösungsquote in den vergangenen zwei Jahren entwickelt?).

Wie viele Kennzahlen?

Eine in der Praxis immer wieder auftauchende Frage ist die nach der richtigen Anzahl von Kennzahlen. Leider lässt sich diese Frage nicht pauschal beantworten, denn sie ist von zu vielen Faktoren abhängig, wie z. B. dem Reifegrad der Organisation, der Unternehmensgröße oder der Art und Anzahl der Ziele. Um zu beurteilen, wie viele Kennzahlen Sie definieren müssen, sollten Sie mindestens die folgenden Faktoren betrachten:

- *Anforderungen aus Nachweispflicht:* Welchen regulatorischen Vorgaben unterliegt ihr Unternehmen und welche Art und Anzahl von Nachweisen muss erbracht werden?
- *Kundenanforderungen:* Welche Anforderungen haben Ihre Kunden an das Reporting zum Nachweis der Serviceerbringung? Je detaillierter der Informationsbedarf, desto mehr Kennzahlen müssen erfasst werden. Dem Kunden sollte transparent werden, dass sich der Aufwand für das Reporting auf den Servicepreis auswirken kann.
- *Anzahl der Ziele bzw. Erfolgsfaktoren:* Je mehr Ziele überwacht werden müssen, desto größer ist naturgemäß die Anzahl der notwendigen Kennzahlen. Als Anhaltspunkt sollten Sie mit ca. zwei Kennzahlen je CSF rechnen, wobei für jedes Ziel ebenso zwei oder mehr CSF definiert werden.

Praxistipp

Grundsätzlich gilt, dass Sie den Umfang Ihres Kennzahlensystems so weit wie möglich reduzieren sollten. Die Praxis zeigt, dass in Kennzahlenprojekten eher zu viele als zu wenige Kennzahlen definiert werden.

Als Faustregel gilt: etwa 5 Kennzahlen je Manager.

Kennzahlen richtig einordnen

Um einen optimalen Nutzen zu erzielen, müssen Kennzahlen entsprechend des tatsächlichen Informationsbedarfs aggregiert werden. Die Aggregation kann zunächst entsprechend der vorhandenen Rahmenbedingungen, also abhängig von der Organisationsstruktur oder der geografischen Ansiedlung eines Unternehmens erfolgen. Aber auch die jeweiligen Zielgruppen sollten eine Rolle bei der Aggregation der Kennzahlen spielen, denn Kennzahlen können natürlich ganz unterschiedliche Adressaten mit sehr unterschiedlichem Informationsbedarf haben.

Die Basis bilden operative Kennzahlen, also Informationen über die einzelnen Komponenten der Serviceerbringung. Hierbei handelt es sich um Performance- und Auslastungsdaten einzelner Systeme, um Ausfallzeiten, Netzwerklasten oder Antwortzeiten einzelner Applikationen. Die Adressaten dieser Kennzahlen sind in der Regel Systemverantwortliche aus dem Umfeld des IT-Operations Management oder des Technical- bzw. des Application Managements, die dazu beitragen, dass diese Ressourcen für die Serviceerbringung entsprechend der Anforderungen funktionieren. Entsprechend den Zielwerten leiten sie aus den Kennzahlen Maßnahmen bezüglich der betroffenen Systeme ein.

Neben den Systemen spielen die Prozesse eine entscheidende Rolle für die Serviceerbringung. Prozesskennzahlen liefern Informationen darüber, ob die definierten Serviceprozesse effektiv und effizient funktionieren. Prozesskennzahlen liefern z. B. Informationen über Durchlaufzeiten, Fehlerraten oder Kosten für die notwendigen Prozessaktivitäten. Adressaten für diese Kennzahlen sind Prozessmanager oder Process Owner.

Werden Kennzahlen für das IT-Management gestaltet, so werden sie weiter aggregiert. Es werden nicht mehr wie bisher Informationen bezüglich einzelner Systeme oder Prozesse erfasst, sondern aus diesen Einzelkomponenten Gesamtinformationen für die Serviceerbringung ermittelt. Typische Informationen sind Auslastungszahlen, Investitionen, Kosten je Service oder Informationen über wiederholte Service-Level-Verletzungen.

In einer weiteren Stufe werden die Informationen für das Unternehmensmanagement weiter verdichtet. Informationen wie Budgets und deren Einhaltung, Innovationen oder die Personalentwicklung spielen hier eine Rolle. Beispiele für Kennzahlen auf dieser Ebene sind IT-Kosten je Arbeitsplatz oder Anteil des IT-Budgets am Unternehmensumsatz. Bild 5.10 zeigt die Aggregationsstufen im Überblick.

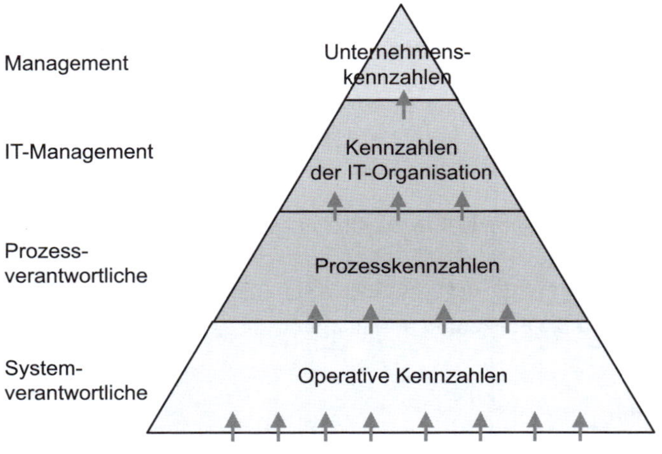

Bild 5.10 Aggregationsstufen

Abhängigkeiten zwischen Kennzahlen und Kennzahlensystemen

Wie schon weiter oben beschrieben, stehen Kennzahlen nicht für sich alleine, sondern sind in ein System weiterer Kennzahlen und in ein Netz aus Ursache-Wirkungs-Beziehungen eingebunden (mehr zu Ursache-Wirkungs-Beziehungen in Abschnitt 5.2 zur Balanced Scorecard). Bei der Gestaltung eines Kennzahlensystems treten also sehr häufig Wechselwirkungen zwischen Kennzahlen auf. Verbesserungen bzgl. eines Ziels führen zu geringerer Zielerreichung bei anderen Zielen. Um zu verdeutlichen, was hier gemeint ist, möchte ich noch einmal auf das Beispiel der Erstlösungsquote zurückkommen: Die Bestrebungen, diese Erstlösungsquote auf einen bestimmten Wert (z. B. 80 %) zu heben, führen natürlich zu den in den Ursache-Wirkungs-Beziehungen identifizierten Auswirkungen: Der Aufwand für die Mitarbeiter des Service Desk wird größer, sie benötigen also mehr Zeit pro Anrufer. Die Erreichbarkeit aber, ein sehr wichtiges Ziel eines Service Desk, sinkt, je mehr Mitarbeiter in Gesprächen mit Anwendern sind. So sinkt die Erreichbarkeit des Service Desk mit steigender Erstlösungsquote - es sei denn, es werden auch hier Maßnahmen, wie z. B. Veränderungen in der Besetzung vorgenommen. Dieser Zusammenhang zwischen zwei Kennzahlen wird oft als KPI und Gegen-KPI bezeichnet (Bild 5.11).

Eine weitere Verbindung zwischen zwei Kennzahlen ist die der Früh- und Spätindikatoren. Um sowohl die Vergangenheit bewerten als auch Trends für die Zukunft ableiten zu können, sollten diese beiden Sichtweisen berücksichtigt werden. Zur Bewertung eines CSF sollte nach Möglichkeit mindestens ein Früh- und ein Spätindikator gefunden werden.

Spätindikatoren lassen sich naturgemäß leichter identifizieren, sie legen den Fokus auf Ergebnisse aus der Vergangenheit. Ein Beispiel für einen Spätindikator ist die durchschnittliche Lösungsdauer im Incident Management.

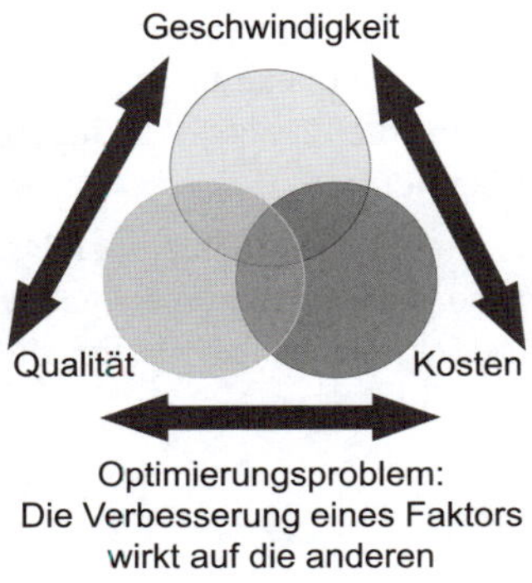

Bild 5.11
Wechselwirkung von Kennzahlen

Frühindikatoren sind oft schwieriger zu ermitteln und zu definieren. Sie geben Hinweise auf zukünftige Wirkungen der aktuellen Entwicklung. Ein Beispiel kann die aktuelle Auslastung der Service-Desk-Mitarbeiter sein. Je höher die Auslastung, desto größer wird die Wahrscheinlichkeit für Service-Level-Verletzungen durch zu lange Bearbeitungszeiten oder schlechte Erreichbarkeit. Die Herausforderung besteht darin, Frühindikatoren zu erkennen und sie in den richtigen Kontext zu setzen, denn das genannte Beispiel kann in einem anderen Kontext natürlich auch ein Spätindikator sein (z. B. um die Zielerreichung des Teams nach Ablauf einer zeitlichen Periode zu messen).

In den vorhergehenden Abschnitten habe ich bereits mehrfach den Begriff „Kennzahlensystem" verwendet. Deshalb möchte ich kurz auf diesen Begriff eingehen: Kennzahlensysteme bestehen aus mehreren Kennzahlen, die in Beziehungen zueinander stehen (Ursache und Wirkung, Früh- und Spätindikatoren) und dienen der möglichst vollständigen und ausgewogenen Steuerung eines beschriebenen Objekts (Service, Prozess, System). Unter anderem werden in einem solchen System die nachfolgenden Aspekte über die Betrachtung der einzelnen Kennzahlen hinaus festgelegt:

- Zielwerte
- Schwellwerte und Toleranzen
- Maßnahmen zur Steuerung
- Ausnahmepläne bei Überschreitung mehrerer Schwellwerte

5.2 Balanced Scorecard – Strategie operationalisieren

5.2.1 Von der Kennzahl zur Balanced Scorecard (BSC)

Im letzten Kapitel habe ich Kennzahlen und deren mögliche Wechselwirkungen beschrieben. Um eine IT-Strategie wirklich umzusetzen, reichen Kennzahlen alleine allerdings nicht aus. Wenn es gilt, Visionen in Strategien, Strategien in Ziele und letztlich dann die Ziele in individuelle Kennzahlen umzusetzen, bedarf es eines etwas komplexeren Systems.

Ein Ansatz, der meiner Erfahrung nach immer wieder zum Projekterfolg beitrug, ist die Balanced Scorecard nach Kaplan/Norton. Sie bietet einen optimalen Rahmen, um die IT-Organisation tatsächlich an den Unternehmenszielen auszurichten und die Ursache-Wirkungs-Beziehungen der Aktivitäten im Rahmen des IT-Services zu erkennen.

Doch zurück zu der Frage vom Beginn dieses Abschnitts: Was ist denn eigentlich zuerst da? Die einzelne Kennzahl oder eine Balanced Scorecard? Um das zu beantworten, möchte ich noch einmal auf die Gestaltung der einzelnen Kennzahlen zurückkommen. Zu jeder Kennzahl sollten die folgenden grundlegenden Informationen vorhanden sein:

- Ziele
- Informationsbedarf
- Ursache-Wirkungs-Beziehungen
- Wechselwirkungen

Es ist natürlich möglich, die Ziele für die Gestaltung der Kennzahlen und die Ableitung der entsprechenden Zielwerte aus Einzelzielen (z. B. von Prozesszielen) abzuleiten. Sinnvoller ist es jedoch, die Einzelziele aus den Unternehmenszielen und den daraus resultierenden IT-Zielen abzuleiten. Nur so kann sichergestellt werden, dass einzelne Aktivitäten und Prozesse tatsächlich zu den Zielen des Unternehmens beitragen. Das gilt natürlich auch und insbesondere für die Ursache-Wirkungs-Beziehungen und daraus abgeleitete Maßnahmen. Die Verbindung der einzelnen Ziele und Aktivitäten zu den Zielen des Unternehmens kann eine Balanced Scorecard herstellen. Sie kann also einen wichtigen Beitrag zur Gestaltung von Zielen und Kennzahlen leisten und trägt so auch zur IT-Governance bei, indem die Ausrichtung der IT-Ziele an denen des Unternehmens sichergestellt wird. Fazit: Natürlich ist eine Balanced Scorecard nicht zwingende Voraussetzung für funktionierende Kennzahlen, sie kann allerdings einen nützlichen Rahmen für deren Gestaltung liefern. Bild 5.12 zeigt die Ableitung von der Unternehmensstrategie bis zur Messgröße in der IT-Organisation.

Bild 5.12
Von der Strategie zum Messwert

5.2.2 Grundlagen der Balanced Scorecard nach Kaplan/Norton

Die Balanced Scorecard (vgl. [Kaplan/Norton 2001]) wird leider sehr häufig als reines Kennzahlensystem verstanden, und riesige Kennzahlengräber in Excel, die niemand wirklich versteht, geschweige denn nutzt, werden als Balanced Scorecard bezeichnet.

Natürlich kann die Balanced Scorecard ein sehr wichtiges Instrument sein, die Kennzahlen richtig zu gestalten, aber allein dafür würde man sie nicht wirklich brauchen. Sie ist viel mehr als das, nämlich ein Instrument, die Unternehmensstrategie bei Bedarf bis auf die Ebene des einzelnen Mitarbeiters zu operationalisieren.

Praxistipp

Wenn Sie planen, eine Balanced Scorecard in Ihrem Unternehmen einzuführen, beginnen Sie nicht mit der Auswahl eines Tools oder mit der Suche nach den richtigen Kennzahlen. Konzentrieren Sie sich zunächst auf die Zusammenhänge in Ihrem Unternehmen und überlegen Sie, wie Sie die Unternehmensziele am besten herunterbrechen können. ■

Bevor ich weiter auf die Details der Balanced Scorecard und deren Nutzen für IT-Organisationen eingehe, möchte ich einige grundlegende Begriffe klären, die in diesem Kontext immer wieder auftauchen und manchmal für Verwirrung sorgen:

- *Mission:* Die Mission eines Unternehmens beschreibt, warum es dieses Unternehmen überhaupt gibt, warum es benötigt wird, was das Geschäft ist und welche Bedürfnisse durch die Produkte dieses Unternehmens befriedigt werden. Die Mission sollte eine Orientierung für die Mitarbeiter und leicht verständlich und kommunizierbar sein.
- *Werte::* Die Werte eines Unternehmens beschreiben die Prinzipien, die dem Handeln aller Mitarbeiter zugrunde liegen. Sie bilden einen Verhaltenskodex.
- *Vision:* Die Vision eines Unternehmens ist ein Entwurf für die Zukunft des Unternehmens, ausgehend von der Gegenwart. Sie folgt der Mission und den Werten und bildet die Basis für die Ableitung der Ziele und der Strategie. Als Beispiel sei im Folgenden die Vision und das Selbstverständnis des Unternehmens genannt, in dem ich derzeit beschäftigt bin:

  Maxpert übernimmt Verantwortung für den systematischen Veränderungsprozess von IT-Organisationen und zeigt initiativ Entwicklungswege zum angemessenen Reifegrad auf. Die konstant hervorragenden Leistungen in der langfristigen Zusammenarbeit führen dazu, dass unsere Kunden bei geplanten Veränderungen als Erstes an Maxpert denken. Wir sind für unsere Kunden ein angesehener und verlässlicher Partner. Gemeinsam gestalten wir IT, um Unternehmensziele und Geschäftsstrategien optimal zu unterstützen.

  Wir schaffen die beste IT für das Geschäft unserer Kunden. Diese IT erzeugt Wachstum und Produktivität durch eine optimale Geschäftsprozess-Unterstützung. Wir kombinieren anerkannte Standards, eigene Erfahrungen sowie praxiserprobte Methoden und entwickeln daraus kontinuierlich neue Perspektiven für unsere Kunden. Unsere Arbeit ist geprägt durch Kompetenz, Kreativität und Dynamik.
- *Ziele:* Ziele beschreiben, was konkret in Ableitung aus Mission und Vision erreicht werden soll. Ziele sollen SMART formuliert werden (vgl. Abschnitt 5.1)
- *Strategien:* Strategien beschreiben, welche Maßnahmen ergriffen werden müssen, um die definierten Ziele zu erreichen, und wie die Organisation zu diesem Zweck aufgestellt sein muss.

Bild 5.13 zeigt den Zusammenhang der genannten Begriffe im Überblick.

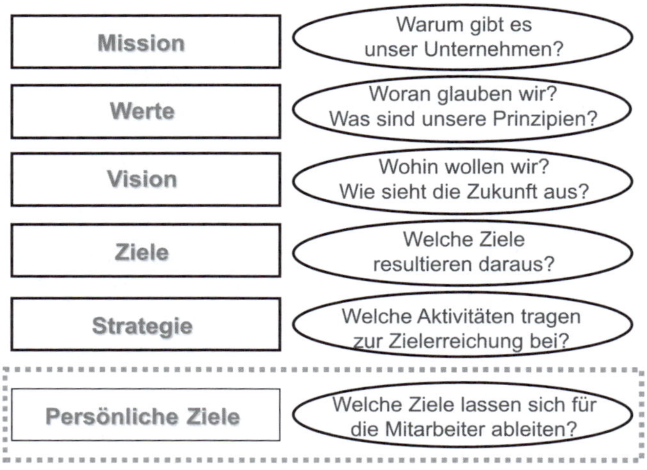

Bild 5.13
Von der Mission zu den Zielen (nach [Kaplan/Norton, 2001])

Perspektiven

Kommen wir nun zu dem Begriff „Balanced" in Balanced Scorecard, der so viel bedeutet wie „ausgewogen". Wie wird diese Ausgewogenheit erreicht? Für die Gestaltung eines Unternehmens und auch einer IT-Organisation spielen immer verschiedene Sichtweisen eine Rolle. Eine zentrale Perspektive bei der Betrachtung des Unternehmenserfolgs sind die Finanzen. Das hat natürlich einen Grund, denn wenn die Finanzen in einem Unternehmen nicht stimmen, dann braucht sich langfristig niemand mehr Gedanken über die Entwicklung machen. Wenn das Geld ausgeht, dann wird das Unternehmen nicht mehr lange existieren. Die Finanzperspektive ist also eine zentrale und wichtige Perspektive für die Steuerung eines Unternehmens. Wird sie allerdings, wie es leider immer noch in vielen Unternehmen der Fall ist, vom Management als einzige Perspektive akzeptiert, dann ist das für eine nachhaltige Steuerung und Ausrichtung eines Unternehmens nicht ausreichend.

Welche weiteren Sichtweisen könnte es also geben? Die erste wird den meisten relativ schnell einfallen: Woher kommt denn das Geld? Von den Kunden. Es gilt also sich darüber klar zu werden, was geschehen muss, um die Kunden von der eigenen Leistung zu überzeugen. Um den Kunden eine optimale Leistung bieten zu können, werden entsprechende Aktivitäten definiert und in Prozessen strukturiert, was eine weitere Perspektive darstellen kann. Denkt man nun darüber nach, was für funktionierende Prozesse wichtig ist, ergibt sich recht schnell die Betrachtung der Mitarbeiter und deren Entwicklung entsprechend der in den Aktivitäten geforderten Fähigkeiten.

Die klassischen Perspektiven, die in einer Balanced Scorecard betrachtet werden, sind „Finanzen", „Kunden", „Prozesse" und „Lernen und Entwicklung". Selbstverständlich kann jedes Unternehmen je nach Bedarf weitere Perspektiven hinzufügen. Weitere Perspektiven könnten z. B. „Lieferanten", „Innovation" oder „Produkte" sein. Allerdings sollte das nur dann geschehen, wenn es tatsächlich notwendig ist, da die Komplexität sich mit jeder Perspektive erhöht. Bild 5.14 zeigt die klassischen Perspektiven der Balanced Scorecard.

- *Finanzen:* In dieser Perspektive wird betrachtet, ob die aktuelle Strategie zur Erreichung der Finanzziele und so zur Verbesserung des Unternehmensergebnisses beiträgt. Alle anderen Perspektiven werden der Finanzperspektive untergeordnet.

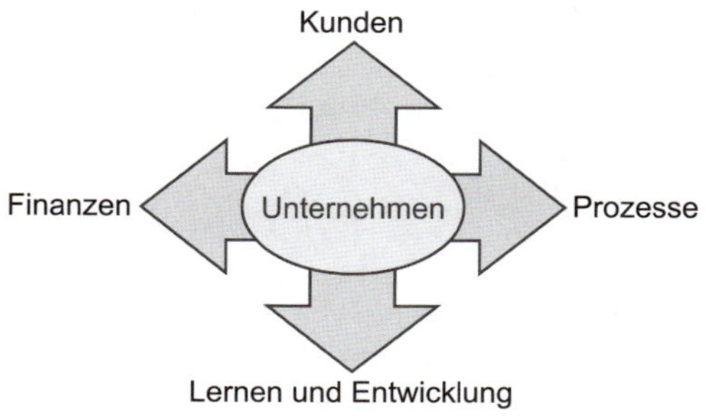

Bild 5.14
Die klassischen Perspektiven der BSC

- *Kunden:* Betrachtet, wie der Zielmarkt adressiert wird und welche Wirkung auf bestehende und potenzielle Kunden erzielt wird. Ziele sind z. B. die Bindung vorhandener Kunden oder die Erschließung neuer Marktsegmente.
- *Prozesse:* Betrachtet, wie die Prozesse zu den Vorgaben aus der Finanz- und Kundenperspektive beitragen. Dazu gehören sowohl Verbesserungen der Effektivität (z. B. verbesserte Servicequalität) als auch der Effizienz (z. B. reduzierte Servicekosten).
- *Lernen und Entwicklung:* Betrachtet, welche Fähigkeiten benötigt werden, um die Aktivitäten der anderen Perspektiven durchführen zu können (z. B. Mitarbeiterqualifizierung und Motivation).

Die Perspektiven stehen naturgemäß nicht unabhängig nebeneinander, sondern beeinflussen sich gegenseitig und sind oft hierarchisch voneinander abhängig. Maßnahmen in der Perspektive „Lernen und Entwicklung“ tragen zur Zielerreichung in der Perspektive „Prozesse“ bei, indem die Mitarbeiter die Fähigkeiten vermittelt bekommen, die für die von ihnen geforderten Aktivitäten notwendig sind. Die Prozesse wiederum tragen beispielsweise zu einer zuverlässigeren Serviceerbringung bei und helfen so, die Zufriedenheit der Kunden zu erhalten oder zu verbessern. Zufriedene Kunden werden weiterhin Aufträge erteilen und vielleicht sogar dafür sorgen, dass andere potenzielle Kunden von ihrer Zufriedenheit erfahren. So entsteht eine direkte Wirkung auf die Finanzperspektive, indem der Umsatz erhöht wird.

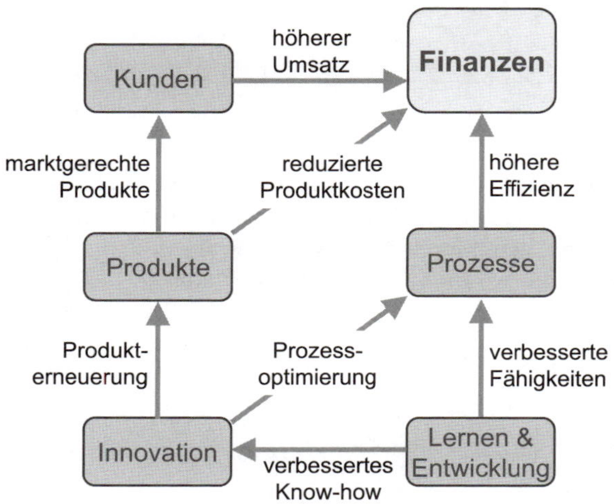

Bild 5.15
Strategy Map
(nach [Kaplan/Norton, 2001])

Bild 5.15 zeigt, wie die Effekte aus den einzelnen Perspektiven auf mögliche andere Perspektiven wirken. Grundsätzlich steht dabei die Finanzperspektive an oberster Stelle der möglichen Wirkungsketten, da die Erreichung der Finanzziele, wie weiter oben erwähnt, für jedes Unternehmen von entscheidender Bedeutung ist.

Strategy Maps

Ein Werkzeug, um Ursache-Wirkungs-Beziehungen darzustellen, sind Strategy Maps. Sie dienen der Darstellung des konkreten Zusammenhangs zwischen den Aktivitäten und Zielen der Perspektiven. Mit Hilfe der Strategy Maps kann identifiziert werden, an welcher Stelle ggf. weitere Aktivitäten für die Realisierung der Stratege notwendig sind. Strategy Maps tragen so dazu bei, die Strategie zu operationalisieren und Ziele bei Bedarf bis zur Ebene der einzelnen Mitarbeiter herunterzubrechen. Bild 5.16 zeigt beispielhaft einen Ausschnitt aus einer möglichen Strategy Map.

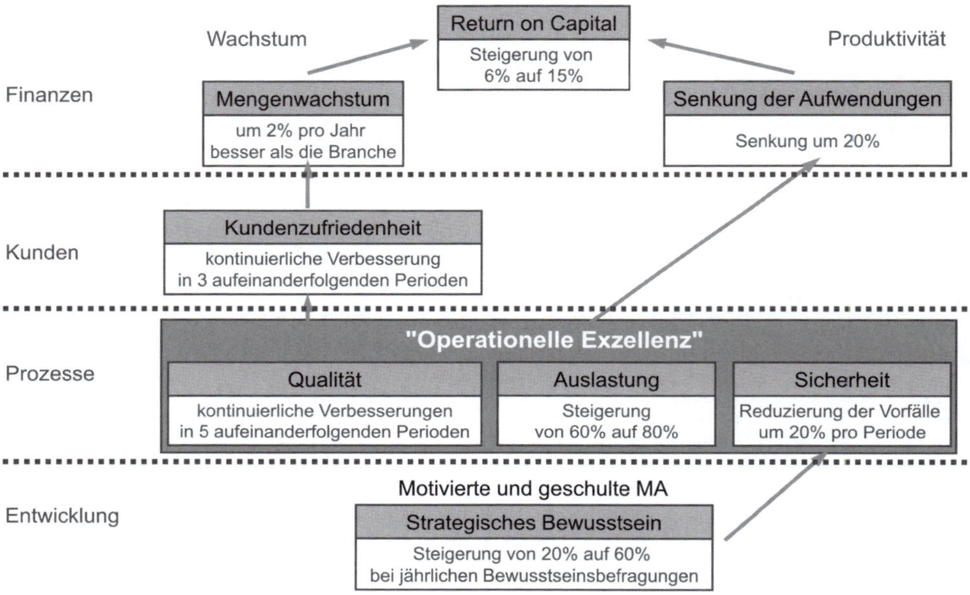

Bild 5.16 Strategy Map (nach [Kaplan/Norton, 2001])

Strategy Maps sind von entscheidender Bedeutung für die Gestaltung einer messbaren IT-Organisation und werden in der Praxis häufig vernachlässigt. Nur wenn die Zusammenhänge und Abhängigkeiten zwischen einzelnen Zielen hier definiert sind, können im Rahmen der täglichen Steuerung der IT gezielte Maßnahmen zur Verbesserung der Zielerreichung sinnvoll abgeleitet werden.

5.3 CMMI & Co – Prozessreife bestimmen

5.3.1 Warum CMMI?

„CMMI" steht für „Capability Maturity Model Integration" und befasst sich mit der Entwicklung von Produkten. CMMI ist der Nachfolger des bereits seit 1987 entwickelten CMM (Capability Maturity Model). Die Version 1.2 wurde im Jahr 2006 veröffentlicht und betrachtet neben der Softwareentwicklung (CMMI-DEV) auch die Themen „Dienstleistung" und „Beschaffung". Allerdings ist bisher lediglich CMMI-DEV fertig gestellt. Für das Modul „CMMI for Services" ist ein Veröffentlichungsdatum im Jahr 2010 geplant. Warum also befassen wir uns bei dem Thema IT-Service-Management mit dieser Methode? Ein zentraler Bestandteil des CMMI ist ein Modell zur Bestimmung der Prozessreife. Da sich dieses Modell auch für andere Prozesse als die ursprünglich adressierten Entwicklungsprozesse anwenden lässt, wird dieses Modell bereits seit vielen Jahren als Modell zur Reifegradbestimmung auch im IT-Service-Management eingesetzt. Inzwischen wird auch in der Literatur zu ITIL® 3 ein Prozessreifemodell beschrieben, das sich sehr eng an das Modell aus CMMI anlehnt. Das Ziel, dass sich das CMMI-Projekt selber gegeben hat, lautet:

> *„Das Ziel des CMMI-Projekts ist die Verbesserung der Verwendbarkeit von Reifegradmodellen für die Softwareentwicklung und andere Disziplinen durch die Integration unterschiedlicher Modelle in einem Framework" [Niessink/Clerc/Tijdink/van Vliet, 2005].*

CMMI beschreibt zu diesem Zweck Prozessgebiete, wie z. B. „Messung und Analyse", „Organisationsweite Prozessdefinition", „Risikomanagement" oder „Anforderungsmanagement". Alle Prozessgebiete beschreiben Aktivitäten und Ziele, die für eine Verbesserung in diesem Prozessgebiet erreicht werden müssen. Die Erreichung der Ziele eines Prozessgebietes trägt zur Erreichung eines zugeordneten Reifegrads bei. Die Prozessgebiete werden in vier Kategorien gegliedert:

- Project Management
- Engineering
- Support
- Process Management

Reifegradmodelle in CMMI

In CMMI werden zwei Arten von Modellen beschrieben:

Die **kontinuierliche Darstellung** beschreibt sechs Fähigkeitsgrade oder Capability Levels (0–5) und befasst sich mit der Verbesserung einzelner Prozesse. Diese Darstellung ermöglicht den Vergleich einzelner Prozesse innerhalb einer Organisation und den Vergleich mit allen Unternehmen, die die ISO/IEC 15504 nutzen, da die Gliederung der Prozessbereiche hier identisch ist. Die Capability Levels der kontinuierlichen Darstellung sind:

- *0 - Unvollständiger Prozess (Incomplete):* Ein Prozess wird entweder nicht oder unvollständig durchgeführt und ein oder mehrere Ziele werden nicht erreicht.
- *1 - Durchgeführter Prozess (Performed):* Die spezifischen Prozessziele werden erreicht und der Prozess ermöglicht die Erstellung der erwarteten Arbeitsergebnisse.

- *2 - Gesteuerter Prozess (Managed):* Die Prozessaktivitäten werden geplant und überwacht und es stehen ausreichend Ressourcen und Fähigkeiten zur Verfügung.
- *3 - Definierter Prozess (Defined):* Ein Prozess des Fähigkeitsgrads 2, der zusätzlich den Prozessstandards des Unternehmens entspricht und mit seinen Ergebnissen und Informationen zum kontinuierlichen Verbesserungsprozess (KVP) und zu den Unternehmensprozessen beiträgt.
- *4 - Quantitativ gemanagter Prozess (Quantitatively managed):* Der Prozess wird zusätzlich durch definierte statistische Verfahren gesteuert.
- *5 - Optimierender Prozess (Optimizing):* Der Prozess wird zusätzlich mit den gewonnenen statistischen Informationen und einem klaren Verständnis für Abweichungen innerhalb des Prozesses kontinuierlich verbessert.

Die **stufenförmige Darstellung** kennt keinen Reifegrad „0“ und beschreibt nur fünf Reifegrade oder Maturity Level (1–5). Sie befasst sich mit der Bewertung von Prozessgruppen, die jeweils zur Erreichung eines definierten Fähigkeitsgrads umgesetzt sein müssen. Mit dieser Darstellung wird ein Vergleich des Reifegrads ganzer Unternehmen oder Unternehmensbereiche (z. B. IT-Abteilungen) möglich. Die fünf Maturity Levels sind:

- *1 - Initial (Initial):* Die Prozesse im Unternehmen sind - falls überhaupt vorhanden - ad hoc und chaotisch. Der Erfolg hängt von den Fähigkeiten und der Verfügbarkeit einzelner Ressourcen ab. Diesen Reifegrad hat jede Organisation automatisch.
- *2 - Gemanagt (Managed):* Die Prozessaktivitäten werden in Übereinstimmung mit den Unternehmensrichtlinien geplant, überwacht und verfügen über ausreichend qualifizierte Ressourcen. Projekte werden gesteuert und auf die Einhaltung der Prozesse kontrolliert.
- *3 - Definiert (Defined):* Die Prozesse sind beschrieben und verstanden. Sie werden anhand von Prozeduren, Methoden und Werkzeugen dokumentiert. Projekte werden anhand von Standardprozessen durchgeführt. Die Standardprozesse werden kontinuierlich verbessert.
- *4 - Quantitativ gemanagt (Quantitatively managed):* Die Prozesse werden zusätzlich durch definierte statistische Verfahren gesteuert. Die Prozessqualität und Performance werden gemanagt.
- *5 - Optimierend (Optimizing):* Die Prozesse werden zusätzlich mit den gewonnenen statistischen Informationen und einem klaren Verständnis für Abweichungen innerhalb des Prozesses kontinuierlich verbessert.

Wie unschwer zu erkennen ist, entsprechen die Reife- bzw. Fähigkeitsgrade ab der Stufe zwei der jeweils anderen Betrachtung. Die Bewertung der Fähigkeitsgrade und des Reifegrads eines Unternehmens werden in einer SCAMPI-Abschätzung (Standard CMMI Appraisal Method for Process Improvement) definiert. Diese Abschätzung darf nur von durch das SEI (Software Engineering Institute) autorisierten Personen durchgeführt werden.

5.3.2 ITIL® – Process Maturity Framework (PMF)

Wie bereits weiter oben erwähnt, wird auch in ITIL® Edition 2011 ein Reifegradmodell beschrieben. Dieses Modell orientiert sich an CMMI und den unterschiedlichen Reifegrad- und Fähigkeitsmodellen sowie an dessen Vorgänger CMM und dem geplanten CMMI für

IT-Services (CMMI-SVC). Es unterscheidet nicht zwischen den Abstufungen für einzelne Prozesse und Prozessgruppen bzw. der gesamten Organisation und ist für beide Varianten verwendbar. Es wurde an die Anforderungen für eine Bewertung der ITSM-Prozesse angepasst. Die Basis für die Bewertung des Reifegrads eines Unternehmens über die Einzelprozesse hinaus sind in diesem Modell die folgenden Aspekte (vgl. auch Abschnitt 1.2):

- Vision und Steuerung (Vision and steering)
- Prozesse (Processes)
- Personen/Mitarbeiter (People)
- Technologie/Tools (Technology)
- Kultur (Culture)

Diese fünf Bereiche sind die Basis für die Beschreibung der Reifegrade in diesem Modell. ITIL® beschreibt ebenfalls, was notwendig ist, um einen angestrebten Reifegrad zu erreichen. Die fünf definierten Stufen (1–5) sind *initial*, *repeatable*, *defined*, *managed* und *optimizing*. Diese fünf Stufen stammen aus dem CMM und werden auf die gleiche Weise im „IT-Service CMM" genutzt, auf das ich später ebenfalls kurz eingehen werde. Nachfolgend werde ich auf die Beschreibung der einzelnen Stufen detaillierter eingehen, da dieses Modell in Unternehmen, die sich mit ITIL® beschäftigen werden, sicher eine wichtige Rolle spielen wird. Die Erreichung einer Stufe setzt hier, wie in anderen Reifegradmodellen auch die Erreichung der vorhergehenden Stufe voraus.

1 – Initial

Auf dieser Stufe gibt es zwar Prozesse, aber die Akzeptanz ist gering, und es gibt nur wenige oder keine Aktivitäten im Prozessmanagement. Die Prozesse werden als nicht wichtig betrachtet und es gibt keine konkreten Ressourcenzuordnungen. Dieser Reifegrad wird auch in diesem Modell oft als „ad hoc" oder „chaotisch" bezeichnet.

- *Vision und Steuerung (Vision and Steering)*
  - Kleine Budgets, wenig Ressourcen
  - Aktivitäten und Ergebnisse sind nicht wiederholbar und ungesichert
  - Sporadisches oder kein Reporting
- *Prozesse (Processes)*
  - Einzelne veränderliche Prozesse/Prozeduren werden bei akutem Bedarf verwendet
  - Prozesse sind reaktiv
  - Weitgehend unstrukturierte und ungeplante Aktivitäten, nicht wiederholbar
- *Personen/Mitarbeiter (People)*
  - Nur vereinzelt lose definierte Rollen und Verantwortlichkeiten
- *Technologie (Technology)*
  - Manuelle Vorgehensweisen
  - Vereinzelte Insellösungen
- *Kultur (Culture)*
  - Technologiegetrieben
  - Fokus auf einzelne lokale Aktivitäten

2 – Repeatable

Auf dieser Stufe werden die Prozesse akzeptiert, aber es wird ihnen nur eine geringe Bedeutung und nur wenige Ressourcen zugeordnet. Die Aktivitäten in den Prozessen sind unkoordiniert und kaum gesteuert. Sie werden ausschließlich bezogen auf die Prozesseffektivität gesteuert.

- *Vision und Steuerung (Vision and Steering)*
  - Keine klaren oder formalen Ziele und Vorgaben
  - Es gibt ein Budget und zugeordnete Ressourcen
  - Unstrukturierte und ungeplante Aktivitäten, Reports und Reviews
  - Wiederholbare Aktivitäten
- *Prozesse (Processes)*
  - Definierte Prozesse und Prozeduren
  - Prozesse sind weitgehend reaktiv
  - Es gibt unstrukturierte und ungeplante Aktivitäten
- *Personen/Mitarbeiter (People)*
  - Es gibt beschriebene Rollen und Verantwortlichkeiten
- *Technologie (Technology)*
  - Verschiedene eigenständige Tools, wenig Steuerung
  - Daten werden unstrukturiert an unterschiedlichen Speicherorten vorgehalten
- *Kultur (Culture)*
  - Die Sichtweise ist produkt- und servicebasiert

3 – Defined

Auf dieser Stufe sind die Prozesse beschrieben und akzeptiert, aber es gibt keine formellen Vereinbarungen oder Abnahmen. Prozesse haben Process Owner und formale Ziele bezüglich Effektivität und Effizienz. Ressourcen sind zugeordnet und Reports werden für die spätere Verwendung strukturiert gespeichert.

- *Vision und Steuerung (Vision and Steering)*
  - Dokumentierte und vereinbarte formale Ziele
  - Veröffentlichte, überwachte und geprüfte Pläne
  - Adäquate Budgets und angemessene Ressourcen sind zugeordnet
  - Regelmäßige, geplante Reports und Reviews
- *Prozesse (Processes)*
  - Klar definierte und veröffentlichte Prozesse und Prozeduren
  - Regelmäßige, wiederholbare und geplante Aktivitäten
  - Strukturierte Dokumentation
  - Teilweise proaktive Prozesse

- *Personen/Mitarbeiter (People)*
  - Klar definierte und vereinbarte Rollen und Verantwortlichkeiten
  - Formale persönliche Ziele
  - Formal strukturierte Ausbildung der Prozessbeteiligten
- *Technologie (Technology)*
  - Durchgängige Datenerfassung, definierte Alarme und Schwellwerte
  - Konsolidierte Daten werden für die formale Planung, Forecasts und Trends genutzt
- *Kultur (Culture)*
  - Orientiert an Services und Kunden
  - Formale Vorgehensweisen

4 – Managed

Auf dieser Stufe sind die Prozesse vollständig anerkannt und akzeptiert. Die IT-Organisation hat klare Ziele und Vorgaben, die sich aus Zielen und Vorgaben des Business ableiten. Prozesse sind vollständig beschrieben, werden gesteuert und sind proaktiv. Die Schnittstellen zu anderen IT-Prozessen sind beschrieben.

- *Vision und Steuerung (Vision and Steering)*
  - Steuerung basierend auf Zielen und Vorgaben des Business, Ableitung formaler IT-Ziele und Erfolgskontrolle
  - Aktives und effektives Management Reporting
  - Integrierte Prozesspläne unterstützen die Pläne von Business und IT
  - Die kontinuierliche Verbesserung der Prozesse wird geplant und überwacht
- *Prozesse (Processes)*
  - Klar definierte und veröffentlichte Prozesse, Prozeduren und Standards sind auch Bestandteil aller Stellenbeschreibungen
  - Klar definierte Prozessschnittstellen und Abhängigkeiten
  - Service Management und Entwicklungsprozesse sind integriert
  - Vorwiegend proaktive Prozesse
- *Personen/Mitarbeiter (People)*
  - Zusammenarbeit sowohl innerhalb der Prozesse als auch prozessübergreifend
  - Verantwortlichkeiten sind in allen Stellenbeschreibungen beschrieben
- *Technologie (Technology)*
  - Durchgängiges Monitoring, Reporting und schwellwertbasierte Alarmierung
  - Zentralisierte, integrierte Tools, Datenbanken und Prozesse
- *Kultur (Culture)*
  - Businessorientiert

5 – Optimizing

Auf dieser Stufe sind die Prozesse vollständig anerkannt, implementiert und akzeptiert. Es existieren übergreifende, strategische Ziele in Bezug auf Business und IT. Die Prozesse sind institutionalisiert und gehören zu den selbstverständlichen täglichen Aufgaben der Beteiligten. Prozesse des Continual Service Improvement sind implementiert und werden als Bestandteil aller Prozesse gelebt.

- *Vision und Steuerung (Vision and Steering)*
  - Integrierte, strategische Pläne sind untrennbar mit den Plänen und Zielen des Business verbunden
  - Kontinuierliches Monitoring, Messung, Reporting, Alarmierung und Reviews in Verbindung mit einem fortdauernden Verbesserungsprozess
  - Regelmäßige Reviews und Audits bezüglich Effektivität, Effizienz und Compliance
- *Prozesse (Processes)*
  - Die Arbeit entsprechend klar definierter Prozesse und Prozeduren ist Teil der Unternehmenskultur
  - Klar definierte Prozessschnittstellen und Abhängigkeiten
  - Proaktive Prozesse
- *Personen/Mitarbeiter (People)*
  - Businessbezogene Vorgaben und formale Ziele werden als Teil der täglichen Arbeit überwacht und umgesetzt
  - Rollen und Verantwortlichkeiten sind Teil der Unternehmenskultur
- *Technologie (Technology)*
  - Vollständig dokumentierte, übergreifende Toollandschaft bezüglich Personen, Prozessen und Technologie
- *Kultur (Culture)*
  - Kultur der kontinuierlichen Verbesserung
  - Strategischer Fokus auf den Nutzen für das Business
  - IT ist Teil der Wertschöpfungskette bzw. des Wertschöpfungsnetzwerks

5.3.3 IT-CMF (IT Capability Maturity Framework)

Alle bisher genannten Modelle haben eines gemeinsam: Sie wurden aus der Perspektive der IT-Organisation erstellt und versuchen, bottom-up einen Nachweis der Nützlichkeit der Prozesse zu erbringen. Innovation Value Institutes der Maynooth University, Irland geht mit dem IT-CMF einen etwas anderen Weg, indem aus der Business-Sicht definiert wurde, was eine Value-orientierte IT-Organisation leisten muss, um einen messbaren Beitrag zum Erfolg des Unternehmens liefern zu können.

Das Innovation Value Institute (*www.maynoothuniversity.ie/innovation-value-institute-ivi*) ist ein Zusammenschluss aus Wissenschaft und Wirtschaft. Gemeinsam mit der National University of Ireland haben sich verschiedene Unternehmen (u. a. Intel, Microsoft, Boston Consulting Group, BP, Merck) zum Ziel gesetzt ein übergreifendes Modell zu schaffen, das die Lücke zwischen IT und Business schließen und dem CIO so ein wertvolles Werkzeug an die Hand geben kann.

Das Modell besteht aus vier Makro-Prozessen (macro processes) und insgesamt 36 den Makro-Prozessen zugeordneten kritischen Prozessen (critical processes). Die Bewertung des Reifegrads erfolgt für jeden einzelnen dieser Prozesse auf der Basis von fünf generischen Reifegradstufen (Initial – Basic – Intermediate – Advanced – Optimizing). Im Unterschied zu anderen Modellen werden diese generischen Stufen allerdings nicht einfach auf die Prozesse angewendet. Stattdessen werden für jeden Prozess spezifische Reifegradstufen abgeleitet und individuell zugeordnet (Tabelle 5.1).

Das IT Value Institute liefert darüber hinaus auch detaillierte Fragenkataloge für die Ermittlung der jeweiligen Reifegradstufe für jeden der beschriebenen Prozesse, sowie verschiedene Tools für die Unterstützung der Ermittlung, der Auswertung der Ergebnisse sowie für die Ableitung konkreter Maßnahmen.

Die vier Makro-Prozesse

Das IT-CMF gliedert sich in vier Makro-Prozesse, die den Rahmen für die 36 detaillierteren kritischen Prozesse bilden und beschreiben, welche Aktivitätsfelder eine Value-orientierte IT-Organisation betrachten muss. Die vier Makro-Prozesse sind:

- Manage IT like a business (die IT wie ein Unternehmen managen)
- Manage the IT budget (das IT-Budget managen)
- Manage the IT capability (die Fähigkeiten der IT managen)
- Manage IT for business value (den Wertbeitrag der IT sicherstellen)

Tabelle 5.1 zeigt beispielhaft die individuellen Ausprägungen der Reifegradstufen für die vier Makro-Prozesse. Für jeden der 36 kritischen Prozesse existiert ebenfalls eine individuelle Ausprägung der Reifegradstufen.

Tabelle 5.1 Reifegradstufen der Makro-Prozesse

	Manage IT like a Business	Manage the IT Budget	Manage the IT Capability	Manage IT for Business Value
Optimizing	Value centre	Budget amplification	Corporate core competency	Optimized value
Advanced	Investment centre	Expanded funding options	Strategic business partner	Options & Portfolio management
Intermediate	Service centre	Systemic cost reduction	Technology Expert	ROI and business case
Basic	Cost centre	Predictable performance	Technology supplier	Total cost of ownership
Initial	Ad hoc	Ad hoc	Ad hoc	Ad hoc

Die Tabelle bildet den aktuellen Stand des Modells ab. Das gesamte Modell befindet sich zum heutigen Zeitpunkt noch in der Entwicklung, sodass auch in diesen Ausprägungen noch Änderungen erfolgen können und dies wahrscheinlich auch werden. Ein Blick auf die Webseite des Information Value Institute [*ivi.nuim.ie*] liefert den jeweils aktuellen Stand. Aktuell wird zum Beispiel über die Ausprägungen für den Prozess Manage the IT capability diskutiert.

Die Abstufungen „Technology Supplier“ und „Technology Expert“ können so aus meiner Sicht nicht bestehen bleiben. Zum einen handelt es sich nicht um eine echte Abgrenzung, denn mein Technologielieferant ist hoffentlich ohnehin Experte auf seinem Gebiet. Zum anderen ist eine IT-Organisation auf der Reifegradstufe „Intermediate“ in der Lage, über Technologie hinaus komplette Services zu liefern. Der aktuell diskutierte Vorschlag für die derzeitige Stufe „Technology Expert“ ist also „IT Service Expert“.

Die 36 kritischen Prozesse

Wie oben bereits beschrieben werden die vier Makro-Prozesse durch 36 zugeordnete kritische Prozesse weiter ausgeprägt. Tabelle 5.2 zeigt die Zuordnung der 36 kritischen Prozesse zu den vier Makro-Prozessen.

Tabelle 5.2 Kritische Prozesse

Manage IT like a Business	Manage the IT Budget	Manage the IT Capability	Manage IT for Business Value
IT Leadership & Governance (ITG)	Funding & Financing (FF)	Enterprise Architecture Management (EAM)	Total Cost of Ownership (TCO)
Business Process Management (BPM)	Budget Management (BGM)	Technical Infrastructure Management (TIM)	Benefits Assessment & Realisation (BAR)
Business Planning (BP)	Portfolio Planning & Priorisation (PPP)	People Asset Management (PAM)	Portfolio Management (PM)
Strategic Planning (SP)	Budget Oversight & Performance Analysis (BOP)	Intellectual Capital Management (ICM)	Investment Analysis & Performance (IAP)
Demand & Supply Management (DSM)		Relationship Asset Management (RAM)	
Capacity Forecasting & Planning (CFP)		Research, Development & Engineering (RDE)	
Risk Management (RM)		Solutions Delivery (SD)	
Accounting & Allocation (AA)		Service Provisioning (SRP)	
Organization Design & Planning (ODP)		User Management & Training (UMT)	
Sourcing (SRC)		User Experience Design (UED)	
Resource Management (REM)		Program & Project Management (PPM)	
Innovation Management (IM)		Supplier Management (SUM)	
Performance & Quality Management (PQM)		Value Chain Management (VCM)	
Service Analytics & Intelligence		Capability Assessment & Management (CAM)	

Wie auch die Reifegradstufen befindet sich die Gestaltung der kritischen Prozesse in der Entwicklung. Alle 36 Prozesse und deren individuelle Reifegradstufen sind zwar definiert und beschrieben, die vollständige Beschreibung inklusive der detaillierten Fragenkataloge zu den individuellen Reifegradstufen liegen derzeit aber erst für etwa ein Drittel der kritischen Prozesse vor.

Insgesamt bietet das IT-CMF eine hervorragende Möglichkeit, vorhandene Best Practices wie ITIL® oder COBIT® miteinander zu verbinden und vor allem die in vielen Unternehmen vorhandene Lücke zwischen Business und IT-Organisation zu schließen. Es wird spannend sein, die weitere Entwicklung dieses Modells zu beobachten.

6 Normen und Richtlinien

Normen und Richtlinien spielen eine immer bedeutendere Rolle im IT-Service-Management. Alle zu behandeln, würde den Rahmen dieses Buchs sprengen. Dennoch möchten wir dieses Thema anhand zweier weit verbreiteter Beispiele behandeln:

- Die ISO/IEC 20000 in der aktuellen Version als Norm für IT-Service-Management
- COBIT® 2019 als Framework für IT Governance

Normen und Richtlinien können bei der Gestaltung des IT-Service-Managements eine wichtige Rolle spielen, da sie klare Kriterien für die Gestaltung der IT-Organisation und der benötigten Prozesse liefern können. Ähnlich wie Best Practice Frameworks, wie z. B. ITIL®, können aber auch Normen keine Ziele ersetzen. Ein Unternehmen, das sich nicht über die angestrebten Ziele im Klaren ist und in dem somit auch keine sinnvollen IT-Ziele abgeleitet werden können, wird mit der Nutzung einer Norm nicht erfolgreicher sein, sondern lediglich bürokratischer.

6.1 ISO/IEC 20000

6.1.1 Warum IT-Service-Prozesse auditieren und zertifizieren?

Die ISO/IEC 20000 wird sich aus meiner Sicht mittelfristig für alle IT-Service-Anbieter zu einer unverzichtbaren Zertifizierung entwickeln. Sie bietet im Gegensatz zu Frameworks wie ITIL® die Möglichkeit der Unternehmenszertifizierung und kann so als Nachweis für vorhandene Rahmenbedingungen in angemessener Qualität dienen. Schon heute gibt es keine Ausschreibung ohne die Anforderung „ITIL®-Konformität" oder ähnliche fragwürdige Formulierungen sowie die Frage nach zertifiziertem Personal. Abgesehen davon, dass es eine „Konformität" zu einer Sammlung von Praxiserfahrungen wie ITIL® kaum geben kann, ist ein entsprechender Nachweis naturgemäß nur schwer zu erbringen (eine häufig genutzte Möglichkeit sind Prozessreifemodelle wie CMMI in Verbindung mit entsprechend angepassten Fragenkatalogen). Eine ISO/IEC 20000-Zertifizierung kann hier zu einer nachvollziehbaren und vor allem einheitlichen Bewertung führen.

6.1.2 Grundlegendes zur ISO/IEC 20000

Die ISO/IEC 20000 (Information Technology Service Management) ist ein internationaler Standard, der zur Förderung eines integrierten und prozessorientierten Ansatzes für die Planung und Bereitstellung von IT-Services beitragen soll. Zu diesem Zweck werden im Rahmen der ISO/IEC 20000 Mindestanforderungen (minimum requirements) für ein effektives IT-Service-Management definiert.

Die heutige ISO/IEC 20000 ist direkt aus der vom British Standards Institute entwickelten BS 15000 hervorgegangen. Die erste Version der BS 15000 stammt aus dem Jahr 2000 und wurde in den Jahren 2003 und 2004 überarbeitet. Sie bestand dann aus den folgenden Elementen:

- BS 15000-1: 2002 Specification for Service Management
- BS 15000-2: 2003 Code of Practice for Service Management
- PD 0015:2002 IT-Service-Management Self-Assessment Workbook

Diese Version wurde im Jahr 2005 im Fast-Track-Verfahren zur [ISO/IEC 20000] entwickelt. 2005, 2011 und 2018 wurden Aktualisierungen und Ergänzungen vorgenommen. Im April 2020 waren die folgenden Normteile veröffentlicht:

- ISO/IEC 20000-1:2018
Information technology - Service management - Part 1: Service management system requirements
(Anforderungen an das Service Management System)
- ISO/IEC 20000-2:2019
Information technology - Service management - Part 2: Guidance on the application of service management systems
(Anleitung zur Umsetzung von Service-Management-Systemen)
- ISO/IEC 20000-3:2019
Information technology - Service management - Part 3: Guidance on scope definition and applicability of ISO/IEC 20000-1
(Leitfaden zur Umfangsdefinition und Anwendbarkeit von ISO/IEC 20000-1)
- ISO/IEC TR 20000-5:2013
Information technology - Service management - Part 5: Exemplar implementation plan for ISO/IEC 20000-1
(Exemplarischer Implementierungsplan für ISO/IEC 20000-1)
- ISO/IEC 20000-6:2017
Information technology - Service management - Part 6: Requirements for bodies providing audit and certification of service management systems
(Anforderungen an Stellen, die Audit und Zertifizierung von Service-Management-Systemen anbieten)
- ISO/IEC TR 20000-7:2019
Information technology - Service management - Part 7: Guidance on the integration and correlation of ISO/IEC 20000-1:2018 to ISO 9001:2015 and ISO/IEC 27001:2013
(Leitfaden zur Integration und Korrelation von ISO/IEC 20000-1:2018 mit ISO 9001:2015 und ISO/IEC 27001:2013)

- ISO/IEC 20000-10:2018
  Information technology - Service management - Part 10: Concepts and vocabulary (Konzeption und Begriffe)
- ISO/IEC TR 20000-11:2015
  Information technology - Service management - Part 11: Guidance on the relationship between ISO/IEC 20000-1:2011 and service management frameworks: ITIL®
  (Leitfaden zu der Beziehung zwischen ISO/IEC 20000-1:2011 und Service-Management-Rahmenwerken: ITIL®)
- ISO/IEC TR 20000-12:2016
  Information technology - Service management - Part 12: Guidance on the relationship between ISO/IEC 20000-1:2011 and service management frameworks: CMMI-SVC
  (Leitfaden zu der Beziehung zwischen ISO/IEC 20000-1:2011 und Service-Management-Rahmenwerken: CMMI-SVC)

Qualitätsmanagement

ISO/IEC 20000 orientiert sich an den Grundlagen des Qualitätsmanagements, wie sie z. B. in der DIN EN ISO 9001:2015 beschrieben sind, bezieht sich dabei aber ausschließlich auf das IT-Service-Management. Die grundlegenden Prinzipien des Qualitätsmanagements sind:

- Kundenorientierung
- Führung
- Engagement von Personen
- Prozessorientierter Ansatz
- Verbesserung
- Faktengestützte Entscheidungsfindung
- Beziehungsmanagement

Wichtige Basis für das Management der Qualität ist eine klare Definition des Begriffs „Qualität", denn in der Praxis wird sehr häufig einfach keine ausreichende Qualität geliefert, weil schlicht nicht klar ist, was das eigentlich bedeutet. Der „Blumenstrauß" der Meinungen reicht dabei bis hin zu „Qualität ist, wenn der Kunde begeistert ist". Es ist natürlich schön, wenn der Kunde begeistert ist, der Bezug zur Servicequalität ist jedoch naturgemäß nur schwer messbar. Tatsächlich ist meine Definition von Qualität viel einfacher und weniger blumig:

Qualität ist die Lieferung eines Service mit den vereinbarten Eigenschaften und in der vereinbarten Quantität.

6.1.3 Die Struktur der ISO/IEC 20000

Die [ISO/IEC 20000] ist in insgesamt zehn Abschnitte gegliedert. Aktuelle Normen, die sich auf Managementsysteme beziehen, folgen inzwischen einer einheitlichen High Level Structure (HLS). Dadurch wird die Integration von neuen Managementsystemen in bestehende Strukturen erheblich vereinfacht, da für sie normübergreifend die gleiche Struktur und vor allem die gleichen Kernanforderungen bestehen. Die ISO/IEC 20000 wurde in der aktuellen Fassung dieser Struktur angepasst.

Kapitel	HLS gemäß ISO	Struktur der ISO/IEC 20000-1:2018
1	Anwendungsbereich	Scope
2	Normative Verweisungen	Normative references
3	Begriffe	Terms and definitions
4	Kontext der Organisation	Context of the organization
5	Führung	Leadership
6	Planung (für das Managementsystem)	Planning
7	Unterstützung	Support of the service management system
8	Betrieb	Operation of the service management system
9	Bewertung der Leistung	Performance evaluation
10	Verbesserung	Improvement

Die Kapitel 1 bis 4 sind im Wesentlichen gleich zu anderen Normen. Egal, welches Managementsystem ich aufbauen und zertifizieren lassen möchte, die Aufgaben, die mit diesen vier Kapiteln einhergehen, sind sich sehr ähnlich. Das gilt analog für die Kapitel 9 und 10. Wesentliche Unterschiede zwischen einzelnen Managementsystemen ergeben sich in den Abschnitten 5 bis 8. In Bezug auf IT-Service-Management finden wir hier u. a.:

- Service Management Policy in Kapitel 5.2
- Definition von Service-Management-Zielen, Planung der Zielerreichung und Berücksichtigung von Risiken und Möglichkeiten („risks and opportunities“) in Kapitel 6
- Nahezu alles aus den „Lifecycle-Büchern“ nach ITIL® V3 und 2011 in Kapitel 8 der Norm, und zwar unter anderem:
  - Operational planning and control (8.1)
  - Service-Portfolio (8.2)

    u. a. Service Catalogue Management, Asset management und Configuration management
  - Relationship and agreement (8.3)

    u. a. Business Relationship Management, Service Level Management und Supplier Management
  - Supply and demand (8.4)

    Budgeting and accounting for services, Demand management und Capacity management
  - Service design, build and transition (8.5)

    Change management, Service design and transition, Release and deployment management
  - Resolution and fulfillment (8.6)

    Incident management, Service request management, Problem management
  - Service assurance (8.7)

    Service availability management, Service continuity management, Information security management

6.1.3.1 Scope der ISO/IEC 20000 (Abschnitt 1)

Im ersten Abschnitt werden die Anforderungen an Aufbau, Implementierung, Erhaltung und Verbesserung eines Service Management Systems (SMS) beschrieben und mögliche Zielgruppen genannt. Außerdem findet sich hier der elementare Hinweis, dass alle Anforderungen der Abschnitte 4 bis 10 eingehalten werden müssen, wenn eine Organisation für sich in Anspruch nimmt, norm-konform zu sein.

Praxishinweis

Unternehmen, die bereits ein Managementsystem nach HLS implementiert oder gar zertifiziert haben, können hier auf etablierte Verfahren und Dokumente aus dem eigenen Haus zurückgreifen.

Unternehmen, auf die das nicht zutrifft, müssen erst einmal Fundamental-Arbeit leisten, die losgelöst ist von den „klassischen“ Service-Management-Prozessen. Das beginnt dann oft bei Themen wie Qualitätsmanagement inklusive Dokumentenlenkung. ■

6.1.3.2 Normative Verweisungen (Abschnitt 2)

Dieser Abschnitt wurde eingefügt, um die gleiche Nummerierung zu erhalten wie in der ISO 20000-2, Information Technology - Service Management - Part 2: Guidance on the application of service management systems. In der aktuellen Version der Norm gibt es keine normativen Verweisungen.

6.1.3.3 Begriffe und Definitionen (Abschnitt 3)

In diesem Abschnitt werden grundlegende Begriffe definiert. Hierbei werden zwei Arten von Begriffen unterschieden:

a) Spezifische Begriffe für Managementsystem-Normen und

b) Spezifische Begriffe des Service-Managements.

a) Spezifische Begriffe für Managementsystem-Normen

Audit: systematisches, unabhängiges und dokumentiertes Verfahren zur Erlangung von Prüfungsnachweisen und deren objektiver Bewertung, um festzustellen, inwieweit die Prüfungskriterien erfüllt sind

Competence: die Fähigkeit, Kenntnisse und Fähigkeiten anzuwenden, um die beabsichtigten Ergebnisse zu erreichen

Conformity: Erfüllung einer Anforderung

Continual improvement: wiederkehrende Aktivitäten zur Leistungssteigerung

Corrective action: Maßnahmen zur Beseitigung der Ursache oder zur Verringerung der Wahrscheinlichkeit des Wiederauftretens einer festgestellten Nichtkonformität oder einer anderen unerwünschten Situation

Documented information: Informationen, die von einer Organisation und dem Medium, auf dem sie enthalten sind, kontrolliert und gepflegt werden müssen

Effectiveness: Ausmaß, in dem geplante Aktivitäten realisiert und geplante Ergebnisse erzielt werden

Interested party: Person oder Organisation, die von einer Entscheidung oder Aktivität im Zusammenhang mit der SMS oder den Diensten betroffen sein kann, davon betroffen ist oder sich davon betroffen fühlt

Management system: eine Reihe von miteinander verbundenen oder interagierenden Elementen einer Organisation, um Richtlinien und Ziele und Prozesse zur Erreichung dieser Ziele festzulegen

Measurement: Prozess zur Bestimmung eines Werts

Monitoring: Bestimmung des Status eines Systems, eines Prozessors und einer Aktivität

Nonconformity: Nichterfüllung einer Anforderung

Objective: zu erreichendes Ergebnis

Organization: Person oder Personengruppe, die eigene Funktionen mit Verantwortlichkeiten, Befugnissen und Beziehungen hat, um ihre Ziele zu erreichen

Outsource (Verb): eine Vereinbarung treffen, bei der eine externe Organisation einen Teil der Funktion oder des Prozesses einer Organisation ausführt

Performance: messbares Ergebnis

Policy: die Absichten und die Richtung einer Organisation, wie sie formal von ihrer obersten Leitung zum Ausdruck gebracht werden

Process: eine Reihe zusammenhängender oder interagierender Aktivitäten, die Inputs verwenden, um ein gewünschtes Ergebnis zu erzielen

Requirement: Bedürfnis oder Erwartung, die angegeben und im Allgemeinen implizit oder obligatorisch ist

Risk: Auswirkung der Unsicherheit

Top management: Person oder Personengruppe, die eine Organisation auf höchster Ebene leitet und kontrolliert

b) Spezifische Begriffe des Service-Managements

Asset: Gegenstand, Sache oder Einheit, die einen potenziellen oder tatsächlichen Wert für eine Organisation hat

Configuration item (CI): Element, das kontrolliert werden muss, um eine Dienstleistung oder Dienstleistungen zu erbringen

Customer: Organisation oder Teil einer Organisation, die eine Dienstleistung oder Dienstleistungen erhält

External supplier: eine andere Partei, die außerhalb der Organisation steht, die einen Vertrag abschließt, um zur Planung, Gestaltung, zum Übergang, zur Lieferung oder Verbesserung einer Dienstleistung, einer Dienstleistungskomponente oder eines Prozesses beizutragen

Incident: ungeplante Unterbrechung eines Dienstes, eine Verringerung der Qualität eines Dienstes oder ein Ereignis, das den Dienst für den Kunden oder Benutzer noch nicht beeinträchtigt hat

Information security: Wahrung der Vertraulichkeit, Integrität und Verfügbarkeit von Informationen

Information security incident: einzelne oder eine Reihe unerwünschter oder unerwarteter Informationssicherheitsereignisse, die mit einer erheblichen Wahrscheinlichkeit den Geschäftsbetrieb gefährden und die Informationssicherheit bedrohen

Internal supplier: Teil einer größeren Organisation, die sich außerhalb des Geltungsbereichs des SMS befindet und die eine dokumentierte Vereinbarung zur Mitwirkung an der Planung, Gestaltung, dem Übergang, der Lieferung oder Verbesserung einer Dienstleistung, einer Dienstleistungskomponente oder eines Prozesses abschließt

Known error: Problem, das eine identifizierte Grundursache oder eine Methode zur Verringerung oder Beseitigung seiner Auswirkungen auf einen Dienst hat

Problem: die Ursache eines oder mehrerer tatsächlicher oder potenzieller Vorfälle

Procedure: spezifizierte Art und Weise der Durchführung einer Aktivität oder eines Prozesses

Record: ein Dokument, das die erzielten Ergebnisse oder den Nachweis der durchgeführten Aktivitäten enthält

Release: Sammlung einer oder mehrerer neuer oder geänderter Dienste oder Dienstkomponenten, die infolge einer oder mehrerer Änderungen in der Live-Umgebung bereitgestellt werden

Request for change: Vorschlag für eine Änderung eines Dienstes, einer Dienstkomponente oder der SMS

Service: Mittel zur Bereitstellung von Mehrwert für den Kunden durch Erleichterung der vom Kunden gewünschten Ergebnisse

Service availability: die Fähigkeit einer Dienstleistung oder einer Dienstleistungskomponente, ihre erforderliche Funktion zu einem vereinbarten Zeitpunkt oder über einen vereinbarten Zeitraum zu erfüllen

Service catalogue: dokumentierte Informationen über Dienstleistungen, die eine Organisation ihren Kunden anbietet

Service component: Teil eines Dienstes, der in Kombination mit anderen Elementen einen vollständigen Dienst liefert

Service continuity: die Fähigkeit, einen Dienst ohne Unterbrechung oder mit gleichbleibender Verfügbarkeit wie vereinbart zu erbringen

Service level agreement (SLA): dokumentierte Vereinbarung zwischen der Organisation und dem Kunden, die Dienstleistungen und deren vereinbarte Leistung identifiziert

Service level target: spezifische messbare Eigenschaft eines Dienstes, zu dem sich eine Organisation verpflichtet

Service management: eine Reihe von Fähigkeiten und Prozessen zur Steuerung und Kontrolle der Aktivitäten und Ressourcen der Organisation für die Planung, Gestaltung, den Übergang, die Bereitstellung und Verbesserung von Dienstleistungen, um einen Mehrwert zu erzielen

Service management system (SMS): Managementsystem zur Leitung und Kontrolle der Servicemanagement-Aktivitäten der Organisation

Service provider: Organisation, die einen oder mehrere Dienste verwaltet und den Kunden zur Verfügung stellt

Service request: Anfrage nach Informationen, Beratung, Zugang zu einer Dienstleistung oder einer vorab genehmigten Änderung

Service requirement: Bedürfnisse der Kunden, Benutzer und der Organisation in Bezug auf die angegebenen oder obligatorischen Dienstleistungen und SMS

Transition: Aktivitäten, die mit dem Umzug eines neuen oder geänderten Dienstes in die oder aus der Live-Umgebung verbunden sind

User: Einzelperson oder Gruppe, die mit einem Dienst oder Diensten interagiert oder davon profitiert

Value: Bedeutung, Nutzen oder Nützlichkeit

6.1.3.4 Kontext der Organisation (Abschnitt 4)

In diesem Abschnitt geht es um die Organisation an sich und den Rahmen, in dem sie sich bewegt. Dies beinhaltet auch die Stakeholder/Interessensgruppen inklusive deren Bedürfnisse und Erwartungen sowie die Festlegung des Anwendungsbereichs des SMS („Scoping").

6.1.3.5 Führung (Abschnitt 5)

Führung erfordert im Sinne der Norm ein „Bekenntnis" seitens des Top Managements (Hinweis der Autoren: Wir bevorzugen an dieser Stelle den Begriff „Verbindlichkeit"). Wie dieses Bekenntnis demonstriert werden kann, wird anhand von zwölf Punkten verdeutlicht. Um dies zusammenzufassen: Werden ein oder mehrere dieser Punkte nicht erfüllt, stinkt der Fisch vom Kopf.

Zu Führung gehört auch die Service Management Policy. Diese muss dem Zweck und der Organisation angemessen sein und erfolgreich kommuniziert werden.

> **Praxishinweis**
>
> Wie auch an anderer Stelle des Buchs geschrieben: Erfolgreiche Kommunikation bedeutet „Der Empfänger der Botschaft hat verstanden, was der Sender vermitteln wollte" und nicht „Wir haben's ins Intranet gestellt". ■

Ebenso müssen Rollen, Zuständigkeiten und Kompetenzen angemessen definiert, zugewiesen und kommuniziert werden.

6.1.3.6 Planung (Abschnitt 6)

Ziele sollen definiert und die Zielerreichung geplant werden. Dazu gehören auch das Identifizieren, Bewerten und Behandeln von Risiken, die negativen Einfluss auf die Zielerreichung haben können, sowie die Identifikation, Bewertung und Nutzung von Möglichkeiten, die einen positiven Einfluss auf die Zielerreichung haben können (auch wenn Letzteres in der Praxis viel zu selten vorkommt).

Unter anderem anhand der so gewonnenen Erkenntnisse soll der Service Management Plan erstellt werden. Gemäß Norm muss dieser beinhalten:

a) Liste der Services;

b) bekannte Einschränkungen, die sich auf das SMS und die Services auswirken können;

c) Verpflichtungen wie relevante Richtlinien, Normen, gesetzliche, regulatorische und vertragliche Anforderungen und wie diese sich auf das SMS und die Services auswirken;

d) Befugnisse und Verantwortlichkeiten für das SMS und die Services;
e) personelle, technische, informationelle und finanzielle Ressourcen, die für den Betrieb des Systems und der Services erforderlich sind;
f) die Vorgehensweise bei der Zusammenarbeit mit anderen am Service-Lifecycle beteiligten Parteien;
g) zur Unterstützung des SMS verwendete Technologie;
h) die Art und Weise, wie die Wirksamkeit des SMS und der Services gemessen, geprüft, berichtet und verbessert werden soll.

6.1.3.7 Unterstützung des Service Management Systems (Abschnitt 7)

Dieser Abschnitt legt Wert darauf, dass involvierte Menschen über angemessene Kompetenzen verfügen (im Sinne von „ich kann" und „ich darf"). Außerdem ist sicherzustellen, dass sie die Service Management Policy und Ziele kennen sowie sich der Auswirkungen auf die tägliche Arbeit bewusst sind.

6.1.3.8 Betrieb des Service Management Systems (Abschnitt 8)

In diesem Abschnitt werden im Wesentlichen die IT-Service-Management-Prozesse genannt sowie die dazugehörenden Anforderungen an diese Prozesse. Im Folgenden ein Kurzüberblick.

6.1.3.8.1 Operational planning and control

Ziel ist es, das Service Management System und die Prozesse orientiert am Service Management Plan und an Risiko-Management-Plänen so zu steuern, dass die Ziele des Service Management erreicht und die Anforderungen der Kunden an Services erfüllt werden. In dieser Phase werden die Pläne aus Abschnitt 6 umgesetzt und im täglichen Betrieb mit Leben gefüllt.

Die etablierten Prozesse werden anhand definierter Kriterien, wie z. B. Zeitvorgaben in SLA gesteuert, damit die Ergebnisse der Planung entsprechen. Sollte ein Prozess nicht die erwarteten Ergebnisse liefern, so wird das in dieser Aktivität dokumentiert und konkretes Verbesserungspotenzial abgeleitet.

6.1.3.8.2 Service-Portfolio

Bereitstellung von Services (Service Delivery)

Ziel ist es, die vorhandenen Ressourcen so zu koordinieren, dass die notwendigen Aktivitäten entsprechend der Serviceanforderungen durchgeführt werden. Koordination bedeutet in diesem Zusammenhang die Kommunikation mit internen und externen Stakeholdern, die Integration service-relevanter Informationen in den Prozessen und Sicherstellen der notwendigen Aktivitäten, um den Kunden Nutzen zu liefern.

Planung der Services

Ziel ist es, die Services im Portfolio so zu planen, dass sie die Ziele des Unternehmens und des Service Management System unterstützen. Die Planung beginnt mit der Identifikation von Anforderungen der Kunden, der Serviceorganisation und anderen Stakeholdern an die Services. Sie bezieht sich sowohl auf bestehende Services als auch auf neue und zu verändernde Services.

Steuerung der am Service Lifecycle beteiligten Parteien

Ziel ist es, die Verantwortung der Organisation für den erfolgreichen Betrieb des Service Management System sicherzustellen. Ebenso gilt es Kontrollen für externe Parteien in der Service-Erbringung zu etablieren, um die Erfüllung der Service-Anforderungen sicherzustellen.

Service catalogue management

Ziel ist es, alle Services im Service-Portfolio in einem oder mehreren Service-Katalogen so zu beschreiben, dass sowohl die Kunden verstehen, welchen konkreten Nutzen der jeweilige Service liefert als auch die Beteiligten der Serviceerbringung wissen, was von Ihnen erwartet wird. Ein Service-Katalog soll laut dieser Norm folgende Informationen enthalten:

- Name und Beschreibung des Services inklusive der Zielgruppe
- Service-Level-Ziele (z. B. Wiederherstellungszeiten)
- Kundenkontaktpunkte
- Service- und Supportzeiten
- Optionen (z. B. Gold, Silber, Bronze)
- Preis wenn relevant
- Service Owner
- Beschreibung, wie der Service angefragt werden kann
- Security-Themen
- Service-Komponenten
- Abhängigkeiten zwischen Services und Komponenten

Asset management

Ziel ist es, die für die Service-Erbringung notwendigen Assets so zu steuern, wie es für die anforderungsgerechte Erbringung notwendig ist. Die Kontrolle über die Assets kann dabei sowohl bei der Service-Organisation, beim Kunden oder auch bei externen Suppliern liegen.

Configuration management

Ziel ist es, die Komponenten der Services so zu identifizieren, dass die notwendigen Informationen für alle relevanten Service-Management-Aktivitäten und -Prozesse verfügbar sind. Dazu werden CI-Typen definiert. CIs sind alle Komponenten, die für die Bereitstellung von Service benötigt werden. Dazu gehören Hardware, Software, Betriebssysteme und Datenbanken, Adressinformationen wie IP-Adressen, virtuelle CIs (Cloud), Dokumentation, Facilities und die Services selbst.

6.1.3.8.3 Beziehungen und Vereinbarungen

Relationship and Agreement betrachtet alle Aktivitäten der Service-Organisation zur Gestaltung und Pflege der Beziehung zu Kunden und Lieferanten. Die relevanten Prozesse sind hier Business Relationship Management (BRM) und Service Level Management (SLM).

Business relationship management (BRM)

Zielsetzung des BRM sind der Aufbau und die Pflege einer stabilen Beziehung zu den Kunden. Es geht darum, die Bedürfnisse der Kunden besser zu verstehen, um mit dem Service genau diese Bedürfnisse erfüllen zu können. Ein zentraler Punkt ist die Kommunikation über verschiedene Kanäle, wie zum Beispiel Feedbackrunden oder regelmäßige Reviews der Serviceperformance. Ein wichtiger Aspekt ist auch der Umgang mit Beschwerden der Kunden.

Service Level management

Ziel ist die Definition, Dokumentation und Vereinbarung der Services mit den Kunden. Dabei werden die Services und die Service Level festgelegt. Ergebnis sind immer Service Level Agreements (SLA), die neben den spezifizierten Services auch weitere Informationen wie Rechte und Pflichten der Vertragspartner oder Vereinbarungen im Katastrophenfall enthalten können.

Supplier management

Im Supplier management geht es darum, Service Provider so auszuwählen und zu steuern, dass die Services jederzeit entsprechend der getroffenen Vereinbarungen geleistet werden können. Zu den Aktivitäten gehören auch Monitoring und Überwachung der Leistungen.

6.1.3.8.4 Angebot und Nachfrage (supply and demand)

Budgeting and accounting for services

Ziel ist es, die finanziellen Aspekte der Services zu steuern, indem die vollständigen Kosten der Services (total cost of services) ermittelt und entsprechende Schlüsse für die Erbringung gezogen werden.

Demand management

Im Demand management geht es um den Forecast und die Analyse der tatsächlichen Service-Nutzung durch die Anwender. Ziel ist es, den konkreten Bedarf (demand) der Servicenutzer zu verstehen und die Kapazitäten für die Servicebereitstellung entsprechend steuern zu können.

Capacity management

Capacity management nutzt die Informationen und Forecasts aus dem Demand management, um die notwendigen Kapazitäten für die vereinbarungsgemäße Bereitstellung der Services gewährleisten zu können. Kapazitäten beziehen sich sowohl auf technische Ressourcen als auch auf Personal, Informationen und finanzielle Ressourcen.

6.1.3.8.5 Service design, build and transition

Change management

Ziel des Change management ist der Schutz der Produktivumgebung durch die strukturierte Kontrolle von Veränderungen am Service Management System. Im Scope sind sowohl Service als auch einzelne Service-Komponenten. Die Change Management Policy legt fest, was im Scope des Change-Management-Prozesses liegt und welche Regeln jeweils gelten.

Service design and transition

Ziel ist es, dass neue oder geänderte Services und deren Transfer in die Produktivumgebung den Service-Anforderungen entsprechen. Ebenso wird betrachtet, dass die Serviceumgebung steuer- und betreibbar bleibt. Das beinhaltet die Planung, das Design, die Entwicklung und die Transition neuer und geänderter Services sowie die Außerbetriebnahme von Services.

Release and deployment management

Ziel ist die Sicherstellung, dass Releases so geplant und gesteuert werden, dass deren Integration in die Produktivumgebung den Anforderungen gerecht wird.

6.1.3.8.6 Störungsbeseitigung und Auftragsbearbeitung (Resolution and fulfillment)

Incident management

Incident management hat zum Ziel, Services im Störungsfall schnellstmöglich wiederherzustellen und die Auswirkungen für die Anwender so gering wie möglich zu halten. Incident management befasst sich mit der Bearbeitung und Dokumentation von Störungen.

Service request management

Ziel ist es, die zeit- und anforderungsgerechte Bearbeitung von Anfragen der Anwender (Service Requests) sicherzustellen, bei denen es sich nicht um Störungen handelt (zum Beispiel Bestellungen). Im Mittelpunkt stehen die Automatisierung und auch Self-Service-Angebote, um den Aufwand bei allen Beteiligten zu minimieren und die Bearbeitung zu beschleunigen.

Problem management

Ziel ist die Vermeidung von Serviceunterbrechungen durch proaktives Identifizieren von Schwachstellen und die Analyse der Ursachen von Incidents.

6.1.3.8.7 Service-Sicherung (Service assurance)

Service availability management

Availability management stellt sicher, dass die Services in der vereinbarten Verfügbarkeit geliefert werden und dass Nichtverfügbarkeit vermieden wird. Dazu gehören die Analyse von Ausfallrisiken, die Identifikation von Anforderungen an die Infrastruktur bezüglich Verfügbarkeit sowie das Monitoring der Verfügbarkeit.

Service continuity management

Ziel ist es, die Bereitstellung der Services entsprechend der Vereinbarungen auch in außergewöhnlichen, vorhersehbaren Situationen („Katastrophenfall“) sicherzustellen und die Services nach dem Eintreten der besonderen Situation wieder in den regulären Betrieb zurückzuführen.

Information security management

Security management hat zum Ziel, die Geheimhaltung, Integrität und die Verfügbarkeit von Informationen entsprechend der Vorgaben aus dem SMS sicherzustellen. Dazu gehören die Bereitstellung einer Security Policy sowie die Überwachung von deren Einhaltung im täglichen Service-Betrieb.

6.1.3.9 Bewertung der Leistung (Abschnitt 9)

Hierzu gehört nicht „nur" die Überwachung der Performance der Service-Management-Prozesse, sondern des gesamten SMS. Neben Überwachung, Messung, Analyse und Bewertung **aller** Prozesse (nicht nur Service Management) und Services muss auch sichergestellt werden, dass

- regelmäßige interne Audits gemäß Anforderung stattfinden,
- eine Bewertung seitens des Top Managements stattfindet,
- ein angemessenes Service Reporting existiert.

Bei den beiden ersten Punkten gilt der Praxishinweis aus Abschnitt 6.1.3.1:

Unternehmen, die bereits ein Managementsystem nach HLS implementiert oder gar zertifiziert haben, können hier auf etablierte Verfahren und Dokumente aus dem eigenen Haus zurückgreifen.

Unternehmen, auf die das nicht zutrifft, müssen erst einmal Fundamentalarbeit leisten, die losgelöst ist von den „klassischen" Service-Management-Prozessen, beispielsweise:

- Aufbau der notwendigen Fähigkeiten zum Audit,
- Identifikation eines unabhängigen internen Auditors (kann auch ein externer Auditor sein),
- Zuweisung der Audit-Aufgabe.

6.1.3.10 Verbesserung (Abschnitt 10)

Abweichungen von der Norm müssen identifiziert, bewertet, gesteuert und ggf. korrigiert werden. Dazu gehört auch, dass die Wirksamkeit ergriffener Maßnahmen überprüft wird. Hierüber ist auch dokumentierte Information als Nachweis aufzubewahren. (*Hinweis:* Dokumentierte Information unterliegt den Anforderungen der Dokumentenlenkung.) Unabhängig von Normabweichungen und deren Behandlung ist ein kontinuierlicher Verbesserungsprozess zu planen und durchzuführen.

Praxishinweis

Schauen Sie nach, ob es in Ihrer Organisation eine Abteilung für Qualitätsmanagement gibt. Diese kann hier ggf. mit einem Qualitätsregister weiterhelfen. Dieses können Sie bei Bedarf noch an die eigenen Anforderungen anpassen. Außerdem können QM-Teams oft auch die bereits existierenden Regeln zur Dokumentenlenkung bereitstellen. Haben Sie kein dediziertes QM-Team, können Sie ggf. noch bei der Unternehmenskommunikation nachfragen. Richtlinien und andere wesentliche Dokumente werden oft im Intranet veröffentlicht und manchmal existiert auch eine etablierte Vorgehensweise zur Dokumentenlenkung.

6.1.4 Zertifizierung

Die Zertifizierung von Unternehmen erfolgt durch ein autorisiertes Unternehmen, dem Registered Certification Body (RCB). Eine aktuelle Übersicht ist unter *http://www.isoiec-20000certification.com* veröffentlicht.

Zunächst wird gemeinsam mit dem RCB der Scope für die Zertifizierung definiert. Der Scope kann den Anwendungsbereich eingrenzen und so z. B. die Zertifizierung auf geografische Regionen oder einzelne Standorte begrenzen. Auch die Begrenzung auf bestimmte Services ist möglich. Anschließend wird ein initiales Assessment durchgeführt, um festzustellen, ob die Anforderungen der Norm erfüllt werden. Für dieses initiale Assessment stehen verschiedene Möglichkeiten offen: So kann das zu zertifizierende Unternehmen ein internes Self Assessment durchführen oder aber auf ein externes Voraudit gemeinsam mit dem RCB zurückgreifen.

Das folgende, vom RCB durchgeführte Zertifizierungsaudit setzt sich in der Regel aus einer Unterlagenprüfung, einem Audit vor Ort und der Berichterstellung zusammen. Während des Zertifizierungsaudits muss ein Nachweis geprüfter Verfahren bzw. Prozessbeschreibungen sowie deren korrekter Anwendung erfolgen. Dazu wird z. B. die Kenntnis der Verfahren bei den Mitarbeitern oder die korrekte Interpretation und Nutzung der Prozessergebnisse überprüft. Ist die Zertifizierung erlangt, so ist diese drei Jahre lang gültig. In der Regel sollte jedes Jahr ein Überwachungsaudit und alle drei Jahre ein vollständiges Wiederholungsaudit stattfinden.

6.1.5 ISO 20000 und ITIL®

Der große Grad an Übereinstimmungen in den Prozessen der ITIL® und der ISO/IEC 20000 ist nicht zu übersehen. Das liegt nicht zuletzt daran, dass einige der Autoren an beiden Projekten beteiligt waren. Die Gestaltung der ITSM-Prozesse mit Hilfe der ITIL® bildet daher eine hervorragende Basis für die Vorbereitung auf eine Unternehmenszertifizierung nach ISO/IEC 20000.

6.2 COBIT® 2019

6.2.1 Der Hintergrund von COBIT®

COBIT® 2019 – das Framework für **E**nterprise **G**overnance of **I**nformation and **T**echnology (EGIT)

„Zuverlässige Informationen sind unbedingt nötig für das Gelingen eines Unternehmens.“

IT-Dienstleistungen unterstützen die IT-Kunden bei der Nutzung von Informationen in Geschäftsprozessen. Die Informationen und die mit ihnen in Verbindung stehenden Arbeitsschritte müssen über den Lebenszyklus der Information hinweg verschiedenen Anforderungen gerecht werden. Der Lebenszyklus erstreckt sich von der Identifizierung des Informationsbedarfs bis zur sicheren „Entsorgung“ und beinhaltet unter anderem die Planung der Informationsnutzung, Erzeugung, Bereitstellung, Nutzung, Speicherung, Archivierung und Vernichtung der Informationen.

Das obenstehende Zitat ist mehrere Jahrhunderte älter als die Nutzbarkeit von Elektrizität, ohne die Informationstechnologie in der heutigen Form undenkbar wäre. Es stammt von Christoph Kolumbus (1451–1506) und ist heute genauso gültig wie seinerzeit.

An dieser Stelle einen Seefahrer zu bemühen, ergibt auch hinsichtlich des Begriffs „Governance“ Sinn. Der Begriff Governance leitet sich ab vom griechischen „kybernetes“, was so viel bedeutet wie Steuermann.

6.2.1.1 Die Bedeutung von Enterprise Governance

Ein Governance-Programm der richtigen Größe kann mehr als reines „Performance Management“ sein – es schafft Mehrwert im gesamten Unternehmen. Auch wenn Governance nicht für jeden ein spannendes Thema ist, ist es wichtig, das Beste aus Unternehmensinformation und -technologie (I&T) herauszuholen. Diese Wichtigkeit wird auf der Ebene von Geschäftsführern und Vorständen zunehmend erkannt und verstanden. Korrekt umgesetzt, führt Enterprise Governance of I&T („EGIT“) zu drei wesentlichen Vorteilen für das Unternehmen:

Wertsteigerung

Information und Technologie im Unternehmen werden genutzt, um den maximal möglichen Wert für die Interessengruppen zu generieren.

Ressourcenoptimierung

Die Unternehmensführung stellt sicher, dass die entsprechenden Fähigkeiten mit ausreichenden Ressourcen ausgestattet sind, um die Ziele für Wachstum, Innovation und letztlich Unternehmens-transformation zu erreichen.

Risikooptimierung

Risiken für I&T-Anlagen und die von ihnen unterstützten Geschäftsstrategien werden angemessen gemindert, sodass es dem einzigartigen Risikoprofil des Unternehmens entspricht.

6.2.1.2 Die Entwicklung von COBIT®

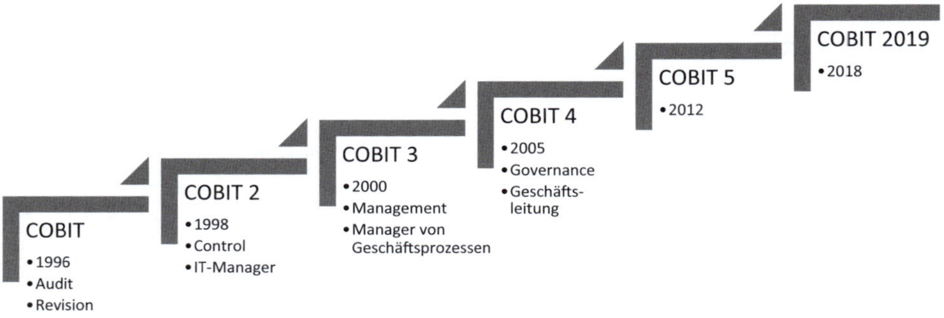

Bild 6.1 Die Entwicklung von COBIT®

Die erste Version von COBIT® wurde 1996 veröffentlicht. COBIT® war damals die Abkürzung für „**C**ontrol **OB**jectives for **I**nformation and related **T**echnology“, was im Deutschen mit „Steuerungs-/Kontrollziele für Informationen und zugehöriger Technologie“ übersetzt wurde. Diese Version diente in erster Linie Revisoren, um sie bei Audits zu unterstützen und Berichtsempfängern Ratschläge zu geben.

COBIT® wurde weiterentwickelt und der Kreis der Adressaten erweitert, sodass auch den Bedürfnissen des IT-Managements („Control“, Version 2), der Manager von Geschäftsprozessen („Management“, Version 3) und der Geschäftsleitung („Governance“, Version 4.x) entsprochen wurde.

2008 wurde parallel Version 2.0 des Frameworks „Val IT“ entwickelt („ENTERPRISE VALUE: GOVERNANCE OF IT INVESTMENTS – The Val IT Framework 2.0“). Ende 2009 erschien ein weiteres Framework der ISACA, Risk IT.

COBIT® 5 war die konsequente Weiterentwicklung des bewährten Frameworks. Gründe für die Weiterentwicklung waren unter anderem:

- Forderung nach mehr Transparenz in Bezug auf Vorgehensweisen und realisierten Nutzen,
- Präsenz der Informationstechnologie im Alltag und gestiegene Abhängigkeit davon,
- zunehmender Bedarf an Orientierung bei Innovation und aufstrebenden Technologien,
- Schnittstelle zu weiteren neuen/aktualisierten Standards und Methoden,
- Integration weiterer Werke der ISACA (Val IT, Risk IT etc.).

Seit COBIT® 5 wird das Akronym „COBIT®“ als feststehender Begriff verwendet. COBIT® 2019 ist eine Evolution von COBIT® 5.

6.2.1.3 Kleiner Exkurs: Was geschah eigentlich noch so währenddessen?

Jahr	Frameworks	Was sonst noch geschah ...
1993		Das World Wide Web wird vorgestellt
1995		Windows 95, Java, HTML 2.0, *amazon.com* und *ebay.com*
1996	COBIT®	
1997		WLAN Standard IEEE 802.11, DVD, Registrierung der Domäne *google.com*, „Deep Blue" bezwingt Schachweltmeister Garry Kasparow, MP3 wird definiert
1998	COBIT® 2	In Deutschland wird die Festnetztelefonie für den Wettbewerb freigegeben
1999		Segen und Fluch zugleich: Mit Blackberry sind E-Mails jetzt immer und überall dabei
2000	COBIT® 3/ ITIL® V2 (Service Support)	Wenn Sie schon länger dabei sind: Jaaaa, wir haben Y2K überlebt
2001	ITIL® V2 (Service Delivery)	Wikipedia startet Veröffentlichungen, Apple bringt den iPod heraus, Microsoft veröffentlicht Windows XP
2002		Der Sarbanes-Oxley-Act führt zu neuen regulatorischen Anforderungen an die IT
2003		Skype, LinkedIn und WordPress legen los
2004		IBM verkauft seine PC-Sparte an Lenovo und Mark Zuckerberg entwirft die „Social Media Platform" Facebook
2005	COBIT® 4	
2006		Twitter wird gegründet und Google erwirbt YouTube
2007	COBIT® 4.1/ ITIL® V3	Dank Apples iPhone startet der Siegeszug des Touchscreens am Handy
2008		Der Trend geht dahin, immer mehr Daten in einer Cloud vorzuhalten
2010		Apple bringt das iPad heraus
2011	ITIL® 2011	
2012	COBIT® 5	Verkäufe im weltweiten E-Commerce übersteigen 1 Billion US-Dollar
2014		Das „Internet of Things" (IoT) hat eine neue Welle smarter Geräte ausgelöst
2016		ISACA erwirbt das CMMI inklusive seiner Reifegrad- und Fähigkeitenmodelle
2018	COBIT® 2019	
2019	ITIL® 4	
2020		

COBIT® 5 integrierte COBIT® 4.1, Val IT 2.0 und Risk IT. Darüber hinaus wurden Elemente von ISACAs IT Assurance Framework (ITAF) und des Business Model for Information Security (BMIS) einbezogen. Andere Frameworks und Standards wie ITIL®, ISO, PMBOK, PRINCE2® und TOGAF wurden berücksichtigt.

6.2.1.4 COBIT® und andere Standards

Eines der Leitmotive bei der Entwicklung von COBIT® 2019 war die Beibehaltung der Positionierung als übergeordnetes Rahmenwerk, das sich weiterhin an relevanten Normen, Rahmenbedingungen und Vorschriften orientiert.

„Orientierung" bedeutet in diesem Zusammenhang, dass COBIT® keiner der Normen widerspricht. COBIT® kopiert den Inhalt dieser Normen auch nicht, sondern enthält in der Regel entsprechende Aussagen oder verweist auf verwandte Leitlinien.

Das in der 2019er-Version vorliegende Rahmenwerk der ISACA versteht sich als Master-Framework für Enterprise IT & Governance. Es vereinfacht Governance-Prozesse für Ihr Unternehmen und passt sich an andere wichtige Standards, Richtlinien, Frameworks und Compliance-Regeln an.

Eine Liste der Normen und Richtlinien, die ISACA bei der Entwicklung von COBIT® 2019 verwendet hat, finden Sie am Ende des COBIT®-Kapitels.

COBIT® versteht sich als ein generischer Ansatz, geeignet für jede Unternehmensgröße und -art. Wir hören immer wieder, dass COBIT® an vielen Stellen als „zu abstrakt" wahrgenommen wird. Wenn man sich allerdings auf die Sichtweise innerhalb des Frameworks einlässt, wird man feststellen, dass diese Wahrnehmung falsch ist. Es ist breit gefächert, geht an vielen Stellen in die Tiefe und wird dabei sehr konkret.

Allerdings ist auch COBIT® kein Allheilmittel, sondern lediglich ein Werkzeug zur Verbesserung des Wertschöpfungsbeitrags der I&T. Voraussetzung für den Erfolg sind auch hier Wille, Fähigkeit und Konsequenz bei der Umsetzung. Wichtiger als das Werkzeug sind Umgebung und vorherrschende Kultur, in der das Werkzeug zum Einsatz kommt.

6.2.1.5 Warum ein weiteres Framework?

Die Motivation für die Gestaltung von COBIT® war eine andere als bei ITIL®. Während ITIL® „von Techies für Techies" geschrieben wurde, wurde COBIT® „von Revisoren für Revisoren" verfasst. Wir haben hier also einen komplett anderen Blickwinkel. Schon bei ITIL® V2 galt: Bei der Gestaltung von einzelnen Prozessen des IT Service Managements (oder des ganzen Service Management Systems) ist ein paralleler Blick auf COBIT® hilfreich, denn die beiden Frameworks verhalten sich komplementär. Da ITIL® auch stets eine Quelle von COBIT® war und umgekehrt, gab es auch viele Gemeinsamkeiten beim Sprachgebrauch.

Übertragen ins wahre Leben heißt das: Wer ein Haus renovieren oder komplett umgestalten will, wird das Haus unter verschiedenen Gesichtspunkten und von unterschiedlichen Personen bewerten lassen. Und obwohl sich diese Personen alle mit ein und demselben Objekt beschäftigen, haben sie unterschiedliche Fähigkeiten, Verantwortlichkeiten und Kenngrößen:

- Der Statiker soll die Tragfähigkeit beurteilen und arbeitet mit physikalischen Einheiten.
- Der Versicherungsfachmann hilft bei der Ermittlung eines Wiederherstellungswerts im Fall des Falles und berücksichtigt dabei ggf. kleine, aber wertvolle Einrichtungsgegenstände.

- Ein Innenarchitekt achtet auf die Barrierefreiheit und den Komfort der Bewohner, wenn diese älter werden.

Wir sehen: Manchmal reicht eben ein einziger Spezialist nicht aus.

Und ein Bauleiter benötigt ein Rahmenwerk, mit dem er sicherstellen kann, dass das Haus den aktuellen und zukünftigen Anforderungen des Bauherrn entspricht.

Viele fachlich versierte Bauleiter der I&T haben gemeinsam über Jahre und Jahrzehnte hinweg dieses Rahmenwerk erstellt. Nun kann es von anderen Bauleitern und Verantwortlichen als Anleitung verwendet werden, sodass vom Gesamtbild über die einzelnen Gewerke bis hin zu regulatorischen Anforderungen alles berücksichtigt wird.

6.2.2 Was ist COBIT® und was ist es nicht?

COBIT® ist ein Rahmenwerk für Governance und Management in Bezug auf Unternehmensinformationen und Technologie. Während im deutschen Sprachraum gerne noch von Informationstechnologie (IT) gesprochen wird, verwenden die COBIT®-Autoren den Begriff Enterprise Information & Technology (I&T). Der Fokus liegt also nicht auf der IT, sondern auf den Informationen *und* der Technologie, mit der Informationen erhoben/gespeichert/verarbeitet/ausgegeben werden.

Persönliche Anmerkung des Autors:

Während das sprachlich nur ein kleiner Unterschied sein mag, ist die tatsächliche Bedeutung im Alltag bemerkenswert. Analoges gilt beispielsweise bei der Betrachtung der Begriffe „IT-Security“ und „Informationssicherheit“. Informationssicherheit geht deutlich über IT-Security hinaus und bedeutet im Vergleich zu IT-Security einen vielfachen Aufwand.

COBIT® beschränkt sich also nicht auf den IT-Bereich eines Unternehmens, auch wenn es diesen natürlich betrifft.

COBIT® unterscheidet die Disziplinen Governance und Management strikt.

- **Governance** stellt Folgendes sicher:
  - Bewertung der Bedürfnisse, Bedingungen und Optionen der Interessengruppen, um ausgewogene und vereinbarte Unternehmensziele festzulegen.
  - Festlegen der Richtung durch Priorisierung und Entscheidungsfindung.
  - Überwachung von Leistung und Compliance anhand der vereinbarten Richtung und Ziele.
- **Management** plant, gestaltet, betreibt und überwacht die Aktivitäten in Übereinstimmung mit der von der Leitung festgelegten Richtung, um die Unternehmensziele zu erreichen.

COBIT® definiert folgende Komponenten eines Governance-Systems und Designfaktoren, die bei der Ausgestaltung des Systems im Hinblick auf das eigene Unternehmen berücksichtigt werden sollen.

6.2.3 Komponenten

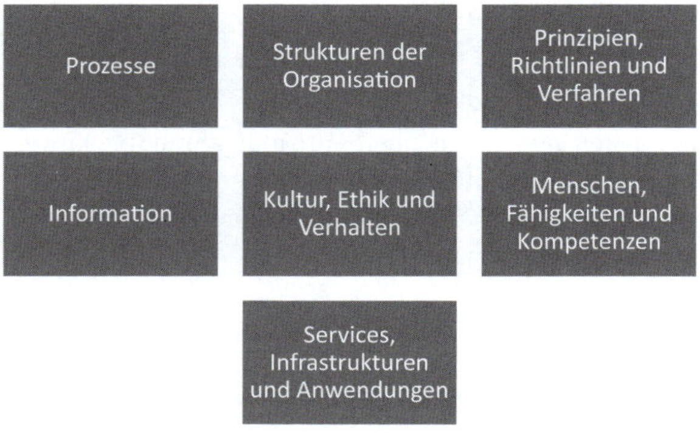

Bild 6.2 Komponenten eines Governance-Systems

6.2.4 Designfaktoren

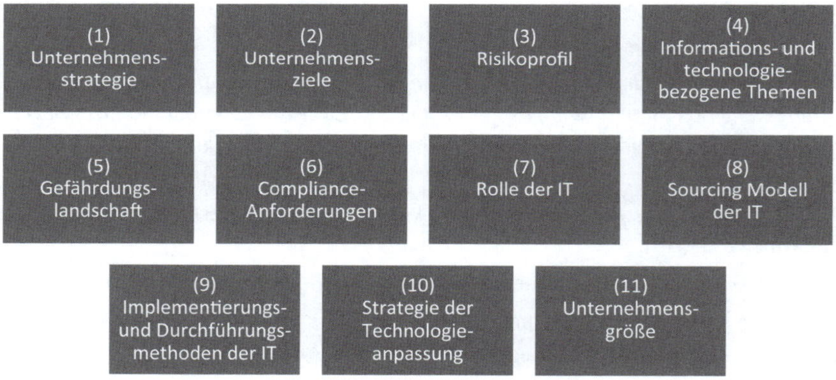

Bild 6.3 Designfaktoren

Persönliche Anmerkung des Autors:

*Unabhängig vom zu benutzenden Framework und vom zu implementierenden Managementsystem sollten die dargestellten Komponenten und Faktoren **immer** berücksichtigt werden.*

COBIT® befasst sich mit Governance-Themen und gruppiert relevante Komponenten in Governance- und Managementziele. Diese können auf erforderliche Leistungsniveaus ausgerichtet werden.

COBIT® ist kein(e)

- vollständige Beschreibung der gesamten IT-Umgebung eines Unternehmens,
- Framework zur Organisation von Geschäftsprozessen,
- reines IT oder technisches Framework zur Verwaltung der gesamten Technologie.

COBIT® trifft oder schreibt keine IT-bezogenen Entscheidungen hinsichtlich Strategie, Architektur und Kosten der IT vor. Stattdessen gibt COBIT® einen Rahmen vor, in dem hinsichtlich der einzelnen Komponenten Entscheidungen getroffen werden sollen und wie und von wem sie getroffen werden sollen.

6.2.5 Stakeholder

Die primäre Zielgruppe von COBIT® sind die Stakeholder für EGIT und damit auch die Stakeholder für Corporate Governance. Die Interessengruppen und der Nutzen, den sie aus COBIT® ziehen können, sind in folgenden Tabellen dargestellt.

6.2.5.1 Interne Stakeholder

Stakeholder	Nutzen aus COBIT®
Vorstand	Bietet Einblicke in die Wertschöpfung durch den Einsatz von I&T und erläutert relevante Vorstandsverantwortlichkeiten.
Geschäftsleitung	Bietet eine Anleitung zur Organisation und Überwachung der Leistung von I&T auf Unternehmensebene.
Business Manager	Hilft zu verstehen, wie man die benötigten I&T-Lösungen erhält und wie man neue Technologien für neue strategische Möglichkeiten optimal nutzt.
IT-Manager	Bietet Anleitungen zum Aufbau und zur Strukturierung der IT-Einheit, zum Management der IT-Leistung, zum Betrieb eines effizienten und effektiven IT-Betriebs, zur Kontrolle der IT-Kosten, zur Ausrichtung der IT-Strategie auf Geschäftsleute usw.
„Assurance Provider", hier i.S.v. Providersteuerung und IKS-Verantwortliche	Hilft, die Abhängigkeit von externen Dienstleistern zu steuern, die Sicherheit über die IT zu erhalten und die Existenz eines effektiven und effizienten internen Kontrollsystems sicherzustellen.
Risikomanagement	Hilft, die Identifizierung und das Management I&T-bezogener Risiken sicherzustellen.

6.2.5.2 Externe Stakeholder

Stakeholder	Nutzen aus COBIT®
Regulierungs- und Aufsichtsbehörden	Hilft sicherzustellen, dass das Unternehmen die geltenden Regeln und Vorschriften einhält und über das richtige Governance-System verfügt, um die Einhaltung zu verwalten und aufrechtzuerhalten.
Geschäftspartner	Hilft sicherzustellen, dass der Betrieb eines Geschäftspartners sicher, zuverlässig und in Übereinstimmung mit den geltenden Regeln und Vorschriften ist.
IT-Anbieter	Hilft sicherzustellen, dass der Betrieb eines IT-Anbieters sicher, zuverlässig und konform mit den geltenden Regeln und Vorschriften ist.

Die Autoren von COBIT® weisen darauf hin, dass Erfahrung, ein tiefes Verständnis des Unternehmens und Kenntnis des Kontextes des Unternehmens erforderlich sind, um von COBIT® zu profitieren.

Erst damit ist es möglich, COBIT® in eine maßgeschneiderte und zielgerichtete Anleitung für das Unternehmen anzupassen.

6.2.6 Die COBIT®-Produktfamilie

6.2.6.1 COBIT®-Gesamtbild

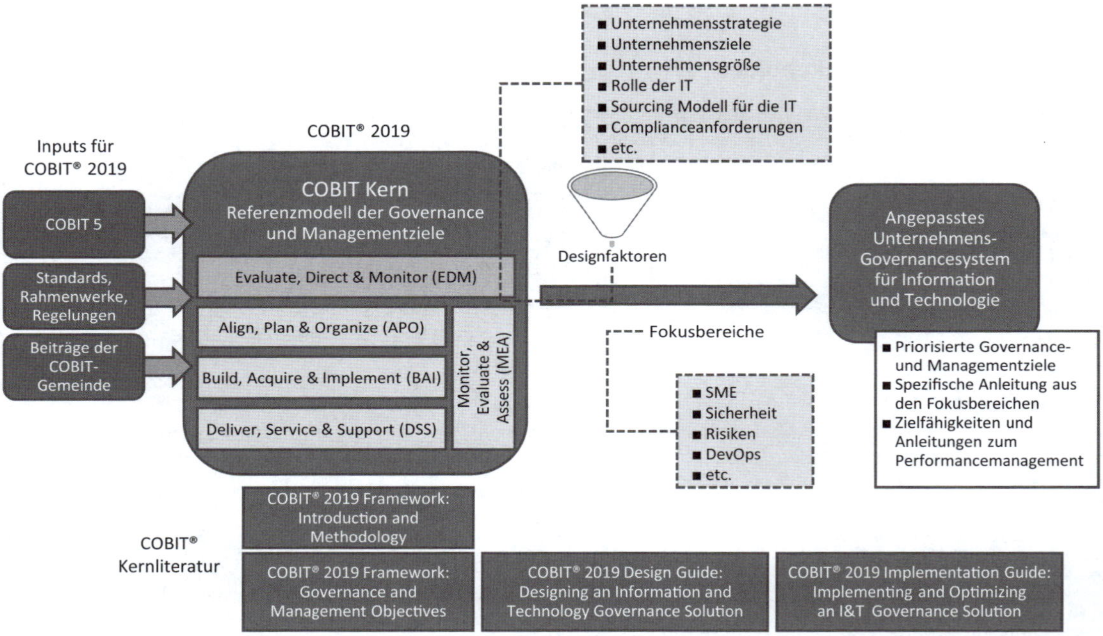

Bild 6.4 Gesamtbild

Anmerkung: Das Referenzmodell im COBIT® beinhaltet eine sogenannte Governance-Domäne und vier Management-Domänen. Diese beinhalten die Governance- bzw. Management-Ziele. Die deutschen Übersetzungen der Domänennamen lauteten bei COBIT® 5 „Evaluieren, Vorgeben und Überwachen (EDM)“, „Ausrichten, Planen und Organisieren (APO)“, „Aufbauen, Beschaffen und Implementieren (BAI)“, „Bereitstellen, Betreiben und Unterstützen (DSS)“ und „Überwachen, Evaluieren und Beurteilen (MEA)“. Änderungen bei COBIT® 2019 erwarte ich nicht.

6.2.6.2 Core Publications – Einleitung

Persönliche Meinung des Autors: COBIT® als Literatur ist erst einmal nicht spannend. Aber die Möglichkeiten, die der geneigte Leser aus den COBIT®-Werken herausziehen kann, sind spannend, vielfältig und umfassend.

In den Händen interessierter und engagierter Menschen kann mit Hilfe von COBIT® eine verlässliche Organisation aufgebaut und optimiert werden. Das gilt für komplette Umgebungen, einzelne Teams, Prozessgruppen und Prozesse.

Der Aufbau der Gesamtliteratur ist stimmig und man findet sich einfach zurecht. Auch Sprünge von einem Prozess zu einem anderen (bspw. über Inputs und Outputs) sind schnell und eindeutig identifizierbar.

Dementsprechend ist die Spanne möglicher Interessen- und Zielgruppen umfangreich.

Sie beinhaltet unter anderem:

- Menschen, die auf Kundenseite dafür verantwortlich zeichnen, dass mit Hilfe von I&T Wertbeitrag zum eigentlichen Geschäft entsteht
- Leiter der IT
- Teams, die sich um Governance, Risk & Compliance kümmern
- Mitarbeiter der IT, die Prozesse verantworten/ausführen/nutzen
- Interne und externe Prüfer, die sich an einem passenden Rahmenwerk orientieren möchten
- Prozessverantwortliche aller ITIL®-Prozesse
- Berater, Trainer, Coaches

6.2.6.3 Core Publications – Details

COBIT® 2019 FRAMEWORK: INTRODUCTION AND METHODOLOGY

Das zentrale Element des COBIT®-Frameworks beinhaltet eine erweiterte Definition von Governance und COBIT®-Prinzipien, außerdem wird die Struktur des Gesamtrahmens festgelegt und die Terminologie erläutert.

Die 40 Governance- und Managementziele werden inkl. Zweck recht kurz dargestellt (drei Seiten). Für detaillierte Angaben lohnt hier der Blick in die nächste Core Publication „COBIT® 2019 FRAMEWORK: GOVERNANCE AND MANAGEMENT OBJECTIVES". Themen wie Reifegradmessungen werden vorgestellt und Hinweise zu den Themen Designfaktoren und Fokusbereiche werden gegeben. Mit diesen erhält der Leser erste praktische Hinweise für die flexible Einführung von COBIT® 2019.

COBIT® 2019 FRAMEWORK: GOVERNANCE AND MANAGEMENT OBJECTIVES

Diese Publikation enthält eine detaillierte Beschreibung des COBIT®-Kernmodells und seiner 40 Governance- und Managementziele (vgl. auch Abschnitt „Ein kurzer Überblick über Governance- und Managementziele"). Welche Informationsarten zu den einzelnen Managementzielen gegeben werden, können Sie der folgenden Grafik entnehmen. Diese zeigt generisch die Struktur der Inhalte. In einem späteren Abschnitt finden Sie ein teilausgefülltes Managementziel (BAI06, „Managed Changes").

BAI06

Domäne: … Managementziel: …	Schwerpunktbereich: COBIT Hauptmodell
Beschreibung	
…	
Zweck	
…	
Das Managementziel unterstützt die Erreichung mehrerer Unternehmens- und Ausrichtungsziele	

Unternehmensziele ("Enterprise Goals")	➡	Ausrichtungsziele ("Alignment Goals")
…		…
Beispielmetriken für Unternehmensziele		Beispielmetriken für Ausrichtungsziele
…		…
	…	

A. Komponente: Prozess		
Managementpraktik	Beispielmetriken	
…	…	
Aktivitäten		Kompetenzstufe
…		…
…		
Zugehörige Leitlinien (Standards, Rahmenwerke, Compliance Anforderungen)	Detaillierter Verweis	
…	…	

B. Komponente: Organsitorische Strukturen				
Wesentliche Managementpraktiken	Chief Information Officer	Business Proccess Owners	Service Manager	…
…				
…	R	A	C	I
Zugehörige Leitlinien (Standards, Rahmenwerke, Compliance Anforderungen)	Detaillierter Verweis			

C. Komponente: Informationsflüsse und Objekte				
Management Practice	Inputs		Output	
	Von	Beschreibung	Beschreibung	Nach
…	…	…	…	…
Zugehörige Leitlinien (Standards, Rahmenwerke, Compliance Anforderungen)	Detaillierter Verweis			
…				

D. Komponente: Menschen, Fähigkeiten und Kompetenzen		
Fähigkeit	Zugehörige Leitlinien (Rahmenwerke, Compliance Anforderungen)	Detaillierter Verweis
…	…	…

E. Komponente: Richtlinien und Verfahren			
Relevante Richtlinie	Richtlinienbeschreibung	Zugehörige Leitlinien	Detaillierter Verweis
…	…	…	…

F. Komponente: Kultur, Moral und Verhalten		
Wesentliche Elemente der Kultur	Zugehörige Leitlinien	Detaillierter Verweis
…	…	…

G. Komponente: Services, Infrastrukturen und Anwendungen
…

Bild 6.5 Managementziel generisch

COBIT® 2019 FRAMEWORK: DESIGN GUIDE: DESIGNING AN INFORMATION AND TECHNOLOGY GOVERNANCE SOLUTION

Diese neue Publikation liefert dem Leser die Information, wie man COBIT® in die Praxis umsetzen kann. Es beinhaltet konkrete Anleitungen bezüglich:

- Anpassung eines Governance-Systems an die spezifischen Gegebenheiten und den Kontext des Unternehmens
- Definition und Auflistung verschiedener Designfaktoren und deren Bezug zu den neuen COBIT®-2019-Konzepten
- Beschreibung der möglichen Auswirkungen der Designfaktoren auf die Implementierung eines Governance-Systems
- Empfehlung von Workflows zur Erstellung des richtigen Designs für Ihr Governance-System

COBIT® 2019 FRAMEWORK: IMPLEMENTATION GUIDE: IMPLEMENTING AND OPTIMIZING AN INFORMATION AND TECHNOLOGY GOVERNANCE SOLUTION

Dieser Leitfaden ist eine sehr praxisnahe Anleitung für die maßgeschneiderte Implementierung von COBIT®. Sie beinhaltet die 2019er-Terminologie und Konzepte von COBIT® 2019 einschließlich sämtlicher Designfaktoren.

6.2.7 Strukturen der einzelnen Publikationen

6.2.7.1 Introduction and Methodology

Kapitel	Bezeichnung (aus dem Englischen übersetzt)	Seiten	Inhalt
1	Einführung	11-14	
2	Zielgruppe	15-16	
3	COBIT®-Prinzipien	17-18	▪ Einführung ▪ Sechs Prinzipien eines Governance Systems ▪ Drei Prinzipien eines Governance Frameworks
4	Basis-Konzepte: Governance System und Komponenten	19-32	▪ Governance- und Management-Ziele ▪ Komponenten eines Governance Systems ▪ Fokusbereiche ▪ Designfaktoren ▪ COBIT®-Zielkaskade
5	COBIT® Governance- und Managementziele	33-36	▪ Kürzel, Bezeichnung und Zweck der einzelnen Ziele
6	Performance Management in COBIT®	37-44	▪ Definition ▪ Prinzipien ▪ Überblick ▪ Prozesse ▪ Andere Komponenten des Governance Systems
7	Gestaltung eines maßgeschneiderten Governance Systems	45-48	▪ Auswirkung der Design-Faktoren ▪ Stufen und Schritte im Designprozess
8	Implementierung von Enterprise Governance of IT	49-52	▪ Zweck des Implementation Guides ▪ Implementierungsansatz in sieben Phasen
9	Erste Schritte mit COBIT® - der Business Case	53-62	▪ Business Case ▪ Executive Summary ▪ Hintergrund ▪ Herausforderungen seitens des Business ▪ Vorgeschlagene Lösung
10	COBIT® und andere Standards	63-64	▪ Leitgedanke ▪ Liste referenzierter Standards

6.2.7.2 Governance and Management Objectives

Kapitel	Bezeichnung (aus dem Englischen übersetzt)	Seiten	Inhalt
1	Einführung in COBIT® 2019	9–14	
2	Struktur des Buchs und Zielgruppe	15–16	
3	Struktur der COBIT® Governance- und Management-Ziele	17–25	▪ Einführung ▪ Governance und Managementziele ▪ Zielkaskade ▪ Komponenten (detailliert)
4	COBIT® Governance- und Management-Ziele – detaillierte Anleitung	27–296	▪ Domäne EDM – 26 Seiten (Evaluate, Direct & Monitor) ▪ Domäne APO – 98 Seiten (Align, Plan & Organize) ▪ Domäne BAI – 78 Seiten (Build, Acquire & Implement) ▪ Domäne DSS – 42 Seiten (Deliver, Service & Support) ▪ Domäne MEA – 26 Seiten) (Monitor, Evaluate & Assess)
	Anhang	297–301	▪ Anhang A Zielkaskade – Mappingtabelle ▪ Anhang B Organisationsstrukturen – Überblick & Beschreibungen ▪ Anhang C Detaillierte Liste der Referenzen

6.2.7.3 Designing an Information and Technology Governance Solution

Kapitel	Bezeichnung (aus dem Englischen übersetzt)	Seiten	Inhalt
Teil I. Designprozess			
1	Einführung und Zweck	15–16	
2	Basiskonzepte: Governance Systeme und Komponenten	17–28	▪ Einführung ▪ Governance- und Management-Ziele ▪ Komponenten eines Governance Systems ▪ Fokusbereiche ▪ Leistungsstufen ▪ Designfaktoren
3	Einfluss der Designfaktoren	29–30	
4	Entwerfen eines angepassten Governance Systems	31–44	▪ Einführung ▪ Verstehen von Kontext und Strategie des Unternehmens ▪ Festlegen des initialen Scopes des Governance Systems ▪ Verfeinern des Anwendungsbereichs des Governance Systems ▪ Auflösen von Konflikten und Abschließen des Governance System Designs
5	Verbinden mit dem COBIT® 2019 Implementation Guide	45–50	▪ Zweck des COBIT® 2019 Implementation Guides ▪ COBIT® Implementierungsansatz ▪ Beziehung zwischen COBIT® Design Guide und COBIT® Implementation Guide
Teil II. Ausführung und Beispiele			
6	Das Governance System Design Toolkit	51–66	▪ Einführung ▪ Grundlagen des Toolkits ▪ Schritte 1 und 2: Festlegen des initialen Scopes des Governance Systems anhand der Designfaktoren 1 bis 4 ▪ Schritt 3: Verfeinern des Anwendungsbereichs des Governance Systems anhand der Designfaktoren 5 bis 11

Kapitel	Bezeichnung (aus dem Englischen übersetzt)	Seiten	Inhalt
7	Beispiele	67–136	▪ Einführung ▪ 1 – Produktionsunternehmen ▪ 2 – Mittelständisches innovatives Unternehmen ▪ 3 – Regierungsstelle
	Anhang	137–150	Elf Zuordnungstabellen (Designfaktoren zu Governance und Managementzielen)

6.2.7.4 Implementing and Optimizing an Information and Technology Governance Solution

Kapitel	Bezeichnung (aus dem Englischen übersetzt)	Seiten	Inhalt
1	Einführung	11–14	
2	Positionieren von Enterprise Governance of I&T (EGIT)	15–20	▪ Den Kontext verstehen ▪ COBIT® einsetzen und Rahmenwerke, Standards und Good Practices integrieren
3	Die ersten Schritte Richtung EGIT	21–34	▪ Schaffen der angemessenen Umgebung ▪ Ansatz der kontinuierlichen Verbesserung ▪ Handlungsbedarf ermitteln: Erkennen von Schmerzpunkten und Auslösern ▪ Rollen und Anforderungen der Stakeholder erkennen
4	Identifizieren der Herausforderungen und Erfolgsfaktoren	35–42	▪ Einführung ▪ Schaffen der angemessenen Umgebung
5	Den Wandel ermöglichen	43–48	▪ Die Notwendigkeit von „Change Enablement“ ▪ Phasen im Lebenszyklus des Change Enablements
6	Lebenszyklus der Umsetzung	49–72	▪ Einführung ▪ Sieben Phasen des Lebenszyklus
	Anhang	73–77	

„Introduction and Methodology" ist auf der Homepage der ISACA (*http://www.isaca.org*) kostenfrei erhältlich und erlaubt eine erste Annäherung an das Thema „Enterprise Governance of IT". Der zweite Teil der COBIT®-Publikationen „Governance and Management Objectives" geht in die Tiefe und bietet Prozessgestaltern, -managern und -verantwortlichen wertvolle Informationen hinsichtlich der Gestaltung der Prozesse inkl. zugrundeliegender Komponenten und Faktoren bis hin zur Messung der Prozessperformance, vgl. Bild 6.5, „COBIT® Managementziel generisch".

„Governance and Management Objectives" ist für Mitglieder der ISACA kostenfrei als personalisierte Kopie (PDF) verfügbar, gleiches gilt für „Designing an Information and Technology Governance Solution" und „Implementing and Optimizing an Information and Technology Governance Solution".

Wer tiefer in alle vier Werke einsteigen möchte, sollte prüfen, ob er nicht lieber gleich Mitglied der ISACA wird. Abgesehen davon, dass der Mitgliedsbeitrag für ein Jahr günstiger ist als der Kauf der einzelnen COBIT®-2019-Publikationen gibt es auf der Homepage weitere wertvolle Informationen. Darüber hinaus bietet das deutsche Chapter der ISACA eigene Veranstaltungen an. Diese liefern viele Ideen und noch mehr praxisrelevantes Wissen. ISACA-Mitglieder profitieren hier auch von vergünstigten Preisen.

Genug der Werbung für ISACA. Mir liegt bezüglich der Wirksamkeit der Literatur noch folgender Hinweis am Herzen:

Die Literatur und hierbei insbesondere die Werke „Designing an Information and Technology Governance Solution" und „Implementing and Optimizing an Information and Technology Governance Solution" sind der dicke, rote Faden, der bereits im Abschnitt „Warum ein weiteres Framework?" erwähnt wurde. Sie liefern die theoretischen und teilweise auch die praktischen Hilfsmittel, mit denen ein „Bauleiter" ein erfolgreiches System zur Enterprise Governance of IT gestalten und implementieren kann.

Wie immer, wenn es um den Aufbau eines Managementsystems geht, existieren allerdings noch weitere kritische Erfolgsfaktoren. Sind diese nicht erfüllt, nutzt die beste Literatur nichts. Vgl. hierzu auch den Abschnitt „Kritische Erfolgsfaktoren bei der Implementierung von Managementsystemen".

Außerdem haben wir es bei COBIT® mit einer Methode und einem De-facto-Standard zu tun. Die Einrichtung und der Betrieb eines Governance Systems nur mit Methodenwissen wird scheitern.

Unternehmen, die solch ein System erfolgreich nutzen, haben die Tragweite der Auswirkungen auf die Kultur der (Zusammen-)Arbeit frühzeitig erkannt und den organisatorischen Wandel, der mit dem Governance System zwangsläufig einhergeht, aktiv gesteuert.

Unternehmen, die die Tragweite unterschätzt haben, haben nun ein Governance System, das Aufwand generiert, aber keinen nennenswerten Nutzen erzeugt.

6.2.8 COBIT®-Prinzipien

6.2.8.1 Sechs Prinzipien für ein Governance-System

Sie beschreiben die Kernanforderungen an ein Governance-System für Unternehmensinformation und -technologie.

1. **Wert für Interessengruppen schaffen**
   Jedes Unternehmen benötigt ein Governance-System, um die Bedürfnisse der Stakeholder zu befriedigen und Wert durch den Einsatz von I&T zu generieren. Der Wert entsteht durch das Gleichgewicht von Nutzen, Risiko und Ressourcen. Um den Wert tatsächlich realisieren zu können, benötigen Unternehmen eine umsetzbare Strategie und ein wirksames Governance-System.
2. **Ganzheitlicher Ansatz**
   Ein Governance-System für Enterprise I&T besteht aus einer Reihe von Komponenten, die von unterschiedlicher Art sein können und auf ganzheitliche Weise zusammenwirken.
3. **Dynamisches Governance-System**
   Ein Governance-System sollte dynamisch sein. Das bedeutet, dass bei jeder Änderung eines oder mehrerer Designfaktoren die Auswirkungen dieser Änderungen auf das Governance-System berücksichtigt werden müssen. Eine dynamische Sichtweise führt zu einem tragfähigen und zukunftssicheren Governance-System.
4. **Governance getrennt von Management**
   Ein Governance-System sollte klar zwischen Governance- und Managementaktivitäten und -strukturen unterscheiden.
5. **Zugeschnitten auf die Bedürfnisse des Unternehmens**
   Ein Governance-System sollte auf die Bedürfnisse des Unternehmens zugeschnitten sein. Die Designfaktoren sind die Parameter für die Anpassung und Priorisierung der Komponenten des Governance-Systems.
6. **End-to-End-Governance-System**
   Ein Governance-System sollte sich nicht nur auf die IT konzentrieren, sondern das gesamte Unternehmen abdecken, also alle Technologien und Informationen, die das Unternehmen zur Erreichung seiner Ziele einsetzt. Das gilt unabhängig davon, wo im Unternehmen die Verarbeitung stattfindet.

6.2.8.2 Drei Prinzipien für ein Governance Framework

Sie beschreiben den Rahmen, den ein Unternehmen zum Aufbau eines Governance-Systems verwenden kann.

1. **Basierend auf einem konzeptionellen Modell**
   Das Framework sollte auf einem konzeptionellen Modell basieren, das die Schlüsselkomponenten und Beziehungen zwischen den Komponenten identifiziert, um maximale Konsistenz und Automatisierung zu ermöglichen.
2. **Offen und flexibel**
   Das Framework sollte
   - offen und flexibel sein,
   - das Hinzufügen neuer Inhalte erlauben,
   - es ermöglichen, neue Probleme auf die flexibelste Weise anzugehen, wobei Integrität und Konsistenz gewahrt bleiben sollten.
3. **Abgestimmt auf die wichtigsten Standards**
   Das Framework sollte sich an den relevanten Normen, Rahmen und Vorschriften orientieren.

6.2.9 Komponenten eines Governance-Systems nach COBIT®

Jedes Governance-System besteht aus einer Reihe von Komponenten, die in Bild 6.2 (Abschnitt 6.2.3) dargestellt sind. Im Sinne von COBIT® sind diese Komponenten Faktoren, die zur Effektivität des Systems beitragen. Sie tun dies einzeln, aber aufgrund der Interaktion auch gemeinsam.

Prozesse

Prozesse beschreiben einen strukturierten Satz von Praktiken und Aktivitäten, die ausgeführt werden, um bestimmte Ziele zu erreichen. Damit werden Ergebnisse erzeugt, die das Erreichen der allgemeinen IT-bezogenen Ziele unterstützen.

Praxistipp

Binden Sie die Mitarbeiter in die Gestaltung der Prozesse ein. Überlassen Sie das nicht einem elitären Kreis, egal ob mit internen oder externen Kräften bestückt. Trauen Sie Ihren Mitarbeitern einiges zu und befähigen Sie die Mitarbeiter, Abläufe aktiv mitzugestalten. ■

Strukturen der Organisation

Unternehmensstrukturen sind die wichtigsten Entscheidungseinheiten in einem Unternehmen.

Praxistipp

Die Organisationsstrukturen müssen daher auch zu den Mechanismen der Entscheidungsfindung passen. Das bedeutet auch, dass Strukturen einerseits nicht in Stein gemeißelt sein dürfen, andererseits aber auch Zeit brauchen, um sich zu festigen. Häufige Re-Organisationen im Zyklus von weniger als einem Jahr ermöglichen keine gelebten Strukturen, sondern verhindern sie. Die Mitarbeiter werden schnell bemerken, dass man die aktuellen Veränderungen beruhigt ignorieren kann, denn bevor Konsequenzen möglich sind, steht ja schon die nächste Re-Organisation an. Dieses Szenario ist leider nicht so hypothetisch, wie es vielleicht klingt, sondern von uns in mehreren Projekten so beobachtet worden. ■

Prinzipien, Richtlinien und Verfahren

Mit ihnen wird das gewünschte Verhalten in den Alltag überführt.

Praxistipp

Kommunizieren Sie das erwünschte Verhalten aktiv an die Mitarbeiter und leben Sie es selbst vor. Anderenfalls ist dieser Enabler nur „Schrankware" und das Papier, auf dem er gedruckt ist, nicht wert. ■

Information

Dies umfasst alle Informationen, die vom Unternehmen produziert und verwendet werden. COBIT® konzentriert sich dabei auf Informationen, die für das effektive Funktionieren des Governance-Systems des Unternehmens erforderlich sind.

Kultur, Ethik und Verhalten

Kultur, Ethik und Verhalten von Individuen und Unternehmen sind ein wesentlicher Faktor für den Erfolg von Governance- und Managementmaßnahmen, werden in der Praxis aber leider oft unterschätzt.

> **Praxistipp**
>
> Schaffen Sie eine Kultur, die erwünschtes Verhalten fordert, fördert und belohnt. Bestrafen Sie unerwünschtes Verhalten nicht nur, sondern suchen Sie auch die Ursache. Und zeigen Sie selbst gewünschtes Verhalten. Schaffen Sie gemeinsam mit den Mitarbeitern ein gemeinsames Wertebild und zeigen Sie, wie diese Werte in der Praxis gelebt werden. Je besser dieses Bild funktioniert, desto öfter werden Entscheidungen der Mitarbeiter Ihren Erwartungen entsprechen und Sie können so mehr und mehr Verantwortung übergeben. Die Menschen werden es Ihnen mit einer hohen Identifikation danken. Betrachten Sie diesen Enabler immer im Zusammenhang mit dem Enabler „Mitarbeiter, Fähigkeiten und Kompetenzen".

Menschen, Fähigkeiten und Kompetenzen

Ohne die Menschen mit ihren Fähigkeiten und angemessenen Kompetenzen gibt es weder gute Entscheidungen noch nötige Korrekturmaßnahmen oder erfolgreiche Abschlüsse von Aktivitäten.

> **Praxistipp**
>
> Betrachten Sie diesen Enabler immer im Zusammenhang mit dem Enabler „Kultur, Ethik und Verhalten". Trauen Sie Ihren Mitarbeitern etwas zu, übertragen Sie echte Verantwortung und schenken Sie Vertrauen. Sie werden überrascht sein, wie oft sie dafür mit wertvollen Ergebnissen belohnt werden.

Services, Infrastrukturen und Anwendungen

Die technische Basis und das, was darauf läuft.

Jede dieser Komponenten wird bei der detaillierten Beschreibung aller Governance- und Managementziele in der Publikation „COBIT® 2019 FRAMEWORK: GOVERNANCE AND MANAGEMENT OBJECTIVES" berücksichtigt, vgl. Bild 6.5 „COBIT® Managementziel generisch".

6.2.10 Designfaktoren

Designfaktoren beeinflussen die Art und Weise, in der das Governance-System an das Unternehmen angepasst wird. Die Publikation „Designing an Information and Technology Governance System“ unterscheidet drei verschiedene Auswirkungen:

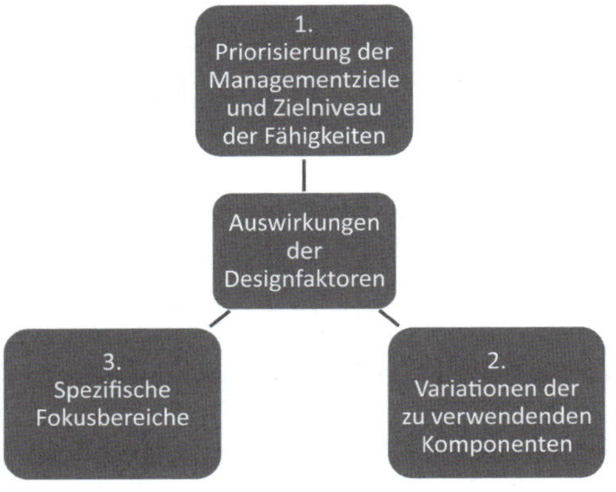

Bild 6.6
Auswirkungen der Designfaktoren

- Zu 1.: **Priorisierung der Managementziele und Zielniveau der Fähigkeiten**
  COBIT® beinhaltet 40 Governance- und Managementziele. Diese sind an sich gleichwertig und es gibt keine Reihenfolge oder Priorität. Designfaktoren können dieses Gleichgewicht beeinflussen.

  Beispiel:
  „Wir orientieren uns an ITIL®“ vs.
  „Wir gestalten ein Servicemanagementsystem nach ISO 20000 und lassen uns zertifizieren“
- Zu 2.: **Variationen der zu verwendenden Komponenten**
  Komponenten werden zur Erreichung der Governance- und Managementziele benötigt. Designfaktoren können Variationen der Komponenten verlangen oder ihre Wichtigkeit/Bedeutung beeinflussen.

  Beispiel:
  „Wir sind interner Dienstleister in einem wenig regulierten Umfeld“ vs.
  „Wir sind Dienstleister mit Kunden aus stark regulierten Umfeldern wie bspw. Medikamenten- und Lebensmittelhersteller“
- Zu 3.: **Spezifische Fokusbereiche**
  Einige Faktoren erfordern die Anpassung und Auswahl der Komponenten von COBIT® in eine bestimmte Richtung.

  Beispiel:
  „Unsere Kunden denken, sprechen und leben agil“ vs.
  „Unsere Kunden kommen aus Bereichen, in denen in sehr langen Zeitspannen gedacht wird, wie z. B. der Forstwirtschaft“

Designfaktor	Inhalt und Bemerkungen
Unternehmensstrategie	Unternehmen haben typischerweise eine primäre Strategie und meistens eine sekundäre Strategie. Mögliche Prototypen laut COBIT® 2019: ▪ Wachstum/Acquisition ▪ Innovation/Differenzierung ▪ Cost Leadership ▪ Client Service/Stabilität
Unternehmensziele	Hier werden 13 generische Unternehmensziele genannt. Diese sind den vier Dimensionen der Balanced Scorecard zugeordnet.
Risikoprofil	Das Risikoprofil zeigt auf, welchen I&T-bezogenen Risiken das Unternehmen derzeit ausgesetzt ist und welche Risiken den Risikoappetit übersteigen. Es werden 13 verschiedene Risikokategorien aufgezählt, bspw. „IT-Expertise, Fähigkeiten und Verhalten“, „Incidents bei Drittanbietern/Zulieferern“ und „Umweltbezogen“.
Informations- und technologiebezogene Themen	Im Original ist von „I&T-related issues“ die Rede - Issues meint in diesem Kontext „wahrgewordene Risiken“. Mit anderen Worten: Es hat schon gescheppert. Die Literatur enthält 20 dieser „Issues“, die wir leider auch immer wieder im Alltag wahrnehmen. Beispiele: ▪ Frustration in der IT, da ihr Beitrag zum Business nicht wahrgenommen wird, ▪ Probleme bei der Lieferung von Services durch Zulieferer, ▪ „Schatten-IT“, ▪ Ignoranz und Non-Compliance hinsichtlich Datenschutz.
Gefährdungslandschaft	Hier gibt es laut Autoren nur zwei Zustände. „Normal“ und „High“. Bei „High“ erfahren wir noch mögliche Faktoren, bspw. die geopolitische Situation des Unternehmens, den Industriesektor oder das spezielle Unternehmensprofil. *Hinweis:* Um ein klares Bild der tatsächlichen Gefährdungslandschaft zu bekommen, können weitere hilfreiche Methoden herangezogen werden, bspw. M_o_R® (Management of Risk). Dieses orientiert sich stark an der Norm zum Risikomanagement ISO/IEC 31000 und ist nicht IT-lastig, sondern kann branchenunabhängig eingesetzt werden.
Compliance-Anforderungen	Hier geht es „nur“ um die Ausprägung der Anforderungen, sie können laut Autoren niedrig, normal oder hoch sein.

Designfaktor	Inhalt und Bemerkungen
Rolle der IT	Hier sind vier Rollen denkbar. ▪ *Support:* IT ist weder für die Durchführung der Geschäftsprozesse und Services wesentlich noch für deren Innovation. ▪ *Factory:* Wenn die IT ausfällt, hat das zwar eine unmittelbare Auswirkung auf die Geschäftsprozesse und Services, jedoch wird die IT nicht als Treiber für die Innovation der Geschäftsprozesse und Services angesehen. ▪ *Turnaround:* Zwar wird die IT als ein Treiber für die Innovation der Geschäftsprozesse und Services angesehen, jedoch besteht keine kritische Abhängigkeit seitens der Geschäftsprozesse und Services. ▪ *Strategic:* IT ist kritisch sowohl für den Betrieb als auch die Innovation der Geschäftsprozesse und Services des Unternehmens.
Sourcing-Modell der IT	Auch hier werden vier Ausprägungen genannt und kurz beschrieben: ▪ *Outsourcing:* Das Unternehmen verlässt sich auf die Services eines Drittanbieters. ▪ *Cloud:* Das Unternehmen maximiert die Nutzung der Cloud für die Bereitstellung von IT-Services für seine Anwender. ▪ *Insourced:* Das Unternehmen erbringt seine Leistungen selbst. ▪ *Hybrid:* Anwendung eines gemischten Ansatzes, bei dem die drei vorgenannten Modelle in unterschiedlichem Ausmaß zur Anwendung kommen.
Implementierungs- und Durchführungsmethoden der IT	▪ *Agile:* Verwendung agiler Entwicklungsmethoden. ▪ *DevOps:* Verwendung von DevOps für Softwareentwicklung, Verteilung und Betrieb. ▪ *Traditionell:* Klassische Ansätze wie Wasserfallmodell und Trennung der Softwareentwicklung vom Betrieb. ▪ *Hybrid:* Eine Mischung der vorgenannten Ansätze, gerne auch als „bimodale IT“ bezeichnet.
Strategie der Technologieanpassung	▪ *First mover:* Das Unternehmen übernimmt neue Technologien so früh wie möglich und versucht, entsprechende Vorteile zu erlangen. ▪ *Follower:* Das Unternehmen wartet in der Regel, bis neue Technologien „Mainstream“ werden und sich bewährt haben, bevor es sie übernimmt. ▪ *Slow adopter:* Das Unternehmen lässt sich Zeit ...
Unternehmensgröße	Hier wird lediglich zwischen zwei verschiedenen Größen unterschieden. Zum einen „large“ bei Unternehmen mit mehr als 250 Vollzeitmitarbeitern und „small and medium enterprise“ mit 50 bis 250 Vollzeitmitarbeitern. *Persönlicher Hinweis:* COBIT® kann auch bei Unternehmen mit weniger als 50 Mitarbeitern sinnvoll eingesetzt werden, wenn auch eher punktuell. Sollten Sie also in einem Unternehmen mit 40 Mitarbeitern arbeiten und jetzt zweifeln: Fragen Sie einfach nach.

6.2.11 Zielkaskade

I&T werden mehr und mehr essenzieller Bestandteil von Geschäftsaktivitäten, in vielen Fällen sind sie es bereits. Zweck der I&T ist ein größtmöglicher Beitrag zur Wertschöpfung, indem die Geschäftsprozesse bestmöglich unterstützt oder gar ermöglicht werden. Wertschöpfung/Nutzenrealisierung ist eine der Anforderungen der sogenannten Stakeholder/Interessengruppen. Dabei spielt es keine Rolle, ob der Wert finanzieller Natur ist oder nicht.

Die einzelnen Anforderungen werden in COBIT® 2019 über die sogenannte Zielkaskade heruntergebrochen bis zu den 40 Governance- und Managementzielen mit ihren jeweiligen Komponenten. Die Kaskade mit den einzelnen Mappings (Unternehmensziele zu Ausrichtungszielen, Ausrichtungsziele zu Governance- und Managementziele) sind in Tabellenform in der Literatur vorhanden.

Mit Hilfe dieser Tabellen können Anwender der Frameworks somit priorisieren, welchen Themen sie sich zuerst widmen werden.

Anmerkung des Autors: Zwar mögen die sogenannten Mapping-Tabellen in einer Vielzahl von Fällen hilfreich sein. Sie sollten jedoch nicht dogmatisch angewendet werden. In der Praxis hat es sich bewährt, das Unternehmen genau zu betrachten und in Gesprächen zu ermitteln, welche Themen in welcher Reihenfolge angegangen werden sollen. Als externe Berater unterstützen wir dabei sehr gerne. Sollten Sie jedoch gerade kein Geld für oder keine Lust auf externe Berater haben, versuchen Sie es doch einmal mit ihren eigenen Leuten und Peer-Reviews mit befreundeten Unternehmen. Auch damit haben Unternehmen bereits gute Erfahrungen gemacht.

Praxistipps

- Es bringt nichts, Ziele zu formulieren, um Ziele zu formulieren. Formulieren Sie Ziele, um diese zu erreichen!

  Achten Sie bei der Formulierung der Ziele auf das Umfeld, in dem Sie sich bewegen. Dort gibt es Stakeholder, die eigene Ziele verfolgen und gleichzeitig Einfluss auf Ihre Ziele haben könnten.
  Berücksichtigen Sie ferner die Stärken und Schwächen Ihrer Mannschaft und eventuelle externe Bedrohungen und Möglichkeiten.

  Ziele, die unterjährig immer wieder umformuliert werden, nimmt keiner mehr ernst und die Moral der Akteure leidet unter diesem Umstand.

- Die Wirksamkeit der Zielkaskade hängt von der Kultur im Unternehmen, seiner Reife, der Fähigkeiten und Erfahrungen der Mitarbeiter etc. ab. Hier gilt, wie bei anderen Methoden und Standards auch: Nicht das Werkzeug ist entscheidend, sondern wie gut das Werkzeug im Umfeld funktioniert und wie gut es genutzt wird.

  Unternehmen, die bereits bis heute Schwierigkeiten bei der Gestaltung sinnvoller und messbarer Ziele sowie deren Erreichung hatten, werden allein durch ein neues Werkzeug nicht automatisch erfolgreicher in der Umsetzung werden.

Ein Werkzeug wie COBIT® kann nützlich sein, wenn es sinnvoll und mit Bedacht eingesetzt wird, um konkrete Schwächen zu beseitigen oder der an Zielen orientierten Ausrichtung Struktur zu geben. Ansonsten ist der Einsatz immer neuer Werkzeuge nichts weiter als das Aufbringen immer neuer Heftpflaster und Verbände auf immer größeren Wunden, deren Ursprung nicht betrachtet wird. Wie so oft garantiert eine neue Methode allein nicht den Erfolg, sie kann allerdings - richtig genutzt - einen merklichen Beitrag leisten. ■

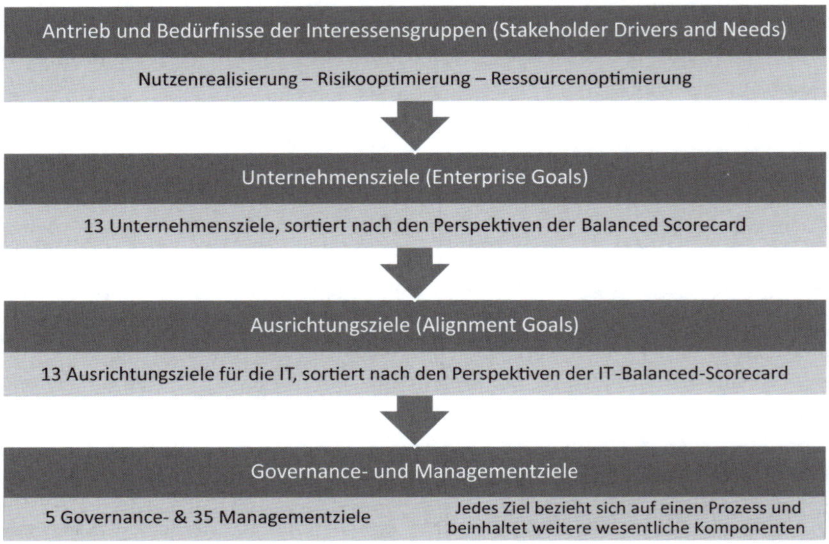

Bild 6.7 Zielkaskade

Es ist müßig, die einzelnen Tabellen aus der Literatur abzuschreiben. Bereits im kostenfreien Teil der Publikation können Sie die Mappings einsehen. Exemplarisch haben wir die Kaskade anhand eines Szenarios durchlaufen.

Stellen Sie sich vor, Ihr Unternehmen hat als langfristiges Ziel (3 bis 5 Jahre) die Zertifizierung nach ISO/IEC 27001. Im Laufe der beiden nächsten Jahre sollen deshalb die Teile der Unternehmens-I&T, die primär mit Informationssicherheit und Risikomanagement in Verbindung stehen, auf einen zeitgemäßen und dem Unternehmen angemessenen Stand gebracht werden. Was nun?

In COBIT® finden wir drei „passende" Unternehmensziele, nämlich die Enterprise Goals (EG)

- EG02 - gesteuertes Geschäftsrisiko
- EG06 - Kontinuität und Verfügbarkeit von Geschäftsdienstleistungen
- EG11 - Einhaltung interner Richtlinien

Laut COBIT®-Autoren werden diese drei Unternehmensziele von mehreren Ausrichtungszielen unterstützt. Hinweis: Das (P) hinter dem Kürzel zeigt an, dass das Ausrichtungsziel laut Meinung der COBIT®-Autoren primär zur Erreichung des Unternehmensziels beiträgt. Das (S) steht entsprechend für einen sekundären Beitrag.

- **EG02 – gesteuertes Geschäftsrisiko**
  - AG01 (S) – I&T-Compliance und Unterstützung des Unternehmens bei der Einhaltung externer Gesetze und Vorschriften
  - AG02 (P) – gesteuertes I&T-bezogenes Risiko
  - AG07 (P) – Sicherheit von Informationen, Verarbeitungsinfrastruktur und -anwendungen und Datenschutz
  - AG11 (S) – Einhaltung interner Richtlinien in Bezug auf I&T
- **EG06 – Kontinuität und Verfügbarkeit von Geschäftsdienstleistungen**
  - AG02 (S) – Gesteuertes I&T-bezogenes Risiko
  - AG05 (S) – Bereitstellung von I&T-Dienstleistungen in Übereinstimmung mit Geschäftsanforderungen
  - AG07 (P) – Sicherheit von Informationen, Verarbeitungsinfrastruktur und -anwendungen und Datenschutz
- **EG11 – Einhaltung interner Richtlinien**
  - AG01 (S) – I&T-Compliance und Unterstützung des Unternehmens bei der Einhaltung externer Gesetze und Vorschriften
  - AG11 (P) – Einhaltung interner Richtlinien in Bezug auf I&T

Grundsätzlich schließe ich mich bzgl. der Wertung des Beitrags (primär vs. sekundär) der Meinung der COBIT®-Autoren an. Das wird spätestens mit dem nächsten Mapping wichtig, denn wir haben es jetzt mit fünf *verschiedenen* Ausrichtungszielen zu tun und zu jedem gehören wiederum zwei bis zwölf Governance- bzw. Managementziele.

Deswegen habe ich den Beitrag zum Unternehmensziel bei der Priorisierung der Ausrichtungsziele berücksichtigt. Wird ein Ausrichtungsziel mit einem (P) genannt, bekommt es zwei Punkte, bei einem (S) einen Punkt. Somit ergeben sich folgende Ausrichtungsziele inkl. „Punktzahl" (Punktzahl in Klammern):

- AG01 (2)
  I&T-Compliance und Unterstützung des Unternehmens bei der Einhaltung externer Gesetze und Vorschriften
- AG02 (3)
  Gesteuertes I&T-bezogenes Risiko
- AG05 (1)
  Bereitstellung von I&T-Dienstleistungen in Übereinstimmung mit Geschäftsanforderungen
- AG07 (4)
  Sicherheit von Informationen, Verarbeitungsinfrastruktur und -anwendungen und Datenschutz
- AG11 (3)
  Einhaltung interner Richtlinien in Bezug auf I&T

Im Hinblick auf das übergeordnete, langfristige Ziel (Zertifizierung eines ISMS gemäß ISO/IEC 27001) würde ich jetzt mit den Ausrichtungszielen beginnen, die die meisten Punkte haben. Das sind AG07 (Sicherheit von Informationen, verarbeitender Infrastruktur und Anwendungen und Datenschutz) und AG02 (Gemanagte I&T-bezogene Risiken). Das dritte Ausrichtungsziel im Bunde, AG11 (I&T Compliance mit internen Richtlinien), können wir erst einmal außer Acht lassen. Hierbei geht es um interne Richtlinien. Es ist jedoch zu vermuten, dass diese sich noch ändern werden, während wir an den anderen Themen arbeiten.

Jetzt müssen wir noch einen Blick in die nächste Mapping-Tabelle werfen und schauen, welche Governance- und Managementziele zu den einzelnen Ausrichtungszielen gehören. Wir konzentrieren uns hier aus gutem Grund auf unsere Top 2 von oben:

- AG02 (3) Gesteuertes I&T-bezogenes Risiko
  - **EDM03** Sichergestellte Risiko-Optimierung
  - **APO12** Gesteuertes Risiko
  - **DSS05** Gesteuerte Security Services
- AG07 (4) Sicherheit von Informationen, Verarbeitungsinfrastruktur und -anwendungen und Datenschutz
  - **EDM03** Sichergestellte Risiko-Optimierung
  - **APO12** Gesteuertes Risiko
  - APO13 Gesteuerte Security
  - BAI10 Gesteuerte Konfiguration
  - DSS04 Gesteuerte Kontinuität
  - **DSS05** Gesteuerte Security Services

Wir stellen mit Freude fest: Die drei Governance- und Managementziele aus AG02 sind auch in AG07 genannt, sodass wir insgesamt sechs verschiedene Governance- und Managementziele erreichen müssen.

Jedem, der schon einmal intensiv an einer Zertifizierung nach ISO/IEC 27001 beteiligt war, weiß, dass „es" hiermit nicht getan sein wird. Auch andere Elemente, die nahezu allen Managementsystemen gemein sind wie bspw. Qualitätsmanagement inkl. Dokumentenlenkung, aber auch Assetmanagement müssen ebenfalls angegangen werden. Aber der strukturierte Ansatz von COBIT® ist ein sehr guter Schritt in die richtige Richtung.

Warum die Priorisierung so wichtig ist, wird spätestens klar, wenn wir uns das Ausrichtungsziel AG05 anschauen.

- AG05 (1) – Bereitstellung von I&T-Dienstleistungen in Übereinstimmung mit den Geschäftsanforderungen
  - APO05 Managed Portfolio
  - APO08 Managed Relationships
  - APO09 Managed Service Agreements
  - APO10 Managed Vendors
  - BAI02 Managed Requirements Definition
  - BAI03 Managed Solution Identification and Build
  - BAI04 Managed Availability and Capacity
  - DSS01 Managed Operations
  - DSS02 Managed Service Requests and Incidents
  - DSS03 Managed Problems
  - DSS04 Managed Continuity
  - MEA01 Managed Performance and Conformance Monitoring

Ohne Priorisierung und Kürzung wären hier zwölf weitere Managementziele hinzugekommen. Die gehören jedoch mehr in den Bereich ITSM bzw. Zertifizierung nach ISO/IEC 20000. Man beachte in diesem Zusammenhang auch die (1) hinter AG05 – AG05 liefert offensichtlich nur einen sekundären Beitrag zu einem Unternehmensziel, wohingegen unsere beiden „Winner" zwei primäre Beiträge leisten bzw. einen primären Beitrag und einen sekundären Beitrag.

6.2.12 Ein kurzer Überblick über Governance- und Managementziele

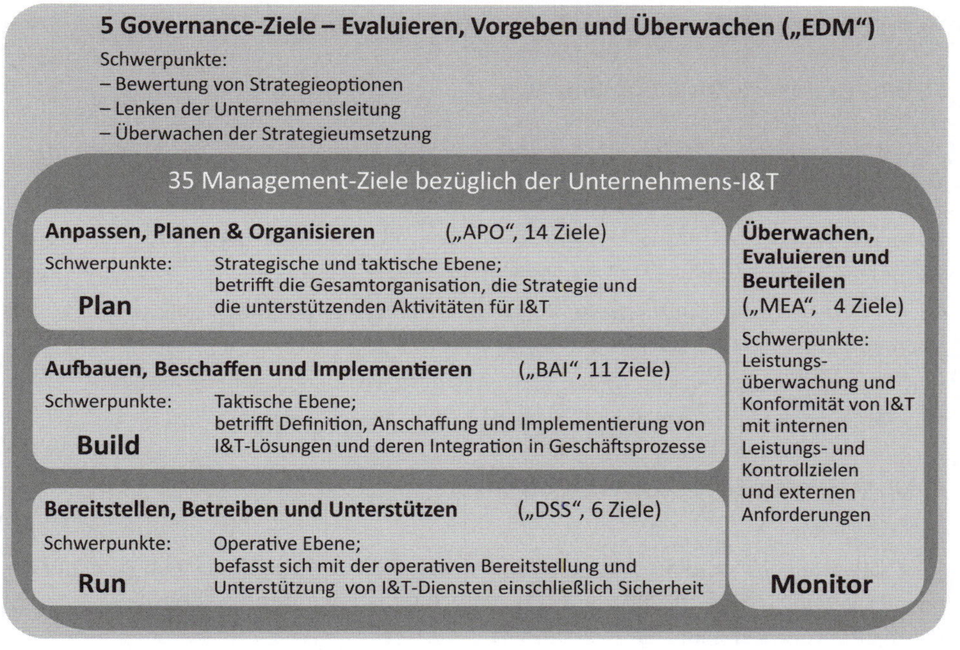

Bild 6.8 Governance- und Managementziele

6.2.12.1 EDM – Evaluieren, Bewerten und Überwachen

EDM01– sichere Rahmensetzung und Wartung der Governance

Um was geht es?

- Die Anforderungen an die Governance der Unternehmens-I&T sollen analysiert und formuliert werden.
- Governance-Komponenten sollen eingeführt und aufrechterhalten werden, um Unternehmensziele zu erreichen.

Warum das Ganze? Damit ...

- ... die Governance der Unternehmens-I&T mit der Governance des Gesamtunternehmens abgestimmt ist.
- ... I&T-bezogene Entscheidungen in Übereinstimmungen mit den Strategien und Zielen des Unternehmens getroffen werden und der gewünschte Wert realisiert wird.

EDM02– gesicherte Nutzenlieferung

Um was geht es?

- Optimierung des Unternehmenswerts durch Investitionen in Geschäftsprozesse, I&T-Dienstleistungen und I&T-Anlagen.

Warum das Ganze? Damit ...

- ... Lösungen und Dienstleistungen effizient bereitgestellt werden.
- ... ein zuverlässiges und genaues Bild der Kosten und des wahrscheinlichen Nutzens erstellt werden kann.
- ... Geschäftsanforderungen effektiv und effizient unterstützt werden.

EDM03–gesicherte Risiko-Optimierung

Um was geht es?

- Risikobereitschaft und Risikotoleranz sollen verstanden, formuliert und kommuniziert werden.
- Das mit dem Einsatz von I&T verbundene Risiko soll identifiziert und gesteuert werden.

Warum das Ganze? Damit ...

- ... das I&T-bezogene Unternehmensrisiko die Risikobereitschaft und -toleranz des Unternehmens nicht übersteigt.
- ... die Auswirkungen der einzelnen Risiken identifiziert und gesteuert werden.
- ... das Potenzial für Compliance-Fehler minimiert wird.

EDM04– gesicherte Ressourcen-Optimierung

Um was geht es?

- Es sollen angemessene und ausreichende Ressourcen zur Verfügung stehen, damit die Unternehmensziele wirksam und wirtschaftlich unterstützt werden können.

Warum das Ganze? Damit ...

- ... der Ressourcenbedarf des Unternehmens optimal gedeckt ist.
- ... I&T-bezogene Kosten optimiert sind.
- ... die Wahrscheinlichkeit der Nutzenrealisierung steigt.
- ... die Bereitschaft für zukünftige Veränderungen erhöht wird.

EDM05 – gesicherte Einbindung der Stakeholder

Um was geht es?

- Interessengruppen sollen identifiziert und in das I&T-Governancesystem eingebunden sein.
- I&T-Leistung. Messung und Berichterstattung im Unternehmen sollen transparent sein.

Warum das Ganze? Damit ...

- ... die Interessengruppen die I&T-Strategie und den Fahrplan unterstützen.
- ... die Kommunikation mit den Interessengruppen effektiv und zeitnah ist.

6.2.12.2 APO – Anpassen, Planen und Organisieren

APO01 – gesteuertes I&T Management Framework

Um was geht es?

- Um ein I&T-Managementsystem auf der Grundlage der Unternehmensziele und anderen Designfaktoren

Warum das Ganze? Damit ...

- ... Anforderungen an die Unternehmensführung und Governance-Komponenten erfüllt sind

APO02 – gesteuerte Strategie

Um was geht es?

- Einen ganzheitlichen Überblick über das aktuelle Geschäfts- und I&T-Umfeld
- Die zukünftige Ausrichtung und die Initiativen, die benötigt werden, um Ziele zu erreichen
- Sicherstellung, dass der gewünschte Digitalisierungsgrad ein integraler Bestandteil der zukünftigen Ausrichtung und der I&T-Strategie ist
- Eine Bewertung der aktuellen Reife und die Entwicklung eines Fahrplans zur Schließung der Lücken

Warum das Ganze? Damit ...

- ... die digitale Transformationsstrategie des Unternehmens wirksam unterstützt wird.

APO03 – gesteuerte Unternehmensarchitektur

Um was geht es?

- Aufbau einer gemeinsamen Architektur, bestehend aus Geschäftsprozess-, Informations-, Daten-, Anwendungs- und Technologiearchitekturschichten
- Schlüsselmodelle und -praktiken, die die Basis- und Zielarchitekturen beschreiben, in Übereinstimmung mit der Unternehmens- und I&T-Strategie
- Anforderungen an Taxonomie, Standards, Richtlinien, Prozeduren, Vorlagen und Werkzeuge inklusive einer Verknüpfung für diese Komponenten
- Verbesserung der Ausrichtung, Erhöhung der Agilität, Verbesserung der Informationsqualität und Generierung von potenziellen Kosteneinsparungen durch Initiativen wie die Wiederverwendung von Bausteinkomponenten

Warum das Ganze? Damit ...

- ... eine standardisierte, reaktionsschnelle und effiziente Umsetzung operativer und strategischer Ziele ermöglicht ist

APO04 – gesteuerte Innovation

Um was geht es?

- Sensibilisierung für I&T- und damit zusammenhängende Service-Trends sowie die Beobachtung neuer Technologietrends
- Möglichkeiten für Geschäftsinnovationen oder -verbesserungen durch neue Technologien, Dienstleistungen oder I&T-fähige Geschäftsinnovationen

Warum das Ganze? Damit ...

- ... durch die Nutzung neuer I&T-Entwicklungen und Technologien Wettbewerbsvorteile, Geschäftsinnovationen, ein verbessertes Kundenerlebnis und verbesserte betriebliche Effektivität und Effizienz erzielt werden

APO05 – gesteuertes Portfolio

Um was geht es?

- Ausrichtung von Investitionen an der Vision der Unternehmensarchitektur und der I&T-Roadmap
- Bewertung, Priorisierung und Ausgewogenheit von Programmen und Dienstleistungen, Steuerung der Nachfrage innerhalb von Ressourcen- und Finanzierungsengpässe, basierend auf ihrer Ausrichtung auf strategische Ziele, Unternehmenswert und Risiko

Warum das Ganze? Damit ...

- ... die Leistung des gesamten Programmportfolios optimiert ist hinsichtlich Unternehmensprioritäten und Nachfrage

APO06 – gesteuertes Budget und Kosten

Um was geht es?

- Budget-, Kosten- und Nutzenmanagement
- Priorisierung der Ausgaben durch den Einsatz formaler Budgetierungspraktiken
- Ein faires und gerechtes System der Kostenverteilung auf das Unternehmen

Warum das Ganze? Damit ...

- ... das Unternehmen fundierte Entscheidungen über den Einsatz von I&T-Lösungen und -Services treffen kann.
- ... eine Partnerschaft zwischen der IT und den Interessengruppen des Unternehmens gefördert wird.

APO07 – gesteuertes Personalwesen

Um was geht es?

- Die Optimierung der Rekrutierung/Akquisition, Planung, Bewertung und Entwicklung der Personalressourcen (intern und extern)

Warum das Ganze? Damit ...

- ... Personalressourcen optimal zur Erreichung der Unternehmensziele eingesetzt werden

APO08 – gesteuerte Beziehungen

Um was geht es?

- Einen formalisierten und transparenten Umgang mit Interessensgruppen
- Offene Kommunikation, gemeinsame Sprache und die Bereitschaft auf beiden Seiten, Verantwortung zu übernehmen
- Eine Zusammenarbeit von Business und IT zur Erzielung der gewünschten Unternehmensergebnisse

Warum das Ganze? Damit ...

- ... bessere Ergebnisse, mehr Vertrauen, gegenseitiges Vertrauen und eine effektive Nutzung von Ressourcen erzielt werden können
- ... eine produktive Beziehung zu den Interessengruppen des Unternehmens gefördert wird

APO09 – gesteuerte Servicevereinbarungen

Um was geht es?

- Abstimmung von I&T-fähigen Produkten und Dienstleistungen und Service Levels auf die Bedürfnisse und Erwartungen des Unternehmens, einschließlich Identifizierung, Spezifikation, Design, Veröffentlichung, Vereinbarung und Überwachung von I&T-Produkten und -Services, Service Levels und Leistungsindikatoren

Warum das Ganze? Damit ...

- ... sichergestellt ist, dass I&T-Produkte, -Services und -Service Levels den aktuellen und zukünftigen Unternehmensanforderungen entsprechen.

APO10 – gesteuerte Vendoren

Um was geht es?

- Verwaltung von I&T-bezogenen Produkten und Dienstleistungen, die von allen Arten von Anbietern angeboten werden
- Suche und Auswahl von Lieferanten, das Management von Beziehungen, das Management von Verträgen sowie die Überprüfung und Überwachung der Lieferantenleistung und des Lieferantenökosystems auf Effektivität und Einhaltung von Vorgaben

Warum das Ganze? Damit ...

- ... die verfügbaren I&T-Fähigkeiten zur Unterstützung der I&T-Strategie und -Roadmap optimal eingesetzt werden.
- ... Risiken durch fehlerhafte oder nicht konforme Anbieter minimiert werden.
- ... wettbewerbsfähige Preise gewährleistet werden können.

APO11 – gesteuerte Qualität

Um was geht es?

- Definition und Kommunikation von Qualitätsanforderungen in allen Prozessen, Verfahren und damit verbundenen Unternehmensergebnissen
- Ermöglichung von Kontrollen, laufender Überwachung und der Anwendung bewährter Praktiken und Standards bei kontinuierlichen Verbesserungs- und Effizienzmaßnahmen

Warum das Ganze? Damit ...

- ... Qualitätsanforderungen des Unternehmens und die Bedürfnisse der Interessengruppen erfüllt werden.

APO12 – gesteuertes Risiko

Um was geht es?

- Fortlaufende Identifizierung und Bewertung von I&T-Risiken und Einhaltung der von der Unternehmensleitung festgelegten Toleranzgrenzen

Warum das Ganze? Damit ...

- ... das Unternehmen nicht unnötig überrascht wird und angemessene Ressourcen für Risikomanagement bereitgestellt werden.

APO13 – gesteuerte Sicherheit

Um was geht es?

- Definition, Betrieb und Überwachung eines Informationssicherheitsmanagementsystems

Warum das Ganze? Damit ...

- ... Auswirkungen und das Auftreten von Informationssicherheitsvorfällen innerhalb der Risikobereitschaft des Unternehmens bleiben.

APO14 – gesteuerte Daten

Um was geht es?

- Etablieren und Aufrechterhalten einer effektiven Verwaltung der Datenbestände des Unternehmens über deren gesamten Lebenszyklus, von der Erstellung über die Bereitstellung, Wartung und Archivierung

Warum das Ganze? Damit ...

- ... die kritischen Datenbestände zur Erreichung der Unternehmensziele effektiv genutzt werden.

6.2.12.3 BAI – Aufbauen, Beschaffen und Implementieren

BAI01 – gesteuerte Programme

Um was geht es?

- Koordinierte Verwaltung aller Programme aus dem Investitionsportfolio in Übereinstimmung mit der Unternehmensstrategie
- Initiieren, Planen, Steuern und Ausführen von Programmen und Überwachen des erwarteten Nutzens aus den Programmen

Warum das Ganze? Damit ...

- ... der gewünschte Nutzen realisiert wird und Risiken reduziert werden.

BAI02 – gesteuerte Definition von Anforderungen

Um was geht es?

- Analyse tatsächlicher Anforderungen und Identifikation von Lösungen
- Abstimmung mit den strategischen Anforderungen des Unternehmens

Warum das Ganze? Damit ...

- ... optimale Lösungen bereitgestellt werden.

BAI03 – gesteuerte Identifikation und Erstellung von Lösungen

Um was geht es?

- Etablierung und Aufrechterhaltung identifizierter Produkte und Dienstleistungen in Übereinstimmung mit den Unternehmensanforderungen

Warum das Ganze? Damit ...

- ... digitale Produkte und Dienstleistungen flexibel und skalierbar bereitgestellt werden.
- ... Lösungen, welche die Zielerreichung des Unternehmens unterstützen, zeitnah und effizient bereitgestellt werden.

BAI04 – gesteuerte Verfügbarkeit und Kapazität

Um was geht es?

- Einklang des aktuellen und zukünftigen Bedarfs an Verfügbarkeit, Leistung und Kapazität mit einer kostengünstigen Leistungserbringung

Warum das Ganze? Damit ...

- ... die Serviceverfügbarkeit gewährleistet bleibt.
- ... Ressourcen effizient verwaltet werden.
- ... die Systemleistung durch Vorhersage der zukünftigen Leistung und des Kapazitätsbedarfs weiterhin angemessen ist.

BAI05 – gesteuerte Organisationsänderung

Um was geht es?

- Nachhaltige Umsetzung unternehmensweiter organisatorischer Veränderungen
- Abdeckung des gesamten Lebenszyklus des Wandels und aller betroffenen Interessengruppen in Business und IT

Warum das Ganze? Damit ...

- ... Interessengruppen auf geschäftliche Veränderungen vorbereitet sind und das Fehlerrisiko reduziert wird.

BAI06 – gesteuerte IT Changes

Um was geht es?

- Kontrolle und Steuerung aller Änderungen in der IT einschließlich Standardänderungen und Notfallmaßnahmen in Bezug auf Geschäftsprozesse, Anwendungen und Infrastruktur

Warum das Ganze? Damit ...

- ... Änderungen schnell und zuverlässig bereitgestellt werden können bei geringem Risiko hinsichtlich Stabilität und Integrität der veränderten Umgebung

Auf dieser und den folgenden Seiten ist das Managementziel „BAI06 Managed IT-Changes“ auszugsweise dargestellt. Alle anderen Governance- und Managementziele sind analog aufgebaut.

Domäne: Aufbauen, Beschaffen und Implementieren (BAI) Managementziel: BAI06 – Managed IT Changes			Schwerpunktbereich: COBIT®-Hauptmodell
Beschreibung			
Steuern Sie alle Änderungen auf kontrollierte Weise, einschließlich Standardänderungen und Notfallwartung in Bezug auf Geschäftsprozesse, Anwendungen und Infrastruktur. Dazu gehören Änderungsstandards und -verfahren, Folgenabschätzung, Priorisierung und Genehmigung, Notfalländerungen, Verfolgung, Berichterstattung, Abschluss und Dokumentation.			
Zweck			
Ermöglichen Sie eine schnelle und zuverlässige Lieferung von Änderungen an das Unternehmen. Minimieren Sie das Risiko negativer Auswirkungen auf die Stabilität oder Integrität des veränderten Umfelds.			
Das Managementziel unterstützt die Erreichung einer Reihe von primären Unternehmens- und Ausrichtungszielen:			
Unternehmensziele („Enterprise Goals")	➔	**Ausrichtungsziele („Alignment Goals")**	
EG01 Portfolio von wettbewerbsfähigen Produkten und Dienstleistungen		**AG06 Agilität bei der Umsetzung von Geschäftsanforderungen in operative Lösungen.**	
Beispielmetriken für Unternehmensziele		**Beispielmetriken für Ausrichtungsziele**	
EG01 a) Prozent der Produkte und Dienstleistungen, die die Zielvorgaben in Bezug auf Umsatz und/oder Marktanteil erfüllen oder übertreffen b) Prozent der Produkte und Dienstleistungen, die die Kundenzufriedenheitsziele erreichen oder übertreffen c) Prozent der Produkte und Dienstleistungen, die einen Wettbewerbsvorteil bieten d) Zeit bis zur Markteinführung neuer Produkte und Dienstleistungen		AG06 a) Grad der Zufriedenheit von Geschäftsführern mit der I&T-Reaktionsfähigkeit auf neue Anforderungen b) Durchschnittliche Markteinführungszeit für neue I&T-bezogene Dienste und Anwendungen c) Durchschnittliche Zeit für die Umsetzung strategischer I&T-Ziele in vereinbarte und genehmigte Initiativen d) Anzahl kritischer Geschäftsprozesse, die durch eine moderne Infrastruktur und Anwendungen unterstützt werden	

Anmerkung des Autors: Diese und die folgenden Darstellungen dienen ausschließlich als Beispiel. Die Originalliteratur nennt vier sogenannte Key Management Practices.

- BAI06.01 Evaluate, prioritize and authorize change requests (bewerte, priorisiere und autorisiere Änderungsanfragen)
- BAI06.02 Manage emergency changes (steuere Notfalländerungen)
- BAI06.03 Track and report change status (Änderungsstatus verfolgen und melden)
- BAI06.04 Close and document the changes (Änderungen abschließen und dokumentieren)

Im Folgenden konzentrieren wir uns auf die beiden ersten Key Management Practices.

A. Komponente: Prozess	
Managementpraktik	**Beispielmetriken**
BAI06.01 Bewerte, priorisiere und autorisiere Änderungsanfragen Bewertung aller Änderungswünsche, um die Auswirkungen auf die Geschäftsprozesse und I&T-Dienstleistungen zu ermitteln und um zu beurteilen, ob sich die Änderung nachteilig auf das Betriebsumfeld auswirkt und ein inakzeptables Risiko darstellt. Sicherstellen, dass Änderungen protokolliert, priorisiert, kategorisiert, bewertet, genehmigt, geplant und terminiert werden.	a) Umfang der Nacharbeit aufgrund fehlgeschlagener Änderungen. b) Prozentsatz der erfolglosen Änderungen aufgrund unzureichender Auswirkungsanalysen
Aktivitäten	**Kompetenzstufe**
1. Verwenden Sie formale Änderungsanfragen, um die Eigentümer von Geschäftsprozessen und die IT-Abteilung in die Lage zu versetzen, Änderungen an Geschäftsprozessen, Infrastruktur, Systemen oder Anwendungen zu beantragen. Stellen Sie sicher, dass alle diese Änderungen nur durch den Prozess der Änderungsanfrageverwaltung entstehen.	2
2. Kategorisieren Sie alle beantragten Änderungen (z. B. Geschäftsprozesse, Infrastruktur, Betriebssysteme, Netzwerke, Anwendungssysteme, gekaufte/paketierte Anwendungssoftware) und beziehen sich auf die betroffenen Konfigurationselemente.	
Anmerkung des Autors: Diese Darstellung dient ausschließlich als Beispiel. Die Originalliteratur nennt an dieser Stelle fünf weitere Aktivitäten.	

A. Komponente: Prozess	
Zugehörige Leitlinien (Standards, Rahmenwerke, Compliance Anforderungen)	**Detaillierter Verweis**
ISF, Standard of Good Practice f. Information Security 2016	SY 2.4 Change Management
ISO/IEC 20000-1:2011(E)	9.2 Change Management
ITIL® V3, 2011	Service Transition, 4.2 Change Management
PMBOK Guide Sixth Edition, 2017	Part 1: 4.6 Perform Integrated Change Control
Management Practice	**Beispielmetriken**
BAI06.02 Steuere Notfalländerungen Verwalten Sie Notfalländerungen sorgfältig, um weitere Zwischenfälle zu minimieren. Stellen Sie sicher, dass die Notfalländerung kontrolliert und sicher durchgeführt wird. Vergewissern Sie sich, dass die Notfalländerungen nach der Änderung angemessen bewertet und autorisiert werden.	a) Anzahl der nicht autorisierten Notfalländerungen nach dem Vorfall b) Prozent der Gesamtänderungen, die Notfallreparaturen sind
Aktivitäten	**Kompetenzstufe**
1. Legen Sie fest, was eine Notfalländerung ausmacht.	2
2. Stellen Sie sicher, dass ein dokumentiertes Verfahren existiert, um Notfalländerungen zu erklären, zu bewerten, vorläufig zu genehmigen, nach der Änderung zu autorisieren und aufzuzeichnen.	
Anmerkung des Autors: Diese Darstellung dient ausschließlich als Beispiel. Die Originalliteratur nennt hier zwei weitere Aktivitäten. Dies gilt für Abschnitte B bis F entsprechend.	
Zugehörige Leitlinien (Standards, Rahmenwerke, Compliance-Anforderungen)	**Detaillierter Verweis**

B. Komponente: Organisatorische Strukturen				
Wesentliche Managementpraktiken	**Chief Information Officer**	**Business Process Owners**	**Service Manager**	**...**
BAI06.01 Bewerte, priorisiere und autorisiere Änderungsanfragen	A	R	R	
BAI06.02 Steuere Notfalländerungen	A		R	
Zugehörige Leitlinien (Standards, Rahmenwerke, Compliance-Anforderungen)	**Detaillierter Verweis**			
Keine zugehörigen Leitlinien zu dieser Komponente				

C. Komponente: Informationsflüsse und Objekte				
Management Practice	**Inputs**		**Output**	
	Von	Beschreibung	Beschreibung	Nach
BAI06.01 Bewerte, priorisiere und autorisiere Änderungsanfragen	BAI03.05	Integrierte und konfigurierte Lösungskomponenten	Änderungsplan und -kalender	BAI07.01
	DSS02.03	Genehmigte Service Requests	Genehmigte Change Requests	BAI07.01
	DSS03.03	Vorgeschlagene Lösungen für bekannte Fehler	Auswirkungsbeurteilung	Intern
	DSS03.05	Identifizierte nachhaltige Lösungen		
	DSS04.08	Genehmigte Planänderungen		
	DSS06.01	Ursachenanalysen und Empfehlungen		
BAI06.02 Steuere Notfalländerungen			Änderungsnachbetrachtung (PIR) der Notfalländerung	Intern
Zugehörige Leitlinien (Standards, Rahmenwerke, Compliance Anforderungen)		**Detaillierter Verweis**		
Keine zugehörigen Leitlinien zu dieser Komponente				

D. Komponente: Menschen, Fähigkeiten und Kompetenzen		
Fähigkeit	**Zugehörige Leitlinien (Rahmenwerke, Compliance-Anforderungen)**	**Detaillierter Verweis**
Änderungsmanagement	Skills Framework for the Information Age V6, 2015	CHMG
Änderungsunterstützung	e-Competence Framework (e-CF) – A common European Framework for ICTProfessionals in all industry sectors – Part 1: Framework, 2016	C. Run – C.2. Change Support

E. Komponente: Richtlinien und Verfahren			
Relevante Richtlinie	**Richtlinienbeschreibung**	**Zugehörige Leitlinien**	**Detaillierter Verweis**
IT-Änderungs-managementrichtlinie	Vermittelt die Managementabsicht, dass alle Änderungen an der Unternehmens-IT so verwaltet und umgesetzt werden, dass Risiken und Auswirkungen für die Beteiligten minimiert werden. Deckt den standardmäßigen Änderungs-managementprozess und die Assets im Geltungsbereich ab.		

F. Komponente: Kultur, Moral und Verhalten		
Wesentliche Elemente der Kultur	**Zugehörige Leitlinien**	**Detaillierter Verweis**
Führungskräfte müssen eine Kultur der kontinuierlichen Verbesserung von IT-Lösungen und -Dienstleistungen schaffen und dabei erkennen, dass sie die Auswirkungen von Technologieänderungen auf das Unternehmen, die damit verbundenen Risiken und die damit verbundene Minderung sowie die Kosten verstehen müssen. Die Führungskräfte müssen die Auswirkungen des Wandels gegen den erwarteten Nutzen und den Beitrag zur I&T-Strategie und den Unternehmenszielen abwägen.		

G. Komponente: Services, Infrastrukturen und Anwendungen
▪ Werkzeuge für das Konfigurationsmanagement ▪ Werkzeuge für das IT-Änderungsmanagement

BAI07 – gesteuerte IT-Änderungsannahme und -Übernahme

Um was geht es?

- Um die formale Annahme und Umsetzung neuer operativer Lösungen inklusive Implementierungsplanung, System- und Datenkonvertierung, Akzeptanztests, Kommunikation, Release-Vorbereitung, Förderung der Produktion neuer oder geänderter Geschäftsprozesse und I&T-Dienstleistungen, frühzeitige Produktionsunterstützung und eine Überprüfung nach der Implementierung

Warum das Ganze? Damit ...

- ... Lösungen sicher und im Einklang mit den vereinbarten Erwartungen und Ergebnissen implementiert werden.

BAI08 – gesteuertes Wissen

Um was geht es?

- Um die Aufrechterhaltung der Verfügbarkeit relevanter, aktueller, validierter und zuverlässiger Informationen zur Unterstützung aller Prozessaktivitäten und zur Erleichterung der Entscheidungsfindung im Zusammenhang mit der Steuerung und Verwaltung von I&T in Unternehmen

Warum das Ganze? Damit ...

- ... alle Mitarbeiter bei der Leitung und Verwaltung von I&T im Unternehmen unterstützt werden und eine fundierte Entscheidungsfindung möglich ist.

BAI09 – gesteuerte Assets

Um was geht es?

- Die Verwaltung aller Assets (I&T-Anlagen) inklusive Software und Lizenzen über deren gesamten Lebenszyklus hinweg

Warum das Ganze? Damit ...

- ... die Nutzung der Assets einen Mehrwert zu optimalen Kosten liefert.
- ... die Assets, die für die Unterstützung der Servicefähigkeit entscheidend sind, zuverlässig und verfügbar sind.

BAI10 – gesteuerte Konfiguration

Um was geht es?

- Die Definition und Pflege von Beschreibungen und Beziehungen zwischen den wichtigsten Ressourcen und Fähigkeiten, die für die Bereitstellung von Services erforderlich sind. Dazu gehören das Sammeln von Konfigurationsinformationen, das Einrichten von Baselines sowie das Verifizieren, Überprüfen und Aktualisieren von Konfigurationsinformationen

Warum das Ganze? Damit ...

- ... I&T-Services und zugrunde liegende Komponenten effektiv verwaltet werden können.
- ... die Bewertung der Auswirkungen von Änderungen und Störungen unterstützt wird.

BAI11 – gesteuerte Projekte

Um was geht es?

- Verwaltung aller Projekte des Unternehmens in Übereinstimmung mit der Unternehmensstrategie und dem Standard-Projektmanagementverfahren

Warum das Ganze? Damit ...

- ... definierte Projektergebnisse erzielt und Risiken angemessen reduziert werden.

6.2.12.4 DSS – Bereitstellen, Betreiben und Unterstützen

DSS01 – gesteuerter Betrieb

Um was geht es?

- Koordination und Ausführung der Aktivitäten und Betriebsabläufe, die für die Erbringung interner und externer I&T-Dienstleistungen erforderlich sind inklusive der erforderlichen Überwachungsaktivitäten

Warum das Ganze? Damit ...

- ... Ergebnisse wie geplant geliefert werden.

DSS02 – gesteuerte Service Requests und Störungen

Um was geht es?

- Um die Verfügbarkeit von I&T durch rechtzeitige und wirksame Reaktion auf Störungen und Benutzeranfragen

Warum das Ganze? Damit ...

- ... die Produktivität auf Seiten der Kunden und Anwender erhöht wird.
- ... Kunden und Anwender mit unserer Leistung zufrieden sind.

DSS03 – gesteuerte Probleme

Um was geht es?

- Die Vermeidung wiederkehrender Vorfälle und die Reduktion von Auswirkungen der Vorfälle

Warum das Ganze? Damit ...

- ... die gesamte Servicequalität besser wird.

DSS04 – gesteuerte Kontinuität

Um was geht es?

- Die Fortführung des Betriebs kritischer Geschäftsprozesse und erforderlicher I&T-Services
- Halten der Verfügbarkeit von Ressourcen, Vermögenswerten und Informationen auf einem für das Unternehmen akzeptablen Niveau

Warum das Ganze? Damit ...

- ... das Unternehmen auch erhebliche Störungen überlebt.

DSS05 – gesteuerte Security Services

Um was geht es?

- Den Schutz von Unternehmensinformationen und die Einhaltung eines akzeptablen Niveaus der Informationssicherheit

Warum das Ganze? Damit ...

- ... die geschäftlichen Auswirkungen von Schwachstellen und Vorfällen der betrieblichen Informationssicherheit minimiert werden.

DSS06 – gesteuerte Geschäftsprozesskontrollen

Um was geht es?

- Definition und Pflege geeigneter Geschäftsprozesskontrollen, um sicherzustellen, dass Informationen, die sich auf interne oder ausgelagerte Geschäftsprozesse beziehen und von diesen verarbeitet werden, alle relevanten Anforderungen an die Informationskontrolle erfüllen

Warum das Ganze? Damit ...

- ... Informationsintegrität und Sicherheit von Informationen, die innerhalb von Geschäftsprozessen im Unternehmen oder im ausgelagerten Betrieb verarbeitet werden, aufrechterhalten bleiben.

6.2.12.5 MEA – Überwachen, Evaluieren and Beurteilen

MEA01 – gesteuerte Leistungs- und Konformitätsüberwachung

Um was geht es?

- Sammeln, validieren und bewerten der Unternehmens- und Ausrichtungsziele und zugehörigen Kennzahlen
- Überwachung der Prozesse und Praktiken im Vergleich zu vereinbarten Zielen und Kennzahlen
- Bereitstellung einer systematischen und zeitnahen Berichterstattung

Warum das Ganze? Damit ...

- ... Leistung und Konformität transparent sind und die Zielerreichung vorangetrieben wird.

MEA02 – gesteuertes internes Kontrollsystem

Um was geht es?

- Kontinuierliche Überwachung und Bewertung der Kontrollumgebung
- Planung, Organisation und Aufrechterhaltung von Standards für die Beurteilung der internen Kontrolle und die Wirksamkeit der Prozesskontrolle

Warum das Ganze? Damit ...

- ... Transparenz für die wichtigsten Interessengruppen über die Angemessenheit des Systems der internen Kontrollen und damit Vertrauen in die Geschäftstätigkeit, Vertrauen in die Erreichung der Unternehmensziele und ein angemessenes Verständnis des Restrisikos geschaffen werden.

MEA03 – gesteuerte Einhaltung externer Anforderungen

Um was geht es?

- Übereinstimmung der I&T-Prozesse und I&T-gestützten Geschäftsprozesse mit Gesetzen, Vorschriften und vertraglichen Anforderungen

Warum das Ganze? Damit ...

- ... alle geltenden externen Anforderungen erfüllt sind.

MEA04 – gesteuerte Sicherstellung

Um was geht es?

- Planung, Umfang und Durchführung von Sicherheitsinitiativen zur Einhaltung interner Anforderungen, Gesetze, Vorschriften und strategischer Ziele

Warum das Ganze? Damit ...

- ... das Management in die Lage versetzt wird, eine angemessene und nachhaltige Sicherung im Unternehmen zu gewährleisten.

Praxistipp

Je nach Rechtsform, Land, Branche, erzeugten Endprodukten oder erworbenen Zertifikaten gibt es in Bezug auf die Governance- und Managementziele inklusive ihrer Prozesse verpflichtende Anforderungen, welche zwingend erfüllt werden müssen.

Bei den Zielen und Prozessen, für die diese Anforderungen nicht gelten, sollten Sie die Priorisierung anhand der Wichtigkeit des Ziels/Prozesses für Ihr Unternehmen und die Dringlichkeit der Einführung bzw. Verbesserung vornehmen. Folgende Fragestellungen helfen Ihnen hierbei:

- Welchen Beitrag leistet das Ziel/der Prozess zu den IT-Zielen und mittelbar zu den Unternehmenszielen?
- Wie hoch ist die „Außenwirkung“ des Ziels/Prozesses (trägt direkt/indirekt/gar nicht zur Kundenzufriedenheit bei)?
- Wie häufig wird der zugehörige Prozess durchgeführt?
- Mit welchem Ressourceneinsatz wird das Ziel erreicht?
- Wie fehleranfällig ist der zugehörige Prozess?
- Wie ist die Wahrnehmung der primären Stakeholder des Ziels/Prozesses?

6.2.13 Design des „eigenen" Governance-Systems

Kapitel 7 der Publikation „COBIT® 2019 FRAMEWORK: INTRODUCTION AND METHODOLOGY" beschreibt abstrakt den „Entwurf eines maßgeschneiderten Governance-Systems".

Hier gibt es zwei Abschnitte:

1. **Einfluss der Designfaktoren**
   Hierzu finden Sie weitere Informationen im Abschnitt „Designfaktoren" in diesem Kapitel.
2. **Phasen und Schritte im Designprozess**
   Die Phasen und Schritte sind in der folgenden Tabelle aufgeführt. Da die Phasen und Schritte jedoch sehr abstrakt sind, habe ich einige Stellen kommentiert.

Phase	Schritte/Themen	siehe
1. Kontext und Strategie des Unternehmens verstehen	Verstehen	
	▪ der Unternehmensstrategie	K.1.A
	▪ der Unternehmensziele	K.1.A
	▪ des Risikoprofils	K.1.B
	▪ aktueller I&T-bezogener Themen	K.1.C
2. Den anfänglichen Umfang des Governance-Systems bestimmen	Berücksichtigen	
	▪ der Unternehmensstrategie	
	▪ der Unternehmensziele und Anwenden der COBIT®-Zielkaskade	K.2.A
	▪ des Unternehmens-Risikoprofils	
	▪ aktueller I&T-bezogenen Themen	
3. Den Anwendungsbereich des Governance-Systems verfeinern	Berücksichtigen	
	▪ der Gefährdungslandschaft	K.3.A
	▪ der Compliance-Anforderungen	K.3.B
	▪ der Rolle der IT	K.3.C
	▪ des Sourcing-Modells	K.3.D
	▪ Umsetzungsmethoden der IT	K.3.E
	▪ Anpassungsstrategien der IT	K.3.E
	▪ Unternehmensgröße	K.3.F
4. Die Gestaltung des Governance-Systems abschließen	▪ Lösen inhärenter Prioritätenkonflikte	K.4.A
	▪ Abschließen der Design-Phase	K.4.B

Die Publikation „Designing an Information and Technology Governance Solution" liefert weitere Informationen hierzu, siehe Details im Abschnitt „Struktur der einzelnen Publikationen".

Kürzel	Kommentar
K.1.A	Verstehen der Unternehmensstrategie und -ziele klingt leichter, als es in der Realität ist. In der Realität werden Strategien und Ziele oft unzureichend erarbeitet, kommuniziert und gepflegt. Machen Sie im eigenen Unternehmen den Test und hinterfragen Sie die Strategien und Ziele und prüfen Sie, ob beispielsweise die Abteilungsziele die Bereichsziele stützen und diese wiederum die Unternehmensziele.
K.1.B	Um das Risikoprofil verstehen zu können, muss dieses vorher belastbar und nachvollziehbar erstellt worden sein. Prüfen Sie, von wem und nach welchen Vorgaben das Risikoprofil erstellt wurde. Achten Sie ferner darauf, ob alle relevanten Unternehmensaspekte eingeflossen sind oder eine „Unwucht" herrscht, beispielsweise Projekt- und Währungsrisiken berücksichtigt wurden, jedoch operative Risiken des Betriebs und regulatorische Anforderungen außen vor geblieben sind.
K.1.C	Wie sehen die aktuellen Ressourcen und Fähigkeiten meiner IT aus und wie sollen sie einmal aussehen? Gibt es hier Änderungsbestrebungen, die zu berücksichtigen sind?
K.2.A	Die COBIT®-Zielkaskade bitte nicht dogmatisch anwenden, sondern als Inspiration verstehen.
K.3.A	Es gilt der Kommentar K.1.B zum Risikoprofil entsprechend.
K.3.B	Auch die Compliance-Anforderungen müssen vollständig erhoben und bewertet worden sein. Sie sollten nicht nur die aktuellen internen und externen Vorgaben beinhalten, sondern auch einen Ausblick auf zukünftige Anforderungen.
K.3.C	Sie sollten nicht nur die Rolle der IT berücksichtigen, sondern auch den „Stellenwert" der IT und die Stellung des IT-Leiters - es macht einen gravierenden Unterschied, ob der IT-Leiter Teil der Geschäftsführung ist oder nur gelegentlich „am Katzentisch geduldet" wird.
K.3.D	Auch hier gilt: Nicht nur das aktuelle Sourcing-Modell berücksichtigen, sondern auch geplante Änderungen am Modell berücksichtigen.
K.3.E	Die Umsetzungsmethoden und Anpassungsstrategien der IT müssen beobachtet werden und mit dem Zielbild des Governance-Systems übereinstimmen. Wenn die IT de facto nicht mitziehen kann, muss eventuell das Governance-System „kleinere Brötchen backen".

Kürzel	Kommentar
K.3.F	Zwar können auch Unternehmen mit 20 Mitarbeitern COBIT® anwenden und sie haben normalerweise auch ein Governance-System - die Frage ist lediglich, wie (un-)bewusst dies erfolgt und welchen Reifegrad das System hat. Hier gilt es, die Organisation nicht mit zu viel Theorie und zu viel Umsetzung auf einmal zu überfordern. Gerade in der Anfangszeit kann die Organisation von einem externen Mentoring profitieren. Abgesehen vom Mentoring kann der externe Fachmann auch bei Bedarf unter die Arme greifen oder weitere Beratungsleistung anbieten (vgl. externe Datenschutz- und/oder Informationssicherheitsbeauftragte). Auch bei „großen" Unternehmen ist Vorsicht geboten beim Design des Governance-Systems. Wer hier zu viel auf einmal will und das Gesamtunternehmen als Anwendungsbereich definiert, verbrennt u. U. nur Zeit, Geld und Nerven, baut aber kein Governance-System auf. Hier empfiehlt es sich, mit ein oder zwei Bereichen des Unternehmens anzufangen und das Governance-System nach und nach auszurollen. Die Auswahl der „Pilotbereiche" sollte sich dabei nach der Bedeutung für das Gesamtunternehmen richten. Die Pilotbereiche müssen auch hinsichtlich Größe und Einbindung in die Gesamtstruktur aussagekräftig für die nachfolgenden Einheiten sein.
K.4.A	Wohl dem, dessen Unternehmen ein aktiv gelebtes, objektives und belastbares Portfoliomanagement hat. Hier sollte es ein Leichtes sein, Prioritätenkonflikte zu bewerten und Entscheidungen zu treffen.
K.4.B	Der Abschluss der Design-Phase und das endgültige Zielbild sollten formell kommuniziert werden. Die Design-Phase wird oft Monate nach einem Kick-Off beendet und die ursprüngliche Motivation für die gesamte Veränderungsmaßnahme ist bei vielen Betroffenen wieder in den Hintergrund gerückt. Bevor die Organisation jetzt in die eigentliche Transition geht, sollten alle Stakeholder wieder „abgeholt und eingenordet" werden.

6.2.14 Implementierung

Zwischen Design des Governance-Systems und der anschließenden Transition sollten Sie einen Blick in die Publikation „Implementing and Optimizing an Information and Technology Governance Solution" werfen, vgl. Abschnitt „Struktur der einzelnen Publikationen".

In dieser Publikation wird in Kapitel 3 („Die ersten Schritte in Richtung EGIT") unter anderem der Lebenszyklus-Ansatz für die kontinuierliche Verbesserung vorgestellt. Dieser ist in sieben Phasen unterteilt, die wiederum Fragestellungen in Bezug auf die Perspektiven „Programm-Management", „Änderungen ermöglichen" und „Kontinuierliche Verbesserung des Lebenszyklus" behandeln.

Tabelle 6.1 Phasen und Perspektiven der COBIT®-5-Implementation

Phase der Implementierung/ Fragestellung	Perspektive „Programm-Management“	Perspektive „Änderungen ermöglichen“	Perspektive „Kontinuierliche Verbesserung des Lebenszyklus“
1. Welche Treiber gibt es?	Programm initiieren	Wunsch nach Veränderung schaffen	Handlungsbedarf erkennen
2. Wo befinden wir uns heute?	Probleme und Chancen definieren	Implementierungsteam aufstellen	Aktuellen Zustand erfassen
3. Wo möchten wir stehen?	Roadmap festlegen	Ergebnis kommunizieren	Zielzustand definieren
4. Was muss getan werden?	Programm planen	Rolleninhaber identifizieren	Verbesserungen entwickeln
5. Wie kommen wir dorthin?	Plan ausführen	Betreiben und nutzen	Verbesserungen implementieren
6. Sind wir angekommen?	Nutzen realisieren	Neue Ansätze integrieren	Betreiben und messen
7. Wie halten wir die Dynamik aufrecht?	Effektivität überprüfen	Aufrechterhalten	Überwachen und evaluieren

Die einzelnen Phasen werden kurz erläutert und „Starthilfen“ werden gegeben.

Kapitel 4 „Identifizieren von Herausforderungen und Erfolgsfaktoren“ ergänzt dies. Hier werden in Form von Tabellen für jede Phase

- Herausforderungen,
- grundlegende Ursachen und
- Erfolgsfaktoren

aufgelistet. Hierbei handelt es sich nicht um einfache 1:1-Beziehungen, sondern die Autoren sind hier weiter ins Detail gegangen.

Tabelle 6.2 Übersicht über Herausforderungen, grundlegende Ursachen und Erfolgsfaktoren

<table>
<tr><th>Phase der Implementierung/ Fragestellung</th><th>Anzahl der Herausforderungen</th><th>Anzahl der grundlegenden Ursachen</th><th>Anzahl Erfolgsfaktoren</th></tr>
<tr><td>1. Welche Treiber gibt es?</td><td>7</td><td>29</td><td>39</td></tr>
<tr><td>2. Wo befinden wir uns heute?</td><td rowspan="2">4</td><td rowspan="2">18</td><td rowspan="2">16</td></tr>
<tr><td>3. Wo möchten wir stehen?</td></tr>
<tr><td>4. Was muss getan werden?</td><td>6</td><td>18</td><td>31</td></tr>
<tr><td>5. Wie kommen wir dorthin?</td><td>4</td><td>23</td><td>22</td></tr>
<tr><td>6. Sind wir angekommen?</td><td rowspan="2">3</td><td rowspan="2">7</td><td rowspan="2">21</td></tr>
<tr><td>7. Wie halten wir die Dynamik aufrecht?</td></tr>
<tr><td>Summen</td><td>24</td><td>105</td><td>129</td></tr>
</table>

Abgesehen von den reinen und nackten Zahlen überzeugen der Inhalt und die Art der Aufbereitung. Bei allen drei Aspekten werden genau die Themen genannt, die wir auch in der Praxis immer wieder als Herausforderung/Ursache/Erfolgsfaktor wahrnehmen.

Die Zuordnung von Herausforderungen zu den Ursachen und Erfolgsfaktoren haben meines Erachtens Praktiker mit viel Erfahrung vorgenommen, sodass man sich bei in der Aufstellung sehr gut zurechtfindet und bedienen kann.

Darüber hinaus sind die Erfolgsfaktoren als Aufgaben formuliert, sodass die Tabellen auch direkt als Checklisten im Programm/Projekt verwendet werden können. Und das nicht nur bei „Governance-Projekten", sondern generell.

6.2.15 Fazit

COBIT® kann seit Version 4.0 komplementär zu ITIL® verwendet werden. Und noch vor ITIL® orientierte sich COBIT® an einem Lifecycle-Gedanken. Auch bei dem Perspektivwechsel von einer Prozesssicht hin zu einer Sicht auf verschiedene Komponenten, deren Zusammenwirken zum Erreichen von Governance- und Managementzielen führt, ist COBIT® ITIL® um einiges voraus. Dafür ist ITIL® bei der Beschreibung der einzelnen Prozesse detaillierter und stellenweise näher an der gelebten Praxis und fokussiert auf IT-Service Management.

Wer einzelne Prozesse oder logische Prozessgruppen (bspw. den Cluster Configuration, Change und Release Management) betrachten und optimieren möchte, ist mit ITIL® gut bedient. Wer darüber hinaus sicherstellen will, dass diese Prozesse ihren Wertbeitrag zur Gesamtleistung der IT leisten, und die Prozesse in ein Managementsystem einbinden will, mit dem „Enterprise Governance of IT" Realität wird, sollte als Eingangskanal COBIT® wählen. Der rote Faden, an dem man sich orientieren kann, ist deutlich dicker als bei ITIL® und liefert direkt Hinweise auf relevante Normen und Frameworks, die im jeweiligen Detail hilfreich sind.

6.2.16 Liste der Normen und Richtlinien, die ISACA bei der Entwicklung von COBIT® 2019 verwendet hat

- CIS® Center for Internet Security®,
  The CIS Critical Security Controls for Effective Cyber Defense, Version 6.1, August 2016
- Cloud standards and good practices:
  - Amazon Web Services (AWS®)
  - Security Considerations for Cloud Computing, ISACA
  - Controls and Assurance in the Cloud: Using COBIT® 5, ISACA
- CMMI® Cybermaturity Platform, 2018
- CMMI® Data Management Maturity (DMM)SM model, 2014
- CMMI® Development V2.0, CMMI Institute, USA, 2018
- Committee of Sponsoring Organizations (COSO)
  Enterprise Risk Management (ERM) Framework, June 2017

- European Committee for Standardization (CEN), e-Competence Framework (e-CF) – A common European Framework for ICT Professionals in all industry sectors – Part 1: Framework, EN 16234-1:2016
- HITRUST® Common Security Framework, version 9, September 2017
- Information Security Forum (ISF), The Standard of Good Practice for Information Security 2016
- International Organization for Standardization/International Electrotechnical Commission (ISO/IEC) standards
  - ISO/IEC 20000-1:2011(E)
  - ISO/IEC 27001:2013/Cor.2:2015(E)
  - ISO/IEC 27002:2013/Cor.2:2015(E)
  - ISO/IEC 27004:2016(E)
  - ISO/IEC 27005:2011(E)
  - ISO/IEC 38500:2015(E)
  - ISO/IEC 38502:2017(E)
- Information Technology Infrastructure Library (ITIL®) v3, 2011
- Institute of Internal Auditors® (IIA®), „Core Principles for the Professional Practice of Internal Auditing"
- King IV Report on Corporate Governance™, 2016
- US National Institute of Standards and Technology (NIST) standards:
  - Framework for Improving Critical Infrastructure Cybersecurity V1.1, April 2018
  - Special Publication 800-37, Revision 2 (Draft), May 2018
  - Special Publication 800-53, Revision 5 (Draft), August 2017
- Options for Transforming the IT Function Using Bimodal IT, MIS Quarterly Executive (white paper)
- A Guide to the Project Management Body of Knowledge: PMBOK® Guide, Sixth Edition, 2017
- PROSCI® 3-Phase Change Management Process
- Scaled Agile Framework for Lean Enterprises (SAFe®)
- Skills Framework for the Information Age (SFIA®) V6, 2015
- The Open Group IT4IT™ Reference Architecture, version 2.0
- The Open Group Standard TOGAF® version 9.2, 2018
- The TBM Taxonomy, The TBM Council

(Quelle: COBIT® 2019 FRAMEWORK: INTRODUCTION & METHODOLOGY, S. 63 f.)

6.3 BPMN 2.0

Im Hauptteil dieses Buchs geht es um die Prozesse des IT-Service-Managements. In diesem Kapitel wird „Business Process Model and Notation" in der aktuellen Version vorgestellt. In der Praxis ist es notwendig, definierte Prozesse so zu dokumentieren, dass sie zum einen von den Akteuren verstanden werden und zum anderen eine eindeutige und nachvollziehbare Notation sichergestellt ist. Später in diesem Kapitel werden die Verwendungsmöglichkeiten der BPMN im Hinblick auf die ITSM-Prozesse beleuchtet.

Dieses Kapitel bietet keinen Ersatz für die tiefgehende Beschäftigung mit BPMN 2.0. Es ist eine erste gründliche Information mit vielen Elementen der BPMN und Beispielen und stellt sich hoffentlich als „Appetizer" heraus. Wenn Sie anschließend richtig Hunger haben und sich tiefgehend mit der BPMN und ihren Möglichkeiten bis hin zur Prozessautomatisierung beschäftigen wollen, orientieren Sie sich an den Leseempfehlungen und Hinweisen am Ende des Kapitels.

Für BPMN gibt es eine Norm, die ISO/IEC 19510:2013. Die Inhalte daraus entsprechen BPMN 2.0.1. Der Einfachheit halber reden wir von BPMN 2.0. Wie in ITIL® und anderen Methoden wird auch im Glossar dieser Norm der Begriff „Prozess" definiert:

> *„A sequence or flow of Activities in an organization with the objective of carrying out work. In BPMN, a Process is depicted as a graph of Flow Elements, which are a set of Activities, Events, Gateways, and Sequence Flow that adhere to a finite execution semantics."*

Sinngemäß übersetzt bedeutet dies: „Eine Folge oder ein Fluss von Aktivitäten in einer Organisation mit dem Ziel, Arbeit zu verrichten. In BPMN wird ein Prozess grafisch dargestellt und zeigt Flusselemente, die einen Satz an Aktivitäten, Ereignissen, Gateways und Flüssen bilden, welche eine endliche Semantik einhalten."

Die Übersetzung in die deutsche Sprache zeigt, dass weitere Definitionen hilfreich sind.

- **Semantik**

  Bedeutung gemäß der Seite *http://www.openthesaurus.de*

  - „1. Disziplin der Linguistik: die Lehre von der Bedeutung von einfachen und komplexen sprachlichen Zeichen [...]
  - 2. Bedeutung, Inhalt sprachlicher Ausdrücke (Duden. Deutsches Universalwörterbuch. 6., überarbeitete und erweiterte Auflage. Dudenverlag, Mannheim/Leipzig/Wien/Zürich 2007. ISBN 3-411-05506-5)"

  Zitat aus Praxishandbuch BPMN 2.0: „Die inhaltliche Bedeutung der Symbole bzw. der Konstrukte, die mit den Symbolen modelliert werden können, wird als Semantik bezeichnet."

- **Syntax**

  Bedeutung gemäß der Seite *http://www.openthesaurus.de*

  - „1. Die Syntax ist ein Wissenssystem, das uns befähigt, elementare Einheiten (wie z. B. ‚Wörter') zu größeren Einheiten (z. B. Phrasen, Sätze) zu verknüpfen [...] bzw. diese Verknüpfungen zu erkennen [...]. (Nach Hubert Haider, Universität Salzburg)".

  Zitat aus „Praxishandbuch BPMN 2.0": „BPMN beinhaltet eine ganze Menge Symbole. Ferner existiert eine gewisse Methodik, die sich vor allem in den Regeln ausdrückt, nach denen diese Symbole miteinander verbunden werden dürfen. Die grafische Definition der Symbole und die Regeln ihrer Anwendung bezeichnet man auch als Syntax."

BPMN ist eine Notation, also ein System von Zeichen und Symbolen, die uns helfen, stattfindende Sachverhalte zu modellieren. Der Sachverhalt ist oftmals gegeben und es muss aus unterschiedlichen Gründen ein Prozess dokumentiert werden.

- Man erkennt, dass es mit guten Schaubildern leichter fällt, Aktivitäten zielgerichtet durchzuführen als mit rein textbasierten Vermittlungsansätzen.
- Aufgrund schlechter Prozessperformance oder unzureichender Ergebnisse (Outputs) wird eine Untersuchung des Prozesses durchgeführt. Man stellt fest, dass der Prozess nicht (ausreichend) dokumentiert ist. An und für sich ist er zwar durchdacht und wird von einem Großteil der Anwender korrekt durchgeführt - von einigen Anwendern des Prozesses eben nicht.
- Interne oder externe Auditoren haben bemängelt, dass eine angemessene Prozessdokumentation nicht vorhanden oder veraltet ist und dieser Feststellung muss nun begegnet werden.
- Der Sachverhalt an sich wird angepasst, es gibt also eine Prozessänderung und es wird bei dieser Gelegenheit die Dokumentation auch angepasst oder erstmalig erstellt.

Was auch immer die Gründe sind: Meistens sind Sachverhalte (zum Beispiel bestehende Prozesse) gegeben und müssen „nur noch gezeichnet werden". Die Praxis zeigt, dass viele Prozessmodelle auch wirklich nur Zeichnungen sind. Der „Zeichner" versteht in der Regel, was er gemeint hat, als er die Zeichnung angefertigt hat. Beim Leser wird es schon schwerer. Gibt es hier Verständnisprobleme, müsste der Leser entweder genau wissen, wie der Zeichner des Prozesses denkt oder diesen persönlich kennen, um ihn fragen zu können. Abgesehen davon, dass dieser Interpretationsspielraum bei der Dokumentation eindeutiger Vorgänge per se nicht hilfreich ist, wird diese Nachfrage in den seltensten Fällen möglich sein.

Leider ist es in der Praxis häufig so, dass Prozesse entweder gezeichnet werden, weil ein Zwang da ist oder weil das Nicht-Vorhandensein einer bildhaften Darstellung irgendeinen Mitarbeiter in der Abteilung so sehr nervt, dass er „das halt mal macht". Und wenn schon einer aus der Abteilung freiwillig zum Zeichengerät greift, redet man ihm auch gar nicht rein, welches Zeichengerät das sein soll. Im schlimmsten Fall ergibt sich dann diese Situation:

- *Abteilung A:* Prozesse detailliert beschrieben in Microsoft Word
- *Abteilung B:* Prozesse bildhaft dargestellt in Microsoft PowerPoint
- *Abteilung C:* Gar keine Dokumentation
- *Abteilung D:* Nach längerem Abwägen zwischen Microsoft Visio und der ARIS Suite dann doch Visio genommen, weil „das eh schon da war und wir das kennen"
- *Abteilung E:* Einen ganz ambitionierten Mitarbeiter mit lokalen Admin-Rechten, der sich ein Super-Tool heruntergeladen hat, weil „Tools sind immer gut und das hier kann sogar einen Großteil von BPMN 2, das ist state-of-the-art - und kostet nichts."

Das ist umso unglücklicher, wenn wir uns daran erinnern, dass der größte Nutzen von Prozessen in der Regel in der abteilungsübergreifenden Zusammenarbeit liegt. Falls Ihnen die Situation bekannt vorkommt und Sie sich fragen, was man denn nun als Nächstes tun könnte, dann keine Sorge: Auch dieser Organisation kann geholfen werden. Wie auch in den anderen Kapiteln dieses Buchs geht es auch hier nicht darum, einen starren Weg vorzuschreiben. In erster Linie geht es darum, ein Bewusstsein zu entwickeln für die Notwendigkeit

1. eines gemeinsamen Ziels,
2. einer validen Planung der Zielerreichung,
3. der Befähigung der beteiligten Personen, um an der Zielerreichung mitzuwirken.

Welchen Zeichensatz, welche Sprache und welches Werkzeug Sie schlussendlich einsetzen, ist zweitrangig.

6.3.1 Hintergrund – Business Process Management

Der englische Begriff Business Process Management wird mit BPM abgekürzt und im Deutschen Geschäftsprozessmanagement genannt. Oft wird in der Praxis der Einfachheit halber auch nur der Begriff Prozessmanagement genannt.

Die European Association of BPM (EABPM) schreibt hierzu im „BPM Common Body of Knowledge“: „BPM ist ein systematischer Ansatz, um sowohl automatisierte als auch nicht-automatisierte Prozesse

- zu erfassen,
- zu gestalten,
- auszuführen,
- zu dokumentieren,
- zu messen,
- zu überwachen und
- zu steuern

und damit nachhaltig die mit der Unternehmensstrategie abgestimmten Ziele zu erreichen. BPM umfasst die bewusste und zunehmend IT-unterstützte Bestimmung, Verbesserung, Innovation und Erhaltung von End-to-end-Prozessen.“

Sie müssen keine Bedenken haben, dass BPM vielleicht „zu mächtig“, „zu abstrakt“, „zu hochentwickelt“ ist. Der eine oder andere Leser hat eventuell bei der Passage „nachhaltig die mit der Unternehmensstrategie abgestimmten Ziele zu erreichen“ kurz inne gehalten und sich erinnert, dass es in seinem Unternehmen keine sichtbare Unternehmensstrategie und keine abgestimmten Ziele gibt oder nur in Bruchstücken – da stellt sich in einem ersten Impuls natürlich die Frage „Was soll ich als Verantwortlicher für eine unterstützende Einheit so ein Fass aufmachen?“, zumal es ja „Geschäftsprozessmanagement“ heißt und nicht „ITSM-Prozessmanagement“.

Es gibt jedoch neben den oben genannten noch viele weitere Gründe für ein strukturiertes Prozessmanagement. Im Geschäft eines IT Service Providers geht es in erster Linie um das IT-Service-Management. Und hier gibt es eine Vielzahl an Prozessen, die erfasst, gestaltet, ausgeführt, dokumentiert, gemessen, überwacht und gesteuert werden müssen.

Also exakt das Gleiche, wie weiter oben in der Passage aus dem Body of Knowledge der EABPM. Diese Sachverhalte und der gesunde Menschenverstand lassen uns erkennen, wie wertvoll gute Prozessmodelle sind. Hier einige Beispiele, wo diese Modelle hilfreich sind:

- Im Rahmen von Gesprächen kann mit ihrer Hilfe strukturiert festgestellt werden, ob die erfassten Informationen korrekt verstanden wurden.

- Mit Hilfe von Simulationen kann festgestellt werden, ob der Prozess in der Realität sinnvoll gestaltet und ausgeführt werden kann.
- Textbasierte Dokumentation wird mit sprechenden Bildern angereichert und so Information besser transportiert.
- Valide Messpunkte können identifiziert und definiert werden.

6.3.2 Hintergrund – BPMN

BPMN wurde in einer ersten Fassung von Stephen A. White (IBM) entwickelt und 2004 veröffentlicht. Die Veröffentlichung geschah durch die BPMI, die Business Process Management Initiative. Ziel war neben der Standardisierung die Bereitstellung einer grafischen Notation, die auch für die Automatisierung von Prozessen verwendbar war.

Die Object Management Group (OMG) übernahm die BPMI 2005 und kümmerte sich fortan um die Weiterentwicklung der BPMN. OMG ist auch dank der Unified Modeling Language (UML) bekannt. 2009 wurde die Version 1.2 der BPMN veröffentlicht.

BPMN 2.0 wurde im Januar 2011 von OMG veröffentlicht. BPMN 2.0 definiert viele Elemente, die in verschiedensten Situationen nützlich sein können. Diese Elemente werden durch Symbole dargestellt. Eine Liste dieser Symbole, ihre Definitionen, ein Glossar und weitere Informationen sind verfügbar auf der Webseite der OMG (*http://www.omg.org/spec/BPMN/2.0/PDF*).

Darüber hinaus existiert ein ISO-Standard für BPMN. ISO/IEC 19510:2013 ist identisch mit BPMN 2.0.1 der OMG.

6.3.3 Warum BPMN 2.0 in Ihrem Unternehmen?

Wenn man anfängt, sich mit BPMN 2.0 zu beschäftigen, oder sich mit Menschen unterhält, die sich mit BPMN 2.0 beschäftigt haben, kann der Eindruck entstehen, dass BPMN 2.0 „zu mächtig“ ist.

Es gibt nicht „nur simple“ Aktivitäten, sondern diese teilen sich u. a. auf in Aufgaben, Transaktionen, Ereignis-Teilprozesse, Aufruf-Aktivitäten etc. Und sie können auch noch mit Markierungen und Aufgabentypen versehen werden.

Wenn man die möglichen Ereignisse gemäß Notation betrachtet, dann steht man vor einem Berg von über 50 verschiedenen möglichen Ereignissen.

Menschen, die schon froh sind, neben „OR-Gateways“ (also Oder-Verzweigungen) und „AND-Gateways“ (also Und-Verknüpfungen) auch noch „XOR-Gateways“ (also Exklusiv-Oder-Verzweigungen) zu kennen, zucken eventuell kurz zusammen, wenn sie merken, dass es mit diesen drei Arten von Gateways in BPMN 2.0 noch lange nicht getan ist.

Praxistipp

Lassen Sie sich davon weder abschrecken noch verwirren. Es gilt das Gleiche wie bei ITIL®, COBIT®, PRINCE2™ und allen anderen Methoden und Techniken auch: Sie können sich das aussuchen, was Ihnen bei Ihrer Arbeit hilft und vor allem können Sie das weglassen, was Ihnen nicht hilft.

Genauso, wie Sie nicht alle Prozesse von ITIL® nutzen müssen, müssen Sie auch nicht alle Elemente der BPMN 2.0 nutzen. Und genauso, wie Ihnen manche Themen vielleicht in ITIL® fehlen, können Ihnen auch Elemente in BPMN 2.0 fehlen. Dann nehmen Sie diese Elemente einfach in Ihre Welt mit auf. Die BPMN 2.0 sieht u. a. das Anreichern mit eigenen Symbolen und Anmerkungen vor.

Aber warum BPMN 2.0? Die Verwendung dieser Notation beim Prozessmanagement hat unter anderem folgende Vorteile:

- Aufgrund der freien Zugänglichkeit an Material (ISO-Standard, Fachliteratur, Tools) findet BPMN immer mehr Verbreitung. Das erleichtert die Kommunikation zwischen Menschen, Abteilungen und Unternehmen, wenn es um das Thema „Prozesse" geht.
- Es gibt eine große Anzahl von Toolherstellern, deren Tools BPMN 2.0 als zugrundeliegenden Standard nutzen. Aufgrund der Standardisierung der Notation und der Schnittstellen ist es möglich (theoretisch mit geringem Aufwand und verlustfrei), modellierte Prozesse aus einem der Tools zu exportieren und in anderen Tools zu importieren. Dadurch sind Sie unabhängig von den verwendeten Tools.

Praxistipp

Auch wenn das theoretisch der Fall ist, sollten in der Praxis natürlich umfangreiche Tests durchgeführt werden.

- Viele Tools sind kostenfrei erhältlich und „unterstützen BPMN 2.0".

Praxistipp

„Unterstützt BPMN 2.0" heißt noch lange nicht, dass das Tool alle Elemente der BPMN 2.0 kennt bzw. diese verwendet werden können. Wenn Sie sich dafür entscheiden, BPMN 2.0 zu verwenden und Toolunterstützung dafür haben wollen, nehmen Sie Kontakt mit dem Toolhersteller auf und lassen Sie sich das Ausmaß der Unterstützung von BPMN 2.0 bestätigen.

- In der D-A-CH-Region gibt es namhafte Schulungsanbieter, die auch BPMN 2.0 vermitteln. Die Vermittlung kann auch im Rahmen von adaptierten Schulungen erfolgen, sodass nur ausgewählte Elemente der BPMN 2.0 vermittelt werden, dafür aber mit konkretem Bezug auf die Belange Ihres Unternehmens.

Praxistipp

Nehmen Sie vor der Beauftragung eines firmeninternen Seminars immer Kontakt zum Schulungsanbieter auf. Im persönlichen Gespräch können die spezifischen Inhalte von Trainings und Randbedingungen abgeklärt werden. Außerdem lernen sich beide Seiten besser kennen und für den Trainer wird es leichter, „ein passendes Training zu liefern".

6.3.4 Verwendung von BPMN 2.0

BPMN 2.0 ist im Prinzip eine Sprache. Sie beinhaltet viele Elemente, von denen die meisten intuitiv genutzt werden können. Leider sagt die Intuition der Person A manchmal etwas anderes als die Intuition der Person B. Das kann unterschiedliche Folgen haben:

a) Verschiedene Personen modellieren Prozesse auf eine unterschiedliche Art und Weise, obwohl sie inhaltlich den gleichen Prozess abgebildet haben.

b) Person A modelliert einen Prozess und Person B liest und interpretiert ihn anders.

Die Wahrscheinlichkeit, dass so etwas passiert, verringert sich sehr stark, wenn allen beteiligten Personen die Elemente und deren Definition bekannt sind und sie auch verstanden wurden.

Rein theoretisch kann das auch bestens funktionieren, denn der Standard ISO/IEC 19510:2013 und gute Fachliteratur liefern die Elemente inklusive Definitionen. In verschiedenen Werken finden Sie auch Tipps und Tricks in Bezug auf „Design und Optik". Die Definitionen der Elemente und die Tipps und Tricks sollen Klarheit schaffen und die Lesbarkeit erhöhen. Das funktioniert auch.

Allerdings dürfen Sie in der Praxis eins nicht vergessen: Die Menschen, die sich mit den Definitionen der Elemente beschäftigt haben und auch Tipps und Tricks für die Prozessmodellierung geschrieben haben, haben eine hohe Affinität zu diesem Thema. Sie beschäftigen sich gerne mit Prozessmodellen und finden diese manchmal sogar „sexy". Das geht den Menschen, die sich zu einem wesentlichen Teil ihrer täglichen Arbeit mit Prozessen beschäftigen und Unternehmensprozesse regelmäßig modellieren, ähnlich – ganz im Gegensatz zu den Menschen, die sehr praxisorientiert arbeiten, „die etwas schaffen wollen" und sich mit der exakten Dokumentation erfahrungsgemäß nicht ganz so leicht tun.

Praxistipp

Denken Sie daran: Ein Großteil der Menschen, die sich mit Prozessen und Prozessmodellen beschäftigen, sind reine Leser. Deren Wortschatz und Interesse in Bezug auf „dieses BPMN" sind geringer, als das beim Modellierer der Fall ist. Geben Sie den Lesern die Chance, einen Wortschatz aufzubauen und Interesse zu entwickeln. Anderenfalls kommt von der Leserschaft ein Kommentar, wie wir ihn ähnlich auch schon in Bezug auf ITIL® und COBIT® gehört haben: „Lohnt es, sich mit diesem BPMN 2.0 zu beschäftigen oder ist das nur die nächste Sau, die durch unser Dorf getrieben wird?"

Wie an so vielen anderen Stellen in der täglichen Arbeit, gilt also auch hier: think big, start small. Das, was wir in diesem Buch bereits in Bezug auf Änderungen und Einführung neuer Systeme geschrieben haben, gilt auch bei der Veränderung der Prozessmodellierung. Auch hier brauchen Sie ein gut geplantes Vorgehen, viel gesunden Menschenverstand und Akzeptanz der Betroffenen und Beteiligten. Sie sollten ebenso bedenken, dass die modellierten Prozesse unterschiedliche Stakeholder mit unterschiedlichen Anforderungen haben:

- Neue Mitarbeiter und Auszubildende, die „angelernt" werden sollen und für gute Erklärungen und viele Detailinformationen dankbar sind – sie sollen den Prozess später alleine ausführen (Prozessausführende).
- „Alte Hasen", die den Prozess hin und wieder ausführen. Sie wissen grundsätzlich, was wann zu tun ist und wollen bei Bedarf kurz nachschlagen (Prozessausführende).
- Führungskräfte, die den Prozess steuern wollen (Prozessmanager).
- Die Unternehmensführung, die „high-level" Informationen aus der Hubschrauberperspektive braucht (Prozessverantwortliche).
- Interne und externe Auditoren, die eine Überprüfung durchführen und die Dokumentation als Leitfaden und ersten Input verwenden.

Die Vorstellungen dieser verschiedenen Gruppen zu berücksichtigen, ist oft ein Spagat. Der ist machbar, erfordert aber gute Planung und Training.

6.3.5 Die Elemente von BPMN2.0

BPMN 2.0 kennt fünf Basiskategorien:

1. Flussobjekte
2. Daten
3. Verbindende Objekte
4. Swimlanes
5. Artefakte

Die folgende Tabelle zeigt die grundlegenden Elemente, sortiert nach diesen Kategorien. Sofern sinnvoll, haben wir noch eine kurze Bemerkung hinzugefügt. Detaillierte Beschreibungen inklusive Beispielen mit Bezug zum Service Management können den Tabellen 6.4 bis 6.9 entnommen werden.

Tabelle 6.3 Grundlegende Elemente von BPMN 2.0

Flussobjekte		
Aufgabe		Eine Aufgabe wird verwendet, wenn die Arbeit im Prozessmodell nicht weiter detailliert wird.
Ereignis	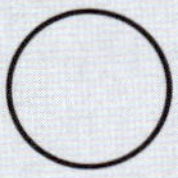	Es wird unterschieden zwischen Start-, Zwischen- und Endereignissen. Jede dieser drei Unterkategorien kann wiederum verschiedene Ereignisarten beinhalten (zeitabhängige oder konditionale Ereignisse, auslösende oder empfangende Ereignisse etc.).
Gateway	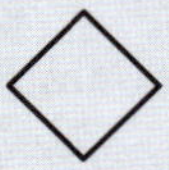	An Gateways werden Entscheidungen getroffen hinsichtlich des weiteren Verlaufs.
Daten		
Datenobjekt		Daten bzw. Informationen, die im Rahmen des Prozesses fließen
Dateninput		Input bedeutet Daten bzw. Informationen, die für den jeweiligen Prozessschritt benötigt werden.
Datenoutput		Output bedeutet Daten bzw. Informationen, die vom jeweiligen Prozessschritt erzeugt werden.
Datenspeicher	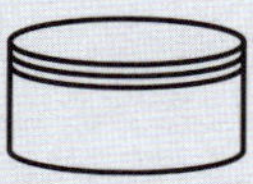	Eine Einrichtung, um gespeicherte Informationen zu bekommen, zu aktualisieren oder auch bereitzustellen
Verbindende Objekte		
Sequenzfluss		Definiert die Abfolge der Flusselemente bei der Ausführung
Nachrichtenfluss		Wird verwendet, wenn Informationen über Organisationsgrenzen hinweg fließen
Assoziation		Assoziationen verbinden Datenobjekte mit Aktivitäten. Wir unterscheiden ungerichtete Assoziationen (oben) und gerichtete Assoziationen (unten).
Swimlanes		
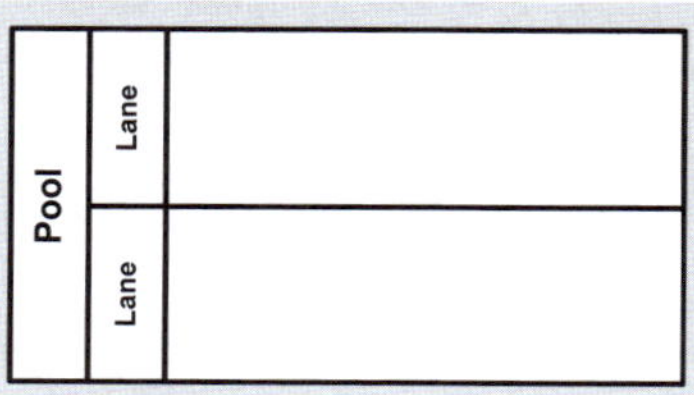		Ein Pool ist ein Container, mit dem verschiedene Teilnehmer voneinander getrennt werden können. Eine Lane wird verwendet, um Aktivitäten in einem Pool zu organisieren und verschiedenen Prozessteilnehmern zuzuordnen.

Tabelle 6.3 (*Fortsetzung*) Grundlegende Elemente von BPMN 2.0

Artefakte		
Anmerkung	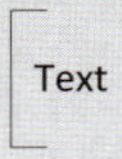	Freitext-Element zur Bereitstellung weiterer Informationen
Gruppierung		Dient der Visualisierung einer informellen Gruppierung
Eigene Symbole		Was auch immer Sie in Ihrer individuellen Prozesslandschaft brauchen: Sie können es hinzufügen.

Die in der Kategorie „Flussobjekte“ enthaltenen Elemente können mit weiteren Symbolen angereichert werden. Welche Symbole das sind und wie die angereicherten Elemente sich dann voneinander unterscheiden, können Sie den Tabellen 6.5, 6.6 und 6.8 entnehmen.

Die Verwendung dieser Symbole ist in der Norm ISO/IEC 19510:2013 geregelt. Diese regelt auch, welche Elemente unter welchen Bedingungen verwendet werden dürfen. In einem großen Anteil verfügbarer Tools sind diese Regeln implementiert, sodass per default bereits Hilfestellung bei der Gestaltung von Prozessmodellen gegeben wird. Das ist je nach Hersteller und Tool unterschiedlich gut gelöst.

6.3.6 Ein Beispielprozess

In diesem Abschnitt schauen wir uns den Prozess Change Management genauer an und lernen einige Möglichkeiten der BPMN 2.0 kennen.

In der von uns gewählten Art der Modellierung kommen jede Menge Prozesselemente zusammen. Damit die Übersichtlichkeit gewahrt bleibt, beleuchten wir den Prozess abschnittsweise. Ein Navigationssymbol zeigt, in welchem Abschnitt des Prozesses wir uns gerade befinden, und die einzelnen Prozesselemente werden beschrieben.

In dem Prozess agieren folgende Rollen:

- Change initiator
- Change practitioner
- Change authority
- Change manager
- Release and deployment management

Diese Rollen sind in der Swimlane-Darstellung von oben nach unten aufgeführt.

Wo bin ich im Gesamtprozess?

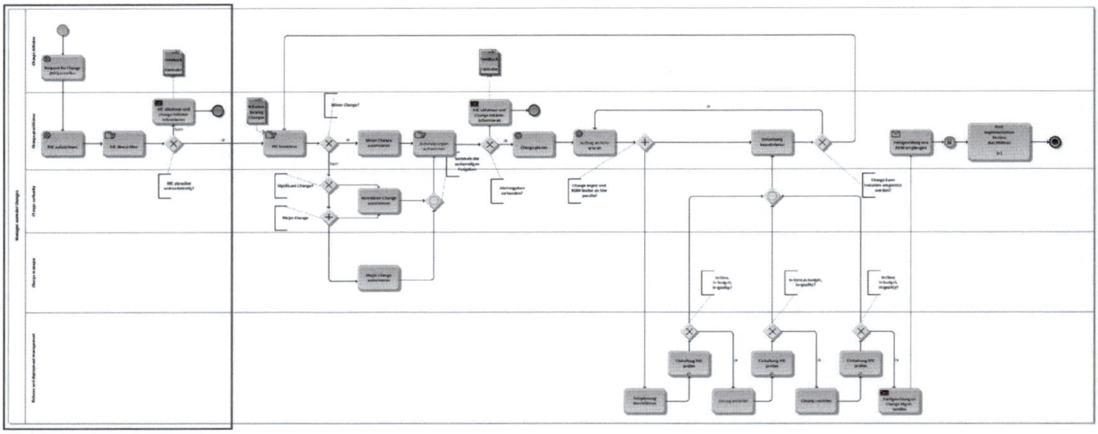

Was geschieht im Detail und was bedeutet das?

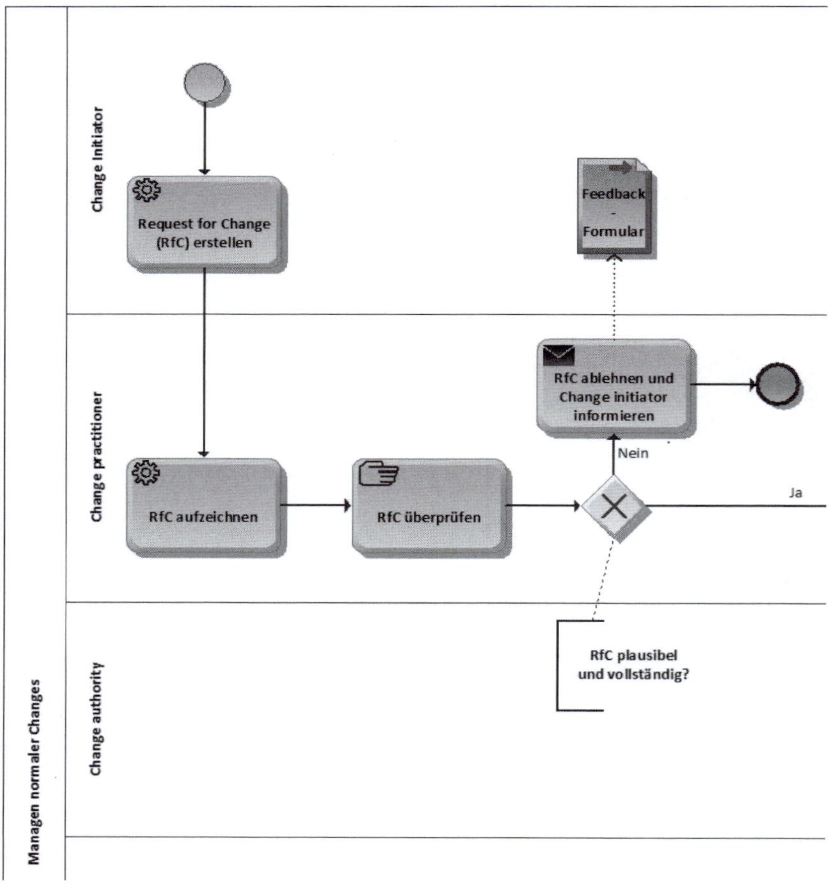

- Das grüne Startereignis zeigt, dass der Prozess hier beginnt.
- Der Change initiator erstellt einen Request for Change (RfC). Er benutzt hierfür einen Service (hier: ein Tool für den Prozess Change Management).

  Die Darstellung der Aktivität mit dem Zahnrad kennzeichnet die Aktivität als Service-Aktivität.
- Ein Change practitioner zeichnet den RfC auf und überprüft ihn manuell.
- Am Gateway (gelbe Raute mit X) wird die Frage gestellt: „Ist der RfC plausibel und vollständig?“ Das X kennzeichnet das Gateway als „Exklusives Gateway“, das heißt, dass nur eine der beiden Möglichkeiten gewählt werden kann, hier „Ja“ oder „Nein“.
  - Wenn „Nein“ → der RfC wird abgelehnt. Der Change initiator bekommt eine Nachricht in Form eines Feedbackformulars, das rote Endereignis zeigt an, dass der Prozess jetzt endet.
  - Wenn „Ja“ → weiter geht es mit dem nächsten Schritt.

Wo bin ich im Gesamtprozess?

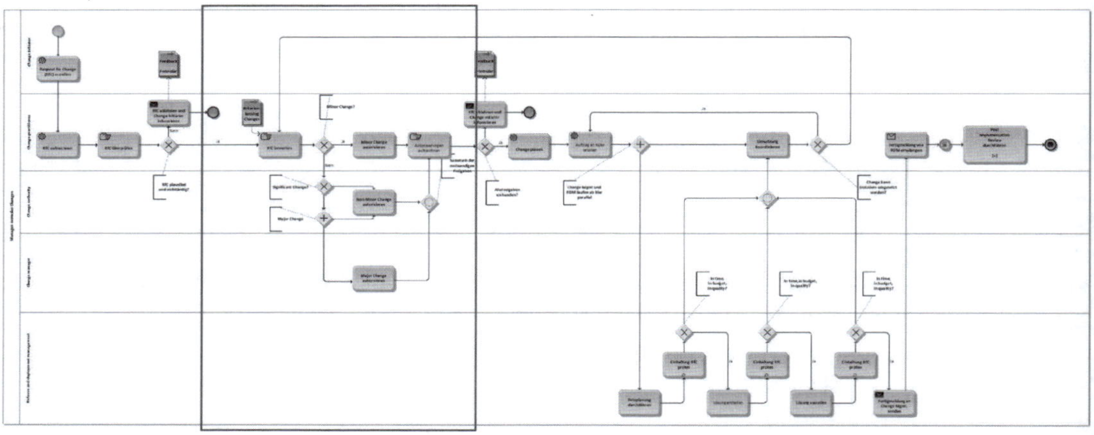

Was geschieht im Detail und was bedeutet das?

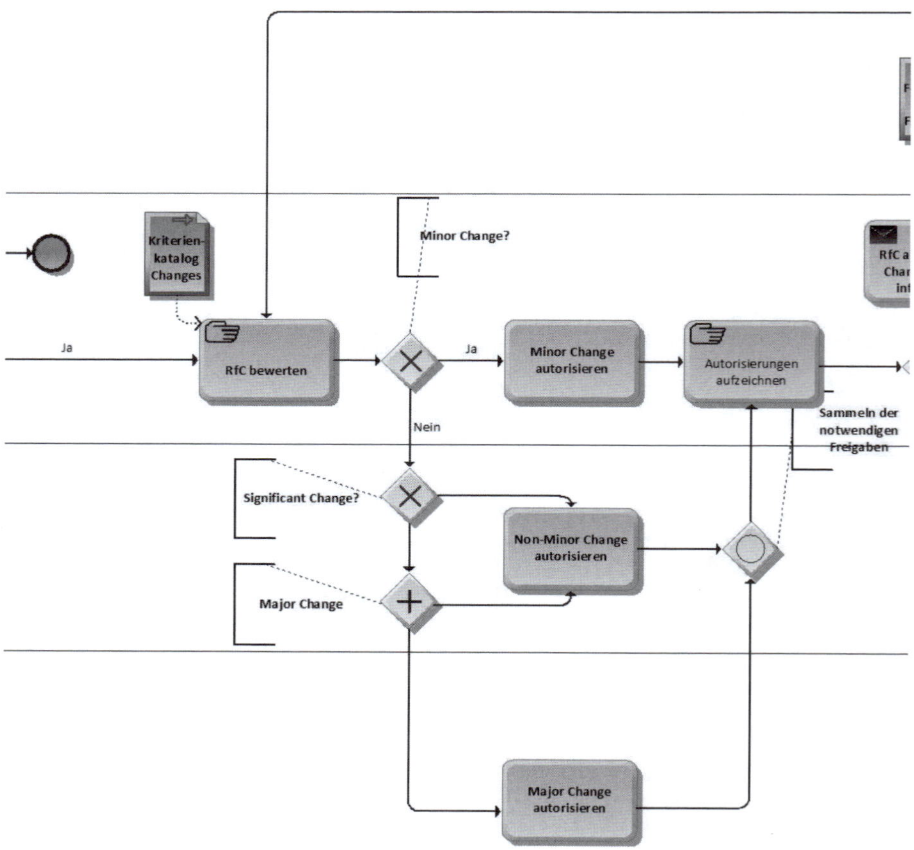

Der RfC wird nun bewertet.

- Diese Aktivität führt auch der Change practitioner durch.
- Er bedient sich dabei des Inputs „Kriterienkatalog Changes“.

Nach der Aktivität muss der Change practitioner entscheiden, ob es sich bei dem Change um einen sogenannten „Minor Change“ handelt.

- Diese Frage wird am zweiten Gateway des Prozesses gestellt.
- Wenn „Ja“ → er kann direkt die nächste Aktivität durchführen, also die Autorisierung des Minor Change und anschließend die Autorisierung aufzeichnen.
- Wenn „Nein“ → jetzt wird direkt die nächste Frage gestellt: „Ist es ein Significant Change?“
  - Wenn „Ja“ → die Change authority kann den Change autorisieren, der Change practitioner macht die Aufzeichnung.
  - Wenn „Nein“ → wenn es sich bei diesem normalen Change weder um einen Minor Change noch um einen Significant Change handelt, haben wir es per definitionem mit einem Major Change zu tun.
  - In unserem Beispiel kommt nun ein neues Symbol dazu, nämlich die gelbe Raute mit dem Plus-Symbol. Dieses sogenannte Parallele Gateway besagt, dass nun alle abgehenden Verzweigungen weiterverfolgt werden.
  - Die Change authority autorisiert den Change gemäß ihrem Zuständigkeitsbereich.
  - Der Change manager autorisiert den Change ebenfalls.
  - Beim nächsten Symbol, der gelben Raute mit dem Kreis-Symbol, werden alle notwendigen Freigaben gesammelt und wenn alle notwendigen Freigaben da sind, werden die Autorisierungen aufgezeichnet.
  - Der Text „Sammeln der notwendigen Freigaben“ steht übrigens als Anmerkung in der Prozessdarstellung. Diese Anmerkungen (im Englischen „Annotations“) dienen der Anreicherung des Prozessmodells mit sinnvollen Informationen und können wie hier geschehen mit anderen Prozesselementen verknüpft werden.

Wo bin ich im Gesamtprozess?

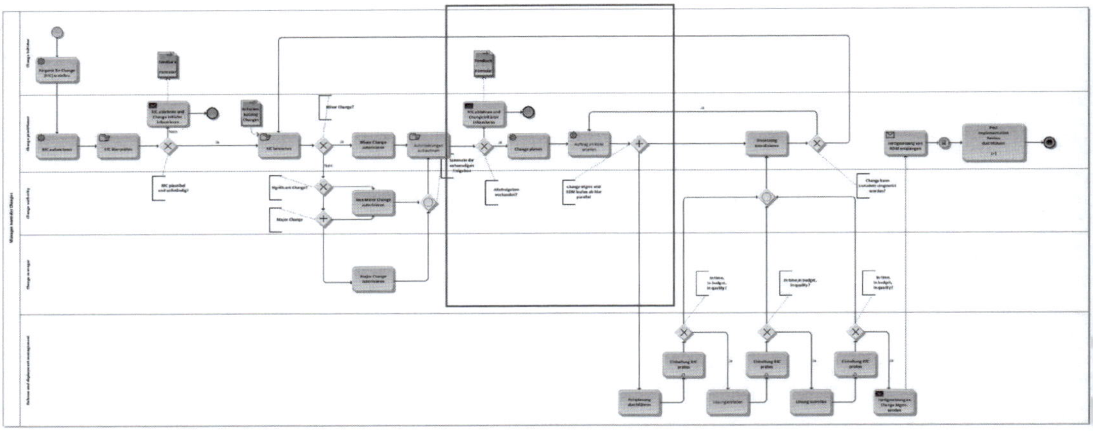

Was geschieht im Detail und was bedeutet das?

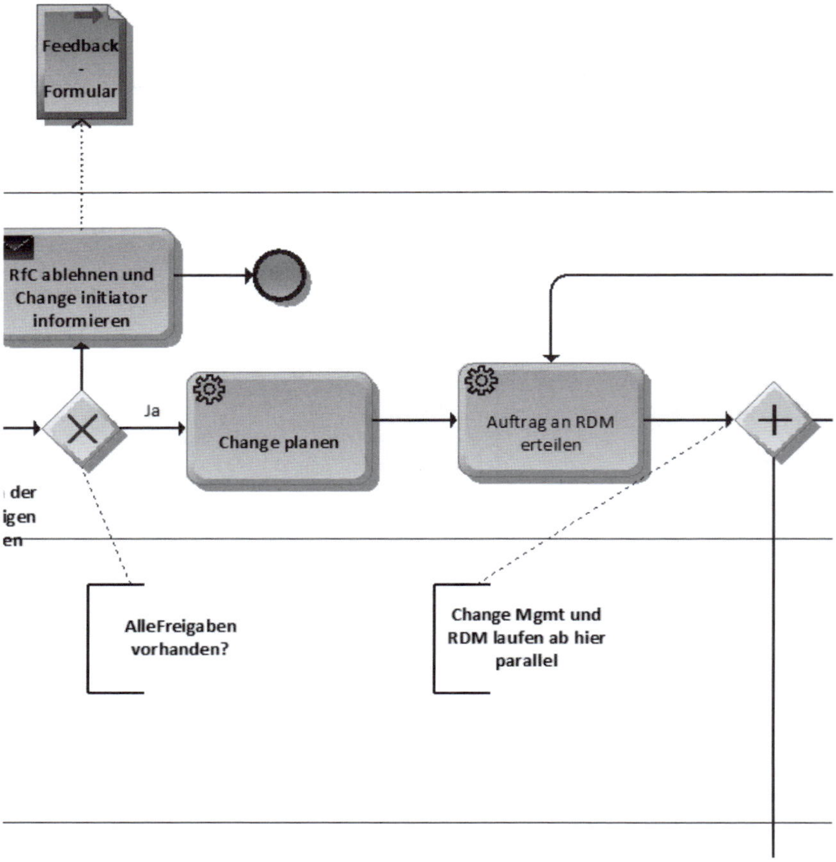

- Unser Change practitioner prüft nun, ob alle Freigaben vorhanden sind (exklusives Gateway).
  - Wenn „Nein“ → der RfC wird abgelehnt und der Change initiator wird informiert. Dazu wird ein Feedback-Formular an den Change initiator gesendet. Das rote Endereignis zeigt an, dass der Prozess hier endet.
  - Wenn „Ja“ → weiter geht es mit der Planung des Change.
- Der Change wird geplant.
- Ein Auftrag an das Release and Deployment Management (RDM) wird erteilt.
  - Zwar geht ein Auftrag an das RDM, aber das Change Management hat bekanntermaßen eine koordinierende Aufgabe.
  - Deswegen kommt wieder ein Paralleles Gateway ins Spiel (gelbe Raute mit dem Plus-Symbol).

Wo bin ich im Gesamtprozess?

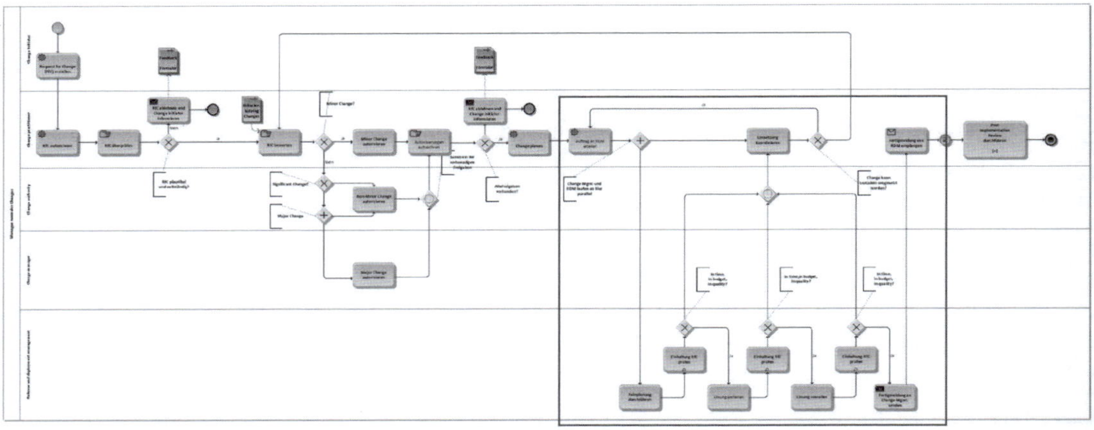

Was geschieht im Detail und was bedeutet das?

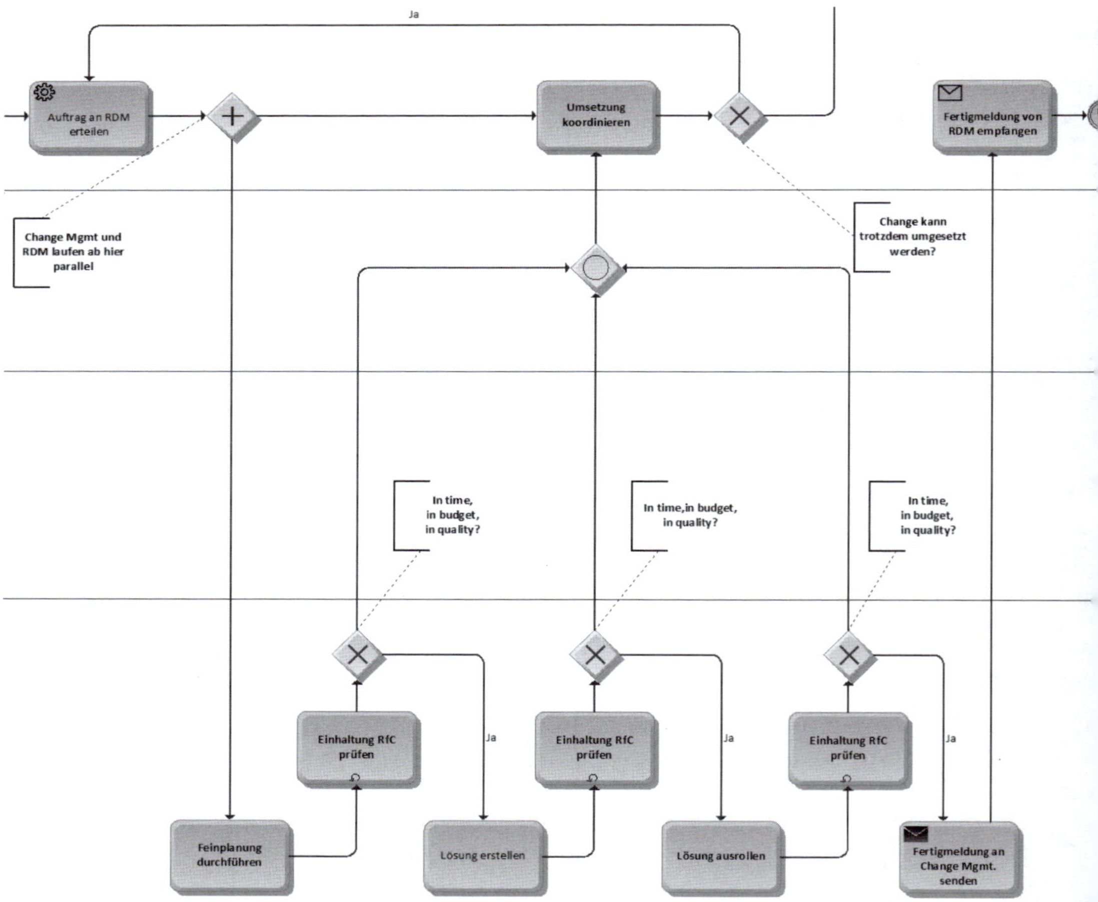

Jetzt wird es ein wenig tricky ...

- Für den Change practitioner noch nicht so sehr, denn er muss ja „lediglich" die Umsetzung koordinieren
  - Solange RDM im genehmigten Rahmen aus Zeit, Geld und Qualität bleibt, ist alles in Ordnung.
- RDM hat jetzt mehrere Aktivitäten, die hintereinander stattfinden.
  - Feinplanung durchführen
  - Lösung erstellen
  - Lösung ausrollen
  - Fertigmeldung an Change Management senden
- Bei jeder dieser Aktivitäten muss das RDM immer wieder prüfen, ob der RfC eingehalten wird, also ob die Einhaltung von „time, budget and quality" sichergestellt ist.
  - Wenn „Nein" → der Change practitioner muss im Rahmen von „Umsetzung koordinieren" prüfen, ob der Change trotzdem umgesetzt werden kann.

    Wenn „Ja" → erneuter Auftrag an das RDM (in der Praxis sehr wahrscheinlich eine pragmatische Mail mit dem Inhalt „Ja, geht klar").

    Wenn „Nein" → der RfC wird erneut bewertet, denn jetzt stehen die ursprünglich geplante Vorgehensweise inklusive Business Case komplett auf dem Prüfstand.
  - Wenn „Ja" → die jeweils nächste Aktivität kann gestartet werden.
- Die letzte Aktivität des RDM ist dann das Versenden einer Fertigmeldung an das Change Management.
- Der Change practitioner empfängt die Nachricht.

Wo bin ich im Gesamtprozess?

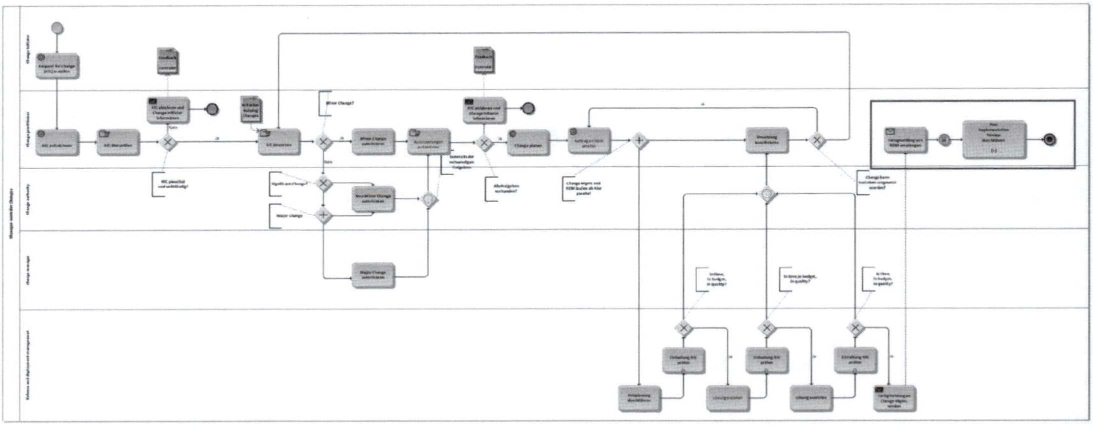

Was geschieht im Detail und was bedeutet das?

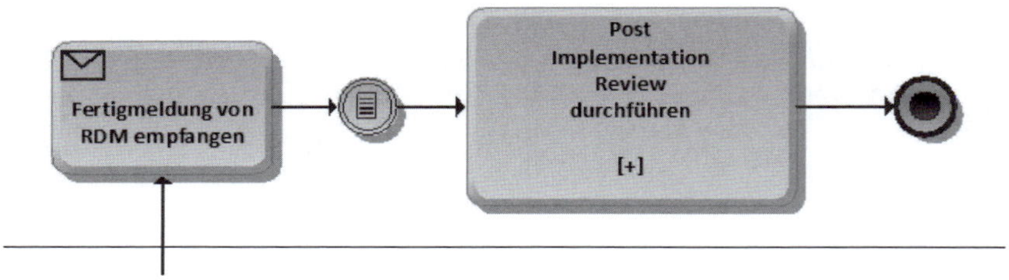

Nachdem der Change practitioner die Fertigmeldung empfangen hat, wartet er noch ab, bevor die nächste Aktivität gestartet wird.

Die nächste Aktivität ist das Post Implementation Review (PIR).

- Das PIR ist hier als Sub-Prozess dargestellt (zu erkennen an dem Plus-Symbol im Aktivitätenkästchen).
- Bevor das PIR startet, müssen u. U. Bedingungen abgewartet werden, bspw.:
  - Die Anwendung im Focus des RfC muss sieben Werktage hintereinander eingesetzt worden sein.
  - Backup- und Restoretests müssen durchgeführt worden sein.
  - Ein Katastrophenfalltest muss durchgeführt worden sein.
  - Diese Bedingungen sollten (sofern möglich) bereits bei der Erstellung des RfC berücksichtigt werden, da die Aktivitäten der Prozesse Change Management und RDM von ihnen abhängen.
  - Das Warten auf die Erfüllung der spezifizierten Bedingungen wird dargestellt durch das gelbe Symbol zwischen „Fertigstellung ...“ und „PIR“ (Empfangendes Zwischenereignis mit Bedingungen).

Das rote Symbol mit dem Punkt in der Mitte ist das terminierende Endereignis.

- Damit sollten alle Aktivitäten des Prozesses unmittelbar beendet werden.

6.3.7 Definition einer passenden Teilmenge für den Einsatz in Ihrem Unternehmen

Die große Menge möglicher Elemente in BPMN 2.0 resultiert u. a. aus der Anforderung, Prozesse in den unterschiedlichsten Einsatzbereichen nicht nur modellieren, sondern auch automatisieren zu können.

Diese große Menge an Symbolen erlaubt eine sehr scharf abgegrenzte Modellierung bis ins Detail und Übergabe an eine Process Engine zwecks automatisierter Ausführung. BPMN ist also nicht nur zur Darstellung der Prozesse geeignet, sondern ist gleichzeitig von Beginn der Entwicklung konzipiert als Schnittstelle zur Prozessautomatisierung.

Wird BPMN zur Modellierung von Prozessen des IT-Service-Managements eingesetzt, existieren jedoch in den seltensten Fällen diese Process Engines. Darüber hinaus könnte eine übertriebene Verwendung der meisten oder gar aller Symbole „zu akademisch" wirken und von vornherein die Akzeptanz der Prozessausführenden gefährden.

Praxistipp

Es gilt, die Balance zwischen Aufwand und Nutzen zu wahren. Überlegen Sie sich genau, was das Ziel Ihrer Prozessmodellierung ist, und setzen Sie nur genauso viele Symbole ein, wie Sie benötigen, um Ihr Ziel zu erreichen. Das gilt natürlich ganz besonders, wenn die Prozesse nicht vollständig automatisiert, sondern vornehmlich von Menschen ausgeführt werden sollen. ■

Der folgende Abschnitt zeigt eine Teilmenge sinnvoller Elemente, die bereits im Bereich Service Management genutzt werden und deren Bekanntheit bei den Akteuren einen Beitrag zur besseren Akzeptanz liefern kann.

Neben den Element-Symbolen sind die deutsche und die englische Bezeichnung angegeben. Die Elemente sind knapp beschrieben, die Beschreibung ist im Wesentlichen der Norm ISO/IEC 19510:2013 entnommen.

Darüber hinaus beinhalten die Tabellen Beispiele mit Bezug zum IT-Service-Management.

Die Elemente in diesem Abschnitt sind wie folgt gruppiert:

- Pools und Lanes
- Aktivitäten
- Ereignisse
- Daten und Anmerkungen
- Gateways
- Flüsse und Assoziationen

Tabelle 6.4 Pools and Lanes

<table>
<tr><th colspan="3">Pools und Lanes</th></tr>
<tr><td>
</td><td>Pool</td><td>Ein Pool repräsentiert eine Zusammenarbeit, also einen Prozess. Grafisch betrachtet ist ein Pool somit ein Container, mit dem verschiedene Prozessteilnehmer voneinander getrennt werden können. Die Trennung geschieht durch die Lanes.</td></tr>
<tr><td colspan="3">Beispiel: Prozess Incident Management. Dort, wo im Bild jetzt „Pool“ steht, würde „Incident Management“ stehen.</td></tr>
<tr><td></td><td>Pool, zusammengeklappt („black box“)</td><td>Ein Pool muss nicht zwingend einen Prozess oder Aktivitäten beinhalten, er kann auch als „black box“ fungieren.</td></tr>
<tr><td colspan="3">Beispiel: eine externe Einheit, die nicht zu unserer Organisation gehört, jedoch als letztmögliche Eskalationsinstanz angesprochen wird. Was in dieser Organisation geschieht, können wir nicht nachvollziehen. Wir wissen lediglich, welchen Auftrag wir dort hingeben und welches Ergebnis wir zurückerwarten.</td></tr>
<tr><td>
</td><td>Bahn (Lane)</td><td>Eine Lane (oder „Bahn“) wird verwendet, um Aktivitäten in einem Pool nach ausführenden Rollen zu organisieren.</td></tr>
<tr><td colspan="3">Beispiel: Jedes Support-Level wird in einer Lane dargestellt.</td></tr>
</table>

Tabelle 6.5 Aktivitäten

Aktivitäten		
	Aufgabe (Task)	Kleinstmögliche - nicht weiter teilbare - Aufgabe in einem Prozess. Eine Aufgabe wird verwendet, wenn die Arbeit im Prozessmodell nicht weiter detailliert wird. Üblicherweise wird die Aktivität von einem Anwender, einer Anwendung oder beiden ausgeführt.
Beispiel: die Aufzeichnung der Störung.		
	Manuelle Aufgabe (Manual Task)	Die manuelle Aufgabe wird ohne Business Process Engine oder irgendeine andere Applikation ausgeführt.
Beispiel: Kategorisierung der Störung		
	Benutzeraufgabe (User Task)	Die Benutzeraufgabe ist eine typische Workflow-Aktivität, bei der ein Prozess-Performer die Aufgabe mit Unterstützung durch eine Anwendung ausübt.
Beispiel: Wie bei der manuellen Aufgabe auch, jedoch verwendet der 1st-Level-Support nun einen elektronischen Kategorienbaum.		
	Service-Aufgabe (Service Task)	Bei der Service-Aufgabe handelt es sich um eine Aktivität, die eine Art von Service nutzt.
Beispiel: Ein Endanwender hat sein Kennwort vergessen und nutzt einen entsprechenden Service im Intranet, um automatisiert ein neues Kennwort zu erhalten.		
	Skript-Aufgabe (Script Task)	Skript-Aufgaben werden von Business Process Engines ausgeführt. Dazu werden die Skripte in einer Sprache geschrieben, welche die Engine interpretieren kann. Wenn die Aktivität bereit ist zu starten, führt die Engine das Skript aus. Ist das Skript abgearbeitet, ist auch die Aktivität abgeschlossen.
Beispiel: Das automatische Verschieben von Log-Files, die älter als sechs Monate sind, in ein Archiv.		

Tabelle 6.5 (*Fortsetzung*) Aktivitäten

Aktivitäten		
	Sende-Aufgabe (Send Task)	Sende-Aufgaben sind einfache Aktivitäten zum Versenden von Nachrichten an externe Teilnehmer (extern aus Sicht des Prozesses). Sobald die Nachricht gesendet wurde, ist die Aktivität abgeschlossen.
Beispiel: Das Versenden eines Auftrags an einen externen Dienstleister, welcher in einem eigenen Pool dargestellt wird (siehe „Pools und Lanes“).		
	Empfangen-Aufgabe (Receive Task)	Empfangen-Aufgaben sind einfache Aktivitäten, die auf die Ankunft einer Nachricht von einem externen Teilnehmer warten (extern wieder aus der Sicht des jeweiligen Prozesses). Sobald die Nachricht empfangen wurde, ist die Aktivität abgeschlossen.
Beispiel: Diese Aktivität liegt dann bei dem externen Dienstleister, der im vorherigen Beispiel eine Nachricht gesendet bekommen hat.		
	Sub-Prozess (Sub-Process)	Ein Sub-Prozess ist eine Aktivität, deren interne Details weiter modelliert wurden. Dieser Sub-Prozess besteht auch wieder aus Aktivitäten, Entscheidungen, Ereignissen etc. Sub-Prozesse sind einfache grafische Objekte in einem Prozess, können jedoch auch „aufgeklappt“ bzw. geöffnet werden und zeigen dann einen Prozess auf einer niedrigeren Ebene. Das Zuklappen von Sub-Prozessen steigert auf einem abstrakten Level die Lesbarkeit des Prozesses insgesamt. Gleichzeitig kann der Bedarf nach mehr Informationen in einem Sub-Prozess einfach bedient werden, nämlich durch das gezielte Aufklappen.
Beispiel: Die dokumentierte Vorgehensweise für Major Incidents wird auch im Incident-Management-Prozess mit aufgeführt. Sie ist detailliert beschrieben (schließlich geht es um Major Incidents), wird aber selten benötigt.		

Tabelle 6.6 Ereignisse

Ereignisse (Start-, Zwischen- und Endereignisse)		
Startereignisse zeigen an, an welcher Stelle ein Prozess beginnt. Das Startereignis startet den Prozessfluss und hat keinerlei eingehenden Sequenzfluss, kann jedoch einen Trigger/Auslöser haben. Startereignisse werden als einfacher Kreis mit einer dünnen Außenlinie dargestellt. Pro Prozess darf das nicht näher spezifizierte Startereignis (einfacher Kreis ohne weitere Kennzeichnung) nur einmal verwendet werden.		
	Startereignis Nachricht (Start Event Message)	Eine eingehende Nachricht startet den Prozess.
Beispiel: Der Prozess Request Fulfilment wird vom Prozess Incident Management über den Eingang einer Bestellung informiert, welche fälschlicherweise beim Prozess Incident Management abgegeben wurde. Request Fulfilment startet nun.		
	Startereignis Timer (Start Event Timer)	Spezifische Zeiten oder Daten oder auch spezifische Zyklen starten den Prozess.
Beispiel: Einmal pro Monat finden die regelmäßige Auswertung der Incidents und die Anfertigung der üblichen Reports statt.		
	Startereignis Bedingung (Start Event Conditional)	Das Startereignis Conditional wird ausgelöst, wenn eine Bedingung wahr wird.
Beispiel: Bei einem kritischen System ist das dritte Mal im Berichtszeitraum eine schwerwiegende Störung aufgetreten. Deswegen wird der Prozess Problem Management aktiv.		
	Startereignis Signal (Start Event Signal)	Ein Signal, welches von einem anderen Prozess gesendet wurde und den Start dieses Prozesses auslöst.
Beispiel: Das Event Management sendet ein Signal und informiert darüber, dass ein Grenzwert überschritten wurde. Incident Management reagiert darauf, ein Ticket wird eröffnet und die Störung wird abgearbeitet.		
Zwischenereignisse kommen zwischen Start und Ende eines Prozesses vor. Sie können Teil des Prozessflusses sein oder die Behandlung von Ausnahmen darstellen. Zwischenereignisse werden als Doppelkreis dargestellt.		
	Zwischenereignis Nachricht auslösend (Intermediate Event Throwing Message)	Hiermit wird eine Nachricht an eine andere Organisation oder einen anderen Teil der Organisation gesendet. Ist zusätzlicher Aufwand notwendig, bspw. um den Inhalt der Nachricht zu erstellen, könnte stattdessen eine Sende-Aktivität verwendet werden.
Beispiel: Eine Information an die Key User eines Standorts per Rundmail.		

Tabelle 6.6 (*Fortsetzung*) Ereignisse

<table>
<tr><th colspan="3">Ereignisse (Start-, Zwischen- und Endereignisse)</th></tr>
<tr><td></td><td>Zwischenereignis Nachricht empfangend (Intermediate Event Catching Message)</td><td>Dieses Symbol wird verwendet, wenn eine Nachricht eingeht. Der Sequenzfluss hält an, bis die Nachricht empfangen wird.</td></tr>
<tr><td colspan="3">Beispiel: Der Schwenk von einer instabilen Netzwerkanbindung auf eine Ersatzanbindung wird erst dann durchgeführt, wenn der Prozess IT Service Continuity Management bestätigt hat, dass der Schwenk durchgeführt werden kann.</td></tr>
<tr><td></td><td>Zwischenereignis Signal sendend (Intermediate Event Throwing Signal)</td><td>Diese Art von Ereignissen wird verwendet, um Signale zu senden.

Hinweis: Signale dienen der allgemeinen Kommunikation innerhalb eines Prozesses, aber auch über Prozessgrenzen hinweg.

In BPMN wird ein Signal verglichen mit einem Leuchtgeschoss, welches in Richtung Himmel geschossen wird: Jeder, der daran interessiert sein könnte, kann es zur Kenntnis nehmen und reagieren (ähnlich dem Rundfunk).</td></tr>
<tr><td colspan="3">Beispiel: Incident Management stellt fest, dass die Bearbeitungsdauer einer kritischen Störung die Grenzen des SLA verletzten könnte. Incident Management sendet ein entsprechendes Signal.</td></tr>
<tr><td></td><td>Zwischenereignis Signal empfangend (Intermediate Event Catching Signal)</td><td>Diese Art von Ereignissen wird verwendet, um Signale zu empfangen.</td></tr>
<tr><td colspan="3">Beispiel: Service Level Management interessiert sich hoffentlich für das Signal des Incident Management und reagiert, indem es seine Unterstützung anbietet.</td></tr>
<tr><td></td><td>Zwischenereignis Eskalation sendend (Intermediate Event Throwing Escalation)</td><td>Diese Art von Ereignissen wird verwendet für Eskalationen (hier das Senden an eine höhere Ebene).</td></tr>
<tr><td colspan="3">Beispiel: Während der Bearbeitung eines Major Incident wird entschieden, das IT Service Continuity Management einzuschalten.</td></tr>
<tr><td></td><td>Zwischenereignis Eskalation empfangend (Intermediate Event Catching Escalation)</td><td>Diese Art von Ereignissen wird verwendet für Eskalationen (hier das Empfangen auf der höheren Ebene).</td></tr>
<tr><td colspan="3">Beispiel: IT Service Continuity Management empfängt die Eskalation und leitet nun seinerseits seine Prozessaktivitäten ein.</td></tr>
</table>

Tabelle 6.6 (*Fortsetzung*) Ereignisse

Ereignisse (Start-, Zwischen- und Endereignisse)		
	Zwischenereignis Timer empfangend (Intermediate Event Catching Timer)	Bei diesem Ereignis wird eine bestimmte Verzögerung oder ein bestimmter Zeitpunkt abgewartet.
Beispiel: Der 2nd-Level-Support hat ein Ticket vor zwei Stunden zugewiesen bekommen, das Ticket wurde aber vom 2nd-Level-Support noch nicht weiterbearbeitet. Der 1st-Level-Support klärt den Sachverhalt mit dem 2nd-Level-Support.		
	Zwischenereignis Bedingung empfangend (Intermediate Event Catching Conditional)	Diese Art von Ereignissen wird ausgelöst, wenn eine Bedingung wahr wird.
Beispiel: Eine Störung betrifft zwar ein weniger kritisches System, jedoch handelt es sich bei dem betroffenen Anwender um einen VIP-User. Dies erfordert u. U. eine spezielle Vorgehensweise, die in einem Sub-Prozess bereits modelliert ist.		
Endeereignisse zeigen das Ende eines Pfads an. Da das Endeereignis den Prozessfluss beendet, gibt es keinen ausgehenden Sequenzfluss. Endeereignisse werden als Kreis mit fettem Rand dargestellt.		
	Endeereignis Nachricht (End Event Message)	Hiermit wird eine Nachricht an eine andere Organisation gesendet – die Nachricht ist das Ergebnis des Prozesses.
Beispiel: Incident Management erstellt auf Anfrage individuelle Reportings. Die Anfragen hierzu kommen von der Kundenorganisation. Incident Management erstellt einen Report und sendet ihn an die Kundenorganisation.		
	Endeereignis Eskalation (End Event Escalation)	Diese Art von Endeereignis zeigt an, dass eine Eskalation ausgelöst werden sollte. Andere aktive Pfade im Sequenzfluss sind davon nicht betroffen und laufen regulär weiter.
Beispiel: Der Betreiber eines Ausweichstandorts muss in Kenntnis gesetzt werden, dass ein Katastrophenfall in unserer IT eingetreten ist und er seine eigene Maschinerie in Gang setzen muss.		
	Endeereignis Signal (End Event Signal)	Dieses Endeereignis zeigt an, dass ein Signal gesendet wird, wenn das Ende erreicht ist.
Beispiel: Ein Major Incident wurde erfolgreich abgearbeitet und nun wird ein Signal an die IT gesendet – Sekt, kühles Bier und weitere Getränke stehen bereit ...		
	Endeereignis terminierend (End Event Terminate)	Diese Art von Endeereignis zeigt an, dass alle Aktivitäten im Prozess unmittelbar beendet werden sollten.
Beispiel: Der Major Incident ist abgearbeitet, die Dokumentation ist erledigt, alles ist aufgeräumt, „up and running“ – Prozessende.		

Tabelle 6.7 Daten und Anmerkungen

Daten und Anmerkungen		
	Datenspeicher (Data Store)	Der Datenspeicher ist eine Einrichtung für Aktivitäten, um gespeicherte Informationen zu bekommen, zu aktualisieren oder auch bereitzustellen.
Beispiel: Jedes Management-System ist ein Beispiel. Ebenso das Ticket-System, die Known Error DB etc.		
	Datenobjekt (Data Object)	Das Symbol „Datenobjekt“ steht für Informationen, die durch den Prozess fließen, bspw. E-Mails, Briefe, Verträge. Bei diesem Symbol haben wir keine Unterscheidung nach Input und Output.
Beispiel: ein Ticket, erzeugt im Incident-Management-Prozess		
	Dateneingabe (Data Input)	Beinhaltet das Symbol zusätzlich die Umrandung eines Pfeils, steht es für einen Input, also Daten, die wir für die Ausführung des jeweiligen Schritts benötigen.
Beispiel: Problem Management möchte Probleme identifizieren. Dazu wird im Ticket-System nach entsprechenden Kandidaten Ausschau gehalten. Die Daten und Informationen aus dem Ticket-System stellen einen Input für das Problem Management dar.		
	Datenausgabe (Data Output)	Ist der Pfeil gefüllt, steht das Symbol für einen Output, also Daten, die wir bei der Ausführung des jeweiligen Schritts erzeugen.
Beispiel: Problem Management hat nicht nur das Problem identifiziert und gelöst, sondern auch einen Workaround beschrieben, der in der Known Error DB eingetragen wird und nun dem 1st-Level-Support zur Verfügung steht. Aus Sicht des Problem Managements stellt der Workaround einen Data Output dar.		
	Gruppe (Group)	Das Gruppen-Objekt ist eine Möglichkeit, Elemente eines Diagramms informell zu gruppieren und diese Gruppierung visuell darzustellen.
	Annotation	Dieses reine Freitext-Element ist eine Möglichkeit, weitere Informationen bereitzustellen. Die Anmerkung kann an alle anderen Elemente angehängt werden.
Beispiel: Eine Aktivität greift auf Daten in einem neuen Datenspeicher zu. Werden historische Daten benötigt, die vor einem bestimmten Datum gespeichert wurden, muss auf ein Alt-System zugegriffen werden. Diese Information wird als Anmerkung mit dem Symbol der Aktivität oder des Datenspeichers verknüpft.		

Tabelle 6.8 Gateways

Gateways		
	Exklusives Gateway (Exclusive Gateway) mit Marker	Beim Exklusiven Gateway wird im wahrsten Sinne des Wortes eine ENT-SCHEID-ung getroffen. Pro Instanz/Prozessdurchlauf kann von den angebotenen Pfaden jeweils nur einer gegangen werden. BPMN 2.0 kennt zwei Symbole dafür. Eins mit Marker, eines ohne Marker. Verständigen Sie sich intern darauf, immer das gleiche Symbol zu verwenden. Die Verwendung beider Symbole hat keinen Nutzen, kann aber Verwirrung stiften. Wir empfehlen die Verwendung des Exklusiven Gateways mit Marker.
	ohne Marker	
Beispiel: Im Incident-Management-Prozess wird geprüft, ob die vorliegende Rückmeldung eines Anwenders positiv oder negativ ist. Im Positiv-Fall wird Aktivität A aufgerufen, im Negativ-Fall Aktivität B. *Hinweis:* Ein weiteres Exklusives Gateway kann auch als zusammenführendes Gateway hinter den beiden Aktivitäten A und B verwendet werden. Dieses „symmetrische“ Modellieren erhöht die Lesbarkeit der Prozessmodelle.		
	Paralleles Gateway (Parallel Gateway)	Parallele Gateway erzeugen parallele Sequenzflüsse und führen parallele Sequenzflüsse zusammen. Ein Paralleles Gateway erzeugt parallele Pfade ohne irgendwelche Bedingungen zu prüfen. Führt das Parallele Gateway eingehende Sequenzflüsse zusammen, wartet es, bis alle eingehenden Sequenzflüsse eingegangen sind, bevor es den ausgehenden Sequenzfluss auslöst.
Beispiel: Im Katastrophenfall werden verschiedene Aktivitäten gleichzeitig angestoßen. Diese starten parallel und der Start ist nicht an irgendwelche Bedingungen gebunden.		
	Inklusives Gateway (Inclusive Gateway)	Inklusive Gateways werden verwendet, um sowohl alternative als auch parallele Pfade in einem Prozessfluss zu erzeugen. Anders als beim Exklusiven Gateway, werden alle Bedingungen bewertet. Das Wahr-sein einer Bedingung verhindert nicht die Bewertung der anderen Bedingungen.
Beispiel: Je nach Ausprägung einer Katastrophe werden ein oder mehrere Sequenzflüsse erzeugt.		
	Komplexes Gateway (Complex Gateway)	Komplexe Gateways können verwendet werden, wenn die Verwendung der anderen Gateways nicht ausreicht (z. B. weil das mögliche Verzweigungs-/Vereinigungsverhalten zu komplex ist).

Tabelle 6.9 Flüsse und Assoziationen

Flüsse und Assoziationen		
	Sequenzfluss (Sequence Flow)	Der Sequenzfluss wird verwendet, um die Reihenfolge der Flusselemente in einem Prozess zu zeigen. Jeder Sequenzfluss hat nur eine Quelle und nur ein Ziel. Quelle und Ziel müssen aus folgenden Gruppen stammen: ▪ Ereignisse ▪ Aktivitäten ▪ Gateways
Beispiel: Die Aufgaben „Incident aufzeichnen“ und „Incident kategorisieren“ sind über den Sequenzfluss verbunden. 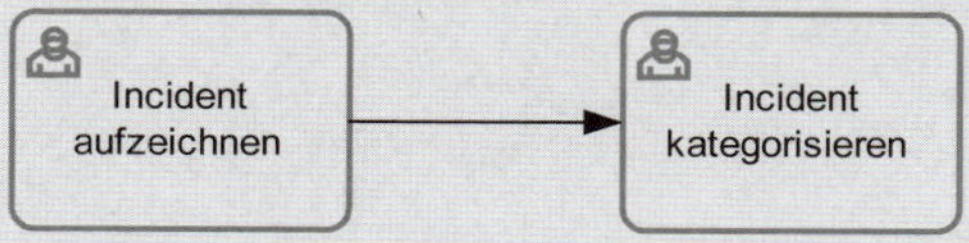 		
	Standardfluss (Default Flow)	Der Standardfluss wird verwendet, wenn alle anderen ausgehenden Flüsse nicht wahr sind.
Beispiel: Wenn es sich bei einem Change weder um einen „Normalen Change“ noch um einen „Emergency Change“ handelt, wird es wohl ein „Standard Change“ sein.		
	Nachrichtenfluss (Message Flow)	Der Nachrichtenfluss kennzeichnet, wo Informationen über Organisationsgrenzen hinweg fließen. Nachrichtenflüsse verbinden verschiedene Pools und Aktivitäten verschiedener Pools.
Beispiel: Ein Supplier, der WAN-Leitungen für die Anbindung unserer Außenstellen betreibt, muss informiert werden über eine Wartungsmaßnahme in unserem Rechenzentrum. Der Supplier gehört nicht zu unserer Organisation.		
	Datenassoziation (gerichtet) (Data Association (directed))	Die (gerichtete) Datenassoziation verbindet Daten-Objekte mit Aktivitäten. Der Pfeil zeigt an, ob das Daten-Objekt ein Input oder ein Output der Aktivität ist.
Beispiel: Die Aufgabe „Incident aufzeichnen“ erzeugt einen „Incident Record“. Der Pfeil zeigt dann von der Aufgabe zum Record und zeigt somit an, dass der Record ein Output ist. Symptome, die vom Anwender beschrieben wurden, sind ein Input für die Aufgabe „Incident aufzeichnen“. Der Pfeil würde in diesem Falle von „Störungsbeschreibung“ zur Aufgabe „Incident aufzeichnen“ zeigen.		
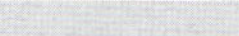	Datenassoziation (ungerichtet) (Data Association (undirected))	Die ungerichtete Datenassoziation kann verwendet werden, wenn ein Datenobjekt Output einer Aufgabe und Input der unmittelbar folgenden Aufgabe ist. Hierzu wird das Datenobjekt mittels der Datenassoziation direkt mit dem Sequenzfluss verbunden.

Tabelle 6.9 (*Fortsetzung*) Flüsse und Assoziationen

Flüsse und Assoziationen
Beispiel: Auf die Aufgabe „Incident aufzeichnen" folgt die Aufgabe „Incident kategorisieren". Der Record ist ein Output von „Incident aufzeichnen" und direkt im Anschluss ein Input für „Incident kategorisieren". 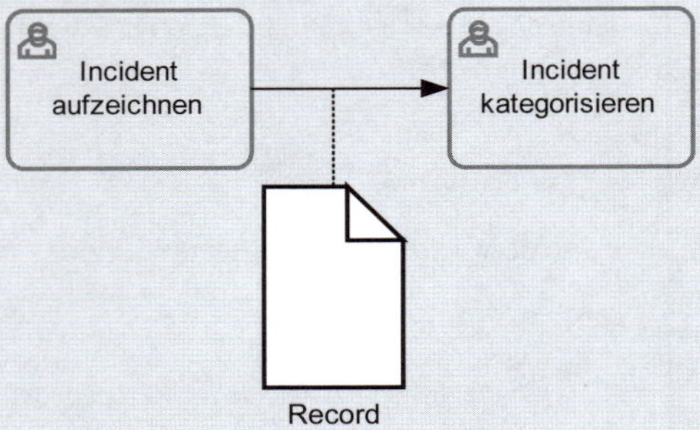

6.3.8 Literaturempfehlung

Tabelle 6.10 Literaturempfehlung zu BPMN 2.0

Titel	Autor	ISBN
BPMN 2.0 Business Process Model and Notation Einführung in den Standard für die Geschäftsprozessmodellierung (Das Buch ist auch auf Englisch verfügbar.)	Thomas Allweyer	978-3-8482-4932-9
Praxishandbuch BPMN 2.0	Jakob Freund, Bernd Rücker	978-3-4464-2455-5
Real-Life BPMN Using BPMN 2.0 to Analyze, Improve and Automate Processes in Your Company	Jakob Freund, Bernd Rücker	B009VOETW6 (ASIN, Kindle-Edition)
The Process: Business Process Modeling Using BPMN	Alexander Grosskopf, Gero Decker, Mathias Weske	978-0-9296-5226-9

6.3.9 Fazit

BPMN 2.0 beinhaltet nahezu alle möglichen Elemente, die wir bei der Modellierung funktionierender Prozesse benötigen. Die Elemente sind sauber definiert und beschrieben. Und wenn uns Elemente fehlen, können wir diese einfach hinzufügen.

Gleichzeitig zwingt uns die Vielzahl an Elementen mit ihren klaren Definitionen, uns bei der Modellierung gründlich den Kopf zu zerbrechen. Und das ist äußerst begrüßenswert. Denn nur, wenn wir uns bei der Modellierung des Prozesses auch inhaltlich mit dem Prozess auseinandersetzen, können wir belastbare Modelle erzeugen. Und wenn die Modelle von der Logik und einem gedanklichen Durchlauf her belastbar sind, steigt die Wahrscheinlichkeit, dass die Prozesse auch in der Praxis funktionieren wie gedacht.

Mit der richtigen Herangehensweise leistet BPMN 2.0 einen hervorragenden Beitrag für das Management eines Prozesses über dessen Lebenszyklus hinweg.

Praxistipp

Denken Sie daran, dass bei BPMN 2.0 generell das Gleiche gilt wie bei der Einführung/Änderung von Systemen, Prozessen, Werkzeugen : Wenn ein Mitarbeiter im stillen Kämmerlein vor sich hin brütet, sich alleine etwas ausdenkt, beschafft und anwendet, kommt in der Regel nichts dabei raus, was von der Belegschaft akzeptiert und umgesetzt wird.

Wir haben bereits darauf hingewiesen, dass BPMN im Prinzip eine Sprache ist. Wenn Sie möchten, dass Ihre Mitarbeiter eine neue Sprache eloquent verwenden, geben Sie den Mitarbeitern auch die Gelegenheit, die Sprache kennenzulernen, schnelle Erfolge zu erzielen und sich weiterzuentwickeln. ■

7 Praxisbeispiel

7.1 Die Mischung macht's

In diesem Kapitel möchte ich anhand eines Projektbeispiels, das sich aus Erfahrungen verschiedener Projekte zusammensetzt, zeigen, wie viele der in diesem Buch beschriebenen Werkzeuge Anwendung finden und so zu einer erfolgreichen Gestaltung der IT-Organisation und der zu erbringenden Services beitragen. Dieses Kapitel ist mir besonders wichtig, weil es zeigt, dass die bisher dargestellten Methoden, Mittel und Werkzeuge zwar sehr nützlich sein können, aber letztlich eben nur Werkzeuge sind, die nur fachkundig und zielorientiert angewendet einen echten Nutzen erzeugen.

Um das Prinzip an einem Beispiel erläutern zu können, das möglichst vielen Lesern und Leserinnen bekannt ist, habe ich bewusst, den oft geläufigen und fast überall implementierten Incident Management Prozess gewählt. So ist es möglich, den Fokus mehr auf die Art und Weise als auf fachliche Diskussionen zu richten.

7.2 Die Ausgangssituation

Die im Folgenden beschriebene Ausgangssituation spielt im Prinzip eine Nebenrolle, wird aber in der einen oder anderen Situation nützlich sein, um bestimmte Sachverhalte transparent und verständlich darzustellen. Aussagen im Text, die sich direkt auf die hier erwähnte Ausgangssituation beziehen, sind im gesamten Kapitel *kursiv* markiert.

7.2.1 Die Bankenservice AG

Die Bankenservice AG ist ein mittelständischer Dienstleister am Finanzmarkt mit ca. 5000 Mitarbeitern weltweit. In der Zentrale in Frankfurt/Main sind 350 Mitarbeiter tätig. Die IT wird zentral betrieben, so dass etwa die Hälfte der Mitarbeiter in Frankfurt/Main der IT-Abteilung zugeordnet ist. Aufgrund des hohen Kostendrucks wurde in den vergangenen zwei Jahren ein Viertel der Standorte geschlossen. Das Geschäft der Bankenservice AG besteht fast ausschließlich aus Dienstleistungen für andere Banken, die durch innovative Web-Applikationen und auch durch gut ausgebildete Kundenberater bei der Betreuung ihrer jeweiligen Endkunden unterstützt werden. Die aktuellen und derzeit bekannten Geschäftsziele sind:

- Steigerung der Kundenzufriedenheit (also die der unterstützten Banken)
- Steigerung der Effizienz der Kundenberater
- Optimierung der Kosten durch selektives Outsourcing und Standardisierung

Geschäftsleitung

Die Geschäftsleitung besteht aus:

- Chief Executive Officer (CEO)
- Chief Finance Officer (CFO)
- Chief Operating Officer (COO)

Sie wird ergänzt durch den Chief Information Officer (CIO). Die Geschäftsführung fokussiert sich vornehmlich auf das Erreichen der finanziellen Ziele. Risikomanagement erfolgt im Rahmen der gesetzlichen Vorgaben, aber ohne hohe Priorität. Das Thema Outsourcing spielt derzeit eine große Rolle in den Überlegungen der Geschäftsleitung.

Die Führungskräfte der Bankenservice AG haben eine Zielvereinbarung, an die ein hoher variabler Gehaltsanteil gekoppelt ist. Das Ziel ist die Erreichung einer bestimmten Dividende. Andere Ziele sind nicht vereinbart.

Fachbereiche

Die Bankenservice AG ist in die folgenden vier Fachbereiche gegliedert:

- Vertrieb
- Kundenberatung und Support
- Verwaltung (Personal, Buchhaltung)
- Controlling

Die Fachbereichsleiter der Bankenservice AG berichten direkt an die Geschäftsleitung. Sie sind in der Regel nicht technologieorientiert und legen in Bezug auf die IT die höchste Priorität aktuell auf ein neu zu planendes CRM-System.

In einem im vergangenen Jahr durchgeführten Benchmark wurde festgestellt, dass die IT derzeit etwa 20 % teurer ist als vergleichbare IT-Bereiche der Branche. Seit diesem Benchmark fordern die Fachbereichsleiter eine bessere Darstellung der Leistungen der IT. Insgesamt fehlt das Verständnis für steigende IT-Budgets, während Standorte des Unternehmens aus wirtschaftlichen Gründen geschlossen werden müssen.

Die IT-Organisation

Die Verantwortung für die gesamte IT hat der CIO, der Mitglied der Geschäftsführung der Bankenservice AG ist. Der IT-Bereich ist in vier Fachbereiche gegliedert, die jeweils durch einen Fachbereichsleiter geführt werden. Die vier Fachbereiche sind:

- Infrastruktur und Netzwerk
- Anwendungsentwicklung
- Rechenzentrumsbetrieb (inkl. aller Komponenten wie Server, Datenbanken usw.)
- Clientbetrieb

Die IT-Services werden individuell entsprechend der Anforderungen an die jeweilige Web-Applikation bzw. den Bedürfnissen der Kundenberater bereitgestellt. Damit sind die IT-Systeme zum Teil sehr komplex. Die IT-Umgebung besteht grundsätzlich aus zwei verschiedenen Plattformen:

- Die primäre Geschäfts- und Finanzanwendung Banktool 2.0 läuft auf verschiedenen UNIX-Systemen im Rechenzentrum.
- Front- und Back-Office-Anwendungen werden in einer reinen Microsoft-Umgebung betrieben.

Die Mitarbeiter in der IT-Organisation sind sehr technologieorientiert. Entwicklung der Mitarbeiter findet fast ausschließlich im Rahmen technischer Trainings statt. Das IT-Management strebt dagegen eine engere Zusammenarbeit mit den Fachbereichen an. Die folgenden IT-Ziele wurden orientiert an den Businesszielen definiert:

- Erhöhung der Effizienz der IT-Prozesse
- Verbesserung der Kundenzufriedenheit durch schnellere Wiederherstellung der Services nach einer Störung
- Standardisierung der IT-Services für eine wirtschaftlichere IT

Für Unruhe sorgt derzeit das Thema Outsourcing. Da dieses im Management intensiv diskutiert wird, sehen die Mitarbeiter die Entwicklung sehr kritisch und fürchten zum Teil um den eigenen Arbeitsplatz.

Services

Die Kundenberater greifen über ein VPN eines Service Providers auf das interne Netz zu und nutzen individuell für die jeweilige Kundensituation entwickelte Services. Alle Kapazitäten werden „on demand" zur Verfügung gestellt. Die richtigen Entscheidungen wurden bisher immer auf Basis der langjährigen Erfahrungen der Verantwortlichen getroffen.

Die Qualität der IT-Services wird derzeit lokal an den Standorten oder Geschäftsstellen durch Verfügbarkeitsmessungen der Systeme gemessen. Eine End-to-End-Betrachtung der Services findet heute nicht statt.

Verfahren

Alle IT-Verfahren sind historisch gewachsen und unterscheiden sich in Bezug auf Qualität und Performance stark. Die meisten Anwendungen werden „in-house" entwickelt. Der Entwicklungsprozess ist formal beschrieben und wird gemäß einer standardisierten Methode durchgeführt.

Changes werden bei der Überführung neuer Software aus der Testumgebung in die Produktivumgebung formell übergeben und in den Betrieb implementiert. Es existiert kein Tool für das Change Management, die Changes werden lediglich in der Entwicklungsdatenbank dokumentiert bzw. aufgezeichnet. Eine Integration des Change Management in andere Prozesse der Organisation ist somit nicht gegeben.

Der Betrieb ist sehr gut organisiert. Es herrscht eine gute Disziplin mit entsprechenden Verfahrensanweisungen. Grundsätzlich werden alle Arbeiten aufgrund der hohen Motivation mit hoher Priorität durchgeführt. Der Betrieb erfolgt in drei Schichten.

Service Level Agreements sind zwischen IT-Bereich und den Fachbereichen vereinbart. Sie beschreiben den technischen Service, den die IT leistet. Zudem sind Ziele für die Verfügbarkeit der Systeme und die Kapazitäten des Netzwerks vereinbart. Ein Service Level Reporting existiert derzeit nicht.

Der Servicedesk wird derzeit von drei Mitarbeitern besetzt, die eine Kernzeit werktags von 8 bis 18 Uhr abdecken. Sie sind für alle gemeldeten Störungen und Anwenderanfragen verantwortlich und regeln z. B. auch die Vergabe von Berechtigungen und Passwörtern. Können einzelne Störungen nicht gelöst werden, dann erfolgt derzeit eine Weiterleitung an die Fachbereiche, die dann die Störung weiter bearbeiten. Oft werden weitergeleitete Störungen nicht in akzeptabler Zeit bearbeitet, so dass sich die Anwenderbeschwerden häufen. Es kommt immer öfter zu Unstimmigkeiten zwischen Service Desk und Fachbereichen bezüglich der Zuständigkeiten, die sich auch negativ auf die Servicequalität auswirken.

7.3 Das Projekt

Die Anwendung der verschiedenen Werkzeuge und Methoden werde ich im Rahmen eines fiktiven Projekts beschreiben, das im Folgenden vom Setup bis zum Projektabschluss durchgängig beschrieben wird. Anhand dieser grundsätzlichen Vorgehensweise habe ich im Verlauf der letzten Jahre sehr viele Projekte gestaltet und begleitet. Sie führte bei konsequenter Anwendung in allen Fällen zu einem erfolgreichen Abschluss, so dass ich sie durchaus als Referenzmethode empfehlen möchte. Allerdings gilt auch hier wie bei allen Best Practices: Nutzen Sie die Teile, die Sie Ihrem Ziel näherbringen, und lassen Sie andere bei Bedarf weg.

7.3.1 Projektsetup

Wichtige Ziele dieser Phase

- Der Rahmen, Name und Scope des Projekts ist festgelegt.
- Die beteiligten Personen sind informiert.
- Die Projektmitarbeiter sind bekannt.
- Die Grobplanung des zeitlichen Rahmens ist erfolgt.

Einführung

Jedes Projekt bedarf vor dem eigentlichen Start der Durchführung einer spezifischen Vorbereitung, um die Rahmenbedingungen für alle später Beteiligten festzulegen. Für diese Vorbereitungsphase sollte ausreichend Zeit eingeplant werden, um einen reibungslosen Start zu ermöglichen. Für Fälle wie den hier beschriebenen sollten Sie für die Projektsetup-Phase mindestens zwei bis drei Wochen einplanen. Die Aktivitäten im Rahmen der Projektsetup-Phase im Überblick:

- Projektnamen festlegen
- Projektscope definieren
- Rollenbesetzung im Projekt
- Grobplanung der Termine

Praxistipp:

Falls vorhanden, binden Sie den Betriebsrat oder Personalrat immer von Beginn an in derartige Projekte ein. So können bei Themen wie Auswertungen im Ticketsystem oder Zuordnungen von Tickets zu Personen umgehend diskutiert und entsprechende Entscheidungen getroffen werden. Die Erfahrung zeigt, dass es bei nachträglichen Genehmigungen immer wieder zu erheblichen Verzögerungen im Projektfortschritt kommen kann, die lediglich durch Missverständnisse hervorgerufen werden. ■

Projektnamen festlegen

Vielleicht schmunzeln Sie beim Lesen dieses Punkts ob der scheinbaren Trivialität. Die Erfahrung zeigt jedoch, dass ein adäquater Projektname für die Akzeptanz und das Marketing im Projekt eine wichtige Rolle spielen kann. Oft werden hier Kunstbegriffe genutzt, die eigentlich Abkürzungen sind und entsprechend aufgelöst werden können. Ein Beispiel für so einen Kunstnamen ist „PROfIT". Das steht für **P**rozesse, **R**ollen, **O**rganisation **f**ür die **IT**. Hier ist Kreativität gefragt. Am besten eignen sich Projektnamen mit einem individuellen Unternehmensbezug. Der Projektname sollte folgende Kriterien erfüllen:

- leicht zu merken,
- individueller Unternehmensbezug,
- aussagekräftig,
- inspirierend/motivierend.

Bei dem Namen für unser Projekt habe ich zugunsten der Wirkung auf den Unternehmensbezug bewusst verzichtet und mich entschieden für:

PENG - Prozesse erfolgreich neugestalten

Projektscope definieren

Die meisten erfolglosen Projekte im Umfeld des IT-Service-Managements scheitern schlicht daran, dass zu viele Aspekte parallel betrachtet werden sollen. Dadurch ist der Umfang des Projekts nicht zu überschauen oder die Organisation ist durch die bloße Menge der Veränderungen bereits überfordert. Wenn Sie den Projektscope definieren, können Sie verschiedene Kriterien für die Eingrenzung nutzen:

- räumlich bzw. geografisch,
- Auswahl der Prozesse,
- Auswahl der zu betrachtenden Services.

Die räumliche oder geografische Eingrenzung des Projektscope ermöglicht eine regionale Betrachtung der für die Durchführung des Projekts benötigten Rahmenbedingungen, Ressourcen und Fähigkeiten. Ein weiterer Vorteil dieser Eingrenzung ist, dass die Auswirkungen (positiv wie negativ) eines Projekts oder einer Projektphase zunächst in einem klar beschränkten Umfeld bewertet werden. Sie können so als Grundlage für möglicherweise notwendige Modifikationen an Vorgehensweise oder Inhalt dienen, bevor weitere Regionen einbezogen werden. Das Projekt wird also de facto einem kontinuierlichen Verbesserungsprozess während der Verbreitung im Unternehmen unterzogen. Des Weiteren können Erfolge aus dem ersten Projektabschnitt so sehr häufig als Nachweis der Nützlichkeit des Projekts dienen und zur Verbesserung der Akzeptanz im gesamten Unternehmen beitragen.

Die Möglichkeit der regionalen Beschränkung des Scope wird in der Regel von internationalen Konzernen bevorzugt. Sie betrachten zunächst eine „Pilotregion" oder einen eingegrenzten Unternehmensbereich und sorgen anschließend für einen „Rollout" in weitere Regionen bzw. Unternehmensbereiche. Ebenso verbreitet ist diese Vorgehensweise inzwischen in mittelgroßen, aber überregional arbeitenden Betrieben in einer Größenordnung von 2000 bis 5000 Mitarbeitern. In diesem Fall häufig kombiniert mit einer weiteren Möglichkeit der Einschränkung des Scope, der Reduzierung der betrachteten ITSM-Prozesse.

Die Eingrenzung des Scope über die Auswahl der zu betrachtenden ITSM-Prozesse basiert auf der Annahme, dass die Aktivitäten im Rahmen der Serviceerbringung auch schon vor der Projektdurchführung erfolgen (auf mehr oder weniger transparente und strukturierte Weise) und so eine serielle Vorgehensweise erlauben. Es wird also in diesem Fall bewertet, wo der größte Handlungsbedarf besteht. Die entsprechenden Prozesse werden anschließend bevorzugt betrachtet. Um diese Bewertung allerdings sinnvoll durchführen zu können, ist oft ein Vorgriff auf die zu erreichenden Ziele notwendig, denn nur wenn die Ziele bekannt sind, kann bewertet werden, welche Modifikationen am wirkungsvollsten zur Zielerreichung beitragen. Sollten also an dieser Stelle die Ziele der IT noch unklar sein, so kann möglicherweise ein Vorgriff auf die Aktivitäten in Abschnitt 7.3.2 sinnvoll sein.

Die Eingrenzung über die Auswahl der ITSM-Prozesse führt in der Regel zu einer Priorisierung der möglichen Veränderungen, um die definierten Ziele zu erreichen. Das Ergebnis ist oft ein Phasenplan, in dem über die Durchführung der aktuell mit höchster Priorität versehenen ITSM-Prozesse hinaus auch die Veränderungen an weiteren Prozessen oder Prozessgruppen grob geplant werden.

Eine dritte, heute noch selten verwendete Möglichkeit des Scoping ist die Eingrenzung über die zu betrachtenden Services. Dabei wird zunächst bewertet, welche Services für die Kunden von größter Bedeutung sind, und anschließend werden alle Prozesse betrachtet, die für die Erstellung dieser kritischen Services notwendig sind. Diese Betrachtung ermöglicht vor allem die Reduzierung der Komplexität und der Anzahl der Schnittstellen im Rahmen der späteren Prozessdurchführung. Im Verlauf des Implementierungsprojekts können die verfügbaren Ressourcen sehr gezielt eingesetzt werden. Eine Variante hiervon ist die Betrachtung aller Services, die für einen spezifischen Kunden erbracht werden. Das ist immer dann interessant, wenn von einem Lieferanten oder Serviceprovider eine Zertifizierung erwartet bzw. vorgegeben wird. Diese Betrachtungsweisen gewinnen insbesondere durch die Erwähnung in der [ISO/IEC 20000] an Bedeutung. Unternehmen, die eine entsprechende Zertifizierung anstreben, können neben der klassischen geografischen Eingrenzung den resultierenden Aufwand durch diese beiden Möglichkeiten deutlich reduzieren.

Letztlich hat es sich in der Praxis als sinnvoll erwiesen, die geografische Eingrenzung mit der durch die betrachteten Prozesse zu kombinieren. Beide bieten die Möglichkeit, stufenweise vorzugehen und die notwendigen Veränderungen einer IT-Organisation behutsam auszuweiten.

Innerhalb der beschriebenen Ausgangssituation geht es vornehmlich darum, die Effizienz der IT zu verbessern. Der größte Handlungsbedarf besteht im Change Management sowie im Incident Management. Da sich die Beschwerden über Störungen, die nicht schnell genug bearbeitet werden, häufen und die Mitarbeiter des Servicedesk zunehmend ausgelastet sind, wird in unserem Projekt PENG im ersten Schritt der Prozess Incident Management betrachtet. Zur Verdeutlichung, dass es sich bei diesem Prozess nur um die erste Phase eines Gesamtprojekts handelt, kann wieder der Projektname genutzt werden. Ergänzt um den Prozessnamen wird aus „PENG" „iPENG" (Incident Prozess erfolgreich neu gestalten).

Rollenbesetzung im Projekt

Das Projektteam spielt für den Erfolg des Projekts eine außerordentlich wichtige Rolle. Wird das Projektteam nicht adäquat besetzt, kann schon in dieser Phase der Projekterfolg gefährdet werden. Entsprechend der Projektmanagementmethode PRINCE2® [PRINCE2®, 2005] sollten beim Setup eines Projekts verschiedene Rollen besetzt werden. Ein wichtiger Grundsatz gilt für jede zu besetzende Rolle: Prüfen Sie genau, ob der jeweils geplante Rolleninhaber ausreichend Zeit zur Verfügung hat. Ein Projektleiter z. B., der ein Projekt trotz hoher Auslastung nebenher bewältigen muss, wird in den seltensten Fällen in der Lage sein, Fehlentwicklungen frühzeitig zu erkennen und entsprechende Maßnahmen einzuleiten. Wichtige Rollen, die Sie auf jeden Fall besetzen sollten, sind:

- Auftraggeber,
- Projektleiter,
- Lenkungsausschuss,
- Projektteam.

Der Auftraggeber ist interessiert am und profitiert vom Nutzen des jeweiligen Projekts. Mit ihm muss definiert werden, welche Ergebnisse das Projekt liefern soll. Der Auftraggeber stellt in der Regel auch das Projektbudget zur Verfügung.

Der Projektleiter ist verantwortlich für die Steuerung des Projekts im operativen Sinne. Er muss nicht zwingend ein Fachmann im jeweiligen Thema sein, er muss lediglich innerhalb des Projektteams auf die entsprechenden Kompetenzen zugreifen können und diese orchestrieren, um die Projektziele wirtschaftlich und entsprechend der Planung zu erreichen. Der Projektleiter sollte, wie meine Erfahrung zeigt, nach Möglichkeit ein (bei Bedarf extern gecoachter) interner Mitarbeiter und kein externer Berater sein, um die Akzeptanz für das Projekt zu unterstützen. Der Projektleiter berichtet dem Lenkungsausschuss regelmäßig über den Projektfortschritt.

Der Lenkungsausschuss setzt sich aus dem Auftraggeber, dem Projektleiter, ggf. weiteren Entscheidern und bei Bedarf internen und externen Beratern zusammen. Der Lenkungsausschuss gibt in der Regel die Phasenübergänge innerhalb eines Projekts frei und greift ansonsten nur dann aktiv in das Projekt ein, wenn Zielabweichungen absehbar sind (Management by Exception).

Das Projektteam setzt sich aus den Mitarbeitern zusammen, die zur Durchführung der Projektaktivitäten benötigt werden. In größeren Projekten besteht das Projektteam darüber hinaus aus allen für einzelne Teilergebnisse verantwortlichen Teilprojektleitern.

Die Projektleitung im Projekt iPENG wird vom Fachbereichsleiter Clientbetrieb übernommen, der Auftraggeber ist der CEO und zum Lenkungsausschuss gehören zusätzlich der CIO und die übrigen drei Fachbereichsleiter, um den Fortschritt dieses für die Organisation neuen Projekts im Blick zu behalten und ggf. reagieren zu können.

Terminplanung

Bereits in dieser Phase werden die Zieltermine des Projekts grob geplant. Grob deshalb, weil die detaillierten Aktivitäten erst nach Abschluss der Zieldefinition und der Ist-Aufnahme konkret festgelegt werden können. Bei der Grobplanung können die Erfahrungen externer Berater als Richtschnur durchaus nützlich sein.

Für das Projekt iPENG wurde der folgende grobe Terminplan, basierend auf Erfahrungen mit ähnlichen Projekten und unter Berücksichtigung der Rahmenbedingungen in der Ausgangssituation erstellt. Sollten die für das Projekt benötigten Ressourcen nicht im vorgesehenen Umfang zur Verfügung stehen, so können sich diese Termine entsprechend verzögern.

T	*Projektstart*
T + 3 Wochen	*Abschluss Projektsetup*
T + 5 Wochen	*Abschluss Zieldefinition*
T + 10 Wochen	*Abschluss Analyse und Identifizierung*
T + 18 Wochen	*Abschluss definieren und dokumentieren*
T + 28 Wochen	*Abschluss Prozesse etablieren*
T + 32 Wochen	*Erfolg prüfen (Start erst nach mindestens 8 Wochen Betriebserfahrung)*

Die Phase Ausbildung der Mitarbeiter sollte in den ersten 8 Wochen parallel zu den ersten beiden Phasen erfolgen

Die Zeiträume in dieser beispielhaften Planung ergeben sich aus meiner Erfahrung in ähnlichen Projektsituationen. Sie sollen lediglich einen Anhaltspunkt liefern, wie man planen könnte. Sie müssen sich nicht strikt an diese Zeitspannen halten. Es werden immer Zeitwochen beschrieben, nicht der Aufwand in Personentagen. Je nach Ressourceneinsatz und vorhandenen Mitteln können innerhalb der genannten Zeitspanne auch mehrere Prozesse parallel betrachtet werden.

7.3.2 Ziele definieren

Wichtige Ziele dieser Phase

- Die IT-Ziele sind bekannt.
- Die Projektziele sind festgelegt und freigegeben.
- Die Ziele sind messbar formuliert.
- Die Grenzen des Projekts sind festgelegt und freigegeben.

Einführung

Die IT ist kein Selbstzweck, sondern dient dazu, das Unternehmen bzw. den Kunden in die Lage zu versetzen, seine Unternehmensziele zu erreichen. Die IT-Organisation muss also die Ziele des Business kennen und entsprechende IT-Ziele daraus ableiten. Für das Projekt wiederum müssen die IT-Ziele bekannt sein, um darauf aufbauend die Projektziele festzulegen. Falls also noch keine IT-Ziele definiert sind, muss dieser Schritt hier erfolgen.

Für die Ableitung der IT-Ziele aus den Zielen des Business ist die Betrachtung der Perspektiven und der Ursache-Wirkungs-Ketten einer Balanced Scorecard hilfreich. Mehr zur Balanced Scorecard lesen Sie in Abschnitt 5.2. Immer häufiger sind Balanced Scorecards oder Ansätze dazu in den Unternehmen bereits vorhanden und sollten entsprechend als Anker für die Ursache-Wirkungs-Beziehungen einer möglichen IT Balanced Scorecard genutzt werden.

Bei der Ableitung und Ausgestaltung der Ziele für die IT ist es außerdem von Bedeutung, welche Erwartungen der Kunde an die IT hat und wie die IT-Organisation sich in der Vergangenheit aufgestellt hat. Grundsätzlich lassen sich drei Kompetenzausprägungen von IT-Organisationen unterscheiden:

- *Technologieorientierte IT-Organisationen:*
  Die klassische IT-Abteilung ist häufig aus der Historie heraus vorwiegend technologieorientiert aufgestellt. Sie verantwortet vor allem die Bereitstellung einer funktionsfähigen Infrastruktur oder auch einzelner Komponenten. Vor dem Hintergrund steigender Anforderungen an die Wirtschaftlichkeit der IT setzen die Verantwortlichen heute sehr oft auf Standardisierung und Wiederholbarkeit. In diesem Zusammenhang wird auch häufig der Begriff „IT-Fabrik“ verwendet, um die Entwicklung der IT von einer individuell produzierenden „Manufaktur“ zur standardisierten industriellen Fertigung zu verdeutlichen. Die herausragende fachliche Kompetenz einer technologieorientierten IT-Organisation ist die Technikkompetenz, die wichtigste Managementdisziplin das Ressourcenmanagement.
- *Serviceorientierte IT-Organisationen:*
  Im Rahmen der Serviceorientierung rücken die konkreten Anforderungen des Kunden in den Mittelpunkt der Planung von IT-Organisationen. Ziel ist es dabei, die Fähigkeiten und Ressourcen der IT auf die optimale Erfüllung dieser Anforderungen auszurichten. Serviceorientierte IT-Organisationen übernehmen die Verantwortung für die Erfüllung der Kundenanforderungen. Dazu bedienen sich diese Organisationen festgelegter Methoden und Prozesse. Die herausragende fachliche Kompetenz serviceorientierter IT-Organisationen ist die Methodenkompetenz, die wichtigste Managementdisziplin das Prozessmanagement.
- *Businessorientierte IT-Organisationen:*
  Eine dritte mögliche Ausprägung ist die Businessorientierung. Businessorientierte IT-Organisationen pflegen eine besonders enge Bindung zum Kunden, verfügen über Geschäftsprozesskompetenz und übernehmen Verantwortung bis in den Geschäftsprozess des Kunden hinein. Businessorientierte IT-Organisationen erfüllen nicht nur die Anforderungen des Kunden, sondern stellen sicher, dass die Services tatsächlich einen Wertbeitrag für die Erreichung der geschäftlichen Ziele des Kunden leisten. Die herausragende fachliche Kompetenz ist hier die Businesskompetenz, die wichtigste Managementdisziplin ist IT Governance.

Die drei Kompetenzausprägungen unterscheiden sich vornehmlich durch den Fokus, den die jeweilige IT-Organisation setzt. Technologieorientierte Organisationen fokussieren sich auf die Infrastruktur, serviceorientierte Organisationen auf die Services und businessorientierte Organisationen auf die Gestaltung des Service-Portfolios.

Bezogen auf die Service-Kompetenzen befindet sich die beschriebene IT-Organisation der Bankenservice AG derzeit in einer Übergangsphase von der Technologieorientierung zur Serviceorientierung. Im Rahmen der genannten Ausgangssituation sind die nachstehenden IT-Ziele klar erkennbar und müssen in diesem Fall nicht erarbeitet werden. Sollte das in Ihrem Fall notwendig sein, dann können dieselben Methoden verwendet werden wie für die Definition der Projektziele, die im Anschluss beschrieben werden. Die festgelegten IT-Ziele in der aktuellen Ausgangssituation sind:

- *Erhöhung der Effizienz der IT-Prozesse*
- *Verbesserung der Kundenzufriedenheit durch schnellere Wiederherstellung der Services nach einer Störung*
- *Standardisierung der IT-Services für eine wirtschaftlichere IT*

Im nächsten Schritt erfolgt nun die Zieldefinition für das aktuelle Projekt, also für die Gestaltung bzw. Neugestaltung des Incident-Management-Prozesses im Rahmen des Projekts *iPENG.*

Zielworkshops mit Vertretern aller am Projekt interessierten Gruppierungen haben sich als die erfolgreichste Methode erwiesen, um klare und von allen akzeptierte Ziele für ein Projekt zu entwickeln. Diese Zielworkshops setzen sich aus einem in den meisten Fällen eintägigen Definitionsworkshop, einer Dokumentationsphase und einem Review- und Genehmigungsworkshop zusammen.

Im Projekt iPENG nehmen an dem Workshop Vertreter der IT-Fachbereiche (Fachleute und Gruppenleiter), zwei Kundenvertreter (Kundenberatung und Support, Controlling), der CIO sowie ein Vertreter des Service Desk teil.

Die Teilnehmer haben die Einladung zwei Wochen im Voraus bekommen, zusammen mit der Aufgabe, sich über ihre jeweiligen Erwartungen an das Projekt Gedanken zu machen. Die folgenden Fragen sollten mindestens beantwortet werden:

- *Welche Erwartungen haben Sie an den IT-Support?*
- *Was ist Ihnen besonders wichtig?*
- *(Erreichbarkeit, Qualität, Freundlichkeit, Kosten, ...)*

Der Workshop wird am besten durch einen externen Berater moderiert, der sowohl als Moderator als auch als fachlicher Consultant bei der Zieldefinition unterstützt. Der Workshop gliedert sich in mehrere Schritte:

- Brainstorming zur Zielfindung
- Clustern und Ergänzen der Ziele nach Perspektiven und Priorisierung
- Zielauswahl (Hauptziele, Zusatzziele) und Freigabe
- Ziele messbar formulieren
- Auswahl und Freigabe der Nicht-Ziele

Auch hier gilt, dass der eintägige Ablauf kein Dogma sein soll. Sollten Sie feststellen, dass die Zeit nicht ausreicht, verlegen Sie einfach z. B. die letzten beiden Schritte und die Freigabe auf einen zweiten Tag. Sie sollten das jedoch im Rahmen des Workshops frühzeitig festlegen und die entsprechenden Termine bereits im Vorfeld vorsorglich reservieren. Schauen wir uns die einzelnen Schritte nun genauer an.

Brainstorming zur Zielfindung

Im ersten Schritt sollten durch ein Brainstorming ohne weitere Vorgaben die Erwartungen der Beteiligten an den neuen Prozess in Form von Zielformulierungen abgefragt werden. Da sich verbale Brainstormings insbesondere in gemischten Gruppen mit mehreren Hierarchieebenen als sehr anfällig für gegenseitige Beeinflussungen erwiesen haben, wird hier als Variante eine Kartenabfrage eingesetzt. Dazu schreibt jeder Teilnehmer seine Beiträge auf Moderationskarten, die der Moderator einsammelt und an einer Metaplanwand anordnet. Die Ziele werden in diesem Fall wie ein Ist-Zustand formuliert, der erreicht werden soll. Beispielsweise schreibt man statt „Die Zeiten für die Bearbeitung der Störungen könnten durchaus etwas kürzer sein" den prägnanten Aussagesatz „Die Dauer der Störungsbearbeitung ist kürzer".

Bild 7.1 *zeigt einen Ausschnitt aus dem Ergebnis des ersten Brainstormings. Dieses Ergebnis bildet die Grundlage für den nun folgenden zweiten Abschnitt des Zielworkshops.*

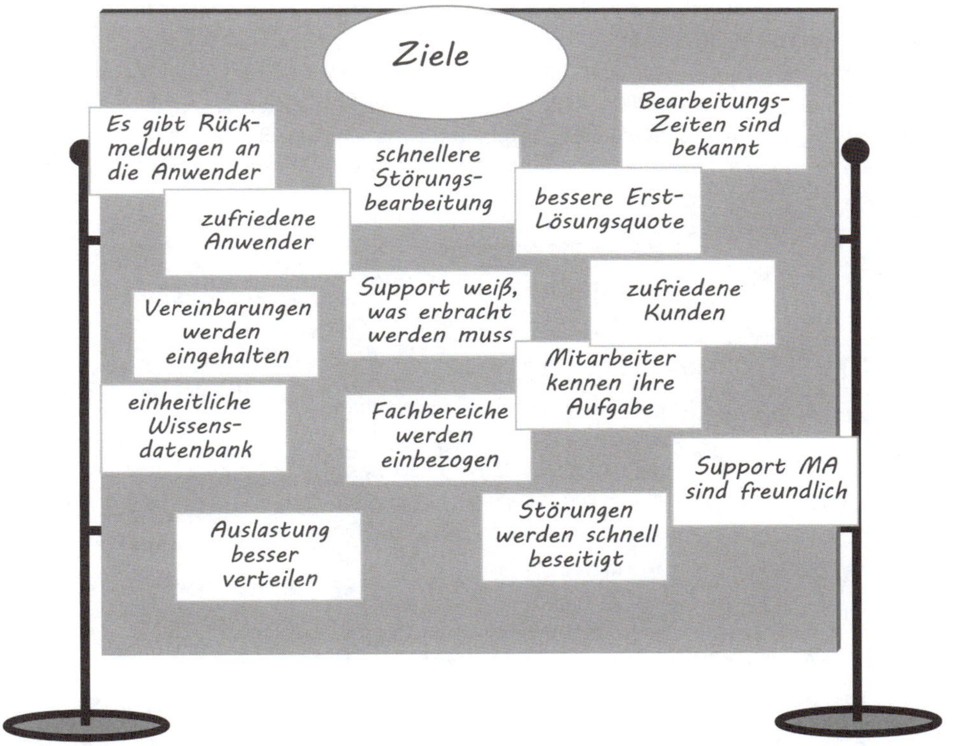

Bild 7.1 Kartenabfrage Ziele

Clustern und Ergänzen der Ziele nach Perspektiven und Priorisierung

In diesem Schritt gilt es nun, die vorhandenen Ergebnisse zu gliedern und sie bei Bedarf zu ergänzen. Bevor jedoch mit der Gliederung und Ergänzung begonnen wird, werden die gesammelten Ziele sortiert und der Moderator schlägt mögliche Zusammenlegungen von Doppelnennungen vor. Wichtig ist hierbei der Grundsatz, dass ein genanntes Ziel ausschließlich mit der Zustimmung des Autors entfernt bzw. mit einem anderen Ziel zusammengelegt werden darf. Stimmt der Autor dem nicht zu, so muss das Ziel stehen bleiben wie genannt, da sonst die Akzeptanz der Ergebnisse in Gefahr gerät.

Als Rahmen für die nun folgende Gliederung eignen sich die Perspektiven aus der Balanced Scorecard. Gemeinsam mit dem Moderator legen die Workshop-Teilnehmer fest, welches der genannten Ziele zu welcher Perspektive beiträgt. Welche Perspektiven Sie auswählen, hängt von den jeweiligen individuellen Anforderungen ab. In der Regel sind die vier klassischen Perspektiven ausreichend:

- Finanzen
- Kunden
- Prozesse
- Mitarbeiter/Entwicklung

Nachdem der Moderator die Zuordnung aller genannten Projektziele zu den Perspektiven veranlasst hat (das erfolgt am besten in einer freien Diskussion aller Teilnehmer), beginnt die nächste aktive Brainstorming-Phase der Teilnehmer, wiederum als Kartenabfrage. Diese erneute Abfrage ist notwendig, weil sich nach der Zuordnung der Ziele zu den Perspektiven in der Regel Lücken zeigen und die Teilnehmer die Chance bekommen sollen, diese Lücken zu füllen. Als Moderator sollten Sie hier sowohl die Anzahl der Karten pro Person auf maximal drei bis vier Stück als auch die Zeit auf maximal 15 bis 20 Minuten begrenzen, um nicht

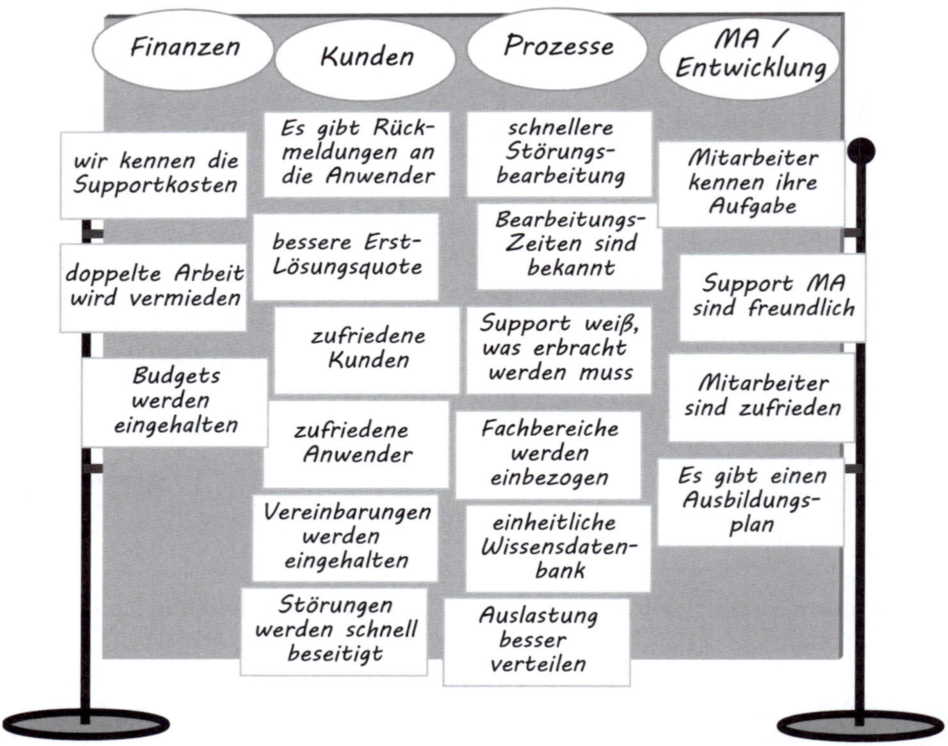

Bild 7.2 Gegliederte und ergänzte Ziele

eine vollständig neue Zielfindungsrunde zu starten. Der Fokus soll hier auf punktuellen Ergänzungen liegen. Bild 7.2 zeigt die konsolidierten und entsprechend der klassischen Perspektiven gegliederten Ziele bereits nach den Ergänzungen.

Nachdem die Ziele vervollständigt sind und die Workshop-Teilnehmer dem Ergebnis zugestimmt haben, folgt ein entscheidender Punkt für eine sinnvolle Zielfindung im Projekt, die Priorisierung. In der Regel werden in einem solchen Workshop sehr viele mögliche Ziele gefunden. Um aber den Fokus nicht zu verlieren, sollten Sie sich in einem Projekt wie *iPENG*, in dem es um einen einzelnen ITSM-Prozess geht, auf maximal drei Hauptziele und sechs Zusatzziele beschränken (mehr zu Haupt- und Zusatzzielen im nächsten Abschnitt). Für eine sinnvolle Zielauswahl müssen also die bisher zusammengetragenen Ziele priorisiert werden. Dafür verwenden Sie im Rahmen des Zielworkshops am besten Klebepunkte. Jeder Teilnehmer bekommt so viele Klebepunkte, wie Ziele ausgewählt werden sollen, also in unserem Fall neun Stück. Die Zahl der Klebepunkte hängt auch von der Anzahl der Workshop-Teilnehmer ab: je mehr Teilnehmer, desto weniger Punkte je Teilnehmer. Diese Klebepunkte können die Workshop-Teilnehmer frei verteilen. Wenn also einem Teilnehmer ein Ziel besonders wichtig ist, kann er diesem durchaus mehrere Klebepunkte zuordnen. Die Auswertung ist einfach: Je mehr Klebepunkte ein Ziel hat, desto höher ist die Priorität. Bevor die Ziele entsprechend der Priorisierung endgültig ausgewählt werden, erfolgt zunächst der im nächsten Abschnitt beschriebene Zwischenschritt.

Zielauswahl (Hauptziele, Zusatzziele) und Freigabe

Während der Gliederung der Ziele und während der Zuordnung der Prioritäten stellt sich oft heraus, dass die gefundenen Ziele sich nicht alle auf der gleichen Betrachtungsebene befinden. Es gibt eine Mischung aus sehr allgemeinen, übergeordneten Zielen und solchen, die eher Details betrachten und häufig zu den übergeordneten Zielen beitragen können. Wenn also z. B. „Erhöhung der Kundenzufriedenheit“ und „kompetente Betreuung der Anwender“ als Ziele genannt werden, so stehen diese Ziele derart in Beziehung, dass Zweiteres zu Ersterem einen Beitrag leistet. Das Ziel „Erhöhung der Kundenzufriedenheit“ wäre in diesem Falle ein Hauptziel und „kompetente Betreuung der Anwender“ ein zu diesem Hauptziel beitragendes Zusatzziel. Diese Beziehungen sind nicht mathematischer Natur, sondern beruhen auf praktischen und logischen Zusammenhängen. Daher können sie nicht einfach abgeleitet werden, sondern müssen im Rahmen des Workshops durch die Teilnehmer festgelegt werden. Bild 7.3 zeigt einen Ausschnitt aus dem Ergebnis dieser Phase des Zielworkshops.

Diese weitere Gliederung ist sehr wichtig, da erfahrungsgemäß Ziele mit höherem Detaillierungsgrad häufig mehr Prioritätspunkte erhalten als übergeordnete Ziele. Es bestünde also ohne diesen Zwischenschritt die Gefahr, dass wichtige übergeordnete Ziele zugunsten von Detailzielen aus der Betrachtung fallen. Die geeignete Methode für diese Zuordnung ist eine durch den Moderator geführte offene Diskussion der Teilnehmer. An dieser Stelle ist es von besonderer Bedeutung, dass der Moderator über eine ausgeprägte fachliche Erfahrung verfügt, um die Teilnehmer auf Beziehungen zwischen den Zielen hinweisen zu können.

Anhand der Gliederung entsprechend der Perspektiven, der Zuordnung der Zusatzziele zu den Hauptzielen und den vergebenen Prioritätspunkten werden in dieser Phase abschließend die Ziele für das Projekt festgelegt. Der Moderator ist an dieser Stelle dafür verantwortlich, dass alle Teilnehmer der Auswahl zustimmen, bzw. diese mittragen. Die Zustimmung der Teilnehmer zu den definierten Zielen wird im Workshop-Protokoll festgehalten.

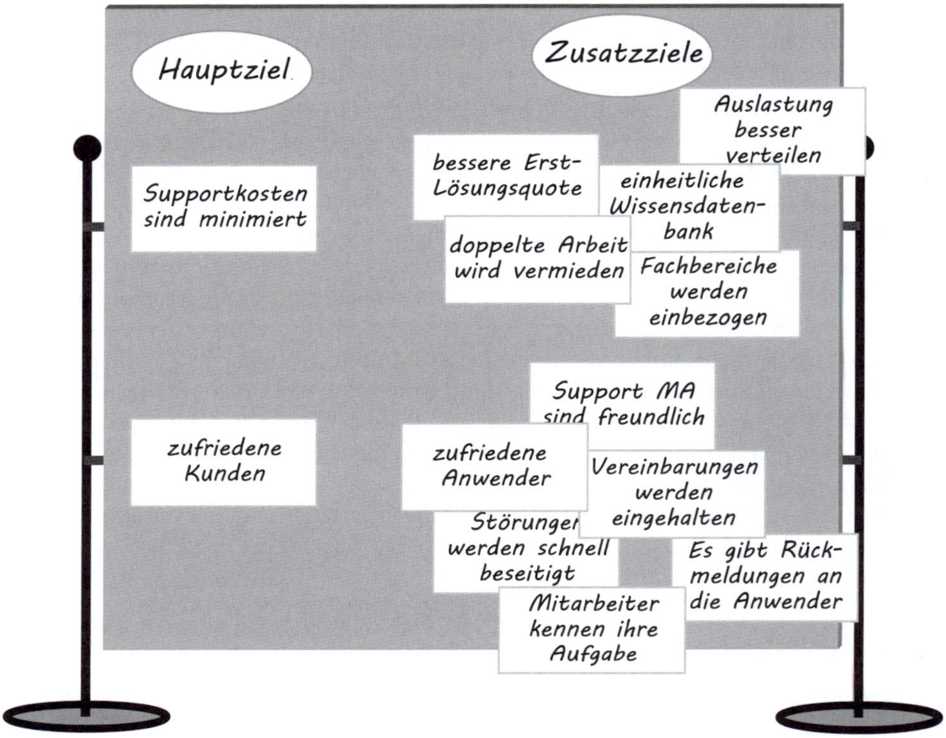

Bild 7.3 Haupt- und Zusatzziele

Im Projekt iPENG wurden im Rahmen des durchgeführten Workshops die folgenden Haupt- und Zusatzziele festgelegt:

- *Die Kosten für den Support sind minimiert.*
  - *Die Erstlösungsquote ist verbessert.*
  - *Eine Wissensdatenbank wird aktiv genutzt und gepflegt.*
  - *Die Ressourcen für den Support werden optimal genutzt.*
- *Die Kunden sind zufrieden.*
  - *Die Anwender sind zufrieden.*
  - *Die vereinbarten Wiederherstellungszeiten sind eingehalten.*
  - *Die Fähigkeiten der IT-Mitarbeiter entsprechen den Anforderungen.*

Ziele messbar formulieren

Nachdem die Ziele für den durch das Projekt *iPENG* implementierten Incident-Management-Prozess definiert sind, gilt es nun diese Ziele messbar zu gestalten. Denn nur, wenn durch eine eindeutige Quantifizierung ein Nachweis erbracht werden kann, ist die Zielerreichung überprüfbar. Zu diesem Zweck werden den Zielen entsprechende Kennzahlen (KPI) zugeordnet. Mehr zur Gestaltung von Kennzahlen finden Sie in Kapitel 5.

Im Rahmen des Workshops bekommen die Teilnehmer in einer dritten Brainstorming-Kartenabfrage die Aufgabe, Messgrößen für jedes der bereits festgelegten Ziele zu finden. Die Vorschläge werden auf der Metaplanwand gesammelt und den entsprechenden Zielen zugeordnet. Das Erreichen der Zusatzziele trägt in der Regel direkt zur Erreichung der Hauptziele bei. Es besteht also hier die Möglichkeit, sich bei der Zuordnung der Messgrößen zunächst auf die Zusatzziele zu konzentrieren, um die Komplexität zu minimieren. Der Hintergrund wird in Kapitel 5 im Rahmen der Zusammenhänge zwischen Zielen, CSF und KPI beschrieben (Bild 5.1).

Nach der Sammlung werden die gefundenen Kennzahlen (die bei Bedarf auch hier wieder mithilfe von Klebepunkten priorisiert werden können) den Zielen zugeordnet und durch die Teilnehmer des Workshops freigegeben.

Im Projekt iPENG wurden den Zusatzzielen die folgenden Kennzahlen zugeordnet:

Hauptziel 1: *Die Kosten für den Support sind minimiert.*

- *Die Störungsbehebung erfolgt ohne Verzögerung.*
  - *Erhöhung der Erstlösungsquote (beschreibt den Anteil der Incidents, der sofort und ohne Weiterleitung gelöst wird)*
  - *Reduzierung der durchschnittlichen Lösungszeit (Zeit von der Ticketeröffnung bis zum Abschluss nach erfolgreicher Service-Wiederherstellung)*
- *Eine Wissensdatenbank wird aktiv genutzt und gepflegt.*
  - *Erhöhung des Anteils der Tickets, die mithilfe der Lösungsdatenbank gelöst wurden*
  - *Reduzierung des Anteils fehlerhafter Lösungen, die aus der Lösungsdatenbank entnommen wurden*
- *Die Ressourcen für den Support werden optimal genutzt.*
  - *Reduzierung des Anteils von Tickets mit falscher Kategorie*
  - *Reduzierung der durchschnittlichen Anzahl der Weiterleitungen innerhalb der IT-Organisation („Ping Pong Counter")*

Hauptziel 2: *Die Kunden sind zufrieden.*

- *Die Anwender sind zufrieden.*
  - *Verbesserung der durchschnittlichen Bewertung in Zufriedenheitsanalysen (in Schulnoten)*
- *Die vereinbarten Wiederherstellungszeiten sind eingehalten.*
  - *Reduzierung des Anteils der Tickets, in denen die Vereinbarungen verletzt wurden*
  - *Erhöhung des Anteils der Störungen, für die eine klare Vereinbarung zur Wiederherstellungszeit bekannt sind (Bezug zum Service Level Management, das allerdings in der Bankenservice AG erst etabliert werden muss)*
- *Die Fähigkeiten der IT-Mitarbeiter entsprechen den Anforderungen.*
  - *Reduzierung des Anteils der Tickets mit Beschwerden bezüglich der Lösungsqualität*
  - *Reduzierung der Abweichungen vom Schulungs- und Entwicklungsplan für die Support-Mitarbeiter*

Die detaillierte Ausprägung der Kennzahlen anhand des in Kapitel 5 beschriebenen Rahmens zur Kennzahlendarstellung (Bild 7.4) erfolgt innerhalb der dem Definitionsworkshop folgenden Dokumentationsphase.

Beschreibung	Nr. / Bezeichnung	Numerisch oder sprechend -> Eindeutig
	Beschreibung	Was wird in diesem KPI erfasst?
	Adressat	An wen wird das Ergebnis geliefert?
	Zielwert	Welcher Zielwert soll erreicht werden?
	Sollwerte	Welche Zwischenziele (Meilensteine) gibt es?
	Toleranzwert	Welche Abweichung vom Ziel wird akzeptiert?
	Eskalationsregeln	Maßnahmen zur Beeinflussung der Zielerreichung
	Gültigkeit	Wie lange ist dieser KPI gültig?
	Verantwortlicher	Wer ist für diesen KPI verantwortlich?
Daten-ermittlung	Datenquellen	Woher werden die Daten bezogen?
	Messverfahren	Wie wird gemessen?
	Messpunkte	In welcher Frequenz wird gemessen?
	Verantwortlicher	Wer ist für die Datenermittlung verantwortlich?
Aufbereitung und Präsentation	Berechnungsweg	Formel zur Errechnung der Kennzahl
	Darstellung	Wie werden die Ergebnisse dargestellt?
	Aggregation	Stufe entsprechend der Zielgruppe
	Archivierung	Wie wird die Nachvollziehbarkeit sichergestellt?
	Verantwortlicher	Wer ist für Aufbereitung/Präsentation verantwortlich?

Bild 7.4 Rahmen zur Kennzahlendarstellung

Auswahl und Freigabe der Nicht-Ziele

Nachdem nun die Ziele benannt und entsprechende Kennzahlen gefunden sind, beginnt eine zweite wichtige Phase des Zielworkshops. In dieser Phase werden Nicht-Ziele definiert. Nicht-Ziele sind Dinge, die mit diesem Projekt nicht erreicht werden sollen. Die Definition der Nicht-Ziele dient der Abgrenzung des Projekts. Durch diese Nicht-Ziele wird auf der einen Seite verhindert, dass das Projekt sich während der Laufzeit unerwartet ausweitet, weil durch den Auftraggeber oder andere Beteiligte implizit Ergebnisse über die definierten Ziele hinaus erwartet werden. Auf der anderen Seite wird für alle Beteiligten klar, wo die Grenzen des Projekts sind, sodass falsche oder überzogene Erwartungshaltungen oder auch Ängste vermieden werden.

Das Problem bei der Definition der Nicht-Ziele ist, dass es sich theoretisch betrachtet um eine unendliche Menge handelt. Um ein Beispiel zu nennen, soll durch das Projekt *iPENG* natürlich weder eine Mondlandung vorbereitet werden, noch soll die Parkplatzsituation auf dem Unternehmensgelände verbessert werden. Bei der Definition der Nicht-Ziele müssen also Aspekte gefunden werden, die zwar nahe genug am Projekt sind, dass sie theoretisch damit zu tun haben könnten, aber eben doch nicht im Rahmen des Projekts erreicht werden sollen. Ein Beispiel ist „Mitarbeiter werden abgebaut". Wird das als Nicht-Ziel definiert und festgelegt, so ist klar, dass im Rahmen des Projekts keine Mitarbeiter entlassen werden sollen, wodurch mögliche Ängste der Mitarbeiter schon im Vorfeld zerstreut werden können.

Um den Spagat zwischen der Definition einer ausreichenden Menge an Nicht-Zielen und der ausreichenden Nähe dieser Nicht-Ziele zum Projekt zu schaffen, ist auch in diesem Fall wieder ein sehr erfahrener Moderator gefragt. Darüber hinaus spielt aber auch der Beitrag der Workshop-Teilnehmer eine große Rolle, denn diese sollten die Ängste, Wünsche und Erwartungen im Unternehmen weitgehend kennen. Die Nicht-Ziele werden ebenso wie die Ziele positiv formuliert (also „Mitarbeiter werden abgebaut" statt „Es werden keine Mitarbeiter abgebaut") und sind so zu verstehen, dass die beschriebenen Ziele negiert, also nicht angestrebt werden.

Im Projekt iPENG wurden mit Hilfe der moderierten Kartenabfrage und der beschriebenen Priorisierung die folgenden Nicht-Ziele definiert:

- *Die Zahl der Mitarbeiter wird reduziert.*
- *Die Untersuchung der Fehlerursachen (Problem Management) wird verbessert.*
- *Die Kontrolle über durchzuführende Veränderungen wird verbessert (Change Management).*
- *Der Support ist für ein vollständiges Outsourcing vorbereitet.*
- *Die Planung der Kapazitäten ist standardisiert.*
- *Die Servicezeiten des Service Desk sind erweitert.*

Bild 7.5 zeigt alle Aktivitäten eines Zielworkshops im Überblick. Auch hier gilt wieder, dass es sich um Praxiserfahrungen handelt, die in der Regel hervorragend funktionieren und auf effiziente Weise zum Ziel führen. Ein Dogma sind aber auch diese Schritte nicht. Wenn Ihnen eine abweichende Vorgehensweise für Ihr Projekt sinnvoll erscheint, zögern Sie nicht, Änderungen im Ablauf vorzunehmen.

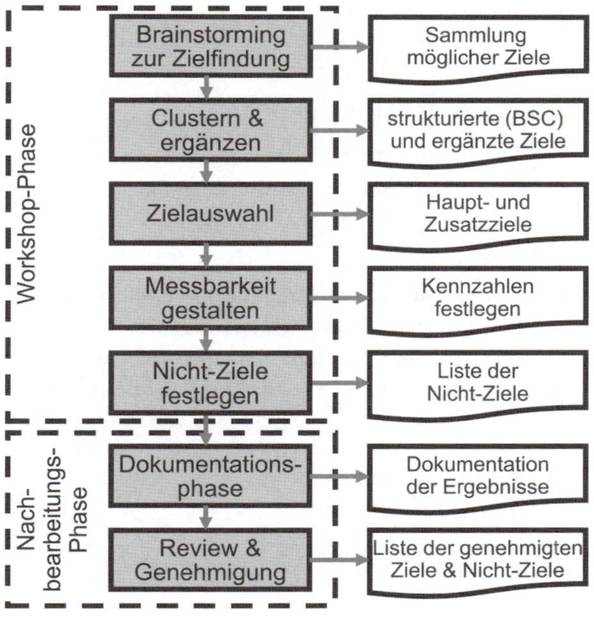

Bild 7.5
Der Zielworkshop im Überblick

Dokumentationsphase

Nach Abschluss des Zielworkshops folgt eine Dokumentationsphase, in der die Ergebnisse des Workshops konsolidiert und von den Flipcharts und Metaplanwänden auf verteilbare, in der Regel elektronische Medien übertragen werden. Die Aufgaben, wer welche Ergebnisse dokumentieren soll, müssen bereits am Ende des Workshops festgelegt werden. Für jede Aufgabe sollten mindestens die nachfolgend aufgezählten Aspekte festgelegt werden. Insbesondere ein fixer Termin trägt dazu bei, dass der Projektfortschritt nach dem Workshop nicht verzögert wird.

- Verantwortlicher
- Beschreibung der Aufgabe
- Welches Medium ist zu wählen?
- Welcher Termin wird festgelegt?

Review und Genehmigung

Die dokumentierten Ergebnisse werden in einem abschließenden Workshop einer erneuten Bewertung unterzogen und final freigegeben. Viele Ergebnisse können nach Abschluss dieses Workshops bereits in aktive Systeme wie z. B. ein Ticketsystem, ein Kennzahlensystem oder in das Prozesshandbuch übernommen werden. Alle Teilnehmer des vorangegangenen Zielworkshops nehmen an diesem Review teil. Der Kreis der Teilnehmer wird durch notwendige Entscheidungsträger (Projektleiter, Management) ergänzt.

7.3.3 Analyse und Identifizierung

Wichtige Ziele dieser Phase

- Die Stärken und Schwächen der IT-Prozesse sind bekannt.
- Die Chancen und Risiken der IT-Organisation sind identifiziert.
- Bei Bedarf ist der Reifegrad der betrachteten Prozesse analysiert.
- Konkrete Handlungsempfehlungen sind abgeleitet und Aktivitäten geplant.

Einführung

Nach der Definition der Ziele muss nun festgestellt und dokumentiert werden, wo die IT-Organisation der Bankenservice AG heute steht. Darauf aufbauend werden dann konkrete Aktivitäten beschrieben. Die nächste Phase des Projekts *iPENG* besteht also aus einer Ist-Analyse. Die Aktivitäten innerhalb einer Ist-Analyse werden in diesem Abschnitt beschrieben:

- Überprüfen der Dokumentation
- Interviews und Beobachtung
- SWOT-Analyse (Stärken, Schwächen, Chancen, Risiken)
- Handlungsfelder identifizieren, Aktivitäten ableiten

Überprüfen der Dokumentation

Der erste Schritt dieser Analysephase besteht aus einer Analyse der vorhandenen Prozess- und Tooldokumentation. Die Bewertung dieser Dokumente gibt einen ersten Überblick über den aktuellen Status der IT-Organisation und der von den geplanten Veränderungen betroffenen Teilbereiche. Wichtige Kriterien für die Bewertung der Unterlagen sind:

- Vollständigkeit
- Verständlichkeit
- Nachvollziehbarkeit
- Anwendbarkeit
- Kongruenz zu Best Practices und Standards (z. B. ITIL®, ISO 20000)

In dieser ersten Bewertung können bereits Hinweise auf die aktuelle Situation und mögliche Handlungsfelder gewonnen werden. Sie sind allerdings für eine echte Bewertung nicht ausreichend, da sie keine Schlüsse darauf zulassen, ob die beschriebenen Aktivitäten und Prozesse tatsächlich gelebt werden oder nur auf dem Papier bestehen. Eine Möglichkeit, die tatsächliche Anwendung der Dokumentation zu überprüfen, ist die Überprüfung der im täglichen Betrieb angelegten Datensätze, also z. B. der vorhandenen Tickets im Ticketsystem. Mehr zur Unterscheidung zwischen Dokumentation (Documents) und Nachweisen oder Datensätzen (Records) lesen Sie im Abschnitt 6.1 zur [ISO/IEC 20000]. Die tatsächliche Umsetzung lässt sich allerdings am besten im direkten Kontakt mit den jeweils betroffenen Personen überprüfen.

Bezogen auf die Bankenservice AG liegen für den Prozess Incident Management nur sehr wenig konkrete Dokumentationen vor. Sie bestehen fast ausschließlich aus den Arbeitsanweisungen innerhalb des existierenden Service Desk und befassen sich mit der direkten Bearbeitung von Störungen und Anfragen. Ein Prozess ist nicht beschrieben, notwendige Abstimmungen mit dem 2nd Level Support und daraus resultierende funktionale und hierarchische Eskalationen basieren auf den persönlichen Erfahrungen der Mitarbeiter. Es existieren keine Rollenbeschreibungen.

Interviews und Beobachtung

In dieser Projektphase werden die beteiligten Mitarbeiter und Kundenvertreter zu ihren persönlichen Erfahrungen mit den Aktivitäten des IT-Supports befragt. Die Interviews sollten von einem erfahrenen Berater (intern oder extern) durchgeführt werden, da diese Art der Informationsermittlung eine Reihe von Risiken beinhaltet. Einige dieser Probleme sollen hier genannt werden:

- Subjektivität des Fragenden
  - Der unterschiedliche Know-how-Level von Fragesteller und Befragten führt zu einer einseitigen Sichtweise durch beeinflussende Fragen.
  - Hat der Fragende eigene Interessen innerhalb des Unternehmens, besteht die Gefahr, dass er nur das hört, was er hören will, und wichtige Informationen verloren gehen.
  - Erfahrungsgemäß fokussieren die Interviews sehr stark auf die Schwächen, Stärken „gehen unter".
- Subjektivität des Befragten
  - Auch hier können aufgrund unterschiedlichen Know-hows Schwierigkeiten auftreten. Ist eine der Parteien der anderen im Fragebereich überlegen, kann das zu Beeinflussungen führen.
  - Informationsverlust droht, wenn der Befragte nur das sagt, was er preisgeben will.
  - Oft reden Interviewpartner lieber über Schwächen anderer, als die eigenen Handlungsfelder zu beleuchten.

- Kommunikation
  - „Stille Post“, d. h. im Gespräch geht etwas verloren oder wird falsch verstanden.
  - Ergebnisse hängen stark vom „Mitteilungsbedürfnis“ jedes Einzelnen ab.
  - „Einzelaussagen“ werden schnell zur „Allgemeingültigkeit“ erhoben, wenn sie laut genug geäußert werden.

Die Teilnehmer an Interviews sollten einen ausgewogenen Querschnitt aus allen Stakeholdern am Prozess innerhalb der IT und aus der Kundenorganisation bilden. Die folgenden Gruppierungen sollten mindestens befragt werden:

- IT-Management (z. B. Gruppenleiter, Abteilungsleiter)
- Kundenvertreter (Key user)
- Kundenverantwortliche (z. B. Abteilungsleiter)
- Support-Mitarbeiter (sowohl aus einem vorhandenen Service Desk als auch aus dem 2nd Level Support)
- Der als Prozessmanager geplante Mitarbeiter

Die Interviews können in zwei Ausprägungen durchgeführt werden:

- Gruppeninterviews
- Einzelinterviews

Gruppeninterviews haben neben dem offensichtlichen Vorteil, dass die Zahl der Interviewtermine begrenzt ist, weitere Vorzüge. Innerhalb einer Gruppe werden die Einzelaussagen durch aufkommende Diskussionen auf ganz natürliche Weise qualitätsgesichert und es kann so deutlich mehr Objektivität erzeugt werden. Ein positiver Nebeneffekt von Gruppeninterviews ist ihr Beitrag zu einem gemeinsamen Prozessverständnis. Es wird z. B. schnell transparent, dass viele Mitarbeiter aus anderen Bereichen oder Gruppen sich mit ähnlichen Themen und Aktivitäten auseinandersetzen wie der eigene Bereich. Eine Gefahr in Gruppeninterviews besteht darin, dass introvertierte Personen nicht zu Wort kommen und so eventuell ein Meinungsführer seine Sichtweise in den Vordergrund schiebt und sie als Gruppenmeinung erscheinen lässt.

Ein wichtiger Vorteil von Einzelinterviews hingegen ist die in der Regel größere Detailtiefe. Im Rahmen eines Einzelgesprächs können durch gezielte Nachfragen oft mehr Hintergründe identifiziert werden, die häufig über eine rein fachliche Betrachtung hinausgehen. So können auch persönliche Befindlichkeiten, Vorlieben und Abneigungen erkannt werden, die für einen erfolgreichen Projektverlauf von Bedeutung sein könnten.

In der Praxis hat sich eine Mischung aus beiden Interviewformen als sehr nützlich erwiesen. Schlüsselpersonen wie der IT-Leiter oder Kundenverantwortliche sollten eher in Einzelinterviews, prozessbeteiligte Mitarbeiter eher in Gruppeninterviews befragt werden. Diese Einteilung ist allerdings lediglich als grobe Richtschnur zu verstehen, verschiedene Charaktere können es notwendig machen, individuell zu reagieren.

Praxistipp

Vermischen Sie nach Möglichkeit in Gruppeninterviews keine unterschiedlichen Hierarchieebenen, denn viele Mitarbeiter werden in Gegenwart des Chefs nicht offen sprechen oder, was noch schlimmer ist, andere Dinge sagen, als sie eigentlich denken. ■

Stehen die Interviewpartner und die Art der Interviews fest, werden die Termine festgelegt und frühzeitig an die Interviewteilnehmer kommuniziert. Eine sorgfältige Planung und Abstimmung der Termine sind notwendig, da Terminschwierigkeiten und fehlende Wahrnehmung der Wichtigkeit der Interviews in vielen Projekten zu deutlichen Verzögerungen führen.

Tabelle 7.1 Interviewplan

Termine	Interviewtyp	Teilnehmer
Termin 1	*Einzel*	*CIO*
Termin 2	*Gruppe*	*Leiter Infrastruktur & Netzwerk, Leiter Anwendungsentwicklung, Leiter Rechenzentrumsbetrieb*
Termin 3	*Einzel*	*Leiter Clientbetrieb*
Termin 4	*Gruppe*	*Mitarbeiter Servicedesk und 2nd Level Support*
Termin 5	*Gruppe*	*Leiter Vertrieb, Leiter Kundenberatung, Leiter Verwaltung, Leiter Controlling*
Termin 6	*Gruppe*	*Key User aus allen Fachbereichen des Kunden*
Termin 7	*Einzel*	*COO*

Interview-Protokoll:
Teilnehmer: Leiter Clientservice

Thema: iPENG	Bereich
	IT

Ersteller/in	Erstelldatum	Datum Sitzung		Ort
Martin Beims	11.02.2012	11.02.2012		Frankfurt

Status	Reviewer	Bemerkungen
Entwurf	Leiter Clientservice	Zu Bestätigen

Inhalte:

Allgemeines
- Es gibt immer wieder Unstimmigkeiten zwischen Service Desk und Fachbereichen
- Der Service Desk ist überlastet, die Arbeiten müssen von den FB übernommen werden

Prozess
- Es gibt Arbeitsanweisungen im Service Desk
- Bei Schwierigkeiten melden sich die Service Desk Mitarbeiter bei dem Mitarbeiter, der gerade erreichbar ist

Unterschrift Interviewteilnehmer	

Bild 7.6 Interviewprotokoll

Innerhalb der Bankenservice AG werden die Interviewtermine wie in Tabelle 7.1 *dokumentiert festgelegt. Der Term „Termin x“ ist dabei natürlich jeweils durch einen konkreten Termin zu ersetzen.*

Während der Interviews werden die Beiträge der Teilnehmer protokolliert und anschließend jedem Interviewpartner zur Bestätigung vorgelegt, um eventuelle Missverständnisse oder Übertragungsfehler auszuschließen. Jeder Interviewteilnehmer bestätigt zum Abschluss seine Aussagen mit seiner Unterschrift. Bild 7.6 zeigt ein Beispiel für den Aufbau eines Interviewprotokolls.

Als Anleitung für die Fragestellungen in den Interviews stehen verschiedene Quellen und Möglichkeiten zur Verfügung. Als nützlicher Leitfaden hat sich das von der OGC veröffentlichte Self Assessment erwiesen (*www.ogc.gov.uk*). Es hilft, die richtigen Fragen zu stellen, und unterstützt zudem durch eine klare Bewertungsstruktur, um bei Bedarf die Ermittlung eines Reifegrads zu unterstützen.

Die folgende Liste zeigt einen Auszug aus Fragen, die bei der Ist-Analyse der Bankenservice AG neben vielen anderen Faktoren betrachtet wurden. Die Liste ist gegliedert entsprechend verschiedener Betrachtungsbereiche, die einen Einfluss auf den Reifegrad des Prozesses haben können:

- *Grundlegendes*
  - *Werden Daten zu allen gemeldeten Incidents erfasst?*
  - *Werden die Incidents bewertet und klassifiziert, ehe sie an den Fachbereich weitergegeben werden?*
- *Wahrnehmung im Management*
  - *Ist das Management entschlossen, die Auswirkungen von Incidents durch deren rasche Bearbeitung zu reduzieren?*
  - *Verfügt der Incident-Management-Prozess über Rückhalt im Management, Budget und die notwendigen Ressourcen?*
  - *Wurde ein Ausbildungsprogramm für die Mitarbeiter durchgeführt?*
- *Prozess*
  - *Existiert ein Ticketsystem, in dem alle Daten zu gemeldeten Incidents gepflegt werden?*
  - *Werden alle Incidents in Übereinstimmung mit vorhandenen SLAs behandelt?*
  - *Werden alle Incidents strukturiert klassifiziert (Priorität, Kategorie)?*
  - *Werden die Anwender über den Fortschritt bzw. Statusänderungen bei der Behandlung von Incidents informiert?*
  - *Werden Incidents mit besonders hohen Auswirkungen (Major Incidents) gesondert betrachtet?*
- *Interne Integration*
  - *Sieht der Incident-Management-Prozess einen Abgleich zwischen Incidents und der Known-Error-Datenbank vor?*
  - *Werden vorhandene Workarounds genutzt und andere Prozesse über Workarounds informiert?*
  - *Werden Incidents, die vereinbarte Service Levels verletzen, identifiziert und Maßnahmen eingeleitet?*

- *Tools*
  - *Werden Incident-Daten für alle gemeldeten Incidents erfasst?*
  - *Werden Requests for Change gestellt, wenn es für die Incident-Behebung notwendig ist?*
  - *Werden regelmäßig Reports erstellt für alle Teams, die in den Prozess zur Incident-Bearbeitung eingebunden sind?*
  - *Wird die anfallende Arbeit analysiert, um Zahl und Qualifikation der erforderlichen Mitarbeiter bestimmen zu können?*
- *Überwachung der Qualität*
  - *Existiert ein klares Verständnis von Standards und Qualitätskriterien, die für die Registrierung von Incidents gelten?*
  - *Stehen Service Level Agreements zur Verfügung und werden sie vom Incident Management verstanden?*
  - *Sind die mit der Durchführung von Incident-Management-Aktivitäten beauftragten Personen dafür entsprechend ausgebildet?*
  - *Werden in der Organisation Ziele und Vorgaben für das Incident Management gesetzt und überprüft?*
- *Information an das Management*
  - *Liefern Sie dem Management Informationen über Trend-Analysen hinsichtlich Incident-Häufigkeiten und Bearbeitungsdauer?*
  - *Liefern Sie dem Management Informationen über eskalierte Incidents?*
  - *Liefern Sie dem Management Informationen über den Anteil von Incidents, die innerhalb der vereinbarten Zeiten behandelt werden?*
- *Externe Integration*
  - *Sind die Schnittstellen zwischen Service Desk und Incident Management definiert und kommuniziert?*
  - *Tauscht das Incident Management mit dem Problem Management Informationen aus über zusammenhängende Probleme und bekannte Fehler (Known Errors)?*
  - *Tauscht das Incident Management mit dem Configuration Management Informationen zu Configuration Items aus?*
  - *Erhält das Incident Management Informationen vom Change Management bei Änderungen, die sich auf Services auswirken?*
  - *Tauscht das Incident Management mit dem Service Level Management Informationen aus hinsichtlich Verletzungen von SLAs und den darin enthaltenen Service und Support-Zusagen?*
- *Kundenschnittstelle*
  - *Halten Sie Rücksprache mit den Kunden, ob deren Geschäftsanforderungen in angemessener Weise Rechnung getragen wird?*
  - *Halten Sie Rücksprache mit den Kunden, ob sie mit den gelieferten Services zufrieden sind?*
  - *Überwachen Sie laufend die Trends hinsichtlich Kundenzufriedenheit?*
  - *Überwachen Sie die Wertschätzung ihrer Kunden hinsichtlich der von Ihnen gelieferten Services?*

Bei der Anwendung solcher Fragenkataloge ist Erfahrung des Fragestellers entscheidend für den Erfolg, denn ein einfaches Abfragen eines Katalogs wird in der Regel nicht zu belastbaren Ergebnissen führen. Hier sind ein freies Interview und der Einsatz nachvollziehbarer Praxisbeispiele gefragt. Mehr Informationen zum Thema Reifegrade lesen Sie in Abschnitt 5.3.

Um die Aussagen in den Interviews zu verifizieren, werden parallel und anschließend die tatsächlichen Aktivitäten im Rahmen der Störungsbearbeitung im täglichen Betrieb beobachtet und ausgewertet. So kann auf einfache Weise geklärt werden, ob die Wahrnehmung der Interviewteilnehmer mit der Realität im Tagesgeschäft übereinstimmt. Möglicherweise ergeben sich weitere Fragestellungen, die in zusätzlichen Interviews geklärt werden müssen.

SWOT-Analyse

Eine SWOT-Analyse ist eine Grundlagenmethodik zur strukturierten Aufarbeitung von Analyseergebnissen. Sie dient dazu, Stärken, Schwächen, Chancen und Risiken strukturiert zu identifizieren. SWOT steht für:

- **S**trengths (Stärken)
- **W**eaknesses (Schwächen)
- **O**pportunities (Chancen)
- **T**hreats (Risiken)

Im aktuellen Fall werden die vier Betrachtungsebenen unterteilt in zwei Betrachtungsbereiche. Die Ebenen Strengths und Weaknesses beziehen sich direkt auf den zu betrachtenden Prozess, während sich die Ebenen Opportunities und Threats auf die gesamte IT-Organisation beziehen. Bild 7.7 zeigt die Betrachtungsebenen einer SWOT-Analyse.

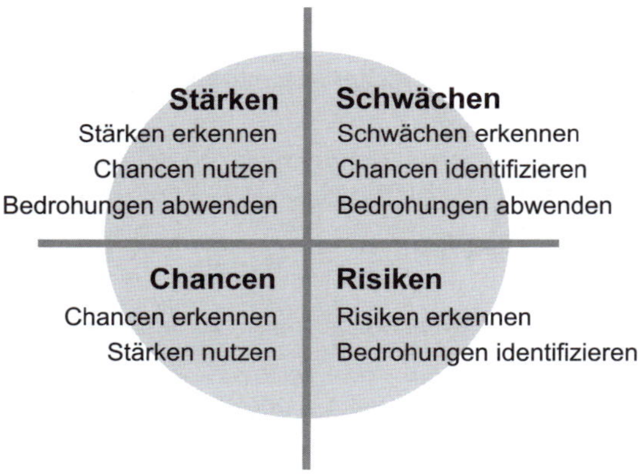

Bild 7.7
SWOT-Analyse

Im Projekt iPENG wurden die nachstehenden Stärken, Schwächen, Chancen und Risiken identifiziert. Dieser Auszug aus der Projektdokumentation soll anhand von Beispielen verdeutlichen, wie diese Betrachtungsebenen ausgeprägt werden müssen.

- *Stärken*
  - *Es existiert bereits ein Service Desk.*
  - *Es gibt ein Ticketsystem, in dem die Störungen erfasst werden.*
  - *Der Service Desk ist bei den Anwendern als Single Point of Contact akzeptiert.*

- *Schwächen*
  - *Die Schnittstellen zwischen Service Desk und Fachbereichen sind unklar.*
  - *Mangelnder Austausch und Unstimmigkeiten zwischen 1st und 2nd Level Support.*
  - *Das Tickettool wird nicht überall und nicht konsequent genutzt.*
  - *Ziele und Aktivitäten bei der Störungsbearbeitung sind nicht klar.*
- *Chancen*
  - *Die Mitarbeiter sind sehr motiviert und bereit, Veränderungen mitzutragen.*
  - *Die Mitarbeiter verfügen über sehr gute fachliche Skills.*
  - *Der Kunde ist an einem verbesserten Service interessiert*
- *Risiken*
  - *Anwenderbeschwerden aufgrund von Verzögerungen häufen sich.*
  - *Es existiert kein Verfahren zum Umgang mit Major Incidents (also Störungen mit besonders großen Auswirkungen).*

Handlungsfelder identifizieren, Aktivitäten ableiten

Anhand der Ergebnisse der SWOT-Analyse in Bezug zu den im Zielworkshop definierten Zielen folgt nun die Ableitung konkreter Handlungsfelder und Aktivitäten. Es wird also hier beschrieben, wie ausgehend von der aktuellen Situation die definierten Ziele erreicht werden können. Um den Bezug zu den bisherigen Definitionen und Analysen zu dokumentieren, sollten die Handlungsempfehlungen der folgenden oder einer ähnlichen Struktur entsprechen:

- Aktivitäten: Was soll getan werden?
- Ziel: Welches Ziel soll damit erreicht bzw. unterstützt werden?
- Ergebnisse: Was ist das erwartete Ergebnis der Aktivitäten?
- Aufwand und Dauer
- Abhängigkeiten und Voraussetzungen (falls relevant)

Der nachfolgende Auszug aus der iPENG-Projektdokumentation zeigt einige Handlungsempfehlungen, die dazu beitragen, bei der Bankenservice AG identifizierte Schwächen zu beseitigen und Chancen zu nutzen.

Aktivitäten	*Der Prozess Incident Management muss in der gesamten Support Organisation etabliert und gelebt werden.*
Ziel	*Die Störungsbehebung erfolgt ohne Verzögerung.*
Ergebnisse	*Die Schnittstellen und Aktivitäten sind klar definiert.* *Die identifizierte Schwäche „Die Schnittstellen zwischen Service Desk und Fachbereichen sind unklar“ ist beseitigt.* *Die identifizierte Schwäche „Ziele und Aktivitäten bei der Störungsbearbeitung sind nicht klar“ ist beseitigt.* *Das identifizierte Risiko „Anwenderbeschwerden aufgrund von Verzögerungen häufen sich“ wird adressiert.*
Aufwand und Dauer	*Entspricht der Projektplanung iPENG*
Abhängigkeiten und Voraussetzungen	*Das Projektbudget steht zur Verfügung.*

Aktivitäten	*Die Aktivitäten im Prozess werden über klare Rollendefinitionen zugeordnet.*
Ziel	*Die Ressourcen für den Support werden optimal genutzt.*
Ergebnisse	*Es existiert ein übergreifendes Rollenmodell.* *Die identifizierte Schwäche „Mangelnder Austausch und Unstimmigkeiten zwischen 1st und 2nd Level Support" ist beseitigt.*
Aufwand und Dauer	*Aufwand: 5 Personentage, Dauer: 2 Wochen*
Abhängigkeiten und Voraussetzungen	*Der Prozess Incident Management ist mit allen Aktivitäten definiert.*

Aktivitäten	*Die Kategorisierung und Priorisierung der Störungen sind den Anforderungen entsprechend definiert.*
Ziel	*Die Anwender sind zufrieden.*
Ergebnisse	*Es existiert eine Prioritätenmatrix.* *Es existiert ein Kategorienbaum und Störungen werden bei funktionaler Eskalation entsprechend richtig zugeordnet.* *Die identifizierte Chance „Die Mitarbeiter verfügen über sehr gute fachliche Skills" ist optimal genutzt.*
Aufwand und Dauer	*Aufwand: 8 Personentage, Dauer: 4 Wochen*
Abhängigkeiten und Voraussetzungen	*Die Geschäftsprozesse der Bankenservice AG sind bekannt und verstanden.*

Aktivitäten	*Es werden klare Arbeitsanweisungen für alle am Support beteiligten Mitarbeiter erstellt (Tickettool, Wissensdatenbank).* *Die betroffenen Mitarbeiter erhalten eine Toolschulung und der Nutzen des konsequenten Tooleinsatzes wird vermittelt.*
Ziel	*Eine Wissensdatenbank wird aktiv genutzt und gepflegt.* *Die Anwender sind zufrieden (es gehen keine Tickets mehr verloren).*
Ergebnisse	*Die Mitarbeiter kennen den Nutzen der eingesetzten Tools und verwenden diese konsequent.* *Die identifizierte Schwäche „Das Tickettool wird nicht überall und nicht konsequent genutzt" ist beseitigt.*
Aufwand und Dauer	*Aufwand: 8 Personentage, Dauer: 4 Wochen*
Abhängigkeiten und Voraussetzungen	*Das Tickettool ist entsprechend der Anforderungen aus dem Prozess integriert.* *Die Wissensdatenbank ist entsprechend den Anforderungen aus dem Prozess integriert.*

Nach Abschluss dieser Phase sind die für den Projekterfolg notwendigen Aktivitäten im Detail bekannt. Die grobe Terminplanung aus der ersten Projektphase kann also nun entsprechend verfeinert werden. Die Termine werden konkret benannt, die Aktivitäten beschrieben und es werden Verantwortliche für deren Durchführung festgelegt und informiert.

7.3.4 Ausbildung der Beteiligten

Wichtige Ziele dieser Phase

- Die Mitarbeiter kennen ihren Beitrag zu den Zielen der Prozesse und der IT.
- Die beteiligten Mitarbeiter sind zu ihrer jeweiligen Aufgabe befähigt.
- Die Grundlagen und Begriffe des ITSM sind bekannt.
- Die Mitarbeiter sind mit den eingesetzten Tools vertraut.
- Die Mitarbeiter kennen den konkreten Nutzen des Projekts.

Um alle am Projekt beteiligten Mitarbeiter zu befähigen, die von ihnen erwarteten Aktivitäten effektiv und effizient durchzuführen, ist es notwendig, diese entsprechend auszubilden. In allen Projekten zur Prozessveränderung hat es sich als nützlich erwiesen, als Basis die wichtigsten Begriffe des IT-Service-Managements in einer Grundlagenschulung zu vermitteln. Je nach Umfang des Projekts kann es sich hier um Schulungen mit einer Dauer von wenigen Stunden, bezogen auf einen bestimmten Prozess oder eine Prozessgruppe handeln. In komplexen Projekten und um die Zusammenhänge zwischen Prozessen zu vermitteln, eignen sich vollständige ITIL®-Foundation-Schulungen. Sie dienen unter anderem dazu, ein gemeinsames Vokabular und Grundverständnis zu schaffen. Dieser Aufwand amortisiert sich in der Regel recht schnell, denn wenn alle Beteiligten die gleichen Begriffe und Grundsätze kennen und verwenden, lassen sich viele Diskussionen bereits im Vorfeld vermeiden. Grundsätzlich lassen sich drei Ebenen der Ausbildung unterscheiden.

- Grundlagentraining IT-Service-Management (z. B. ITIL® Foundation)
- Training für einen bestimmten Prozess oder eine Prozessgruppe
- Training für die eingesetzten Tools (z. B. Tickettool, Wissensdatenbank, ...)

Alle Ebenen sollten sehr praxisorientiert und auf die konkrete Situation im jeweiligen Unternehmen bezogen durchgeführt werden. Der Scope der Schulungen richtet sich nach den konkreten Anforderungen aus dem jeweiligen Projekt. Grundsätzlich sollten mindestens die folgenden Inhalte vermittelt werden:

- Generelle Konzepte und Definitionen der Methode (z. B. ITIL®)
- Grundlegende Prozessmodelle
- Beschreibung der Ziele, Aktivitäten und Rollen der relevanten Prozesse
- Im Projekt verwendete Fachbegriffe
- Der Nutzen der geplanten Veränderungen

Zusätzlich in Toolschulungen:

- Einsatzgebiet und Scope der verwendeten Tools
- Bedienung der Tools als praktische Übung
- Bewusstsein schaffen für den Nutzen der Tools

Die Ausbildung der Mitarbeiter findet, wie bereits im schematischen Projektplan weiter oben erkennbar, nicht zwingend in der zeitlichen Abfolge dieser Beschreibung statt. Sie sollte parallel zum Projektverlauf an der Stelle erfolgen, an der die jeweiligen Inhalte relevant werden. So kann die Ausbildung bezüglich der ITSM-Grundlagen durchaus in einen allgemeinen Teil zu Beginn des Projekts und spezifische Module im weiteren Projektverlauf gegliedert werden. Die Toolschulungen können in der Regel ohnehin erst dann durchgeführt werden, wenn die Tools entsprechend der Anforderungen aus dem Projekt integriert sind. Auch hier kann es allerdings nützlich sein, bereits in einer früheren Phase eine allgemeine Schulung bezüglich der grundlegenden Funktionen durchzuführen, um die Projektbeteiligten mit dem später verwendeten Tool vertraut zu machen.

7.3.5 Prozesse definieren und dokumentieren

Wichtige Ziele dieser Phase

- Die Prozesse sind vollständig definiert.
- Rollen sind definiert.
- Effektivität, Effizienz und Prozessperformance sind messbar.
- Kriterien zur Toolauswahl sind festgelegt.
- Die Prozesse sind vollständig dokumentiert.

Einführung

Nach der Klärung der Ausgangssituation, der Ziele und der Identifizierung konkreter Handlungsfelder folgt in diesem Abschnitt die konkrete Definition der zu verändernden oder neu zu schaffenden Prozesse. Einer der größten Fehler, der aus meiner Sicht in solchen Projekten immer wieder begangen wird, ist ein ausgeprägter „Vorgaben- und Befehlsdrang". Natürlich müssen mit Hilfe eines solchen Prozessprojekts die gesetzten Ziele erreicht werden und dazu gilt es, konsequent die Ziele zu verfolgen. Leider werden der Faktor Mensch und die Kultur im Unternehmen an dieser Stelle in vielen Fällen völlig außer Acht gelassen.

Die beauftragten externen Berater ziehen sich zusammen mit einigen wenigen Mitarbeitern (wenn überhaupt) zurück und präsentieren irgendwann den verblüfften Beteiligten und Betroffenen einen fertigen und schön bunten Prozess. Anschließend folgt der Kommentar des Vorgesetzten: „Das ist der neue Prozess, er ist einzuhalten." Wie ein Mitarbeiter, der vielleicht schon seit zehn Jahren oder länger seinen Job macht (und das offenbar nicht ganz so schlecht, denn seine Aufgabe existiert ja noch ...) darauf reagiert, ist wohl nicht schwer zu erraten. Im besten Fall wird er alles so machen wie bisher und es so benennen, dass es sich so anhört, als würde er den Prozess leben. An dieser Vorgehensweise sind schon sehr viele Projekte vollständig gescheitert und wurden eingestellt.

Ich möchte allerdings hier keinesfalls die Unterstützung durch externe Berater in Frage stellen, sie ist in vielen Fällen unerlässlich (und außerdem bin ich ja selber einer ...). Die Frage ist allerdings, wie dieser externe Berater sicherstellt, dass nicht nur neues Papier produziert, sondern ein echter Nutzen erzeugt wird. Als Berater kann ich dazu nur sagen, dass ich ja verrückt sein müsste, wenn ich nicht auf die unerschöpflichen Erfahrungen der Mitarbeiter im jeweiligen Unternehmen zurückgreifen und diese für den Projekterfolg einsetzen würde.

Diese Erkenntnis führte mich zu dem Grundsatz, dass auch in der Definitionsphase von Prozessen die Mitarbeiter anhand mehrerer Workshops je Prozess in die Gestaltung aktiv eingebunden werden sollten. Neben einer deutlich verbesserten Ergebnisqualität durch die verarbeiteten Erfahrungswerte hat diese Vorgehensweise einen weiteren Nutzen, der gar nicht hoch genug bewertet werden kann: Die Akzeptanz für die geplanten Veränderungen steigt erheblich, weil die Mitarbeiter eingebunden und wertgeschätzt werden, wodurch deren Motivation zur Umsetzung lang anhaltend gesteigert werden kann.

Auch diese Workshops sollten durch einen erfahrenen Berater moderiert werden, der in der Lage ist, die Diskussion zu lenken und bei Bedarf anhand von Tipps und Hinweisen einzugreifen. Der Ablauf dieser häufig mehrtägigen Workshops sollte die folgenden Schritte beinhalten:

- Prozessdefinition
- Definition der Rollen
- Definition der Prozessschnittstellen
- Definition der Prozesskennzahlen
- Ableiten der Toolkriterien
- Dokumentation der Ergebnisse

Für eine effiziente und effektive Workshop-Durchführung sollte die Zahl der Teilnehmer auf etwa sechs bis acht Personen begrenzt werden. Folgende Teilnehmer sollten im Workshop zum Incident-Management-Prozess vertreten sein:

- Der zukünftige Prozessmanager
- Der Leiter des Service Desk
- Mitarbeiter aus dem Service Desk
- Vertreter der relevanten Fachabteilungen (2nd Level Support)
- Wenn vorhanden: Toolverantwortliche (z. B. Tickettool)

Im Projekt iPENG nehmen am Prozessworkshop die folgenden Personen teil:

- *Leiter Client-Betrieb (als zukünftiger Incident Manager)*
- *Ein Vertreter des Service Desk*
- *Vertreter aus den Fachbereichen Infrastruktur und Netzwerk (2nd Level)*
- *Ein Vertreter der Anwendungsentwicklung (für Toolfragen)*

Prozessdefinition

Die Basis für die Gestaltung eines neuen Prozesses sind die Aktivitäten, die in diesem Prozess durchgeführt werden. Um diese Aktivitäten definieren zu können, müssen allerdings die erwarteten Outputs für den Prozess klar sein. Diese Outputs lassen sich direkt aus den definierten Zielen ableiten. Bei der Gestaltung von Prozessen hat sich eine Vorgehensweise etabliert, die die Reihenfolge „Input – Aktivität – Output" umkehrt und zunächst anhand der Ziele die erwarteten Outputs eines Prozesses definiert. Erst danach wird festlegt, welche Aktivitäten notwendig sind, um diese Outputs liefern zu können. Und erst wenn die Aktivitäten definiert sind, werden im nächsten Schritt die benötigten Inputs identifiziert, um die Aktivitäten durchführen zu können.

Wichtige Outputs für den Prozess Incident Management im Projekt iPENG sind zum Beispiel:

- *Vereinbarungsgemäß wiederhergestellte Services*
- *Inhaltlich korrekte Reports*

Wie bereits erwähnt erfolgt die Prozessdefinition wie alle folgenden Aktivitäten im Rahmen eines Workshops. Der Moderator, der in diesen Workshops auch Verantwortung für die fachliche Richtigkeit übernimmt, stellt zu Beginn ein schematisches Modell des zu betrachtenden Prozesses vor und erläutert die grundlegenden Funktionen und Mechanismen. Als Werkzeug kommt hier in der Regel eine Metaplanwand zum Einsatz, auf der mit Hilfe von Karten die grundlegenden Aktivitäten dargestellt und in der späteren Diskussion angepasst werden können. Bild 7.8 zeigt ein Beispiel für die Darstellung eines schematischen Incident-Management-Prozesses für den Einstieg in den entsprechenden Workshop.

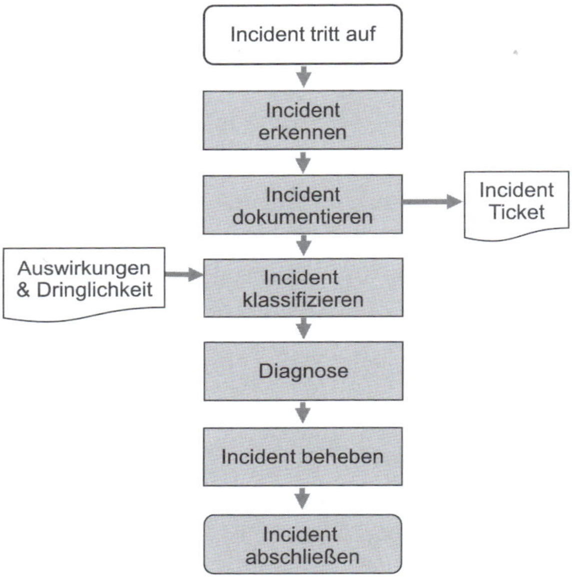

Bild 7.8
Schematischer Incident-Management-Prozess

Auf Basis dieses schematischen Grundprozesses wird nun durch die Teilnehmer, geführt durch den Moderator, Schritt für Schritt ein individuell ausgeprägter Prozess gestaltet. Dieser Prozess ist aufgrund der vorhandenen Rahmenbedingungen, Erfahrungen und Vorgaben in der Regel deutlich komplexer als die üblichen in der Literatur veröffentlichten Beispiele. Abweichungen von diesen Musterprozessen sind, wenn sie zielführend sind, durchaus erlaubt und sogar erwünscht. Hier ist der Moderator mit seinen fachlichen Fähigkeiten und Erfahrungen gefragt.

Wird als Beispiel die Aktivität „Klassifizierung“ aus dem schematischen Musterprozess diskutiert, so wird relativ schnell klar, dass zumindest die beiden Aktivitäten „Priorisierung“ und „Kategorisierung“ beschrieben werden müssen. Möglicherweise soll auch noch die Aktualisierung des Kategorienbaums oder die Feststellung der Vorgaben aus den SLAs eingearbeitet werden. Der Moderator hat hier die Aufgabe sicherzustellen, dass der Prozess lebbar und zielführend bleibt.

Für den Workshop bei der Bankenservice AG ist hier entsprechend der SWOT-Analyse auch die Behandlung des Umgangs mit Major Incidents gefragt. Das identifizierte Risiko „Es existiert kein Verfahren zum Umgang mit Major Incidents (also Störungen mit besonders großen Auswirkungen)“ kann hier adressiert werden.

Diese Vorgehensweise mit Vorstellung der Aktivität, Diskussion der Gegebenheiten im Betrieb, Abwägen der Möglichkeiten der Gestaltung und Festlegen der Prozessschritte wird nun für den gesamten Prozess wiederholt und die Ergebnisse in einer EPK (ereignisgesteuerten Prozesskette) dokumentiert. Bei der Darstellung von Prozessen werden verschiedene Ebenen unterschieden:

- **Ebene 1** beschreibt ein Gesamtprozessmodell und die übergeordneten Zusammenhänge zwischen den Prozessen im Unternehmen. Die Detailebene ist hier der gesamte Prozess.
- **Ebene 2** beschreibt die einzelnen Prozesse auf der Ebene der durchzuführenden Aktivitäten. Diese Ebene wird in typischen Prozessdiagrammen oder ereignisgesteuerten Prozessketten (EPK) dargestellt.
- **Ebene 3** beschreibt jede einzelne Aktivität im Detail und beinhaltet alle Informationen zur Durchführung der jeweiligen Aktivität (z. B. detaillierte Arbeitsanweisungen).

In dieser Phase des Prozessworkshops werden die Aktivitäten auf der Ebene 2 beschrieben und dokumentiert. Bild 7.9 *zeigt auf den folgenden Seiten eine EPK für den Incident-Management-Prozess der Bankenservice AG.*

Nachdem die Aktivitäten für den Prozess bestimmt sind, folgt nun eine erste Definition der benötigten Inputs. Im Rahmen des Workshops wird also diskutiert, welche Inputs benötigt werden, damit die definierten Prozessaktivitäten effektiv und effizient durchgeführt werden können. Häufig müssen diese Inputs nach der Definition des Prozesses auf der Ebene 3 in der nächsten Projektphase noch einmal überprüft und entsprechend der Erfahrungen angepasst werden. Bei Bedarf kann die Identifizierung der Inputs nach dem oben beschriebenen Prinzip der Kartenabfrage durchgeführt werden.

Einige mögliche Inputs für den im Projekt iPENG definierten Incident-Management-Prozess der Bankenservice AG sind:

- *Informationen zu den Geschäftsprozessen (Erkennen der Auswirkungen von Störungen)*
- *Informationen zu den vereinbarten Wiederherstellungszeiten*
- *Bekannte Fehler und Workarounds (zur schnellen Störungsbehebung)*
- *Rückmeldungen von den Anwendern (als Information zum Ticketabschluss)*

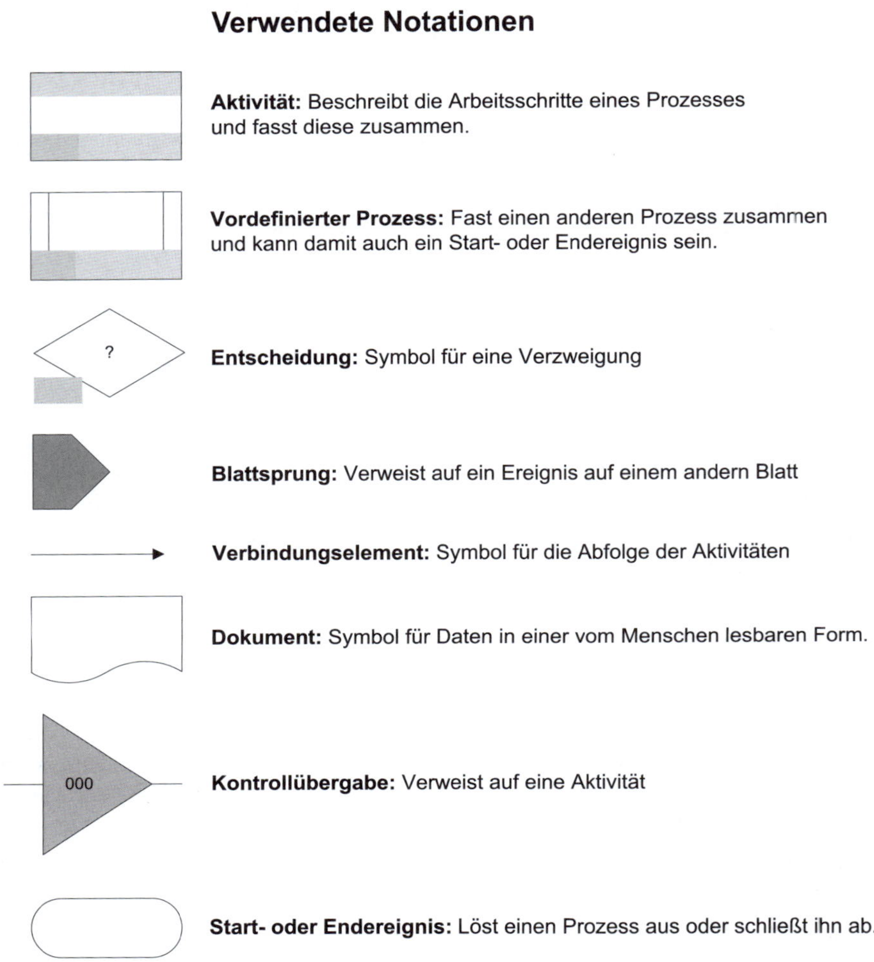

Bild 7.9 EPK Incident Management

Incident Management Prozess

Ablaufdiagramm

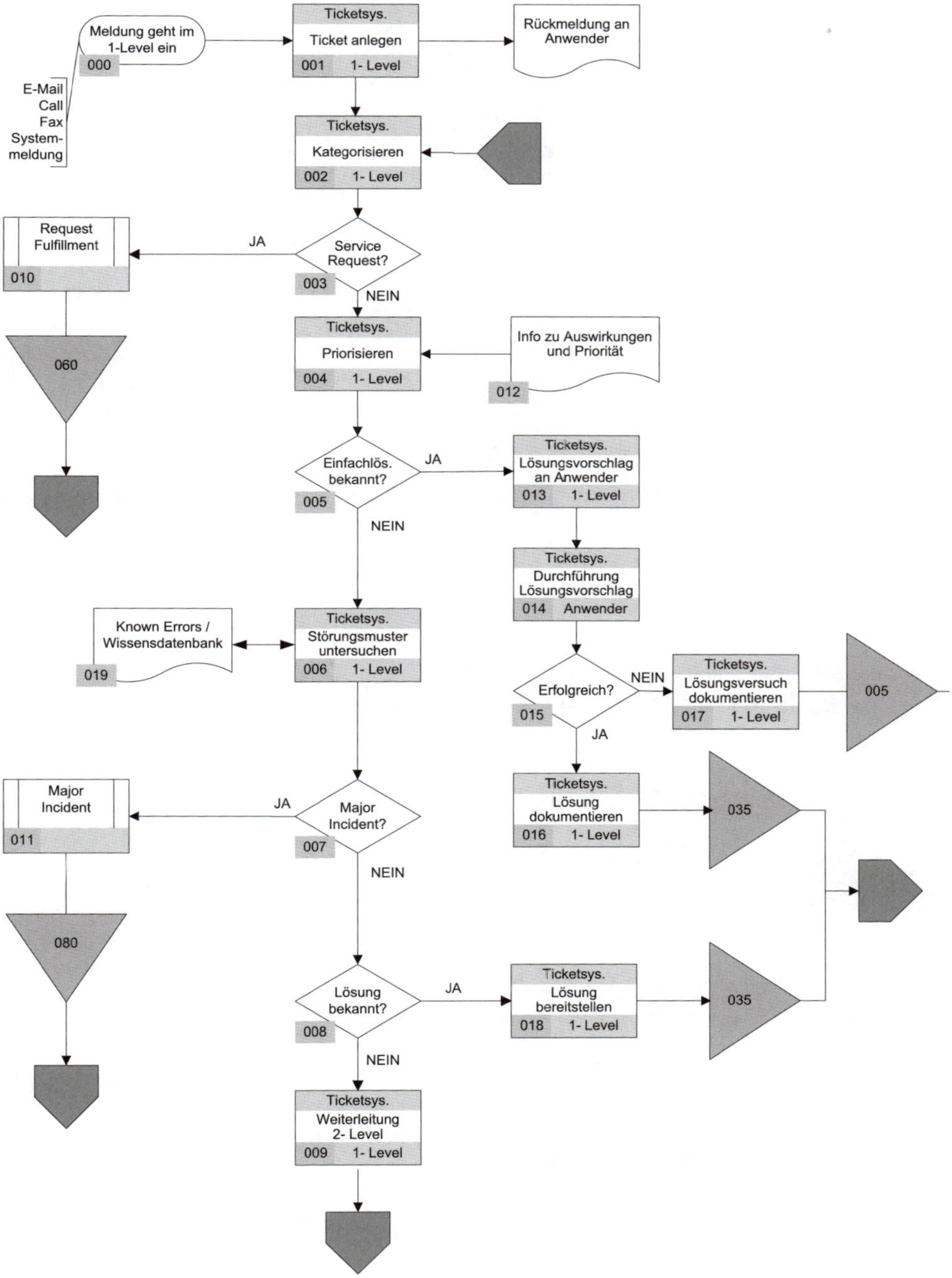

Bild 7.9 (*Fortsetzung*) EPK Incident Management

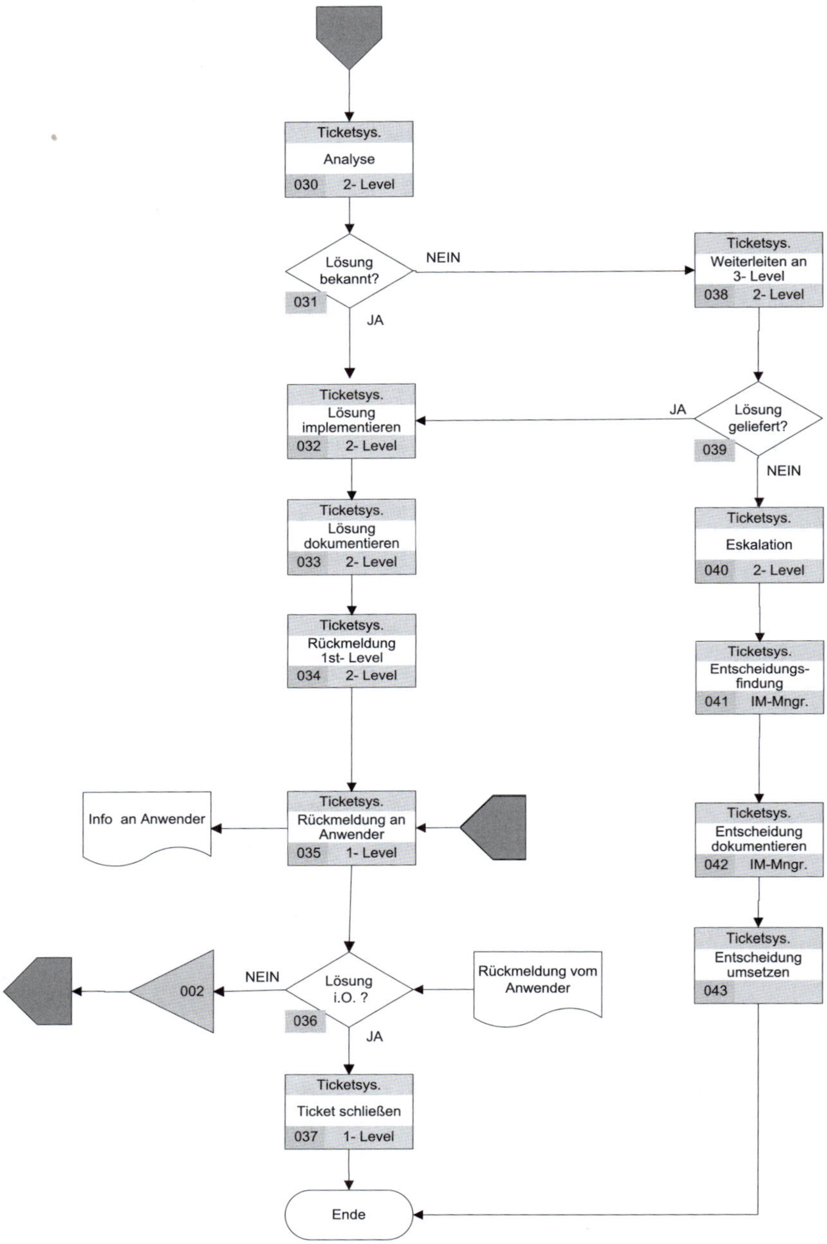

Bild 7.9 (*Fortsetzung*) EPK Incident Management

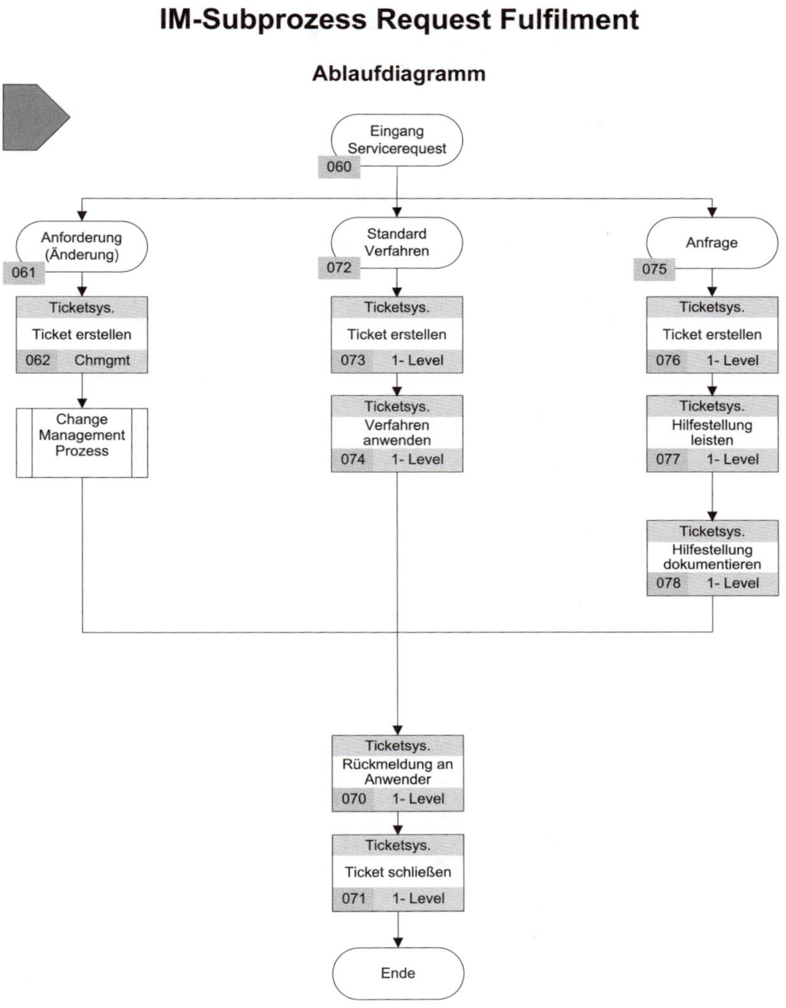

Bild 7.9 (*Fortsetzung*) EPK Incident Management

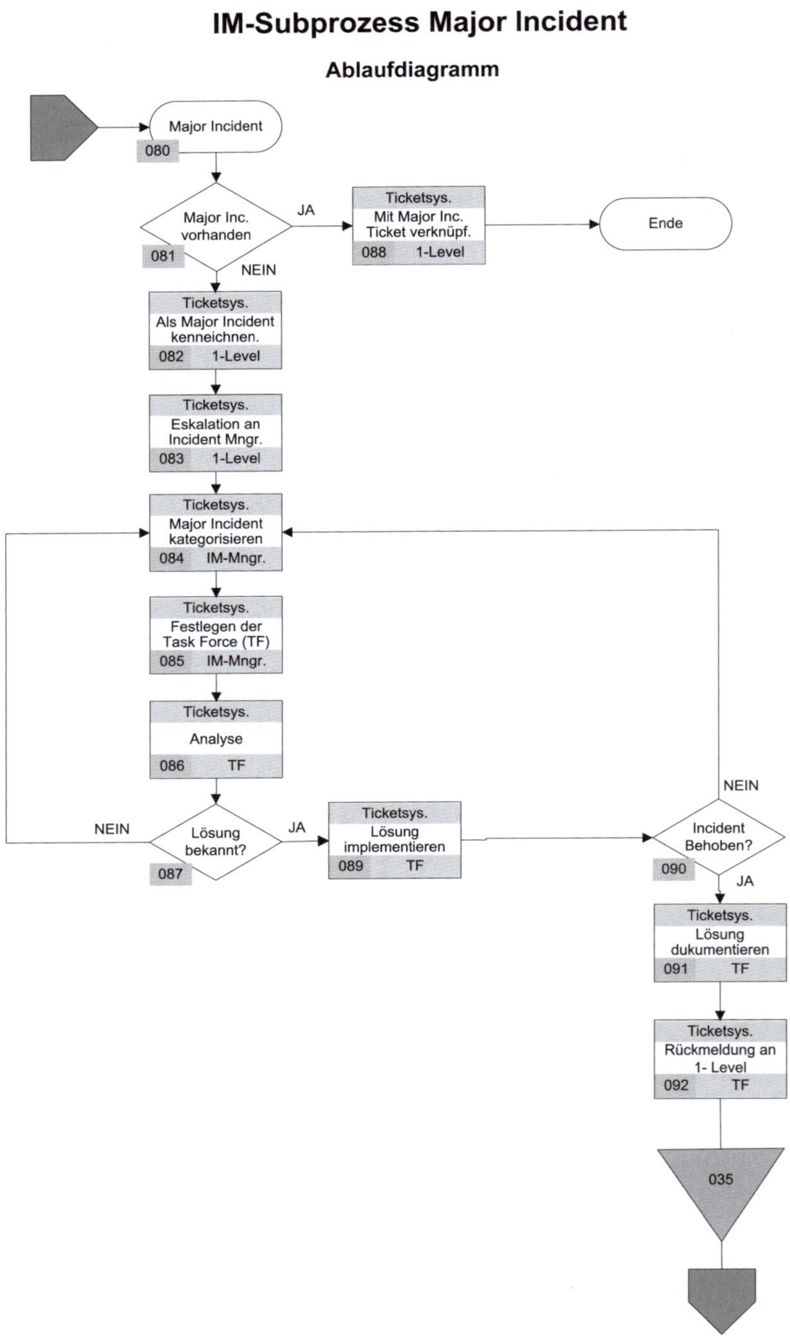

Bild 7.9 (*Fortsetzung*) EPK Incident Management

Definition der Rollen

Anhand der festgelegten Aktivitäten müssen nun die Rollen definiert werden, die zur Durchführung des Prozesses im Betrieb der Bankenservice AG benötigt werden. Klar und vollständig definierte Rollen sind in einer prozessorientierten Organisation von großer Bedeutung, denn nur durch Rollen können die benötigten Ressourcen für die Durchführung der Prozessaktivitäten allokiert werden. Bei der Festlegung, welche Rollen benötigt werden, helfen Rollenmodelle wie das RACI-Modell, das in Abschnitt 1.3 beschrieben wird.

Eine Rollenbeschreibung sollte grundsätzlich Informationen zu den folgenden Themen enthalten:

- Aufgaben: Welche Aktivitäten muss der Rolleninhaber durchführen?
- Verantwortung: Wofür trägt der Rolleninhaber Verantwortung?
- Kompetenzen: Welche Kompetenzen benötigt der Rolleninhaber?

Ebenso wie die Prozessbeschreibung werden die Rollenbeschreibungen in einem Prozesshandbuch dokumentiert. Das Prozesshandbuch wird am Ende dieser Projektphase erstellt. Im Incident-Management-Prozess sollten mindestens die folgenden Rollen definiert werden:

- Prozess-Owner (Verantwortlicher und „Sponsor“ für den Prozess)
- Incident Manager (operativ verantwortlich für den Prozess)
- 1st Level Support (z. B. für Mitarbeiter des Service Desk)
- 2nd Level Support (für Mitarbeiter der Fachbereiche mit Aufgaben im Support)

  Als Auszug aus der Prozessdokumentation der Bankenservice AG soll hier beispielhaft die Rolle des Incident Managers in Stichworten beschrieben werden:

  - *Aufgaben*
    - *Steuerung der am Prozess beteiligten Mitarbeiter*
    - *Erstellen von Reports*
    - *Eskalation zum Prozess-Owner*
    - *Eskalationsinstanz im Prozess*
    - *Kennzahlen ermitteln, überwachen und reporten*
    - *Anstoß von Prozessoptimierungsprojekten und entsprechende Dokumentation*
    - *Veranlassung von Korrekturmaßnahmen*
    - *Erstellen von Stellungnahmen und Berichten zu kritischen Vorgängen*
    - *Schulung von Mitarbeiten*
  - *Verantwortung*
    - *Verantwortlich für den kontinuierlichen Verbesserungsprozess*
    - *Information des Managements*
    - *Eskalationen überwachen*
    - *Kontrolle der Tätigkeiten der einzelnen Supportgruppen*
    - *Managementunterstützung einholen*
    - *Bekanntheitsgrad des Prozesses und seines Nutzens steigern*
    - *Sicherstellen der nachhaltigen Umsetzung des Prozesses im Unternehmen*

- *Kompetenzen*
  - *Besitzt fachliche Weisungsbefugnis gegenüber den Prozessbeteiligten bezogen auf das Incident Management*

Definition der Prozessschnittstellen

Damit die definierten Prozesse untereinander agieren können, müssen die Schnittstellen zum Austausch von Triggern, Daten und Informationen zwischen den Prozessen definiert werden.

Für das Projekt iPENG ergibt sich hier eine Sondersituation, da der Prozess Incident Management der erste der ITSM-Prozesse ist, der integriert wird. Die Schnittstellen, die hier betrachtet wurden, sind die zu den bekannten Fragmenten eines Change Managements und zum für die Servicevereinbarungen verantwortlichen IT-Prozess (ein echtes Service Level Management ist noch nicht integriert).

- **Change Management**
  Der Change-Management-Prozess liefert dem Incident-Management-Prozess Informationen über geplante und aktuelle Changes (Change-Kalender). Sollte offensichtlich sein, dass ein Change der Verursacher von Störungen ist, so werden die Informationen über diesen fehlerhaften Change an das Change Management zurückgemeldet. Service Requests werden über das Change Management abgewickelt, wenn es sich um Erweiterungen und Änderungen des Leistungsspektrums eines IT-Services handelt. Auch werden Störungen unter Kontrolle des Change Managements behoben, wenn eine Änderung der Infrastruktur nötig ist. Das Incident Management stellt zu diesem Zweck einen Change Request an das Change Management.
- **Service Level Management**
  Das Service Level Management muss die Vorgaben für die Gestaltung des Incident Managements bezüglich der vereinbarten Wiederherstellungszeiten liefern. Das ist aktuell in der Bankenservice AG nur bedingt möglich, da es lediglich Vereinbarungen zu technischen Services gibt. Hier besteht Handlungsbedarf. Die Umsetzung soll über eine echte Schnittstelle zwischen Tickettool und Vertragsmanagement erfolgen, sodass die jeweils aktuellen Vertragsdaten automatisch im Tickettool zur Verfügung stehen.

Definition der Prozesskennzahlen

Anhand der definierten Prozessziele werden für jeden Prozess konkrete Kennzahlen (KPI) abgeleitet, die als Teil des Prozessreportings Aufschluss darüber geben, ob der Prozess die vereinbarten Ziele erreicht. Mehr Details zur Definition der Kennzahlen finden Sie weiter oben in Abschnitt 7.3.2 und insbesondere in Kapitel 5. Nachfolgend die im Projekt *iPENG* den Zielen zugeordneten Kennzahlen:

- *Die Störungsbehebung erfolgt ohne Verzögerung.*
  - *KPI 1.1: Erhöhung der Erstlösungsquote auf 65 % aller Tickets*
  - *Reduzierung der durchschnittlichen Lösungszeit um 20 % im Vergleich zum Vorjahr*
- *Eine Wissensdatenbank wird aktiv genutzt und gepflegt.*
  - *Erhöhung des Anteils der Tickets, die mit Hilfe der Lösungsdatenbank gelöst wurden, auf 55 % aller Tickets*

    - *Reduzierung des Anteils fehlerhafter Lösungen, die aus der Lösungsdatenbank entnommen wurden, auf unter 3 % aller mit Hilfe der Lösungsdatenbank bearbeiteten Tickets*
- *Die Ressourcen für den Support werden optimal genutzt.*
    - *Reduzierung des Anteils von Tickets mit falscher Kategorie auf unter 2 % aller Tickets*
    - *Reduzierung der durchschnittlichen Anzahl der Weiterleitungen innerhalb der IT-Organisation um 50 % im Vergleich zum Vorjahr*
- *Die Anwender sind zufrieden.*
    - *Verbesserung der durchschnittlichen Bewertung in Zufriedenheitsanalysen (in Schulnoten) um eine Note im Vergleich zum Vorjahr*
- *Die vereinbarten Wiederherstellungszeiten sind eingehalten.*
    - *Reduzierung des Anteils der Tickets, in denen die Vereinbarungen verletzt wurden, auf maximal 1 % aller Tickets*
    - *Erhöhung des Anteils der Störungen, für die eine klare Vereinbarung zur Wiederherstellungszeit bekannt ist, auf über 99 %*
- *Die Fähigkeiten der IT-Mitarbeiter entsprechen den Anforderungen.*
    - *Reduzierung des Anteils der Tickets mit Beschwerden bezüglich der Lösungsqualität auf unter 3 %*
    - *Reduzierung der Abweichungen vom Schulungs- und Entwicklungsplan für die Support-Mitarbeiter auf maximal 5 Vorfälle im Jahr*

Ableiten der Toolkriterien

Nach der Prozessdefinition müssen die Anforderungen an die einzusetzenden Tools definiert werden. Hierbei gilt grundsätzlich, dass die Tools passend zum implementierten Prozess ausgewählt werden, statt Prozesse auf Basis einer Software zu implementieren (auch wenn so mancher Toolhersteller sich das offenbar wünschen würde, wie viele Werbeaussagen zum Ausdruck bringen). Natürlich sind Tools nützlich, ja sogar unverzichtbar bei der Integration effektiver und effizienter Prozesse, aber sie müssen eben zur Erreichung der Ziele des jeweiligen Unternehmens und nicht zu den vom Hersteller angenommenen Zielen beitragen.

Allerdings ist auch der genannte Grundsatz „Tool folgt Prozess“ kein Dogma, denn es gibt durchaus nicht selten Situationen, in denen eine Abweichung von diesem Prinzip sinnvoll sein kann. Diese Tatsache ist einer der Gründe, warum ich in der Regel empfehle, einen Fachmann für die eingesetzten oder geplanten Tools zu den Prozessworkshops einzuladen. So können oft schon während der Prozessdefinition Grenzen der möglichen Tools berücksichtigt und der Anpassungsbedarf auf Toolseite entsprechend reduziert werden. In der Praxis hat sich eine dreistufige Vorgehenswiese bewährt:

1. Die Prozesse werden in einem relativ niedrigen Detaillierungsgrad definiert, sodass die Ziele und Aktivitäten z. B. auf der Ebene 2 bekannt sind.
2. Die Anforderungen an das Tool werden abgeleitet und das Tool wird entsprechend ausgewählt (mehr dazu im Anschluss).
3. Die Prozesse werden im Detail (auf Ebene 3) definiert und die Besonderheiten des ausgewählten oder vorhandenen Tools dabei berücksichtigt.

Für die Gestaltung der Auswahl verschiedener Tools gibt ITIL® einige Hinweise, die zu einer standardisierten Vorgehensweise führen. Die folgenden allgemeinen Fragen sollten Sie bei der Auswahl der Tools jeweils beantworten:

- Entsprechen die Datenstruktur, das Handling und die Integration den Anforderungen und Möglichkeiten?
- Verhält sich das Tool konform zu internationalen Standards?
- Orientiert sich das Tool an ITSM Best/Good Practices (z. B. ITIL®)?
- Ist das Tool flexibel zu handhaben bei Integration, Nutzung und Datenanbindung?
- Ist das Tool intuitiv zu bedienen und skalierbar?
- Werden adäquate Backup- und Security-Funktionen bereitgestellt?
- Liefert der Hersteller den benötigten Support?
- Passen die Kosten für Administration und Wartung ins Budget?
- Ist das Tool integrationsfähig mit vorhandenen Tools und Komponenten?
- Können Erweiterungen einfach eingebunden werden?
- Ist ein adäquates Berichtswesen entsprechend der Anforderungen möglich?

Natürlich ist neben der Beantwortung dieser grundsätzlichen Fragen ebenso wichtig, welche aus der Prozessdefinition abgeleiteten fachlichen Anforderungen ein Tool erfüllen muss. Die Anforderungen werden hier häufig nach dem sogenannten MoSCoW-Prinzip entsprechend ihrer Wichtigkeit bewertet:

- **M** – MUST have this
  Diese Eigenschaft muss das betrachtete Tool auf jeden Fall erfüllen, sie ist ein Ausschlusskriterium.
- **S** – SHOULD have this if at all possible
  Diese Eigenschaft ist wichtig für die effektive und effiziente Prozessdurchführung und sollte nach Möglichkeit vorhanden sein.
- **C** – COULD have this if it does not affect anything else
  Diese Eigenschaft wird nicht sofort benötigt, kann aber vorhanden sein, wenn keine wichtigen Eigenschaften dadurch beeinträchtigt sind.
- **W** – WON'T have this time but WOULD like in the future
  Diese Eigenschaft ist aktuell nicht notwendig, wird aber in Zukunft benötigt.

Bei der Bewertung, ob ein Kriterium erfüllt wird oder nicht, sind verschiedene Abstufungen möglich, da Tools verschieden aufgebaut oder konzipiert sein können. Die drei wichtigsten Abstufungen, die unterschieden werden, sind:

- Out-of-the box – die Kriterien sind erfüllt.
- Konfiguration nötig – das Tool kann mit Aufwand x konfiguriert werden, um die Anforderungen zu erfüllen.
- Spezifische Anpassungen nötig – das Tool muss mit Aufwand x umprogrammiert werden, um die Anforderungen zu erfüllen (das muss ggf. bei Produktupgrades wiederholt werden).

Grundsätzlich gilt bei der Auswahl zu beachten, dass es kaum ein Tool auf dem Markt geben wird, das die Anforderungen vollständig erfüllt. Deshalb ist es möglicherweise sinnvoll, die Toolauswahl so zu gestalten, dass ein Tool, auch wenn es weniger als 100 % der Anforderungen erfüllt, für die Implementierung in Frage kommt. So können erhebliche Kosten für Anpassungen und Konfiguration vermieden werden. Die oben beschriebene dreistufige Vorgehensweise unterstützt bei dieser Betrachtung. Bild 7.10 zeigt die Eigenschaften, über die ein integriertes IT-Service-Management-Tool laut ITIL® [Service Design, 2007] verfügen sollte.

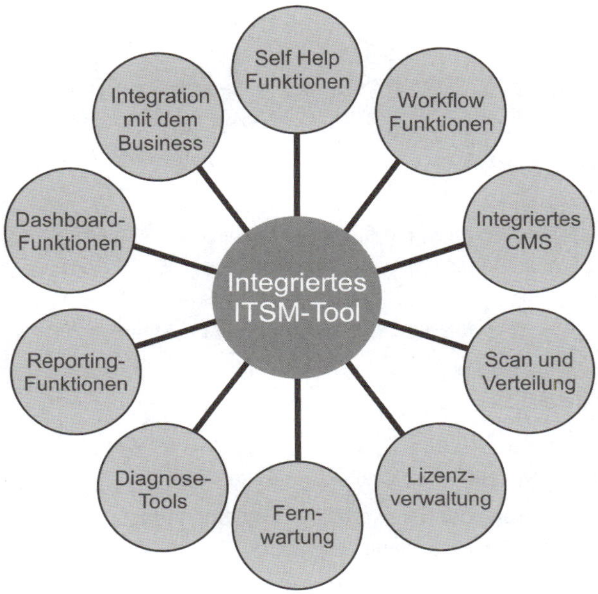

Bild 7.10
Generische Tool-Anforderungen

Dokumentation der Ergebnisse

Die erzielten Ergebnisse und Definitionen müssen abschließend zuverlässig dokumentiert werden. Ziel dieser Dokumentation muss es sein, dass alle für die Prozessdurchführung und Überwachung notwendigen Informationen nachvollziehbar und für alle berechtigten Personen zugänglich festgehalten sind. Dabei reicht es nicht aus, dass die Informationen irgendwo verteilt in den Speicherorten der Organisation abgelegt und möglicherweise nie mehr wiedergefunden werden. Sie müssen aktiv veröffentlicht und regelmäßig aktualisiert werden. Zu diesem Zweck werden sie in einer an ITIL® orientierten IT-Organisation in der Regel Teil des SKMS (Service Knowledge Management System).

Als Form der Dokumentation wird häufig ein Prozesshandbuch für jeden definierten Prozess gewählt, welches in einen übergeordneten Rahmen aus allen vorhandenen Prozessen eingebettet wird. Um die Aktualität und Nachvollziehbarkeit des Prozesshandbuchs sicherzustellen, ist zunächst eine Versionskontrolle zu pflegen, die zu jeder Zeit Aufschluss darüber gibt, welche Version aktuell ist und wer wann warum welche Änderungen vorgenommen und wer diese genehmigt hat. Die Festlegung der Berechtigung zur Genehmigung der Änderungen ist Teil der Definitionen im Prozesshandbuch. Was ein Prozesshandbuch auf jeden Fall beinhalten sollte, zeigt die Tabelle 7.2.

Tabelle 7.2 Inhalte des Prozesshandbuchs

Dokumentensteuerung	Dokumentenhistorie, Genehmigungen, Versionierung, Verantwortliche
Zweck des Dokuments	Wozu wurde das Dokument erstellt?
Aktualisierung und Freigabe	Prozesse für die Aktualisierung und Freigabe
Sprachregelung und allgemeine Festlegungen	Beschreibung der verwendeten Konventionen wie z. B. ITIL®-Wording
Einordnung in ein übergeordnetes Prozessmodell	Beschreibung des beschriebenen Prozesses im Gesamtprozessmodell der Organisation
Ziele des Prozesses	Die definierten Ziele des Prozesses (Hauptziele und Zusatzziele)
Abgrenzungen	Die definierten Nicht-Ziele des Prozesses
Prozesskennzahlen und Reporting	Die definierten KPI und die Berichtswege
Prozessspezifische Rollen	Die für den Prozess benötigten Rollenbeschreibungen (Aufgaben, Verantwortung, Kompetenzen)
Prozessbeschreibung (Ebene 2)	Beschreibung des Prozesses auf Aktivitätenebene und Zuordnung der Rollen und Tools zu den Aktivitäten
Prozessaktivitäten (Ebene 3)	Detailbeschreibung der Prozessaktivitäten auf Arbeitsanweisungsebene
Input	Die für die Prozessaktivitäten benötigten Eingangsgrößen
Output	Die durch den Prozess gelieferten Ergebnisse
Schnittstellen zu anderen Prozessen	Beschreibung der Schnittstellen zu weiteren Prozessen innerhalb der Organisation
Toolunterstützung	Beschreibung der für den Prozess benötigten Tools

7.3.6 Prozesse etablieren

Wichtige Ziele dieser Phase

- Die Prozesse sind vollständig in der Organisation verankert und werden gelebt.
- Der Nutzen des Projekts ist unternehmensweit bekannt und wird akzeptiert.
- Die Detaildokumentation für alle Prozesse (z. B. Arbeitsanweisungen) ist erstellt.
- Die festgelegten Tools sind implementiert, konfiguriert und werden sinnvoll eingesetzt.
- Schwachstellen und Verbesserungspotenzial sind erkannt und dokumentiert.

Einführung

Nachdem die Dokumentation der definierten Prozesse abgeschlossen ist, beginnt nun die Phase, in der die neuen Prozesse in der Organisation verankert werden. In dieser Phase wird der jeweilige Prozess über die bisher beteiligten Personen hinaus in der Organisation bekannt gemacht und allen Mitarbeitern ein eindeutiger Termin kommuniziert, ab dem die neuen

Prozesse aktiv sind und in der Praxis angewendet werden. Während der Etablierungsphase werden die Prozesse noch nicht in jedem Fall zu den gewünschten Ergebnissen führen, sodass weitere Anpassungen aus der Praxiserfahrung heraus integriert werden können. Diese Phase beinhaltet die folgenden Aktivitäten:

- Projektmarketing
- Erstellen der Detaildokumentation
- Entwicklung bzw. Anpassung des Tools
- Coaching der Beteiligten in einer Pilotphase
- Feedback verarbeiten

Projektmarketing

Wie schon weiter oben erwähnt spielen die Menschen und die Kultur eines Unternehmens eine wichtige Rolle für den Projekterfolg. Deshalb ist es wichtig, den Nutzen und die Ziele des Projekts in die Organisation zu tragen und zu verdeutlichen, dass das Unternehmen und die Führungskräfte hinter den neuen Prozessen stehen und diese in jeder Beziehung unterstützen. Die Phase der Projektetablierung startet in der Regel mit einer Kickoff-Veranstaltung für alle beteiligten Mitarbeiter, in der die wesentlichen Aspekte des Projekts durch das Management kommuniziert werden. Mögliche Inhalte dieser Kickoff-Veranstaltung sind:

- Kommunikation der Projektziele
- Information über erste Erfolge
- Auswirkungen des Projekts auf die Organisation und die Arbeitsweise
- Kommunikation des Rollenmodells und einer entsprechenden Zuordnung zu den Mitarbeitern

Die Kickoff-Veranstaltung ist das Startsignal für die neuen Prozesse an alle Mitarbeiter. Sie soll dazu beitragen, die Mitarbeiter dazu zu motivieren, die Vorteile des Projekts zu erkennen und für ihre tägliche Arbeit zu nutzen.

Das Projektmarketing erstreckt sich aber über diese Kickoff-Phase hinaus bis in den täglichen Betrieb hinein. Immer wieder gilt es, die Aktivitäten zu bewerten und gegebenenfalls auf Rückmeldungen der Mitarbeiter einzugehen, indem Zweifel ausgeräumt und die Wichtigkeit der Prozessaktivitäten immer wieder hervorgehoben werden. Diese Aufgabe übernimmt in der Regel der Prozessmanager mit Unterstützung des Prozess-Owners und des Managements.

Ein großer Teil der nicht erfolgreichen Prozessveränderungsprojekte scheitert erst weit nach der eigentlichen Einführung an der fehlenden Motivation, die neuen Vorgehensweisen wirklich konsequent zu leben und umzusetzen. Oft ist der Anlass der Verlust oder die Neuorientierung einer treibenden Person, deren Weggang dazu genutzt wird, in alte Verhaltensmuster zurückzufallen. Gerade in einer solchen Situation gilt es also, besonders sensibel auf die Reaktionen und Rückmeldungen innerhalb der Organisation zu achten und im Zweifel konsequent zu handeln.

Erstellen der Detaildokumentation

Nachdem die Prozesse in der vorherigen Projektphase auf der Ebene 2, also der Aktivitätenebene, definiert wurden, gilt es nun, jede Aktivität im Detail so auszuprägen, dass die beteiligten Mitarbeiter ein exaktes Bild davon erhalten, was von ihnen erwartet wird.

Diese Arbeitsanweisungen unterstützen die Mitarbeiter vor allem zu Beginn in ihrer täglichen Arbeit und tragen dazu bei, dass sie sich die Abläufe einprägen. Als Beispiel zeigt die Tabelle 7.3 einige einfache Ausprägungen aus der Dokumentation der Bankenservice AG:

Tabelle 7.3 Detailbeschreibungen

Aktivität	Detailbeschreibung
Ticket erfassen	Ein Ticket wird aufgrund der Angaben aus dem jeweiligen Monitoringsystem oder entsprechend der Angaben des Anwenders ausgefüllt. Durch „Mussfelder" werden alle Angaben erfasst, die zur weiteren Bearbeitung benötigt werden. Zur Bedienung des Ticketsystems liegt eine Beschreibung zum Umgang und der Erfassung aller benötigten Daten bei. Dem Ticket wird sofort eine eindeutige Nummer (Ticket ID) gegeben. Diese Nummer wird in allen Referenzen und Kundenmails mitgeteilt.
Priorisieren	Die Priorität wird in drei Stufen definiert und setzt sich aus Dringlichkeit und Auswirkungen zusammen. **Beispiele:** *Auswirkung:* Pönale, Anzahl der betroffenen Anwender, betroffene Anwendungen, Kunden/GF, Auswirkung auf Geschäftsprozesse. *Dringlichkeit:* Abgeleitet aus den Servicevereinbarungen, abgeleitet aus den betroffenen Geschäftsprozessen (Informationen des Meldenden). Service Level Gold → hohe Dringlichkeit Service Level Silber → mittlere Dringlichkeit Service Level Bronze → niedrige Dringlichkeit
Störungsmuster identifizieren	**Auf geplante Service-Unterbrechung prüfen.** Überprüfung der Change-Kalender auf geplante Maßnahmen. **Einbinden der Known Error DB** ▪ Nach Workaround suchen ▪ Nach bekannten Fehlern suchen (Known Error) **Einbinden einer Lösungs-DB** ▪ Bekannte Lösungen suchen (Lösungs-DB) ▪ Bei Schließen des Tickets ggf. Übernahme in die Lösungsdatenbank ▪ Suche nach Kategorie und Fehlerbeschreibung

Ein mögliches Mittel, die neuen Aktivitäten in der Organisation bekannt zu machen, sind sogenannte Quick Reference Guides oder Kurzreferenzen. Hierbei handelt es sich um kurze und prägnante, nach Möglichkeit einseitige Dokumentationen von konkreten Aktivitäten die im täglichen Betrieb eingesetzt werden können. Auf diese Weise werden Fehler vermieden und die neuen Aktivitäten prägen sich schnell und vor allem richtig bei den Mitarbeitern ein.

Entwicklung bzw. Anpassung des Tools

Entsprechend des weiter oben beschriebenen dreistufigen Vorgehens bei der Toolimplementierung werden, falls das notwendig ist, an dieser Stelle die in der Detailbeschreibung des Prozesses festgelegten Aktivitäten und Funktionen in das Tool integriert. Sollten sich bei der Implementierung größere Anpassungen ergeben, empfiehlt es sich an dieser Stelle, alle Beteiligten erneut in der Nutzung der integrierten Tools zu schulen. Mindestens jedoch sollten spezifische Aktivitäten aus den Detailbeschreibungen mit Toolbezug neu vermittelt werden.

Nicht nur die Prozesse, auch die eingesetzten Tools werden in den späteren kontinuierlichen Verbesserungsprozess einbezogen. Es gilt also auch hier Rückmeldungen zu erfassen und bei Bedarf aktiv zu reagieren, indem über spezifische Anpassungen entschieden wird. Das Tool soll dabei immer eine Erleichterung der täglichen Arbeit darstellen und nicht etwa mangelnde Kenntnis der Prozesse oder mangelnde Motivation durch größere Restriktionen ausgleichen. Soll ein Prozess ausschließlich mit Hilfe von Toolrestriktionen gelebt werden, so werden die Mitarbeiter grundsätzlich eine Möglichkeit finden, dieser von ihnen so wahrgenommenen „Schikane" auszuweichen.

Coaching der Beteiligten in einer Pilotphase

Nachdem die Maßnahmen zur Detailausprägung der Prozessaktivitäten und die Konfigurationen der Tools abgeschlossen sind, startet die erste Pilotphase des neuen Prozesses, in der bereits alle Rahmenbedingungen gelten, alle Aktivitäten durchgeführt, dokumentiert und ausgewertet werden. Lediglich mögliche Sanktionen aufgrund nicht eingehaltener Servicevereinbarungen sollten in dieser Phase noch ausgesetzt werden. So wird ein Einschwingen der neuen Aktivitäten in der Organisation ohne mögliche negative Auswirkungen (z. B. auf Zielvereinbarungen) ermöglicht.

Während der Pilotphase werden also sowohl die Prozessaktivitäten als auch die Prozessüberwachung durch die definierten Kennzahlen aktiviert und so in der Betriebsumgebung getestet. Die beteiligten Mitarbeiter werden während der gesamten Pilotphase von erfahrenen Beratern oder durch die Prozessverantwortlichen gecoacht, sodass aufkommende Fragen schnell geklärt und Fehler umgehend korrigiert werden können.

Feedback verarbeiten

Die Erfahrungen während der Pilotphase werden sowohl durch die Coaches als auch durch alle beteiligten Mitarbeiter dokumentiert. So können diese Erfahrungen als Grundlage für spätere Verbesserungsmaßnahmen genutzt werden. Häufig ist es auch sinnvoll, Rückmeldungen ad hoc zu verarbeiten und als Veränderungen in die weitere Implementierungsphase einfließen zu lassen. Die Prozesse werden so praxisorientierter gestaltet und die Akzeptanz bei den Mitarbeitern steigt. Für die Dokumentation sollte ein Template mit den folgenden Inhalten zur Verfügung gestellt werden:

- Betroffene Aktivität im Prozess
- Festgestellter Vorfall und/oder gewonnene Information
- Auswirkung auf den Betrieb
- Vorgeschlagene Maßnahmen zur Verbesserung

7.3.7 Value Streams integrieren

Die in ITIL® 4 neu betrachteten Value Streams (siehe Abschnitt 3.4.4) ergänzen die implementierten Prozesse, indem sie konkrete Anwendungsfälle beschreiben, um ein spezifisches Ziel oder Ergebnis zu erreichen. Für unser Beispiel möchte ich einen Value Stream für die Beseitigung einer Störung darstellen.

> **Praxistipp**
>
> Nutzen Sie Value Streams, wann immer es möglich ist, um Prozessaktivitäten für bestimmte Situationen zu spezifizieren. Sie helfen den beteiligten Mitarbeitern dabei, die erwarteten Aktivitäten in ihre Erfahrungswelt zu transformieren, weil sie diese besser wiedergeben als generisch beschriebene Prozessaktivitäten. ■

Value Streams beschreiben immer die detaillierten Aktivitäten sowie den Bezug zu relevanten Practices, der Aktivität in der Service Value Chain (siehe Abschnitt 3.4.2) sowie die eingebundenen Rollen und Ressourcen.

Aktivität	Value-Stream-Aktivität	Practices
Der Mitarbeiter stellt fest, dass der Abteilungsdrucker nicht druckt, und kann wichtige Verträge nicht wie gewohnt ausdrucken und zur Unterschrift vorlegen.	Anforderung	
Der Mitarbeiter wendet sich über das Support Portal an den Service Desk und eröffnet toolgestützt ein entsprechendes Störungsticket.	Engagement	Service Desk, Incident Management
Der Service Desk nutzt die Wissensdatenbank, um eine vorübergehende Umleitung der Drucker-Queue auf den benachbarten Abteilungsdrucker auf derselben Etage vorzunehmen, damit der Mitarbeiter weiterarbeiten kann. Gleichzeitig wird das Ticket an das zuständige Infrastruktur-Support-Team zur weiteren Analyse weitergeleitet.	Bereitstellung und Support	Service Desk, Incident Management, Service Configuration Management
Das zuständige Team analysiert den Fehler und stellt fest, dass der Drucker ein fehlerhaftes Interface hat und ausgetauscht werden muss. Es führt den Tausch durch und meldet das nach der Fertigstellung an den Service Desk zurück.	Bereitstellung und Support	Incident Management, Change Management, Service Configuration Management, Asset Management
Der Service Desk leitet die Queue wieder auf den nun getauschten ursprünglichen Drucker zurück und informiert den Anwender darüber, dass er wieder den gewohnten Drucker verwenden kann.	Bereitstellung und Support Engagement	Serivce Desk, Incident Management, Service Configuration Management
Der Anwender kann wieder wie gewohnt arbeiten.	Nutzen	

Der aktuelle Value Stream bezieht sich auf einen einfachen Ausfall eines Druckers, der dazu führt, dass ein Mitarbeiter der Buchhaltung wichtige Verträge nicht rechtzeitig zur Unterschrift vorlegen kann und so das Risiko besteht, dass vereinbarte Kundentermine nicht eingehalten werden können.

7.3.8 Erfolg prüfen

Wichtige Ziele dieser Phase

- Der Zielerreichungsgrad der neuen Prozesse ist bekannt.
- Schwachstellen sind identifiziert und Korrekturmaßnahmen definiert.
- Der kontinuierliche Verbesserungsprozess ist initiiert.

Einführung

In der letzten Projektphase werden die Erfahrungen aus dem Pilotbetrieb und die entsprechenden Rückmeldungen der Mitarbeiter, der Coaches und der Prozessverantwortlichen erfasst. Anschließend werden konkrete Maßnahmen zur Optimierung festgelegt. Diese Phase sollte frühestens acht Wochen nach dem Start der Etablierungsphase beginnen.

Im Rahmen dieser Review-Workshops werden unter der Leitung eines erfahrenen Moderators die folgenden Aktivitäten durchgeführt:

- Review der Implementierung
- Einen kontinuierlichen Verbesserungsprozess definieren und einleiten

Review der Implementierung

Auf Basis der definierten Ziele und Kennzahlen wird in dieser Phase deren Erreichung bewertet und eventueller Anpassungsbedarf identifiziert. Die wichtigsten Aktivitäten im Rahmen dieses Workshops sind:

- Abgleichen der definierten Ziele mit dem IST-Stand nach der Implementierung mit Hilfe der definierten Kennzahlen
- Bewertung der während der Implementierung gemachten Erfahrungen und Auswertung des konkreten Feedbacks aus der Pilotphase
  - Auswertung aller Feedbacks aus der Pilotphase
  - Bewertung der Auswirkungen und der vorgeschlagenen Maßnahmen
  - Ableiten der Handlungsempfehlungen bei identifiziertem Anpassungsbedarf

Einen kontinuierlichen Verbesserungsprozess definieren und einleiten

Abschließend wird ein Plan erstellt, wie die identifizierten und freigegebenen Maßnahmen in der Betriebsumgebung integriert werden. Der Aktivitätenplan wird mit festen Terminen versehen und es werden die benötigten Ressourcen zugeordnet. Weitere Details zu den Grundlagen der kontinuierlichen Verbesserung lesen Sie in Abschnitt 3.2 dieses Buchs.

Um den kontinuierlichen Verbesserungsprozess langfristig zu integrieren, müssen die Verbesserungsmaßnahmen institutionalisiert werden, sodass ein Kreislauf, orientiert am Deming Cycle (Plan, Do, Check, Act), den Rahmen bildet:

- **Plan:** Neue Maßnahmen werden geplant.
- **Do:** Die Maßnahmen werden plangemäß umgesetzt.
- **Check:** Der Erfolg der Maßnahmen wird gemessen.
- **Act:** Erkannte Abweichungen werden adressiert und die nächste Phase „Plan" angestoßen.

Mehr zur Anwendung des Deming Cycle lesen Sie in Kapitel 3. Neben dem klassischen Deming Cycle verweisen Best-Practice-Ansätze wie ITIL® auf detaillierter gestaltete Zyklen, die zur Prozessverbesserung genutzt werden können. Auch diese orientieren sich in der Regel am Deming Cycle, unterstützen aber eine exaktere Darstellung der Aktivitäten. Bild 7.11 zeigt eine weitere Möglichkeit für einen Rahmen zum Aufbau eines typischen Prozessverbesserungszyklus basierend auf den ITIL® Best Practices.

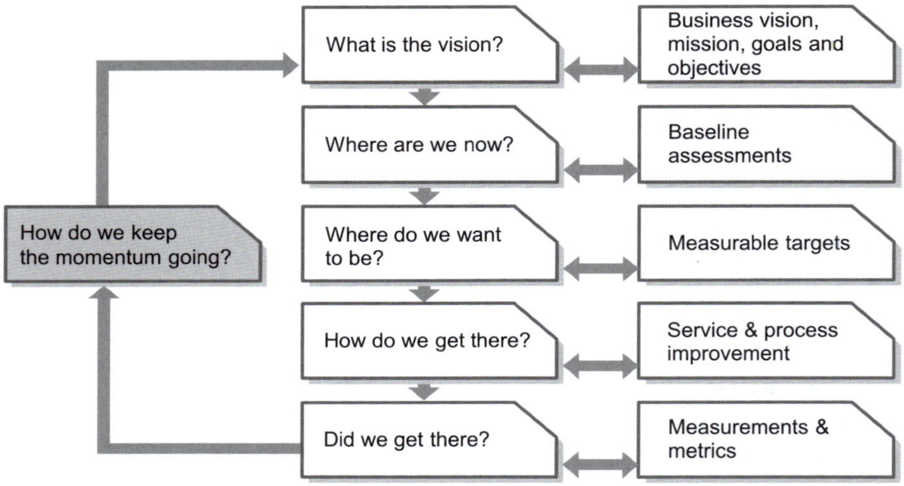

Bild 7.11 Kontinuierliche Prozessverbesserung (Quelle: Planning to Implement SM, 2002)

In dieser Methode wird im ersten Schritt (What is the vision?) betrachtet, was die Vorgaben aus dem Business bzw. des Kunden sind. Zu diesem Zweck werden Informationen aus der Unternehmensvision, aus den Mission Statements sowie aus den strategischen und taktischen Zielsetzungen des Unternehmens (Goals, Objectives) abgeleitet. Mehr zu den genannten Begriffen lesen Sie in Abschnitt 5.2. Diese Informationen dienen als Ausgangspunkt für die spätere Definition konkreter Ziele (ähnlich der Ableitung der Prozessziele unter Beachtung der IT-Ziele in diesem Kapitel).

Im zweiten Schritt (Where are we now?) erfolgt ein Assessment zur Bestimmung der aktuellen Situation. Dieses Assessment kann dem im Projekt *iPENG* ähneln, wird aber im Rahmen eines kontinuierlichen Verbesserungsprozesses (KVP) deutlich schlanker ausfallen und sich auf Erfahrungen und Beobachtungen der Mitarbeiter im täglichen Betrieb beziehen.

In der dritten Stufe (Where do we want to be?) werden konkrete und messbare Ziele formuliert, bzw. im Fall eines KVP für einen Prozess aus der Prozessdokumentation entnommen und überprüft. Diese Ziele dienen im weiteren Verlauf des KVP als Bezugsgröße für die Identifizierung von Abweichungen im täglichen Betrieb.

Im nächsten Schritt (How do we get there?) werden konkrete Maßnahmen definiert, um Aktivitäten zur Zielerreichung zu implementieren. Hier werden also alle Verbesserungsmaßnahmen für Services und Prozesse aus dem vorherigen Durchlauf umgesetzt.

Der nächste Schritt (Did we get there?) befasst sich mit der Erhebung von Daten zur Feststellung, ob die definierten Ziele mit den definierten Maßnahmen erreicht wurden oder ob es weiteren Handlungsbedarf gibt.

Anschließend (How do we keep the momentum going?) werden die Ergebnisse aktiv ausgewertet, die Vorgaben der ersten Stufe auf Veränderungen überprüft (z. B. neue Businessziele) und basierend auf den Ergebnissen die nächste Phase aktiv angestoßen. Damit ein solcher kontinuierlicher Prozess realistisch funktioniert, müssen alle beteiligten Mitarbeiter einen aktiven Beitrag leisten, indem sie ihre Beobachtungen und Erfahrungen diesem Prozess zur Verfügung stellen. Die im Projekt *iPENG* verwendeten Feedback-Formulare können hier eine wichtige Basis bilden.

7.3.9 Fazit

Nachdem nun alle notwendigen Projektschritte des Projekts *iPENG* dargestellt wurden, zeigt Bild 7.12 alle Schritte dieses Projekts in einem zusammenfassenden Überblick.

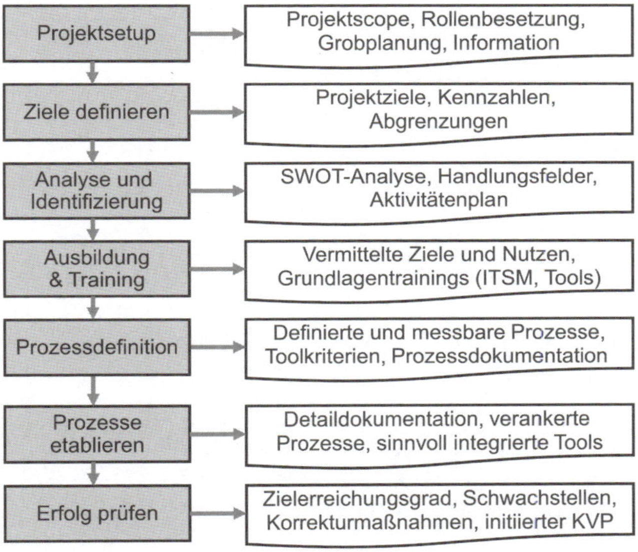

Bild 7.12 Projektüberblick

Wie anhand dieses Kapitels hoffentlich deutlich wird, reicht die Kenntnis einzelner Methoden bei weitem nicht aus, ein Projekt wie *iPENG* erfolgreich zu gestalten. Neben einer klar strukturierten Vorgehensweise und konsequentem Projektmanagement spielen vor allem die beteiligten Menschen eine entscheidende Rolle. Wenn Sie diese Menschen nicht überzeugen, dann wird keine Vorgehensweise der Welt zu einem erfolgreichen Projekt führen.

Literaturverzeichnis

[Cobit® 4.1]	IT Governance Institute: COBIT® 4.1, 2007
[Cobit® 2019]	Cobit® 2019, ISACA 2019
[Create, Deliver and Support, 2020]	Axelos: ITIL® 4: Create, Deliver and Support, TSO 2020
[CSI, 2007]	OGC: ITIL® Continual Service Improvement, TSO 2007
[CSI, 2011]	OGC: ITIL® Continual Service Improvement 2011 Edition, TSO 2011
[Direct, Plan and Improve, 2020]	Axelos: ITIL® 4: Direct, Plan and Improve, TSO 2020
[Drive Stakeholder Value, 2020]	Axelos: ITIL® 4: Drive Stakeholder Value, TSO 2020
[High Velocity IT, 2020]	Axelos: ITIL® 4: High Velocity IT, TSO 2020
[ICT Infrastructure Management, 2002]	OGC: ITIL® Best Practices for ICT Infrastructure Management, TSO 2002
[ISO/IEC 20000]	ISO/IEC 20000-1:2005 und ISO/IEC 20000-2:2005 *http://www.iso.org/* ISO/IEC 20000-1:2011
ISO/IEC 20000-1:2018	
[ISO/IEC 19770]	*http://www.iso.org/*: ISO/IEC 19770-1:2017
[ITIL® 4 Practice Guides, 2020]	Axelos 2020
[ITIL® Foundation, 2019]	Axelos: ITIL® Foundation ITIL® 4 Edition, TSO 2019
[Kaplan/Norton, 2001]	*Robert S. Kaplan/David P. Norton:* Die strategiefokussierte Organisation. Schäffer Poeschel 2001
[Kütz, 2003]	*Martin Kütz:* Kennzahlen in der IT. dpunkt Verlag 2003
[Lifecycle introduction, 2007]	OGC: The official introduction to the ITIL® Lifecycle, TSO 2007
[Nature, 1887]	Huxley: The Organization of Industrial Education; Nature 1887 *http://aleph0.clarku.edu/huxley/UnColl/Nature/Letters/IndusEd.html*
[Niessink/Clerc/Tijdink/van Vliet, 2005]	*Niessink, Clerc, Tijdink, van Vliet:* The IT Service Capability Model Version 1.0 RC1, 2005
[Peter Drucker Website]	*http://www.druckerinstitute.com*
[Planning to Implement SM, 2002]	OGC: Planning to Implement Service Management, TSO 2002
[PMI, 2004]	Project Management Institute: A Guide to the Project Management Body of Knowledge: PMBOK Guide PMI, 2004

[PRINCE2®, 2005]	Office of Government Commerce: Managing Successful Projects with PRINCE2®. The Stationery Office Books, 5th reviewed Ed., 2005
[PRINCE2®, 2009]	Office of Government Commerce: PRINCE2®: 2009 Managing Successful Projects with PRINCE2®
[Service Delivery, 2000]	OGC: ITIL® Best Practices for Service Delivery, TSO 2000
[Service Design, 2007]	OGC: ITIL® Service Design, TSO 2007
[Service Design, 2011]	OGC: ITIL® Service Design 2011 Edition, TSO 2011
[Service Operation, 2007]	OGC: ITIL® Service Operation, TSO 2007
[Service Operation, 2011]	OGC: ITIL® Service Operation 2011 Edition, TSO 2011
[Service Strategy, 2007]	OGC: ITIL® Service Strategy, TSO 2007
[Service Strategy, 2011]	OGC: ITIL® Service Strategy 2011 Edition, TSO 2011
[Service Support, 2000]	OGC: ITIL® Best Practices for Service Support, TSO 2000
[Service Transition, 2007]	OGC: ITIL® Service Transition, TSO 2007
[Service Transition, 2011]	OGC: ITIL® Service Transition 2011 Edition, TSO 2011

Stichwortverzeichnis